Für
Helga Erhardt,
Christine Erhardt
und
Dr. Ulrich Baensch

Dr. Harry Erhardt
Hans A. Baensch

Umschlagfotos:

Titel — Rifflandschaft mit der Weichkoralle *Dendronephthya* sp., der Koralle *Tubastrea* sp. und dem Seestern *Leiaster speciosus*
Hans A. Baensch

Rückseite:

Acabaria sp.
Hans A. Baensch

Acanthogorgia sp.
Hans A. Baensch

Acropora sp.
Hans A. Baensch

Clavelina robusta
Hans A. Baensch

CIP-Kurztitelaufnahme der Deutschen Bibliothek

Erhardt, Harry; Baensch, Hans A.
MEERWASSER ATLAS Band 4: Wirbellose von H. Erhardt; Hans A. Baensch.
- 1. Auflage 1998
Melle: Mergus, 1998.
ISBN 3-88244-023-6

Satz: MERGUS®-Verlag GmbH, Melle
Lithos: MERGUS Lithoart, Singapur
Druck: MERGUS PRESS, Singapur
Redaktion: Dr. Harry Erhardt
Herausgeber: Hans A. Baensch

Printed in Spain by EGEDSA
D.L.B.: 11.733-1998

Dr. Harry Erhardt Hans A. Baensch

MEERWASSER ATLAS

Band 4
Wirbellose

MERGUS
Verlag GmbH für Natur- und Heimtierkunde
Hans A. Baensch - Melle - Germany

Vorwort

Wirbellose Tiere finden zunehmend das Interesse einer wachsenden Aquarianer- und Tauchergemeinde, wobei sich gerade die Gruppe der Taucher in den vergangenen Jahren explosionsartig erweitert hat. Man geht heute davon aus, daß weltweit über eine Million Menschen tauchen und die Zahl derer, die in diesen Freizeitsport drängen, noch ständig zunimmt.
Sicherlich sind es nicht nur die wirbellosen Tiere, die die Menschen dazu veranlassen, technisch gut ausgerüstet ins Wasser zu springen und hier auf Beobachtungsstation zu gehen. Sie tun es möglicherweise aus einer Kombination von Reise- und Abenteuerlust und wollen sich, wenn auch nur für eine kurze Zeit, in einem fremden Milieu behaupten und besonders Großfische beobachten. Aber sie tun es auch, um die Aufhebung der Schwerkraft auszukosten, die dieser Sport ihnen bieten kann: Das Schweben in der Tiefe, wie es sonst nur die Astronauten im Weltall erleben.
Aquarianer und Taucher haben viele Gemeinsamkeiten. Die wichtigste davon ist ihre Liebe zu den Tieren und Pflanzen in unseren Weltmeeren und im Süßwasser. Während die Taucher ein Teil der Unterwasserwelt werden und das Geschehen wie in einem riesigen Aquarium betrachten, pflegen und vermehren die Aquarianer ihre Tiere und Pflanzen in heimischen Becken, die sie speziell dafür einrichten. Und sie sind es auch, die heute aktiven Artenschutz betreiben, damit in Zukunft Tierimporte nicht mehr notwendig werden und der Raubbau in unseren Meeren reduziert wird oder gänzlich aufhört.
Viele Gattungen und Arten, die in unseren Büchern vorgestellt werden, sind nur bedingt oder überhaupt nicht in heimischen Aquarien zu pflegen. Das hängt vielfach davon ab, wie groß die Tiere werden, ob sie Nahrungsspezialisten sind, welches spezielle Substrat sie benötigen und ob die biotischen und abiotischen Faktoren, die sie für ihr Leben benötigen, in einem Aquarium nachzuvollziehen sind. Sicherlich ist die Liste der Gründe, warum viele Tiere als Aquarientiere ausscheiden, sehr lang. Daher sollten sich die Meerwasseraquarianer mit ihrer Kritik auch etwas zurückhalten, wenn sie von uns fordern, daß wir nur Aquarientiere in unserer Meerwasser-Reihe beschreiben sollen, die in heimischen Becken zu pflegen sind. Der Verlag und die Autoren sind bestrebt, einer großen Gruppe von Menschen die wirbellosen Tiere vorzustellen und ihr Verständnis und Interesse für sie zu wecken. Und in dieser Gruppe sind die Aquarianer nur ein Teil davon. Im MEERWASSER ATLAS, Band 2 und Band 3, haben wir ja unsere Zielgruppen vorgestellt.

Vorwort

Wir haben die Hoffnung, daß das vorliegende Werk erneut ein Mosaiksteinchen zum besseren Verständnis wirbelloser Tiere wird. Aus diesem Grund werden auch hier wieder viele neue Arten vorgestellt, die in den ersten 3 Bänden der Reihe MEERWASSER ATLAS nicht zu finden sind. Ausnahmen gibt es allerdings: Farbvarianten, Wuchsformen oder besonders gelungene Unterwasserbilder werden erneut dem Leser vor Augen geführt. Ihre Anzahl ist jedoch sehr gering .
Aus der Sicht der Autoren ist es außerordentlich schwierig, die notwendige Literatur zu einem solch breit gefächerten Wissensgebiet zusammenzutragen und zu überblicken. An vielen Museen, Universitäten und meeresbiologischen Instituten der Welt wird über Wirbellose gearbeitet, und neue Erkenntnisse werden hier zusammengetragen, ergänzt und korrigiert. Taxonomisch ist vieles im Umbruch. Zusammengefaßt heißt das: Wir sind in unserer Weitergabe an Informationen nicht vollständig und können es auch gar nicht sein. So liefern wir wieder, wie schon in MEERWASSER ATLAS, Band 1, Band 2 und Band 3, nur ein Stückwerk.
Aus Gründen des Artenschutzes sind fast alle in den Meerwasser-Atlanten vorgestellten Tiere nicht gesammelt, sondern nur fotografiert worden. Aber sich nur auf eine Bildvorlage stützen zu können, macht es dem Taxonomen außerordentlich schwierig oder fast unmöglich, das abgebildete Tier auf dem Bild einer Familie, einer Gattung oder sogar einer Art zuzuordnen. Wenn eine Bestimmung bis zur Art nicht möglich ist, wird an den Gattungsnamen ein "sp." angehängt. Stimmt die abgebildete Art weitgehend mit der anderen, bekannten Art, überein, dann schreibt man vor dem Artnamen "cf." (confer = vergleiche). Gelegentlich erscheint in diesem Werk vor dem Gattungsnamen ein Fragezeichen (?), was besagt, daß die Zugehörigkeit des abgebildeten Tieres zu der Gattung ungewiß ist. Befindet sich ein Fragezeichen (?) vor dem Artnamen, dann ist der Gattungsname sicher, der Artname jedoch nicht. So haben wir viele Hundert herrlicher Unterwasserbilder unbearbeitet lassen müssen, weil die Taxonomen für die abgebildeten Tiere weder einen Familien- noch einen Gattungs- oder Artnamen kannten.
Der Verlag und die Autoren wünschen den Lesern viel Freude an diesem Werk. Beanstandungen, Hinzufügungen, Pflegehinweise und konstruktive Kritik sind stets willkommen.

Danksagung

Die Bestimmung wirbelloser Tiere ist nicht nur schwierig, sondern auch problematisch, wenn dem Taxonomen nicht mindestens ein Exemplar oder Teile einer Kolonie vorliegen. Von dieser Tatsache ausgehend wäre unser Vorhaben, Bücher über Wirbellose zu schreiben, von vornherein zum Scheitern verurteilt gewesen, gäbe es nicht Wissenschaftler, die selbst mit der Methode des Tauchens sammeln und fotografieren. So kennen sie viele dieser Tiere aus eigener Anschauung und besitzen in den meisten Fällen auch Vergleichsfotographien.
Wir möchten nachfolgenden Wissenschaftlern ganz herzlich dafür danken, daß sie uns in unserem Vorhaben unterstützt und versucht haben, die von uns eingesandten Bilder und die darauf abgebildeten Tiere zu bestimmen. Um Nachfragen vorzubeugen muß in diesem Zusammenhang festgestellt werden, daß die Hilfe der Wissenschaftler ausschließlich im taxonomischen Bereich lag. Ihre Determinationen waren in vielen Fällen mit Vorbehalten versehen.

Dr. Harry Erhardt
Fritzlar im Herbst 1997

Unser Dank gilt besonders:

Dr. Phil Alderslade, Museum & Art Gallery of the Northern Territory, Darwin, Australien (Cnidaria); Dr. Klaus Bandel, Universität Hamburg (Mollusca); Dr. Clay Bryce, Western Australian Museum, Perth, Australien (Mollusca); Dr. Stephen Cairns, National Museum of Natural History, Smithsonian Institution, Washington, USA (Cnidaria); Dr. Klaus-Jürgen Götting, Universität Gießen (Mollusca); Dr. Manfred Graßhoff, Naturmuseum und Forschungsinstitut Senckenberg, Frankfurt (Cnidaria); Dr. J.C. den Hartog, Nationaal Natuurhistorisch Museum Leiden, The Netherlands (Cnidaria); Dr. Cesa Hartmann-Schröder, Goslar (Polychaeta); Dr. John N. A. Hooper, Queensland Museum Brisbane, Australien (Porifera); Dr. Felix Lorenz, Universität Gießen (Mollusca); Dr. David Meyer, University of Cincinnati, Cincinnati, USA (Echinodermata); Drs. Francoise und Claude Monniot, Museúm National d'Histoire Naturelle, Paris, France (Tunicata); Dr. Volker Neumann, Naturmuseum und Forschungsinstitut Senckenberg, Frankfurt (Crustacea); Dr. Leslie Newman, University of Queensland, Brisbane, Australien (Plathelminthes); Dr. Leen van Ofwegen, Nationaal Natuurhistorisch Museum, Leiden, The Netherlands (Cnidaria); Dr. Robert Patzner, Universität Salzburg (Polychaeta); Dr. Frank W.E. Rowe, Goldbrook Boarding, Hoxine, Suffolk, England (Echinodermata); Dr. Dr. Hajo Schmidt, Universität Heidelberg (Cnidaria); Dr. Helmut Schuhmacher, Universität Essen (Cnidaria); Dr. Rob van Soest, Universiteit van Amsterdam, Zoölogisch Museum, Amsterdam, The Netherlands (Porifera); Dr. Armin Svoboda, Universität Bochum (Cnidaria); Dr. Lyle Vaile, Lizard Island Research Station, Cairns, Australien (Echinodermata); Dr. W. Vervoort, National Museum of Natural History, Leiden, The Netherlands (Cnidaria); Dr. Jeanette Watson, Marine Science & Ecology, Essendon, Australien (Cnidaria); Dr. Bernd Werding, Universität Gießen (Crustacea) und Dr. Helmut Zibrowius, Centre D'Océanologie de Marseille, Marseille, France (Cnidaria).

Unser Dank gilt auch den vielen Unterwasserfotografen, die uns ihre Diapositive zur Bearbeitung zugeschickt haben. Ihr Name erscheint jeweils am unteren, rechten Bildrand.
Joachim Großkopf (Nürnberg) hatte sich viel Mühe bei der Durchsicht der Pflegeanleitungen für die Weich-, Leder- und Hornkorallen gemacht und Herrn Dietrich Stüber (Berlin) danken wir für die Durchsicht der Pflegeanleitungen der Korallen. Als gestandene und bekannte Meerwasseraquarianer müssen wir ihre Mitarbeit hier unbedingt würdigen.

Inhaltsverzeichnis

Inhalt

Inhalt

Zeichenerklärungen für die Artbeschreibungen

Fam.:	Familie
Deutsche Namen:	Hier wurden die gebräuchlichsten Handelsnamen verwendet. Vielfach wurden auch neue deutsche Namen vorgeschlagen und häufig wurde auch der deutsche Name ganz weggelassen. Sollten Ihnen in dem einen oder anderen Fall deutsche Namen bekannt sein, so schreiben Sie uns. Wir fügen diese dann in der nächsten Auflage ein. Neben dem lateinischen Namen steht der Erstbeschreiber mit dem Jahr der Erstbeschreibung. Sofern Name und Jahreszahl in Klammern stehen, wurde die Art zunächst mit einer anderen Gattungsbezeichnung beschrieben.
Vork.:	Vorkommen. Hier ist das natürliche Verbreitungsgebiet gemeint.
GU:	Geschlechtsunterschiede. ♂ = Männchen, ♀ = Weibchen.
Soz.Verh./Vgs.:	Sozialverhalten/Vergesellschaftung. Hier wird die Verträglichkeit gegenüber anderen Arten und Tiergruppen dargestellt und, wo möglich, werden Hinweise gegeben, mit welchen Arten oder Tiergruppen man sie vergesellschaften kann oder besser nicht vergesellschaften soll.
Hält.B.:	Hälterungsbedingungen. Hier werden die wichtigsten Abweichungen zu den normalen Hälterungsbedingungen aufgeführt. Zusätzliche Informationen erhalten Sie aus der Fußleiste bei jedem Text zu den Tieren. Da Meerwassertiere (außer Rotes Meer) stets zu den gleichen Wasserbedingungen zu pflegen sind, wird hier auf pH-, Redox-Wert oder Karbonathärte nicht noch einmal näher eingegangen.
Licht:	Lichtbedarf. Sonnenlichtzone = 30.000 bis 50.000 Lux; Mittellichtzone = 10.000 bis 20.000 Lux; Dämmerlichtzone = 500 bis 1.000 Lux. Diese Werte gelten an der Wasseroberfläche des Aquariums gemessen.
ZU/Verm.:	Zucht oder Vermehrung. Soweit uns bekannt, werden Hinweise für die Zucht einzelner Tierarten gegeben. In den meisten Fällen liegen keine Erfahrungsberichte vor und wir bitten bei etwaigen Zuchterfolgen um Ihre Mitteilung.

Zeichenerklärungen für die Artbeschreibungen

FU: K = Karnivore (Fleisch- und Fischfresser)
H = Herbivore (Pflanzenfresser)
O = Omnivore (Allesfresser)
Bei den einzelnen Tierarten sind nähere Hinweise für die einzelnen Futterarten gegeben. Dabei bedeutet z.B. FD Futterstoffe = gefriergetrocknete Futtermittel (FD = Freeze dried).

Bes.: Besonderheiten. Hier werden Punkte angeführt, die nicht in den anderen Rubriken unterzubringen sind.

T: Temperatur.

L/Ø: Länge/Durchmesser. Bei den Krebstieren wird die Gesamtkörperlänge inklusive Schwanz angegeben. Bei den Blumentieren ist der Durchmesser aufgeführt. Bei diesen Tieren eine Länge anzugeben, hielten wir für falsch.

BL: Beckenlänge. Da Aquarien in Europa meist nach ihrer Länge gehandelt werden, haben wir uns auf diese Angabe beschränkt. Im Ausland werden Becken meist nach dem Inhalt gehandelt.

WB: Wasserbewegung. l = leicht, m = mittel, s = stark.

WR: Wasserregion. u = unten, m = Mitte, o = oben.

BS: Beschaffbarkeit. 1 = regelmäßig im Handel, 2 = selten im Handel, 3 = kaum im Handel, 4 = nicht im Handel (eventuell geschützte Art).

SG: Schwierigkeitsgrad, Haltbarkeit.
1 = Eine Art für Anfänger. Damit sind Aquarianer gemeint, die ohne Vorkenntnisse in die Meerwasseraquaristik einsteigen. In diese Gruppe haben wir nur Arten eingeordnet, die sehr robust sind und die eigentlich nur grobe Pflegefehler übelnehmen.
2 = Für Anfänger nach einem halben Jahr Praxis.
3 = Für Fortgeschrittene mit etwa 2 Jahren Praxis in der Meerwasseraquaristik.
4 = Für Fortgeschrittene mit Spezialkenntnissen. Hier sind auch giftige Tiere eingeordnet, die jedoch nicht unbedingt schwierig zu pflegen sein müssen. Meist sind es jedoch Arten, die sehr schwierig zu ernähren sind und extrem gute Wasserbedingungen benötigen. Ein Anfänger ist mit derartigen Tieren zunächst einmal überfordert.

Theonella sp., Palau

H. Baensch

Schwämme (Porifera)

Schwämme gehören zu den ältesten mehrzelligen Organismen, deren Nadelfragmente in Versteinerungen ein Alter von über 600 Millionen Jahren aufweisen. Sie tragen ihren Namen wegen der zahlreichen Poren, von denen ihr Körper regelrecht durchlöchert ist. Es sind vielzellige Tiere, die weder innere Organe, noch ein Nervensystem entwickeln und statt einer Muskulatur nur kontraktile Zellen besitzen. Etwa 10 verschiedene Zelltypen erfüllen im Schwammkörper unterschiedliche Aufgaben. Bis jetzt sind über 8.000 Schwammarten bekannt und beschrieben worden.

Schwämme sind Strudler, die das Wasser über Poren (Ostien) in der Außenhaut in ein umfangreiches Kanalsystem einstrudeln und es gereinigt und frei von verwertbaren organischen Stoffen über eine zentrale Öffnung wieder entlassen. Die Antriebsmotoren dieser Wasserbewegung sind viele Millionen von Kragengeißelzellen, die das Kanalsystem auskleiden.

Schwämme ernähren sich, wie neuere Erkenntnisse zeigen, nicht alleine durch Filtrieren und der Aufnahme von feinstem Plankton (Pico- und Nanoplankton), sondern auch von Bakterien, Cyanobakterien und von verschiedenen einzelligen Grünalgen, die als sogenannte Mikrobionten zu ihrer Ernährung beitragen. Bei manchen Schwämmen besteht die gesamte Biomasse zu 50 Prozent aus diesen Mikrobionten. Zudem sind Schwämme in der Lage, gelöste organische Verbindungen aus dem Wasser aufzunehmen. Spezialisierte Zellen übernehmen dann die Nahrungspartikel und verteilen sie über den ganzen Schwamm. Die Nahrungsaufnahme erfolgt durch den Vorgang der Endocytose und die Ausscheidung unverdaulicher Stoffe durch Exocytose an den Kanalwänden. Um große und unerwünschte Partikel abzuwehren, kann das Kanalsystem durch Umkehr der Schlagrichtung der Kragengeißelzellen einen Gegenstrom erzeugen.

Schwämme besitzen ein inneres Skelett in Form von Nadeln, das ihnen Festigkeit, Form und Stütze bietet. Diese Nadeln (Spiculae) können aus Kalk (= Kalkschwämme) oder aus Kieselsäure (= Kieselschwämme) bestehen. Nur die Hornschwämme besitzen eine organische Gerüstsubstanz aus Spongin.

Stamm: Porifera

Schwämme leben vom flachen Wasser bis in die dunkle Tiefsee. Es gibt im Meer kaum ein Biotop, das sie nicht besetzen. Besonders in schattigen Grotten, Unterhöhlungen und Höhlen, die von vielen Tieren gemieden werden, finden sie reichliche Entfaltung. Außerdem sind sie schnelle Sekundärsiedler, die freie Flächen sofort besetzen.

Schwämme kommen in einer außerordentlich großen Formen- und Farbenvielfalt vor. Während sie im bewegten Wasser ihre Unterlagen krustenförmig überziehen, entwickeln sie sich im Stillwasser der Tiefe zu freien Formen.

Die überwiegende Anzahl der Schwämme vermehrt sich geschlechtlich. Viele Arten sind Hermaphroditen. Nur die Süßwasserschwämme sind getrenntgeschlechtlich. Bei der geschlechtlichen Vermehrung entwickelt sich aus einer befruchteten Eizelle eine frei bewegliche, voll bewimperte Larve. Sie hat nur eine Lebenserwartung von 1-3 Tagen. In dieser Zeit muß sie sich auf einem geeigneten Substrat festgesetzt und eine neue Schwammkolonie gegründet haben. Genau gesehen bilden Schwämme keine richtigen Kolonien aus. Sie können sich aber in verschiedene Einheiten aufteilen oder es können mehrere Schwämme miteinander verschmelzen. Gelegentlich findet auch eine ungeschlechtliche Vermehrung bei den Schwämmen statt, wenn abgerissene Schwammteile durch Strömungen verdriftet werden und an anderer Stelle zu selbständigen Schwämmen heranwachsen.

Schwämme besitzen ein erstaunliches Regenerationsvermögen, wobei aus kleinsten Schwammteilen neue Schwämme entstehen können. Auch gehen sie Partnerschaften mit einer Vielzahl von niederen Tieren und Fischen ein. Besonders Krabben, Garnelen, Würmer, Weichtiere, Haar- und Schlangensterne, Wurmseewalzen und verschiedene Schleimfische sind hier zu erwähnen.

Schwämme haben kaum Freßfeinde. Nur einige Nacktschnecken, freilebende Borstenwürmer, einige Fische und Schildkröten haben sich darauf spezialisiert, sie zu fressen. Um Freßfeinde abzuschrecken synthetisiert wahrscheinlich jeder Schwamm seine eigene, toxische Substanz, die als sekundäre Metabolite bezeichnet werden. Es handelt sich dabei um Terpene, Sterole, Carotene und andere toxische Substanzen. Viele biochemische Substanzen, die aus Schwämmen extrahiert werden, gewinnen in der modernen Medizin immer mehr an Bedeutung. Viele Antibiotika wurden aus ihnen gewonnen und Stoffe isoliert, die das Wachstum bestimmter Tumore hemmen. Sogar Hormone hat man aus ihnen gewonnen, die beim Menschen auf chemischem Wege Informationen transportieren und Wachstum und Stoffwechsel beeinflussen.

Neueste Untersuchungen ergaben, daß einige Schwämme in der Lage sind, Beutetiere zu fangen. Es handelt sich dabei um Schwämme der Gattung *Asbestopluma*, die fast ausschließlich in der Tiefsee vorkommen. Diese kleinen, nur 15 mm großen Schwämme besitzen kein Filtriersystem und leben an einem Faden, der am Substrat verankert ist. Vom winzigen Schwammkörper strahlen Filamente aus, die mit hakenförmigen Kalknadeln bedeckt sind. Daran verfangen sich Kleinstlebewesen, die in fädige Filamente eingehüllt werden. Nach einigen Tagen ist die Beute aufgelöst und von den Epithelzellen aufgesaugt worden. Dieser, in der Natur nicht häufig vorkommende Nahrungserwerb eines Schwammes kann nur als eine Anpassung der Tiere an einen extrem nahrungsarmen Lebensraum in der Tiefsee verstanden werden. Mit dieser neuen und aufregenden Entdeckung ist die Definition eines Schwammes (= festsitzender filtrierender Organismus) nicht mehr zutreffend. Das Beutefangverhalten erinnert an das der Nesseltiere, die mit Hilfe von Nesselzellen ihre Beute betäuben, festhalten und verdauen.

Die wissenschaftliche Erforschung vieler Lebensräume im Meer wird noch so mache Überraschung bringen. Gerade die Schwämme, die aufgrund ihres geringen ökonomischen Nutzens bisher sehr vernachlässigt wurden, werden biochemische Stoffe liefern, die zur Heilung von Krankheiten eingesetzt werden könnten.

Was die Schwämme betrifft, hier nun ein Wort in eigener Sache:
Im MEERWASSER ATLAS, Band 2, hatten wir bereits über 100 Schwammarten vorgestellt. Auch in diesem Band ist es wieder eine stattliche Anzahl von Arten geworden, die wir unseren Lesern präsentieren. Wir tun es, weil in der Literatur, die sich mit den Wirbellosen beschäftigt, der Stamm der Schwämme stets vernachlässigt wurde und Abbildungen, die im natürlichen Biotop aufge-

nommen wurden, nur sehr wenige zu finden sind. Heute tauchen die meisten Schwammspezialisten, die in den Museen der Welt arbeiten, selbst und fotografieren ihre Objekte im Meer. Damit verfügen sie im allgemeinen über eine stattliche Anzahl von Vergleichsfotos, die es ihnen erlaubt, ein eingeschicktes Diapositiv und den darauf abgebildeten Schwamm einer Familie, einer Gattung oder sogar einer Art zuzuordnen. Außerdem gibt es Schwämme, die eine ganz bestimmte Wuchsform haben und die damit leichter zu bestimmen sind als andere Arten, die in verschiedenen Wuchsformen und Farben vorkommen.

Es gibt einige, jedoch wenige Meerwasser-Aquarianer, die sich darüber aufregen, daß wir im MEERWASSER ATLAS, Band 2, mehr als 100 Seiten mit Schwammbildern füllten, obwohl ein jeder weiß, daß Schwämme nur bedingt oder gar nicht in Aquarien gehalten werden. Sie beschweren sich zudem auch über den Formalismus, der damit verbunden ist, die einzelnen Arten vorzustellen. Es gibt aber auch andere Zielgruppen, die sich für Schwämme interessieren. Und hier sind es dann sicherlich nicht die Hälterungsbedingungen, die sie sehr intensiv durchlesen und die in den meisten Fällen sowieso mit: Nicht bekannt! angegeben werden müssen, sondern die Eintragungen unter der Rubrik: Besonderes! Denn hier werden Dinge aufgelistet, die über die Biologie der abgebildeten Art berichten, so über bevorzugtes Siedlungssubstrat, Beschaffenheit des Tieres, seine Oberflächenstruktur, Farbe, morphologische Besonderheiten, Exposition zum Licht u.v.m. Diese Informationen sind aus der uns zur Verfügung stehenden Literatur zusammengetragen und durch eigene Erfahrungen ergänzt worden.

Systematik

Stamm: PORIFERA — Schwämme
Klasse: CALCAREA — Kalkschwämme
Ordnung: HETEROCOELIA — Wabenschwämme
Familie: Clathrinidae
Gattung: *Clathrina*
Familie: Leucettidae
Gattung: *Leucetta*
Familie: Leucosoleniidae
Gattung: *Leucosolenia*
Familie: Leuconiidae
Gattung: *Leuconia*
Familie: Soleniscidae
Gattung: *Dendya*
Klasse: DEMOSPONGIA — Gemeine Schwämme
Ordnung: SPIROPHORIDA
Familie: Tetillidae
Gattung: *Craniella*
Ordnung: HADROMERIDA
Familie: Latrunculidae
Gattungen: *Diacarnus*
Latrunculia
Familie: Spirastrellidae
Gattungen: *Anthosigmella*
Spheciospongia
Spirastrella
Familie: Clionidae
Gattung: *Cliona*
Ordnung: AXINELLIDA
Familie: Axinellidae
Gattungen: *Acanthella*
Auletta
Pseudaxinella
Ptilocaulis
Stylissa
Ordnung: HALICHONDRIDA
Familie: Halichondriidae
Gattungen: *Axynissa*
Didiscus

Halichondria
Liosina
Strongylophora
Familie: Hymeniacidonidae
Gattungen: *Stylinos*
Ulosa
Familie: Mycalidae
Gattung: *Mycale*
Familie: Desmoxyidae
Gattung: *Myrmekyoderma*
Ordnung: POECILOSCLERIDA
Familie: Anchiuridae
Gattung: *Phorbas*
Familie: Coelosphaeridae
Gattung: *Coelocarteria*
Familie: Esperiopsidae
Gattung: *Monanchora*
Familie: Adociidae
Gattung: *Aka*
Familie: Agelasidae
Gattung: *Agelas*
Familie: Desmacididae
Gattung: *Strongylacidon*
Familie: Microcionidae
Gattung: *Echinochalina*
Familie: Clathriidae
Gattung: *Clathria*
Familie: Crellidae
Gattung: *Crella*
Familie: Myxillidae
Gattungen: *Anamyxilla*
Ectyodonyx
Iophon
Ordnung: HAPLOSCLERIDA
Familie: Haliclonidae
Gattungen: *Haliclona*
Kallypilidion
Familie: Niphatidae
Gattungen: *Amphimedon*
Gelliodes

Niphates
Familie: Callyspongiidae
Gattung: *Callyspongia*
Familie: Petrosiidae
Gattungen: *Petrosia*
Xestospongia
Familie: Oceanapiidae
Gattung: *Oceanapia*
Ordnung: DICTYOCERATIDA
Familie: Spongiidae
Gattung: *Dactylospongia*
Phyllospongia
Spongia
Familie: Thorectidae
Gattung: *Ircinia*
Familie: Dysideidae
Gattungen: *Euryspongia*
Dysidea
Ordnung: VERONGIIDA
Familie: Verongiidae
Gattung: *Psammaplysilla*
Familie: Druinellidae
Gattung: *Pseudoceratina*
Familie: Ianthellidae
Gattung: *Ianthella*
Ordnung: DESMOPHORIDA
Familie: Theonellidae
Gattung: *Theonella*
Ordnung: ASTROPHORIDA
Familie: Ancoronidae
Gattungen: *Melophlus*
Stelletta
Familie: Jaspidae
Gattung: *Jaspis*
Ordnung: HOMOSTEROPHORIDA
Familie: Placinidae
Gattung: *Placortis*
Ordnung: DENDROCERATIDA
Familie: Aplysiidae
Gattung: *Aplysia*

Ordnung: Heterocoelia
Fam.: Clathrinidae

Insel Palau, Mikronesien H. Erhardt

Clathrina sp.
Gelber Gitterkalkschwamm

Vork.: Indopazifik: Mikronesien.
GU: Keine.
Hält.B.: Hinweise über eine Aquarienhaltung konnten in der zur Verfügung stehenden Literatur nicht gefunden werden.
FU: O; Plankton und Detritus.
Bes.: Diese Gattung ist kosmopolitisch, nicht jedoch die Art. Sie ähnelt sehr *Clathrina clathrus* aus dem Atlantik und dem Mittelmeer. Diese auffallend grellgelben Schwämme besitzen eine eigenwillige Gitterstruktur aus einer Vielzahl von dünnen Schwammröhren, die polsterförmige Netzgeflechte bilden. Man findet sie in Seegraswiesen, an Steinen, in Unterhöhlungen und in Höhlen. Der Schwamm ist stets frei von Aufwuchs und auflagernder Sedimentation. Freßfeinde sind bisher nicht bekannt.

T: 20-28 °C, Ø 12 cm ; **BS**: 4, **SG**: 4

Boracey, Philippinen H. Erhardt

Clathrina sp.
Rosa Gitterkalkschwamm

Vork.: Indopazifik: Philippinen.
GU: Keine.
Hält.B.: Hinweise über eine Aquarienhaltung konnten in der zur Verfügung stehenden Literatur nicht gefunden werden.
FU: O; Plankton und Detritus.
Bes.: Kalkschwämme dieser Gattung wachsen in Form unterschiedlich starker und reich verzweigter Schwammröhren, die nur wenige Millimeter Durchmesser besitzen. Diese Röhren sind glatt, stets frei von Aufwuchs und ineinander verschachtelt. Die Lebensräume dieser Schwämme sind häufig schattige Unterhöhlungen in mittleren Wassertiefen an gut durchströmten Riffen.

T.: 20-28 °C, Ø 15 cm, **BS**: 4, **SG**: 4

Ordnung: Heterocoelia
Fam.: Leucettidae

Insel Bohol, Philippinen H. Erhardt

Leucetta primigenia HAECKEL, 1872
Rostroter Kalkschwamm

Vork.: Rotes Meer, Indopazifik: Von Ostafrika und Australien bis in die Sulusee. Auch im Mittelmeer und im Atlantik. 3-385 m. **GU**: Keine.
Hält.B.: Hinweise über eine Aquarienhaltung dieser Art konnten in der zur Verfügung stehenden Literatur nicht gefunden werden.
FU: O; Plankton und Detritus.
Bes.: Einer der größten Kalkschwämme an den Riffen im Indopazifik. Sie leben sowohl versteckt in dunklen Lebensräumen, als auch frei am Riffhang, Riffgrund und an Wracks. Sie sind außen rostrot außen und innen cremigweiß gefärbt. Die Ränder der Ausströmöffnungen sind stets hell abgesetzt. Winzig kleine Seewalzen, die wie Würmer aussehen, weiden auf der Schwammoberfläche. Die Schwämme besitzen lange, scharfe und spitze Kalknadeln, die beim Anfassen auch durch Handschuhe dringen. Nacktschnecken der Gattung *Notodoris* fressen diese Schwammart.

T: 22-27 °C, **L**: variabel bis 60 cm, **BS**: 4, **SG**: 4

Insel Manukan, Sabah, Borneo H. Erhardt

Leucetta sp.
Blasenschwamm

Vork.: Indopazifik: Indonesien, Malaysia, Malediven, Philippinen bis Hawaii.
GU: Keine.
Hält.B.: Hinweise über eine Aquarienhaltung konnten in der zur Verfügung stehenden Literatur nicht gefunden werden.
FU: O; Plankton und Detritus.
Bes.: Dieser kleine Kalkschwamm sieht der Eikapsel einer *Sepia* sehr ähnlich. Er lebt einzeln und im allgemeinen auf einem kurzen Stiel, der am Untergrund befestigt ist. Der Schwammkörper ist blasenförmig erweitert und besitzt eine zugespitzte Ausströmöffnung. Die Art ist in der Literatur noch nicht beschrieben.

T: 22-26 °C, **L:** 3 cm, **BS:** 4, **SG:** 4

Ordnung: Heterocoelia
Fam.: Leucosoleniidae

Raa Atoll, Malediven H. Erhardt

Leucosolenia sp.
Verzweigter Kalkröhrenschwamm

Vork.: Indischer Ozean: Malediven.
GU: Keine.
Hält.B.: Hinweise über eine Aquarienhaltung konnten in der uns zur Verfügung stehenden Literatur nicht gefunden werden.
FU: O; Plankton und Detritus.
Bes.: Diese Schwämme bilden ein Netzwerk aus dünnen, rosafarbenen Schwammröhren mit endständigen Ausströmöffnungen. In ihrer Konsistenz sind sie weich. Sie leben auf festen Unterlagen an senkrechten Wänden tiefer Unterhöhlungen, dunklen Ritzen und in Spalten.

T: 22-29 °C, Ø: 12 cm, BS: 4, SG: 4

Insel Bunaken, Indonesien H. Erhardt

Leuconia sp.
Kalkschwamm

Vork.: Tropischer Indopazifik.
GU: Keine.
Hält.B.: Hinweise über eine Aquarienhaltung konnten in der zur Verfügung stehenden Literatur nicht gefunden werden.
FU: O; Plankton und Detritus.
Bes.: Der Schwammkörper besteht aus einer Vielzahl dünner und heller Schwammröhren, die miteinander verbunden sind. Dadurch entsteht ein unüberschaubares Geflecht. Diese Kalkschwämme siedeln in dunklen Nischen, Spalten und Überhängen stark durchströmter Riffe.

T: 22-26 °C, Ø: 15 cm, BS: 4, SG: 4

Insel Palau, Mikronesien H. Erhardt

Dendya prolifera (DENDY, 1892)
Knollenschwamm

Vork.: Indopazifik: Indonesien, Mikronesien, Papua Neuguinea, Philippinen.
GU: Keine.
Hält.B.: Hinweise über eine Aquarienhaltung dieser Art konnten in der zur Verfügung stehenden Literatur nicht gefunden werden.
FU: O; Plankton, Detritus.
Bes.: Der langgestreckte Schwammkörper ist weich in seiner Konsistenz. Er ist dünnwandig und zerbrechlich. Seine Oberfläche trägt eine große Anzahl von Klümpchen, Knötchen und andere, unregelmäßig gestaltete Projektionen. Häufig hängen die Schwämme von ihren Siedlungssubstraten in das freie Lumen von Höhlen und Unterhöhlungen herab, kommen aber auch an der Unterseite von großen Korallenblöcken vor. An den Riffen von Palau sind sie recht häufig und oft dicht gedrängt.

T: 22-28 °C, L: 30 cm, BS: 4, SG: 4

Insel Komodo, Indonesien H. Erhardt

Craniella abracadabra DE LAUBENFELS, 1936
Punk-Schwamm, Zauberschwamm

Vork.: Tropischer Indopazifik.
GU: Keine.
Hält.B.: Hinweise über die Aquarienhaltung dieser Art konnten in der zur Verfügung stehenden Literatur nicht gefunden werden.
FU: O; Plankton und Detritus.
Bes.: Diese Schwammart besitzt eine bizarre Schwammoberfläche, die eine Vielzahl weicher, konischer und spitz auslaufender Schwammfortsätze aufweist, die nach allen Seiten abstrahlen. Sowohl der Schwammkörper, als auch die abstrahlenden Schwammprojektionen sind im allgemeinen bis zur Unkenntlichkeit mit Suspensionspartikeln bedeckt. Punk-Schwämme leben unter schattigen Überhängen und in dunklen, doch geräumigen Spalten und Nischen.

T: 22-26 °C, Ø: 4 cm, BS: 4, SG: 4

Ordnung: HADROMERIDA
Fam.: Latrunculiidae

Insel Bunaken, Sulawesi, Indonesien H. Erhardt

Diacarnus sp.
Warzenschwamm

Vork.: Tropischer Indopazifik.
GU: Keine.
Hält.B.: Hinweise über eine Aquarienhaltung konnten in der zur Verfügung stehenden Literatur nicht gefunden werden.
FU: O; Plankton und Detritus.
Bes.: Schwämme dieser Gattung sind sehr selten. Sie siedeln an gut durchströmten Riffen und lieben schattige Unterstände. Ihr Schwammkörper ist ballon- oder tassenförmig, mit aufgesetzten, warzenähnlichen Verdickungen, die sich farbig vom Schwamm absetzen. Die Farbe der Schwämme ist variabel.

T: 22-26 °C, Ø: 25 cm, **BS:** 4, **SG:** 4

Baa Atoll, Malediven

H. Erhardt

Latrunculia corticata (KELLER, 1890)
Prachtgeweihschwamm

Vork.: Rotes Meer, gesamter Indopazifik.
GU: Keine.
Hält.B.: Hinweise über eine Aquarienhaltung dieser Art konnten in der uns zur Verfügung stehenden Literatur nicht gefunden werden.
FU: O; Plankton und Detritus.
Bes.: Prachtgeweihschwämme wachsen aufrecht, geweihartig verzweigt und sind extrem giftig. Dennoch ernährt sich die Nacktschnecke *Chromodoris quadricolor* davon. Sie übernimmt mit der Nahrung auch das Gift Latrunculin und schützt sich so vor ihren Freßfeinden.

T: 22-28 °C, **L:** 40 cm, **BS:** 4, **SG:** 4

Ordnung: Hadromerida
Fam.: Spirastrellidae

Insel Bonaire, Niederländische Antillen H. Erhardt

Anthosigmella varians (DUCHASSAING & MICHELOTTI, 1864)
Zylinderschwamm

Vork.: Florida, Karibisches Meer.
GU: Keine.
Hält.B.: Hinweise über eine Aquarienhaltung dieser Art konnten in der zur Verfügung stehenden Literatur nicht gefunden werden.
FU: O; Plankton und Detritus.
Bes.: Diese Schwammart kommt in verschiedenen Wuchsformen vor. Auch die Farbe variiert sehr stark von einem schmutzigen Gelb bis hin zu walnuß- und dunkelbraun. Die Einströmöffnungen sind sehr klein; die Ausströmöffnungen dagegen zylinder- bis schlotförmig erhoben. Zylinderschwämme überziehen als amorphe Masse abgestorbenes Riffgestein. Aus dieser Masse heraus erheben sich erst die zylindrischen Projektionen der Ausströmschlote. Die Schwammoberfläche ist stets frei von Auswuchs.

T: 20-26 °C, Ø 20 cm, **BS:** 4, **SG:** 4

Balicasag, Philippinen H. Erhardt

Anthosigmella sp.
Brauner Krustenschwamm

Vork.: Indopazifik: Philippinen.
GU: Keine.
Hält.B.: Hinweise über eine Aquarienhaltung konnten in der zur Verfügung stehenden Literatur nicht gefunden werden.
FU: O; Plankton und Detritus.
Bes.: Braune Krustenschwämme sind aggressive Sekundärsiedler, die auch Korallen überwuchern. Wie auf dem Bild zu sehen, beginnt der Schwamm die Oberfläche einer Korallenkolonie als Siedlungsunterlage zu erobern und die Polypen zu zerstören. Der Schwamm "überrollt" praktisch die Koralle und bedeckt sie mit seinem Schwammparenchym. Erst im Zentrum des Schwammkörpers erheben sich die ersten Schwammschlote.

T: 20-28 °C, Ø: 30 cm, BS: 4, SG: 4

Ordnung: Hadromerida
Fam.: Spirastrellidae

Raa Atoll, Malediven

H. Erhardt

Spheciospongia sp.
Brauner Klumpenschwamm

Vork.: Indischer Ozean: Malediven.
GU: Keine.
Hält.B.: Hinweise auf eine Aquarienhaltung konnten in der uns zur Verfügung stehenden Literatur nicht gefunden werden.
FU: O; Plankton und Detritus.
Bes.: Ein nicht sehr häufiger Schwamm, der im Schattenbereich von Unterhöhlungen lebt. Er bohrt im Korallengestein, doch höhlt er seine Unterlagen nicht so aus, wie z.B. die Bohrschwämme aus der Gattung *Cliona*. Der Schwamm ist gummiartig in seiner Konsistenz. Auf seiner Oberfläche weiden Schwammwürmer der Gattung *Haplosyllis*.

T: 22-29 °C, **Ø**: 15 cm, **BS**: 4, **SG**: 4

Insel Komodo, Indonesien H. Erhardt

Spirastrella vagabunda RIDLEY, 1884
Gelber Bohrschwamm

Vork.: Vom Roten Meer bis in den Westpazifik. 7-13 m.
GU: Keine.
Hält.B.: Hinweise über eine Aquarienhaltung dieser Art konnten in der zur Verfügung stehenden Literatur nicht gefunden werden.
FU: O; Plankton und Detritus.
Bes.: Gelbe Bohrschwämme sind aggressive Sekundärsiedler, die in Korallen bohren und diese zerstören. Sie wachsen krustig, überziehen die abgestorbenen Lagen großflächig, und nur die Ausströmöffnungen erheben sich entweder einzeln oder gebündelt in Gruppen über ihre Siedlungsunterlagen. Ihre bevorzugten Standorte sind schattige Stellen in Unterhöhlungen.

T: 22-26 °C, **Ø:** 40 cm, **BS:** 4, **SG:** 4

Balicasag, Philippinen H. Erhardt

Spirastrella sp.
Brauner Strahlenschwamm

Vork.: Indopazifik: Philippinen.
GU: Keine.
Hält.B.: Hinweise über eine Aquarienhaltung konnten in der zur Verfügung stehenden Literatur nicht gefunden werden.
FU: O; Plankton und Detritus.
Bes.: Strahlenschwämme überziehen abgestorbenes Korallengestein krustenförmig. Nur die unterschiedlich großen und dicht stehenden Ausströmöffnungen stehen erhöht und entlassen das filtrierte Wasser. Die Aggressivität der Schwammzellen gegenüber den Korallenpolypen zeigt eine helle "Kampfzone" zwischen beiden Tierkolonien.

T: 20-28 °C, Ø 60 cm, BS: 4, SG: 4

Insel Palau, Mikronesien

H. Erhardt

Spirastrella sp.
Strahlenschwamm

Vork.: Indopazifik: Mikronesien.
GU: Keine.
Hält.B.: Hinweise über eine Aquarienhaltung konnten in der zur Verfügung stehenden Literatur nicht gefunden werden.
FU: O; Plankton und Detritus.
Bes.: Strahlenschwämme wachsen in Form dünner, krustiger Überzüge auf allen nur möglichen Unterlagen. Ihre Farbe ist außerordentlich variabel. Die sternförmig angeordneten Kanäle im Schwamm führen zu erhöht stehenden Ausströmöffnungen. Strahlenschwämme sind schnelle und sehr aggressive Sekundärsiedler, die freie Räume im Riff sofort besetzen.

T: 20-28 °C, Ø 15 cm, BS: 4, SG: 4

Ordnung: Hadromerida
Fam.: Clionidae

Balicasag, Philippinen H. Erhardt

Cliona sp. (grau); *Phorbas* sp. (orange)
Krustenschwämme

Vork.: Indopazifik: Philippinen.
GU: Keine.
Hält.B.: Hinweise über eine Aquarienhaltung konnten in der zur Verfügung stehenden Literatur nicht gefunden werden.
FU: O; Plankton und Detritus.
Bes.: Sehr häufig kommt es vor, daß viele Schwammarten nebeneinander oder sogar übereinander siedeln. Sie treten hier als Raumkonkurrenten an, wobei stets die Art gewinnen wird, die mit der größeren Aggressivität ihr Substrat verteidigt. Nicht selten werden dabei Gifte freigesetzt, um ein Überleben der Schwammart zu sichern.

T: 20-28 °C, **Ø** 25 cm, **BS:** 4, **SG:** 4

Similaninseln, Thailand H. Erhardt

Acanthella cavernosa DENDY, 1921
Oranger Kraterschwamm, Stachelschwamm

Vork.: Indopazifik: Malediven, Thailand, Philippinen. 7-54 m. **GU**: Keine.
Hält.B.: Diese Schwammart wird regelmäßig importiert, und sie ist leicht zu pflegen. Der Schwamm braucht starke Wasserbewegungen und eine mittlere Beleuchtungsstärke.
Licht: Schattenlichtzone.
FU: Filtrierer,braucht im Wasser schwebendes, organisches Material
Bes.: Bei dem im Bild vorgestellten Schwamm handelt es sich um eine kuriose und damit seltene Wuchsform. Zudem scheint der Schwamm schon sehr alt zu sein. Er zeigt tiefe Krater und Löcher, Falten und Auswüchse, wie sie bei den "normalen" Wuchsformen dieser Art nicht vorkommen. Verletzungen und Verbiß durch Freßfeinde sind als Ursachen nicht auszuschließen. Orange Kraterschwämme leben bevorzugt in schattigen Nischen der Riffhänge.

T: 20-28 °C, **Ø**: 20 cm, **BL**: ab 100 cm, **WR**: m-u, **WB**: s, **BS**: 2, **SG**: 2-3

Ordnung: Axinellida
Fam.: Axinellidae

Insel Palau, Mikronesien H. Erhardt

Acanthella sp.
Keulenschwamm

Vork.: Indopazifik: Mikronesien.
GU: Keine.
Hält.B.: Hinweise über eine Aquarienhaltung konnten in der zur Verfügung stehenden Literatur nicht gefunden werden.
FU: O; Plankton und Detritus.
Bes.: Dieser Keulenschwamm wächst in einer schattigen Unterhöhlung. Die rauhe Schwammoberfläche zeigt zahlreiche Löcher und kraterförmige Vertiefungen. Der zur Basis verjüngte Stiel hält den in der Strömung pendelnden Schwamm am Untergrund fest.

T: 20-28 °C, **L:** 25 cm, **BS:** 4, **SG:** 4

Baa Atoll, Malediven H. Erhardt

Auletta sp.
Röhrenschwamm

Vork.: Indischer Ozean: Malediven.
GU: Keine.
Hält.B: Hinweise über eine Aquarienhaltung konnten in der uns zur Verfügung stehenden Literatur nicht gefunden werden.
FU: O; Plankton und Detritus.
Bes.: Die vielen Schwammschlote strahlen aus einer gemeinsamen Basis nach allen Seiten, und sie verzweigen sich erst kurz vor ihrem terminalen Ende. Ihre Spitzen sind gelblich abgesetzt. Diese Schwämme leben in tiefen und schattigen Überhängen und in Höhlen.

T: 22-28 °C, **L:** 15 cm, **BS:** 4, **SG:** 4

Insel Komodo, Indonesien H. Erhardt

Pseudaxinella durissima (DENDY, 1922)
Fester Ballenschwamm

Vork.: Indopazifik: Indonesien, Philippinen, Mikronesien. 1-85 m.
GU: Keine.
Hält.B.: Hinweise über eine Aquarienhaltung dieser Art konnten in der zur Verfügung stehenden Literatur nicht gefunden werden.
FU: O; Plankton und Detritus.
Bes.: Feste Ballenschwämme sind von harter Konsistenz. Sie wachsen aufrecht in verschiedenen Wuchsformen, wobei den Schwämmen ein zentrales Osculum fehlt. Die Oberfläche des Schwammes zeigt dagegen strahlenförmig angeordnete Kanäle, die zu kleinen Ausströmöffnungen führen. Feste Ballenschwämme siedeln auf harten Unterlagen im tiefen Wasser stark durchströmter Riffabschnitte.

T: 20-26 °C, **L**: 35 cm, **BS**: 4, **SG**: 4

Insel Komodo, Indonesien H. Erhardt

(?) *Pseudaxinella* sp.
Oranger Krustenschwamm

Vork.: Indopazifik: Indonesien.
GU: Keine.
Hält.B.: Hinweise über eine Aquarienhaltung konnten in der zur Verfügung stehenden Literatur nicht gefunden werden.
FU: O; Plankton und Detritus.
Bes.: Orange Krustenschwämme "umfließen" ihre Opfer und töten in ihrer Aggressivität alles, was sich ihnen in den Weg stellt. Ihre krustigen Lagen sind unterschiedlich in ihrer Form und zeigen eine rauhe Schwammoberfläche, die unterschiedlich große und runde Ausströmöffnungen aufweist. Krustenschwämme dieser Art lieben schattige Standorte an vertikalen Wänden von Unterhöhlungen.

T: 22-26 °C, **Ø**: 60 cm, **BS**: 4, **SG**: 4

Ordnung: AXINELLIDA
Fam.: Axinellidae

Insel Bohol, Philippinen H. Erhardt

Ptilocaulis fusiformis LEVI, 1967
Gelber Geweihschwamm

Vork.: Indopazifik: Philippinen, Mikronesien. 3-50 m.
GU: Keine.
Hält.B.: Hinweise über eine Aquarienhaltung dieser Art konnten in der zur Verfügung stehenden Literatur nicht gefunden werden.
FU: O; Plankton und Detritus.
Bes.: Diese Gattung zeigt sehr unterschiedliche Wuchsformen. Der auf dem Bild dargestellte Schwamm wächst geweihförmig mit kurzen und langen Verzweigungen. Die Schwammoberfläche ist noppig und frei von jeglichem Aufwuchs. Diese Schwammart lebt bevorzugt am Riffhang kräftig durchströmter Außenriffe.

T: 20-28 °C, **L:** 45 cm, **BS:** 4, **SG:** 4

Süd Male Atoll, Malediven

H. Erhardt

Ptilocaulis sp.
Gelber Noppenschwamm

Vork.: Indopazifik: Malediven. GU: Keine.
Hält.B.: Hinweise auf eine Aquarienhaltung konnten in der zur Verfügung stehenden Literatur nicht gefunden werden. FU: O; Plankton und Detritus.
Bes.: Die Gattung *Ptilocaulis* zeigt verschiedene Wuchsformen (siehe *P. fusiformis*). Die Oberfläche des auf dem Bild dargestellten Schwammes zeigt eine Vielzahl kurzer und unregelmäßig gestalteter Projektionen und tiefe, kraterförmige Einbuchtungen im Schwammzentrum. Er ist, was die Form und die Oberflächenstruktur betrifft, dem gereinigten und zugeschnittenen Badeschwamm des Mittelmeeres, *Spongia officinalis*, sehr ähnlich. Der Gelbe Noppenschwamm lebt am Riffhang eines Außenriffes unter einem schattigen Überhang.

T: 20-28 °C, Ø: 25 cm, BS: 4, SG: 4

Ordnung: Axinellida
Fam.: Axinellidae

Insel Palau, Mikronesien H. Erhardt

Stylissa massa (CARTER, 1881)
Massiger Klumpenschwamm

Vork.: Indopazifik: Mikronesien, Weihnachtsinseln, Andamanen, südarabisches Meer und Australien. 3-15 m. **GU**: Keine.
Hält.B.: Hinweise auf eine Aquarienhaltung dieser Art konnten in der zur Verfügung stehenden Literatur nicht gefunden werden. Nur *Stylissa carteri* ist in der Literatur vermerkt, und der Schwamm soll leicht zu pflegen sein. Er braucht eine gute Strömung und eine mittlere Beleuchtungsstärke. **FU**: O; Plankton und Detritus.
Bes.: Der massige Schwammkörper wird von verschieden dicken Schwammschloten gebildet, die miteinander verwachsen sind. Dadurch erhält der Schwamm ein klumpiges Aussehen. Die kreisrunden Löcher an der Schwammoberfläche markieren die Ausströmöffnungen der Schlote. Klumpenschwämme siedeln sowohl in seichten Lagunen, als auch an stark strömenden Riffabschnitten.

T: 20-28 °C, **L**: 30 cm,**BS**: 4, **SG**: 4

Nord Male Atoll, Malediven H. Erhardt

Stylissa flabelliformis HENTSCHEL, 1912
Oranger Ohrenschwamm

Vork.: Indopazifik: Malediven, Philippinen.
GU: Keine.
Hält.B.: Hinweise auf eine Aquarienhaltung dieser Art konnten in der zur Verfügung stehenden Literatur nicht gefunden werden.
FU: O; Plankton und Detritus.
Bes.: Schwämme dieser Art sind groß, wachsen massig und lappig mit einer sehr zerklüfteten Oberfläche. Die ohrförmige Wuchsform ist eine Anpassung an die Strömungsverhältnisse des Wassers und somit nicht obligatorisch. Der Schwammkörper auf dem Bild hat sich quer zur Strömungsrichtung des Wassers am Riffhang ausgerichtet und nur eine kleine Basis fixiert ihn am felsigen Untergrund.

T: 20-28 °C, **L**: 30 cm ; **BS**: 4, **SG**: 4

Ordnung: Halichondrida
Fam.: Halichondriidae

Raa Atoll, Malediven H. Erhardt

Axinyssa sp.
Kraterschwamm

Vork.: Indischer Ozean: Malediven.
GU: Keine.
Hält.B.: Hinweise auf eine Aquarienhaltung konnten in der uns zur Verfügung stehenden Literatur nicht gefunden werden.
FU: O; Plankton und Detritus.
Bes.: Diese Schwämme leben in Wassertiefen von über 25 m. Sie wachsen klumpig mit kraterreicher Oberfläche, die viele Auswüchse zeigt. Schwämme dieser Gattung zeigen viele Wuchsformen und Farben, die von schwarz und grün bis hin zu cremefarben und orange reichen.

T: 22-28 °C, Ø: 17 cm, BS: 4, SG: 4

Balicasag, Philippinen H. Erhardt

Didiscus sp.
Diskusschwamm

Vork.: Indopazifik: Philippinen, Mikronesien.
GU: Keine.
Hält.B.: Hinweise auf eine Aquarienhaltung konnten in der zur Verfügung stehenden Literatur nicht gefunden werden.
FU: O; Plankton und Detritus.
Bes.: Dieser Schwamm wächst hemisphärisch mit rauher und mäandroid gefalteter Oberfläche. Diese zeigt ein begrenztes Areal dicht stehender Ausströmöffnungen. Schwämme dieser Gattung findet man relativ selten. Sie leben an stark durchströmten und schattigen Riffhängen und sehen mehr einer Koralle als einem Schwamm ähnlich.

T: 20-28 °C, **Ø:**25 cm, **BS:** 4, **SG:** 4

Ordnung: HALICHONDRIDA
Fam.: Halichondriidae

Bitung, Sulawesi, Indonesien H. Erhardt

Halichondria sp.
Schwamm

Vork.: Tropischer Indopazifik.
GU: Keine.
Hält.B.: Hinweise auf eine Aquarienhaltung konnten in der zur Verfügung stehenden Literatur nicht gefunden werden.
FU: O; Plankton und Detritus.
Bes.: Der Schwammkörper wächst inkrustiert, ist semitransparent und besitzt lange, zarte und durchsichtige Schwammschlote, die nach allen Seiten abstrahlen. Standorte dieser Schwämme sind schattige Stellen tiefer Unterhöhlungen an stark strömenden Riffen.

T: 22-26 °C, **Ø**: 25 cm, **BS**: 4, **SG**: 4

Insel Palau, Mikronesien H. Erhardt

Liosina arenosa (VACELET & VASSEUR, 1971)
Sandpapier-Schwamm

Vork.: Indopazifik: Mikronesien, Philippinen. **GU**: Keine.
Hält.B.: Hinweise auf eine Aquarienhaltung dieser Art konnten in der zur Verfügung stehenden Literatur nicht gefunden werden.
FU: O; Plankton und Detritus.
Bes.: Sandpapier-Schwämme wachsen in dünnen, krustigen Lagen, mit rauher und trockener Oberfläche. Junge Kolonien zeigen eine noppenreiche "Körnung" zwischen den unterschiedlich großen Ausströmöffnungen. Ältere Schwämme verlieren dagegen ihre rauhe Oberfläche und werden pergamentartig. Hier ist dann die Schwamm-oberfläche von tiefen Rissen und Kratern begleitet. Sandpapier-Schwämme leben in dunklen und geräumigen Unterhöhlungen entlang stark strömender Außenriffe.

T: 20-28 °C, **Ø**: 25 cm, **BS**: 4, **SG**: 4

Ordnung: HALICHONDRIDA
Fam.: Halichondriidae

Süd Male Atoll, Malediven H. Erhardt

Strongylophora sp.
Lavendel-Fingerschwamm

Vork.: Indopazifik: Malediven, Mikronesien.
GU: Keine.
Hält.B.: Hinweise auf eine Aquarienhaltung konnten in der zur Verfügung stehenden Literatur nicht gefunden werden.
FU: O; Plankton und Detritus.
Bes.: Dieser Lavendelschwamm wächst in Form kurzer und fingerförmiger Verzweigungen, die sich in das freie Wasser erheben. Die Schwammoberfläche ist glatt und frei von Sediment und Aufwuchs. Nur runde und unterschiedlich große, leicht versenkte Ausströmöffnungen sind sichtbar. Lavendel-Fingerschwämme leben auf abgestorbenen Korallen, häufig am Fuße der Riffhänge in mäßig bewegtem Wasser.

T: 20-28 °C, **L**: 25 cm, **BS**: 4, **SG**: 4

Insel Komodo, Indonesien H. Erhardt

Strongylophora sp.
Zweigschwamm

Vork.: Indopazifik: Indonesien.
GU: Keine.
Hält.B.: Hinweise auf eine Aquarienhaltung konnten in der zur Verfügung stehenden Literatur nicht gefunden werden.
FU: O; Plankton und Detritus.
Bes.: Der Schwamm zeigt eine zweigförmige Wuchsform und lebt im Schatten einer tiefen Unterhöhlung. Die einzelnen Verzweigungen sind breit, kräftig und im Querschnitt oval. In ihrer Mitte befinden sich die regelmäßig angeordneten Ausströmöffnungen. Zweigschwämme sind hart in ihrer Konsistenz und frei von Aufwuchs. Fraßspuren auf der Oberfläche zeigen an, daß auch sie Feinde haben.

T: 22-26 °C, L: 40 cm, BS: 4, SG: 4

Ordnung: HALICHONDRIDA
Fam.: Hymeniacidonidae

Insel Palau, Mikronesien

H. Erhardt

Stylinos sp.
Oranger Kraterschwamm

Vork.: Indopazifik: Mikronesien. **GU**: Keine.
Hält.B.: Hinweise auf eine Aquarienhaltung konnten in der zur Verfügung stehenden Literatur nicht gefunden werden.
FU: O; Plankton und Detritus.
Bes.: Dieser Schwamm lebt in sehr tiefem Wasser auf Kalkrotalgen und zeigt eine eigenwillige Wuchsform. Die Schwammoberfläche ist kraterförmig gestaltet und zeigt eine orangefarbene Außenschicht und eine helle Innenschicht. Bei den strahlenförmig angeordneten "Fäden", die von allen Seiten vom Schwamm ausgehend in das freie Wasser strahlen, handelt es sich möglicherweise um Hydroiden. Diese Art von Schwämmen sieht man außerordentlich selten.

T: 20-28 °C, **L**: 30 cm, **BS**: 4, **SG**: 4

Insel Palau, Mikronesien H. Erhardt

Ulosa sp.
Feiner Wabenschwamm

Vork.: Indopazifik: Mikronesien.
GU: Keine.
Hält.B.: Hinweise auf eine Aquarienhaltung konnten in der zur Verfügung stehenden Literatur nicht gefunden werden.
FU: O; Plankton und Detritus.
Bes.: Die Oberfläche dieses Schwammes zeigt eine eigenwillige und unregelmäßig gestaltete Gitterstruktur, die feinen, wabenähnlichen Figuren gleicht. Der Schwamm wächst im Schatten großräumiger Unterhöhlungen und liegt breit und flach dem Untergrund auf. Seine Oberfläche ist stets frei von Aufwuchs und auch in den wabenähnlichen Vertiefungen hat sich nie Sediment abgesetzt.

T: 20 - 28 °C, **L**: 20 cm, **BS**: 4, **SG**: 4

Manado, Sulawesi, Indonesien — H. Erhardt

Mycale cf. *cockburniana* HENTSCHEL, 1911
Cockburns Schwamm

Vork.: Tropischer Indopazifik. 1-18 m.
GU: Keine.
Hält.B.: Hinweise auf eine Aquarienhaltung dieser Art konnten in der zur Verfügung stehenden Literatur nicht gefunden werden.
FU: O; Plankton und Detritus.
Bes.: Der Schwammkörper ist weich, zusammendrückbar und besitzt große Ausströmöffnungen. Die Oberfläche ist rauh, zeigt spitze Ausstülpungen und membranähnliche Fenster. Lila Zeichnungen befinden sich auf der hellen Schwammoberfläche. Cockburns Schwämme leben an stark strömenden Riffabfällen im Schatten von Überhängen und Unterhöhlungen.

T: 22-26 °C, **L**: 15-30 cm, **BS**: 4, **SG**: 4

Insel Bunaken, Nordsulawesi, Indonesien H. Erhardt

(?) *Mycale* sp.
Schwamm

Vork.: Indopazifik: Indonesien. **GU**: Keine.
Soz.Verh./Vgs.: Dieser Schwamm lebt offensichtlich in einer Symbiose mit der Oktokoralle aus der Gattung *Carijoa*.
Hält.B.: Hinweise auf eine Aquarienhaltung konnten in der zur Verfügung stehenden Literatur nicht gefunden werden.
FU: O; Plankton und Detritus.
Bes.: Der Taxonom hatte hier große Schwierigkeiten, die Schwammgattung zu benennen, was nicht verwundert, denn man muß den Schwamm in der Oktokoralle erst einmal finden. Die *Carijoa* hat sich einen exponierten Standort auf einer Hornkoralle als Siedlungsplatz ausgesucht, wo Strömungen und damit Plankton sie erreichen, was selbstverständlich auch für den Schwamm von Vorteil ist.

T: 22-27 °C, **L**: 15 cm, **BS**: 4, **SG**: 4

Insel Bunaken, Sulawesi, Indonesien H. Erhardt

Myrmekioderma sp.
Schleimschwamm

Vork.: Tropischer Indopazifik.
GU: Keine.
Hält.B.: Hinweise auf eine Aquarienhaltung konnten in der zur Verfügung stehenden Literatur nicht gefunden werden.
FU: O; Plankton und Detritus.
Bes.: Die Schwammoberfläche trägt polygonale Platten, die voneinander durch Furchen getrennt sind. In ihnen liegen die Ostien. Diese Schwämme sind dafür bekannt, daß sie viel Schleim produzieren, wenn sie verletzt sind. Ihr Lebensraum sind schattige Standorte unter Überhängen und in Höhlen gut durchströmter Riffe.

T: 22-26 °C, **Ø**: 30 cm, **BS**: 4, **SG**: 4

Raa Atoll, Malediven H. Erhardt

Phorbas sp.
Fingerschwamm

Vork.: Indischer Ozean: Malediven.
GU: Keine.
Hält.B.: Hinweise auf eine Aquarienhaltung konnten in der uns zur Verfügung stehenden Literatur nicht gefunden werden.
FU: O; Plankton und Detritus.
Bes.: Dieser Schwamm lebt unter einem schattigen Überhang und streckt seine Verzweigungen in das Lumen der Unterhöhlung. Die einzelnen Verzweigungen sind dünn, fast rund im Querschnitt und zeigen eine knotige Oberfläche. Die Ausströmöffnungen sind kraterförmig und scharf umrandet.

T: 23-28 °C, **L**: 35 cm, **BS**: 4, **SG**: 4

Ordnung: Poecilosclerida
Fam.: Anchiuridae

Manado, Sulawesi, Indonesien H. Erhardt

(?) *Phorbas* sp.
Gelber Mattenschwamm

Vork.: Tropischer Indopazifik.
GU: Keine.
Hält.B.: Hinweise für eine Aquarienhaltung konnten in der zur Verfügung stehenden Literatur nicht gefunden werden.
FU: O; Plankton und Detritus.
Bes.: Der Schwammkörper zeigt eine zerfurchte Oberfläche mit kleinen Einsenkungen und wenigen, doch großen Ausströmöffnungen. Er fühlt sich lederartig an, ist gelb bis gelborange in der Farbe und überzieht abgestorbenes Korallengestein. Die Oberfläche ist stets frei von Auflagerungen. Der abgebildete Schwamm lebt an der Wand einer schattigen Unterhöhlung.

T: 22-26 °C, **Ø:** 15 cm, **BS:** 4, **SG:** 4

Insel Komodo, Indonesien H. Erhardt

Coelocarteria sp.
Igelschwamm

Vork.: Indopazifik: Indonesien, Mikronesien, Papua Neuguinea.
GU: Keine.
Hält.B.: Hinweise auf eine Aquarienhaltung konnten in der zur Verfügung stehenden Literatur nicht gefunden werden.
FU: O; Plankton und Detritus.
Bes.: Der sphärische Schwammkörper ist von unterschiedlich langen und dicken Schwammausläufern bestanden, die sich ganz besonders an der Schwammperipherie häufen. Sie strahlen nach allen Seiten und können geöffnet und geschlossen werden, da sie von Ein- und Ausströmöffnungen besetzt sind. Auch können sie unterschiedlich gefärbt sein, wobei braune Schwammausläufer am häufigsten vorkommen. Igelschwämme bevorzugen mobile Böden, in die sie gelegentlich so tief einsinken, daß nur noch ihre Schwammausläufer und die zentrale Ausströmöffnung aus dem Sediment herausschauen.

T:22-26 °C, Ø: 18 cm, BS: 4, SG: 4

Insel Cebu, Philippinen H. Erhardt

Monanchora clathrata CARTER, 1883

Roter Geweihschwamm

Vork.: Indopazifik: Philippinen.

GU: Keine

Hält.B.: Hinweise für eine Aquarienhaltung dieser Art konnten in der zur Verfügung stehenden Literatur nicht gefunden werden.

FU: O; Plankton und Detritus.

Bes.: Rote Geweihschwämme überziehen abgestorbene Korallen und lassen ihre kurzen, aber kräftigen Verzweigungen nach allen Seiten auswachsen. Auf ihnen befinden sich die unterschiedlich großen Ausströmöffnungen. Rote Geweihschwämme siedeln im Schatten von Überhängen und Höhlen in fast allen für Taucher erreichbaren Wassertiefen.

T: 20-28 °C, Ø: 20 cm, BS: 4, BS: 4, SG: 4

Insel Palau, Mikronesien H. Erhardt

Monanchora unguiculata (DENDY, 1922)
Roter Krustenschwamm

Vork.: Indopazifik: Mikronesien. Australien, Torresstraße, indomalayische Region.
GU: Keine.
Hält.B.: Hinweise auf eine Aquarienhaltung dieser Art konnten in der zur Verfügung stehenden Literatur nicht gefunden werden. **FU:** O; Plankton und Detritus.
Bes.: Rote Krustenschwämme sind aggressive Sekundärsiedler, die ihre Unterlagen krustig überziehen und Korallen abtöten. Man bezeichnet sie auch als Korallenkiller. Selbst in dunklen Unterhöhlungen sind sie aktiv und überziehen Korallengestein großflächig. Zu den etwas erhobenen Ausströmöffnungen führen sternförmig angeordnete Schwammkanäle, die das gefilterte Wasser den Öffnungen zuführen. Rote Krustenschwämme siedeln in fast alle Wassertiefen und sind nicht auf eine einzige Korallenart spezialisiert.

T: 20-28 °C, **Ø:** 15 cm, **BS:** 4, **SG:** 4

Ordnung: POECILOSCLERIDA
Fam.: Esperiopsidae

Insel Palau, Mikronesien H. Erhardt

Monanchora sp.
Krustiger Strahlenschwamm

Vork.: Indopazifik: Mikronesien.
GU: Keine.
Hält.B.: Hinweise auf eine Aquarienhaltung konnten in der zur Verfügung stehenden Literatur nicht gefunden werden.
FU: O; Plankton und Detritus.
Bes.: Der auf dem Bild dargestellte Schwamm überzieht abgestorbene Korallen krustenförmig. Deutlich ausgeprägte Schwammkanäle führen sternförmig zu den etwas erhöht stehenden Ausströmöffnungen. Krustige Strahlenschwämme siedeln an dunklen Stellen von Unterhöhlungen.

T: 20-28 °C, Ø: 25 cm, BS: 4, SG: 4

Insel Komodo, Indonesien H. Erhardt

Monanchora sp.
Roter Krustenschwamm

Vork.: Indopazifik: Indonesien, Mikronesien, bis in den Westpazifik. GU: Keine.
Hält.B.: Hinweise auf eine Aquarienhaltung konnten in der zur Verfügung stehenden Literatur nicht gefunden werden.
FU: O; Plankton und Detritus.
Bes.: Rote Krustenschwämme sind schnelle und aggressive Siedler, die freie Plätze im Riff sofort besetzen und auch lebende Korallen sehr schnell zerstören. Sie wachsen überwiegend krustig, mit aufgestellten Schloten, die sich nach oben hin verengen. Sie sind weit verbreitet und besonders an Riffen zu finden, die durch einen erhöhten Sedimenteintrag beeinflußt sind. Auch Teile von Wracks bedecken sie großräumig. Die Farbe der Schwämme variiert von weiß, gelb und goldfarben bis hin zu rosa und rot.

T: 22-26 °C, Ø: 30 cm, BS: 4, SG: 4

Insel Palau, Mikronesien

H. Erhardt

Aka sp.
Heller Bohrschwamm

Vork: Indopazifik: Mikronesien.
GU: Keine.
Hält.B.: Hinweise auf eine Aquarienhaltung konnten in der zur Verfügung stehenden Literatur nicht gefunden werden.
FU: O; Plankton und Detritus.
Bes.: Bereits die Larve setzt sich auf Korallen fest und läßt sich vom Korallengewebe umwachsen. Der nicht sichtbare Teil des Schwammes bohrt im Korallenblock. Nur die Schwammschlote werden in das freie Wasser ausgestreckt, wo sie das Niveau der Korallenoberfläche weit überragen. Die Gattung *Aka* ist im Indopazifik mit mehreren Arten vertreten, die sich auch farblich voneinander unterscheiden.

T: 20-28 °C, L: 4 cm, BS: 4, SG: 4

Insel Bonaire, Niederländische Antillen H. Erhardt

Agelas clathrodes (SCHMIDT, 1870)
Elefantenohrschwamm

Vork.: Karibisches Meer, Florida, Bahamas, Brasilien.
GU: Keine.
Hält.B.: Hinweise auf eine Aquarienhaltung dieser Art konnten in der zur Verfügung stehenden Literatur nicht gefunden werden.
FU: O; Plankton, Detritus.
Bes.: Die großen Schwammkolonien wachsen kugel- und scheiben- bis ohrenförmig. Ein zentral gelegenes Osculum fehlt den meisten Schwämmen. Die Wuchsform ist abhängig von verschiedenen ökologischen Faktoren. Die Schwammoberfläche ist stets stark zerklüftet und wird von einer Vielzahl von Wirbellosen besiedelt.

T: 20-26 °C, Ø: 80 cm, BS: 4, SG: 4

Apoinsel, Philippinen H. Erhardt

Agelas gracilis (WHITELEGGE, 1902)
Schlanker Fingerschwamm

Vork.: Indopazifik: Philippinen. **GU**: Keine.
Hält.B.: Hinweise auf eine Aquarienhaltung dieser Art konnten in der zur Verfügung stehenden Literatur nicht gefunden werden.
FU: O; Plankton und Detritus.
Bes.: Schlanke Fingerschwämme wachsen in Form langer und gebogener Verzweigungen. Diese sind unterschiedlich lang, unterschiedlich dick und besitzen auf ihrer Oberfläche verschieden große Ausströmöffnungen. Das Bild zeigt die Besiedlung dieses Schwammgeflechtes mit einem anderen Schwamm, mit Moostierchen und einer Kolonie von Seescheiden. Schlanke Fingerschwämme sind sehr flexibel, damit starken Wasserbewegungen angepaßt und sie leben an schattigen Stellen stark durchströmter Riffe.

T: 20-28 °C, **L**: variabel, **BS**: 4, **SG**: 4

Fam.: Desmacididae

Insel Komodo, Indonesien

H. Erhardt

Strongylacidon nov. sp.
Membranenschwamm

Vork.: Indopazifik: Indonesien. GU: Keine.
Hält.B.: Hinweise auf eine Aquarienhaltung konnten in der zur Verfügung stehenden Literatur nicht gefunden werden. FU: O; Plankton und Detritus.
Bes.: Diese Schwammart ist neu und muß noch beschrieben werden. Man kennt bereits einige Arten aus dieser Gattung, doch sie alle besitzen andere, fast ausschließlich inkrustierte Wuchsformen. Der auf dem Bild gezeigte Schwamm wächst in eigenwillig geformten Schwammröhren, wie man sie selten zu sehen bekommt. Ein Schwammgeflecht formt die langen Schlote und spart dabei "Fenster" aus, die durch feine, dünne und transparente Membranen ausgefüllt werden. Alle Schwammröhren erheben sich aus einer gemeinsamen Masse. Sie sind flexibel und stark strömendem Auftriebswasser ausgezeichnet angepaßt.

T: 18-26 °C, L: 45 cm, BS: 4, SG: 4

Ordnung: POECILOSCLERIDA
Fam.: Microcionidae

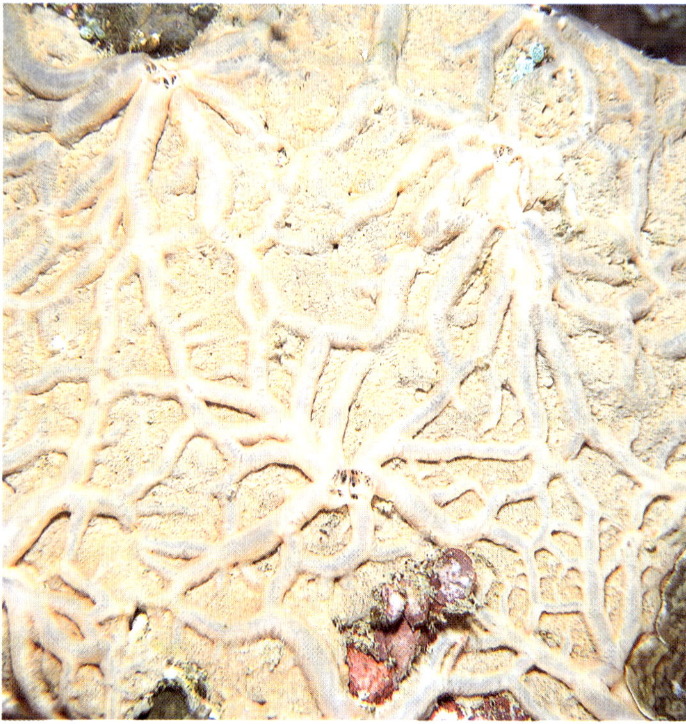

Insel Bunaken, Sulawesi, Indonesien H. Erhardt

Echinochalina sp.
Aderschwamm

Vork.: Tropischer Indopazifik.
GU: Keine.
Hält.B.: Hinweise auf eine Aquarienhaltung konnten in der zur Verfügung stehenden Literatur nicht gefunden werden.
FU: O; Plankton und Detritus.
Bes.: Aderschwämme wachsen krustig und überziehen abgestorbene Unterlagen. Auffallend sind die vielen transparenten Wasserkanäle, die Adern gleich zu den Ausströmöffnungen führen und hier sternförmig zusammenlaufen. Diese Schwämme sind sehr aggressiv gegenüber Raumkonkurrenten. Sie siedeln an schattigen Stellen in allen Riffbereichen.

T: 22-26 °C, Ø: 55 cm, BS: 4, SG: 4

Insel Bali, Indonesien

H. Erhardt

Clathria basilana LEVI, 1961

Röhrenschwamm

Vork.: Indopazifik: Indonesien, Mikronesien, Philippinen.
GU: Keine.
Hält.B.: Hinweise auf eine Aquarienhaltung dieser Art konnten in der zur Verfügung stehenden Literaturnicht gefunden werden.
FU: O; Plankton und Detritus.
Bes.: Die Schwämme wachsen aufrecht und mit unterschiedlich langen Schwammschloten, die sich aus einer gemeinsamen Basis erheben. Die Schwammoberfläche ist rauh und von unterschiedlich großen und langen Tuberanzen bestanden. Schlangensterne leben in ihren Vertiefungen und Haarsterne erklimmen sie in der Nacht. Röhrenschwämme dieser Art variieren sowohl in ihrer Wuchsform, als auch in ihrer Farbe.

T: 22-26 °C, **L**: 30 cm, **BS**: 4, **SG**: 4

Ordnung: Poecilosclerida
Fam.: Clathriidae

Clathria sp. H. Erhardt

Clathria sp. H. Erhardt

Insel Bunaken, Sulawesi, Indonesien H. Erhardt

Clathria sp.
Roter Krustenschwamm

Vork.: Tropischer Indopazifik. **GU**: Keine.
Hält.B.: Hinweise auf eine Aquarienhaltung konnten in der zur Verfügung stehenden Literatur nicht gefunden werden.
FU: O; Plankton und Detritus.
Bes.: Der Schwamm überzieht als dünne Lage abgestorbene Korallen, Steine oder Muschelschalen und erobert mit seiner Aggressivität immer mehr Raum im Riff. Das Bild zeigt, wie er eine hemisphärisch wachsende Koralle, eine Kolonie Wurmschnecken und die Verzweigungen einer Hornkoralle bereits erobert und mit seiner Schwammlage überzogen hat. Die wurzelförmig angeordneten Wasserkanäle führen zu zentral gelegenen Ausströmöffnungen. Der Schwammkörper ist stets frei von auflagernder Sedimentation.

T: 22-26 °C, **Ø**: 35 cm, **BS**: 4, **SG**: 4

Ordnung: Poecilosclerida
Fam.: Crellidae

Manado, Indonesien H. Erhardt

Crella sp.
Warziger Schwamm

Vork.: Indopazifik: Indonesien.
GU: Keine.
Hält.B.: Hinweise auf eine Aquarienhaltung konnten in der zur Verfügung stehenden Literatur nicht gefunden werden.
FU: O; Plankton und Detritus.
Bes.: Warzige Schwämme bedecken mit ihren dünnen Lagen abgestorbenes Korallengestein und passen sich den Unebenheiten des Untergrundes an. Aus diesem Grunde besitzen sie auch keine typische Wuchsform. Die Schwammoberfläche besitzt warzige Einströmöffnungen und wenige, etwas erhöht stehende Ausströmöffnungen. Die Farbe der Schwammlagen variiert von grau und braun bis hin zu gelb und gelbgrün.

T: 22-26 °C, **L**: 25 cm, **BS**: 4, **SG**: 4

Insel Bunaken, Sulawesi, Indonesien

H. Erhardt

Anamyxilla torresi POLEJAEFF, 1884
Alabaster-Röhrenschwamm

Vork.: Tropischer Indopazifik. Australien und Westpazifik.
GU: Keine.
Hält.B.: Hinweise auf eine Aquarienhaltung dieser Art konnten in der zur Verfügung stehenden Literatur nicht gefunden werden.
FU: O; Plankton und Detritus.
Bes.: Der helle Schwammkörper besteht aus einem System mehrerer Schwammschlote, die miteinander verbunden und am Substrat befestigt sind. Die Schwammschlote sind zart, dünnwandig und haben eine erweiterte, fast transparente Ausströmöffnung. Ihr Siedlungsraum sind schattige Unterhöhlungen und Höhlen in Riffabschnitten, wo starke Wasserströmungen vorherrschen.

T: 22-26 °C, **L:** 8 cm, **BS:** 4, **SG:** 4

Ordnung: Poecilosclerida
Fam.: Myxillidae

Maumere Bay, Indonesien H. Erhardt

Ectyodoryx sp.
Gelber Krustenschwamm

Vork.: Indopazifik: Indonesien.
GU: Keine.
Hält.B.: Hinweise auf eine Aquarienhaltung konnten in der zur Verfügung stehenden Literatur nicht gefunden werden.
FU: O; Plankton und Detritus.
Bes.: Gelbe Krustenschwämme siedeln an schattigen Stellen von Überhängen. Sie wachsen geduckt auf abgestorbenen Substraten und umfließen ihre Siedlungsnachbarn. So erobern sie mit ihrer Aggressivität neuen Siedlungsraum. Die dünne Schwammlage paßt sich den Unebenheiten des Untergrundes gut an. Nur die Schlote der Ausströmöffnungen überragen das Niveau des Schwammkörpers.

T: 22-26 °C, **Ø**: 45 cm, **BS**: 4, **SG**: 4

Baa Atoll, Malediven H. Erhardt

Iophon laevistylus DENDY, 1924
Kleiner Röhrenschwamm

Vork.: Indischer Ozean, Macquarie Island, Lusitana Bay und Neuseeland, bis 69 m Tiefe.
GU: Keine.
Hält.B.: Hinweise auf eine Aquarienhaltung dieser Art konnten wir in der uns zur Verfügung stehenden Literatur nicht finden.
FU: Filtrierer; Plankton und Detritus.
Bes.: Aus einer gemeinsamen Schwammbasis entspringen kurze, doch kräftige Schwammschlote, die sich apikal gabeln. Die relativ kleinen Schwammkörper leben an schattigen und dunklen Stellen von Höhlen und Unterhöhlungen.

T: 23-29 °C, **L**: 8 cm, **BS**: 4, **SG**: 4

Insel Giglio, Italien H. Erhardt

Haliclona cratera (SCHMIDT, 1862)
Kraterschwamm

Vork.: Mittelmeer, Atlantik.
GU: Keine.
Hält.B.: Hinweise auf eine Aquarienhaltung dieser Art konnten in der zur Verfügung stehenden Literatur nicht gefunden werden.
FU: O; Plankton und Detritus.
Bes.: Kraterschwämme wachsen blasig, mit tiefen Einbuchtungen und Kratern. Die gesamte Schwammoberfläche wirkt unruhig und zerklüftet, wobei an den kräftigen Vorwölbungen die Ausströmöffnungen stehen. Schwämme dieser Art werden nicht groß und wachsen auch nicht umfangreich. Sie siedeln bevorzugt an schattigen Stellen von Unterhöhlungen oder am Höhlenrand im oberen Felslitoral.

T: 8-20 °C, **Ø**: 15 cm, **BS**: 4, **SG**: 4

Insel Bunaken, Sulawesi, Indonesien

H. Erhardt

Haliclona (*Kallypilidion*) *fascigera* (HENTSCHEL, 1912)
Großer Röhrenschwamm

Vork.: Rotes Meer, Indopazifik: Von Ostafrika bis Japan und Australien. **GU**: Keine.
Hält.B.: Hinweise auf eine Aquarienhaltung dieser Art konnten in der zur Verfügung stehenden Literatur nicht gefunden werden.
FU: O; Plankton und Detritus.
Bes.: Eine graublaue Farbvariante aus dem Roten Meer hatten wir bereits im MEERWASSER ATLAS, Band 2, Seite 84, vorgestellt. Der Schwamm wächst mit aufrechten, doch etwas gebogenen Schloten, die alle einer gemeinsamen Basis entspringen. Die Röhren sind weich und elastisch, da ihrem Spongingerüst Festigungselemente fehlen. Der relativ glatte Oberfläche hat Millionen winziger Einströmöffnungen. Weitere Informationen im MEERWASSER ATLAS, Band 2.

T: 22-26 °C, **L**: 5-20 cm, **BS**: 4, **SG**: 4

Insel Giglio, Italien H. Erhardt

Haliclona fulva TOPSENT, 1892
Klumpenschwamm

Vork.: Mittelmeer, Atlantik.
GU: Keine.
Hält.B.: Hinweise auf eine Aquarienhaltung dieser Art konnten in der zur Verfügung stehenden Literatur nicht gefunden werden.
FU: O; Plankton und Detritus.
Bes.: Klumpenschwämme sind Tiere des Felslitorals. Hier siedeln sie mit unregelmäßig geformten Oberflächen direkt dem Hartsubstrat aufliegend. Die kreisrunden Öffnungen der etwas erhöht stehenden Schlote markieren die Ausströmöffnungen. Die ganze Schwammoberfläche ist von Einströmöffnungen durchlöchert. Klumpenschwämme sind weitgehend frei von Aufwuchs und Sedimentauftrag.

T:8-18 °C, **Ø**: 15 cm, **BS**: 4, **SG**: 4

Insel Lombock, Indonesien H. Erhardt

Haliclona nematifera DE LAUBENFELS, 1954
Variabler Strahlenschwamm

Vork.: Indopazifik: Indonesien, Mikronesien, Philippinen.
GU: Keine.
Hält.B.: Hinweise auf eine Aquarienhaltung dieser Art konnten in der zur Verfügung stehenden Literatur nicht gefunden werden.
FU: O; Plankton und Detritus.
Bes.: Schwämme dieser Art sind gefährliche Raumkonkurrenten für alle weniger aggressiven und sessilen Wirbellosen im Riff. Die dünne Schwammlage, die den Untergrund überzieht und bedeckt, erstickt alles, was darunter gelebt hat. Die Schwammoberfläche zeigt sternförmig angeordnete Kanäle, die in den Ausströmöffnungen zusammenlaufen. Helle Skelettnadeln sind in der krustigen Schwammlage sichtbar.

T: 22-26 °C, **Ø:** 25 cm, **BS:** 4, **SG:** 4

Bitung, Sulawesi, Indonesien H. Erhardt

Haliclona sp. (?) *roozendali*
Roozendals Röhrenschwamm

Vork.: Tropischer Indopazifik.
GU: Keine.
Hält.B.: Hinweise auf eine Aquarienhaltung dieser Art konnten in der zur Verfügung stehenden Literatur nicht gefunden werden.
FU: O; Plankton und Detritus.
Bes.: Diese Schwämme wachsen in vielgestaltigen, aufrechten Röhren, die von harter Konsistenz sind. Sie bröckeln, wenn man kräftig zupackt. Auch die Ausströmöffnungen nehmen vielgestaltige Formen an, doch immer sind ihre Ränder hell abgesetzt. Roozendals Röhrenschwämme wachsen in Gruppen bevorzugt in Stillwasserbereichen der Riffe.

T: 22-26 °C, **L:** 45 cm, **BS:** 4, **SG:** 4

Insel Cebu, Philippinen H. Erhardt

Haliclona sp.
Unregelmäßig wachsende Schwämme

Vork.: Indopazifik: Australien, Philippinen, Mikronesien. GU: Keine.
Hält.B.: Hinweise auf eine Aquarienhaltung konnten in der zur Verfügung stehenden Literatur nicht gefunden werden.
FU: O; Plankton und Detritus.
Bes.: Die Gattung *Haliclona* ist in allen Weltmeeren mit vielen Arten vertreten. Sie alle zeigen recht unterschiedliche Wuchsformen, die von Bechern, Platten, Trauben, Schloten und Röhren bis hin zu eigenartigen und skurrilen Formen reichen. Sie besiedeln fast alle Riffbereiche und sind auch in schattigen Höhlen und unter Überhängen reich vertreten. Die Farbe der Schwämme ist variabel und reicht von blau, olivgrün, orange und rosa bis hin zu violett.

T: 20-28 °C, Ø: variabel, BS: 4, SG: 4

Insel Palau, Mikronesien

H. Erhardt

"*Kallypilidion*" (= *Haliclona*) *poseidon* DE LAUBENFELS, 1954
Poseidonschwamm

Vork.: Indopazifik: Mikronesien.
GU: Keine.
Hält.B.: Hinweise auf eine Aquarienhaltung dieser Art konnten in der zur Verfügung stehenden Literatur nicht gefunden werden.
FU: O; Plankton und Detritus.
Bes.: Schwämme dieser Art wachsen auf kleiner Basis scheiben- bis trichterförmig. Die Schwammoberfläche ist überwiegend glatt. Nur einige fädige Projektionen, die sich gelegentlich verzweigen, fallen am Trichterrand und an der Außenseite des Schwammtrichters auf. Eine ganze Anzahl von wurmähnlichen Seewalzen der Gattung *Synaptula* reinigt die Schwammoberfläche von organischen Resten und Suspensionspartikeln.

T: 20-28 °C, **Ø**: 60 cm, **BS**: 4, **SG**: 4

Fam.: Niphatidae

Nord Male Atoll, Malediven H. Erhardt

Amphimedon sp. aff. *viridis* (DUCHASSIANG & MICHELOTTI, 1864)
Variabler Hornschwamm

Vork.: Indischer Ozean, Malediven, Amiranten, Westpazifik und Japan. **GU:** Keine.
Hält.B.: Hinweise auf eine Aquarienhaltung dieser Art konnten in der zur Verfügung stehenden Literatur nicht gefunden werden.
FU: O; Plankton und Detritus.
Bes.: Variable Hornschwämme wachsen in verschiedenen Formen. Sie schieben ihre Schwammkörper so über das Substrat, wie der Widerstand es zuläßt und wie sie es gerade erobert haben. Meist wächst der Schwammkörper krustig mit gerichteten Ausläufern und erhebt sich nur geringfügig über den Untergrund. Die relativ glatte Schwammoberfläche läßt viele runde Ausströmöffnungen erkennen. Ihr Lebensraum sind schattige Stellen im Riff.

T: 20-28 °C, **Ø:** 20 cm, **BS:** 4, **SG:** 4

Ordnung: Haplosclerida
Fam.: Niphatidae

Insel Bunaken, Sulawesi, Indonesien H. Erhardt

(?) *Amphimedon* sp.
Hornschwamm

Vork.: Tropischer Indopazifik.
GU: Keine.
Hält.B.: Hinweise auf eine Aquarienhaltung konnten in der zur Verfügung stehenden Literatur nicht gefunden werden.
FU: O, Plankton und Detritus.
Bes.: Es ist nicht sicher, ob der auf dem Bild gezeigte Schwamm überhaupt zu der angenommenen Gattung gehört. Seine Oberfläche ist glatt, zeigt sporadisch verteilt die größeren Ausströmöffnungen und die lappigen Ausläufer. Dieser Schwamm wächst am Riffgrund in größerer Wassertiefe.

T: 22-26 °C, **Ø**: 25 cm, **BS**: 4, **SG**: 4

Lizard Island, Australien H. Erhardt

Gelliodes sp.
Lappiger Hornschwamm

Vork.: Indopazifik: Australien.
GU: Keine.
Hält.B.: Hinweise auf eine Aquarienhaltung konnten in der zur Verfügung stehenden Literatur nicht gefunden werden.
FU: O; Plankton und Detritus.
Bes.: Diese Schwämme wachsen in breiten, flachen und fransigen Lagen. Man erkennt an den Kolonierändern deutlich die Sponginfasern. Die Schwammoberfläche ist rauh und von vielen Ein- und Ausströmöffnungen perforiert. Sie ist stets frei von Aufwuchs. Hornschwämme dieser Art wachsen in schattigen Unterhöhlungen und großräumigen Überhängen gut durchströmter Außenriffe.

T: 20-28 °C, **Ø**: 25 cm, **BS**: 4, **SG**: 4

Insel Lombok, Indonesien H. Erhardt

Niphates sp. nov.
Fächer-Hornschwamm

Vork.: Indopazifik: Indonesien. **GU**: Keine.
Hält.B.: Hinweise auf eine Aquarienhaltung konnten in der zur Verfügung stehenden Literatur nicht gefunden werden.
FU: O; Plankton und Detritus.
Bes.: Dieser Hornschwamm zeigt eine ungewöhnliche Wuchsform: Ihm fehlt eine zentrale Ausströmöffnung. Statt dessen siedelt er mit breiter Basis auf festem Untergrund und wächst flächig in Form eines Fächers in die Breite. Die Schwammoberfläche zeigt deutlich die einzelnen Sponginfasern, die an der Schwammperipherie ausfransen. Fächerhornschwämme siedeln unter schattigen Überhängen an steilen Riffabfällen. Der auf dem Bild dargestellte Schwamm ist noch nicht beschrieben.

T: 20-26 °C, **Ø**: 45 cm, **BS**: 4, **SG**: 4

Maumere Bay, Indonesien H. Erhardt

Niphates sp.
Pseudopodien-Schwamm

Vork.: Indopazifik: Indonesien.
GU: Keine.
Hält.B.: Hinweise auf eine Aquarienhaltung konnten in der zur Verfügung stehenden Literatur nicht gefunden werden.
FU: O; Plankton und Detritus.
Bes.: Dieser Schwamm ist eigenwillig in seiner Wuchsform. Ein zusammenhängender Schwammkörper ist nicht ausgebildet. Statt dessen besitzt er eine Vielzahl von Projektionen, die ähnlich Pseudopodien nach allen Richtungen ausstrahlen. Angeheftet an den Untergrund ist das Schwammgebilde nur an wenigen Stellen. Pseudopodien-Schwämme leben im tiefen Wasser stiller und schattiger Unterhöhlungen.

T: 22-26 °C, **Ø:** 35 cm, **BS:** 4, **SG:** 4

Manado, Indonesien H. Erhardt

Callyspongia aerizusa DESQUEYROUX-FAUNDEY, 1984
Vasenschwamm

Vork.: Vom Roten Meer bis in den Westpazifik. Neukaledonien. **GU**: Keine.
Hält.B.: Hinweise auf eine Aquarienhaltung dieser Art konnten in der zur Verfügung stehenden Literatur nicht gefunden werden.
FU: O; Plankton und Detritus.
Bes.: Vasenschwämme wachsen auf abgestorbenem Korallengestein und zeigen verschiedene Wuchsformen. Ihre Schlote sind sehr flexibel, verschieden lang, unterschiedlich im Durchmesser und häufig gebogen. Der Rand der Ausströmöffnung ist erweitert und von feinen Sponginprojektionen bestanden. Die Schwammoberfläche ist rauh. Vasenschwämme dieser Art siedeln am Riffhang und behaupten sich ganz besonders gut im stark strömenden Wasser.

T: 20-26 °C, **L**: 35 cm, **BS**: 4, **SG**: 4

Insel Manukan, Sabah, Borneo H. Erhardt

Callyspongia (?) *diffusa* RIDLEY, 1884
Kannenschwamm

Vork.: Indopazifik: Indischer Ozean, Malaysia bis in den Westpazifik. Bis 18 m Tiefe.
GU: Keine.
Hält.B.: Hinweise auf eine Aquarienhaltung dieser Art konnten in der zur Verfügung stehenden Literatur nicht gefunden werden.
FU: O; Plankton und Detritus.
Bes.: Diese Schwämme wachsen unterschiedlich verzweigt, mit kurzen oder langen Schloten, die spitze und fransige Schwammprojektionen besitzen. Die Schwammoberfläche ist rauh und zeigt seitlichen Auswüchse, die sehr flexibel sind. Häufig siedeln Kannenschwämme auf Korallen, deren Gewebe sie relativ schnell zerstören, um für sich selbst einen Siedlungsplatz zu schaffen.

T: 20-28 °C, **L:** 20 cm, **BS:** 4, **SG:** 4

Callispongia fibrosa H. Erhardt

Insel Komodo, Indonesien H. Erhardt

Callyspongia fibrosa RIDLEY & DANDY, 1886

Faserschwamm

Vork.: Indopazifik: Mikronesien. **GU:** Keine.
Hält.B.: Hinweise auf eine Aquarienhaltung dieser Art konnten in der zur Verfügung stehenden Literatur nicht gefunden werden.
FU: O; Plankton und Detritus.
Bes.: Aus einer gemeinsamen Basis wachsen mehrere Schwammverzweigungen in das freie Wasser. Die gesamte Schwammoberfläche ist stark zerklüftet und außerordentlich viele und feine Schwammfasern strahlen nach allen Seiten ab. Große und kreisrunde Ausströmöffnungen durchsetzen den Schwamm. Sein Lebensraum sind schattige Plätze unter Überhängen und in Nischen, wo er geduckt an vertikalen Wänden wächst.

T: 20-28 °C, **L:** 25 cm, **BS:** 4, **SG:** 4

Ordnung: HAPLOSCLERIDA
Fam.: Callyspongiidae

Insel Komodo, Indonesien H. Erhardt

Callyspongia flammea DESQUEYROUX-FAUNDERY 1984
Folienschwamm

Vork.: Indopazifik: Indonesien, Mikronesien, Philippinen. **GU**: Keine.
Hält.B.: Hinweise auf eine Aquarienhaltung dieser Art konnten in der zur Verfügung stehenden Literatur nicht gefunden werden. **FU**: O; Plankton und Detritus.
Bes.: Folienschwämme bilden dünne Lagen, aus denen sich die Schwammvasen formen. Sie sind entweder an der Basis oder seitlich auf festen Unterlagen angewachsen und zeigen oft eine gerillte Oberflächenstruktur. Die Ränder des großen und zentral gelegenen Osculums sind dünn ausgezogen und fast transparent. Folienschwämme sind Tiere dunkler Räume und leben bevorzugt in großräumigen Unterhöhlungen und in tiefen Spalten. Da, wo das Wasser gelegentlich stark strömt, sind viele der Schwammkörper ausgefranst und auseinandergerissen.

T: 22-26 °C, **L**: 45 cm, **BS**: 4, **SG**: 4

Insel Komodo, Indonesien H. Erhardt

Callyspongia hispidoconulosa DESQUEYROUX - FAUNDEY, 1984
Vulkanschwamm

Vork.: Indopazifik: Indonesien, Mikronesien, Philippinen.
GU: Keine.
Hält.B.: Hinweise auf eine Aquarienhaltung dieser Art konnten in der zur Verfügung stehenden Literatur nicht gefunden werden.
FU: O; Plankton und Detritus.
Bes.: Diese Schwammart wächst bevorzugt an senkrechten Wänden tiefer Unterhöhlungen und überzieht den Untergrund mit ihren dicken, weichen und noppigen Lagen. Die scharf umrandeten Ausströmschlote sind wie kleine Vulkane angeordnet, die dicht und erhöht nebeneinander stehen.

T: 22-26 °C, Ø: 40 cm, BS: 4, SG: 4

Ordnung: HAPLOSCLERIDA
Fam.: Callyspongiidae

Insel Komodo, Indonesien H. Erhardt

Callyspongia joubini (TOPSENT, 1897)
Joubinis Kraterschwamm

Vork.: Indopazifik: Indonesien, Mikronesien, Philippinen. Im Flachwasser.
GU: Keine.
Hält.B.: Hinweise auf eine Aquarienhaltung dieser Art konnten in der zur Verfügung stehenden Literatur nicht gefunden werden.
FU: O; Plankton und Detritus.
Bes.: Joubinis Schwämme wachsen in dicken Lagen auf festen Unterlagen. Die Schwammoberfläche ist rauh und zeigt kraterförmige Einsenkungen. Spitze Projektionen aus Sponginfasern umstehen den Schwamm. Die Farbe der Tiere ist variabel und richtet sich auch nach dem Standort. Bevorzugt leben diese Schwämme an den vertikalen Wänden steiler Abfälle, wo auch starke Wasserströmungen vorherrschen.

T: 20-26 °C, **L:** 30 cm, **BS:** 4, **SG:** 4

Insel Palau, Mikronesien H. Erhardt

Callyspongia sp.
Noppenschwamm

Vork.: Indopazifik: Mikronesien.
GU: Keine.
Hält.B.: Hinweise auf eine Aquarienhaltung konnten in der zur Verfügung stehenden Literatur nicht gefunden werden.
FU: O; Plankton und Detritus.
Bes.: Der Gattungsname gehört zum hellen Schwamm auf dem Foto. Bei dem orangefarbenen Schwamm handelt es sich um *Agelas mauritiana*. Der Noppenschwamm wächst mit breiten, fingerförmigen Ausläufern auf fester Unterlage. Die Schwammoberfläche zeigt noppenähnliche Projektionen und breite, kreisrunde und erhöht stehende Ausströmöffnungen. Beide Schwämme wachsen im Schatten einer tiefen Unterhöhlung.

T: 20-28 °C, **L**: 30 cm, **BS**: 4, **SG**: 4

Nord Male Atoll, Malediven — H. Erhardt

Callyspongia sp.
Blauer Fingerschwamm

Vork.: Indischer Ozean: Malediven.
GU: Keine.
Hält.B.: Hinweise auf eine Aquarienhaltung konnten in der zur Verfügung stehenden Literatur nicht gefunden werden.
FU: O; Plankton und Detritus.
Bes.: Blaue Fingerschwämme wachsen an Riffhängen im stark strömenden Wasser. Die einzelnen, unterschiedlich langen Verzweigungen erheben sich aus einer gemeinsamen Basis in das freie Wasser. Handförmige Verdickungen können dabei auswachsen und die Form einer fünffingerigen Hand annehmen.

T: 20-28 °C, **L**: 60 cm, **BS**: 4, **SG**: 4

Bitung, Sulawesi, Indonesien H. Erhardt

Callyspongia sp.
Schwamm

Vork.: Tropischer Indopazifik.
GU: Keine.
Hält.B.: Hinweise auf eine Aquarienhaltung konnten in der zur Verfügung stehenden Literatur nicht gefunden werden.
FU: O; Plankton und Detritus.
Bes.: Der Schwamm wächst aufrecht, mit breiten und lappigen Ausläufern, die weich und flexibel sind. Die rauhe Oberfläche zeigt wenige runde bis ovale und unterschiedlich große Ausströmöffnungen. Der Standort des auf dem Bild dargestellten Schwammes ist eine tiefe, schattige und geräumige Unterhöhlung an einem steilen Riffabfall.

T: 22-26 °C, L: 35 cm, BS: 4, SG: 4

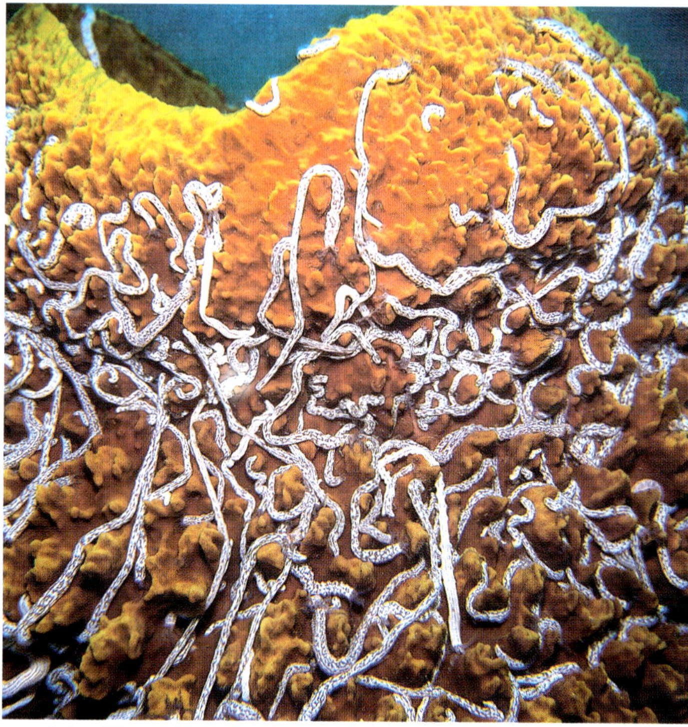

Insel Palau, Mikronesien H. Erhardt

Petrosia nigricans LINDGREN, 1897
Riesenschwamm

Vork.: Rotes Meer, Indopazifik: Malediven, Philippinen, Mikronesien. 3-245 m.
GU: Keine.
Hält.B.: Hinweise auf eine Aquarienhaltung dieser Art konnten in der zur Verfügung stehenden Literatur nicht gefunden werden.
FU: O; Plankton und Detritus.
Bes.: Dieser Schwamm ist einer der größten Schwämme an den Riffen im Indopazifik. Er wird über 1 m hoch und besitzt ein zentral gelegenes Osculum, das 60-70 cm im Durchmesser sein kann. Die rauhe und kraterreiche Schwammoberfläche ist sehr häufig in einer sehr hohen Individuendichte von Zwergseewalzen der Gattung *Synaptula* besiedelt, die hier die Einströmöffnungen von organischen Resten und Suspensionspartikeln säubern. Handelt es sich hier um eine Art von Kommensalismus?

T: 20-28 °C, **L**: 80 cm, **BS**: 4, **SG**: 4

Insel Bequia, Karibik H. Erhardt

Petrosia weinbergi VAN SOEST, 1980
Weinbergs Schwamm

Vork.: Karibisches Meer: Santa Lucia, Bonaire, Puerto Rico, Santa Marta.
GU: Keine.
Hält.B.: Hinweise auf eine Aquarienhaltung dieser Art konnten in der zur Verfügung stehenden Literatur nicht gefunden werden.
FU: O; Plankton und Detritus.
Bes.: Weinbergs Schwämme überziehen flächig totes Korallengestein. Unterschiedlich große und runde Ausströmöffnungen, die wie Krater aussehen, befinden sich auf der Schwammoberfläche. Ihre Farbe ist sehr variabel und reicht von cremefarben und grün bis hin zu kaffeebraun. Sie leben im seichten Wasser stiller Riffabschnitte und kommen auch unter Steinen vor.

T: 20-26 °C, Ø: 25 cm, BS: 4, SG: 4

Insel Bequia, Karibik

H. Erhardt

Petrosia sp. aff. *weinbergi*
Ähnlich Weinbergs Schwamm

VAN SOEST, 1980

Vork.: Karibisches Meer: Bequia.
GU: Keine.
Hält.B.: Hinweise auf eine Aquarienhaltung dieser Art konnten in der zur Verfügung stehenden Literatur nicht gefunden werden.
FU: O; Plankton und Detritus.
Bes.: Bei nur flüchtiger Betrachtung sehen diese Schwämme wie Korallen der Gattung *Agaricia* aus. Sie besitzen eine ähnliche Wuchsform und sind auch so gefärbt. Die Schwammscheiben, die etwa 1 cm stark sind, wachsen mit schmaler Basis auf Korallengestein im Flachwasser sandiger Lagunen. Aus diesem Grund ist die fein geriffelte Schwammoberfläche sehr häufig mit einer dünnen Sedimentschicht bedeckt.

T: 20-26 °C, Ø: 60 cm, **BS**: 4, **SG**: 4

Insel Komodo, Indonesien H. Erhardt

Petrosia sp.
Tassenschwamm

Vork.: Indopazifik: Indonesien. GU: Keine.
Hält.B.: Hinweise auf eine Aquarienhaltung konnten in der zur Verfügung stehenden Literatur nicht gefunden werden.
FU: O; Plankton und Detritus.
Bes.:Tassenschwämme wachsen auf kleiner Basis aufrecht in das freie Wasser. Sie besitzen eine große und kraterförmige Ausströmöffnung, die einen glatten, wulstigen und breiten Rand besitzt. Die Konsistenz der Schwämme ist hart. Die Außenschicht ist stark zerklüftet und reich an noppigen Fortsätzen. Am Kraterboden sammelt sich stets feines Sediment an, das Lebensraum für viele Wirbellose bietet. Tassenschwämme sind an indopazifischen Riffen selten.

T: 22-26 °C, L: 60 cm,BS: 4, SG: 4

Insel Manado Tua, Indonesien H. Erhardt

Petrosia sp.
Schwamm

Vork.: Indopazifik: Indonesien.
GU: Keine.
Hält.B.: Hinweise auf eine Aquarienhaltung konnten in der zur Verfügung stehenden Literatur nicht gefunden werden.
FU: Filtrierer; Plankton und Detritus.
Bes.: Schwämme dieser Gattung zeigen außerordentlich variable Wuchsformen. Der Schwamm auf dem Bild wächst mit rauher und unregelmäßiger Oberfläche und ist hart in seiner Konsistenz. Er besitzt nur wenige, doch große Ausströmöffnungen.

T: 22-29 °C, **Ø:** 45 cm, **BS:** 4, **SG:** 4

Insel Bunaken, Sulawesi, Indonesien H. Erhardt

Xestospongia exigua (KIRKPATRICK, 1900)
Brauner Noppenschwamm

Vork.: Tropischer Indopazifik, Australien, Neukaledonien bis in den Westpazifik Niedrigwasserstand bis 50 m. GU: Keine.
Hält.B.: Hinweise auf eine Aquarienhaltung dieser Art konnten in der zur Verfügung stehenden Literatur nicht gefunden werden. FU: O; Plankton und Detritus.
Bes.: Dieser Schwamm ist einer der häufigsten Flachwasserschwämme an den Riffen im tropischen Indopazifik. Er siedelt auf Riffdächern, in Lagunen und am oberen Riffhang und kommt in vielgestaltigen Formen vor. Immer zeigt die Schwammform die Anpassung an die vorherrschende Wasserströmung: Im stark strömenden Wasser ist der Schwamm matten- bis krustenförmig, im ruhigen Wasser erhebt er sich deutlich über seine Siedlungsunterlage. Bricht man eine der Verzweigungen ab, ist der dunkelbraune Schwamm innen cremigweiß.

T: 22-30 °C, Ø: 70 cm, BS: 4, SG: 4

Ordnung: Haplosclerida
Fam.: Petrosiidae

Insel Santa Lucia, Karibik H. Erhardt

Xestospongia sp.
Schlotschwamm

Vork.: Karibisches Meer: Bequia, Curacao, Santa Lucia. **GU**: Keine.
Hält.B.: Hinweise auf eine Aquarienhaltung konnten in der zur Verfügung stehenden Literatur nicht gefunden werden.
FU: O; Plankton und Detritus.
Bes.: Dieser Schwamm ist möglicherweise als Art noch nicht beschrieben. Er lebt im seichten Wasser von Lagunen und ist oftmals so stark mit Sediment bedeckt, daß er in seinem natürlichen Biotop nicht zu erkennen ist. Der Schwamm auf dem Foto wurde gereinigt, bevor das Bild entstand. Man erkennt viele schlotartige Erhebungen und Krater auf der stark zerklüfteten Schwammoberfläche, wobei die Vertiefungen stets mit Sediment gefüllt sind. Der Schwamm hat eine sehr weiche Konsistenz.

T: 20-26 °C, **Ø**: 30 cm, **BS**: 4, **SG**: 4

Apo-Island, Philippinen H. Erhardt

Xestospongia sp.
Brauner Riffschwamm

Vork.: Indopazifik: Philippinen.
GU: Keine.
Hält.B.: Hinweise auf eine Aquarienhaltung konnten in der zur Verfügung stehenden Literatur nicht gefunden werden.
FU: O; Plankton und Detritus.
Bes.: Der dunkelbraune Schwammkörper besitzt eine rauhe Oberflächenstruktur, die von unterschiedlich großen Ausströmöffnungen durchbrochen wird. Er lebt im flachen Wasser nahe der Wasseroberfläche zwischen Lederkorallen und zeigt einen geringen Sedimentauftrag.

T: 20-28 °C, Ø: 30 cm, BS: 4, SG: 4

Manado, Indonesien

H. Erhardt

Oceanapia amboinensis TOPSENT, 1897
Langer Fingerschwamm

Vork.: Indopazifik: Indonesien, Mikronesien, Philippinen, bis in den Westpazifik.
GU: Keine.
Hält.B.: Hinweise auf eine Aquarienhaltung dieser Art konnten in der zur Verfügung stehenden Literatur nicht gefunden werden. **FU**: O; Plankton und Detritus.
Bes.: Überall dort, wo sich stabile Weichböden befinden, siedeln Lange Fingerschwämme. So findet man sie nicht nur in sandigen Riffnischen, sondern auch auf ausgedehnten Sandarealen, in Seegraswiesen und in Mangroven. Das, was man von den Schwämmen sieht, sind die langen und fingerförmigen Schwammprojektionen, die weit in das offene Wasser ragen. Sie sind hohl, sehr flexibel und fühlen sich wie Pergament an. Ihnen fehlt an der Spitze ein zentral gelegenes Osculum. Die Ein- und Ausströmöffnungen befinden sich entlang der "Finger".

T: 20-26 °C, **L**: 40-60 cm, **BS**: 4, **SG**: 4

Tanjung Parougge, Indonesien H. Erhardt

Oceanapia cf. *papula* DESQUEYROUX-FAUNDEY, 1987
Papula-Schwamm

Vork.: Australien, Indopazifik: Indonesien, Philippinen.
GU: Keine.
Hält.B.: Hinweise auf eine Aquarienhaltung dieser Art konnten in der zur Verfügung stehenden Literatur nicht gefunden werden.
FU: O; Plankton und Detritus.
Bes.: Der Schwammkörper ist nicht fest definiert, er ist amorph. Eine Vielzahl von kleinen Ausströmöffnungen ist sichtbar und kleine Höcker, die den Schwammkörper bedecken. Bedingt durch seinen Standort an stark durchströmten Riffabschnitten ist die hier abgebildete Wuchsform nichts anderes als eine ökologische Variante anzusehen.

T: 22-26 °C, Ø: 45 cm, BS: 4, SG: 4

Manado, Indonesien H. Erhardt

Oceanapia ramsayi WILSON, 1925
Stelzenschwamm

Vork.: Australien, Indonesien. **GU**: Keine.
Hält.B.: Hinweise auf eine Aquarienhaltung dieser Art konnten in der zur Verfügung stehenden Literatur nicht gefunden werden. **FU**: O; Plankton und Detritus.
Bes.: Der wuchtige und ballonähnliche Schwammkörper wächst auf einem oder auf mehreren Stielen, die im Boden verankert sind. Er lebt praktisch auf Stelzen, die ihn vom Boden abheben. Die Schwammoberfläche ist übersät mit einer Vielzahl unterschiedlich langer Schwammschlote, deren Siphoränder heller abgesetzt sind. Schwämme dieser Art schützen sich mit stelzenförmigen Ausläufern offensichtlich davor, nicht zusedimentiert zu werden, denn sie leben in der Nähe sandiger Flächen, die bei starken Wasserbewegungen eine hohe Sedimentverwirbelung und -verdriftung aufweisen

T: 20-26 °C; **Ø**: 25 cm, **BS**: 4, **SG**: 4

Manukan, Malaysia K. Fiedler

Oceanappia sagittaria (SOLLAS, 1902)
Schirmchen-Schwamm

Vork.: Indopazifik: Ceylon, Malaysia, indomalayische Region bis in den Westpazifik und Australien.
GU: Keine.
Hält.B.: Nicht bekannt und auch zu selten, um gesammelt zu werden.
FU: O; Plankton und Detritus.
Bes.: In der Form ist es ein außergewöhnlicher Schwamm, den man eher als einen Borstenwurm ansehen könnte. Diese Schwämme leben im flachen Wasser und siedeln auf schlammigen Böden stark trüber und belasteter Gewässer. Der fingerförmige Schwamm besitzt apikal eine ballonartige Erweiterung, ähnlich einem Kartoffelpilz. Wenn diese platzt, erscheint ein transparentes, schirmchenartiges Gebilde mit zarten Versteifungen wie auf dem Bild zu sehen ist.

T: 22-29 °C, **L**: 25 cm, **BS**: 4, **SG**: 4

Baa Atoll, Malediven

H. Erhardt

Carterispongia foliascens (PALLAS, 1766)
Folienschwamm

Vork.: Rotes Meer, Indopazifik: Von Ostafrika bis nach Polynesien. 2-15 m. **GU**: Keine.
Hält.B.: Selten im Handel doch sehr gut für ein Korallenriffaquarium geeignet. Benötigt eine hohe Beleuchtungsstärke.
FU: O; Plankton, Detritus und von den Produkten seiner symbiotischer Blaualgen.
Bes.: Folienschwämme präsentieren sich in verschiedenen Wuchsformen. Zum einen wachsen sie in flachen, dünnen und horizontalen Blattscheiben, zum anderen verschachtelt mit aufrecht stehenden Schwammlagen. Die Schwammoberfläche zeigt noppige, radiär angeordnete Reihen. Eine zentrale Ausströmöffnung fehlt den Schwämmen. Statt dessen sind viele kleine Osculi auf den Schwammoberfläche verteilt. Folienschwämme sind durch die Anwesenheit ihrer Zooxanthellen lichtabhängig und siedeln daher am oberen Riffhang nahe der Wasseroberfläche.

T: 22-28 °C, **Ø**: 40 cm, **BS**: 4, **SG**: 1-2.

Manado, Sulawesi, Indonesien H. Erhardt

Dactylospongia sp.
Kartoffelschwamm

Vork.: Tropischer Indopazifik.
GU: Keine.
Hält.B.: Hinweise auf eine Aquarienhaltung konnten in der zur Verfügung stehenden Literatur nicht gefunden werden.
FU: O; Plankton und Detritus.
Bes.: Die Schwammoberfläche ist außerordentlich zerklüftet und granuliert und zeigt erhöht stehende Ausströmöffnungen. Sowohl die Farbe, als auch die knollenförmigen Verdickungen erinnern an Kartoffeln. Die Konsistenz des Schwammes ist gummiartig. Er wächst sowohl krustig auf abgestorbenen Unterlagen, als auch mit fingerförmigen Verzweigungen im Bereich seichter Lagunen.

T: 22-28 °C, **Ø:** 60 cm, **BS:** 4, **SG:** 4

Insel Palau, Mikronesien H. Erhardt

Phyllospongia lamellosa (ESPER, 1799)
Lamellenschwamm

Vork.: Indopazifik: Australien, Mikronesien, Philippinen, Japan.
GU: Keine.
Hält.B.: Hinweise auf eine Aquarienhaltung dieser Art konnten in der zur Verfügung stehenden Literatur nicht gefunden werden.
FU: O; Plankton und Detritus.
Bes.: Lamellenschwämme wachsen auf abgestorbenen Korallen in Form flacher, lamellenförmiger Lagen, die nur wenige Millimeter stark sind. Flache und aufrecht wachsende Projektionen, die aus der Hauptmasse des Schwammes auswachsen, sind typisch für diese Art. Lamellenschwämme kommen in einigen Wachstumsvarianten und in verschiedenen Farben vor. Ihr Lebensraum sind Stillwassergebiete im Riff.

T: 20-28 °C, **Ø**: 40 cm, **BS**: 4, **SG**: 4

Tubataha-Riff, Indonesien H. Erhardt

Phyllospongia papyracea (ESPER, 1806)
Papyrosschwamm

Vork.: Rotes Meer, Indopazifik: Südafrika, Indischer Ozean, Malaysia, Philippinen und Neuseeland. 15-20 m. **GU**: Keine.
Hält.B.: Hinweise auf eine Aquarienhaltung dieser Art konnten in der zur Verfügung stehenden Literatur nicht gefunden werden. **FU**: O; Plankton und Detritus.
Bes.: Papyrosschwämme wachsen in folienartigen und flachen Lagen, die verschiedene Formen annehmen können. Die Konsistenz der übereinandergeschichteten Folien ist gummiartig. Die Schwammscheiben entspringen einer gemeinsamen Basis. Ihr Lebensraum sind Steilabfälle an Außenriffen, wo starke Wasserströmungen vorherrschen. Durch ihre außerordentliche Flexibilität sind sie gut an diesen Lebensraum angepaßt.

T: 20-28 °C, **Ø**: variabel, **BS**: 4, **SG**: 4

Insel Bunaken, Sulawesi, Indonesien H. Erhardt

Spongia sp.
Falscher Badeschwamm

Vork.: Tropischer Indopazifik.
GU: Keine.
Hält.B.: Hinweise auf eine Aquarienhaltung konnten in der zur Verfügung stehenden Literatur nicht gefunden werden.
FU: O; Plankton und Detritus.
Bes.: Die fein granulierte Schwammoberfläche zeigt scharf umrandete, unterschiedlich große und runde Ausströmöffnungen. Hornschwämme dieser Gattung besitzen keine Kalkspiculae mehr und sind sehr weich in ihrer Konsistenz und zusammendrückbar. Die Wuchsform kann jedoch variabel sein. Diese Schwämme werden genauso präpariert wie die Badeschwämme des Mittelmeeres *Spongia officinalis*.

T: 22-27 °C, **Ø:** 35 cm, **BS:** 4, **SG:** 4

Insel Bunaken, Sulawesi, Indonesien H. Erhardt

Ircinia ramosa KELLER, 1891
Kriechschwamm

Vork.: Mittelmeer, Rotes Meer, Indischer Ozean bis in den tropischen Westpazifik. In 8-100 m. **GU**: Keine.
Hält.B.: Hinweise auf eine Aquarienhaltung dieser Art konnten in der zur Verfügung stehenden Literatur nicht gefunden werden. **FU**: O; Plankton und Detritus.
Bes.: Schwämme dieser Art zeigen verschiedene Wuchsformen: Fingerförmige und becherförmige Schwämme, die sich sowohl vertikal, als auch horizontal ausbreiten. Die gummiartigen und extrem robusten Verzweigungen, die nur sehr schwer abzureißen sind, zeigen eine rauhe, fast kraterförmige Oberfläche und große, zentral liegende Ausströmöffnungen. Schwämme dieser Art leben in stillen und sandigen Lagunen und tolerieren suspensionsreiche Gewässer.

T: 22-29 °C, **L**: 25 cm, **BS**: 4, **SG**: 4

Insel Palau, Mikronesien H. Baensch

Ircinia sp.
Krustenschwamm

Vork.: Indopazifik: Mikronesien.
GU: Keine.
Hält.B.: Hinweise auf eine Aquarienhaltung konnten in der zur Verfügung stehenden Literatur nicht gefunden werden.
FU: O; Plankton und Detritus.
Bes.: Krustenschwämme dieser Art kommen in verschiedenen Farben vor. Braun und schwarz sind die häufigsten davon. Sie wachsen klumpig, krustig, fingerförmig und überziehen verschiedene Substrate. Diejenigen, die sich weit über den Untergrund erheben, haben peitschenförmig wachsende Korallen überzogen. Die Schwammoberfläche ist rauh, etwas noppig und häufig von Sediment bedeckt. Größere, etwas erhöht stehende Ausströmschlote, fallen darauf auf.

T: 20-28 °C, **L**: 20 cm, **BS**: 4, **SG**: 4

Insel Bohol, Indonesien — H. Erhardt

Euryspongia sp.
Rosaroter Hornschwamm

Vork.: Indopazifik: Mikronesien, Philippinen.
GU: Keine.
Hält.B.: Hinweise auf eine Aquarienhaltung konnten in der zur Verfügung stehenden Literatur nicht gefunden werden.
FU: O; Plankton und Detritus.
Bes.: Diese Schwämme wachsen in großen, flächigen "Lappen" an senkrechten Wänden tiefer und schattiger Unterhöhlungen. Der Schwammkörper ist sehr flexibel und nur an wenigen Stellen mit dem Substrat verbunden. An der Unterseite der Schwämme verstecken sich tagsüber gerne Haarsterne, während die Schwammoberfläche und die Poren von kleinen und dünnen Seewalzen der Gattung *Synaptula* gereinigt und abgeweidet werden.

T: 20-28 °C, **L**: 35 cm, **BS**: 4, **SG**: 4

Apoinsel, Philippinen H. Erhardt

Dysidea arenaria BERGQUIST, 1965
Kraterschwamm

Vork.: Indopazifik: Mikronesien, Philippinen.
GU: Keine.
Hält.B.: Hinweise auf eine Aquarienhaltung dieser Art konnten in der zur Verfügung stehenden Literatur nicht gefunden werden.
FU: O; Plankton und Detritus.
Bes.: Kraterschwämme wachsen in eigenwilligen Formen mit großen und kraterförmigen Vertiefungen. In der Aufsicht ähneln sie einem löcherigen Schweizer Käse. Ihr Lebensraum sind schattige Stellen von Unterhöhlungen an steilen Riffabschnitten, wo kräftige Strömungen vorherrschen. Die flache und geduckte Wuchsform ist sicherlich eine Anpassung an die vorherrschenden Wasserturbulenzen des Standortes.

T: 20-28 °C, **Ø**: 15 cm, **BS**: 4, **SG**: 4

Insel Menorca, Mittelmeer

H. Erhardt

Dysidea avara (SCHMIDT, 1862)
Schwamm

Vork.: Ostatlantik, Mittelmeer, indomalayische Region, West- und Zentralpazifik.
GU: Keine.
Hält.B.: Aus dieser Gattung wird *D. herbacea* in gut belichteten Korallenriffaquarien gepflegt. **Licht:** Sonnenlichtzone.
FU: Dic Schwämme leben weitgehend von den Produkten ihrer symbiontischen Blaualgen.
Bes.: Diese Schwämme findet man im ruhigen und tiefen Wasser auf felsigem Grund. Sie besitzen keine Nadeln aus Kieselsäure, sondern die Festigkeit des Schwammes wird durch ein Gerüst aus hornigen Fasern gewährleistet. Die Schwämme wachsen geduckt und häufig in Gruppen. Ihre Oberfläche zeigt kurze und spitze Erhebungen. Sie sind weich und elastisch in ihrer Konsistenz.

T: 8-20 °C, **Ø:** 40 cm, **BL:** ab 80 cm, **WB:** m, **WR:** m-o, **BS:** 3-4, **SG:** 1-2.

Ordnung: DICTYOCERATIDA
Fam.: Dysideidae

Raa Atoll, Malediven H. Erhardt

Dysidea sp.
Schwamm

Vork.: Indischer Ozean: Malediven.
GU: Keine.
Hält.B.: Aus dieser Gattung wird *D. herbacea* in gut belichteten Korallenriffaquarien gepflegt.
Licht: Sonnenlichtzone.
FU: Möglicherweise ernähren sich die Schwämme dieser Gattung aus dem Indischen Ozean auch von den Produkten ihrer symbiontischen Blaualgen.
Bes.: Das Bild zeigt nur einen Schwammausschnitt. Deutlich zu sehen ist die unregelmäßig geformte Oberfläche und die zarten, fast transparenten Ausströmschlote. Dieser Schwamm lebt nahe der Wasseroberfläche am oberen Riffhang.

T: 22-29 °C, **Ø**: 18 cm, **BS**: 4, **SG**: 1-2.

Insel Komodo, Indonesien H. Erhardt

Psammaplysilla sp. (Großer gelber Schwamm)
Aka sp. (Gelber Bohrschwamm)

Vork.: Indonesien: Insel Komodo. GU: Keine.
Hält.B.: Hinweise auf eine Aquarienhaltung dieser Schwämme konnten in der zur Verfügung stehenden Literatur nicht gefunden werden.
FU: O; Plankton und Detritus.
Bes.: Das Bild zeigt einen Ausschnitt aus dem Bewuchs einer Höhlenwand. Viele wirbellose Tiere siedeln hier so dicht beieinander, daß sie mit verschiedenen Strategien um ihren Siedlungsplatz kämpfen müssen. Ein roter Schwamm überzieht ein Manteltier der Gattung *Polycarpa.* Der große gelbe Schwamm wächst krustig und streckt seine gebündelte Ausströmöffnung in das Wasser, während der gelbe Bohrschwamm seine gelben Schlote aus dem bereits zerstörten Untergrund nach außen streckt. Ein Mikrokosmos tut sich hier auf, wo jeder jeden bekämpft, um selbst zu überleben.

T: 20-26 °C, Ø: 35 cm, BS: 4, SG: 4

Ordnung: VERONGIIDA
Fam.: Druinellidae

Nord Male Atoll, Malediven H. Erhardt

Pseudoceratina sp.
Gelber Siphoschwamm

Vork.: Indischer Ozean: Malediven.
GU: Keine.
Hält.B.: Hinweise auf eine Aquarienhaltung konnten in der zur Verfügung stehenden Literatur nicht gefunden werden.
FU: O; Plankton und Detritus.
Bes.: Aus dem gelben Schwammkörper erheben sich kurze und kräftige Schlote mit kreisrunden Ausströmöffnungen. Der Schwamm lebt an der vertikalen Wand einer schattigen Unterhöhlung in mittlerer Wassertiefe. Er wird bereits von einem anderen Schwamm überwuchert.

T: 20-28 °C, **Ø**: 25 cm, **BS**: 4, **SG**: 4

Insel Cebu, Philippinen H. Erhardt

Ianthella basta (PALLAS, 1766)
Folienschwamm

Vork.: Indopazifik: Mikronesien, Philippinen, indomalayische Region, Australien, Torresstraße. 13-22 m. **GU**: Keine.
Hält.B.: Hinweise auf eine Aquarienhaltung dieser Art konnten in der zur Verfügung stehenden Literatur nicht gefunden werden. **FU**: O; Plankton und Detritus.
Bes.: Diese Art wächst an Riffhängen in Form unterschiedlich großer und gewellter Folien, die mit kleiner Basis am Untergrund befestigt sind. Die Dicke des Schwammkörpers beträgt etwa 1-2 cm. Die Schwammoberfläche ist gerillt und stark durchlöchert. Eine zentral gelegene Ausströmöffnung fehlt den Schwämmen. Wie beobachtet, kommen sie in verschiedenen Farben vor. Ihr Siedlungsraum sind gut durchströmte Riffhänge.

T: 20-28 °C, **Ø**: 40 cm, **BS**: 4, **SG**: 4

Insel Cebu, Philippinen H. Erhardt

Theonella cf. *swinhoei* GRAY, 1867
Wurzelschwamm

Vork.: Rotes Meer, Indopazifik: Mikronesien, Philippinen, Japan, Australien.
GU: Keine.
Hält.B.: Hinweise auf eine Aquarienhaltung dieser Art konnten in der zur Verfügung stehenden Literatur nicht gefunden werden. **FU**: O; Plankton und Detritus.
Bes.: Wurzelschwämme sind leicht an ihren wurzelähnlichen Ausläufern zu erkennen, die wie lange und fingerförmige Ausläufer von der Schwammoberfläche zu Boden wachsen. Einige dieser Ausläufer verzweigen sich noch einmal oder mehrfach. Häufig sind sie mit Seescheidenkolonien so bewachsen, daß die Schwammausläufer völlig davon bedeckt werden. Die Schwammoberfläche ist rauh und kraterförmig. Eine große Ausströmöffnung befindet sich im Zentrum des Schwammes.

T: 20-28 °C, **L**: 120 cm, **BS**: 4, **SG**: 4

Theonella sp. L. Tackett

Theonella sp. H. Baensch

Insel Palau, Mikronesien

H. Erhardt

Theonella sp.
Ballonschwamm

Vork.: Indopazifik: Philippinen. GU: Keine.
Hält.B.: Hinweise auf eine Aquarienhaltung konnten in der zur Verfügung stehenden Literatur nicht gefunden werden.
FU: O; Plankton und Detritus.
Bes.: Der ballonförmige Schwammkörper besitzt eine mehr oder weniger glatte Oberfläche, die stets frei von Aufwuchs ist. Ein leichter Sedimentauftrag ist bei dem Schwamm auf dem Foto zu erkennen. Zentral gelegen befindet sich eine scharfkantige und runde Ausströmöffnung. Ballonschwämme siedeln bevorzugt auf Korallenbruch in tiefen und seichten Lagunen. Es ist möglich, daß es sich hier um eine Jungform von *T.* cf. *swinhoei* handelt.

T: 20-28 °C, L: 35 cm, BS: 4, SG: 4

Insel Bunaken, Sulawesi, Indonesien H. Erhardt

Melophlus sarassinorum THIELE, 1903
Stelzenschwamm

Vork.: Indopazifik: Indonesien, Mikronesien, Philippinen. **GU:** Keine.
Hält.B.: Hinweise auf eine Aquarienhaltung dieser Art konnten in der zur Verfügung stehenden Literatur nicht gefunden werden. **FU:** O; Plankton und Detritus.
Bes.: Schon aufgrund ihrer Wuchsform sind diese Schwämme auffallend. Man könnte sie leicht mit *Theonella swinhoei* verwechseln. Der kugelige bis becherförmige Schwammkörper steht auch auf "Stützfüßen", die im Untergrund verankert sind. Die Schwammoberfläche ist rauh, noppig und häufig bis zur Unkenntlichkeit mit verschiedenen Wirbellosen bewachsen. Auch Algen und Kalkalgen siedeln darauf. Nur die kraterförmigen Öffnungen lassen den Schwamm noch funktionieren. Stelzenschwämme wachsen und siedeln in vielen Riffbereichen und kommen außerordentlich häufig in Mikronesien vor.

T: 22 26 °C, **L:** 60 cm, **BS:** 4, **SG:** 4

Bitung, Sulawesi, Indonesien H. Erhardt

Stelletta globostellata (CARTER, 1886)
Kugelschwamm

Vork.: Tropischer Indopazifik.
GU: Keine.
Hält.B.: Hinweise auf eine Aquarienhaltung dieser Art konnten in der zur Verfügung stehenden Literatur nicht gefunden werden.
FU: O; Plankton und Detritus.
Bes.: Diese Schwämme wachsen kugelig bis kuppelförmig auf festen Unterlagen. Ihre Oberfläche ist genoppt, mit spitzen und stumpfen Protrusionen. Die große und zentral gelegene Ausströmöffnung ist siebartig perforiert. Schwämme dieser Art zeigen unterschiedliche Färbungen, die von dunkelbraun bis zu violett reichen. Ihre Standorte sind schattige Stellen im Riff.

T: 22.27 °C, **Ø:** 30 cm, **BS:** 4, **SG:** 4

Fam.: Jaspidae

Raa Atoll, Malediven H. Erhardt

Jaspis sp.
Schwamm

Vork.: Indischer Ozean: Malediven.
GU: Keine.
Hält.B.: Hinweise auf eine Aquarienhaltung konnten in der uns zur Verfügung stehenden Literatur nicht gefunden werden.
FU: Filtrierer; Plankton und Detritus.
Bes.: Dieser Schwamm wächst entweder krustenförmig oder massiv mit ledriger Konsistenz. Die goldgelbe Schwammoberfläche ist rauh, zerklüftet und trägt etwas erhöht stehende Ausströmschlote. Der Schwamm lebt an der senkrechten Wand einer dunklen Unterhöhlung.

T: 22-29 °C, Ø: 12 cm, BS: 4, SG: 4

Ordnung: Homosterophorida
Fam.: Placinidae

Manado, Sulawesi, Indonesien H. Erhardt

Placortis sp.
Hähnchenleber-Schwamm

Vork.: Tropischer Indopazifik.
GU: Keine.
Hält.B.: Hinweise auf eine Aquarienhaltung konnten in der zur Verfügung stehenden Literatur nicht gefunden werden.
FU: Filtrierer; Plankton und Detritus.
Bes.. Die Wuchsform des Schwammes erinnert an eine gefaltete Hähnchenleber. So zumindest ist der Trivialname entstanden. Die Schwämme wachsen in Gruppen, mit glatter, doch gefalteter Oberfläche und vielen Zwischenräumen. Sie siedeln geduckt im stark strömenden Wasser und zeigen kaum Farbvarianten. Ihre Oberfläche ist stets frei von Suspensionsauftrag.

T: 22 27 °C, Ø: 25 cm, BS: 4, SG: 4

Nord Male Atoll, Malediven H. Erhardt

Aplysilla sp. oder *Halisarca* sp.
Krustenschwamm

Vork.: Indischer Ozean, Malediven.
GU: Keine.
Hält.B.: Hinweise auf eine Aquarienhaltung konnten in der zur Verfügung stehenden Literatur nicht gefunden werden.
FU: Filtrierer; Plankton und Detritus.
Bes.: Der Schwamm wächst krustig und überzieht abgestorbenes Korallengestein. Er kann im Riff große Areale bedecken. Die Schwammoberfläche ist glatt, weitgehend frei von Auflagerungen und nur die Ausströmöffnungen stehen erhöht. Er könnte, so die Meinung der Taxonomen, zu einer der beiden oben aufgeführten Gattungen gehören.

T: 22-29 °C, Ø: 18 cm, **BS:** 4, **SG:** 4

Distichopora violacea, Palau H. Erhardt

Nesseltiere (Cnidaria)

Nesseltiere sind überwiegend marine Organismen. Sie sind im Besitz von Nesselkapseln, die sie zum Beutefang und zur Verteidigung einsetzen. Zwei Habitusformen unterscheiden wir bei den Nesseltieren: Den Polypen und die Meduse.

Das Grundmuster eines Nesseltieres ist der Polyp. Er sitzt mit einer Fußscheibe auf festen Unterlagen, besitzt einen schlauchförmigen Rumpf (Mauerblatt) und eine Mundscheibe (Peristom). Sie wird von zahlreichen Fangarmen (Tentakeln) umstanden. In ihrer Mitte befindet sich eine Mundöffnung, die auch gleichzeitig After ist. Hier wird die gefangene Nahrung hineingestopft und unverdauliche Reste ausgestoßen.

Die Meduse leitet sich vom Polypen ab und kann als ein in der Längsachse gestauchter Polyp angesehen werden. Sie ist glokkenförmig und schwimmt frei mit dem Rückstoßprinzip im Meer. Ihre Tentakel hängen nach unten oder sie werden beim Schwimmen nachgeschleppt. Sie ist die Geschlechtsgeneration, die die Art im Meer verbreitet. Sie entsteht im allgemeinen aus dem Polypen, entweder durch spezielle Querteilung (bei den Scyphozoa), durch direkte Umwandlung (Metamorphose) bei den Würfelquallen (Cubozoa) und durch terminale Abschnürung (Strobilation) bei den Hydrozoa. Der Wechsel von einer ungeschlechtlichen Polypengeneration und einer geschlechtlichen Medusengeneration bezeichnet man in der Biologie als Generationswechsel. Den Blumentieren (Anthozoa) fehlt die Medusengeneration. Die geschlechtliche Fortpflanzung übernimmt hier der Polyp.

Polypen und Medusen sind einfach organisiert. Die Fußscheibe und das Mauerblatt des Polypen werden bei den Medusen zur Oberseite (Exumbrella) und das Mundfeld wird zur Unterseite (Subumbrella). Eine Mesogloea zwischen den Schichten ist bei den Polypen gering, bei den Medusen jedoch sehr stark entwickelt. Sie bildet bei den Medusen die Hauptmasse des Tieres und besteht zu 98 Prozent aus Wasser.

Alle Nesseltiere leben räuberisch. Fangarme am Mundfeld besitzen sowohl Polypen als auch Medusen. Sie sind Organe des Beuteerwerbs. In ihnen befinden sich die Nesselzellen (Nematocyten), die die Nesselkapseln (Cniden) enthalten. Man unterscheidet hier Klebkapseln (Glutinanten) von Durchschlagkapseln

(Penetranten) und Wickelkapseln (Volventen): Die Nesselgifte, die über die Nesselkapseln in die Wunde eines Opfers injiziert werden, wirken als Neurotoxine auf das Nervensystem. Sie verursachten häufig Lähmungserscheinungen. Außerdem verätzen sie beim Menschen die Haut und verursachen schwer heilende Wunden, die oftmals tiefe Narben hinterlassen.

Bei den Medusen sind, in Anpassung an ihre schwimmende Lebensweise, noch Randorgane vorhanden, die Licht- und Schweresinnesreize aufnehmen. Zudem haben Medusen Ringmuskeln am Glockenrand entwickelt, die die Glocke kontrahieren und entspannen. Auch hier eine Anpassung an ihre mobile Lebensweise.

Koloniebildung ist bei den Nesseltieren stark ausgeprägt. Sie ist eine Folge der ungeschlechtlichen Vermehrung, wobei sich die neu entstehenden Tochterindividuen nicht vollständig abtrennen. Dabei sind die Polypen bei den Hydrozoa über schlauchförmige Stolone miteinander verbunden, die Hexakorallen scheiden ein kalkiges Exoskelett ab und bei den Oktokorallen sind die Polypen durch ein gemeinsames Gewebe miteinander verbunden.

Koloniebildungen sind stets die Voraussetzungen für Arbeitsteilungen. Diese finden wir hauptsächlich bei den koloniebildenden Nesseltieren. Nesseltiere müssen mit Hilfe ihrer nesselkapselbewehrten Tentakel als Nahrung aus dem Wasser fangen, was ihnen die Strömung zuträgt. Gefressen wird überwiegend Zooplankton. Große Arten, wie Actinien, fressen gelegentlich auch Fische und Krebse. Die Verdauung und die Resorption übernehmen spezielle Nährmuskelzellen. Die Nahrungsreste werden über die Mund-After-Öffnung ausgeschieden. Die meisten Nesseltiere sind zudem in der Lage, im Wasser gelöste organische Verbindungen über die Epidermis zu resorbieren.

Die meisten Nesseltiere sind getrenntgeschlechtlich. Einige wechseln im Verlaufe ihres Lebens das Geschlecht und andere sind Zwitter. Viele von ihnen sind ovipar. Eine zweigeschlechtliche Fortpflanzung mit innerer und äußerer Befruchtung ist die Regel. Die Entwicklung läuft über eine planktische Planula-Larve, die sich nach einiger Zeit zu Boden sinken läßt, sich mit einer Fußscheibe festsetzt und zu einem kleinen, tentakeltragenden Polypen heranwächst.

Hydroiden, Feuer- und Filigrankorallen

Hydroiden sind koloniale Tiergemeinschaften festsitzender Polypen. Sie gehören zu den Nesseltieren (Cnidaria). Eine Medusengeneration ist entweder vorhanden, reduziert oder sie fehlt völlig. Hydroiden vermehren sich sowohl geschlechtlich als auch ungeschlechtlich durch Knospung. Die wichtigste Fortpflanzungsart ist die Knospung, wobei auch die Medusen durch sie erzeugt werden. Entweder lösen sich die Medusen ab, schwimmen davon und verbreiten die Art im Meer, oder sie bleiben haften. Auf diese Weise entstehen umfangreiche Polypenstöcke.

Hydroiden bilden umfangreiche Kolonien aus. In vielen Fällen kann dann eine Arbeitsteilung beobachtet werden, die stets mit einer gestaltlichen Veränderung der Einzelpolypen verbunden ist. So unterschiedet man Wehr-, Nähr- und Geschlechtspolypen voneinander. Während die Wehr- und Nährpolypen weitgehend ihre ursprüngliche Form behalten, bilden die Geschlechtspolypen ihren Mund und die Fangarme zurück.

Hydroiden sind im Besitz von Nesselkapseln, die sie als Wehr- und Beutewaffen einsetzen. Sie stellen hochkomplizierte Zellen dar, die als Kleb-, Wickel- und Durchschlagkapseln vorkommen. Einige Nacktschnecken, die auf Hydroiden weiden und deren Polypen sie fressen, haben es geschafft, diese Nesselkapseln ohne daß sie explodieren, für die eigene Verteidigung zu nutzen. Über den Darm werden sie in die Rückenanhänge der Nacktschnecken transportiert, wo sie erst dann abgeschossen werden, wenn die Tiere sich angegriffen fühlen. Da die Nacktschnecken einem anderen Tier diese Nesselkapseln "stehlen", werden sie auch als "Kleptocniden" bezeichnet.

Hydroiden besitzen ein diffuses Nervensystem. Alle Nervenzellen sind mehr oder weniger dicht über den gesamten Körper der Polypen verteilt und zu einem Nervennetz verknüpft. Die Polypen sind gegenüber Licht, Berührungs- und Schwerereize außerordentlich empfindlich.

Hydroiden ernähren sich überwiegend vom tierischen Plankton. Das Fangen, Lähmen und Töten der Beute erfolgt durch den Einsatz ihrer giftigen Nesselzellen.

Stamm: Cnidaria
Klasse: Hydrozoa

Hydroiden besitzen sehr oft ein federartiges Aussehen. An einem zentralen Stamm befinden sich viele seitliche Verzweigungen, an denen sich die winzigen Polypen befinden.

Die Feuer- und Filigrankorallen nehmen eine Sonderstellung innerhalb dieser Ordnung ein. Sie ähneln den Steinkorallen sehr und sind wie diese in der Lage, Kalk aus dem Meerwasser zum Bau eines kräftigen Kalkskeletts zu synthetisieren. Zudem sind sie wichtige Riffbildner.

Feuerkorallen besitzen Wehrpolypen, die mit gefährlichen Nesselzellen dicht bestückt sind. Diese können bei Berührung auch die menschliche Haut durchschlagen und ihr Gift in die Wunde injizieren. Das führt zu einem schmerzhaften Nesseln und Brennen.

Filigrankorallen dagegen nesseln nicht. Auch sie scheiden harte Kalkskelette ab, bilden aber keine so umfangreichen Kolonien wie die Feuerkorallen aus. Zudem besitzen sie auch keine Medusengeneration. Ihre bevorzugten Lebensräume sind schattige Stellen in Unterhöhlungen und unter Überhängen. Ihre Kolonien bleiben im allgemeinen klein und zum Teil unscheinbar.

Systematik

Stamm: CNIDARIA	Nesseltiere
Klasse: HYDROZOA	Hydrozoen
Ordnung: ATHECATA	Athecaten
Familie: Milleporidae	Feuerkorallen
Gattung: *Millepora*	
Familie: Eudendriidae	
Gattung: *Eudendrium*	
Familie: Solanderiidae	
Gattung: *Solanderia*	
Familie: Stylasteridae	Filigrankorallen
Gattungen: *Distichopora*	
Stylaster	
Ordnung: THECATA	Thecaten
Familie: Aglaopheniidae	
Gattungen: *Aglaophenia*	
Gymnangium	
Lytocarpia	
Macrorhynchia	
Familie: Plumulariidae	
Gattungen: *Antennella*	
Antennellopsis	
Halopteris	
Plumularia	
Familie: Sertulariidae	
Gattungen: *Idiellana*	
Sertularia	
Sertularella	
Symplectoscyphus	
Thyroscyphus	
Familie: Lofoeinae	
Gattung: *Zygophylax*	
Familie: Haleciidae	
Gattung: *Halecium*	
Klasse: SCYPHOZOA	Schirm- und Scheibenquallen
Familie: *Nausithoeidae*	
Gattung: *Stephanoscyphus* sp.	
Familie: Stauromedusae	Becherquallen
Gattung: *Haliclystus*	

Insel Bohol, Philippinen H. Erhardt

Millepora tenella (ORTMANN, 1892)
Zartgliedrige Feuerkoralle

Vork.: Indopazifik: Australien, Ostküste Afrika, Philippinen. **GU**: Keine.
Hält.B.: Nicht bekannt. Diese seltene Feuerkoralle wird auf keiner für uns erreichbaren Importliste geführt. Jeder noch so vorsichtige Transport würde die Verzweigungen der Kolonie zerstören. Aus der Literatur ist über eine Aquarienhaltung nichts bekannt.
FU: K; Plankton.
Bes.: Zartgliedrige Feuerkorallen wachsen in Form zarter, dichotom verzweigter und sehr zerbrechlicher Kolonien. Viele der zahlreichen Verzweigungen sind knotig erweitert und die Wachstumsspitzen hell abgesetzt. Sie nesseln bei Berührung die menschliche Haut sehr stark. Zartgliedrige Feuerkorallen leben bevorzugt in Stillwasserlagunen.

T: 20-28 °C, **L**: variabel, **BS**: 4, **SG**: 4

Fam.: Endendriidae

Insel Bunaken, Indonesien

H. Erhardt

Eudendrium sp.
Bäumchen-Hydroid

Vork.: Indopazifik: Indonesien. GU: Keine.
Hält.B.: Über eine Aquarienhaltung ist aus der Literatur nichts bekannt.
FU: K; Plankton.
Bes.: Die Tierkolonien wachsen mit einem kräftigen Hauptstamm aufrecht in das freie Wasser. Sie siedeln auf abgestorbenem Korallengestein und auf anderen festen Unterlagen. Die Kolonien sind reich verzweigt und die seitlichen Verzweigungen alternierend angebracht. Die hellen Polypen besitzen einen Kranz feiner Tentakel, die die menschliche Haut nesseln. Sie sind nicht in eine Theca zurückziehbar. Ihr Lebensraum sind schattige Standorte. So siedeln sie in Unterhöhlungen, an Höhlenrändern und in großen Spalten und Ritzen der Riffe.

T: 22-26 °C, L: 12 cm, BS: 4, SG: 3

Ordnung: Athecata
Fam.: Solanderiidae

Insel Bunaken, Indonesien H. Erhardt

Solanderia secunda (INABA, 1892)
Seefächer-Hydroid

Vork.: Indopazifik: Indonesien, Mikronesien, Philippinen.
GU: Keine.
Hält.B.: Über eine Aquarienhaltung dieser Art ist aus der zur Verfügung stehenden Literatur nichts bekannt.
Bes.: Diese außerordentlich reich verzweigte und filigrane Hydroidkolonie lebt in geräumigen und stillen Nischen tiefer Steilabfälle, wo nur geringe Wasserbewegungen vorherrschen. Sie wächst fächerförmig und erinnert an die Wuchsform von Gorgonien. An einem Standort, an dem kräftigere Wasserbewegungen vorherrschen, ist die gleiche Art bei gleicher Wuchsform auch kräftiger ausgebildet.

T: 22-27 °C, **L:** 60 cm, **BS:** 4, **SG:** 4

Solanderia sp. H. Baensch

Insel Bunaken, Indonesien H. Erhardt

Solanderia sp.
Hornkorallen-Seemoos

Vork.: Indopazifik: Mikronesien. **GU:** Keine.
Soz.Verh./Vgs.: Faden- und Nacktschnecken weiden auf ihren Kolonien und fressen ihre Polypen.
Hält.B.: Nicht bekannt. Die großen und mittelgroßen Fächer würden die Dimensionen eines jeden Heimaquariums sprengen. Außerdem veralgen die Kolonien sehr schnell.
FU: K; Plankton.
Bes.: Fast alle *Solanderia*-Arten erinnern an fächerförmig wachsende Hornkorallen. Ähnlich den Hornkorallen wachsen die Kolonien auch reich verzweigt und fächerförmig ausgerichtet. Ebenso besitzen sie eine äußere Gewebeschicht in Analogie zur Rindenschicht der Gorgonien. Sie bevorzugen tiefes Wasser und schattige Plätze als Standorte und sind stets quer zur Strömungsrichtung des Wassers ausgerichtet.

T: 20-28 °C, **L:** 45 cm, **BS:** 4, **SG:** 4

Großes Barriereriff, Australien H. Erhardt

Solanderia sp.
Hornkorallen-Seemoos

Vork.: Indopazifik: Australien.
GU: Die Kolonien sind getrenntgeschlechtlich.
Hält.B.: Nicht bekannt. Diese Art ist auch zu selten, um gesammelt zu werden.
FU: K; Plankton.
Bes.: Diese Hydroidkolonie weicht in ihrer Wuchsform sehr stark von den fächerförmig wachsenden Arten aus dieser Gattung ab. Sie bildet keine Fächer aus, sondern wächst in Form vielfältig gestalteter Verzweigungen, die mit hellen Polypen dicht besetzt sind. Ein Laie könnte sie für eine Korallenkolonie halten. Diese Art ist selten. Wir haben sie auch nur in Australien gesehen.

T: 20-28 °C, Ø: 40 cm, BS: 4, SG: 4

Insel Palau, Mikronesien H. Erhardt

Distichopora violacea PALLAS, 1766
Violette Hydrokoralle

Vork.: Indopazifik: Australien, Mikronesien, Philippinen.
GU: Die Kolonien sind getrenntgeschlechtlich.
Soz.Verh./Vgs.: In den Verzweigungen der Kolonien leben ganz bestimmte und farbig gut angepaßte Seesterne und verschiedene Krebsarten.
Hält.B.: Nicht bekannt. Sollten die Kolonien doch in den Handel kommen, dann sind sie im Schatten eines Aquariums anzusiedeln. Auch sollte man sie nur dann erwerben, wenn sie noch an ihrem Basisgestein festgewachsen sind. Die Ernährung der Kolonie dürfte sehr schwierig sein, da sie keine Zooxanthellen besitzen.
Licht: Dämmerlichtzone. **FU:** K; Plankton.
Bes.: Blauviolette Hydrokorallen wachsen in kleinen, kräftigen und zum Teil reich verzweigten Kolonien. Sie siedeln an stark strömenden Riffen im Schatten von Nischen und Unterhöhlungen.

T: 20-28 °C, **L:** 8 cm, **BS:** 4, **SG:** 4

Insel Palau, Mikronesien H. Erhardt

Distichopora sp.
Gelbe Filigrankoralle

Vork.: Indopazifik: Mikronesien.
GU: Die Kolonien sind getrenntgeschlechtlich.
Hält.B.: Aus der zur Verfügung stehenden Literatur nicht bekannt.
FU: K; Plankton.
Bes.: Die Tierkolonien wachsen geduckt mit kurzen, kräftigen und abgerundeten Verzweigungen. Sie leben bevorzugt in Nischen nahe der Wasseroberfläche, wo starke Wasserbewegungen vorherrschen. Man sieht sie oft in der unmittelbaren Nachbarschaft der violetten Hydrokoralle *D. violacea* siedeln.

T: 20-28 °C, L: 3 cm, BS: 4, SG: 4

Ordnung: ATHECATA
Fam.: Stylasteridae

Raa Atoll, Malediven

H. Erhardt

Distichopora sp.
Indopazifische Hydrokoralle

Vork.: Malediven. **GU:** Die Tierkolonien sind getrenntgeschlechtlich.
Soz.Verh./Vgs.: Schlangensterne, kleine Seesterne und Krebse leben in den Verzweigungen dieser Hydrokoralle. Vielfach haben sie zur Tarnung die Farbe der Wirtskolonie angenommen.
Hält.B.: Unbekannt. In der uns zur Verfügung stehenden Aquarienliteratur nicht erwähnt.
FU: K; Plankton und Detritus. **Licht:** Schattenlichtzone.
Bes.: Die meisten Kolonien leben an schattigen Rändern von Höhlen und Unterhöhlungen und tiefen Riffeinschnitten. Die Wuchsform der Kolonien ist kräftig, um im stark strömenden Wasser zu überleben. Diese Art siedelt nicht an allen Riffen der Malediven, sondern ist besonders an den Außenriffen und in stark strömenden Kanälen zu finden. Ihre getrockneten Skelette werden in einigen Andenkenläden der Touristeninseln und in Male angeboten.

T: 22-28 °C, **Ø:** 35 cm, **BS:** 4, **SG:** 4

Insel Palau, Mikronesien

H. Erhardt

Stylaster sp. (?) *elegans* VERRILL, 1864
Reichverzweigte Filigrankoralle

Vork.: Indopazifik: Mikronesien.
GU: Die Kolonien sind getrenntgeschlechtlich.
Hält.B.: Nicht bekannt. Die Kolonien würden, einmal gesammelt, den Transport auch nicht überstehen und in viele Einzelteile zerbrechen.
FU: K; Plankton.
Bes.: Filigrankorallen dieser Art wachsen an kräftigen Stämmchen, reich verzweigt in Form eines Fächers. An den rosaroten Hauptverzweigungen setzen sich die zarteren und helleren Verzweigungen fort. Die Wuchsgröße der Kolonie in ungewöhnlich. Sie siedelt an einem steil abfallenden Riffhang im stark strömenden Wasser.

T: 20-28 °C, L: 60 cm, BS: 4, SG: 4

Ordnung: Athecata
Fam.: Stylasteridae

Insel Palau, Mikronesien

H. Erhardt

Stylaster sp. (?) *sanguineus*
Blutrote Filigrankoralle

Vork.: Tropischer Indopazifik.
GU: Die Kolonien sind getrenntgeschlechtlich.
Hält.B.: Nicht bekannt. Die Tierkolonien würden einen Transport nicht überleben.
FU: K, Plankton.
Bes.: Diese Art bevorzugt als Standort tiefes Wasser und schattige Steilhänge mit kräftigen Strömungen. Die Kolonien sind blutrot gefärbt. Nur die kurzen und kräftigen Verzweigungen sind etwas heller abgesetzt.

T. 22-26 °C, L: 8 cm, BS: 4, SG: 4

Insel Lombok, Philippinen H. Erhardt

Stylaster sp.
Zarte Filigrankorallen

Vork.: Indopazifik: Mikronesien.
GU: Die Kolonien sind getrenntgeschlechtlich.
Hält.B.: Nicht bekannt. Sie werden weder gesammelt noch importiert. Die Tierkolonien würden beim Transport sowieso auseinanderbrechen.
FU: K; Plankton.
Bes.: Die auf dem Bild vorgestellte Filigrankoralle weicht in ihrer Wuchsform von der im Indopazifik bekannten Art, *Stylaster elegans*, erheblich ab. Während diese mehr oder minder fächerförmig wächst, ist die auf dem Bild vorgestellte Art buschig in ihrer Wuchsform. Außerdem sind die einzelnen Verzweigungen viel länger als üblich. Helle Zuwachsspitzen sind nicht erkennbar, was außergewöhnlich ist.

T: 20-28 °C, L: 35 cm, BS: 4, SG: 4

Ordnung: ATHECATA
Fam.: Stylasteridae

Manado, Indonesien H. Erhardt

Stylaster sp.
Hydrokoralle

Vork.: Indopazifik: Indonesien.
GU: Die Kolonien sind getrenntgeschlechtlich.
Hält.B.: Nicht bekannt und auch nicht empfehlenswert, da sie tiefe und dunkle Nischen benötigen und an sehr starke Wasserbewegungen angepaßt leben. Da sie sehr zerbrechlich sind, werden sie auch nicht gesammelt.
FU: K; Zooplankton.
Bes.: Hydroidkorallen wachsen zart, fein gegliedert und reich verzweigt. Die Spitzen der Verzweigungen sind hell abgesetzt. Die einzelnen Polypen sind sehr klein und tagsüber in winzigen Löchern eingezogen. Da, wo starke Strömungen vorherrschen, leben sie in Nischen und schattigen Unterhöhlungen und bevorzugt an Steilabfällen.

T: 22-26 °C, Ø: 40 cm, BS: 4, SG: 4

Nordsulawesi, Indonesien H. Erhardt

Stylaster sp.
Hydrokoralle

Vork.: Indopazifik: Indonesien.
GU: Die Kolonien sind getrenntgeschlechtlich.
Hält.B.: Nicht bekannt und in der Aquarienliteratur nicht beschrieben. Siehe andere *Stylaster*-Arten.
FU: K; Mikrozooplankton.
Bes.: Hydrokorallen sind zartwüchsig, hart in ihrer Konsistenz, fein verästelt und bei mechanischer Beanspruchung sehr zerbrechlich. Sie siedeln an schattigen Höhlenwänden und haben eine reiche Infauna an Krebsen und Schlangensternen. Die abgebildete Kolonie ist annähernd farblos.

T: 22-26 °C, Ø: 15 cm, BS: 4, SG: 4

Insel Bohol, Philippinen H. Erhardt

Aglaophenia cupressina LAMOUROUX, 1812
Zypressen-Nesselfarn

Vork.: Vom Indischen Ozean bis nach Mikronesien. GU: Keine.
Hält.B.: In der Aquarienliteratur selten erwähnt. Im Grunde liegen noch keine Erfahrungen vor.
FU: K, Zooplankton und von den Produkten ihrer Zooxanthellen.
Bes.: Die Kolonien wachsen aufrecht und haben das Aussehen von Farnen. Sie leben oft in einer großen Dichte an lichtexponierten und strömungsstarken Riffabschnitten und können hier viele Quadratmeter des Untergrundes bedecken. Die Polypen besitzen viele Nesselkapseln, die bei Berührung die menschliche Haut durchschlagen und ein schmerzhaftes Nesseln verursachen. Die Art besitzt keine freien Medusen. Die Eier und Spermien entwickeln sich in Medusenknospen.

T: 22-26 °C, L: über 20 cm, BS: 4, SG: 4

Insel Palau, Mikronesien H. Erhardt

Aglaophenia sp.
Nesselfarn, Federhydroid

Vork.: Indopazifik: Mikronesien.
GU: Keine.
Hält.B.: Nicht bekannt.
FU: K; Plankton.
Bes.: Die Tierkolonien wachsen in Form zarter Federn. An einem Stämmchen befinden sich helle und sehr zarte Seitenverzweigungen. Federhydroiden siedeln in Gruppen auf abgestorbenen Riffarealen. Bei Berührung brennen sie sehr schmerzhaft die menschliche Haut.

T: 20-28 °C, **L**: 7 cm, **BS**: 4, **SG**: 4

Ordnung: THECATA
Fam.: Aglaopheniidae

Insel Kuramati, Malediven

H. Erhardt

Aglaophenia sp.
Federhydroid

Vork.: Indischer Ozean: Malediven.
GU: Keine.
Hält.B.: Nicht bekannt.
FU: K; Plankton.
Bes.: Federhydroiden dieser Art bilden dicht beieinander stehende, aufrecht wachsende und federförmige Hydroidkolonien, die von festen Unterlagen aus einer gemeinsamen Masse sich in das freie Wasser erheben. An einem zentralen Stämmchen sitzen feine federartige Seitenverzweigungen, an denen sich die Polypen befinden. Die auf dem Bild dargestellten Hydroiden nesseln die menschliche Haut stark.

T: 22-26 °C, L: 12 cm, BS: 4, SG: 4

Insel Komodo, Indonesien

H. Erhardt

Gymnangium sp. (?) *eximium* (ALLMAN, 1874)
Federstrauß-Hydroid

Vork.: Rotes Meer, Indopazifik: Von den Malediven bis nach Polynesien.
GU: Keine.
Hält.B.: Nicht bekannt.
FU: K; Plankton.
Bes.: Die Hydroidkolonien wachsen mit aufrechten, kräftigen und hornigen Stämmchen in das freie Wasser. Die gegenständigen Verzweigungen sind federförmig und in eine Ebene ausgerichtet. Sie sind quer zur vorherrschenden Strömungsrichtung des Wassers positioniert. Der hier aufgezeigte Standort ist eine dunkle Unterhöhlung an einem steil abfallenden Außenriff. Die Kolonien nesseln die menschliche Haut.

T: 22-27 °C, **L**: 7 cm, **BS**: 4, **SG**: 4

Ordnung: THECATA
Fam.: Aglaopheniidae

H. Erhardt

Apo-Island, Philippinen

Gymnangium sp. (?) *gracilicaule* (JÄDERHOLM, 1903)
Federstrauß-Hydroid

Vork.: Rotes Meer, Indopazifik: Von Ostafrika bis Polynesien und Australien.
GU: Keine.
Hält.B.: Federstrauß-Hydroiden werden nicht in Aquarien gepflegt.
FU: K; Zooplankton.
Bes.: Die Hydroid-Kolonien wachsen aufrecht und mit federförmigen Verzweigungen. Diese sind fast immer quer zur Strömungsrichtung des Wassers ausgerichtet. Ihr Lebensraum sind Riffhänge und Riffplattformen nahe der Wasseroberfläche, wo kräftige Wasserbewegungen vorherrschen. Die Nematocysten der Hydroiden nesseln bei Berührung die menschliche Haut sehr stark. Das führt zur Rötung der Haut und zu einem lang anhaltenden Brennen.

T: 22-26 °C, **L:** 15-20 cm, **BS:** 4, **SG:** 4

Insel Bunaken, Indonesien H. Erhardt

Gymnangium sp.
Federstrauß-Hydroid

Vork.: Indopazifik: Indonesien.
GU: Keine.
Hält.B.: Nicht bekannt.
FU: K; Plankton.
Bes.: Die Tierkolonien leben im Schatten stark durchströmter Riffabschnitte. Die kräftigen Verzweigungen erheben sich aus einem gemeinsamen Wurzelgeflecht in das freie Wasser. Die in einer Ebene ausgerichteten Kolonien sind stets quer zur Strömung des Wassers ausgerichtet. Die Polypen befinden sich an den seitlichen Verzweigungen. Sie sind sehr klein, können sich in eine Theca zurückziehen und nesseln die menschliche Haut sehr stark.

T: 22-26 °C, L: 8-12 cm, BS: 4, SG: 3

Ordnung: Thecata
Fam.: Aglaopheniidae

Maumere Bay, Indonesien H. Erhardt

Gymnangium sp.
Federhydroid

Vork.: Tropischer Indopazifik.
GU: Keine.
Hält.B.: Nicht bekannt.
FU: K; Plankton.
Bes.: Die Tierkolonien besitzen ein federartiges Aussehen. An einem Hauptstamm befinden sich feine, seitliche Verzweigungen, die auch die Polypen tragen. Ihr Lebensraum sind schattige Standorte unter Überhängen im kräftig bewegten Wasser von Steilabfällen.

T: 22-28 °C, L: 10 cm, BS: 4, SG: 4

Insel Komodo, Indonesien

H. Erhardt

Lytocarpia sp.
Federhydroid

Vork.: Indopazifik: Indonesien.
GU: Keine.
Hält.B.: Nicht bekannt.
FU: K; Plankton.
Bes.: Die Tierkolonien wachsen aufrecht, sind in ihrer Form federförmig und siedeln im allgemeinen in einer großen Individuendichte. An einem zentralen Stämmchen befinden sich an den seitlichen Verzweigungen die kleinen Polypen. Federhydroiden dieser Art siedeln bevorzugt auf den abgestorbenen Peitschen Schwarzer Korallen oder auf Gorgonien. Hier sind sie starken Wasserströmungen ausgesetzt, die ihnen das notwendige Plankton für ihre Ernährung zutragen. Die Nesselwirkung der Polypen ist so gering, daß viele empfindliche Wirbellose in ihren unmittelbaren Nachbarschaft siedeln können.

T: 22-28 °C, L: 3 cm, BS: 4, SG: 3

Ordnung: Thecata
Fam.: Aglaopheniidae

H. Erhardt

Süd Male Atoll

Macrorhynchia phoenicia (BUSK, 1852)
Federhydroid, Federmoos

Vork.: Rotes Meer, Indopazifik: Australien, Indonesien, Philippinen, Thailand.
GU: Keine.
Hält.B.: Nicht bekannt.
FU: K; Zooplankton.
Bes.: Auf einer zentralen Achse befinden sich gegenständige Verzweigungen, die der Kolonie das Aussehen von Federn verleihen. Die einzelnen Polypen sind winzig klein und transparent. Man braucht schon eine starke Lupe, um sie zu sehen. Federhydroiden dieser Art nesseln nicht sehr stark und ihre Nematocysten durchschlagen auch nicht die menschliche Haut. Zum Fang von Zooplankton reicht ihre Wirkung allemal. Federhydroiden siedeln auf festen Unterlagen schon in geringen Wassertiefen.

T: 22-26 °C, **L**: 15 cm, **BS**: 4, **SG**: 4

Insel Bunaken, Indonesien

H. Erhardt

Antennella sp (?) *varians* (BILLARD, 1911)
Antennen-Hydroid

Vork.: Die Gattung ist kosmopolitisch. Indopazifik: Indonesien, Philippinen.
GU: Die Kolonien sind Hermaphroditen.
Hält.B.: Nicht bekannt.
FU: K; Zooplankton.
Bes.: Die Kolonie wächst mit langen, aufrechten und unverzweigten Ruten in das freie Wasser. In diesem Zusammenhang muß auch erwähnt werden, daß es auch verzweigte Arten in dieser Gattung gibt. Die meisten Kolonien leben an gut durchströmten Riffhängen und Steilabfällen. Als Siedlungsunterlage benutzen sie abgestorbene Ruten von Schwarzen Korallen und Gorgonien. Ihr Lebensraum sind schattige Felswände von Unterhöhlungen und Höhleneingänge.

T: 22-26 °C, L: 7-10 cm, BS: 4, SG: 4

Ordnung: Thecata
Fam.: Plumulariidae

H. Erhardt

Insel Komodo, Indonesien

Antennelopsis sp.
Fadenhydroid

Vork.. Tropischer Indopazifik.
GU: Die Tierkolonien sind getrenntgeschlechtlich.
Hält.B.: Nicht bekannt.
FU: K; Plankton.
Bes.: Die Kolonien bestehen aus langen und fädigen Verzweigungen, die wie ein Haarbüschel in der Strömung pendeln. Sie entspringen einer wurzelartigen Unterlage. Sie siedeln an schattigen Standorten unter Überhängen und lieben kräftige Wasserbewegungen. Steilabfälle sind ihr bevorzugter Lebensraum.

T: 22-26 °C, **L**: 8-12 cm, **BS**: 4, **SG**: 4

Insel Komodo, Indonesien H. Erhardt

Halopteris sp.
Federhydroid

Vork.: Indopazifik: Indonesien.
GU: Keine.
Hält.B.: Nicht bekannt.
FU: K; Plankton.
Bes.: Die Tierkolonien haben die Wuchsform einer feinen Feder. Die kurzen und seitlichen Abzweigungen, die an dem zentralen Stämmchen alternierend ansetzen, tragen sehr kleine Polypen. Feder-Hydroiden sind schnelle Sekundärsiedler auf vielen abgestorbenen Unterlagen. Besonders häufig findet man sie auf Schwämmen, den abgestorbenen Ruten der Schwarzen Korallen, auf Gorgonien, an schattigen Stellen von Schiffwracks und an Hafenbauten.

T: 22-26 °C, L: 5 cm, BS: 4, SG: 4

Ordnung: THECATA
Fam.: Plumulariidae

Insel Komodo, Indonesien

M. Walker

Plumularia badia KIRCHENPAUER, 1876
Schwarzer Hydroid

Vork.: Indopazifik: Australien, Indonesien.
GU: Keine.
Hält.B.: Nicht bekannt.
FU: K; Plankton.
Bes.: Schwarze Hydroiden kommen in verschiedenen Wuchsformen vor. Sie können buschig, unverzweigt und verzweigt wachsen. Vielfach bestehen sie aus einer Vielzahl aufrecht wachsender Verzweigungen, die sich an einem zentral gelegenen Geflecht (Rhizoiden) in Form einer Bürste oder eines Besens formieren. Dieses Geflecht besteht aus abgestorbenen Rhizoiden früherer Generationen, ist im Untergrund befestigt, besitzt eine flexible Konsistenz und trägt das Bürstengebilde aufrecht. Schwarze Hydroiden dieser Art sind in indonesischen Gewässern häufig und unter verschiedenen Namen beschrieben worden. Die hier vorgestellte Art ist eine von ihnen. Sie wachsen geduckt im tiefen und kalten Auftriebswasser an der Küste von Komodo in breiten, vom Wasser ausgespülten Lavarinnen und halten sehr starken Wasserströmungen stand. In den Verzweigungen der Schwarzen Hydroiden lebt eine Vielzahl schwarzer Meeresasseln.

T: 18-24 °C, **L**: 12 cm, **BS**: 4, **SG**: 4

Insel Bohol, Philippinen H. Erhardt

Plumularia sp.
Strauch-Hydroid

Vork.: Indopazifik: Indonesien, Philippinen.
GU: Keine.
Hält.B.: Nicht bekannt.
FU: K; Zooplankton.
Bes.: Die dünnen und aufrecht wachsenden Verzweigungen der Kolonie formieren sich zu einem Geflecht und entspringen einer gemeinsamen Basis. Ihre Stolone sind nicht sichtbar, da sie vom Sediment bedeckt werden. Strauch-Hydroiden leben bevorzugt an seicht abfallenden und sandigen Riffhängen und siedeln häufig im warmen und seichten Wasser der Lagunen.

T: 22-26 °C, L: 20-25 cm, BS: 4, SG: 4

Ordnung: Thecata
Fam.: Plumulariidae

Baa Atoll, Malediven

H. Erhardt

Plumularia sp.
Federhydroid

Vork.: Indopazifik: Malediven.
GU: Keine.
Soz.Verh./Vgs.: Die federförmigen Hydroidkolonien siedeln nicht einzeln, sondern stets in großer Dichte.
Hält.B.: Nicht bekannt.
FU: K; Plankton.
Bes.: Die einzelnen Kolonien sind fiederförmig und wachsen aufrecht mit einem zentralen Stämmchen und wechselständigen Verzweigungen. Sie erheben sich nur wenig über ihre Substratunterlage. Auf dem Bild ist ihr Siedlungssubstrat ein Schwamm auf einer abgestorbenen Gorgonie.

T: 22-26 °C, **L:** 2-3 cm, **BS:** 4, **SG:** 4

Fam.: Sertulariidae

Insel Palau, Mikronesien H. Erhardt

Idiellana pristis (LAMOUROUX, 1816)
Federstrauß-Hydroid

Vork.: Tropischer Westatlantik, Atlantik, Indopazifik, Pazifik. **GU:** Keine.
Hält.B.: Diese Hydroidenart wird nicht in Aquarien gepflegt.
FU: K; Plankton.
Bes.: Federstrauß-Hydroiden dieser Art leben in dichtgepackten Kolonien auf abgestorbenen Riffabschnitten und kommen hier gelegentlich in weiträumigen Formationen vor. Bevorzugt siedeln sie dort, wo starke Wasserbewegungen vorherrschen, so daß Riffkanten und der obere Riffhang häufig von ihnen besetzt werden. An einem zentralen Stämmchen sitzen alternierend die seitlichen Verzweigungen, die auch die Polypen tragen. Diese können die menschliche Haut empfindlich nesseln. Die Farbe der Kolonien ist orange, braun oder gelb.

T: 10-27 °C, **L:** 15 cm, **BS:** 4, **SG:** 3

Ordnung: THECATA
Fam.: Sertulariidae

Apo-Island, Philippinen H. Erhardt

Sertularella sp.
Federhydroid

Vork.: Indopazifik: Indonesien, Philippinen.
GU: Keine.
Hält.B.: Nicht bekannt.
FU: K; Zooplankton.
Bes.: Die Kolonien wachsen federförmig. An einem zentralen Stämmchen befinden sich alternierende und in einer Ebene ausgerichtete Verzweigungen, die auch die Polypen tragen. Diese sind relativ groß und nesseln die menschliche Haut bei Berührung. Federhydroiden dieser Art siedeln auf abgestorbenen Substraten und bevorzugen als Standorte gut durchströmte Riffabschnitte.

T: 22-26 °C, **L**: 3 cm, **BS**: 4, **SG**: 4

Insel Bali, Indonesien H. Erhardt

(?) *Symplectoscyphus* sp.
Busch-Hydroid

Vork.: Indopazifik: Indonesien.
GU: Keine.
Hält.B.: Nicht bekannt.
FU: K; Zooplankton.
Bes.: Die Kolonien wachsen buschig. Ihre Verzweigungen sind kräftig und erheben sich aus einer gemeinsamen Masse von Stolonen, die hier im Körper eines Schwammes verankert sind. Die relativ großen Polypen nesseln stark und können bei Berührung die menschliche Haut reizen.

T: 22-26 °C, L: 6 cm, BS: 4, SG: 3

Insel Bunaken, Indonesien H. Baensch

Thyroscyphus fruticosus (ESPER, 1793)
Zweig-Hydroid

Vork.: Mittelmeer, Indowestpazifik, Neuseeland.
GU: Keine.
Hält.B.: Nicht bekannt.
Bes.: Die Hydroiden wachsen mit kräftigen doch nur wenig verzweigten Stämmchen. Die wechselständigen Polypen an den Verzweigungen sind relativ groß. Hydroiden dieser Art leben auf abgestorbenen Substraten und siedeln fast immer im stark strömenden Wasser. Das Bild zeigt Hydroidkolonien, die am Rand eines Schwammes leben.

T: 10-26 °C, **L:** 8 cm, **BS:** 4, **SG:** 3

Nord Male Atoll, Malediven H. Erhardt

Zygophylax sp.
Gelbes Seemoos

Vork.: Indopazifik: Indonesien, Philippinen.
GU: Keine.
Hält.B.: Nicht bekannt.
FU: K; Zooplankton.
Bes.: Die Kolonien wachsen aufrecht und mit alternierenden Verzweigungen. Diese besitzen zwei Reihen von Polypen, die relativ groß, langgestreckt und mit einem basalen Stiel versehen sind. Gelbes Seemoos siedelt an gut durchströmten Riffhängen und ist stets goldgelb gefärbt. Die Gattung ist mit mehreren Arten im Indopazifik vertreten.

T: 22-26 °C, L: 12 cm, BS: 4, SG: 4

Ordnung: Thecata
Fam.: Haleciidae

Nordsulawesi, Indonesien D. Tackett

Halecium sp.
Fiederzweig-Hydroid

Vork.: Indopazifik: Indonesien.
GU: Keine.
Hält.B.: Nicht bekannt.
FU: K; Plankton.
Bes.: Die Kolonien sind kräftig, wachsen aufrecht und besitzen nur wenige Verzweigungen. Die relativ großen Polypen befinden sich wechselständig an den Verzweigungen. Sie können sich nicht vollständig in ihre Thecen zurückziehen, da diese zu klein sind. Fiederzweig-Hydroiden nesseln stark.

T: 22-26 °C, **L**: 12 cm, **BS**: 4, **SG**: 3

Fam.: Plumulariidae/Sertulariidae

Surininseln, Thailand H. Erhardt

Antennella sp. (orange), *Plumularia* sp. (weiß), *Sertularella* sp. (gelb)
Hydroiden

Vork.: Indopazifik: Philippinen. **GU:** Keine.
Soz.Verh./ Vgs.: Die einzelnen Hydroidstöckchen sind über Stolone miteinander verbunden.
Hält.B.: Nicht bekannt. Die Hydroidstöckchen sind zu kurz, um gesammelt zu werden. Sie können möglicherweise durch "Lebende Steine" in ein Aquarium eingeschleppt werden. Das setzt aber voraus, daß die Transportbedingungen optimal sind.
FU: K; Plankton.
Bes.: Hydroiden dieser Art wachsen aufrecht, federförmig und in Form kurzer und alternierender Verzweigungen. Die Polypen sind entlang dieser Verzweigungen aufgereiht und nesseln die menschliche Haut bei Berührung. Ihre Standorte sind gut durchströmte Riffabschnitte, wo sie an schattigen und vertikalen Wänden wachsen.

T: 20-28 °C, **L:** 6 cm, **BS:** 4, **SG:** 4

Indonesien M. Walker

Stephanoscyphus sp.
Brennende Alge

Vork.: Indopazifik: Indonesien.
GU: Das Bild zeigt die Polypengeneration der Scyphomeduse *Stephanoscyphus* sp.
Hält.B.: Nicht bekannt.
FU: K; Plankton.
Bes.: Man nennt die Polypen dieser Scyphomeduse auch "Brennende Algen", weil sie wie Algen aussehen und mit Nesselzellen bewehrt sind, die sie bei Berührung abschießen und die menschliche Haut durchschlagen. Das Gift, das in die Wunde injiziert wird, führt zu außerordentlich starken Schmerzen, zu einer sofortigen Rötung der Haut und zu starken Blasenbildungen. Diese trocken erst nach Wochen aus, verändern die betroffene Hautoberfläche und hinterlassen nach der Heilung sichtbare Narben. Nach Wochen erst lassen die Schmerzen nach. Leider sind die Polypen sehr klein, unscheinbar und meist von Schwämmen umwachsen, so daß man sie selten sieht doch häufig spürt. Die Polypen dieser Gattung leben im Flachwasser in Algenbeständen, in Mangroven und im oberen Riffbereich, wo sie buschförmige Kolonien ausbilden. Vorsicht also beim Anfassen dieser Polypen.

T: 22-26 °C, **Ø:** 6 cm, **BS:** 4, **SG:** 4

Irland, Nordatlantik H. Uecker

Haliclystus auricula (RATHKE, 1806)
Achtstrahl-Becherqualle

Vork.: Atlantik, Nordsee, Westliche Ostsee.
GU: Keine.
Soz.Verh./Vgs.: Die Tiere leben einzeln, festgeheftet mit einer Fußscheibe an verschiedenen Substraten.
Hält.B.: Man pflegt die Quallen in einem Atlantik- oder Nordseebecken, das ausreichend mit Tangen, Seegras oder Algen bestückt ist. Sie sind für ein Riffaquarium ohne Bedeutung.
Licht. Sonnenlichtzone.
FU: K; Plankton, Ersatzplankton.
Bes.: Becherquallen sind eine hochspezialisierte Gruppe, die in kalten Meeren lebt. Verankert mit einem Stiel an Tangen, Seegras, Steinen und Weichtierschalen, können sie ihren Schirm nach allen Seiten drehen und wenden und sich auf ihren 8 gleich langen Schirmarmen fortbewegen. Nur schwimmen können sie nicht mehr. Jeder der Schirmarme besitzt ein Büschel Tentakel. Ihre Verwandtschaft zu den großen Schirmquallen zeigt sich in der Anordnung und in der Lage der Keimdrüsen und in den in 4 Taschen eingeteilten Magenraum. Ihre Farbe ist variabel und dem Untergrund angepaßt.

T: 5-18 °C, **Ø:** 3 cm, **BL:** ab 100 cm, **WB:** m, **WR:** m, **SB:** 2-3, **SG.** 3

Lemnalia sp., Palau

H. Baensch

Weich- und Lederkorallen (Alcyonaria)

Weich- und Lederkorallen sind auf Substrat festgewachsene, lederartige bis fleischige Tierkolonien mit einer dicken, zum Teil derben und lederartigen Haut. Sie wachsen entweder lappig, bäumchenförmig, verzweigt oder fingerförmig.

Weich- und Lederkorallen sind in allen Weltmeeren verbreitet. Ihre größte Arten- und Formenvielfalt erreichen sie in den warmen tropischen und subtropischen Meeren, wo sie vom Gezeitenbereich bis in große Wassertiefen leben. Nur ganz wenige Arten besiedeln die Tiefsee.

Weich- und Lederkorallen sind trotz ihrer großen Formenvielfalt nach dem gleichen Bauprinzip konstruiert. Die Nährpolypen sind über die gesamte Oberfläche der Kolonie verteilt. Sie sind relativ klein, besitzen 8 Fangarme, und sie alle stehen über ein weitmaschiges Kanalsystem miteinander in Verbindung. Ihre Aufgabe ist es, Nahrung zu fangen, um die Kolonie zu ernähren. Daneben gibt es in der Kolonie Polypen, deren Fangarme zurückgebildet sind. Dafür besitzen sie ein Schlundrohr, das mit kräftig schlagenden Wimperepithelien ausgekleidet ist, die Wasser in die Kolonie pumpen und den Tierstock mit frischem und sauerstoffreichem Wasser versorgen. Diese modifizierten Polypen werden Schlauchpolypen genannt, weil sie auch dafür verantwortlich sind, den Tierstock ab- und anschwellen zu lassen.

Weich- und Lederkorallen besitzen Schleimzellen, die immer dann aktiv werden, wenn die Kolonie von auflagernder Sedimentation gereinigt werden muß. Man spricht dann von einem "Abschleimen" des Tierstockes.

Weich- und Lederkorallen bilden kein festes Skelett aus. Als Festigungselemente besitzen sie isolierte Kalkkörperchen von rauher und unregelmäßig gestalteter Oberfläche, die lose verteilt in einer Stützschicht liegen. Diese ist bei manchen Arten fast transparent, so daß die großen Kalkkörperchen bei aufgepumpten Kolonien sehr deutlich zu erkennen sind. Einigen Arten fehlen diese Sklerite.

Weich- und Lederkorallen sind überwiegend nachtaktive Tierkolonien. Tagsüber liegen sie oft zu unscheinbaren Klumpen zusammengesunken auf ihren Unterlagen. Erst dann, wenn nachts über die Schlauchpolypen Wasser in die Kolonie strömt, richten sie sich auf und entfalten sich in voller Schönheit. Zu diesem Zeitpunkt beginnen auch die Nährpolypen Plankton aus dem Wasser zu fangen, um für die Ernährung der Kolonie zu sorgen. Offensichtlich ist aber der Wechsel zwischen Tag und Nacht nicht das einzige Kriterium für die Kolonien, sich zu entfalten und Nahrung zu fangen, denn auch tagsüber sieht man voll entfaltete Kolonien im Riff.

Neuere Untersuchungen haben ergeben, daß sich einige Lederkorallen ausschließlich von Phytoplankton ernähren. Im Roten Meer fand man bei *Dendronephthya hemprichi* heraus, daß sich diese Koralle ausschließlich von planktischen Grünalgen ernährt. Sie besitzt nämlich weder Nematocysten, um tierisches Plankton zu fangen, noch Zooxanthellen, um sich von deren Produkten zu ernähren. Mit diesem Verzicht nutzt sie nun als reiner Pflanzenfresser eine Nahrungsreserve im Meer, die unerschöpflich ist und die ihr genug Nährstoffe für ihr Wachstum und für eine erfolgreiche Ausbreitung im Korallenriff liefert.

Weich- und Lederkorallen bevorzugen als Lebensraum dunkle und schattige Standorte von Überhängen, weiträumigen Unterhöhlungen und Höhlen. Damit sind sie in der Lage, Areale zu besetzen, um für die riffbildenden Korallen als Raum- und Nahrungskonkurrenten auszuscheiden. Die meisten Steinkorallen brauchen nämlich ausreichend Sonnenlicht für ihr Wachstum.

Weich- und Lederkorallen sind oft farbenprächtige Tierkolonien, die ein breites Farbspektrum nutzen. Dabei überwiegen Gelb- und Rottöne.

Weich- und Lederkorallen waren in den frühen Perioden unserer Erdgeschichte mit einer riesigen Arten- und Formenvielfalt vertreten. Bis heute sind etwa 800 rezente Arten bekannt, deren taxonomische Einordnung noch außerordentlich große Schwierigkeiten bereitet.

Systematik

Stamm: CNIDARIA	Nesseltiere
Klasse: ANTHOZOA	Blumentiere
Unterklasse: OCTOCORALLIA	Achtstrahlige Korallen
Ordnung: STOLONIFERA	Orgelkorallen
Familie: Clavulariidae	
Gattungen: *Carijoa*	
Clavularia	
Pachyclavularia	
Ordnung: TELESTACEA	Wurzelkorallen
Familie: Telestidae	
Gattung: *Telesto*	
Ordnung: ALCYONARIA	Lederkorallen
Familie: Alcyoniidae	
Gattungen: *Lobophytum*	
Minabea	
Sarcophyton	
Sinularia	
Familie: Nidaliidae	
Gattungen: *Chironephthya*	
Nephthyigorgia	
Nidalia	
Siphonogorgia	
Familie: Nephtheidae	Weichkorallen
Gattungen: *Dendronephthya*	
Lemnalia	
Paralemnalia	
Scleronephthya	
Stereonephthya	
Umbellulifera	
Familie: Xeniidae	Pumpkorallen
Gattungen: *Anthelia*	
Heteroxenia	
Xenia	

Ordnung: Stolonifera
Fam.: Clavulariidae

Straße von Lembet, Sulawesi, Indonesien H. Erhardt

Carijoa sp.
Wurzelkoralle

Vork.: Die Gattung ist im gesamten Indopazifik weit verbreitet.
GU: Keine.
Hält.B.: Diese Tierkolonien werden sehr selten importiert und sind für die Aquaristik unbedeutend. Sie sind sehr schwer zu pflegen, da sie ohne Zooxanthellen in ihrem Gewebe leben. Ihre Lebensbedingungen in einem Aquarium nachzuvollziehen, ist sehr schwierig, da sie in ihrem natürlichen Biotop an starke bis sehr starke Strömungen angepaßt sind.
Licht: Dämmerlichtzone.
FU: K; Zooplankton. Im Aquarium benötigen sie geeignete Ersatznahrung in Form von *Artemia* Nauplien, lebende *Cyclops* oder Wasserflöhe. An Frostfutter eignen sich Bosmiden und *Calanus*. Fütterung mindestens einmal täglich.
Bes.: Die Kolonien wachsen buschig mit hellen, langen und verzweigten Ruten. Diese entspringen einem gemeinsamen, wurzelförmigen Stolonengeflecht. Auch tagsüber sind die hellen Polypen expandiert. Wurzelkorallen leben an schattigen Standorten von Unterhöhlungen, Spalten, an Bojen, Hafenanlagen und an Wracks.

T: 22-27 °C, **L:** 45 cm, **BL:** ab 100 cm, **WB:** s, **WR:** o-m, **BS:** 3-4, **SG:** 3-4

Insel Bunaken, Sulawesi, Indonesien H. Erhardt

Carijoa sp.
Wurzelkoralle

Vork.: Die Gattung ist im gesamten Indopazifik weit verbreitet.
GU: Keine.
Hält.B.: Arten aus dieser Gattung werden selten importiert. Sie haben für die Aquaristik keine Bedeutung. Sie sind schwer zu pflegen, da sie ohne Zooxanthellen leben. Sie benötigen strömungsreiches Wasser, was mit anderen Pfleglingen in einem Heimaquarium schwer nachzuvollziehen ist.
Licht: Dämmerlichtzone.
FU: K; Zooplankton. Im Aquarium benötigen sie geeignete Ersatznahrung in Form von *Artemia*-Nauplien, lebenden *Cyclops* oder Wasserflöhen. An Frostfutter eignen sich Bosmiden und *Calanus* ("Rotes Plankton"). Fütterung mindestens einmal täglich.
Bes.: Die Kolonien wachsen buschig. Die langen Verzweigungen entspringen einem wurzelförmigen Stolonengeflecht und formen dichte und regional umfangreiche Bestände an schattigen Stellen von Überhängen, an Bojen, Wracks und an Schiffsböden. Die Polypen der Kolonie auf dem Bild sind gerade eingezogen. *C. rubra* wächst im Hintergrund.

T: 22-27 °C, L: 15 cm, BL: ab 100 cm, WB: s, WR: o-m, BS: 3-4, SG: 3-4

Insel Komodo, Indonesien H. Erhardt

Carijoa sp.
Wurzelkoralle

Vork.: Die Gattung ist im gesamten Indopazifik weit verbreitet.
GU: Keine.
Hält.B.: Tierkolonien aus dieser Gattung werden selten importiert. Sie sind schwer zu pflegen und haben in der Aquaristik kaum eine Bedeutung.
Licht: Dämmerlichtzone.
FU: K; Zooplankton. Im Aquarium benötigen sie geeignete Ersatznahrung in Form von *Artemia*-Nauplien, lebenden *Cyclops* oder Wasserflöhen. An Frostfutter eignen sich Bosmide und *Calanus* ("Rotes Plankton"). Fütterung mindestens einmal täglich.
Bes.: Die langen Verzweigungen formen buschige Bestände an schattigen Stellen der Riffe. Sie entspringen einem Wurzelgeflecht und werden dem vorbeiströmenden Wasser entgegengestreckt. Helle Polypen, die den Verzweigungen entspringen, fangen die Nahrung aus der Strömung. Sie sind tag- und nachtaktiv. Ein orangefarbener Schwamm überzieht auf dem Bild die Kolonie.

T: 22-28 °C, **L**: 40 cm, **BS**: 3-4, **SG**: 3-4

Insel Palau, Mikronesien H. Erhardt

Clavularia sp.
Röhrenkoralle

Vork.: Rotes Meer, von Ostafrika bis Hawaii.
GU: Keine.
Soz.Verh./Vgs.: Röhrenkorallen sollte man nur mit ausgesuchten Fischen pflegen. Auch sollten keine Seesterne, Krebse und Schnecken im Besatz des Beckens sein, da diese an den Polypen fressen. Gut sind die Röhrenkorallen mit allen festsitzenden Blumentieren, die nicht zu sehr nesseln, zu vergesellschaften.
Hält.B.: Nur in einem Riffaquarium pflegen. Gegen Fadenalgen sind die Kolonien sehr empfindlich. Sie werden oft von parasitischen Schnecken und gelegentlich von Planarien befallen. Ohne Störungen können sie in kurzer Zeit recht große Kolonien bilden.
Licht: HQI-Licht, da sie sonst ihre Farbe verlieren.
FU: Die Polypen ernähren sich ausschließlich von den Stoffwechselprodukten ihrer Zooxanthellen.
Bes.: Röhrenkorallen wachsen schnell und großflächig auf abgestorbenen Korallen und können viele Quadratmeter des Untergrundes bedecken. Alle Polypen sind über ein Stolonengeflecht miteinander verbunden und auch tagsüber voll expandiert.

T: 20-28 °C, **Ø**: 70 cm, **BL**: ab 120 cm, **WB**: m-s, **WR**: m-o, **BS**: 2-3, **SG**: 2-3

Insel Cebu, Philippinen H. Erhardt

Pachyclavularia sp.
Röhrenkoralle

Vork.: Die Gattung ist im tropischen Indopazifik weit verbreitet.
GU: Keine.
Hält.B.: Riffaquarium. Bei starker Beleuchtung können die Tierkolonien sehr ausdauernd sein und schnell wachsen. Sie benötigen Platz, um sich ausdehnen zu können. Auf Fadenalgen reagieren sie empfindlich, wie auch auf Seeigel und Fische, die ihre Polypen fressen. Solche Störungen veranlassen sie, die Polypen nicht mehr zu öffnen. Gegenüber nesselnden Wirbellosen sind sie wehrlos.
Licht: Sonnenlichtzone.
FU: Sie leben weitgehend von den Produkten ihrer Zooxanthellen und brauchen nicht gefüttert zu werden.
ZU/Verm.: Durch Abschneiden von Stolonenteilen.
Bes.: Diese Tiere bilden dichte und mattenförmige Kolonien auf abgestorbenen Unterlagen. Die grasgrünen Polypen entspringen roten Tuben, die in einem basalen Stolonengeflecht verankert sind. Sie enthalten verschiedenartige Sklerite. Die Polypen besitzen eine helle Mundscheibe und schlanke, nicht gefiederte Tentakel. Röhrenkorallen leben vom Flachwasser bis in moderate Tiefen.

T: 22-27 °C, Ø: variabel, BL: ab 80 cm, WB: m, WR: o, BS: 2, SG: 1-2.

Maumere Bay, Indonesien

H. Erhardt

Telesto rubra HICKSON, 1903
Rote Zweigkoralle

Vork.: Indopazifik: Australien, Indonesien, Mikronesien, Philippinen.
GU: Keine.
Hält.B.: Die Pflege dieser Tiere ist außerordentlich schwierig. Sie sind nicht ausdauernd und so gut wie nicht im Handel. Sie benötigen viel Schatten, um zu siedeln, und eine starke Strömung. Bei einem zu hohen Nährstoffgehalt im Becken stellen sich Wachstumsprobleme ein.
FU: K, Plankton. Da sie ohne Zooxanthellen in ihrem Gewebe leben, müssen sie mit feinstem Plankton gefüttert werden. Geeignete Ersatznahrung sind *Artemia*-Nauplien, lebende *Cyclops* und andere Wasserflöhe.
Licht: Dämmerlichtzone.
Bes.: Die Kolonien sind schwach verzweigt und wachsen strauchförmig. Sie bevorzugen als Lebensraum schattige Standorte mit starken Strömungen. Die einzelnen Polypen sind lang, stets weiß und fast transparent.

T: 22-26 °C, L: 35 cm, BL: ab 100 cm, WB: s, WR: m, BS: 4, SG: 4

Baa Atoll, Malediven H. Erhardt

Lobophytum sp.
Lappige Lederkoralle

Vork.: Indopazifik: Von Afrika bis nach Papua Neuguinea.
GU: Keine.
Soz.Verh./Vgs.: Die Tierkolonien leben in einer Symbiose mit Zooxanthellen. Man sollte sie nicht mit stark nesselnden Steinkorallen vergesellschaften.
Hält.B.: Diese Art ist nicht im Aquarienhandel, doch dürfte sie genauso gepflegt werden, wie alle anderen *Lobophytum*-Arten auch. Da ihre Kolonien groß sind und schnell wachsen, benötigen sie viel Platz.
Licht: Sonnenlichtzone.
FU: K, Plankton und von den Produkten ihrer Zooxanthellen.
ZU/Verm.: Durch Abschneiden von Ablegern.
Bes.. Die Kolonien liegen dem Hartsubstrat flach auf. Die Kolonieoberfläche zeigt rippenförmige Erhebungen und Einsenkungen. Ihr Lebensraum sind die lichtdurchfluteten Riffbereiche des Flachwassers. Gegenüber Freßfeinden synthetisieren sie Schutzstoffe, die auch Raumkonkurrenten fernhalten.

T: 22-28 °C, **Ø:** 50 cm, **BL:** ab 120 cm, **WB:** m, **WR:** o, **BS:** 3, **SG:** 2-3

Insel Palau, Mikronesien H. Erhardt

Lobophytum sp.
Noppen-Lederkoralle

Vork.: Indopazifik: Mikronesien.
GU: Keine.
Soz.Verh./ Vgs.: Die Kolonien leben in einer Symbiose mit Zooxanthellen.
Hält.B.: Mehrere Arten aus dieser Gattung sind im Handel. Wenn möglich, dann sollte man sie nicht mit stark nesselnden Korallen in Verbindung bringen. Die Polypen öffnen sich nur dann, wenn das Aquarienwasser nicht mit Phosphaten (max. 0,4 mg/l) und Nitraten (max. 10 mg/l) belastet ist. Sie gehören damit zu den anspruchvolleren Lederkorallen.
Licht: Sonnenlichtzone.
FU: K; Plankton. Dazu ernähren sich die Kolonien weitgehend von den Produkten ihrer Zooxanthellen und von den gelösten organischen Verbindungen im Meerwasser.
ZU/Verm.: Vermehrung durch Abschneiden von Ablegern.
Bes.: Die Gattung *Lobophytum* besitzt ein großes Spektrum an Wuchsformen.

T: 20-28 °C, **Ø**: 40 cm, **BL**: ab 120 cm, **WB**: m - s, **WR**: o, **BS**: 2, **SG**: 2-3

Apo-Riff, Philippinen H. Erhardt

Lobophytum sp.
Faltige Lederkoralle

Vork.: Rotes Meer, gesamter Indopazifik.
GU: Keine.
Soz.Verh./Vgs.: Die Tierkolonien leben in einer Endosymbiose mit einzelligen Algen, den Zooxanthellen.
Hält.B.: Diese Lederkorallen sind in Aquarien gut und ausdauernd zu pflegen. Nicht alle öffnen ihre Polypen im Aquarium, ganz besonders dann nicht, wenn sie mit Steinkorallen vergesellschaftet leben. Sie benötigen viel Platz und Abstand zu Steinkorallen.
Licht: Sonnenlichtzone.
FU: K; Plankton und von den Produkten ihrer Zooxanthellen. Sie nehmen gelöste organische Stoffe aus dem Meerwasser auf.
ZU/Verm.: Vermehrung durch Fragmentation.
Bes.: Die Kolonien liegen dem Untergrund flach auf. Sie besitzen ein stark gefaltetes Coenchym und siedeln ohne Stamm. Ihr Lebensraum sind gut durchlichtete Riffbereiche. Gegen Freßfeinde schützen sie sich durch Schutzstoffe (Terpene).

T: 22-28 °C, **Ø:** 35 cm, **BL:** ab 100 cm, **WB:** m-s, **WR:** m-o, **BS:** 2, **SG:** 1-2.

Apo-Riff, Philippinen H. Erhardt

Lobophytum sp.
Faltige Lederkoralle

Vork.: Rotes Meer, gesamter Indopazifik.
GU: Keine.
Soz.Verh./Vgs.: Die Tierkolonien leben in einer Endosymbiose mit einzelligen Algen, den Zooxanthellen.
Hält.B.: Diese Lederkorallen sind in Aquarien gut und ausdauernd zu pflegen. Nicht alle öffnen ihre Polypen im Aquarium, ganz besonders dann nicht, wenn sie mit Steinkorallen vergesellschaftet leben oder das Wasser mit Phosphaten und Nitraten belastet ist. Sie benötigen viel Platz und Abstand zu Steinkorallen.
Licht: Sonnenlichtzone.
FU: K; Plankton und von den Produkten ihrer Zooxanthellen. Sie nehmen gelöste organische Stoffe aus dem Meerwasser auf.
ZU/Verm.: Vermehrung durch Fragmentation.
Bes.: Die Kolonien liegen dem Untergrund flach auf. Sie besitzen ein stark gefaltetes Coenchym und siedeln ohne Stamm. Ihr Lebensraum sind gut durchlichtete Riffbereiche. Gegen Freßfeinde schützen sie sich durch Schutzstoffe (Terpene).

T: 22-28 °C, **Ø:** 35 cm, **BL:** ab 100 cm, **WB:** m-s, **WR:** m-o, **BS:** 2, **SG:** 1-2.

Baa Atoll, Malediven H. Erhardt

Minabea aldersladei WILLIAMS, 1992
Alderslade Möhrenkoralle

Vork.: Indopazifik: Australien, Indonesien, Malediven, Palau, Papua Neuguinea.
GU: Keine.
Hält.B.: Möhrenkorallen werden nicht in Aquarien gepflegt.
FU: K; Plankton.
Bes.: Möhrenkorallen leben an schattigen Standorten und sind ausschließlich nachtaktiv. Tagsüber leben sie in sich zusammengesunken auf ihren Substraten oder hängen schlaff von senkrechten Wänden herab. Bei Einbruch der Dunkelheit werden die fingerförmigen Kolonien expandiert und die langen und hellen Polypen zum Planktonfang ausgestreckt. Die Farbe der Kolonien ist entweder gelb oder rotorange.

T: 22-26 °C, **L**: 4-7 cm, **BS**: 4, **SG**: 4

Manado, Indonesien H. Erhardt

Sarcophyton crassocaule MOSER, 1919
Hufeisen-Lederkoralle

Vork.: Indopazifik: Australien, Mikronesien.
GU: Keine.
Soz.Verh./Vgs.: Die Kolonien leben in einer Symbiose mit Zooxanthellen.
Hält.B.: Diese Art wird in den Importlisten nicht geführt. Es ist jedoch anzunehmen, daß sie sich gut pflegen läßt, wie die meisten *Sarcophyton*-Arten auch.
ZU/Verm.: Durch Halbierung der Koloniescheibe. Darunter leidet die Form der Kolonie, die nicht nachgebildet wird.
FU: Ernährt sich weitgehend von den Stoffwechselendprodukten ihrer Zooxanthellen.
Licht: Sonnenlichtzone.
Bes.: Die Kolonien wachsen pilzförmig und in Hufeisenform. Entweder stehen sie einzeln oder in Gruppen. Gelegentlich bilden sie nahe der Wasseroberfläche dichte Bestände von beträchtlichen Ausmaßen. Es sind in Indonesien Siedlungsflächen bekannt, die mehrere tausend Quadratmeter betragen.

T: 20-28 °C, **Ø:** 18-25 cm, **BL:** ab 100 cm, **WB:** m-s, **WR:** o-m, **BS:** 2-3, **SG:** 2

Ordnung: Alcyonaria
Fam.: Alcyoniidae

Tabataha-Riff, Philippinen H. Erhardt

Sarcophyton cf. *mililatensis* VERSENVELDT & TURSCH, 1979
Viellappige Lederkoralle

Vork.: Indopazifik: Philippinen.
GU: Keine.
Soz.Verh./Vgs.: Die Kolonien leben in einer Symbiose mit Zooxanthellen.
Hält.B.: Diese Art wird nicht importiert, da sie sehr selten vorkommt. Dafür sind aus dieser Gattung andere Arten im Handel, die alle sehr ausdauernd und leicht zu pflegen sind. Das trifft möglicherweise auch für diese Art zu.
Licht: Sonnenlichtzone.
FU: Die Tierkolonien ernähren sich weitgehend von den Produkten ihrer Zooxanthellen.
ZU/Verm.: Vermehrung durch Abschneiden einer lappigen Verzweigung.
Bes.: Die Kolonie wächst auf einem polypenlosen Stamm, der viele lappige Verzweigungen trägt. Die Spitzen der Verzweigungen sind dem Sonnenlicht zugewandt. Die Polypen sind eingezogen.

T: 20-28 °C, **Ø:** 60 cm, **BL:** ab 120 cm, **WB:** m-s, **WR:** o-m, **BS:** 4, **SG:** 2.

Insel Palau, Mikronesien H. Erhardt

Sarcophyton sp.
Lederkoralle

Vork.: Indopazifik: Mikronesien.
GU: Keine.
Soz.Verh./Vgs.: Die Kolonien leben in einer Symbiose mit Zooxanthellen.
Hält.B.: Fast alle Arten aus dieser Gattung sind leichte Pfleglinge in den Aquarien. Sie sind mit fast allen Wirbellosen und Fischen zu vergesellschaften und vertragen auch einen dichten Besatz. Von Zeit zu Zeit häuten sie sich. Ihre Freßpolypen öffnen sich aber nur bei niedrigen Phosphat- und Nitratwerten.
Licht: Sonnenlichtzone.
ZU/Verm.: Vermehrung durch Fragmentation.
FU: Sie ernähren sich weitgehend von den Produkten ihrer Zooxanthellen.
Bes.: Die abgebildete Art hat sich stark kontrahiert. Sie gleicht eher einem ledrigen Klumpen, denn einer verzweigten Lederkoralle. Auch für den Spezialisten ist das ein seltener Anblick.

T: 20-28 °C, **Ø:** 50 cm, **BL:** ab 120 cm, **WB:** m-s, **WR:** m-u, **BS:** 3, SG: 2.

H. Erhardt

Sacrophyton sp.

H. Erhardt

Sacrophyton sp.

Manado, Indonesien H. Erhardt

Sarcophyton sp.
Lederkoralle

Vork.. Rotes Meer, Indopazifik: Von Ostafrika bis nach Polynesien und Australien.
GU: Keine.
Soz.Verh./Vgs.: Die Kolonien leben einzeln oder in Gruppen. Sie können bei großer Individuendichte den Untergrund rasenförmig abdecken. Sie leben mit Zooxanthellen und sind mit allen Fischen und Wirbellosen gut zu vergesellschaften.
Hält.B.: *Sarcophyton*-Arten gehören zu den beliebtesten Aquarientieren. Sie sind ausdauernde Pfleglinge und benötigen viel Platz, da sie gut und schnell wachsen. Ihre Freßpolypen öffnen sich aber nur bei niedrigen Phosphat- und Nitratwerten.
Licht: Sonnenlichtzone.
FU: Sie ernähren sich weitgehend von den Produkten ihrer Zooxanthellen.
ZU/Verm.: Durch Kolonieteilung möglich.
Bes.: Die Kolonien wachsen mit einem kurzen und polypenfreien Stamm und einer pilz- bis hutförmigen Verbreiterung. Zwei Polypenarten befinden sich darauf: Große und lange Freßpolypen und dazwischen eingesenkte Schlauchpolypen. Die Kolonien wachsen in den oberen, sonnendurchfluteten Riffbereichen.

T: 22-26 °C, Ø: 20 cm, BL: ab 100 cm, WB: m-s, BR: o, BS: 1-2, SG: 1-2.

Indonesien H. Erhardt

Sinularia dura (PRATT, 1903)
Blättrige Lederkoralle

Vork.: Indopazifik: Indonesien, Philippinen.
GU: Keine.
Soz.Verh./Vgs.: Die Tierkolonien leben mit einigen Ruderfußkrebsen vergesellschaftet.
Hält.B.: *Sinularia*-Arten sind häufig im Handel. Sie wachsen gut bei entsprechender Beleuchtung und breiten sich flächig im Becken aus. Ein gewisser Abstand zu nesselnden Korallen und Anemonen muß eingehalten werden. Nachweislich lebt diese Art schon seit 1982 im heimischen Aquarium von Herrn Großkopf (Nürnberg).
Licht: Sonnenlichtzone.
FU: Die Kolonien ernähren sich weitgehend von den Produkten ihrer Zooxanthellen.
ZU/Verm.: Durch Fragmentation.
Bes.: Blättrige Lederkorallen siedeln auf festen Unterlagen und auf abgestorbenem Riffgestein an abfallenden und vertikalen Wänden. Sie erheben sich nur geringfügig über ihre Siedlungsunterlagen, breiten sich flächig aus und lieben gut durchströmte Riffe. Die Kolonieränder sind gelappt, und man sieht die hellen Spiculae durch die ledrige Haut der Kolonie hindurchscheinen. Diese Kolonie zeigt eine außergewöhnlich große Wuchsform und soll hier erneut gezeigt werden. Siehe MEERWASSER ATLAS, Band 2, Seite 226.

T: 22-26 °C, BL: ab 100 cm, WB: m-s, WR: m, BS: 2, SG: 2.

Tabahata-Riff, Philippinen H. Erhardt

Sinularia cf. *gibberosa* TIXIER-DURIVAULT, 1970
Matten-Lederkoralle

Vork.: Indopazifik: Philippinen.
GU: Keine.
Soz.Verh./Vgs.: Die Kolonien leben in einer Symbiose mit Zooxanthellen.
Hält.B.: *Sinularia*-Arten sind häufig im Handel. Sie wachsen gut und ausdauernd in einem Aquarium. Sie benötigen viel Licht und Platz, um sich auszubreiten. Die hier vorgestellte Art erscheint auf keiner Importliste. Da sie großflächig wächst, wird sie möglicherweise nicht gesammelt.
Licht: Sonnenlichtzone.
FU: Sie ernähren sich weitgehend von den Produkten ihrer Zooxanthellen.
ZU/Verm.: Vermehrung durch Abtrennen einzelner Kolonieteile.
Bes.: Diese Art überwächst große Riffareale nahe der Wasseroberfläche und breitet sich großflächig auf abgestorbenem Korallengestein aus. Die stark kontrahierte Kolonieoberfläche zeigt klumpige Projektionen.

T: 20-28 °C, **Ø:** < 1 m, **BL:** ab 120 cm, **WB:** m-s, **WR:** o, **BS:** 4, **SG:** 2.

Ordnung: ALCYONARIA
Fam.: Alcyoniidae

Raa Atoll, Malediven H. Erhardt

Sinularia cf. *notanda* TEXIER-DURIVAULT, 1966
Buschige Lederkoralle

Vork.: Indischer Ozean: Ostafrika, Seychellen, Malediven.
GU: Keine.
Soz.Verh./Vgs.: Die Tierkolonien leben in einer Symbiose mit Zooxanthellen.
Hält.B.: Tierkolonien dieser Art sind selten im Handel. Man weiß aber, daß sie ausdauernd und pflegeleicht sind und viel Platz benötigen, um sich zu entwickeln.
Licht: Sonnenlichtzone.
FU: Sie ernähren sich weitgehend von den Produkten ihrer Zooxanthellen.
ZU/Verm.: Sie sind leicht durch Fragmentation zu vermehren.
Bes.: Die Kolonien werden nur mittelgroß, wachsen reich verzweigt und buschig. Der Hauptstamm ist von fester Konsistenz und zeigt feine Längsfurchen. Ihr Lebensraum sind gut beleuchtete Riffhänge und Riffterassen.

T: 22-28 °C, **L**: 25 cm, **BL**: ab 80 cm, **WB**: m-s, **WR**: m, **BS**: 2, **SG**: 1-2.

Insel Palau, Mikronesien H. Erhardt

Sinularia sp.
Verzweigte Lederkoralle

Vork.: Indopazifik: Mikronesien.
GU: Keine.
Soz.Verh./Vgs.: Die Kolonien leben in einer Symbiose mit Zooxanthellen.
Hält.B.: *Sinularia*-Arten sind generell bei ausreichender Beleuchtung gut in einem Aquarium zu halten. Sie brauchen viel Platz, um zu wachsen. Von Zeit zu Zeit schleimen sie ab.
Licht: Sonnenlichtzone.
FU: Sie ernähren sich weitgehend von den Produkten ihrer Zooxanthellen.
ZU/Verm.: Vermehrung durch Abtrennen von Verzweigungen.
Bes.: Das Bild zeigt eine Wuchsform, bei der sich aus einem massigen Koloniekörper breite und sich nach oben verjüngende Ausläufer erheben, die sich weiter verzweigen. Die Polypen sind eingezogen und ein schleimiger Überzug umgibt die Kolonie.

T: 20-28 °C, Ø: 35 cm, BL: ab 120 cm, WB: m-s, WR: o, BS: 3, SG: 2.

Süd Male Atoll, Malediven

H. Erhardt

Sinularia sp.
Lederkoralle

Vork.: Indopazifik: Malediven.
GU: Keine.
Soz.Verh./Vgs.: Die Tierkolonien leben in einer Symbiose mit einzelligen Algen, den Zooxanthellen.
Hält.B.: Siehe andere *Sinularia*-Arten.
Licht: Sonnenlichtzone.
FU: Die Kolonien ernähren sich weitgehend von den Produkten ihrer Zooxanthellen, nehmen aber auch gelöste organische Stoffe aus dem Seewasser auf.
ZU/Verm.: Durch Fragmentation.
Bes.: Die abgebildete Kolonie liegt breit, flach und in der Gestalt ohrenförmig dem Untergrund auf. Die Oberfläche ist glatt und ledrig und die Polypen eingezogen. Sie wächst an einem Steilabschnitt der Riffkante im stark strömenden Wasser. Ihre Wuchsform ist eigenartig und wird in dieser Form selten gesehen.

T: 22-28 °C, **Ø**: 30, **BL**: ab 100 cm, **WB**: m-s, **WR**: o, **BS**: 3, **SG**: 2.

Chironephthya sp.
H. Erhardt

Chironephthya sp. H. Erhardt

Chironephthya sp. H. Erhardt

Insel Palau, Mikronesien H. Erhardt

Chironephthya sp.
Runzelige Weichkoralle

Vork.: Rotes Meer, Indopazifik: Ostafrika, Malediven, Mikronesien, Thailand und Australien, ab 10 m.
GU: Keine.
Hält.B.: Diese Tierkolonien sind so gut wie nie im Handel zu erwerben. Seltene Importe kommen aus Indonesien und Thailand. Sollte man sie doch kaufen können, dann benötigen sie ein Spezialbecken. Ihre Ernährung dürfte sehr problematisch und schwierig sein, da sie keine Zooxanthellen in ihrem Gewebe besitzen. Man verankert sie mit der Basis, die vollständig intakt und auf Substrat angewachsen sein sollte, an der Decke von Höhlen und Überhängen.
Licht: Dämmerlichtzone.
FU: K; Mikroplankton. In einem Aquarium müssen sie mit lebendem Plankton ernährt werden.
Bes.: Durch Wasseraufnahme und Wasserabgabe können die Kolonien ihre Form stark verändern. Ihr Farbspektrum ist außerordentlich groß und ihr Lebensraum sind schattige Unterhöhlungen und Höhlendächer, von denen sie herabhängen. Ihre schlanken Verzweigungen tragen spindelförmige Sklerite und ihre Polypen sind in Calyces einziehbar. Sie ähneln sehr einigen Vertretern der Gattung *Siphonogorgia*.

T: 20-28 °C, **L**: variabel, **BL**: ab 100 cm, **WB**: m, **WR**: m, **BS**: 4, **SG**: 4

Similaninseln, Thailand H. Erhardt

Nephthyigorgia sp.
Indopazifische Meerhand

Vork.: Im gesamten Indopazifik weit verbreitet.
GU: Keine.
Hält.B.: Kolonien dieser Gattung werden gelegentlich importiert. Von allen Weichkorallen ohne Zooxanthellen ist *Nephthyigorgia* am leichtesten im Aquarium zu pflegen. Da sich die Polypen nur nachts öffnen, müssen sie auch nachts gefüttert werden. Wichtig ist eine starke Strömung, und die Kolonien müssen im Halbschatten angesiedelt werden.
Licht: Dämmerlichtzone.
FU: K; Zooplankton. Geeignete Ersatznahrung sind *Artemia*-Nauplien, kleine Wasserflöhe, Bosmiden und *Calanus* ("Rotes Plankton"). Fütterung alle zwei Tage
Bes.: Tiergemeinschaften dieser Gattung bilden nur kleine und wenig verzweigte Kolonien aus. Die konischen und fingerförmigen Verzweigungen besitzen eine gemeinsame Basis und sind von einer Vielzahl langer und transparenter Polypen bestanden. Diese können eingezogen werden. Die nachtaktiven Kolonien liegen tagsüber wie unscheinbare Klumpen auf ihren Unterlagen. Nachts, wenn über die Schlauchpolypen Wasser in die Kolonie strömt und sie aufrichtet, beginnen die Polypen Plankton zu fangen. Einige Nacktschnecken weiden auf ihnen und fressen ihre Polypen.

T: 20-28 °C, **L**: 6-12 cm, **BL**: ab 100 cm, **WB**: s, **WR**: m, **BS**: 2-3, **SG**: 3

Insel Lombok, Indonesien M. Walker

Nidalia simpsoni (THOMPSON & DEAN, 1931)
Simpsons Weichkoralle

Vork.: Indopazifik: Indonesien,
GU: Keine.
Hält.B.: Nicht bekannt.
FU: K; Plankton.
Bes.: Die keulenförmigen Kolonien sind relativ klein, ausschließlich nachtaktiv und leben an schattigen Standorten. Auf einem relativ langen Stiel befindet sich die kolbige Kolonie, von deren Oberfläche nachts sehr lange und transparente Polypen in das Wasser ausgestreckt werden. Tagsüber, wenn die Polypen eingezogen sind, sind die orangefarbenen Kolonien so unscheinbar, daß man sie im allgemeinen übersieht.

T: 22 - 26 °C, L: 5 cm, BS: 4, SG: 4

Insel Bunaken, Indonesien H. Baensch

Siphonogorgia godeffroyi KOLLIKER, 1874
Godeffroyi's Weichkoralle

Vork.: Rotes Meer, Indopazifik: Australien, Indonesien, Philippinen, Japan.
GU: Keine.
Hält.B.: Nur gelegentlich sind diese Tierkolonien im Handel. Sie sind sehr schwer zu pflegen und benötigen ein Spezialaquarium. Sie sind nichts für Anfänger.
Licht: Dämmerlichtzone.
FU: K; Plankton. Im Aquarium müssen sie mit lebendem Plankton gefüttert werden.
Bes.: Die Kolonien wachsen fächerförmig mit glattem Stamm und stacheligen Polypen. Diese werden von kurzen Skleriten umstanden. Die Festigkeit der Kolonien wird durch dicht gepackte Kalksklerite erreicht, die bewirken, daß sie sich nicht mehr so aufpumpen können wie *Dendronephthya* oder *Scleronephthya*. Ihre Lebensräume sind stark durchströmte Riffhänge. Häufig siedeln sie auch vor schattigen Höhlen und Unterhöhlungen. Die Farbe der Kolonien kann rot oder rostrot sein. Die Polypen sind weiß bis zart rosa gefärbt.

T: 22-26 °C, **L:** 60 cm, **BS:** 3-4, **SG:** 4

Siphonogorgia sp. H. Erhardt

Siphonogorgia sp.	H. Erhardt

Siphonogorgia sp.	H. Erhardt

Insel Palau, Mikronesien H. Erhardt

Siphonogorgia sp.
Fächer-Weichkoralle

Vork.: Rotes Meer, Indopazifik: Malediven, Mikronesien, Philippinen, Thailand.
GU: Keine.
Hält.B.: Fächer-Weichkorallen kommen sehr selten in den Handel. Es ist auch sehr schwer, sie über einen längeren Zeitraum zu pflegen und am Leben zu erhalten. Sie benötigen ein Spezialaquarium. Ihre Ernährung ist schwierig, da sie keine Zooxanthellen in ihrem Gewebe besitzen.
Licht: Dämmerlichtzone.
FU: K; Plankton. Im Aquarium müssen sie mit lebendem Plankton gefüttert werden.
Bes.: Alle Tierkolonien wachsen reich verzweigt und bilden Fächer. Der Stamm und die Verzweigungen sind von einer Vielzahl von Skleriten durchsetzt. Die Polypen, die mit Skleriten bewehrt sind, befinden sich hautsächlich an den Verzweigungen. Sie können eingezogen werden. Fächer-Weichkorallen wachsen unter schattigen Überhängen im mittleren und unteren Riffbereich.

T: 20-28 °C, **L**: variabel, **BL**: ab 120 cm, **WB**: m-s, **WR**: m, **BS**: 3-4, **SG**: 3-4

Ordnung: Alcyonaria
Fam.: Nephtheidae

Raa Atoll, Malediven H. Erhardt

Dendronephthya cf. *mucronata* (PÜTTER, 1900)
Blättrige Weichkoralle

Vork.: Vom Indischen Ozean bis in den Westpazifik. 5-40 m.
GU: Keine.
Soz.Verh./Vgs.: Die Tierkolonien stehen einzeln und werden recht groß. In ihren Verzweigungen leben verschiedene Ruderfußkrebse der Gattung *Acanthomolgus*.
Hält.B.. Diese Art ist nicht im Handel. Da ihnen Zooxanthellen im Gewebe fehlen, sind sie, wie auch andere Tierkolonien dieser Gattung, nicht über einen längeren Zeitraum am Leben zu erhalten. Sie benötigen ein Spezialaquarium und sollten nur von kundigen Aquarianern gepflegt werden.
Licht: Dämmerlichtzone.
FU: K, Plankton, im Aquarium mit lebendem Plankton.
Bes.: Die Tierkolonien leben an schattigen Stellen von Unterhöhlungen. An einem kräftigen Stamm sitzen doldenartige Verzweigungen und die Polypen in kugeligen Gruppen. Tagsüber leben sie zusammengesunken auf ihren Unterlagen, nachts expandieren sich die Kolonien zum Planktonfang.

T: 22-28 °C, L: 40 cm, BL: ab 120 cm, WB: s, WR: u, BS: 3-4, SG: 3-4

Dendronephthya sp.

H. Erhardt

Dendronephthya sp. H. Erhardt

Dendronephthya sp. H. Erhardt

Rotes Meer, Ras Muhamed, Ägypten H. Erhardt

Dendronephthya sp.
Bäumchen-Weichkoralle

Vor.: Rotes Meer, vom Indischen Ozean bis in den Ostpazifik.
GU: Keine.
Hält.B.: Kolonien dieser Gattung sind gelegentlich im Zoofachhandel. In Aquarien mit HQI-Strahlern können nur Arten aus dem Roten Meer gepflegt werden. Alle anderen sollten im Schatten großer Überhänge angesiedelt werden. Nichts für Anfänger!
Licht: Dämmerlichtzone.
Zu/Verm.: Im Becken nicht bekannt. Wahrscheinlich sind sie in Aquarien nicht zu vermehren.
FU: K; Plankton. Da die Kolonien keine Zooxanthellen besitzen, müssen sie gefüttert werden und das ausschließlich bei expandierter Kolonie. Man füttert sie mit lebendem Plankton oder mit Ersatzplankton. Eine tägliche Fütterung ist notwendig.
Bes.: Bäumchen-Weichkorallen können durch Wasseraufnahme und -abgabe ihre Gestalt stark verändern. Sie leben an schattigen Stellen im Riff und hängen häufig von Höhlendecken herab. Sie sind überwiegend nachtaktiv und können, voll expandiert, bis zu 1 m groß werden. Die Polypen stehen in Gruppen. Der fast polypenlose Stamm zeigt große Sklerite. Die Farbe der Kolonien variiert sehr stark.

T: 22-28 °C, **L:** bis zu 1 m, **BL:** ab 120 cm, **WB:** m, **WR:** m, **BS:** 2-3, **SG:** 3-4

Insel Palau, Mikronesien H. Erhardt

Lemnalia sp.
Bäumchen-Weichkoralle

Vork.: Indopazifik: Mikronesien.
GU: Keine.
Hält.B.: Mehrere Arten aus dieser Gattung sind im Handel. Die Importe kommen aus Kenia und Indonesien. Sie sollten einzeln stehen, damit sie nicht genesselt werden. Eine gute und dauerhafte Pflege bedingt phosphat- und nitratarmes Wasser. Im allgemeinen dauert es Wochen, bis man erkennt, ob die Kolonie den richtigen Siedlungsplatz im Aquarium erhalten hat. Zeigt die Kolonie Degenerationserscheinungen, muß sie umgesetzt werden.
Licht: Sonnenlichtzone.
ZU/Verm.: Vermehrung durch Abschneiden von Seitenverzweigungen.
FU: Die Tierkolonien ernähren sich weitgehend von den Produkten ihrer Zooxanthellen.
Bes.: An einem polypenlosen Stamm setzen kräftige Verzweigungen an. Die nicht kontrahierbaren Polypen befinden sich an den Endverzweigungen. Die Wuchsfom der Kolonien ist überwiegend bäumchenförmig. Sie besetzen im Riff lichtexponierte Standorte auf abgestorbenen Korallen.

T: 20-28 °C, L: 40 cm, BL: ab 120 cm, WB: m-s, WR: o, BS: 2, SG: 2-3

Insel Bunaken, Sulawesi, Indonesien

H. Erhardt

Paralemnalia cf. *clavata* VERSENFELD, 1669
Lederkoralle

Vork.. Indopazifik: Von Ostafrika bis nach Melanesien und Australien.
GU: Keine.
Hält.B.: Korallenriffaquarium. Sporadische Importe erreichen den Handel aus Kenia. Ihre Pflege ist nicht einfach und sollte Spezialisten überlassen werden. So reagieren sie empfindlich auf Temperaturen, die über 28 °C liegen und reagieren durch Absterben von Teilen der Kolonie bei Veränderungen in der Wasserzusammensetzung. Nur bei phosphat- und nitratarmem Wasser expandieren sich die Polypen vollständig.
Licht: Sonnenlichtzone.
FU: Sie ernähren sich weitgehend von den Produkten ihrer Zooxanthellen.
ZU/Verm.: Durch Fragmentation möglich.
Bes.: Lederkorallen dieser Art bilden Kolonien mit fingerförmigen Verzweigungen, die sich aus einer gemeinsamen Basis erheben. Hier sind sie miteinander verwachsen. Die Polypen befinden sich an den Spitzen der Endverzweigungen und sitzen hier dicht gedrängt. Sie können sich nicht vollständig retraktieren. Der Lebensraum dieser Art sind das Riffplateau, kleine Spalten und Ritzen im Riff und dunkle Unterstände an steilen Riffabschnitten.

T: 21-27 °C, **Ø**: 20 cm, **BL**: ab 100 cm, **WB**: m, **WR**: o-m, **BS**: 2-3, **SG**: 2-3

Ordnung: Alcyonaria
Fam.: Nephtheidae

Manado, Indonesien H. Erhardt

Paralemnalia sp.
Finger-Weichkoralle

Vork.: Indopazifik: Philippinen.
GU: Keine.
Hält.B.: Tiere aus dieser Gattung sind dauerhaft in Aquarien zu pflegen. Meist sind es jedoch andere Arten, die unter diesem Gattungsnamen im Handel zu erwerben sind. Siehe Pflegeanleitung *P.* cf. *clavata*.
Licht: Sonnenlichtzone.
ZU/Verm.: Vermehrung durch Abschneiden von Ablegern.
FU: K; Sie ernähren sich weitgehend von den Produkten ihrer Zooxanthellen.
Bes.: Die fingerförmigen Projektionen der Kolonie erheben sich aus einer gemeinsamen Basis. Sie stehen aufrecht und sind nur spärlich mit Polypen besetzt. Ihr Lebensraum sind Riffareale, die sich nahe der Wasseroberfläche befinden.

T: 20-28 °C, **Ø:** 35 cm, **BL:** ab 120 cm, **WB:** m-s, **WR:** m, **BS:** 2-3, **SG:** 2.

Scleronephthya sp.

H. Erhardt

Scleronephthya sp. H. Erhardt

Scleronephthya sp. H. Erhardt

Malediven H. Erhardt

Scleronephthya sp.
Bäumchen-Weichkoralle

Vork.: Indopazifik: Malediven, Mikronesien, Philippinen; Thailand.
GU: Keine.
Soz.Verh./Vgs.: Diese Tierkolonien sind sehr gut mit *Dendronephthya*-Arten zu vergesellschaften, die ähnliche Ansprüche stellen.
Hält.B.: Diese Tiere sind anspruchsvoll und schwer zu pflegen, da sie keine Zooxanthellen besitzen. Sie benötigen ein Spezialaquarium, leben aber auch hier nicht sehr lange, da ihre Bedürfnisse zu komplex sind. Man kann sie in einem Becken kaum nachvollziehen. Siehe Pflegeanleitung *Dendronephthya*.
Licht: Dämmerlichtzone.
FU: K; Plankton. Im Aquarium müssen sie mit lebendem Plankton gefüttert werden.
Bes.: Alle Kolonien wachsen verzweigt. Die Polypen sind an den Verzweigungen in Trauben angeordnet. Ihr Lebensraum sind schattige Stellen im Riff, wo sie an und auf felsigem Untergrund wachsen oder von den Höhlendecken herabhängen.

T: 20-28 °C, **L:** variabel, **BL:** ab 120 cm, **WB:** m-s, **WR:** m, **BS:** 3-4, **SG:** 3-4

Ordnung: ALCYONARIA
Fam.: Nephtheidae

Raa Atoll, Malediven H. Erhardt

Stereonephthya sp.
Weichkoralle

Vork.: Malediven. Die Gattung ist von Ostafrika bis Melanesien und Australien verbreitet.
GU: Keine.
Soz.Verh./Vgs.: Die Tierkolonien leben in einer Symbiose mit Zooxanthellen. In ihren Verzweigungen halten sich verschiedene Ruderfußkrebse aus der Gattung *Acanthomolgus* auf.
Hält.B.: Diese Tierkolonien sind gelegentlich im Handel, werden jedoch häufig unter falschen Gattungsnamen verkauft. Sie gelten als heikel und schwer zu pflegen und sollten daher nicht von Anfängern gekauft werden.
Licht: Sonnenlichtzone.
FU: Sie ernähren sich weitgehend von den Produkten ihrer Zooxanthellen.
ZU/Verm.: Durch Fragmentation möglich.
Bes.: Die Kolonien bilden kleine, zarte, mäßig verzweigte und starre Wuchsformen aus, die ihr Aussehen durch Wasseraufnahme und -abgabe stark verändern können. Ihre Farbe ist nicht so plakativ wie die anderer Weichkorallen. Daher sind sie auch leicht zu übersehen. Die Polypen sind mit scharfen Spicules, die in Bündeln angeordnet sind, bewehrt und über alle Verzweigungen verteilt. Ihr Lebensraum ist sind obere Riffhang und Riffterassen.

T: 22-28 °C, **L**: 20 cm, **BL**: ab 80 cm, **WB**: m-s, **WR**: m, **BS**: 2-3, **SG**: 3

Umbellulifera sp.

M Walker

Straße von Lembet, Sulawesi, Indonesien H. Erhardt

Umbellulifera sp.
Große Doldenweichkoralle

Vork.: Indopazifik: Indonesien. **GU**: Keine.
Hält.B.: Nicht bekannt. Die Tierkolonien sind auch viel zu groß, um in einem Heimaquarium gepflegt zu werden.
FU: K; Plankton.
Bes.: Die Tierkolonien sind nachtaktiv. Tagsüber leben sie zusammengesunken auf ihren Substraten und teilweise eingegraben im Untergrund. Auf einem langen und kräftigen Stamm, der keine Festigungselemente (Spicules) enthält, befinden sich Kopfverzweigungen, die sich zu Dolden formieren. Die Polypen sind darauf in Trauben angeordnet. Doldenweichkorallen leben in stillen und seichten Buchten, verankert in weichen und groben Sedimenten.

T: 22-28 °C, **L**: 90 cm, **BS**: 4, **SG**: 4

Sape, Sumbawa, Indonesien C. Bryce

Anthelia flava (MAY, 1899)
Blaue Weichkoralle

Vork.: Von Südafrika bis in den tropischen Indowestpazifik.
GU: Keine.
Hält.B.: Die meisten Arten aus dieser Gattung sind in Aquarien gut zu pflegen, wenn die Beleuchtungsstärke stimmt. Wenn sie zu viel Licht bekommen, wachsen sie sehr rasch und können große Teile des Aquariums überwuchern. Sie reagieren empfindlich bei zu starker Filterung des Wassers über Aktivkohle.
Licht: Sonnenlichtzone.
FU: Sie ernähren sich weitgehend von den Produkten ihrer Zooxanthellen und nehmen organische Verbindungen aus dem Wasser auf. Sie brauchen kein zusätzliches Futter.
ZU/Verm.: Vermehrung durch Fragmentation möglich.
Bes.: Diese Art wächst mattenförmig mit langen Polypen im sonnendurchfluteten Flachwasser und ist hier extremen Lichtstärken und hohen Temperaturen ausgesetzt.

T: 22-235 °C, **L:** variabel, **BL:** ab 100 cm, **WB:** m-s, **WR:** o, **BS:** 2-3, **SG:** 1-2.

Manado, Indonesien H. Erhardt

Heteroxenia sp.
Pumpkoralle

Vork.: Rotes Meer, Indopazifik: Von Südafrika bis Polynesien.
GU: Keine.
Soz.Verh./Vgs.: Die Tierkolonien leben in einer Symbiose mit einzelligen Algen, den Zooxanthellen.
Hält.B.: Siehe *Xenia* sp..
Licht: Sonnen- oder Mittellichtzone.
FU: Sie ernähren sich weitgehend von den Produkten ihrer Zooxanthellen und brauchen nicht zusätzlich ernährt zu werden.
ZU./Verm.: Vermehrung durch Fragmentation = Abschneiden von Ablegern. 2-5 Jahre alte Kolonien entlassen im Abstand von einigen Wochen Larven, die in einem Riffaquarium mit geeignetem Fischbesatz zu kleinen Kolonien heranwachsen können. Die Mutterkolonien sterben nach mehrfacher Larvenabgabe ab.
Bes.: Die Kolonien haben zwei verschiedenen Polypenarten: Autozoide in Form von großen Polypen, die Pumpbewegungen durchführen und kleine Siphonozoide, die für die Wasserregulierung im Tierstock verantwortlich sind. Die meisten *Heteroxenia*-Arten bilden pilzförmige Kolonien aus und siedeln an lichtexponierten Stellen im Riff.

T: 22-28 °C, **Ø**: 30 cm, **BL**: ab 80 cm, **WB**: m, **WR**: m-o, **BS**: 2, **SG**: 3

Bitung, Sulawesi, Indonesien H. Erhardt

Xenia cf. *actuosa* VERSENFELD & TURSCH, 1979
Langpolypen-Xenie

Vork.: Indopazifik: Indonesien, Philippinen, Papua Neuguinea.
GU: Keine.
Hält.B.: Voraussetzung für eine erfolgreiche Pflege ist eine sehr gute Wasserqualität mit niedrigen Phosphat- und Nitratwerten. Die Polypen sind empfindlich gegen zu hohe Nitratwerte, wachsen schlecht in der Nachbarschaft von Steinkorallen, können aber unter optimalen Bedingungen gut und ausdauernd wachsen.
Licht: Sonnenlichtzone.
FU: Sie leben weitgehend von den Produkten ihrer Zooxanthellen, nehmen aber auch gelöste Stoffe aus dem Wasser auf. Der Mund der Polypen ist geschlossen, so daß sie keine Planktonorganismen mehr aufnehmen können.
ZU/Verm: Sie können durch Kolonieteilung vermehrt werden.
Bes.: Die Kolonien sind groß. Auffallend sind die langen, schlauchförmigen Polypen, deren Tentakel feine und bräunliche Pinnulae tragen. Die Polypen pulsieren ständig und ausdauernd. Sie entspringen einer gemeinsamen Stammbasis.

T: 22-26 °C, **Ø**: 25 cm, **BL**: ab 100 cm, **WB**: m, **WR**: o-m, **BS**: 2, **SG**: 2-3

Manado, Indonesien

H. Erhardt

Xenia sp.
Pumpkoralle

Vork.: *Xenia*-Arten leben vom Roten Meer bis in den Indowestpazifik.
GU: Keine.
Soz.Verh./Vgs.: Die Tierkolonien leben in einer Symbiose mit einzelligen Algen, den Zooxanthellen.
Hält.B.: Bei guter Wasserqualität sind die Tierkolonien in einem Aquarium sehr gut und lange haltbar. Sie benötigen eine mäßige Wasserströmung, die nicht direkt die Polypen trifft und nesselnde Steinkorallen müssen aus ihrer Umgebung entfernt werden. Doktor- und Kaiserfische, die an ihren Polypen zupfen, sollten im Fischbesatz fehlen. Zu hohe Nitrat- und Phosphatwerte führen zum Nachlassen der Pumptätigkeit der Polypen.
Licht: Mittellichtzone.
FU: Sie ernähren sich weitgehend von den Produkten ihrer Zooxanthellen.
ZU/Verm.: Sie können durch Abschneiden von Ablegern im Aquarium vermehrt werden, allerdings ist das nur ratsam bei Kolonien, die schon von selbst beginnen, sich an der Basis abzuschnüren.
Bes.: Die Kolonien wachsen pilzförmig auf einem unverzweigten Stamm. Die sehr langen Polypen führen Pumpbewegungen aus, um Sauerstoff aus dem Wasser zu resorbieren.

T: 22-26 °C, **L:** 8 cm, **BL:** ab 80 cm, **WB:** m, **WR:** m-o, **BS:** 2-3, **SG:** 2-3

Ctenocella robusta, Palau

H. Erhardt

Subergorgia hicksoni, Malediven H. Erhardt

Rindenkorallen (Gorgonaria)

Rindenkorallen, auch Hornkorallen genannt, sind rein marine Tiergemeinschaften, die in allen Meeren auf unserer Erde leben. Ihre größte Arten- und Formenvielfalt finden wir in den tropischen und subtropischen Meeren.

Rindenkorallen leben überwiegend in küstennahen Gewässern bis in Tiefen von 300 m. Nur wenige Arten kommen in der Tiefsee vor. Rindenkorallen sind am Substrat festgewachsene, koloniebildende Organismen, die ein inneres, festes und zum Teil sehr biegsames Skelett ausbilden, das von einer lebenden Rindenschicht überzogen wird. Diese hat den Tierkolonien auch den Namen gegeben. Das Achsenskelett besteht aus einer jodhaltigen, hornähnlichen Fasersubstanz, dem Gorgonin. Dieses kann durch Kalkeinlagerungen verfestigt und versteift werden. Je weniger Kalk im Achsenskelett eingelagert ist, desto biegsamer und geschmeidiger ist die Kolonie. Damit wird der Kalkanteil im Achsenskelett zu einem wichtigen Kriterium für ein Siedeln der Arten im stark bewegten Wasser küstennaher Lebensräume. Nur besonders zähe und geschmeidige Arten sind in der Lage, in stark exponierten Brandungszonen zu leben.

Manchen Rindenkorallen fehlt das Gorgonin gänzlich oder es ist anteilsmäßig nur in geringen Mengen vorhanden. Bei solchen Arten sind dann die Kalknadeln miteinander verkittet. Sie verleihen der Kolonie eine starre und steife Form. Einige Kalknadeln befinden sich aber auch in der Rindenschicht. Herausgelöst werden sie zur Bestimmung der Arten herangezogen.

In der Rindenschicht leben auch die Polypen. Sie sind mehr oder weniger gleich gestaltet, besitzen 8 gefiederte Fangarme und sind im allgemeinen anders gefärbt als die Rindenschicht.

Rindenkorallen wachsen gelegentlich mit einem an der Basis verbreiterten "Fuß" auf Hartsubstrat. Arten jedoch, die in großen Wassertiefen leben und keine festen Unterlagen als Siedlungsuntergrund vorfinden, verankern sich mit wurzelähnlichen Ausläufern im Sediment.

Rindenkorallen zeigen sehr unterschiedliche Wuchsformen. Diese reichen von peitschen-, feder-, strauch-, baum-, fächer- und bürstenförmigen Gebilden bis hin zu Formen mit langen, biegsamen, steifen, kurzen und dicken Seitenverzweigungen.

Ordnung: Gorgonaria

Rindenkorallen besitzen fast immer einen dicken, am Untergrund festgewachsenen Hauptstamm, von dem aus dünnere Seitenzweige abstrahlen. Verzweigen sich die Äste nach beiden Seiten in eine Ebene, dann sehen sie wie Federn aus. Verwachsen die Verzweigungen zu einem Maschenwerk, dann haben die Kolonien das Aussehen von Fächern.

Rindenkorallen sind bevorzugte Siedlungsorte für viele wirbellose Tiere. Besonders Schwämme, Muscheln, Schnecken, Moostierchen und Feuerkorallen nutzen sie als Siedlungssubstrat.

Rindenkorallen haben wenige Feinde. Zu ihnen gehören einige Schnecken, die im allgemeinen aber nur so viel von ihrer Wirtskoralle abfressen, wie diese nachzubilden in der Lage ist.

Rindenkorallen bilden oft sehr farbige Kolonien aus. Ihre Farbe wird durch die Einlagerung von Karotinoiden in die Rindenschicht hervorgerufen, so daß überwiegend gelbe, orange oder rote Kolonien entstehen.

Rindenkorallen sind getrenntgeschlechtlich. Die Entwicklung und Verbreitung der Art verläuft über eine Planula-Larve. Diese lebt zuerst planktisch, setzt sich später auf einem geeigneten Untergrund fest, macht eine Gestaltsumwandlung durch und gründet eine neue Kolonie.

Sytematik

Stamm: CNIDARIA — Nesseltiere
Klasse: ANTHOZOA — Blumentiere
Unterklasse: OCTOCORALLIA — Achtstrahlige Korallen
Ordnung: GORGONARIA — Rindenkorallen
Unterordnung: Scleraxonia
Familie: Briareidae
Gattung: *Briareum*
Familie: Anthothelidae
Gattungen: *Alertigorgia*
Semperina

Familie: Melithaeidae
Gattungen: *Acabaria*
Clathraria
Melithaea
Mopsella
Familie: Gorgoniidae
Gattung: *Lophogorgia*
Familie: Ellisellidae
Gattungen: *Ctenocella (Ellisella)*
Junceella
Nicella
Umbracella
Familie: Ifalukellidae
Gattung: *Plumigorgia*
Familie: Subergorgiidae
Gattung: *Subergorgia*
Unterordnung: Holaxonia
Familie: Plexauridae
Gattungen: *Astrogorgia*
Bebryce
Echinogorgia
Echinomuricea
Euplexaura
Hicksonella
Menella
Plexaura
Rumphella
Familie: Acanthogorgiidae
Gattungen: *Acalycigorgia*
Acanthogorgia
Anthogorgia
Familie: Paramuriceidae
Gattung: *Villogorgia*

Ordnung: GORGONARIA
Fam.: Briareidae

Manado, Sulawesi, Indonesien H. Erhardt

Briareum sp.
Krustengorgonie

Vork.: Indopazifik: Indonesien. **GU**: Keine.
Hält.B.: Diese Tierkolonien sind in einem Aquarium gut zu pflegen, da sie nicht gefüttert werden müssen. Wichtig ist eine starke Beleuchtung, etwas Strömung und beste Wasserqualität. **Licht**: Sonnenlichtzone.
FU: Sie ernähren sich weitgehend von den Produkten ihrer Zooxanthellen.
ZU/Verm.: Durch Abschneiden von Ablegern.
Bes.: Die Tierkolonien besitzen keine innere Hornachse. Sie wachsen in krustigen, grasgrünen Matten auf abgestorbenen Unterlagen. Die grünen Polypen besitzen lange und ungefiederte Tentakel. Krustengorgonien leben auf Flachriffen, am Riffhang und auf Riffplateaus.

T: 22-26 °C, **Ø**: variabel, **BL**: ab 100 cm, **WB**: m-s, **WR**: o, **BS**: 2-3, **SG**: 2.

Indonesien

M. Walker

Alertigorgia sp.
Blattgorgonie

Vork.: Indopazifik. Indonesien, Papua Neuguinea.
GU: Die Kolonien sind getrenntgeschlechtlich.
Hält.B.: Nicht bekannt.
FU: K; Plankton.
Bes.: Blattgorgonien wachsen strauchförmig im tiefen Wasser der Riffe und siedeln bevorzugt am Riffhang. Ihre Verzweigungen sind lang und blattförmig abgeplattet, wobei die Polypen an den lateralen Seiten der Verzweigungen stehen. Blattgorgonien zeigen keine Farbvarianten.

T: 22-26 °C, L: 60 cm, BS: 4, SG: 4

M. Walker

Solenocaulon sp.

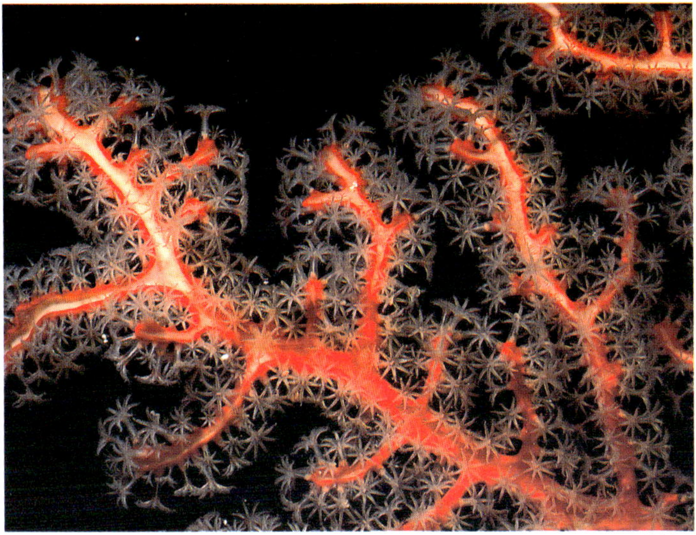

Manado, Sulawesi, Indonesien H. Erhardt

Solenocaulon sp.
Rote Keulen-Hornkoralle

Vork.: Indopazifik: Australien, Mikronesien, Philippinen.
GU: Die Kolonien sind getrenntgeschlechtlich.
Hält.B.: Die Tierkolonien sind schwer zu pflegen. Seltene Importe erreichen den Handel aus Indonesien und aus Singapur. Die Kolonien brechen sehr leicht und öffnen ihre Polypen nur bei optimal zusagenden Strömungsverhältnissen. Sie sind nachtaktiv und sehr empfindlich gegenüber aufsitzenden Algen
FU: K; Plankton. Bei geöffneten Polypen täglich mit Ersatzplankton füttern. Das darf aber zu keiner Verschlechterung der Wasserqualität führen.
Bes.: Diese Rindenkorallen sind relativ leicht an ihren kolbenartigen Auftreibungen an den Endverzweigungen zu erkennen. Die orangerote Rindenschicht ist dicht von hellen Polypen bestanden, die offensichtlich tag- und nachtaktiv sind. Keulen-Hornkorallen wachsen fächerförmig und geduckt, da sie bevorzugt an Riffen leben, wo die Strömung des Wassers außerordentlich stark ist.

T: 20-28 °C, **L**: 45 cm, **BS**: 4, **SG**: 4

Acabaria variabilis H. Erhardt

Acabaria variabilis H. Erhardt

Malediven H. Erhardt

Acabaria sp. (?) *variabilis* (HICKSON, 1905)
Zartwüchsiger Netzfächer

Vork.: Im Roten Meer und im gesamten Indopazifik weit verbreitet.
GU: Die Kolonien sind getrenntgeschlechtlich.
Hält.B.: Die Gattung *Acabaria* wird in Aquarien nicht gepflegt. Da sie keine Zooxanthellen in ihrem Gewebe besitzen ist voraussehbar, daß sie im Aquarium sehr schwer zu ernähren sind.
FU: K; Plankton.
Bes.: Die Gattung *Acabaria* ist daran zu erkennen, daß an den Stellen der Verzweigungen Knoten auftreten, die sich auch farbig absetzen. Innerhalb der Gattung variiert die Färbung der Kolonien sehr stark. Ihre Wuchsformen können verschieden sein. Einige wachsen buschig, andere fächerförmig. Auffallend häufig siedeln sie an Riffhängen, die gut durchströmt werden.

T: 20-28 °C, L: variabel, BS: 4, SG: 4

Insel Bunaken, Nordsulawesi, Indonesien H. Erhardt

Acabaria sp.
Gelber Netzfächer

Vork.: Indopazifik: Indonesien.
GU: Keine. Die Kolonien sind getrenntgeschlechtlich.
Hält.B.: Die Gattung *Acabaria* wird nicht in Aquarien gepflegt. Da sie ohne Zooxanthellen leben, sind sie auch schwierig zu halten und zu ernähren.
Licht: Sonnenlichtzone.
FU: K; Plankton.
Bes.: Die Kolonie wächst geduckt im stark strömenden Wasser des Riffsteilhanges. Sie ist netzförmig in ihrer Gestalt und zeigt knotenartige Verdickungen an den Verzweigungen. Die Kolonie ist quer zur Strömungsrichtung des Wassers ausgerichtet.

T: 22-28 °C, **L:** 25 cm, **BS:** 4, **SG:** 4

Insel Palau, Mikronesien

H. Erhardt

Melithaea sp.
Roter Netzfächer

Vork.: Indopazifik: Mikronesien. GU: Die Kolonien sind getrenntgeschlechtlich.
Hält.B.: Nicht bekannt. Die Tierkolonien sind für Heimaquarien viel zu groß und daher ungeeignet. Bedingt durch die eng stehenden Verzweigungen würden sie auch sehr schnell veralgen. Außerdem besitzen sie keine Zooxanthellen in ihrem Gewebe, was bei der Ernährung Probleme schafft.
FU: K, Plankton.
Bes.: Die Tierkolonien besitzen auffallend viele dünne und im Querschnitt ovale Verzweigungen, die lateral von kurzen und hellen Polypen bestanden sind. Die Gattung umfaßt eine große Anzahl von Arten, die auch unterschiedlich gefärbt sind. Die bevorzugten Standorte dieser Fächerkorallen sind Steilhänge mit stark strömendem Wasser.

T: 20-28 °C, L: variabel, BS: 4, SG: 4

Melithaea sp. H. Erhardt

Melithaea sp. H. Baensch

Manado, Indonesien H. Erhardt

Melithaea sp.
Knotige Netzfächer

Vork.: Fächerkorallen aus dieser Familie sind im Roten Meer und im gesamten Indopazifik weit verbreitet.
GU: Keine. Die Kolonien sind getrenntgeschlechtlich.
Hält.B.: Unbekannt. Die Kolonien sind für Heimaquarien zu groß. Da sie keine Zooxanthellen in ihrem Gewebe besitzen, sind sie schwer zu ernähren.
FU: K, Plankton.
Bes.: Tierkolonien aus dieser Familie kommen in vielen Wuchsformen und Farben vor. Sie bilden im allgemeinen große Fächer. Wir zeigen hier einige davon. Allen gemeinsam ist, daß die Skelettachsen aus dichtgepackten Skleriten aufgebaut sind. In bestimmten Abständen sind sie unterbrochen. An diesen Stellen werden Knoten sichtbar. Hier in den Knoten sind die Sklerite mit Gorgonin verschweißt, das bei den Skelettachsen fehlt. Sie bilden so ein bewegliches Scharnier und können starken Wasserturbulenzen standhalten.

T: 22-28 °C, **L:** variabel, **BS:** 4, **SG:** 4

Ordnung: GORGONARIA
Fam.: Melithaeidae

Insel Palau, Mikronesien H. Erhardt

Mopsella sp.
Fächerkoralle

Vork.: Indopazifik: Mikronesien. **GU**: Die Kolonien sind getrenntgeschlechtlich.
Soz.Verh./Vgs.: Schlangensterne der Gattung *Ophothela* und Schnecken der Gattung *Prosimnia* leben in den Verzweigungen der Kolonien.
Hält.B.: Nicht bekannt. Keine Art dieser Familie besitzt Zooxanthellen, was eine Aquarienhaltung schwierig gestaltet. Außerdem sind die Fächer für Heimaquarien viel zu groß. **FU**: K; Plankton.
Bes.: Die Kolonien wachsen plan und fächerförmig. Die hellen Polypen sind lateral der Verzweigungen angeordnet und entspringen einer rotorangen Rindenschicht. Bevorzugte Siedlungsorte sind Riffabfälle, wo sie gelegentlich in großer Individuendichte vorkommen können.

T: 20-28 °C, **L**: 40 cm, **BS**: 4, **SG**: 4

Insel Bonaire, Niederländische Antillen H. Erhardt

Lophogorgia miniata MILNE EDWARDS & HAIME, 1857
Karminroter Seereisig

Vork.: Florida, südliche und südöstliche Karibik.
GU: Keine.
Hält.B.: Nicht bekannt. Es gibt weder Hinweise zur Aquarienhaltung und zur Pflege, noch erscheint die Art auf Importlisten.
FU: K; Plankton.
Bes.: Die Kolonien sind relativ klein. Entweder wachsen sie fächerförmig oder buschig. Die hellen Polypen stehen in einer Reihe entlang der abgeflachten Verzweigungen. Nur die dickeren Verzweigungen besitzen Doppelreihen von Polypen. Die Tierkolonien leben im tieferen Wasser auf Hartsubstrat, das von sandigen Arealen und Algenbewuchs durchsetzt ist.

T: 20-26 °C, L: 25 cm, BS: 4, SG; 4.

Ctenocella sp. H. Erhardt

Ctenocella sp. H. Erhardt

Insel Palau, Mikronesien H. Erhardt

Ctenocella (*Ellisella*) sp.
Besengorgonie

Vork.: Indopazifik: Australien, Mikronesien, Philippinen, Thailand.
GU: Die Kolonien sind getrenntgeschlechtlich.
Hält.B.: Sollten sie jemals im Handel zu kaufen sein, dann sollten sie nur in Spezialaquarien gepflegt werden. Sie stellen hohe Anforderungen an die Beleuchtung und an das Futter, da sie keine Zooxanthellen besitzen.
Licht: Mittellichtzone.
FU: K; Plankton. Im Aquarium müssen sie mit lebendem Plankton gefüttert werden.
Bes.: Die Kolonien bestehen aus einer Vielzahl langer, aufrecht wachsender "Peitschen", die sich in das freie Wasser erheben. Unterschiedlich lange und helle Polypen werden aus den unterschiedlich gefärbten Rindenschichten ausgestreckt. Besengorgonien wachsen vom flachen Wasser bis auf den Riffgrund bevorzugt an seicht bis steil abfallenden Riffabschnitten und auf Riffplateaus.

T: 20-28 °C, L: variabel, BS: 4, SG: 4

Junceela sp. R.C. Steene

Insel Palau, Mikronesien H. Erhardt

Junceela fragilis RIDLEY, 1884
Helle Seepeitsche

Vork.: Indopazifik: Australien, Mikronesien, Philippinen, Taiwan.
GU: Die Kolonien sind getrenntgeschlechtlich.
Soz.Verh./Vgs.: Die Muschel *Pteria brevialata* und Fische der Gattung *Bryanops* leben mit ihnen vergesellschaftet.
Hält.B.: Nicht bekannt. Die langen und aufrecht stehenden Ruten würden die Dimensionen eines jeden Heimaquariums sprengen.
FU: K; Plankton.
Bes.: Die hellen, langen, aufrecht wachsenden und im oberen Drittel gebogenen Ruten siedeln am abfallenden Riffhang. Sie sind nicht verzweigt und ihre Achsen sind stark verkalkt. Riffhänge, Riffblöcke und flacher Korallenfels sind ihre Standorte. Tagsüber sind die Ruten glatt und die Polypen eingezogen. Erst nachts werden die Polypen zum Planktonfang ausgestreckt. Viele Haarsterne bringen sich dann auf ihnen in Fangposition.

T: 20-28 °C, **L**: über 100 cm, **BS**: 4, **SG**: 4

Raa Atoll, Malediven — H. Erhardt

Junceela (*Heliana*) *spinescens* GRAY, 1860
Feingliedrige Hornkoralle

Vork.: Indopazifik: Malediven, Molukken, Neukaledonien.
GU: Die Kolonien sind getrenntgeschlechtlich.
Hält.B.: Nicht bekannt.
FU: K; Plankton.
Bes.: Es dürfte sich bei der abgebildeten Tierkolonie um den Erstnachweis dieser Art für die Malediven handeln. Bisher war diese Art nur von den Molukken und von Neukaledonien bekannt. Sie wächst an den Riffen der Malediven in schattigen, doch gut durchströmten Unterhöhlungen und hängt zum Teil auch von der Höhlendecke in das freie Lumen der Unterhöhlung hinab. Die einzelnen Verzweigungen sind schlank, dünn und von relativ großen Polypen besetzt.

T: 22-28 °C, **L**: 35 cm, **BS**: 4, **SG**: 4

Insel Bali, Indonesien H. Erhardt

Nicella sp.
Orange Fächerkoralle

Vork.: Indopazifik: Indonesien, Papua Neuguinea. **GU**: Keine.
Hält.B.: Nicht bekannt und auch nicht empfehlenswert, da die fächerförmigen Kolonien zu groß sind und schlecht wachsen, da ihre Polypen keine Zooxanthellen besitzen. Damit wird auch die Ernährung zu einem Problem.
FU: K; Plankton.
Bes.: Die Korallenkolonien wachsen in Form von Fächern und sind reich verzweigt. Ihre Polypen sind hell und kontrastreich von der rotorangen Rindenschicht abgesetzt. Orange Fächerkorallen wachsen sowohl im Flachwasser, als auch in großen Tiefen. Ihre Standorte sind stark strömende Riffhänge. Bei älteren Kolonien benutzt eine ganze Anzahl von Sekundärsiedlern ihre Kolonieoberfläche als Siedlungssubstrat.

T: 22-26 °C, **L**: 60 cm, **BS**: 4, **SG**: 4

Insel Palau, Mikronesien H. Erhardt

Umbracella sp.
Oranger Fächer

Vork.: Indopazifik: Mikronesien.
GU: Keine.
Hält.B.: Unbekannt. Die Fächer sind für eine Aquarienhaltung viel zu groß, und die Tierkolonien könnten nur mit großen Schwierigkeiten ernährt werden, da sie ohne Zooxanthellen in ihrem Gewebe leben.
FU: K; Plankton.
Bes.: Die Kolonien bilden große, breite, dicht verzweigte und quer zur Strömung ausgerichtete Fächer, die bevorzugt im tiefen Riffhang siedeln. Sie sind außerordentlich flexibel und mit einem Hauptstamm am Substrat befestigt.

T: 22-28 °C, **L:** 85 cm, **BS:** 4, **SG:** 4

Großes Barriereriff, Australien H. Erhardt

Plumigorgia sp.
Graue Flachwassergorgonie

Vork.: Indopazifik: Australien.
GU: Die Kolonien sind getrenntgeschlechtlich.
Hält.B.: Nicht bekannt. Diese Gattung befindet sich auf keiner Importliste und es gibt in der Literatur auch keine Pflegehinweise.
FU: K; Plankton.
Bes.: Graue Flachwassergorgonien wachsen geduckt und mehr in die Breite als in die Höhe. Plane Fächer werden so gut wie nie gebildet; statt dessen ist die Wuchsform eher strauchig. Das bedingen die extrem starken Wasserbewegungen, denen sie am oberen Riffhang und auf den Riffplattformen ausgesetzt sind. Fast alle Kolonien sind grau, so auch ihre Polypen.

T: 20-28 °C, **L:** 25 cm, **BS:** 4, **SG:** 4

Manado, Sulawesi, Indonesien H. Erhardt

Subergorgia apressa (PALLAS, 1766)
Fächergorgonie

Vork.: Indopazifik: Von den Malediven bis nach Japan und Taiwan. **GU**: Keine.
Hält.B.: Nicht bekannt. Zum einen sind die Kolonien zu groß, zum anderen sind sie schwer zu pflegen. Sie benötigen viel Futter und sehr starke Strömungen.
FU: K; Plankton.
Bes.: Diese Gorgonie wächst plan und mäßig stark verzweigt. Eine mittlere Längsfurche verläuft entlang der Oberfläche einer jeden Verzweigung. Die hellen Polypen sind lateral (biseral) entlang der Verzweigungen angebracht. Die Farbe der Kolonien variiert von rot bis rotbraun. Fächergorgonien dieser Art leben im tieferen Wasser entlang steil abfallender Riffhänge. Eine andere Wuchsform hatten wir bereits im MEERWASSER ATLAS, Band 2, Seite 257, vorgestellt.

T: 22-26 °C, **L**: 45 cm, **BS**: 4, **SG**: 3

Insel Palau, Mikronesien H. Erhardt

Subergorgia rubra THOMSON & HENDERSON, 1905
Rote Gorgonie

Vork.: Indopazifik: Ceylon, Malediven, Malaysia bis Südtaiwan.
GU: Keine.
Hält.B.: Wie alle *Subergorgia*-Arten so ist auch diese Art in einem Aquarium schwer zu halten und zu pflegen. Die Arten benötigen eine starke Strömung und viel Futter. Im Handel sind sie so gut wie nie zu erwerben und sie sind für Heimaquarien auch zu groß.
Licht: Dämmerlichtzone.
FU: K, Plankton und Ersatzplankton.
Bes.: Die Kolonien wachsen plan in einer Ebene. Der Stamm und die Verzweigungen besitzen Längsfurchen, die Rindenschicht ist rot und die Polypen farblos. Die Muschel *Pteria* sp. und Schlangensterne der Gattung *Ophiothela* sind die häufigsten Tiere, die auf ihren Kolonien leben. Rote Gorgonien leben an Steilabfällen und auf tiefen Riffplattformen.

T: 22-26 °C, **Ø**: 65 cm, **BL**: ab 120 cm, **WB**: s, **WR**: m-n, **BS**: 3-4, **SG**: 34.

Baa Atoll, Malediven H. Erhardt

Astrogorgia sp.
Fächerkoralle

Vork.: Malediven.
GU: Die Tierkolonien sind getrenntgeschlechtlich.
Hält.B.: Nicht bekannt. Die Gattung erscheint auch in keiner Importliste und eine Pflegeanleitung ist in keiner der uns zur Verfügung stehenden Literatur beschrieben.
FU: K; Plankton.
Bes.: Die Kolonien wachsen aufrecht und ihre Verzweigungen sind in einer Ebene ausgerichtet. Sie sind oval im Querschnitt und die Polypen lateral daran aufgereiht. Ihr Siedlungsareal sind schattige Stellen im Riff, so daß man sie bevorzugt in großen Unterhöhlungen findet. Die lebende Rindenschicht ist hell und stellenweise rosa gefleckt. Die Polypen sind hell und fast transparent.

T: 22-29 °C, L: 60 cm, BS: 4, SG: 4

Raa Atoll, Malediven

H. Erhardt

Bebryce sp.
Gelbe Fächerkoralle

Vork.: Malediven.
GU: Keine. Die Kolonien sind getrenntgeschlechtlich.
Hält.B.: Unbekannt.
FU: K; Plankton.
Bes.: Diese Fächerkorallen siedeln an steilen und gut durchströmten Riffhängen, ihre Fächer immer quer zur Strömungsrichtung des Wassers positioniert. Die Fächer sind reich verzweigt, die Rindenschicht gelb und ebenso die Polypen. Fächerkorallen dieser Art siedeln selten allein. Eine Vielzahl dieser Fächer kann dichte Bestände bilden.

T: 22-29 °C, **L**: 45 cm, **BS**: 4, **SG**: 4

Nord Male Atoll, Malediven

H. Erhardt

Echinogorgia sp.
Graugrüner Fächer

Vork.: Indopazifik: Malediven.
GU: Nicht vorhanden.
Hält.B.: Tierkolonien aus dieser Gattung werden gelegentlich importiert. Sie sind sehr schwer zu pflegen, da sie als nicht fotosynthetisierende Arten täglich gefüttert werden müssen. Sie benötigen starke Strömungen und eine schwache Beleuchtung.
Licht: Schattenlichtzone.
FU: K; Plankton, Ersatzplankton.
Bes.: *Echinogorgia*-Arten bilden im allgemeinen Kolonien mit langen und dichotomen Verzweigungen, so daß die hier vorgestellte Kolonie etwas aus dem Rahmen fällt. Sie wächst plan in Form eines eng verzweigten Fächers auf tiefem Riffgrund.

T: 22-28 °C, L: 45 cm, BS: 3-4, SG: 4

Insel Komodo, Indonesien H. Erhardt

Echinogorgia sp.
Orangerote Hornkoralle

Vork.: Indopazifik: Indonesien.
GU: Nicht vorhanden.
Hält.B.: Nicht bekannt.
FU: K; Plankton.
Bes.: Lange und nur wenig verzweigte Ruten wachsen in das freie Wasser. Die orangerote Rindenschicht umstehen lange, im Mundbereich gelb gefärbte Polypen, die tag- und nachtaktiv sind. Tierkolonien dieser Art wachsen an steilen und stark durchströmten Riffhängen in unterschiedlichen Wassertiefen.

T: 18 - 24 °C, L: 60 cm, BS: 4, SG: 4

Insel Bali, Indonesien H. Erhardt

Echinomuricea sp.
Ruten-Gorgonie

Vork.: Australien.
GU: Keine.
Hält.B.: Unbekannt. Die Ernährung dieser Tierkolonien ist außerordentlich schwierig, da sie keine Zooxanthellen in ihrem Gewebe besitzen. Man müßte sie täglich füttern.
FU: K; Plankton.
Licht: Schattenlichtzone.
Bes.: Die Tierkolonien wachsen aufrecht und mit nur wenigen, unterschiedlich langen Verzweigungen. Sie alle sind in eine Ebene ausgerichtet. Ruten-Gorgonien dieser Art leben an schattigen Plätzen unter weiträumigen Unterhöhlungen, wo noch ausreichend Strömung sie erreicht.

T: 22-28 °C, **L:** 55 cm, **BS:** 4, **SG:** 4

Baa Atoll, Malediven H. Erhardt

Euplexaura sp.
Fächergorgonie

Vork.: Indopazifik: Indonesien.
GU: Keine. Die Kolonien sind getrenntgeschlechtlich.
Hält.B.: Sehr schwer zu haltende Tierkolonien, die keine Zooxanthellen besitzen. Man müßte sie täglich füttern. Nur die karibischen Arten sind im Handel. Diese besitzen jedoch Zooxanthellen und sind daher leicht zu pflegen.
Licht: Dämmerlichtzone.
FU: Plankton.
Bes.: Die abgebildete Fächerkoralle lebt an einem stark durchströmten Steilhang im tiefen Wasser nahe des Riffgrundes. Nur wenige Verzweigungen bilden einen durchlässigen Fächer, der der Strömung kaum Widerstand bietet. Die hellen und zarten Polypen sind lateral der Verzweigungen lokalisiert.

T: 22-28 °C, L: 45 cm, BS: 4, SG: 4

Insel Bunaken, Nordsulawesi, Indonesien H. Erhardt

Euplexaura sp.
Wechselfarbige Gorgonie

Vork.: Die Gattung ist von Ostafrika bis in den Westpazifik verbreitet. **GU**: Keine.
Hält.B.. Die Tierkolonien sind sehr schwer zu pflegen. Da sie keine Zooxanthellen in ihrem Gewebe besitzen, müßten sie täglich gefüttert werden. Indopazifische Vertreter dieser Gattung sind jedoch nicht im Handel.
Licht: Dämmerlichtzone. **FU**: K; Plankton.
Bes.: Das Bild zeigt eine farbenprächtige Gorgonie, die sowohl gelbe, als auch orangefarbene Verzweigungen besitzt. Die Polypen sind außerordentlich zahlreich, stehen dicht und geben der Kolonie ein buschiges Aussehen, obwohl sie plan ausgerichtet wächst. Ihr Standort ist eine weiträumige und schattige Unterhöhlung entlang eines tiefen Steilabhangs.

T: 22-28 °C, **L**: 65 cm, **BS**: 4, **SG**: 4

Ctenocella pectinata, Australien

H. Erhardt

Apo-Reef, Philippinen H. Erhardt

Hicksonella sp.
Strauchgorgonie

Vork.: Indopazifik: Philippinen. **GU:** Keine.
Hält.B.: Siehe *Rumphella*. Bei guten Pflegebedingungen sind die Tierkolonien über Jahre haltbar und ausdauernd. **Licht:** Sonnenlichtzone.
FU: K; Plankton und von den Produkten ihrer Zooxanthellen.
ZU/Verm.: Durch Abschneiden von Ablegern.
Bes.: Die Wuchsform ist buschartig, ähnlich *Rumphella*. Die einzelnen Verzweigungen sind lang, zylindrisch in der Form und besitzen eine rauhe Oberfläche. Die Polypen sind tag- und nachtaktiv. Auf dem Bild sind sie gerade eingezogen. Die innere Achse einer jeden Verzweigung besteht aus Gorgonin. Das macht Strauchgorgonien sehr flexibel gegenüber starken Wasserturbulenzen.

T: 22-28 °C, **L:** 55 cm, **BL:** ab 120 cm, **WR:** m, **WB:** m-s, **BS:** 2-3, **SG:** 2.

Menella sp. H. Erhardt

Menella sp. H. Erhardt

Ordnung: GORGONARIA
Fam.: Plexauridae

Insel Komodo, Indonesien H. Erhardt

Menella sp.
Ruten-Gorgonie

Vork.: Australien, Indonesien, Mikronesien, Papua Neuguinea, Philippinen.
GU: Nicht vorhanden.
Hält.B.: Nicht bekannt.
FU: K; Plankton.
Bes.: Lange Ruten, die sich nur wenig aufspalten, wachsen aus einer gemeinsamen Basis heraus. Dadurch erhalten die Kolonien ein buschiges Aussehen. Zahlreiche und sehr lange Polypen umstehen die Verzweigungen. Sie sind tag- und nachtaktiv. Ruten-Gorgonien kommen in verschiedenen Farben vor, wobei entweder die Polypen und die Rindenschicht verschieden oder beide gleich gefärbt sind. Der Siedlungsbereich dieser Tierkolonien sind Riffplattformen und Steilabfälle

T: 22-26 °C, **L**: 40-60 cm, **BS**: 4, **SG**: 4

Manado, Nordsulawesi, Indonesien

H. Erhardt

Plexaura flava NUTTING, 1910

Feder-Gorgonie

Vork.: Indopazifik: Indonesien.
GU: Nicht vorhanden.
Hält.B.: Nicht bekannt.
FU: K; Plankton.
Bes.: Diese Gorgonie sieht der karibischen Gattung *Pseudopterogorgia* sehr ähnlich und hat auch fast die gleiche Wuchsform. Die Kolonien wachsen buschig und besitzen lange und federartige Verzweigungen, die dicht mit Polypen besetzt sind. Diese sind tag- und nachtaktiv. Feder-Gorgonien sind selten an indopazifischen Riffen und es gehört viel Glück dazu, sie zu finden. Ihr Lebensraum sind weite und horizontale Riffareale mit einem guten Bestand an Leder- und Weichkorallen

T: 22-26 °C, L: 60 cm, BS: 4, SG: 4

Insel Bunaken, Sulawesi, Indonesien H. Erhardt

Rumphella sp.
Buschgorgonie

Vork.: Diese Gattung ist vom Roten Meer bis in den Indowestpazifik weit verbreitet.
GU: Keine.
Hält.B.: Wenn im Handel zu bekommen, dann nur kleine Kolonien mit Substratansatz erwerben. Bei guten Bedingungen wachsen sie über viele Jahre ausdauernd im Aquarium. Sie können dann sehr groß werden und verlangen viel Platz
Licht: Sonnenlichtzone.
FU: Sie ernähren sich weitgehend von den Produkten ihrer Zooxanthellen.
ZU/Verm.: Durch Abschneiden von Ablegern.
Bes.: Die Kolonien wachsen buschförmig mit langen Verzweigungen. Diese sind zylindrisch, rund im Querschnitt und hängen meist abwärts. Sie besitzen eine durchgehende, elastische Hornachse aus Gorgonin. Die Polypen stehen dicht, sind jedoch bei der Kolonie auf dem Bild vollständig in die Rindenschicht eingezogen. Die Kolonien können große Bestände an gut belichteten Standorten bilden. Taxonomisch gibt es hier noch viele Unsicherheiten.

T: 22-26 °C, **L**: 60 cm, **BL**: ab 120 cm, **WB**: s, **WR**: u, **BS**: 3, **SG**: 2.

H. Erhardt

Acalycigorgia sp.

Ordnung: Gorgonaria
Fam.: Acanthogorgiidae

Manado, Indonesien H. Baensch

Acalycigorgia sp.
Stachelige Fächerkoralle

Vork.: Indopazifik: Indonesien, Papua Neuguinea.
GU: Nicht vorhanden.
Hält.B.: Nicht bekannt.
FU: K; Plankton.
Bes.: Stachelige Fächerkorallen leben an stark durchströmten Riffhängen und sind hier den Strömungsbedingungen gut angepaßt. Durch das Fehlen kalkiger Einlagerungen in ihrem dünnen Achsenskelett sind sie außerordentlich flexibel. Die Polypen sind lateral der Verzweigungen lokalisiert und ihre Farbe ist gelegentlich unterschiedlich zu der der Rindenschicht. Sie besitzen glasscharfe Sklerite, die in 8 Doppelreihen angeordnet sind. An den Riffen im Indopazifik kommen überwiegend Rotfärbungen vor. Viele dieser Tierkolonien sind taxonomisch noch nicht bearbeitet.

T: 22-26 °C, **L**: 85 cm, **BS**: 4, **SG**: 4

Manado, Nordsulawesi, Indonesien H. Erhardt

Acanthogorgia sp.
Gelbspitzen Buschkoralle

Vork.: Indopazifik: Indonesien. GU: Keine.
Hält.B.: Ein Spezialaquarium ist für die Pflege unerläßlich! Alle Tierkolonien dieser Gattung sind schwer zu halten, da sie keine Zooxanthellen besitzen. Sie stellen hohe Anforderungen an Wasserqualität und Futter. Nur für Spezialisten geeignet!
FU: K, Plankton, Ersatzplankton. Experimente sind erforderlich, da wenig darüber bekannt ist. Licht: Dämmerlichtzone.
Bes.: Die Tierkolonien besitzen eine Achse aus Gorgonin. Die Polypen können nicht vollständig in das Coenchym eingezogen werden. Sie besitzen kräftige Stützskleriten. Die Kolonie wächst reich verzweigt und buschig. Sie ist rostrot gefärbt. Nur die Spitzen der Endverzweigungen sind gelb abgesetzt. Die abgebildete Art lebt am Rand einer schattigen und geräumigen Unterhöhlung entlang einer Steilwand, wo kräftige Wasserströmungen vorherrschen.

T: 22-27 °C, L: 75 cm, BL: ab 150 cm, WR: m-u, WB: m-s, BS: 3-4, SG: 3-4

Baa Atoll, Malediven H. Erhardt

Villogorgia
Zartgliedrige Fächerkoralle

Vork.: Malediven.
GU: Keine.
Hält.B.: Unbekannt.
FU: K; Plankton.
Licht: Schattenlichtzone.
Bes.: Die Kolonien sind relativ klein, wachsen plan ausgerichtet und sind reich verzweigt. Sie hängen von den Decken schattiger Unterhöhlungen in das freie Wasser hinein und sind so ausgerichtet, daß die Strömung ihre Breitseite trifft. Häufig werden sie von Schlangensternen regelrecht "gewürgt".

T: 23-29 °C, L: 20 cm, BS: 4, SG: 4

Bunaken, Nordsulawesi, Indonesien

H. Erhardt

Neue Gattung und neue Art

Vork.: Indopazifik: Indonesien.
Von dieser blattförmig wachsenden Gorgonie gibt es zur Zeit weder einen Gattungs- noch einen Artnamen. Sie wird im Moment von Dr. Phil ALDERSLADE beschrieben, doch ist die Beschreibung noch nicht publiziert, da weitere Informationen notwendig sind. In dem Werk von P.L. COLIN & Ch. ARNESON (1995): "Tropical Pacific Invertebrates" wird die gleiche Gorgonie dem Leser als *Solenocaulon* sp. vorgestellt. Das ist mit Sicherheit falsch. Ein entscheidendes Kriterium für die Beschreibung ist die Wuchsform dieser Gorgonie. Sie besitzt nämlich breite und blattförmige Verzweigungen, die buschige Bestände bilden können. Ihr Lebensraum sind gut durchströmte Riffhänge in Tiefen zwischen 10-35 m.

Virgularia sp. M. Walker

Seefedern (Pennatulacea)

Seefedern gehören zu den achtstrahligen Korallen und ähneln sehr den Weich- und Lederkorallen. Im Gegensatz zu ihnen sind sie nicht auf Hartsubstraten festgewachsen, sondern stecken lose im Sediment. Eine zwiebelförmige Verdickung des Fußes wirkt wie ein Anker im weichen Untergrund.

Seefedern besitzen einen fleischigen bis fadenförmigen Körper, der stark dehnbar ist. Durch Wasseraufnahme kann er enorm vergrößert werden. Die Wasseraufnahme erfolgt über Sekundärpolypen, die die Kolonie auf die dreifache Länge anschwellen lassen können. Man spricht in diesem Fall von einem "hydrostatischen Skelett". Weitere Stabilität gewährleistet ein Stielteil der Kolonie, der manchmal verkalkt sein kann. Oft liegen noch bunte Kalkkörperchen im Stützgewebe, die der Kolonie noch etwas mehr an Festigkeit geben.

Seefedern besitzen zahlreiche Polypen. Sie sprossen nach allen Seiten aus dem Primärpolypen aus oder sie sind in Reihen angeordnet, wie bei den Seepeitschen.

Seefedern sind überwiegend nachtaktiv. Den Tag verbringen sie verborgen im Sediment oder liegen schlaff und entspannt darauf. Vielfach ist ihr Tag-Nacht-Rhythmus gekoppelt an das in der Nacht aus der Tiefe des Meeres zur Wasseroberfläche aufsteigende Plankton, von dem sie sich ernähren. Den Tiefseearten fehlt dieser Rhythmus. Viele Arten leuchten, indem sie einen Schleim absondern, der bei Berührung blau, gelblich oder grün fluoriszieren kann. Der Sinn dieser Bioluminiszenz besteht möglicherweise darin, Feinde abzuschrecken.

Seefedern können sich ganz langsam fortbewegen und so einen Ortswechsel vornehmen. Somit leben sie hemisessil und sind nicht an einen Standort gebunden. Eine Fortbewegung erfolgt immer dann, wenn sich die Lebensbedingungen am alten Standort verschlechtern. Dann graben sich die Tiere mit Hilfe von Fußkontraktionen aus, wandern zu einem neuen Standort, der bessere Bedingungen verspricht und graben sich wieder ein.

Ordnung: Pennatulacea

Seefedern sind getrenntgeschlechtlich. Entweder ist eine Kolonie männlich oder sie ist weiblich. Die Geschlechtszellen werden in das Wasser entlassen, wo auch die Befruchtung der Gameten stattfindet. Einige Arten sind lebendgebärend. Über ein Larvenstadium und einer Gestaltsumwandlung entwickeln sich Primärpolypen, die sich absinken lassen und eine neue Seefederkolonie gründen.

Seefedern leben in allen Weltmeeren und kommen vom Flachwasser bis in die Tiefsee vor. Viele von ihnen messen nur wenige Zentimeter, einige wenige können bis zu 2 m groß werden.

Seefedern leben mit einigen Tieren vergesellschaftet. Überwiegend sind es kleine Schlangensterne, Garnelen, Krabben oder Nacktschnecken, die auf ihnen leben.

Seefedern haben kaum Feinde. Zumindest ist darüber sehr wenig bekannt. Lediglich Nacktschnecken der Gattung *Armina* sollen zu ihren Freßfeinden gehören.

Systematik

Stamm: CNIDARIA	Nesseltiere
Klasse: ANTHOZOA	Blumentiere
Unterklasse: OCTOCORALLIA	Achtstrahlige Korallen
Ordnung: PENNATULACEA	Seefedern
Familie: Virgulariidae	Ruten-Seefedern
Gattung: *Virgularia*	
Familie: Pteroeididae	Stachel-Seefedern
Gattung: *Pteroeides*	
Familie: Veretillidae	Walzen-Seefedern
Gattung: *Cavernulina*	
Familie: Kophohelemnidae	
Gattung: *Sclerobelemnon*	

Fam.: Virgulariidae

Nordsulawesi, Indonesien D. Tackett

Virgularia sp.
Seefeder

Vork.: Indopazifik: Indonesien.
GU: Die Tiere sind getrenntgeschlechtlich
Soz.Verh./Vgs.: Seefedern leben einzeln in Sand- und Geröllgrund. In einem Aquarium vergesellschaftet man sie am besten mit festsitzenden Wirbellosen.
Hält.B.: Die Tiere benötigen zum Eingraben einen tiefen Sandgrund. Da sie ausschließlich nachtaktiv sind, sind sie für eine Aquarienhaltung nicht unbedingt zu empfehlen.
ZU/Verm.: Im Aquarium nicht bekannt.
FU: K; Plankton, Ersatzplankton, Krebslarven und zerriebenes Krebs- und Muschelfleisch.
Bes.: An einem schlanken und gelben Stamm erhebt sich die Seefeder nachts in das freie Wasser, um Nahrung aus der Strömung zu fangen. An den seitlichen, gegenständigen Verzweigungen sitzen dichtgedrängt die Polypen.

T: 22-26 °C, L: 25 cm, BL: ab 120 cm, BR: u, BS: 3-4, SG: 3

Ordnung: PENNATULACEA
Fam.: Virgulariidae

Insel Cebu, Indonesien H. Erhardt

Virgularia sp.
Schlanke Seefeder

Vork.: Indopazifik: Philippinen. **GU**: Seefedern sind getrenntgeschlechtlich.
Hält.B.: Diese Seefedern werden fast nie in Heimaquarien gepflegt. Dazu sind sie oft zu groß und sie benötigen mindestens einen 20-30 cm tiefen Sandgrund, um sich einzugraben. Außerdem ist ihre Ernährung problematisch, da sie nachtaktiv sind und nur mit Plankton gefüttert werden können. **Licht**: Dämmerlichtzone.
FU: K; Sie fressen Plankton und müssen in einem Spezialaquarium auch mit lebendem Plankton gefüttert werden.
Bes.: Die Tiere leben einzeln auf Sand- und Geröllflächen. Verankert mit einem "Fuß" im Untergrund befinden sich an einem Stiel seitliche und wechselständige Verzweigungen, an denen die Polypen aufgereiht sind. Braune und helle Verzweigungen wechseln einander ab.

T: 20-28 °C, **L**: 45 cm, **BL**: ab 120 cm, **WB**: m, **WR**: u, **BS**: 3-4, **SG**: 3

Manado, Indonesien H. Erhardt

Pteroeides sp.
Bunte Seefeder

Vork.: Indopazifik: Indonesien, Philippinen.
GU: Die Tiere sind getrenntgeschlechtlich.
Soz.Verh./Vgs.: Seefedern leben stets solitär. Diese Art bevorzugt Grobsand und Geröll als Siedlungsgrund. Man vergesellschaftet sie am besten mit sessilen Wirbellosen.
Hält.B.: Die Seefedern benötigen mindestens einen 20-30 cm tiefen Sandgrund zum Eingraben.
ZU/Verm.: Im Becken nicht bekannt.
FU: K; Plankton, das ihnen die Strömung zuträgt. Im Becken ernährt man sie mit Ersatzplankton und geriebenem Muschel-, Krebs- und Fischfleisch.
Bes.: Die Tiere sind nachtaktiv und leben tagsüber im Sediment eingegraben.

T: 22-26 °C, L: 12 cm, BL: ab 100 cm, WB: m-s, WR: u, BS: 3-4, SG: 3

Ordnung: Pennatulacea
Fam.: Pteroeididae

Insel Komodo, Indonesien

H. Erhardt

Pteroeides sp.
Gestauchte Seefeder

Vork.: Indopazifik: Indonesien.
GU: Die Tiere sind getrenntgeschlechtlich.
Soz.Verh./Vgs.: Die Seefedern leben einzeln in Geröllböden und sind ausschließlich nachtaktiv.
Hält.B.: Sie benötigen einen tiefen Sandgrund, um sich tagsüber einzugraben. Er sollte 20-30 cm tief sein.
ZU/Verm.: Im Becken nicht bekannt.
FU: K; sie fressen nur nachts. Die Strömung muß den ausgestreckten Polypen die Nahrung zutragen. Man füttert sie am besten mit fein zerriebenem Muschel-, Krebs- und Fischfleisch und mit aufgeschwemmtem Trockenfutter.
Bes.: Die Tierkolonien sind mit einem "Fuß" fest im Substrat verankert. An den vom Primärpolypen seitlich abzweigenden Ästen befinden sich die Polypen.

T: 22-26 °C, **L:** 8 cm, **BL:** ab 100 cm, **WB:** m-s, **WR:** u, **BS:** 3-4, **SG:** 3

Pteroides sp.

M. Walker

Ordnung: Pennatulacea
Fam.: Veretillidae

Manado, Indonesien H. Erhardt

Cavernulina cylindrica (KÜKENTHAL & BROCH, 1911)
Zylindrische Seefeder

Vork.: Indopazifik: Von Australien bis in den Ostpazifik.
GU: Keine.
Hält.B.: Diese Art wird nicht in Aquarien gepflegt. Sie erscheint auch auf keiner Importliste.
FU: K; Plankton.
Bes.: Die Tierkolonien sind in ihrer Form zylindrisch und ausschließlich nachtaktiv. Tagsüber leben sie im Sediment versteckt. Lange Tentakel umstehen den zylindrischen Körper.

T: 22-26 °C, L: 6 cm, BS: 4, SG: 4

Insel Manado Tua, Indonesien H. Erhardt

Cavernularia sp.
Dicke Seefeder

Vork.: Indopazifik: Indonesien
GU: Keine.
Soz.Verh./Vgs.: Die Tiere leben einzeln oder in kleineren Gruppen in Sand- und Schlammböden.
Hält.B.: In einem Spezialaquarium mit tiefem Sandgrund, damit sich die Kolonien bei Störungen darin zurückziehen können. Nach WILKINS sollen sie gut zu pflegen und auch ausdauernd sein. In der Praxis sind Seefedern nach allgemeiner Auffassung schwer zu pflegen.
Licht: Sonnenlichtzone.
FU: K; Zooplankton, Ersatzplankton und von den Produkten ihrer Zooxanthellen.
Bes.: Die im Querschnitt runden und dicken Seefedern leben im Sediment verankert und sind tag- und nachtaktiv. Ihre Freßaktivität ist im allgemeinen dem Ebbe-Flut-Rhythmus angepaßt. Ihre langen Polypen besitzen Zooxanthellen, so daß sie auch tagsüber in stillen Buchten, auf Sandflächen nahe der Riffe und in Ästuarien voll expandiert zu finden sind. Offensichtlich können sie eine gewisse Aussüßung des Wassers vertragen. Die Nacktschnecke *Armina cyanea* frißt sie. Bei Berührung leuchtet diese Seefederkolonie. Man deutet ihre Biolumineszenz als Schutzreaktion gegenüber Freßfeinden.

T: 22-28 °C, **L**: 45 cm, **BL**: ab 100 cm, **WB**: I-m, **WR**: u, **BS**: 2, **SG**: 2.

Kungkungan Bay, Indonesien H. Erhardt

Sclerobelemnon sp.
Seefeder

Vork.: Rotes Meer bis Australien. Indopazifik: Indonesien, Philippinen, Japan.
GU: Seefedern sind getrenntgeschlechtlich.
Hält.B.: Nicht bekannt. Diese Art ist zu selten, um gesammelt zu werden.
FU: K; Plankton.
Bes.: Die Tierkolonie ist ausschließlich nachtaktiv. Sie wächst zylindrisch aus dem Boden und erhebt sich in das freie Wasser. Nur wenige Polypen, die zum Teil außerordentlich lang sind, umstehen unregelmäßig angeordnet die zentrale Körperachse. Diese ist durch eine Kalkachse, die durch die Kolonie hindurchscheint, versteift. Die Farbe der Kolonien ist unterschiedlich. Sie kann braun, weiß, transparent und farblos sein. Die Lebensräume dieser Tiere sind Sand- und Geröllfelder im relativ flachen Wasser. Die Gattung wird durch 8 Arten repräsentiert.

T: 22-26 °C, **L**: 8 cm, **BS**: 4, **SG**: 3

Pteroeides sp. Indonesien

H. Erhardt

Condylactis gigantea

H. Erhardt

Seeanemonen (Actiniaria)

Seeanemonen leben im allgemeinen einzeln. Entweder haften sie mit einem breiten Fuß auf festen Substraten, besiedeln sandige und schlickige Böden oder sie leben auf Weichtierschalen, auf Seetangen, an Hafenanlagen und auf allen nur möglichen Gegenständen.

Seeanemonen siedeln von der Spritzwasserzone bis in die Tiefsee und sind in tropischen und subtropischen Meeren besonders farbenprächtig und artenreich vertreten.

Seeanemonen treten nur in Gestalt von Polypen auf. Von allen bekannten Nesseltieren stellen sie die größten Polypen im Tierreich. Riesenanemonen der Gattung *Stoichactis* können einen Durchmesser von 150 cm erreichen.

Seeanemonen leben hemisessil. Sie können aktiv auf ihrer Fußsohle spannerartig und langsam kriechen und so einen Standortwechsel vornehmen. Einige kleine Arten können sogar schwimmen oder leben pelagisch.

Seeanemonen besitzen eine Vielzahl von Fangarmen, die entweder einfach oder in mehreren Kreisen um die Mundscheibe gruppiert sind. Diese Fangarme können lang, kurz oder noppenartig sein und enden spitz, ballonartig oder schnullerförmig.

Seeanemonen besitzen eine kräftige Längs- und Ringmuskulatur, die sie in die Lage versetzt, sich schnell zusammenzuziehen und zu strecken. Das ist außerordentlich wichtig für einen schnellen und effektiven Wasseraustausch innerhalb des Magenraumes der Tiere. Eine kräftige Körperkontraktion kann aber auch andere Ursachen haben: Feindabwehr, Störungen in der unmittelbaren Nachbarschaft oder Änderung und Verschlechterung der Umweltfaktoren.

Seeanemonen leben überwiegend räuberisch. Sie ernähren sich von kleinen Fischen, von Krebsen, freilebenden Borstenwürmern und von verschiedenen Weichtieren, die sie mit ihren Nesselkapseln bombardieren, sie betäuben und töten, um sie dann mit Hilfe ihrer zahlreichen Fangarme in den zentral gelegenen Mund zu stopfen. Erstaunlich ist, daß die größten Seeanemonen Filtrierer sind, die sich vom tierischem Plankton ernähren.

Seeanemonen leben entweder in einer Symbiose mit einzelligen Algen (Zooxanthellen) oder in einer Symbiose mit verschiedenen Fischen und Krebsen. Das bekannteste Beispiel ist das Zusammenleben von Riesen- und Wirtsanemonen mit Fischen der Gattung *Amphiprion.*

Seeanemonen sind häufig wunderschön gefärbte Tiere. Ihre Farbe ist nicht immer auf die Anwesenheit von einzelligen Algen in ihrem Gewebe zurückzuführen, sondern auf Farbstoffe aus der Gruppe der Karotinoide, die je nach Bindung an verschiedene Eiweißkörper auch grün oder blau sein können.

Seeanemonen sind getrenntgeschlechtliche Tiere. Einige von ihnen sind Zwitter. Eine Planula-Larve verbreitet die Art im Meer. Einige Seeanemonen kälterer Meere betreiben sogar Brutpflege. Eine ungeschlechtliche Vermehrung durch Längsteilung der Polypen kommt äußerst selten vor.

Seeanemonen sind im Besitz von Nesselkapseln, die in den Fangarmen lokalisiert sind. Dies schützt sie vor Freßfeinden und hilft ihnen Beute zu fangen. Dennoch haben Seeanemonen eine ganze Anzahl von Freßfeinden. Zu ihnen zählen Fische, Krebse und einige Stachelhäuter.

Seeanemonen zu bestimmen ist nicht immer einfach. Kriterien wie Färbung, Typen und Verteilung der Nesselzellen und die Lage der Mesenterien zu bestimmen setzen voraus, daß man ein Labor und optisches Gerät zur Verfügung hat.

Systematik

Stamm: CNIDARIA — Nesseltiere
Klasse: ANTHOZOA — Blumentiere
Unterklasse: HEXACORALLIA — Sechsstrahlige Korallen
Ordnung: ACTINIARIA — Meeresanemonen
Familie: Actiniidae
Gattungen: *Dofleina*
Macrodactyla
Triactis
Familie: Actinodendronidae
Gattungen: *Actinodendron*
Actinostephanus
Familie: Aliciidae
Gattungen: *Lebrunia*
Megalactis
Phyllodiscus
Familie: Sargattiidae
Gattungen: *Actinothoe*
Cereus
Sagartia
Familie: Nemanthidae
Gattung: *Nemanthus*
Familie: Thalassianthidae
Gattungen: *Cryptodendron*
Heterodactyla
Familie: Hormathiidae
Gattung: *Calliactis*
Familie: Halcampoididae
Gattung: *Halcampoides*
Familie: Stichodactylidae — Wirtsanemonen
Gattungen: *Heteractis*
Stichodactyla
Familie: Isophelliidae
Gattung: *Telemactis*
Familie: Edwardsiidae
Gattung: *Edwardsianthus*
Fam.: Phymanthidae
Gattung: *Phymanthus*

Ordnung: Actiniaria
Fam.: Actiniidae

Rotes Meer

Th. Paulus

Dofleinia armata WASSILIEFF, 1908
Gestreifte Anemone, Bewaffnete Anemone

Vork.: Rotes Meer, Indopazifik: Von Ostafrika bis in den Westpazifik und Australien.
GU: Keine.
Soz.Verh./Vgs.: Die Anemonen leben einzeln in Sand- und Schlammböden.
Hält.B.: Nichts ist bekannt darüber und in der Aquarienliteratur wird die Art nur gelegentlich erwähnt, jedoch ohne Pflegehinweise zu benennen.
FU: K; Plankton und Detritus, viele Wirbellose und kleine Fische, die mit ihnen in Kontakt kommen.
Licht: Sonnenlichtzone.
Bes.. Anemonen dieser Art leben in freien Sandflächen, in Seegras, auf schlammigen Böden und auch in stark belasteten Hafenbecken. Ihr Mauerblatt ist gestreift und bei inaktiven Tieren sind die langen Tentakel verknäuelt über der Mundscheibe zusammengelegt, so daß die Mundöffnung meist nicht sichtbar ist. Beim aktiven Tier sind die Tentakel ausgestreckt. Diese variieren in der Farbe und besitzen Batterien von Nesselzellen, die abgeschossen auch dem Menschen gefährlich werden können. Sie brennen fürchterlich und können monatelange Schmerzen verursachen.

T: 12- 28 °C, **Ø:** 25 cm, **BS:** 4, **SG:** 2-3

Insel Bunaken, Indonesien

H. Erhardt

Macrodactyla cf. *doreensis* (QUOY & GAIMARD, 1833)
Korkenziehertentakel-Anemone

Vork.: Von Westafrika bis nach Japan.
Soz.Verh./Vgs.: Die Anemonen leben einzeln. Sie sind teilweise im Sediment eingegraben und ziehen sich bei Störungen darin zurück. Drei Anemonenfisch-Arten leben mit ihnen vergesellschaftet.
Hält.B.: Anemonen dieser Art sind nur selten im Handel. Nur kleine Tiere sind für eine Aquarienhaltung geeignet. Um sich eingraben zu können, benötigen sie eine dicke Sedimentschicht.
FU: K; Krebse, kleine Fische, feingehacktes Muschel- und Fischfleisch.
Bes.: Ihren Namen haben die Anemonen von ihren korkenzieherförmig gedrehten Tentakelspitzen. Die Tentakel sind lang (bis zu 18 cm) und zugespitzt. Eine große Anzahl davon befindet sich auf der Mundscheibe. Diese kann gestreift sein, wobei sich die Streifung bis in die Tentakel hinein fortsetzt. Korkenziehertentakel-Anemonen kommen in verschiedenen Farben vor: purpur, grau, braun und grün. Ihre Farbe ist abhängig von den symbiontischen Algen in ihrem Gewebe.

T: 22-27 °C, **Ø:** 50 cm, **BL:** ab 120 cm, **WB:** m, **WR:** u, **BS:** 3-4, **SG:** 3

Insel Komodo, Indonesien H. Erhardt

Macrodactyla sp. (?) *doreensis* (QUOY & GAIMARD, 1833)
Violette Sandanemone

Vork.: Von Ostafrika bis Japan. **GU**: Keine.
Soz.Verh./Vgs.: Die Anemonen leben einzeln und häufig in einer Gemeinschaft mit verschiedenen Anemonenfischen der Gattung *Amphiprion*.
Hält.B.: *Macrodactyla doreensis* wird gelegentlich im Handel angeboten. Man sollte sich für kleine Tiere entscheiden, da die ausgewachsenen Anemonen sehr groß werden. Sie benötigen einen tiefen Sandboden, um sich darin zu verstecken und ein großes Sandareal, um ihre Mundscheiben darauf auszubreiten. **Licht**: Sonnenlichtzone.
FU: K; man ernährt sie im Aquarium mit Muschel-, Fisch- und Krebsfleisch.
Bes.: Sandanemonen sind mit ihrer Fußscheibe auf festen Unterlagen im Sediment verankert und ziehen sich bei Gefahr darin zurück. Dann ist nur noch ein Sandtrichter sichtbar. Die großen Mundscheiben werden auf das Sediment ausgebreitet und die langen und gedrehten Tentakel ausgestreckt. Diese zeigen weiße und violette Längsstreifen.

T: 22-26 °C, **Ø**: 60 cm, **BL**: ab 120 cm, **WB**: m, **WR**: u, **BS**: 3-4, **SG**: 2-3

Sangihe-Island, Indonesien D. Tackett

Triactis producta KLUNZINGER, 1877
Krabbenanemone

Vork.: Rotes Meer, Indopazifik: Vom Indischen Ozean bis nach Hawaii und Ostaustralien.
GU: Keine.
Soz.Verh./Vgs.: Diese kleinen Anemonen leben einzeln oder häufig mit Boxerkrabben der Gattung *Lybia* vergesellschaftet.
Hält.B.: Aus der Literatur nicht bekannt.
FU: K; Plankton und von den Resten der Krabbenmahlzeit.
Bes.: Diese Tiere leben in schattigen Ritzen und Spalten und mit Boxerkrabben vergesellschaftet. Diese verwenden die stark nesselnden Anemonen als Schutz und strecken sie ihren Feinden drohend entgegen. Einige Tentakel der Anemone sind am Ende blasenartig verdickt und gelegentlich farbig abgesetzt. Die Polypen stehen dicht und sind nicht miteinander verwachsen.

T: 22-26 °C, Ø: 10 cm, BS: 4, SG: 4

Insel Manukan, Sabah, Borneo

H. Erhardt

Actinostephanus haeckelii KWIETNIEWSKI, 1897
Haeckels Sandanemone

Vork.: Indopazifik: Borneo, Malaysia, Insel Manukan. **GU**: Keine.
Soz.Verh./Vgs.: Die Anemonen leben einzeln in mobilen Böden.
Hält.B.: Nicht bekannt. Wegen der großen Tiefe, in der sie leben, werden sie auch nicht gesammelt. Da sie verankert im Boden leben, würde man sie beim Sammeln verletzen.
FU: Die Anemonen ernähren sich von organischen Sinkstoffen, die sie mit ihren Tentakelspitzen auftupfen und zum Mund führen.
Bes.: Sandanemonen leben in tiefen und sandigen Böden. Darin sind sie mit einem wurmförmigen Fuß verankert. Vom Rand der kreisförmigen Mundscheibe entspringen 12 zugespitzte Tentakel, die unterschiedlich lang und gebändert sind. Sehr lange und kurze Arme wechseln einander ab.

T: 20-28 °C, **Ø**: 11 cm, **BS**: 4, **SB**: 4.

Insel Bonaire, Niederländische Antillen H. Erhardt

Lebrunia coralligens (WILSON, 1890)
Korallenanemone

Vork.: Karibisches Meer, von den Bahamas bis nach Brasilien. **GU**: Keine.
Soz.Verh./Vgs.: Korallenanemonen leben bevorzugt mit den Korallen der Gattung *Diploria* vergesellschaftet. Garnelen der Gattung *Periclimenes* leben zwischen ihren Tentakeln.
Hält.B.: Diese Anemone soll bei entsprechender Beleuchtung gut zu pflegen sein. Weitere Hinweise haben wir in der uns zur Verfügung stehenden Literatur jedoch nicht gefunden.
Licht: Sonnenlichtzone. **FU**: K; Plankton, Planktonersatz.
Bes.: Korallenanemonen leben einzeln oder in kleinen Gruppen versteckt in Korallenritzen. Nur noch die Pseudotentakel schauen aus ihren Verstecken heraus. Diese sind terminal leicht angeschwollen und häufig farbig abgesetzt und geringelt. Oft sind sie auch verzweigt. Nachts, wenn Plankton gefangen wird, werden die Fangarme weit ausgestreckt. Die Anemonen sind sehr schreckhaft und verschwinden bei Störungen vollständig in ihren Ritzen. Ihre Nematozysten durchschlagen die menschliche Haut, was zu einem schmerzhaften Brennen führt.

T: 20-26 °C, **Ø**: 25 cm, **BS**: 4, **SG**: 4

Insel Palau, Mikronesien H. Erhardt

Phyllodiscus semoni KWIETNIEWSKI, 1897
Höllisch brennende Feueranemone

Vork.: Indopazifik: Indonesien, Mikronesien, Philippinen. GU: Keine.
Soz.Verh./Vgs.: Lebt einzeln in Korallenspalten und fast ausschließlich am Riffhang. Die anderen Arten aus dieser Gattung bevorzugen als Standort weiches Sediment.
Hält.B.: Von den sechs indopazifischen Arten werden einige in Aquarien gepflegt. So *A. pulmosum* und *A. arboreum*. Die hier abgebildete Art gehört nicht dazu, weil sie alles vernesselt, was ihr zu nahe kommt.
FU: K; sie fangen mit ihren Nematocysten kleine, wirbellose Tiere und kleine Fische. Möglicherweise besitzen sie Zooxanthellen in ihrem Gewebe.
Bes.: Feueranemonen dieser Art besitzen Nematocysten, die die menschliche Haut durchschlagen. Sie brennen bei Berührung "höllisch" und man spürt den Schmerz noch nach Tagen. Da sie sich farbig kaum in ihrer natürlichen Umgebung vom Untergrund abheben, kommt es schon einmal vor, daß man in sie hineingreift.

T: 20-28 °C, Ø: 12-15 cm, BS: 4, SG: 4

Camaret sur Mer, Nordatlantik H. Erhardt

Actinothoe sphyrodeta (GOSSE, 1858)
Felsrose

Vork.: Atlantik, Nordsee. GU: Keine.
Soz.Verh./Vgs.: Die Anemonen leben einzeln doch häufig in einer großen Individuendichte.
Hält.B.: Die Anemonen sind sehr schwer von ihrer Substratunterlage zu lösen. Man muß sie mit ihren Unterlagen in einem Atlantikaquarium pflegen. Bei richtiger Beleuchtung sind sie ausdauernd und leicht zu pflegen.
Licht: Mittellichtzone. FU.: K; Plankton, Ersatzplankton.
Bes.: Diese Anemonen leben in allen Tiefen. Sie sind festgeheftet an Steinen, jedoch nicht an Wracks oder in Unterhöhlungen. Durch ungeschlechtliche Fortpflanzung können sie gleichartige Individuen hervorbringen, die zu Tausenden nebeneinander siedeln. Ihre Farbe ist variabel. So können die Mundscheiben weiß, gelb oder orange gefärbt sein. Etwa 100 spitze Fangarme umstehen den Mundscheibenrand. Felsrosen lieben klares und gut durchströmtes Wasser.

T: 5-18 °C, Ø: 2 cm, BL: ab 100 cm, WB: m-s, WR: m, BS: 3, SG: 2-3

Nordatlantik, Irland H. Erhardt

Cereus pedunculatus (PENNANT, 1777)
Sonnenrose, Seemannsliebchen

Vork.: Mittelmeer, Atlantik, Nordseekanal, Britische Inseln.
GU: Die Tiere sind getrenntgeschlechtlich oder zwittrig.
Hält.B.: Da die Anemonen sehr schlecht von ihren Siedlungsunterlagen zu lösen sind, sind beim Sammeln Verletzungen vorprogrammiert. Daher sollte man nur Tiere erwerben, die unverletzt in den Handel kommen. Man pflegt sie in einem Atlantik- oder Mittelmeerbecken. Ihre Pflege ist nicht einfach, da sie nachtaktiv, lichtscheu und gegen Erschütterungen empfindlich sind. Sie benötigen eine dicke Sedimentschicht zum Eingraben.
FU: K; sie ernähren sich von Garnelen und von kleinen Fischen.
Bes.: Sonnenrosen leben in Fluttümpeln, an Felsen, im Sand und im Schlick. Ihre Fußscheiben haften sehr fest am Untergrund und sind kaum davon zu lösen. Die Mundscheibe trägt über 700 Testikeln, die in 8-9 Kreisen stehen. Der Mundscheibenrand ist oft in Falten gelegt. Wenn sie in mobilen Böden leben, sind sie tief darin eingegraben, so daß nur die gefaltete Mundscheibe sichtbar ist. Bei Störungen verschwindet das Tier völlig in den Untergrund. Das Mauerblatt trägt zahlreiche Saugwarzen, an denen kleine Steinchen haften bleiben. Diese dienen möglicherweise zur Tarnung. Die Farbe der Tiere ist sehr variabel und vom Standort abhängig.

T: 8-20 °C, **L:** 10 cm, **BL:** ab 100 cm, **WB:** m, **WR:** m-u, **BS:** 3-4, **SG:** 2.

Insel Giglio, Italien B. Unger

Sagartia sp. (?) *elegans* (DALYELL, 1848)
Tangrose

Vork.: Mittelmeer, nördliche Adria, Atlantik, Nordsee.
GU: Tangrosen sind ovipar und getrenntgeschlechtlich. Eine ungeschlechtliche Vermehrung durch Abschnürung kommt vor.
Hält.B.: Die Tiere sind in einem Mittelmeer- bzw. Atlantikaquarium leicht zu halten und zu pflegen. Bei Überfütterung kommt es häufig zu Tentakelschwund.
FU: K; Zooplankton, Planktonersatz, kleine Krebse und Polychaeten.
Bes.: Tangrosen variieren in Form und Farbe. Die auf dem Bild dargestellte Farbe ist allerdings ungewöhnlich. Die zahlreichen feinen und zugespitzten Tentakel und die Mundscheibe können einheitlich oder verschieden gefärbt sein. Auch die Zahl der Tentakel variiert. Ausgewachsene Tiere besitzen im allgemeinen 192 Tentakel. Tangrosen sind Tiere des Felslitorals und leben auf Felsen, an Steinen, zwischen Geröll und an Holzmolen.

T: 8-18 °C, **Ø:** 4 cm, **BL:** ab 80 cm, **WB:** m, **WR:** u, **BS:** 2-3, **SG:** 2.

Nemanthus annamensis H. Erhardt

Nemanthus annamensis M. Walker

Indonesien L. Tackett

Nemanthus cf. *annamensis* CARLGREEN, 1943
Wanderanemone, Schmarotzeranemone

Vor.: Von Ostafrika bis in den Westpazifik und von Alaska bis nach Kalifornien.
GU: Keine.
Soz.Verh./Vgs.: Die Tiere sind koloniebildend und leben auf verschiedenen Substraten.
Hält.B.: Wanderanemonen sind von ihrem Substrat kaum zu lösen. Man würde sie beim Sammeln verletzen. Man kann sie nur mit einem Teil ihrer Unterlage in ein Aquarium überführen.
ZU./Verm.: Geschlechtlich durch Abtrennung von Jungtieren aus der unteren Körperregion. Verbreitung auch über Larven.
FU: K; Plankton, im Aquarium füttert man sie mit Planktonersatz.
Bes.: Schmarotzeranemonen kommen in vielen Farbvarianten vor. Die meisten von ihnen sind weiß. Einige sind zudem noch gestreift oder gepunktet. Sie leben vom flachen Wasser bis in große Tiefen auf Hydroiden, Seepeitschen, Gorgonien und auf Schwarzen Korallen. Die einzelnen Tiere siedeln dicht beieinander und leben überwiegend an schattigen Standorten. Die Krabbe *Lauridromia intermedia* packt sich die Anemone auf ihren Körper, um sich so besser zu tarnen und vor Freßfeinden zu schützen.

T: 22-28 °C, **Ø:** 2 cm, **BL:** ab 80 cm, **WB:** m, **WR:** u, **BS:** 3-4, **SG:** 3

Cryptodendron adhaesivum H. Erhardt

Cryptodendron adhaesivum H. Erhardt

Surininseln, Thailand H. Erhardt

Cryptodendron adhaesivum KLUNZINGER, 1877
Noppenrand-Anemone

Vork.: Rotes Meer, Indopazifik: Von Ostafrika bis Polynesien.
GU: Keine.
Soz.Verh./Vgs.: Noppenrand-Anemonen leben einzeln und sind mit verschiedenen Garnelen der Gattungen *Thor* und *Periclimenes* vergesellschaftet. Im Indischen Ozean lebt der Clownsfisch *Amphiprion clarkii* zwischen ihren Tentakeln.
Hält.B.: Große Anemonen sprengen die Dimension eines jeden Heimaquariums. Daher sollten nur kleine Tiere gekauft werden. Sie benötigen ein Spezialaquarium, festen Untergrund, Spalten, um sich zu verstecken und sollten hier mit anderen, robusten Anemonen gehalten und gepflegt werden.
FU: K; zerkleinertes Muschel-, Fisch- und Garnelenfleisch. Lebt aber hauptsächlich von den Produkten ihrer Zooxanthellen.
Licht: Sonnenlichtzone.
Bes.: Die Mundscheibe der Anemonen besitzt einen noppigen Rand. Auf ihrer Mundscheibe stehen kurze und mehrfach verzweigte Tentakel. Die Farbe der Tiere ist variabel. Bei Störungen kann sie sich vollständig in eine Felsspalte zurückziehen. Mehr Informationen darüber im MEERWASSER ATLAS, Band 1, Seite 381.

T: 22-27 °C, Ø: 30 cm, BL: ab 120 cm, WB: m, WR: u, BS: 2-3, SG: 3

Insel Bunaken, Indonesien H. Erhardt

Heterodactyla hemprichii EHRENBERG,1834
Hemprichs Anemone

Vork.: Rotes Meer, Indopazifik: Von Ostafrika bis Polynesien.

GU: Keine.

Soz.Verh./Vgs.: Die Seeanemonen leben einzeln und häufig in Symbiose mit Garnelen der Gattung *Periclimenes*. Man kann sie mit vielen Wirbellosen und friedlichen Fischen vergesellschaften.

Hält.B.: Riffaquarium mit der Möglichkeit, daß sich die Anemonen an Steinen der Dekoration festsaugen können.

FU: K; man ernährt sie mit feingehacktem Muschel-, Krebs- und Fischfleisch.

Bes.: Hemprichs Anemonen haben feine, in Gruppen stehende Tentakeln. Die große Mundscheibe ist gefaltet und kann bei Störungen in eine Vertiefung eingezogen werden. Am Mundscheibenrand sind Batterien von Nesselzellen angebracht, die die Anemone zu ihrer Verteidigung einsetzt. Mehr Wissenswertes darüber im MEERWASSER ATLAS, Band 1, Seite 382. Die hier vorgestellte Anemone ist eine Farbvariante.

T: 22-27 °C, **Ø:** 40 cm, **BL:** ab 120 cm, **WB:** m, **WR:** m-u, **BS:** 3-4, **SG:** 3.

Nordsulawesi, nahe Bitung, Indonesien — H. Erhardt

Calliactis polypas (HERBST, 1805)
Schmarotzer-Seeanemone

Vork.: Rotes Meer und im gesamten tropischen Indopazifik.
GU: Keine.
Soz.Verh./Vgs.: Die Anemonen leben auf der Schneckenschale der Einsiedlerkrebse *Dardanus pedunculatus*.
Hält.B.: Die Schmarotzer-Anemonen sind leicht zu halten. Die Anemonen müssen regelmäßig gefüttert werden, sonst werden sie immer kleiner. Da die Einsiedlerkrebse räuberisch leben, können sie nur mit robusten Arten zusammen gepflegt werden.
FU: K; die Anemonen werden mit Muschelmilch gefüttert. Ansonsten profitieren sie von der unorthodoxen Freßweise der Krebse.
Bes.: Auf der Schneckenschale eines Einsiedlers siedeln immer mehrere Anemonen. Hier leben sie in einer echten Symbiose mit dem Krebs. Sie werden, wenn der Krebs seine Gehäuse wechselt, vorsichtig auf die neue Behausung überführt. Der Krebs schützt sich durch die Anwesenheit dieser stark nesselnden Anemonen vor Angreifern; die Anemonen erschließen durch den Krebs neue Futterplätze und sind sozusagen seine Tischgäste.

T: 22-28 °C, **L:** 3 cm, **BL:** ab 80 cm, **WB:** m, **WR:** wo der Krebs sich aufhält, **BS:** 2-3, **SG:** 2-3

Kunkungan Bay, Sulawesi, Indonesien H. Erhardt

Halcampoides purpurea STUDER, 1878
Purpur-Anemone

Vork.: Kosmopolit, auch in der Nordsee und im Mittelmeer. 1-1150 m.
GU: Keine.
Soz.Verh./Vgs.: Die Anemonen leben einzeln in Sand, Schlick oder in Schill eingegraben. Sie sind überwiegend nachtaktiv.
Hält.B.: Nicht bekannt.
FU: Partikelfresser.
Bes.: Tagsüber leben die Anemonen im Untergrund versteckt. Erst bei Anbruch der Dunkelheit strecken sie ihren langen und schlanken Rumpf aus dem Sediment in das freie Wasser und fangen mit ihren außerordentlich langen und feinen Fangarmen ihre Nahrung aus der Strömung. Der Rumpf ist häufig purpurrot gefärbt, daher auch der Name. Auf dem Bild ist er durchscheinend. Die Tiere besitzen keine Fußscheibe, mit der sie sich im Untergrund an Steinen oder anderen festen Gegenständen ansaugen könnten. Die Basis des Rumpfes ist lediglich blasig erweitert.

T: 2-27 °C, **Rumpflänge**: 8 cm, **BS**: 4, **SG**: 4

Fam.: Stichodactylidae

Insel Manado Tua, Indonesien H. Erhardt

Heteractis crispa (EHRENBERG, 1834)
Lederanemone

Vork.: Rotes Meer, Indopazifik: Vom Golf von Aden bis Polynesien, Mikronesien, Japan und Australien.
GU: Keine.
Soz.Verh./Vgs.: Die Anemonen leben einzeln. Sie sind mit Anemonenfischen der Gattungen *Amphiprion* und *Dascylus* und mit Krebsen der Gattung *Periclimenes* und *Neopetrolisthes* vergesellschaftet.
Hält.B.: Diese Anemonen sind gut zu halten und zu pflegen. Sie müssen an optimale Lichtverhältnisse angepaßt werden und benötigen Spalten als Verstecke.
Licht: Sonnenlichtzone.
FU: K; sie ernähren sich teils von den Produkten ihrer Zooxanthellen. Man füttert sie im Aquarium mit kleingehacktem Muschel-, Krebs- und Fischfleisch.
Bes.: Die einzelligen Algen im Gewebe der Anemonen verleihen ihnen die unterschiedlichsten Farben. Die Porzellankrabbe *Neoptrolisthes maculatus* lebt zwischen den Tentakeln der Lederanemone. Weitere Informationen im MEERWASSER ATLAS, Band 1, Seite 364.

T: 22-27 °C, **Ø:** 30 cm, **BL:** ab 100 cm, **WB:** m-s, **WR:** u, **BS:** 1-2, **SG:** 2-3

Hetractis magnifica H. Erhardt

Hetractis magnifica H. Erhardt

Insel Palau, Mikronesien

H. Erhardt

Heteractis magnifica (QUOY & GAIMARD, 1833)
Prachtanemone

Vork.: Rotes Meer, Indopazifik: Von Ostafrika bis nach Samoa.
GU: Keine.
Soz.Verh./Vgs.: Die Anemonen leben einzeln oder in Gruppen nahe der Wasseroberfläche und stets in einer Gemeinschaft mit Garnelen und Fischen der Gattungen *Amphiprion* und *Dascylus*.
Hält.B.: Prachtanemonen benötigen felsige Substrate, um sich daran festzuheften und viel Platz, um sich ausbreiten zu können. Große Anemonen sollte man vermeiden, da diese nach kurzer Zeit die Dimension eines jeden Heimaquariums sprengen.
Licht: Sonnenlichtzone.
FU: K; kleine Fische, kleingehacktes Muschel-, Garnelen- und Krebsfleisch und Gefrierfutter.
Bes.: Die Bilder zeigen einige Farbvarianten dieser Anemone. Ausführlichere Hinweise zu dieser Art sind im MEERWASSER ATLAS, Band 1, auf Seite 368 nachzulesen.

T: 22-27 °C, Ø: 20-60 cm, BL: ab 100 cm, WB: m-s, WR: u, BS: 1-2, SG: 2-3

Ashmore Reef, Australien C. Bryce

Stichodactyla gigantea (FORSSKÅL, 1775)
Riesenanemone

Vork.: Rotes Meer, Indopazifik: Von Ostafrika bis in der Westpazifik und Australien.
GU: Keine.
Soz.Verh./Vgs.: Diese Anemonen sind Tiere des Flachwassers. Sie leben einzeln oder in Gruppen. Mit verschiedenen Anemonenfischen leben sie in einer Symbiose. Zahlreiche Krebse leben in den Anemonen kommensalistisch.
Hält.B.: Sie benötigen Spalten und Korallenschutt um sich bei ungünstigen Bedingungen darin zu verstecken. Nur kleine Anemonen dieser Art eignen sich für eine Aquarienhaltung.
Licht: Sonnenlichtzone.
FU: K; Plankton, Fisch-, Krebs- und Muschelfleisch sollte gezielt gefüttert werden.
Bes.: Die Tiere werden sehr groß. Ihre Mundscheibe ist stets tief gefaltet. Sie liegt dem Boden auf, während die Fußscheibe an festen Objekten im Untergrund festhaftet. Die zahlreichen Tentakel sind gleich lang, zur Spitze hin verjüngt und in stetiger Bewegung. Sie kleben bei Berührung fest, nesseln jedoch nicht. Riesenanemonen leben auf Riffdächern in Seegraswiesen und in sandigen Arealen. Sie kommen in vielen Farbvarianten vor. Mehr zu dieser Art im MEERWASSER ATLAS, Band 1, auf Seite 372.

T: 22-29 °C, **Ø:** 50 cm, **BL:** ab 120 cm, **WB:** m, **WR:** u, **BS:** 2, **SG:** 2-3

Fam.: Isophelliidae

Abrolhos Island, Westaustralien

C. Bryce

Telemactis sp.
Keulenanemone

Vork.: Australien.
Bes.: Keine.
Soz.Verh./Vgs.: Die Anemonen leben solitär und häufig versteckt unter Steinen und Korallen. Kleine Krebse mieten sich hier als Kommensalen ein.
Hält.B.: Tiere dieser Gattung werden in Aquarien gepflegt. Dabei handelt es sich um Arten, die aus dem Ostatlantik und aus der Karibik stammen. Die hier abgebildete Anemone wird nicht in Aquarien gepflegt.
FU: K; Zooplankton und kleine Wirbellose, die sie mit ihren Tentakeln erreichen können.
Bes.: Die Mundscheibe sitzt auf einem stielartigen Fuß, der im Untergrund an einem festen Gegenstand angesaugt ist. Sie ist relativ groß und trägt kräftige Tentakel, die apikal gerundet sind. Die kurzen Tentakel nesseln den Menschen nicht, doch kleben sie und bleiben an den Fingern haften. Es ist anzunehmen, daß auch diese Art in verschiedenen Farbvarianten vorkommt.

T: 15-29 °C, Ø: 12 cm, BS: 4, SG: 3

Ordnung: Actiniaria
Fam.: Edwardsiidae

Monte Bellos Island, Westaustralien C. Bryce

Edwardsianthus cf. *pudica* (KLUNZINGER, 1877)
Sandanemone

Vork.: Rotes Meer, Indopazifik: Von Ostafrika bis in den Indowestpazifik, Australien und Fidschi.
GU: Keine.
Soz.Verh./Vgs.: Diese Anemone lebt einzeln auf mobilen Böden mit ihrer Fußscheibe vergraben und festgesaugt an einem festen Gegenstand im Sediment. Gelegentlich leben kleine kommensale Krebse mit ihr vergesellschaftet.
Hält.B.: Sandanemonen dieser Art werden nicht für den Aquarienhandel gesammelt und damit auch nicht in Aquarien gepflegt.
FU: K; Plankton und organische Sinkstoffe, die die Tentakel vom Boden auflesen und zum Mund führen.
Bes.: Diese schreckhaften und überwiegend nachtaktiven Anemonen sind auf Geröll- und Sandflächen sehr leicht zu übersehen, da sie sich farblich kaum von der Farbe des Untergrundes unterscheiden. Die Mundscheibe der Tiere, die dem Sediment aufliegt, wird von zahlreichen gleich langen, zylindrischen, spitz auslaufenden und gebänderten Tentakeln bestanden, die die Umgebung und den Wasserraum darüber nach verwertbarer Nahrung abfischen.

T: 15-28 °C, **Ø**: 7 cm, **BS**: 4, **SG**: 3

Entacmaea quadricolor, Indonesien H. Erhardt

Cerianthus sp.

M. Walker

Zylinderrosen (Ceriantharia)

Zylinderrosen sind eine kleine, doch stammesgeschichtlich wichtige Ordnung. Alle bekannten Arten sind rein marin und leben entweder in selbstgefertigten Wohnröhren oder sie stecken eingegraben im Meeresboden. Nur die Tentakelkronen und Teile der Wohnröhre schauen im allgemeinen aus dem Sediment heraus.

Zylinderrosen bilden kein festes Skelett aus. Statt dessen bauen sie sich eine lederartige, pergamentähnliche Wohnröhre aus Sandkörnchen, abgeschossenen Nesselkapseln und anderen Fremdkörpern, die sie mit Schleim verfestigen. In ihr leben sie und in ihr können sie sich frei bewegen. Bei Gefahr dient die Wohnröhre als Schutz und ist Zufluchtsort. Nicht immer bewohnen die Zylinderrosen ihre Wohnröhre allein. Andere Tiere, allen voran einige Borstenwürmer, haben sich hier als Untermieter einquartiert.

Zylinderrosen besitzen einen langgestreckten, wurmähnlichen Körper, der am unteren Ende entweder abgerundet oder zugespitzt ist. Viele Tiere haben noch eine Saugscheibe. Der Fuß dient zum Eingraben oder zur Verankerung im Boden. Durch Flüssigkeitsaufnahme kann er kolbenartig erweitert werden und erfüllt damit die Funktion eines Ankers. Eine Öffnung in der Fußbasis läßt das aufgenommene Wasser ausspritzen.

Zylinderrosen besitzen unterschiedlich lange Fangarme. Sie stehen in mehreren Kreisen um die Mundöffnung und um den Mundscheibenrand. Die inneren, kurzen Fangarme nennt man Labialtentakel, die äußeren, längeren Fangarme dagegen Marginaltentakel. Die letzteren können sich nicht kontrahieren und werden springbrunnenähnlich über den Rand der Wohnröhre nach allen Seiten ausgestreckt, dienen der Nahrungssuche, dem Nahrungserwerb und sind mit Nesselkapseln bestückt. Mit ihrer Hilfe tupfen die Zylinderrosen die Umgebung ihrer Wohnröhre nach verwertbarer Nahrung ab und fangen kleine Planktonorganismen aus dem Wasser. Dann übergeben die langen Fangarme die gefangene Beute an die kürzeren Labialtentakel. Diese stopfen sie dann in den Mund.

Zylinderrosen sind schreckhafte Tiere. Bei der Flucht in ihre Wohnröhre werden die Fangarme über die Mundöffnung zusammengelegt und beim Zurückziehen des Körpers in die Wohnröhre mit eingezogen. Nur die Spitzen der Marginaltentakel schauen dann noch aus der Wohnröhre heraus.

Zylinderrosen sind überwiegend Zwitter. Sie erzeugen entweder kleine und dotterarme oder große und dotterreiche Eier. Aus ihnen entwickelt sich eine freischwimmende Larve, die bereits während ihrer planktischen Lebensphase kleine Fangarme ausbildet. Eine ungeschlechtliche Vermehrung durch Knospung konnte zwar nachgewiesen werden, doch scheint sie eine Ausnahme zu sein.

Zylinderrosen leben in allen Meeren und in allen Wassertiefen. Die überwiegende Anzahl von ihnen kommt in den tropischen und subtropischen Gewässern vor. Sie siedeln mit ihren Wohnröhren im Sand, im Schlick, im korallinen Grund, in Seegraswiesen und in sandigen Arealen zwischen Korallenriffen.

Zylinderrosen können auch in stark verschmutzten Gewässern gut leben. Langzeituntersuchungen haben gezeigt, daß sie selbst in stark verdreckten Hafenbecken viele Jahre überleben können. Von Aquarienbeobachtungen weiß man, daß Zylinderrosen bei entsprechender Pflege über 100 Jahre alt werden können.

Systematik

Stamm: CNIDARIA		Nesseltiere
Klasse: ANTHOZOA		Blumentiere
Unterklasse: HEXACORALLIA		Sechsstrahlige Korallen
Ordnung: CERIANTHARIA		Zylinderrosen
Familie: Cerianthidae		
Gattung:	*Arachnanthus*	
	Cerianthus	
	Pachycerianthus	

Insel Bonaire, Niederländische Antillen

O. Gremblewski-Strate

Arachnanthus nocturnus DEN HARTOG, 1977
Gebänderte Zylinderrose

Vork.: Tropischer Westatlantik: Bahamas, Bermudas, Florida, Westindische Inseln.
GU: Keine. Die Tiere sind Zwitter.
Soz.Verh./Vgs.: Gebänderte Zylinderrosen leben einzeln im Sand vergraben. Sie sind nachtaktiv. Da sie stark nesseln, sollte man sie mit robusten Fischen vergesellschaften.
Hält.B.: Riffaquarium mit ausreichendem Sandgrund, damit die Tiere darin ihre Röhren bauen können. Die Sandschicht muß mindestens 10 cm tief sein. Weitere Informationen im MEERWASSER ATLAS, Band 1, auf Seite 406.
FU: K, Plankton. Die Zylinderrosen fressen nur nachts. Man kann sie 2-3 Mal in der Woche mit feingehacktem Muschel- und Krabbenfleisch und zerkleinerten Futtertabletten ernähren.
Bes: Zylinderrosen dieser Art leben in selbstgefertigten, pergamentartigen Wohnröhren. Die ausschließlich nachtaktiven Tiere sind sehr lichtscheu und sollten daher bei der Futtergabe nicht übermäßig gestört werden. Schon der geringste Lichtstrahl einer Taucherlampe läßt sie in den Untergrund verschwinden. Wir stellen diese Art hier noch einmal vor, da das Bild sehr schön die gebänderten Tentakel zeigt.

T: 22-28 °C, **Ø**: 20 cm, **BL**: ab 80 cm, **WB**: l, **WR**: u, **BS**: 2, **SG**: 1-2.

Similaninseln, Thailand H. Erhardt

Cerianthus filiformis CALGREN, 1924
Filigrane Zylinderrose

Vork.: Indopazifik: Malediven, Malaysia, Mikronesien, Philippinen. **GU:** Zwitter.
Soz.Verh./Vgs.: Einzelgänger oder in kleinen Gruppen. Vergesellschaftung mit Stachelhäutern, algenfressenden Schnecken und Röhrenwürmern. Nicht geeignet: Krabben, Einsiedlerkrebse, Langusten, räuberische Schnecken, Seesterne und viele Korallenfische.
Hält.B.: Die Tiere benötigen einen tiefen Sandgrund im Aquarium, um ihre Wohnröhre darin einzugraben. **Licht:** Dämmerlichtzone.
FU: K; Plankton. Im Aquarium Gefrier- und Trockenfutter, Kleinkrebse, Mückenlarven und *Artemia*-Nauplien. Einmal im Monat einen kleinen Regenwurm.
Bes.: Sie siedeln stets im Schatten von Unterhöhlungen und stopfen ihre Wohnröhren in vorhandene Ritzen und Spalten, zwischen Steinen und Korallenbruch. In Sand- und Schlickböden sieht man sie gelegentlich auch siedeln. Eine Fußscheibe fehlt den Tieren. Die Tentakel stehen in zwei Kreisen, wobei die Marginaltentakel außerordentlich lang, zugespitzt und filigran sind. Die Farbe der Zylinderrosen ist variabel.

T: 20-28 °C, **L:** 12 cm, **BL:** ab 100 cm, **WB:** m, **WR:** u, **BS:** 3-4, **SG:** 1

Cerianthus sp. H. Erhardt

Cerianthus sp. K. Fiedler

Insel Bunaken, Indonesien H. Erhardt

Cerianthus sp.
Zylinderrose

Vork.: Indopazifik: Indonesien. **GU:** Die Tiere sind Zwitter.
Soz.Verh./Vgs.: Einzeln in Wohnröhren. Sehr gut für ein Wirbellosenbecken, jedoch nicht mit Fischen vergesellschaften, die an ihren Tentakeln zupfen oder mit großen Krebsen und räuberisch lebenden Schnecken, die Zylinderrosen auch angreifen.
Hält.B.: Große Tiere zu pflegen wird nicht empfohlen. Auch Jungtiere benötigen eine tiefe Sandschicht im Becken. Ausreichend Platz muß vorhanden sein, damit die Zylinderrosen ihre Tentakel ausbreiten können. Gegenüber sich ändernden Umweltbedingungen sind die Tiere aber sehr robust. Gute Filteranlage.
FU: K; sie sind Zooplanktonfresser, die auch organische Reststoffe verwerten. Im Aquarium füttert man sie mit Muschelmilch, Kleinkrebsen, Mückenlarven und mit zerriebenem Gefrier- und Trockenfutter.
Bes.: Tiere in der abgebildeten Größe sind nichts für Heimaquarien. Sie leben tief verankert im Boden, und bevor man sie ausgegraben hat, sind sie schon zerstört. Die meisten Zylinderrosen sind dämmerungs- und nachtaktiv.

T: 22-26 °C, **L:** über den Boden: 35 cm, **BS:** 4, **SG:** 4

Insel Manukan, Sabah, Borneo H. Erhardt

Cerianthus sp.
Zylinderrose

Vork.: Indopazifik: Malaysia. GU: Die Tiere sind Zwitter.
Soz.Verh./Vgs.: Im natürlichen Biotop Einzelgänger. Vergesellschaftung mit Schlangensternen, Seeigeln, Garnelen und algenfressenden Schnecken. Große Krebse, Krabben, Seesterne, räuberische Schnecken und tentakelfressende Fische vermeiden.
Hält.B.: Die Jungtiere benötigen einen tiefen Sandgrund für ihre Wohnröhre. Für große Zylinderrosen sind selbst große Heimaquarien zu klein. Die großen Tiere versenken ihre Wohnröhre bis zu 1 m in den Untergrund, so daß sie erfolgreich nur in großen Schauaquarien gepflegt werden können. Hier werden sie auch sehr alt.
Licht: Mittellichtzone.
FU: K; Plankton und organisches Detritus. Im Aquarium Gefrier- und Trockenfutter, Kleinkrebse, Bosminiden und Mückenlarven. Einmal im Monat ein kleiner Regenwurm.
Bes.: Zylinderrosen dieser Größe leben auf tiefen Sand- und Geröllböden am Riffgrund unterhalb von 30 m Wassertiefe. Ihre dicken und gefalteten Wohnröhren werden oft von zahlreichen Wirbellosen besiedelt.

T: 20-28 °C, L: 70 cm, BL: ab 120 cm, WB: m, WR: u, BS: 4, SG: 1

Rotes Meer
Th. Paulus

Pachycerianthus mana (CALGRENE, 1900)
Zylinderrose

Vork.: Rotes Meer, Indopazifik. 2-15 m. GU: Zylinderrosen sind Zwitter.
Soz.Verh./Vgs.: Einzeln in Wohnröhren. Überwiegend nachtaktiv. Nicht mit Fischen vergesellschaften, da kleine genesselt werden und große die Anemonen stören.
Hält.B.: Man pflegt sie am besten in einem Spezialaquarium. Das braucht einen tiefen Sandgrund, damit sich die Tiere eingraben können. Außerdem benötigen sie Platz, um ihre langen Tentakel ausbreiten zu können. Bei guter Pflege können sie Jahre in einem Aquarium leben. Licht: Mittellichtzone.
FU: K, Plankton und kleine Tiere, die nachts an ihre Tentakel stoßen. Im Aquarien Planktonersatz, zerkleinerte Futtertabletten und kleine Stücke Fisch-/Garnelenfleisch.
Bes.: Diese Zylinderrosen leben in Sand- und Schlammgrund, in Seegraswiesen und in belasteten Hafenbecken. Ihr Körper ist langgestreckt und ohne Fußscheibe in der Wohnröhre verborgen. Um die Mundöffnung befinden sich viele helle, dünne und am Mundscheibenrand mehrere Reihen sehr langer und gebänderter Tentakel, die stark nesseln.

T: 22-28 °C, Ø: 20 cm, BL: ab 100 cm, WB: m, WR: u, BS: 3, SG: 2.

Amplexidiscus fenestrafer, Norsulawesi H. Erhardt

Amplexidiscus fenestrafer H. Erhardt

Korallen- und Scheibenanemonen (Corallimorpharia)

Korallen- und Scheibenanemonen sind in allen Weltmeeren nur mit wenigen Arten vertreten. Etwa 40 dürften bekannt sein. Ihre systematische Stellung ist noch umstritten.

Korallen- und Scheibenanemonen ähneln in ihrem Aufbau und in ihrer Vermehrungs- und Siedlungsweise mehr den Steinkorallen, als den Seeanemonen. Im Gegensatz zu den Steinkorallen bilden sie aber niemals ein festes Kalkskelett aus.

Korallen- und Scheibenanemonen besitzen einen kurzen und zylindrischen Körper, wobei der Mundscheibendurchmesser von Art zu Art verschieden ist. Er reicht von 1 cm bis zu 100 cm.

Korallen- und Scheibenanemonen leben entweder einzeln, oder in Kolonien. Durch die ungeschlechtliche Vermehrungsweise entstehen umfangreiche Tiergemeinschaften, die sich aus Hunderten von Einzelindividuen zusammensetzen können. Eine geschlechtliche Vermehrung führt nach der Befruchtung der in das Wasser entlassenen Eizellen zur Ausbildung von freischwimmenden, bewimperten Planula-Larven, die zuerst planktisch leben, sich später festsetzen und eine neue Kolonie gründen.

Korallen- und Scheibenanemonen siedeln vom Flachwasser bis in große Tiefen. Im Flachwasser leben die Tiere überwiegend in Kolonien; im tiefen Wasser überwiegt die solitäre Siedlungsform. Bemerkenswert ist, daß die einzelnen Polypen im tieferen Wasser auch wesentlich größer ausgebildet sind. Die größte Art, die bisher gefunden wurde, ist *Discosoma nummiforme*, die einen Scheibendurchmesser von fast 100 cm hatte.

Viele Korallen- und Scheibenanemonen breiten sich rasen- bis mattenförmig auf harten Substraten aus. Dabei überlappen sich gelegentlich die flach ausgebreiteten Mundscheiben. Eine saugfähige Fußscheibe hält die Tiere am Untergrund fest. Auf weichen Sedimenten liegen die Tiere dem Untergrund lose auf.

Korallen- und Scheibenanemonen besitzen zahlreiche kurze oder lange Fangarme, die terminal angeschwollen sein können. Die Tiere sind sehr unterschiedlich gefärbt, wobei eine einzige Art in verschiedenen Farbmorphen vorkommen kann. Die Tentakel sind reichlich mit Nesselkapseln bestückt, die zum Beutefang und zur Verteidigung eingesetzt werden.

Korallen- und Scheibenanemonen ernähren sich von tierischem Plankton, von kleinen Krebsen und Fischen und von allem, was ihrer Mundscheibe und den nesselkapselbewehrten Fangarmen zu nahe kommt. Auch Seeigel sind gelegentlich ihre Beute. Viele Flachwasserarten gehen eine Symbiose mit einzelligen Algen (= Zooxanthellen) ein, so daß sie sich weitgehend von deren Stoffwechselprodukten ernähren. Die in der Tiefsee lebenden Tiere sind Microphagen, die sich von organischem Detritus und von dem ernähren, was auf ihre Mundscheiben herabrieselt.

Als Sekundärsiedler sind Korallen- und Scheibenanemonen schnell dabei, freie Flächen im Riff sofort zu besetzen. Zudem besitzen sie eine große Toleranz gegenüber Schadstoffen, so daß man sie in vielen Laboratorien als Indikator für die von Menschen verunreinigten Küstengewässer benutzt.

Systematik

Stamm: CNIDARIA		Nesseltiere
Klasse: ANTHOZOA		Blumentiere
Ordnung: CORALLIMORPHARIA		Korallenanemonen
Familie: Discosomatidae		Scheibenanemonen
Gattungen:	*Discosoma*	
	Metarhodactis	
	Pseudocorynactis	
	Rhodactis	
Familie: Corallimorphidae		
Gattung:	*Corynactis*	Noppenanemonen
	Ricordea	

Burma Banks, Thailand

H. Erhardt

Discosoma nummiformis LINNAEUS, 1828
Scheibenanemone

Vork.: Indopazifik: Thailand, Malaysia, Philippinen, Indonesien.
GU: Äußerlich nicht erkennbar.
Soz.Verh./Vgs.: Scheibenanemonen dieser Art leben auf abgestorbenen Riffteilen. Sie siedeln entweder einzeln oder im kolonialen Verband. Mit anderen Nesseltieren wie mit Weich- und Steinkorallen sind sie gut zu vergesellschaften.
Hält.B.: Fast alle Scheibenanemonen sind für eine Aquarienhaltung gut geeignet. Sie passen sich schnell den Bedingungen an und vertragen sich mit Garnelen und kleinen Fischen.
ZU/Verm.: Vermehrung durch Knospung.
FU: Scheibenanemonen ernähren sich überwiegend von den Produkten ihrer Zooxanthellen.
Bes.: Scheibenanemonen dieser Art leben auf abgestorbenen Riffteilen nahe der Wasseroberfläche. Bedingt durch ihre ungeschlechtliche Vermehrung leben sie in einer großen Individuendichte und können viele Quadratmeter des Untergrundes bedecken. Die Einzelindividuen sind überwiegend grün gefärbt.

T: 20-28 °C, **Ø:** 6-12 cm, **BL:** ab 80 cm, **WB:** m, **WR:** o-m, **BS:** 3, **SG:** 2.

Ordnung: CORALLIMORPHARIA
Fam.: Discosomatidae

Insel Palau, Mikronesien H. Erhardt

Discosoma sp.
Scheibenanemone

Vork.: Indopazifik: Palau, Mikronesien.
GU: Sind äußerlich nicht erkennbar.
Soz.Verh./Vgs.: Diese Art lebt entweder solitär oder kolonial. Sie ist problemlos mit anderen Nesseltieren zu vergesellschaften, so auch mit Weich- und Steinkorallen.
Hält.B.: Die Tiere sind leicht zu pflegen und lange in einem Aquarium bei entsprechender Beleuchtung zu halten.
Licht: Mittellichtzone.
ZU/Verm.: Vermehrung durch Querteilung, selten durch Knospung.
FU: K; sie ernähren sich von Plankton und von allem, was auf ihnen landet, wie Krebse und Fische, die an ihren Tentakeln zupfen. Möglicherweise ernähren sie sich auch von den Produkten ihrer Zooxanthellen.
Bes.: Die auf dem Bild dargestellte Scheibenanemone hat gegenüber vielen anderen Arten eine Besonderheit: Ihre Tentakel sind entweder einfach, doppelt, dreifach oder vielfach verzweigt. Sie stehen auf der Mundscheibe, sind an der Basis breit und laufen spitz aus.

T: 20-28 °C, Ø: 15 cm, BL: ab 100 cm, WB: m-s, WR: m, BS: 3-4, SG: 2.

Discosoma sp.
H. Erhardt

Discosoma sp.
H. Erhardt

Ordnung: Corallimorpharia
Fam.: Discosomatidae

Malediven H. Erhardt

Discosoma sp.
Scheibenanemone

Vork.: Indopazifik: Malediven, Thailand, Malaysia, Philippinen, Indonesien.
GU: Äußerlich nicht erkennbar.
Soz.Verh./Vgs.: Die Tiere leben überwiegend kolonial auf abgestorbenem Korallengestein. Sie sind gut mit anderen Nesseltieren zu vergesellschaften, auch mit Weich- und Steinkorallen.
Hält.B.: Fast alle Scheibenanemonen sind für eine Aquarienhaltung gut geeignet, da sie sich schnell den veränderten Bedingungen anpassen. In Riffaquarien gedeihen sie besonders gut und vertragen sich auch mit Garnelen. Fische, die an ihren Tentakeln zupfen und Fadenalgen sollte man vermeiden.
ZU/Verm.: Vermehrung durch Knospung. Dadurch entstehen ausgedehnte Kolonien.
FU: Die Anemonen ernähren sich hauptsächlich von den Produkten ihrer Zooxanthellen.
Bes.: Die Anemonen bilden Rasen auf abgestorbenen Riffteilen und siedeln bevorzugt nahe der Wasseroberfläche. Die Individuendichte ist oft so groß, daß sich die Scheibenränder benachbarter Anemonen überlappen. Die Färbung ist variabel und abhängig von der Farbe der Zooxanthellen in ihren Geweben.

T: 20-28 °C, **Ø**: 5-15 cm, **BL**: ab 100 cm, **WB**: m-s, **WR**: o-m, **BS**: 2, **SG**: 2.

Insel Komodo, Indonesien H. Erhardt

Discosoma sp.
Blaue Scheibenanemone

Vork.: Indopazifik: Indonesien, Mikronesien, Philippinen.
GU: Keine.
Soz.Verh./Vgs.: Die Anemonen leben kolonial. Sie sind mit fast allen Wirbellosen zu vergesellschaften, doch nicht mit aggressiven Korallen. Fische aus der Gattung *Centropyge*, die an ihren kurzen Tentakeln zupfen, sollten im Becken fehlen.
Hält.B.: Die Anemonen sind in einem Riffaquarium gut zu pflegen und auch ausdauernd. Sie gedeihen am besten an schattigen Stellen, wo sie dem HQI-Licht nicht direkt ausgesetzt sind.
ZU/Verm.: Vermehrung durch Zweiteilung oder Knospung.
FU: K; Sie ernähren sich hauptsächlich von den Produkten ihrer Zooxanthellen. Zufütterung, wenn notwendig, mit *Artemia* und mit zerstoßenem Gefrierfutter.
Bes.: Blaue Scheibenanemonen leben auf festen Substraten in unterschiedlichen Wassertiefen. Sie leben nur in kleinen Aggregationen und bilden keine rasenförmigen Gemeinschaften aus, wie es andere Anemonen aus dieser Gattung tun. Da sie versteckt leben, muß man lange nach ihnen suchen.

T: 22-26 °C, Ø: 6-8 cm, BL: ab 100 cm, WB: m, WR: m, BS: 2-3, SG: 2.

Insel Bunaken, Indonesien H. Erhardt

Discosoma sp.
Scheibenanemone

Vork.: Indopazifik: Indonesien.
GU: Keine.
Soz.Verh./Vgs.: Die Anemonen leben dicht gedrängt und bedecken große Teile des Untergrundes. Sie können problemlos mit anderen Nesseltieren und vielen Fischen vergesellschaftet werden.
Hält.B.: Scheibenanemonen gehören zu den beliebtesten Wirbellosen in heimischen Aquarien. Sie lassen sich gut und leicht pflegen und sind auch für Anfänger geeignet.
Licht: Sonnenlichtzone.
FU: Sie ernähren sich hauptsächlich von den Produkten ihrer Zooxanthellen.
Bes.: Viele dieser fleischigen Anemonen leben so dicht gedrängt, daß ihre Mundscheiben sich ineinander verflechten und einbuchten. Die gestreifte Mundscheibe ist glatt. Die Gattung *Discosoma* bedarf einer gründlichen Revision, damit in Zukunft die Arten voneinander unterschieden werden können.

T: 22-28 °C, **Ø**: 12 cm, **BL**: ab 100 cm, **WB**: m-s, **WR**: u, **BS**: 1-2, **SG**: 1-2.

Insel Manukan, Sabah, Borneo H. Erhardt

Metarhodactis sp.
Noppen-Scheibenanemone

Vork.: Indopazifik: Borneo, Malaysia, Insel Manukan.
GU: Äußerlich nicht erkennbar.
Soz.Verh./Vgs.: Die Anemonen leben kolonial und lassen sich mit fast allen Nesseltieren vergesellschaften.
Hält.B.: Generell sind alle *Metarhodactis*-Arten gut in einem Aquarium zu pflegen. In einem Riffaquarium bei mäßigem Fisch- und Krebsbesatz gedeihen sie besonders gut.
Licht: Sonnen- und Mittellichtzone.
ZU/Verm.: Vermehrung durch Knospung. Dadurch entstehen ausgedehnte Kolonien.
FU: Die Anemonen ernähren sich von den Produkten ihrer Zooxanthellen und vom Planktonfang.
Bes.: Die Mundscheiben der Tiere sind groß und von noppenartigen Fangarmen bestanden. Die Mundöffnungen überragen das Niveau der flachen Mundscheibe.

T: 20-28 °C, **Ø:** 15 - 18 cm, **BL:** ab 120 cm, **WB:** m-s, **WR:** o-m, **BS:** 2-3, **SG:** 2.

Baa-Atoll, Malediven H. Erhardt

(?) *Metarhodactis* sp.
Elefantenohr

Vork.: Indischer Ozean: Malediven.
GU: Äußerlich nicht erkennbar.
Soz.Verh./Vgs.: Die Anemonen leben überwiegend kolonial. Sie bedecken gelegentlich große Areale abgestorbener Korallen. Sie vertragen sich gut mit vielen Wirbellosen und friedlichen Korallenfischen, doch nicht mit den meisten Krebsen.
Hält.B.: Riffaquarium. Einige Arten sind sehr ausdauernd.
Licht: Mittellichtzone.
FU: K; Plankton. Man füttert sie im Aquarium mit Ersatzplankton und mit Muschelmilch. Viele von ihnen besitzen Zooxanthellen in ihrem Gewebe, so daß nur ganz wenig zugefüttert werden muß.
Bes.: Die abgebildete Art ist weder bekannt, noch beschrieben. Sie gehört aber zur Familie der Discosomatidae, so daß sie auch zur Gattung *Discosoma* gehören könnte. Die Kolonie hat sich gut vermehrt, ist stark gewachsen und bedeckt bereits ein ansehnliches Areal im Riff.

T: 22-28 °C, **Ø:** 10-15 cm, **BL:** ab 120 cm, **WB:** m, **WR:** m, **BS:** 3-4, **SG:** 2

Pseudocorynactis sp.

H. Erhardt

Pseudocorynactis sp.

H. Erhardt

Ordnung: CORALLIMORPHARIA
Fam.: Discosomatidae

Insel Manukan, Sabah, Borneo H. Erhardt

Pseudocorynactis sp.
Neue Korallenanemone

Vork.: Indopazifik: Borneo, Malaysia, Insel Manukan. GU: Äußerlich nicht erkennbar.
Soz.Verh./Vgs.: Die Anemonen leben einzeln.
Hält.B.: Nicht bekannt. Es handelt sich um eine neue, noch nicht beschriebene Art.
FU: K; sie ernähren sich von verschiedenen Wirbellosen, so auch von Stachelhäutern.
Bes.: Im Zentrum der Mundscheibe befindet sich eine große Mundöffnung, die bei umfangreicher Beute stark erweitert werden kann. Ein großer Seeigel paßt dann hinein. Die Tentakel sind randständig, in mehreren Kreisen angeordnet und besitzen terminal ein helles Köpfchen. Sie sind bestückt mit Batterien von Nesselzellen, die es den Tieren erlauben, auch große Beute zu überwältigen. Der Körper kann extrem lang gestreckt werden, um langsam kriechende Beute am Boden zu überwältigen. Ein Seeigel wurde eben gefressen und auf dem einen Bild werden die unverdaulichen Stacheln gerade mit Hilfe der Tentakel entfernt und ausgestoßen.

T: 20-28 °C, Ø: 10-15 cm, BS: 4, SG: 4

Insel Komodo, Indonesien H. Erhardt

Pseudocorynactis sp.
Juwelenanemone

Vork.: Vom Roten Meer bis in den Indopazifik.
GU: Äußerlich nicht sichtbar.
Soz.Verh./Vgs.: Die Tiere leben einzeln und sind gut mit fast allen Wirbellosen und mit kleinen Fischen zu vergesellschaften. Sie werden oft mit "lebenden Steinen" eingeführt.
Hält.B.: Wenn möglich, dann sollten sie in einem Riffaquarium gepflegt werden. Wenn sie nicht an ihren Unterlagen haften, dann werden sie in die Felsdekoration eingebunden.
Licht: Sonnenlichtzone.
FU: K; man füttert sie mit Fischstückchen, gehackten Austern und mit kleinen, lebenden Garnelen. Ersatzplankton und feines Gefrierfutter kann auch gereicht werden.
Bes.: Juwelenanemonen sind nachtaktive Tiere, die sich tagsüber im Riff verstecken. Ihre Mundscheibe trägt zugespitzte Tentakel, die an ihren terminalen Enden ein oranges Köpfchen tragen. Die Tiere nesseln stark.

T: 22-26 °C, Ø: 8 cm, BL: 100 cm, WB: m, WR: m, BS: 3-4, SG: 2.

Insel Komodo, Indonesien H. Erhardt

Rhodactis rhodostoma EHRENBERG, 1834
Scheibenanemone

Vork.: Indopazifik: Malaysia, Thailand, Philippinen.
GU: Äußerlich nicht erkennbar.
Soz.Verh./Vgs.: Sie lassen sich gut mit anderen Nesseltieren vergesellschaften.
Hält.B.: Für eine Aquarienhaltung sind sie gut geeignet, wobei sie am besten in einem Riffaquarium anzusiedeln sind. Fische, die an ihren fädigen Tentakeln zupfen, und vor allem Fadenalgen sind zu vermeiden.
ZU/Verm.: Ungeschlechtliche Vermehrung durch Knospung.
FU: Die Tiere ernähren sich überwiegend von den Produkten ihrer Zooxanthellen.
Bes.: Scheibenanemonen dieser Art besitzen viele, dicht stehende und fädige Tentakel auf ihrer Mundscheibenoberfläche.

T: 20-28 °C, **Ø:** 11-15 cm, **BL:** ab 100 cm, **WB:** m, **WR:** o-m, **BS:** 3-4, **SG:** 2.

Insel Manukan, Sabah, Borneo H. Erhardt

Rhodactis sp.
Korallenanemone

Vork.: Indopazifik: Malaysia.
GU: Sie sind äußerlich nicht zu erkennen.
Soz.Verh./Vgs.: Die Tiere leben einzeln oder in kleinen Gruppen.
Hält.B.: Nicht bekannt, da auch die Art noch nicht beschrieben ist.
FU: K; Plankton. Möglicherweise besitzen sie Zooxanthellen in ihrem Gewebe, so daß sie sich von deren Endprodukten ernähren.
Bes.: Diese Art bevorzugt eine versteckte Lebensweise unter schattigen Überhängen. Sie siedelt aber auch an schattenfreien Stellen im Riff. Auffallend sind die feinen und für Korallenanemonen sehr langen Tentakel, die radiär auf der Mundscheibe in Reihen angeordnet sind.

T: 22-28 °C, Ø: 8 cm, BS: 4, SG: 2.

Ordnung: Corallimorpharia
Fam.: Corallimorphidae

Similaninseln, Thailand H. Uecker

Corynactis sp. (?) *globulifera* CARLGREN, 1936
Südliche Juwelenanemone

Vork.: Indopazifik: Thailand.
GU: Keine.
Soz.Verh./Vgs.: Diese kleinen Anemonen leben einzeln und oft in einer großen Individuendichte und bilden durch ungeschlechtliche Vermehrung häufig recht umfangreiche Kolonien aus.
Hält.B.: Diese Art wird nicht in Aquarien gepflegt. Sie ist zu selten. Die Pflege von *C. californica* und *C. viridis* sind im MEERWASSER ATLAS, Band 1, auf den Seiten 436 und 439 nachzulesen.
FU: K; Plankton.
ZU./Verm.: Ungeschlechtliche Vermehrung führt zur Koloniebildung.
Bes.: Diese relativ kleinen Anemonen besitzen an ihrer Mundscheibe helle Tentakel, deren Spitzen abgerundet und farbig abgesetzt sind. Sie leben bevorzugt auf festen Substraten an schattigen Standorten von Steilabfällen.

T: 22-28 °C, **Ø:** 2 cm, **BS:** 4, **SG:** 4

Indonesien H. Uecker

Ricordea sp.
Noppenanemone

Vork.: Indopazifik: Indonesien.
GU: Keine. Sie sind äußerlich nicht erkennbar.
Soz.Verh./Vgs.: Die Tiere leben einzeln oder kolonial. Erfahrungen im Aquarium hat man gesammelt mit der Noppenanemone *Ricordea florida* aus der Karibik. Diese ist sehr gut mit allen Blumentieren, Leder-, Horn- und Steinkorallen und auch mit Krustenanemonen zu vergesellschaften. Auch kleine Fische und Krebse passen zu ihnen.
Hält.B.: Riffaquarium. Sie benötigen viel Licht, da sie sonst schnell ausbleichen. Die Wasserbewegung sollte schwach sein.
Licht: Sonnenlichtzone.
FU: K; sie ernähren sich weitgehend von den Produkten ihrer Zooxanthellen. Wenn erforderlich, dann Zufütterung mit feinstem Ersatzplankton.
Bes.: Die Annahme, daß die Gattung *Ricordea* nur im tropischen Westatlantik beheimatet ist, muß wohl revidiert werden. Auch COLLINS & ARNESON bilden in ihrem Werk Tiere dieser Gattung aus Indonesien ab und Importe für den Zoofachhandel aus dem Riffgebiet Indonesien sind auch bekannt. Kurze, nur 1-3 mm lange Tentakel besetzen die Mundscheibenoberfläche und lassen diese genoppt erscheinen. Die kleine Mundöffnung liegt kraterförmig erhöht. Noppenanemonen leben in oberen, sonnendurchfluteten Riffbereichen.

T: 22-28 °C, **Ø:** 7 cm, **BL:** ab 100 cm, **WB:** s, **WR:** o-m, **BS:** 2-3, **SG:** 2.

Parazonatus axinellae H. Erhardt

Krustenanemonen (Zoantharia)

Krustenanemonen sind ausschließlich marine Tiere, die kleinen Anemonen gleichen. Sie bilden, wie diese, ebenfalls kein festes Skelett aus. Statt dessen sondern ihre Polypen eine Schleimschicht ab, an der Fremdkörper haften bleiben. Diese erhärten zu einer Schicht und werden von der Außenhaut überwachsen. Dadurch entsteht ein inneres "Ersatzskelett".

Krustenanemonen bilden umfangreiche Kolonien aus, die aus einer Vielzahl von Einzeltieren bestehen. Alle in der Kolonie lebenden Individuen sind über Ausläufer (Stolone) miteinander verbunden. Krustenanemonen entwickeln ihre größte Artenvielfalt im flachen Wasser des Litorals tropischer und subtropischer Meere. Hier besiedeln sie fast alle organischen und anorganischen Unterlagen und bilden umfangreiche Krusten, Matten, Klumpen und Kugeln. Einige Arten leben auf Schwämmen, Gorgonien, Moostierchen und auf den Schneckenschalen von Einsiedlerkrebsen. Mit ihnen leben sie oft in einer Symbiose.

Krustenanemonen sind schnelle Sekundärsiedler. Ihre Kolonien leben auf Riffdächern, im Gezeitenbereich zwischen Ebbe und Flut, wo viele andere Tiere, bedingt durch extreme biotische und abiotischen Faktoren, große Schwierigkeiten der Anpassung haben. Durch verstärkte Schleimabsonderung schützen sich die Krustenanemonen hier vor Austrocknung und zu intensiver Sonneneinstrahlung.

Krustenanemonen fehlt die für Seeanemonen so typische Fußscheibe. Sie stecken nur mit ihrem zugespitzten Körperende im Substrat.

Krustenanemonen besitzen zahlreiche Fangarme, die in einem oder in zwei Kreisen um die Mundscheibe gruppiert sind. Sie sind zart, meist randständig, unverzweigt, besitzen Nesselkapseln und tragen gelegentlich winzige Köpfchen an den Tentakelspitzen. Viele Arten sind Partikelfresser oder leben mit einzelligen Algen (=Zooxanthellen) in einer Gemeinschaft. Hier geht die Symbiose manchmal so weit, daß die Tiere ihren Magenraum stark reduzieren und sich weitgehend von den Stoffwechselendprodukten ihres

Symbiosepartners ernähren. Zusätzlich werden die im Meerwasser gelösten Stoffe über die gesamte Körperoberfläche aufgenommen.

Viele Krustenanemonen fangen ihre Beute unter Einsatz ihrer Nesselkapseln. Die Giftwirkung reicht aus, um tierisches Plankton zu betäuben. Über den zentral gelegenen Mund wird die Nahrung aufgenommen. Unverdauliche Reste werden über die Mundöffnung wieder ausgeschieden. Damit hat der Mund auch Afterfunktion.

Krustenanemonen sind überwiegend getrenntgeschlechtlich. Einige von ihnen sind Hermaphroditen. Auch die Kolonien sind nach Geschlechtern getrennt: Entweder leben hier nur weibliche oder nur männliche Tiere.

Krustenanemonen haben nur wenige Feinde, da sie sehr giftig sind. Aus der Gattung *Palythoa* haben Chemiker das Gift Palytoxin isoliert, das zu den wohl giftigsten Naturstoffen gehört. Es ist giftiger als das Gift der Königskobra. Möglicherweise wird das Gift nicht von den Krustenanemonen selbst hergestellt, sondern von Bakterien, die mit den Polypen in einer Symbiose leben. Man fand nämlich heraus, daß die höchste Giftkonzentration immer dann erreicht wird, wenn die Polypen Eier produzieren. Wahrscheinlich sollen dadurch die Gameten vor Freßfeinden geschützt werden. Krustenanemonen werden trotz ihrer Giftigkeit von Feilenfischen der Gattung *Monacanthus* gefressen.

Systematik

Stamm: CNIDARIA	Nesseltiere
Klasse: ANTHOZOA	Blumentiere
Ordnung: ZOANTHARIA	Krustenanemonen
Familie: Zoanthidae	
Gattungen: *Epizoanthus*	
Palythoa	
Parazoanthus	
Zoanthus	

Großes Barriereriff, Australien H. Erhardt

Palythoa sp. (?) *australiensis*
Australische Krustenanemone

Vork.: Indopazifik: Australien.
GU: Nicht vorhanden.
Soz.Verh./Vgs.: Die Polypen leben kolonial.
Hält.B.: Nicht bekannt. Diese Art wird sicherlich nicht importiert, da sie in keiner Importliste des Zoohandels aufgeführt wird.
ZU/Verm.: Vermehrung durch Knospung.
FU: K; Plankton, Detritus.
Bes.: Australische Krustenanemonen bilden fleckige Beläge auf harten und abgestorbenen Unterlagen im flachen Wasser der Riffe. Sie siedeln nahe der Wasseroberfläche und bilden hier braune und im tieferen Wasser leuchtend grüne Kolonien aus. Die einzelnen Polypen stehen dicht. Ihre Mundscheiben besitzen feine, bräunliche Tentakel, die im Ansatz hell sind. Im Zentrum der Mundscheibe befindet sich, hell abgesetzt, die Mundöffnung.

T: 20-28 °C, **L**: 2 cm, **BS**: 4, **SG**: 4

Ordnung: Zoantharia
Fam.: Zoanthidae

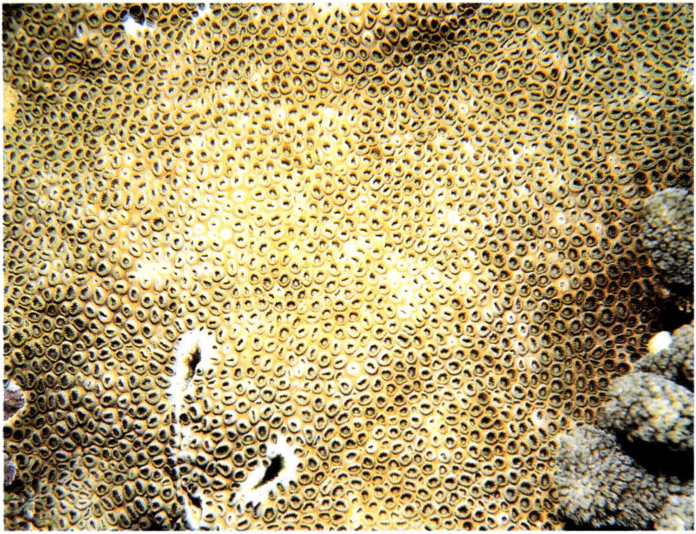

Bahia Granate, Santa Marta, Kolumbien H. Erhardt

Palythoa caribaeorum (DUCHASSAING & MICHELOTTI, 1860)
Karibische Krustenanemone

Vork.: Karibisches Meer, Florida, Bahamas, Bermudas.
GU: Nicht vorhanden.
Soz.Verh./Vgs.: Die Polypen leben kolonial. Man sollte sie nicht mit Aufwuchsfressern vergesellschaften, sondern mit pflanzenfressenden Doktorfischen, die den Algenbestand kurz halten. Auch sessile Wirbellose gehören in ein Becken, das mit *Palythoa* besetzt ist.
Hält.B.: Hälterung möglichst in einem Riffaquarium. Zu anderen Nesseltieren sollte ein gewisser Abstand eingehalten werden. Sie sind empfindlich gegen Fadenalgen.
Licht: Sonnen- bis Mittellichtzone.
ZU/Verm.: Vermehrung durch Abschnüren von Tochterpolypen.
FU: K; man füttert sie mit Muschelmilch, mit aufgelösten Futtertabletten oder mit *Artemia*.
Bes.: Karibische Krustenanemonen bilden ausgedehnte Matten auf abgestorbenen Korallen und auf Steinen küstennaher Spülsäume und an Fleckenriffen. Die Polypen stehen dicht und sie besitzen einen Kranz kurzer Tentakel. Die Anzahl der Tentakel variiert zwischen 20-44 und ist abhängig von der Körpergröße der Polypen. Die Krustenanemonen sind sehr giftig.

T: 20-28 °C, **Ø**: 45 cm, **WB**: s, **WR**: o-m, **BS**: 2-3, **SG**: 2.

Bahai Santa Marta, Kolumbien

H. Erhardt

Palythoa grandis VERILL, 1900
Sonnen-Krustenanemone, Große Krustenanemone

Vork.: Tropischer Westatlantik, Bermuda, Florida.
GU: Nicht vorhanden.
Soz.Verh./Vgs.: Diese Art lebt oft in einer Gemeinschaft mit *Zoanthus sociatus*, einer anderen, weit verbreiteten Krustenanemone in der Karibik.
Hält.B.: Nicht bekannt. Diese Art ist so selten im tropischen Westatlantik, daß sie nicht gesammelt wird.
FU: K; Plankton.
Bes.: Diese Art ist die wohl größte Krustenanemone im tropischen Westatlantik. Ihr Mundscheibendurchmesser kann 4-5 cm betragen. Ein Ring von 68-82 feinen Tentakeln umsteht den Mundscheibenrand. Die Mundscheibe ist oft gefaltet. Die Tiere siedeln entweder einzeln oder in kleinen Gruppen in tiefem Wasser und stecken mit ihrem Fußende im Substrat. Ihre Farbe ist sehr variabel und reicht von braun und hellbraun bis hin zu blaßgrün und weiß.

T: 20-26 °C, L: 4 cm, BS: 4, SG: 4

Ordnung: Zoantharia
Fam.: Zoanthidae

Baa Atoll, Malediven H. Erhardt

Palythoa tuberculosa (ESPER, 1791)
Indopazifische Krustenanemone

Vork.: Rotes Meer, gesamter Indopazifik.
GU: Keine.
Soz.Verh./Vgs.: Die einzelnen Polypen sind miteinander verwachsen und bilden polsterförmige Kolonien. Man darf sie nicht mit Aufwuchsfressern zusammen in ein Aquarium setzen, da die Polypen sehr giftig sind. Man vergesellschaftet sie am besten mit algenfressenden Fischen und mit nicht zu stark nesselnden Wirbellosen.
Hält.B.. Riffaquarium bei starker Strömung. Nicht zu nahe an stark nesselnden Anemonen und Zylinderrosen plazieren.
Licht: Mittel- bis Sonnenlichtzone.
ZU./Verm.: Die Kolonie vergrößert sich auch im Aquarium durch Abschnüren neuer Polypen.
FU: K; Plankton und weitgehend von den Produkten ihrer Zooxanthellen. Dazu: Ersatzplankton, Muschelmilch und *Artemia*.
Bes.: Diese Art ist die wohl häufigste an den Riffen des Roten Meeres und im gesamten Indopazifik. Sie siedelt auf Hartsubstrat des flachen Wassers und im Brandungsbereich. Hier bildet sie ausgedehnte Matten. Das starke Gift Palytoxin schützt die Polypen vor Freßfeinden. Weitere Informationen im MEERWASSER ATLAS, Band 1, auf Seite 450.

T: 22-28 °C, **Ø:** 2 cm, **BL:** ab 100 cm, **WB:** s, **WR:** m, **BS:** 3, **SG:** 2.

Nord Male Atoll, Malediven H. Erhardt

Palythoa sp. (?) *vestitus*
Gestreifte Krustenanemone

Vork.: Rotes Meer, von Ostafrika bis in den Westpazifik. GU: Keine.
Soz.Verh./Vgs.: Die einzelnen Polypen bilden Kolonien. Man sollte sie nicht mit Krebsen und anderen Aufwuchsfressern vergesellschaften, sondern mit friedfertigen Fischen.
Hält.B.: Wenn möglich, dann pflegt man sie in einem Riffaquarium. Die Bildung von Fadenalgen ist zu vermeiden, und genügend Abstand zu anderen Nesseltieren muß eingehalten werden.
FU: K; man füttert sie am besten mit *Artemia*-Nauplien.
Bes.: Die etwa 2 cm im Durchmesser großen Mundscheiben der Polypen sind radiär gestreift und am Rand mit kurzen Tentakeln bestanden. Die meisten Kolonien dieser Art siedeln auf Korallenbruch im flachen Wasser und bilden zum Teil ausgedehnte Matten aus. Die einzelnen Polypen sind extrem giftig.

T: 22-26 °C, Ø: 2 cm, BL: ab 80 cm, WB: m-s, WR: m, BS: 2-3, SG: 2.

Palythoa sp. H. Erhardt

Palythoa sp. H. Erhardt

Insel Palau, Mikronesien

H. Erhardt

Palythoa sp.
Matten-Krustenanemone

Vork.: Indopazifik: Mikronesien.
Soz.Verh./Vgs.: Die Polypen leben kolonial.
ZU/Verm.: Vermehrung durch Knospung.
FU: K; Plankton, Detritus.
GU: Nicht vorhanden.
Hält.B.: Nicht bekannt.
Bes.: Diese Art bildet mattenartige Beläge im Felslitoral vieler indopazifischer Riffe. Die blaugrünen Mundscheiben besitzen einen Tentakelkranz am Mundscheibenrand. Die Mundöffnung und die unmittelbare Umgebung sind hell abgesetzt. Die im Zentrum der Kolonie sich befindenden Polypen erscheinen in ihrer Form polygonal, da ihre expandierten Mundscheiben von den benachbart stehenden Polypen verformt werden.

T: 20-28 °C, **L:** 4 cm, **BS:** 4, **SG:** 4

Insel Bonaire, Niederländische Antillen H. Erhardt

Parazoanthus tunicans DUERDEN, 1790

Hydroid-Krustenanemone

Vork.: Karibisches Meer, Bahamas, Florida. **GU**: Nicht vorhanden.

Soz.Verh./Vgs.: Sie bilden auf Hydroiden der Art *Dendritheca dendritica* umfangreiche Kolonien aus.

Hält.B.: Weder der Fächerhydroid, noch die sich daran befindlichen Krustenanemonen werden importiert. Auch Pflegehinweise finden sich nicht in der uns zur Verfügung stehenden Aquarienliteratur.

ZU/Verm.: Ungeschlechtliche Fortpflanzung durch Knospung.

FU: K; Plankton, Detritus.

Bes.: Diese Art lebt überwiegend auf Federbaum-Hydroiden der vorher erwähnten Art, so daß sie immer da zu finden ist, wo auch diese vorkommen. Die Polypen können sehr unterschiedlich gefärbt sein.

T: 20-26 °C, **L**: 0,5 cm, **BS**: 4, **SG**: 4

Insel Cebu, Philippinen H. Erhardt

Parazoanthus sp.
Braune Krustenanemone

Vork.: Indopazifik: Philippinen, Mikronesien.
GU: Nicht vorhanden.
Soz.Verh./Vgs.: Die Tiere sind koloniebildend und besiedeln in ihrem natürlichen Biotop die Oberfläche von Hornkorallen.
Hält.B.: Diese Art ist nicht im Handel. Daher ist eine Pflege nicht bekannt.
ZU/Verm.: Ungeschlechtliche Fortpflanzung durch Knospung.
FU: K; Plankton und Detritus.
Bes.: Krustenanemonen sieht man nicht sehr häufig auf Gorgonien siedeln. Meist sind ihre Substratunterlagen Schwämme. Die relativ kleinen Polypen besitzen einen hellen Körper, eine braune Mundscheibe und einen randständigen Tentakelkranz. Die Polypen sind tag- und nachtaktiv.

T: 20-28 °C, L: 0,5 cm, BS: 4, SG: 4

Insel Bunaken, Indonesien H. Erhardt

Parazoanthus sp.
Schwamm-Krustenanemone

Vork.: Indopazifik: Indonesien. **GU:** Nicht vorhanden.
Soz.Verh./Vgs.: Die einzelnen Polypen leben auf verschiedenen Schwämmen, darunter auch auf Krustenschwämmen.
Hält.B.: Es ist möglich, daß diese Krustenanemonen mit einem Schwammbesatz in ein Aquarium gelangen. Dann pflegt man sie am besten in einem Riffaquarium. Die Wasserqualität muß gut und ausreichende Strömung muß vorhanden sein.
ZU/Verm.: Sie vermehren sich im Aquarium ungeschlechtlich durch Knospung.
FU: K; Plankton. In einem Aquarium füttert man sie mit zerriebenem Gefrier- und Trockenfutter, das gezielt mit einem Futterrohr gereicht wird.
Bes.: Lebt ausschließlich auf Schwämmen. Wie die Partnerschaft zwischen Krustenanemonen und Schwämmen funktioniert, ist leider noch nicht erforscht. Fest steht, daß die Schwämme als Siedlungssubstrat genutzt werden und die Krustenanemonen durch ihre Giftigkeit möglicherweise die Feinde der Schwämme davon abhalten, sie zu fressen.

T: 22-28 °C, **L:** 0,5 - 1 cm, **BL:** ab 80 cm, **WB:** m, **WR:** m, **BS:** 3-4, **SG:** 2

Insel Komodo, Indonesien H. Erhardt

Parazoanthus sp.
Schwarze Krustenanemone

Vork.: Indopazifik: Indonesien.
GU: Nicht vorhanden.
Soz.Verh./ Vgs.: Die Tiere leben kolonial.
Hält.B.: Nicht bekannt.
FU: K; Plankton.
Bes.. Die schwarzen Krustenanemonen, die auf dem Foto abgebildet sind, leben auf verlassenen, zickzackförmig angeordneten Wurmröhren und sind relativ häufig in großen Tiefen. Sie siedeln an stark durchströmten Riffhängen und in stark ausgewaschenen Lavarinnen in über 25 m Wassertiefe vor der Insel Komodo, wo kaltes und stark strömendes Auftriebswasser die Küste trifft.

T: 18 - 24 °C, L: der Kolonie: 25 cm, BS: 4, SG: 4

Insel Bunaken, Indonesien H. Erhardt

Parazoanthus sp.
Gelbe Krustenanemone

Vork.: Indopazifik: Indonesien. **GU**: Nicht vorhanden.
Soz.Verh./Vgs.: Die Tiere leben kolonial. Da sie giftig sind, sollte man sie nicht mit Aufwuchsfressern und größeren Krebsen vergesellschaften. Im Besatz eines Beckens sollte man sich für kleine, algenfressende Fische entscheiden, die sich von Fadenalgen ernähren.
Hält.B.: Riffaquarium. Fadenalgen beeinträchtigen ihr Wachstum. Zu anderen Nesseltieren sollte ein Abstand eingehalten werden, damit sich die Kolonie vergrößern kann.
FU: K; Plankton und organische Sinkstoffe, Ersatzplankton.
ZU./Verm.: Die Kolonie vermehrt sich ungeschlechtlich durch Knospung und vergrößert sich durch Abschnüren kleiner Tochterpolypen, die in der Kolonie verbleiben.
Bes.: Die Polypen sind sehr lang und fleischig. Man sieht sie an indopazifischen Riffen in verschiedenen Farbmorphen.

T: 22- 26 °C, **L**: 2 cm, **BL**: ab 60 cm, **WB**: m, **WR**: o-m, **BS**: 3, **SG**: 3

Insel Manado Tua, Indonesien

H. Erhardt

Parazoanthus sp.
Krustenanemone

Vork.: Indopazifik: Indonesien. GU: Keine.
Soz.Verh./Vgs.: Krustenanemonen leben kolonial. Da sie giftig sind, sollte man sie nicht mit Aufwuchsfressern und größeren Krebsen vergesellschaften.
Hält.B.: Riffaquarium. Sie vermehren sich sehr schnell und benötigen Platz. Daher gewisse Abstände zu anderen Tieren im Aquarium einhalten. Fadenalgen vermeiden, die das Wachstum der Tiere stark beeinträchtigen.
Licht: Sonnen- bis Mittellichtzone. FU: K; Plankton und Detritus, Ersatzplankton.
ZU/Verm.: Die Kolonien vermehren sich ungeschlechtlich durch Knospung und durch Abschnüren kleiner Tochterpolypen.
Bes.: Die Kolonie auf dem Bild hat bereits vollständig einen Fächerhydroiden der Gattung *Solanderia* erobert und damit einen ausgezeichneten Standort besetzt. Die hellen Polypen besitzen braune, randständige Tentakel.

T: 22-28 °C, Ø: 1 cm, BL: ab 80 cm, WB: m-s, WR: m, BS: 2-3, SG: 2.

Insel Bonaire, Niederländische Antillen H. Erhardt

Zoanthus pulchellus VERILL, 1900
Matten-Krustenanemone

Vork.: Karibisches Meer, Bahamas, Florida.
GU: Nicht vorhanden.
Soz.Verh./Vgs.: Nicht in der Nähe von stark nesselnden Seeanemonen und Zylinderrosen ansiedeln.
Hält.B.: Die Tiere sind bevorzugt in Riffaquarien zu pflegen. Sie vertragen sich gut mit friedlichen Korallenfischen und Garnelen. Starker Algenbewuchs sollte vermieden werden, und andere Nesseltiere müssen in größerem Abstand angesiedelt werden.
Licht: Sonnenlichtzone.
ZU/Verm.: Vermehrung durch Knospung.
FU: K; Sie nehmen nicht jedes Futter an und sind am besten mit frisch geschlüpften *Artemia*-Nauplien zu füttern. Die grünen Polypen ernähren sich weitgehend von den Stoffwechselprodukten ihrer Zooxanthellen.
Bes.: Matten-Krustenanemonen sind koloniebildend und überziehen große Areale des Untergrundes mattenförmig. Wenn die Mundscheiben voll expandiert sind, überlappen sie sich und nehmen ein polygonales Aussehen an. Am Mundscheibenrand befindet sich ein Ring kurzer Tentakel. Die Farbe der Tiere ist sehr variabel. Einige von ihnen fluoreszieren im tiefen Wasser.

T: 20-26 °C, **L:** 3 cm, **BL:** ab 100 cm, **WB:** s, **WR:** o-m, **BS:** 2, **SG:** 2.

Sabolaninseln, Indonesien H. Erhardt

Zoanthus sp. (?) *mantoni*
Krustenanemone

Vork.: Indopazifik: Indonesien.
GU: Keine.
Soz.Verh./Vgs.: Die Polypen formieren sich zu Kolonien. Da sie giftig sind, sollte man sie nicht mit Aufwuchsfressern vergesellschaften, sondern mit friedfertigen Fischen.
Hält.B.: Man pflegt die Polypen in einem Riffaquarium. Fadenalgen sollten vermieden und ein entsprechender Abstand zu anderen Nesseltieren eingehalten werden.
FU: K; man füttert sie am besten mit *Artemia*-Nauplien.
Bes.: Dem hellen Mundscheibenrand entspringen feine und lange Tentakel. Der Mundbereich ist auf der Mundscheibe hell abgesetzt. Wie alle Krustenanemonen so sind auch sie schnelle Sekundärsiedler auf abgestorbenen Riffteilen. Sie leben bevorzugt im Stillwasserbereich tiefer Lagunen, wo nur das Gezeitenwasser den Wasseraustausch gewährleistet. Die einzelnen Polypen sind extrem giftig.

T: 22-26 °C, Ø: 1 cm, BL: ab 80 cm, WB: m-s, WR: m, BS: 3-4, SG: 2.

Acropon sp. H. Baensch

Steinkorallen (Scleractinia)

Steinkorallen besitzen die Fähigkeit, Kalkskelette aufzubauen, die letztlich Riffe und Riffstrukturen bilden. Diese sind biogene Kalkgebirge, die nur in tropischen Meeresgebieten entstehen und die bis an die Wasseroberfläche reichen. Darüber hinaus sind sie sehr komplizierte, marine Lebensgemeinschaften, die einer Vielzahl von Tieren Lebensraum bieten. Ozeanische Inseln gehen auf das Wachstum von Riffen zurück. So die Bermudas, die Bahamas und viele pazifische Inseln. Ihre Polypen sind einfach organisiert, im allgemeinen relativ klein und sie messen nur wenige Millimeter im Durchmesser. Ausnahmen bilden die Polypen der Pilzkorallen die, je nach Art, Standort und Alter einen Durchmesser von 15 cm erreichen können.

Steinkorallen sind Meerestiere. Die Mehrzahl der Arten lebt in den tropischen und subtropischen Meeren. Um gut wachsen und gedeihen zu können, benötigen sie Wassertemperaturen, die 20 Grad Celsius nicht unterschreiten, ausreichend Sonnenlicht und sauerstoffreiches Wasser.

Die meisten Steinkorallen leben in einer Symbiose mit einzelligen Algen, den Zooxanthellen. Diese nutzen die Energie des Sonnenlichtes, produzieren Kohlehydrate und Sauerstoff und verbrauchen das Kohlendioxid ihrer tierischen Wirte. Beide sind echte Partner in dieser Produktionsgemeinschaft.

Steinkorallen sind aber auch auf das angewiesen, was ihnen das Wasser an Nahrung zuträgt. Da in den nährstoffarmen, tropischen Gewässern das Angebot an Plankton außerordentlich spärlich ist, haben die Korallenpolypen verschiedene Ernährungsstrategien entwickelt. Zum einen fangen sie kleine Planktonorganismen aus dem Wasser, zum anderen nehmen sie gelöste Stoffe über die gesamte Körperoberfläche auf. Bei diesem Prozeß spielen die Zooxanthellen eine maßgebliche Rolle. Sie beschleunigen aber auch die Kalkabscheidung der riffbildenden Korallen und damit auch das Riffwachstum.

Neuere Untersuchungen zur Kalkbildung im Korallenriff kommen aus Australien, vom meeresbiologischen Institut auf Heron Island. An zwei unterschiedlichen Korallenarten - die eine lebt mit Zooxanthellen in ihrem Gewebe (*Galaxea fascicularis*), die andere besitzt keine (*Tubastrea faulkneri*) - wurden Messungen vorgenommen und die

Kalkbildungsrate beim Einbau des radioaktiv markierten Kalziums verfolgt. *Tubastrea* wurde beschattet, *Galaxea* dem Sonnenlicht ausgesetzt. Beide Korallenarten zeigten die gleiche Kalzium-Einbaurate. Wird nun *Galaxea* im Dunkeln gehalten, geht die Kalkbildungsrate drastisch zurück, ein Beweis dafür, daß die Fotosyntheseleistung der Algen erheblich zur Kalkabscheidung beiträgt. Bei Dunkelheit kommt aber die Kalkbildung nicht völlig zum Stillstand, so daß dort, wo in der Korallenkolonie nur wenige Zooxanthellen im Gewebe der Polypen sind, noch Kalk abgeschieden wird. Wo die Algen jedoch gehäuft im Gewebe der Tiere eingelagert sind, kommt die Kalkbildung völlig zum Stillstand. Nach diesen Ergebnissen muß es so sein, daß die Zooxanthellen im Dunkeln die Kalkbildung unterdrücken. Das Ergebnis zeigt uns, daß die Kalkbildung die Fotosynthese der Algen stimuliert und nicht umgekehrt. Damit ist allerdings die Frage, wie es zur Kalkbildung kommt, noch keineswegs endgültig geklärt. Völlig unbekannt ist, wie die Algen in diesen Kalkbildungsprozeß eingreifen. Möglich ist, daß sie die Kalkbildung tagsüber stimulieren und nachts abschalten, um die Energie ihres Wirtes zu sparen.

Steinkorallen wachsen, indem sie ihr Skelett vergrößern und die darin lebenden Polypen an Zahl und Masse zunehmen. Die Konkurrenz um Standort, Licht und Nahrung ist besonders groß, weil viele Arten dicht beieinander siedeln. Verschiedene Strategien helfen ihnen zu überleben. So setzen sie gezielt ihre Nesselkapseln für Angriff und Verteidigung ein oder bekämpfen sich mit Giften und wachstumshemmenden Substanzen, stets mit dem Ziel, nicht vom gewählten Standort vertrieben zu werden.

Steinkorallen sind entweder getrenntgeschlechtlich oder zwittrig. Daneben vermehren sie sich ungeschlechtlich durch Sprossung und Knospung. Bei der geschlechtlichen Vermehrung geht aus einem befruchtetem Ei eine bewimperte, freischwimmende Planula-Larve hervor, die die Art im Meer verbreitet. Das Ablaichen der Geschlechtsprodukte erfolgt bei vielen Korallenarten synchron, meist nur in einer Nacht und ist an Gezeiten, Temperatur und Mondphasen gekoppelt. Steinkorallen sind festsitzende Tiergemeinschaften, die sich verschlechternden Umweltbedingungen nicht aktiv durch Flucht entziehen können. Sie sind ihnen ausgeliefert. In den vergangenen Jahrzehnten hat der Mensch durch Eingriffe in die natürlichen Mechanismen des ökologischen Gleichgewichts der Riffsysteme maßgeblich dazu beigetragen, irreparable Schäden zu verursachen. Das Sterben der Korallenriffe auf unserer Erde ist damit unausweichlich vorprogrammiert.

Wichtiger Hinweis: Die meisten Korallen sind nach dem Washingtoner Artenschutzabkommen weltweit geschützt! Das Sammeln und Vertreiben dieser Tierkolonien ist verboten und wird unter Strafe gestellt!

Systematik

Stamm: CNIDARIA	Nesseltiere
Klasse: ANTHOZOA	Blumentiere
Unterklasse: HEXACORALLIA	Sechsstrahlige Korallen
Ordnung: SCLERACTINIA	Steinkorallen
Familie: Pocilloporidae	
Gattungen: *Madracis*	
Seriatopora	
Stylophora	
Familie: Acroporidae	
Gattungen: *Acropora*	
Anacropora	
Montipora	
Familie: Agariciidae	
Gattungen: *Coeloseris*	
Leptoseris	
Pavona	
Familie: Siderastreidae	
Gattung: *Coscinarea*	

Familie: Poritidae
Gattungen.: *Alveopora*
Goniopora
Porites

Familie: Fungiidae
Gattungen: *Fungia*
Holomita
Podabacia
Polyphyllia

Familie: Faviidae
Gattungen: *Caulastrea*
Diploastrea
Diploria
Echinopora
Favia
Favites
Moseleya
Platygyra

Familie: Oculinidae
Gattung: *Galaxea*

Familie: Mussidae
Gattungen: *Blastomussa*
Lobophyllia
Mycetophyllia
Symphyllia

Familie: Pectiniidae
Gattung: *Oxypora*

Familie: Merulinidae
Gattung: *Hydnophora*

Familie: Caryophylliidae
Gattungen: *Euphyllia*
Plerogyra

Familie: Dendrophylliidae
Gattung: *Turbinaria*

Bahia Santa Marta, Kolumbien H. Erhardt

Madracis pharensis (HELLER, 1868)
Krustenkoralle

Vork.: Karibisches Meer, Florida, Bahamas, Bermudas.
GU: Keine.
Hält.B.: Allgemein sind *Madracis*-Arten in einem Aquarium gut haltbar, doch wachsen sie sehr langsam. Die hier vorgestellte Art ist eine Tiefwasserform und damit ahermatypisch. Sie besitzt keine Zooxanthellen in ihrem Gewebe und ist damit in einem Aquarium sehr schwer zu ernähren. Außerdem werden diese inkrustiert wachsenden Formen auch nicht gesammelt und vertrieben.
FU: K; Plankton und Detritus.
Bes.: Diese Art kommt in zwei verschiedenen Wuchsformen vor: krustenförmig im tiefen Wasser und säulenförmig im flacheren Wasser. Die Korallenkelche messen nur 1,5 mm im Durchmesser und besitzen 20 Septen. Das Korallengewebe ist rötlichbraun. Die hier vorgestellte Art lebt in einer Tiefe von über 50 m.

T: 18-25 °C, Ø: 25 cm, BS: 4, SG: 4

Insel Bunaken, Sulawesi, Indonesien H. Erhardt

Stylophora pistillata ESPER, 1797
Griffelkoralle

Vork.: Rotes Meer, Indopazifik: Von Ostafrika bis zu den Tuamotuinseln.
GU: Keine.
Hält.B.: Griffelkorallen werden regelmäßig in Aquarien gepflegt. Sie sind gut haltbar und benötigen viel Licht.
FU: K, Plankton und Produkte ihrer Zooxanthellen.
Licht: Sonnenlichtzone.
ZU/Verm.: Vermehrung durch Fragmentation möglich.
Bes.: Die Wuchsform dieser Korallenart ist variabel und abhängig von der Wasserbewegung am Standort: in stark bewegtem Wasser wachsen sie kurz und gedrungen, in ruhigem Wasser hingegen filigraner. Die Verzweigungen haben stumpfe Enden und sind variabel in ihrer Färbung. Die rosafarbene Varietät in einer anderen Wuchsform ist im MEERWASSER ATLAS, Band 2, auf Seite 370 vorgestellt. Griffelkorallen sind Wirtskorallen für viele Korallenkrabben und verschiedene Fischarten. Der Lebensraum dieser Korallenart ist das Riffdach, die Riffkante und der Riffhang.

T: 22-27 °C, **Ø:** 45 cm, **BL:** ab 100 cm, **WB:** m-s, **WR:** o, **BS:** 1-2, **SG:** 1-2.

Insel Palau, Mikronesien H. Erhardt

Seriatopora sp.
Buschkoralle

Vork.: Indopazifik: Mikronesien.
GU: Keine.
Soz.Verh./Vgs.: Diese Korallengattung ist gut mit kleinen Fischen und mit Garnelen zu vergesellschaften.
Hält.B.: Die Kolonien dieser Gattung sind für eine Aquarienhaltung gut geeignet. Eine vorsichtige Handhabung ist erforderlich, da die Verzweigungen schnell abbrechen. Die Wasserströmung sollte die Basis der Kolonie erreichen. Probleme mit Nesselgiften haben die Kolonien dieser Gattung nicht.
FU: Die Korallen leben von den Produkten ihrer Zooxanthellen und von gelösten organischen Verbindungen im Wasser.
Bes.: Die Korallenkolonie wächst geduckt am Riffhang. Sie ist von buschigem Aussehen. Die Dicke der einzelnen Verzweigungen ist abhängig von den Strömungsverhältnissen. Im ruhigen Wasser werden dünne, im stark strömenden Wasser kräftigere Verzweigungen ausgebildet.

T: 20-28 °C, **Ø:** 20 cm, **BL:** ab 100 cm, **WB:** m, **WR:** m, **BS:** 2-3, **SG:** 2.

Phuket, Thailand H. Uecker

Acropora clathrata (BROOK, 1891)
Plattenkoralle

Vork.: Rotes Meer, Indopazifik: Von Ostafrika bis zum Tuamotu-Archipel und Australien.
GU: Keine.
Hält.B.: Bei einer HQI-Beleuchtung von 1000 W ist eine Beckenhaltung möglich. FOSSA & NIELSON berichten von einer kleinen Kolonie, die sie zwei Jahre in ihrem Aquarium pflegten.
FU: Weitgehend Produkte ihrer Zooxanthellen.
Licht: Sonnenlichtzone.
Bes.: Die Kolonien wachsen plan, tischförmig und formen nahe der Wasseroberfläche große Platten, die sich schindelartig übereinandertürmen. Vielerorts im Pazifik sind sie am oberen Riffhang dominant und können hier große Teile des Untergrundes bedecken. Sie sind häufig grün oder braun gefärbt.

T: 20-28 °C, Ø: variabel, BL: ab 120 cm, WB: s, WR: m-o, BS: 2-3, SG: 1-2.

Sudan, Rotes Meer

V. Neumann

Acropora cf. *cythere* (DANA, 1846)

Geweihkoralle

Vork.: Rotes Meer, Indopazifik: Von Ostafrika bis Tahiti, Hawaii und Australien.
GU: Keine.
Hält.B.: Bei entsprechender Wasserqualität und Beleuchtung wachsen diese Korallen gut und schnell in heimischen Aquarien. Sie benötigen aber viel Platz, um sich auszubreiten.
FU: Sie ernähren sich weitgehend von den Produkten ihrer Zooxanthellen, doch nehmen sie auch tierische Nahrung auf. Ersatzplankton.
Licht: Sonnenlichtzone.
ZU/Verm.: Durch Fragmentation.
Bes.: Die Kolonien wachsen tischförmig, mit feinen und aufwärts gerichteten Verzweigungen. Die Polypen sind auch tagsüber ausgestreckt. Sie gehören zu den häufigsten Korallen in ihrem Verbreitungsgebiet und besiedeln Riffdächer, den oberen Riffhang und können bei Niedrigwasser trockenfallen. Kolonien von mehreren Metern im Durchmesser sind keine Seltenheit. Das Bild zeigt die Besiedlung einer Ankerkette.

T: 22-28 °C, **Ø:** 30 cm, **BL:** ab 120 cm, **WB:** s, **WR:** o-m, **BS:** 1-2, **SG:** 1-2.

Abrolhos, Australien G. Allen

Acropora formosa (DANA, 1846)
Formosa-Geweihkoralle

Vork.: Indopazifik: Von Madagaskar bis zu den Marschall- und Phoenixinseln und Australien.
GU: Keine.
Hält.B.: Diese Korallen lassen sich gut halten, sie wachsen sehr schnell und bilden in kurzer Zeit kleine Bestände.
Licht: Sonnenlichtzone.
ZU/Verm.: Eine Vermehrung durch Fragmentation ist möglich.
FU: K; Plankton und Produkte ihrer Zooxanthellen.
Bes.: Formosa-Geweihkorallen bilden weit ausladende, monospezifische Bestände im Flachwasser der Riffe. Sie siedeln auf Riffdächern, an Saumriffen und in Lagunen. Die Koralliten stehen radial, sie sind entweder gleich lang oder verschieden und auch unterschiedlich angeordnet. Die Wachstumsspitzen sind farblich abgesetzt. Die Farbe der Kolonien ist variabel.

T: 22-28 °C, L: variabel, BL: ab 80 cm, WB: m, WR: m, BS: 2-3, SG: 1-2.

Insel Bunaken, Sulawesi, Indonesien H. Erhardt

Acropopra granulosa (EDWARDS & HAIME, 1860)
Rauhe Geweihkoralle

Vork.: Rotes Meer, Indopazifik: Von Madagaskar bis Tahiti und Australien. **GU:** Keine.
Soz.Verh./Vgs.: Diese Korallenart kann mit allen Fischen, die keine Korallen fressen und mit nicht so stark nesselnden Wirbellosen vergesellschaftet werden.
Hält.B.: Riffaquarium. Hier wachsen sie gut und lassen sich problemlos pflegen.
Licht: Sonnenlichtzone.
ZU/Verm.: Vermehrung durch Fragmentation ist möglich.
FU: K; Plankton und Produkte ihrer Zooxanthellen.
Bes.: Die Kolonien wachsen flach, tischförmig und weit ausladend mit horizontalen Verzweigungen und kurzen, nach oben gerichteten Koralliten. Sie siedeln sowohl im Flachwasser stiller Lagunen, als auch in tieferen Riffabschnitten. Ihre Farbe ist variabel.

T: 22-28 °C, **Ø:** 80 cm, **BL:** ab 100 cm, **WB:** m-s, **WR:** m, **BS:** 2-3, **SG:** 1-2.

Großes Barriereriff, Australien H. Erhardt

Acropora sp. (?) *tenuis* (DANA, 1846)
Zweigkoralle

Vork.: Indopazifik: Von Mauritius bis zu den Marschallinseln und Australien.
GU: Keine sichtbaren Unterschiede vorhanden.
Hält.B.: Diese Art ist schwer bestimmbar. Es ist durchaus möglich, daß sie in den Handel kommt, aber dann mit Sicherheit unter einem anderen Namen. Wie alle *Acropora*-Arten so sollte man auch diese in einem Riffaquarium pflegen.
Licht: Sonnenlichtzone.
ZU/Verm.: Vermehrung über Planula-Larven. Im Aquarium mit Hilfe der Fragmentation.
FU: K; Plankton und Produkte ihrer Zooxanthellen.
Bes.: Diese Art wächst plattenförmig und bildet dicht verzweigte Kolonien aus. Die radialen Korallenkelche haben lippenförmige Erweiterungen, die, wenn man sie von oben betrachtet, rosettenförmig angeordnet sind. Die Kolonien siedeln nahe der Riffkante in exponierten Riffabschnitten, wo Wellen sich häufig brechen. Die Farbe der Kolonien ist variabel.

T: 20-28 °C, Ø: 20 cm, BL: ab 120 cm, WB: s, WR.: o, BS: 3-4, SG: 2.

Großes Barriereriff, Australien R.C. Steene

Acropora valenciennesi (EDWARDS & HAIME, 1860)
Valenciennes Geweihkoralle

Vork.: Indopazifik: Von Sri Lanka und den Malediven bis nach Mikronesien, Fidschi und Australien.
GU: Keine.
Soz.Verh./Vgs.: Sie wachsen in tischförmigen Kolonien. Man kann sie mit friedlichen Fischen, die keine Korallen fressen und mit nicht so stark nesselnden Wirbellosen vergesellschaften.
Hält.B.: Riffaquarium bei starker Beleuchtung.
Licht: Sonnenlichtzone.
ZU/Verm.: Durch Fragmentation möglich.
FU: K; Plankton und Produkte ihrer Zooxanthellen.
Bes.: Die Kolonien dieser Korallenart wachsen tischförmig, mit deutlich voneinander getrennten, überwiegend horizontalen Verzweigungen. Die Wachstumsspitzen sind nach oben gerichtet. Diese Art ist eine der häufigsten Geweihkorallen in ihrem Verbreitungsgebiet und kann in riesigen Beständen vorkommen. Sie siedeln im Flachwasser und in Riffkanälen.

T: 22-28 °C; Ø: 90 cm, BL: ab 100 cm, WB: m-s, WR: m, BS: 2, SG: 1-2.

Safaga, Rotes Meer H. Erhardt

Acropora sp (?) *variabilis* (KLUNZINGER, 1879)
Variable Zweigkoralle

Vork.: Vom Roten Meer bis in den Indopazifik weit verbreitet.
GU: Keine.
Hält.B.: Diese Korallenart wird wie die meisten *Acropora*-Arten am besten in einem Riffaquarium gehalten und gepflegt. Doch Vorsicht: Die meisten *Acropora*-Arten aus dem Roten Meer sind nur schwer in einem Aquarium zu halten. Möglicherweise benötigen sie zum Überleben eine Temperaturabsenkung im Winter.
Licht: Sonnenlichtzone.
ZU/Verm.: Durch Fragmentation.
FU: K; Plankton und Produkte ihrer Zooxanthellen.
Bes.: Diese Korallenart besitzt eine variable Wuchsform. Sie reicht von inkrustierten Formen bis hin zu tischförmigen Kolonien. Die Wuchsform ist abhängig von der Stärke der Wasserströmungen.

T: 24-26 °C, **L**: 20-30 cm, **BL**: ab 120 cm, **WB**: s, **WR**: o, BS: 3-4, SG: 2.

Großes Barriereriff, Australien H. Erhardt

Acropora sp.
Riffwatt-Koralle

Vork.: Vom Indischen Ozean bis zu den Tongainseln. Häufig im Flachwasser der Lagunen.
GU: Keine.
Hält.B.: Da diese Art aber sehr exponiert siedelt und extremen biotischen und abiotischen Bedingungen angepaßt ist, könnte man annehmen, daß sie in einem Aquarium wie andere *Acropora*-Arten gut zu halten ist. Das ist aber nicht der Fall. Es sei denn, man bekommt junge und kleine Kolonien, die der Strömung noch nicht so starken Widerstand bieten müssen.
FU: K; und Produkte ihrer Zooxanthellen.
Bes.: Korallen dieser Art besitzen polymorphe Wuchsformen und wachsen geduckt und buschig, mit kurzen und dichten Verzweigungen. An der Spitze einer jeden Verzweigung befindet sich ein großer Korallenkelch, der kräftig gefärbt sein kann. Die anderen Korallenkelche sind um die Verzweigungsachse radial angeordnet und stehen in Reihen. Die Farbe der Korallenkolonien variiert sehr stark. Sie reicht von cremefarben und braun und von grün und rosa bis hin zu rötlich und blau. Sie siedeln bevorzugt auf Riffplateaus am oberen Riffhang und leben auf dem Riffwatt im Einflußbereich von Ebbe und Flut. Hier sind sie häufig dominant.

T: 20-35 °C, L: 20-30 cm, BL: ab 100 cm, WB: m-s, WR: o, BS: 3, SG: 2.

Acropora sp. H. Erhardt

Acropora sp. H. Erhardt

Acropora sp.

H. Erhardt

Acropora sp.

H. Erhardt

Acropora sp. C. Bryce

Acropora sp. C. Bryce

Acropora sp.

H. Erhardt

Acropora sp.

H. Erhardt

Insel Palau, Mikronesien H. Erhardt

Acropora sp.
Geweihkorallen

Vork.: Von Ostafrika bis zu den Galapagosinseln.
GU: Keine.
Hält.B.: Fast alle Acroporiden lassen sich gut in einem Aquarium pflegen. Mehr darüber im MEERWASSER ATLAS, Band 2, auf den Seiten 341-358.
FU: K; Plankton und Produkte ihrer Zooxanthellen.
Bes.: Acroporiden zeigen die verschiedensten Wuchsformen. Diese werden beeinflußt von vielen biotischen und abiotischen Faktoren. Ein Problem ist die Bestimmung der Arten, die man nur in ganz wenigen Fällen am Diapositiv vornehmen kann. Aus diesem Grund stellen wir hier auch verschiedene Wuchsformen vor.

T: 22-26 °C, Ø: variabel, BL: ab 80 cm, WB: m-s, WR: o-m, BS: 2, SG: 2.

Insel Palau, Mikronesien

H. Erhardt

Anacropora forbesi RIDLEY, 1884
Zweigkoralle

Vork.: Von der Seychellen bis Fidschi.
GU: Keine.
Hält.B.: Diese Art wird nicht importiert. Es ist anzunehmen, daß sie, bei ihrer filigranen Wuchsform, den Transport nicht überstehen würde.
FU: Sie ernähren sich von den Produkten ihrer Zooxanthellen.
Bes.: Die Kolonien wachsen unregelmäßig verzweigt und aufrecht. Die Wachstumsspitzen sind hell angesetzt. Ihr Lebensraum sind Korallennischen, Sand- und Schlammgrund und verunreinigte Gewässer nahe Flußeinmündungen und Hafenanlagen. Offensichtlich gedeihen sie hier prächtig trotz vieler Verunreinigungen und einem hohen Suspensionseintrag.

T: 20-28 °C, K: 50 cm, BS: 4, SG: 4

Manado, Indonesien H. Erhardt

Anacropora sp.
Zartgliedrige Zweigkoralle

Vork.: Vom Indischen Ozean bis zu den Marschallinseln.
GU: Keine.
Hält.B.: Möglich, doch nicht bekannt, da die Verzweigungen dieser Korallenart zu zart sind, um einen längeren Transport zu überstehen.
FU: K; Plankton und Produkte ihrer Zooxanthellen.
Bes.: Zartgliedrige Zweigkorallen leben im Stillwasser tiefer Lagunen und bilden hier bei gutem Standort ausgedehnte Kolonien aus. Die einzelnen Verzweigungen stehen dicht, sie sind lang, filigran und leicht zerbrechlich. Die Wachstumsspitzen sind stets hell abgesetzt.

T: 24-28 °C, **L:** 60-80 cm, **BS.:** 4, **SG:** 4

Bitung, Sulawesi, Indonesien H. Erhardt

Montipora foliosa (PALLAS, 1766)
Folien-Koralle

Vork.: Rotes Meer, Indopazifik: Vom östlichen Indischen Ozean bis in den Westpazifik, Fidschi und Australien. GU: Keine.
Hält.B.: Nicht bekannt. Da die Kolonien in dünnen Platten wachsen, benötigen sie im Aquarium sehr viel Platz, um sich auszubreiten. Sie würden in einem Riffaquarium sehr schnell viele seßhafte Tiere verdrängen und überschatten.
FU: K; und Produkte ihrer Zooxanthellen.
Bes.: Die Kolonien wachsen blattförmig, mit rauher und unregelmäßig gestalteter Oberfläche. Zum Teil überlappen sich die scheibenförmigen Ausläufer. Gradartige Erhebungen erkennt man an den heller abgesetzten Kolonierändern. Die Polypen sind winzig. Folien-Korallen können ausgedehnte Kolonien im Flachwasser der Riffe bilden und mehrere hundert Quadratmeter Untergrund bedecken. Ihre Farbe ist variabel.

T: 22-28 °C, Ø: 45 cm, BS: 4, SG: 1-2.

Insel Bohol, Philippinen H. Erhardt

Montipora (?) *monasteriata* (FORSSKÅL, 1775)
Mikroporenkoralle

Vork.: Vom Roten Meer bis Hawaii. GU: Keine.
Hält.B.: Diese Art gehört zu den leicht zu haltenden Steinkorallen. Die krustenförmig wachsenden Kolonien brauchen viel Licht. Um ein Ausbleichen zu verzögern, brauchen sie viel Spurenelemente. Reagiert sehr empfindlich gegenüber Raumkonkurrenten. Insbesondere sollten keine *Acropora*-Arten, Scheibenanemonen der Gattung *Discosoma* und *Parazoanthus*-Arten in ihrer unmittelbaren Nähe angesiedelt werden.
Licht: Sonnenlichtzone. ZU/verm.: Vermehrung im Aquarium durch Fragmentation.
FU: Die Korallen leben von den Produkten ihrer Zooxanthellen. Eine ergänzende Fütterung im Aquarium ist nicht notwendig.
Bes.: Die Artabgrenzung gerade bei der Gattung *Montipora* ist außerordentlich schwierig. Es gibt zu viele davon und einige haben gleiche oder ähnliche Wuchsformen. Ihr Lebensraum sind stark strömende Riffhänge.

T: 20-28 °C, Ø: 40 cm, BL: ab 100 cm, WB: s, WR: o, BS: 2-3, SG: 2.

Montipora sp. H. Erhardt

Montipora sp. H. Erhardt

Manado, Indonesien

H. Erhardt

Montipora sp.
Mikroporenkoralle

Vork.: Vom Roten Meer und dem Arabischen Golf bis zu den Marquesainseln.
GU: Keine.
Hält.B.: *Montipora*-Arten werden in Aquarien erfolgreich gepflegt. Ob die hier abgebildeten Arten dazugehören, ist nicht bekannt. Ihre plattenförmigen Kolonien sind entweder viel zu groß oder zu brüchig, um gesammelt und in einem Heimaquarium gepflegt zu werden.
FU: Möglicherweise leben die abgebildeten Korallenarten von den Produkten ihrer Zooxanthellen
Bes.: Diese Kolonien wachsen in dünnen und in massiven Platten sowohl an Steilabfällen, als auch auf tieferen Riffplateaus. Sie setzen ihre gesamte Oberfläche als Lichtfalle ein. Die Korallenoberfläche ist übersät mit gleich großen Tuberkeln, die kuppelförmig ausgebildet sind. Sie geben der Korallenkolonie ein noppenförmiges Aussehen. Die Korallenkelche sind klein und befinden sich zwischen den Tuberkeln. Bei jungen Korallen sind die Kolonieränder gefaltet und heller abgesetzt. Hier fehlen den Polypen offensichtlich noch die Zooxanthellen in ihrem Gewebe.

T: 20-28 °C, **Ø**: variabel, **BS**: 4, **SG**: 4

Insel Palau, Mikronesien H. Erhardt

Coeloseris mayeri VAUGHAN, 1918
Mayers Wabenkoralle

Vork.: Indopazifik: Von Mikronesien bis nach Taiwan und Samoa.
GU: Keine.
Hält.B.: Diese sehr seltene Korallenart erscheint auf keiner Importliste und wird auch nicht gehandelt. Pflegehinweise fehlen gänzlich.
FU: Sie ernähren sich möglicherweise von den Produkten ihrer Zooxanthellen.
Bes.: Die Korallenkolonien wachsen hemisphärisch in Form kleiner bis großer, massiver Korallenköpfe. Die Polypen sind ausschließlich nachtaktiv. Die Korallenkelche sind polygonal und durch Wälle voneinander getrennt. Die Farbe der Kolonien ist überwiegend blaßgrün. Ihr Lebensraum sind stille Lagunen und der obere Riffhang.

T: 20-28 °C, **Ø:** 30 cm, **BS:** 4, **SG:** 4

Baa Atoll, Malediven H. Erhardt

Leptoseris mycetoseroides WELLS, 1954
Wellenkoralle

Vork.: Indopazifik: Von Ostafrika bis zu den Marschallinseln, Australien und der Korallensee.
GU: Keine.
Hält.B.: Möglich, doch in der uns zur Verfügung stehenden Literatur nicht beschrieben.
FU: Plankton und Produkte ihrer Zooxanthellen.
Licht: Sonnenlichtzone.
Bes.: Die Kolonien wachsen inkrustiert und plattenförmig mit kleinen, irregulären Falten. Die Korallenkelche befinden sich in den einzelnen Vertiefungen. Nur am Kolonierand liegen sie in Reihen parallel dazu angeordnet. Ihre Farbe ist entweder braun oder grün. Wellenkorallen dieser Art sind Tierkolonien des tieferen Wassers. Ihr Lebensraum ist der untere Riffhang

T: 22-28 °C, **Ø:** 15 cm, **BS:** 3-4, **SG:** 4

Insel Palau, Mikronesien H. Baensch

Leptoseris papyracea (DANA, 1846)
Papyrus-Koralle

Vork.: Indopazifik: Von Madagaskar bis Mikronesien und Hawaii.
GU: Nicht vorhanden.
Hält.B.: *Pavona cactus* ist eine ähnliche Koralle, die gut und erfolgreich in Aquarien gepflegt wird. Sie ist empfindlich gegenüber Nesselgiften. Abgestorbene Teile der Korallen werden sehr schnell von Fadenalgen besiedelt.
FU: K; Plankton und Produkte ihrer Zooxanthellen.
Bes.: Diese Korallenart ist selten. Sie wächst in Stillwasserlagunen, wo keine oder nur geringe Sedimentbewegung vorkommt. Festgewachsen auf hartem Untergrund sind die einzelnen Verzweigungen unregelmäßig in der Form, abgeflacht, zum Teil gefaltet und abgerundet an den Enden. Sie ähneln kleinen Elchschaufeln.

T: 20-28 °C, L: 30 cm, BS: 4, SG: 4

Ari-Atoll, Malediven H. Erhardt

Pavona minuta WELLS, 1956
Säulenkoralle

Vork.: Indopazifik: Australien, Malediven, Philippinen, Mikronesien.
GU: Nicht vorhanden.
Hält.B.: Diese Art wird in heimischen Aquarien nicht gepflegt. Auch die Bruchstücke einer Kolonie wären für eine Aquarienhaltung zu groß. Zudem ist diese Art selten und wird nicht gesammelt.
FU: K; Plankton und Produkte ihrer Zooxanthellen.
Bes.: Die Kolonien wachsen massiv sowohl in parallelen, als auch in irregulären Platten, die breite Kammlinien und Hügel bilden. Große Kolonien können mehr als 10 Meter im Durchmesser erreichen.

T: 20-28 °C, Ø: 80 cm, BS: 4, SG: 4

Philippinen H. Erhardt

Pavona varians VERRILL, 1864
Sternsäulenkoralle

Vork.: Rotes Meer, Indopazifik bis Tahiti und Hawaii. GU: Keine.
Hält.B.: Generell sind *Pavona*-Arten in einem Aquarium leicht zu pflegen.
Licht: Sonnenlichtzone.
ZU/Verm.: Vermehrung im Aquarium durch Fragmentation.
FU: Die Korallenpolypen ernähren sich von den Produkten ihrer Zooxanthellen.
Bes.: Diese Korallenart wächst entweder blattförmig oder massiv mit eigenwillig geformter Oberflächenstruktur oder in einer Kombination beider Wuchsformen. Ihre Lebensräume sind sowohl stille Lagunen, als auch der obere Riffhang nahe der Wasseroberfläche. Die Farbe der Kolonien ist variabel und reicht von grün und braun bis hin zu gelb.

T: 20-28 °C, **Ø:** 40 cm, **BL:** ab 100 cm, **WB:** m, **WR:** m, **BS:** 3, **SG:** 2.

Insel Palau, Mikronesien H. Erhardt

Coscinaraea sp.
Wulstkoralle

Vork.: Rotes Meer, Ostafrika bis Hawaii.
GU: Keine.
Hält.B.: Nicht bekannt. In keiner der uns zur Verfügung stehenden Literatur sind Pflegehinweise aufgeführt. Auch in den Importlisten erscheint diese Gattung nicht.
FU: Sie leben möglicherweise ausschließlich von den Produkten ihrer Zooxanthellen.
Bes.: Diese Gattung kommt in verschiedenen Wuchsformen vor. Alle sind massiv und wachsen säulenförmig, inkrustiert oder tellerförmig. Auch leben sie in vielen Riffbereichen und bevorzugen keinen besonderen Standort. Nur die säulenförmigen Arten, wie *C. exesa*, die sich meterhoch auftürmen kann, lieben seichte und gut geschützte Buchten und Lagunen.

T: 20-28 °C, **Ø**: 55 cm, **BS**: 4, **SG**: 4

Großes Barriereriff, Australien R.C. Steene

Alveopora spongiosa DANA, 1846
Schwamm-Koralle

Vork.: Westlicher Pazifik von der Bandasee bis nach Tahiti und Australien.
GU: Keine.
Hält.B.: *Alveopora*-Arten werden gelegentlich importiert und in Aquarien gepflegt. Diese Art ist aber nicht im Handel.
FU: K; Plankton und Produkte ihrer Zooxanthellen.
Bes.: Die Kolonien wachsen kissenförmig, kegelig oder plattenförmig. Sie besitzen lange und große Polypen. Die Mundscheibe wird von 12 Tentakeln bestanden, die auch tagsüber ausgestreckt sind. Die Tentakelspitzen haben gelegentlich helle Köpfchen. Die Kolonien siedeln in Stillwasserbereichen der Riffe und können verschieden gefärbt sein

T: 22-28 °C, **Ø**: 20 cm, **BS**: 4, **SG**: 1-2.

Goniopora sp. H. Erhardt

Goniopora sp. H. Erhardt

Insel Bunaken, Sulawesi, Indonesien H. Erhardt

Goniopora sp.
Blümchenkoralle

Vork.: Rotes Meer und im gesamten Indopazifik.
GU: Keine. Doch machen einige Arten einen ungewöhnlichen Weg der ungeschlechtlichen Vermehrung durch: Erbsengroße Minikolonien werden in einem Mutterpolypen gebildet und dann ausgestoßen.
Hält.B.: Die Tierkolonien sind sehr dekorativ, doch leben sie nicht lange in einem Aquarium. Das mag an der Art der Nahrungsaufnahme liegen, doch genau weiß man es noch nicht. Die Korallen kümmern dahin und sterben langsam ab. Sie leben nicht länger als 1 Jahr. Daher Abstand von der Pflege dieser Tierkolonien nehmen, bis man die Gründe ihres langsamen Siechtums kennt.
FU: Produkte ihrer Zooxanthellen und möglicherweise von den im Wasser gelösten organischen Verbindungen.
Bes.: Etwa 14 Arten sind aus dem Roten Meer und dem Indopazifik bekannt, doch kann man die einzelnen Arten nur nach einer genauen Untersuchung der Skelettsubstanz auseinanderhalten. Die Tierkolonien bilden massige bis säulenförmige Bestände, die sowohl im klaren Wasser der Riffe, als auch im trüben Wasser von Hafenanlagen und in suspensionsreichen Lagunen leben. Ihre Polypen sind lang und schlauchförmig. Sie besitzen 24 Tentakel. Die Mundöffnung auf der Mundscheibe ist häufig farbig abgesetzt.

T: 22-28 °C, Ø: variabel, BS: 2-3, SG: 3-4

Goniopora sp., Porenkoralle, Insel Komodo, Indonesien H. Erhardt

Korallenbleichen: An vielen atlantischen, indopazifischen und pazifischen Riffen beginnen Korallen zu bleichen. Die Symbiose zwischen den photosynthetisch aktiven Zooxanthellen und den Korallenpolypen ist nachhaltig gestört und die einzelligen Algen sterben ab. Ohne sie sterben letztlich auch die Korallen. Die Gründe dafür sind vielseitig und vielschichtig, doch so richtig weiß niemand etwas darüber. Sicherlich sind es mehrere Faktoren, die für das Ausbleichen der Korallen verantwortlich sind. Zum einen der Treibhauseffekt und die damit verbundene Temperaturerhöhung des Meerwassers. Zum anderen die Meerwassererwärmung durch gesteigerte UV-Einstrahlung, bedingt durch die immer dünner werdende Ozonschicht. Ein erhöhter Düngemitteleintrag entlang der Küsten kann die Ursache sein, sowie die Veränderung des Salzgehaltes und, im pazifischen Raum, die Einwirkung des "El Nino", einer warmen, pazifischen Meeresströmung, die 1983 bei den Korallen ein Massensterben verursachte. Doch so vielschichtig die Gründe auch sein mögen, letztlich ist doch der Mensch der Verursacher. Mit dem Sterben der Korallen kippt das gesamte Ökosystem tropischer Riffe und gerät durch Erosion in Gefahr. Die Folgen wären drastisch und dramatisch.

Insel Palau, Mikronesien H. Erhardt

Porites rus (FORSSKÅL, 1775)

Bergkoralle

Vork.: Rotes Meer, Indopazifik: Australien, Hawaii, Mikronesien, Papua Neuguinea.
GU: Keine.
Soz.Verh./Vgs.: Im Labyrinth der vielen säulenartigen Verzweigungen lebt eine Vielzahl wirbelloser Tiere.
Hält.B.: Soweit diese Art im Handel zu erwerben ist, wächst sie in einem Riffaquarium gut und ist auch ausdauernd. Stark nesselnde Nachbarn sind zu vermeiden. Sie benötigt außerordentlich viel Licht.
Licht: Sonnenlichtzone. ZU/Verm.: Vermehrung durch Fragmentation möglich.
FU: Sie ernährt sich hauptsächlich von den Produkten ihrer Zooxanthellen.
Bes.: Die Kolonien wachsen entweder flach und scheibenförmig oder in Form kurzer, unregelmäßiger gestalteter Säulen, die in ihrer Gesamtheit Korallenblöcke von mehreren Metern im Durchmesser bilden können. Die Korallenkelche sind klein und in Gruppen arrangiert. Die Farbe der Polypen ist variabel und reicht von braun und grün bis hin zu rosa und gelblich. Die Wachstumsspitzen der Kolonie sind oft hell abgesetzt.

T: 20-28 °C, Ø: 60 cm, BL: ab 120 cm, WB: m-s, WR: o, BS: 1-2, SG: 1-2.

Insel Palau, Mikronesien H. Erhardt

Fungia valida VERRILL, 1864
Gefleckte Pilzkoralle

Vork.: Indopazifik: Australien, Mikronesien bis zu den Phoenixinseln.
GU: Keine. Die Tiere sind Hermaphroditen.
Soz.Verh./Vgs.: Pilzkorallen leben einzeln und lose auf verschiedenen Substraten.
Hält.B.: Pilzkorallen sollten in einem Riffaquarium gepflegt werden. Diese Art braucht große Sandzonen oder flache Stellen in der Dekoration.
FU: Sie ernähren sich teilweise von den Produkten ihrer Zooxanthellen, aber auch von Plankton und Detritus. Im Aquarium füttert man sie mit Ersatzplankton, *Mysis*, und mit kleinen Garnelen.
Bes.: Diese Art ist selten und kommt fast nie in den Handel. Sie wächst rund, ist relativ dick und flach. Die Septenzähne sind groß, dreieckig in der Form und verschieden lang. Die Farbe des Polypen ist braun bis gefleckt

T: 20-28 °C, **Ø**: 10 cm, **BL**: ab 100 cm, **WB** m, **WR**: u, **BS**: 3, **SG**: 3-4

Fungia sp. H. Erhardt

Fungia sp. H. Erhardt

Insel Cebu, Philippinen H. Erhardt

Fungia sp.
Pilzkoralle

Vork.: Die Gattung ist im Roten Meer und im Indopazifik weit verbreitet. **GU:** Zwitter.
Hält.B.: Pilzkorallen sind nur in einem Riffaquarium über einen längeren Zeitraum zu halten. Sie zählen jedoch nicht zu den leicht zu haltenden Arten. Große Sandzonen sollten vorhanden sein oder breite und flache Stellen in der Dekoration.
Licht: Sonnenlichtzone.
ZU/Verm.: Vermehrung durch Fragmentation und über Larvenstadien sind im Aquarium nachvollzogen worden. **FU:** K; Plankton, Ersatzplankton, *Mysis*, und kleine Garnelen.
Bes.: Pilzkorallen werden nur von einem einzigen Polypen gebildet. Sie leben lose auf ihren Unterlagen und kommen an manchen Riffen in Südostasien in einer großen Individuendichte vor. Die Struktur der Korallen ist bei eingezogenen Polypen gut zu erkennen. Die radiär angeordneten Septen stehen dicht und sind im allgemeinen gezahnt. Beschädigte Korallen regenerieren sehr schnell und können, auch mehrfach geteilt, zu neuen Einzelindividuen heranwachsen.

T: 20-28 °C, **Ø:** von 5-15 cm, **BL:** ab 120 cm, **WB:** m, **WR:** u, **BS:** 3, **SG:** 3-4

Manado, Indonesien

H. Erhardt

Holomita pileus LINNAEUS, 1758

Mützenkoralle

Vork.: Vom Indischen Ozean bis zu den Phoenixinseln.
GU: Keine.
Hält.B.: Nicht bekannt. Diese Art kommt in Deutschland nicht in den Handel und ist auf keiner Importliste verzeichnet.
FU: K; Plankton und möglicherweise Produkte ihrer Zooxanthellen.
Bes.: Mützenkorallen bilden große und freilebende Kolonien von glockenförmiger Gestalt. Die gewölbte und innen hohle Kolonie ist dünn und zerbrechlich und besitzt keine axialen Furchen. Die Polypen sind ausschließlich nachtaktiv. Die Farbe der Kolonien ist überwiegend hellbraun, rosa durchwirkt und besitzt einen purpurnen Saum. Diese Art ist im Indopazifik nicht gerade häufig. Sie lebt in Lagunen und an Riffhängen.

T: 22-26 °C, Ø: 20-25 cm, BS: 4, SG: 4

Safaga, Rotes Meer H. Erhardt

Podabacia sp.
Tellerkoralle

Vork.: Rotes Meer, von Ostafrika bis Tuamotu-Atoll.
GU: Keine.
Hält.B.: Die Gattung *Podabacia* kommt in Deutschland nicht in den Handel.
FU: Sie ernährt sich möglicherweise von den Produkten ihrer Zooxanthellen.
Bes.: Diese Koralle siedelt mit schmaler Basis auf fester Unterlage und wächst teller- bis folienförmig in mehreren zirkulären Lagen. Große Kolonien können einen Durchmesser von über 1 m erreichen. Sie leben in fast allen Riffbereichen doch bevorzugt im Stillwasser seichter Buchten. Farbvarianten gibt es kaum.

T: 20-28 °C, **Ø**: 45 cm, **BS**: 4, **SG**: 4

Großes Barriereriff, Australien

H. Erhardt

Polyphyllia talpina LAMARCK, 1801
Zungenkoralle

Vork.: Rotes Meer, Indopazifik: Von Madagaskar bis Tonga und Australien.
GU: Keine.
Soz.Verh./Vgs.: Die langgestreckten, in ihrer Form elliptischen Tierkolonien liegen lose dem Untergrund auf. Man kann sie mit allen Wirbellosen und friedlichen Korallenfischen vergesellschaften.
Hält.B.: Sie sind ausdauernde Pfleglinge, die große Sandzonen mit Korallenbruch in einem Aquarium benötigen. Bei ihrer Länge von fast 50 cm ist das nur in sehr großen Aquarien möglich.
Licht: Sonnenlichtzone.
FU: K; Plankton und Produkte ihrer Zooxanthellen.
Bes.: 3 Arten aus dieser Gattung sind bekannt, wovon die hier vorgestellte Art die häufigste ist. Sie lebt auf Riffhängen und auf Riffterrassen und besitzt sehr lange Polypen, die auch tagsüber ausgestreckt sind. Im Gegensatz zu anderen langgestreckten Pilzkorallen der Gattungen *Herpolitha* und *Ctenactis* fehlt ihnen die longitudinal verlaufende Furche. Die Kolonien können grau, grünlich oder cremefarben sein. Man findet sie auch dort, wo Pilzkorallen gehäuft vorkommen.

T: 22-27 °C, **L**: 45 cm, **BL**: ab 150 cm, **WB**: m, **WR**: u, **BS**: 2-3, **SG**: 2.

Insel Bunaken, Sulawesi, Indonesien H. Erhardt

Caulastrea cf. *tumida* oder MATTHAI, 1928
Caulastrea echinulata
Große Fingerkoralle

Vork.: Indopazifik: Von Madagaskar bis Neukaledonien und Australien.
GU: Keine.
Hält.B.: Nicht bekannt. Sie ist zu selten, um für den Aquarienhandel gesammelt zu werden.
FU: K; Plankton und Produkte ihrer Zooxanthellen.
Bes.: Die Kolonien besitzen kurze und kräftige Koralliten, die etwa 10-15 mm Durchmesser haben. Auch besitzen sie im allgemeinen mehr als nur eine Mundöffnung. Die Septen sind gezahnt und die Polypen fleischig und ausschließlich nachtaktiv. Die Art ist selten und lebt an Steilabfällen gut durchströmter Riffabschnitte.

T: 22-26 °C, Ø: 15 mm (Koralliten), BS: 4, SG: 2.

Raa Atoll, Malediven H. Erhardt

Diploastrea heliopora (LAMARCK, 1816)
Blumensternkoralle

Vork.: Rotes Meer, Indopazifik: Von Ostafrika bis nach Samoa und Australien.
GU: Keine.
Hält.B.: Diese Korallenart wird nicht in Aquarien gepflegt.
FU: Plankton und Produkte ihrer Zooxanthellen.
Bes.: Diese Art ist die einzige ihrer Gattung. Ihre Kolonien wachsen überwiegend hemisphärisch und können sehr groß werden. In der Literatur werden Kolonien von 2 m Höhe und 7 m im Durchmesser beschrieben. Im allgemeinen sind sie aber kleiner. Die Korallenkelche stehen eng und die Polypen sind ausschließlich nachtaktiv. Kolonien dieser Art leben sowohl im stillen, als auch im stark bewegten Wasser. Sie sind cremefarben, grau, braun oder grünlich. Häufig liegen kleine Gobiid-Fische auf ihrer Oberfläche, die nach Futter suchen.

T: 22-29 °C, **Ø**: variabel, **BS**: 4, **SG**: 1-2.

Insel Bonaire, Niederländische Antillen H. Erhardt

Diploria clivosa (ELLIS & SOLANDER, 1786)
Knotige Hirnkoralle

Vork.: Karibisches Meer, Florida, Bahamas. GU: Keine.
Hält.B.: *Diploria*-Arten aus der Karibik werden nach unserem Wissen nicht in Aquarien gepflegt.
FU: Plankton und Produkte ihrer Zooxanthellen.
Bes.: Die Korallenkolonien wachsen mäandrisch, inkrustiert oder hemisphärisch. Diese Art ist von *D. strigosa* nur dadurch zu unterscheiden, daß ihre Kammlinien mehr Septen pro Zentimeter besitzen. Sie liegen zwischen 25 und 38. Die Farbe der Kolonien ist sehr variabel. Knotige Hirnkorallen leben in flachen Lagunen, in Seegraswiesen und in Stillwasserbereichen der Riffe. Wo starke Wasserbewegungen vorherrschen, wachsen sie mehr krustenförmig.

T: 20-26 °C, Ø: 35 cm, BS: 4, SG: 4

Manado, Indonesien H. Erhardt

Echinopora sp. (?) *pacificus*
Pazifische Blattkoralle

Vork.: Indopazifik: Indonesien, Mikronesien.
GU: Keine.
Hält.B.: *Echinopora*-Arten werden sehr selten oder nicht in Aquarien gepflegt. Sie benötigen eine lange Eingewöhnungszeit und nicht zu stark beleuchtete Aquarien.
ZU/Verm.: Vermehrung durch Fragmentation. Die Bruchstellen regenerieren relativ schnell und die Koralle breitet sich nach allen Seiten aus.
FU: K; Plankton und Produkte ihrer Zooxanthellen.
Bes.: Pazifische Blattkorallen wachsen in breiten, dünnen, aufrechten und blattförmig gedrehten Lagen und bedecken in mittleren Wassertiefen große Riffareale. Die Wachstumsränder sind hell abgesetzt.

T: 22-26 °C, Ø: variabel, BL: ab 100 cm, WB: m, WR: m, BS: 3-4, SG: 3

Insel Palau, Mikronesien H. Erhardt

Echinopora sp.
Rauhsternkoralle, Plattenkoralle

Vork.: Rotes Meer, Ostafrika bis Tuamotuinseln. **GU:** Keine.
Hält.B.: Korallen dieser Gattung gelangen sehr selten in den Handel. Sie benötigen eine lange Eingewöhnungszeit und nicht zu stark beleuchtete Aquarien.
Licht: Schattenlichtzone.
ZU/ Verm.: Vermehrung durch Fragmentation. Die Bruchstellen regenerieren relativ schnell und die Koralle breitet sich nach allen Seiten aus.
FU: K; Plankton und Produkte ihrer Zooxanthellen.
Bes.: Die Gattung besitzt eine außerordentlich große Variabilität an Wuchsformen. Sie formen Platten, Säulen, Verzweigungen und Inkrustierungen. Eine einzige Art kann so variabel sein, daß sie in mehreren Wuchsformen vorkommt. Daher ist eine eindeutige Artbestimmung anhand von Diapositiven unmöglich. Die Polypen dieser Gattung sind ausschließlich nachtaktiv.

T: 20-28 °C, **Ø:** 20 cm, **BL:** ab 80 cm, **WB:** m, **WR:** m, **BS:** 3-4, **SG:** 3

Großes Barriereriff, Australien R.C. Steene

Favia lizardiensis VERON, RICHON & WIJSMAN-BEST, 1977
Lizard-Koralle

Vork.: Diese Art kommt nur an der Ostküste Australiens vor.
GU: Keine.
Hält.B.: Nicht bekannt. Diese Art wird nicht für den Aquarienhandel gesammelt.
FU: K; Plankton und Produkte ihrer Zooxanthellen.
Bes.: Die Kolonien wachsen massiv, überwiegend hemisphärisch in der Form und sie können sehr groß werden. Die Koralliten sind rund, etwa 10-13 mm im Durchmesser, und besitzen dünne, gleich weit auseinander stehende Scheidewände. Lizard-Korallen sind Kolonien des Flachwassers und leben auf seicht in die Tiefe abfallenden Riffabschnitten.

T: 22-28 °C, Ø: 80 cm, BS: 4, SG: 2.

Großes Barriereriff, Australien H. Erhardt

Favia sp. (?) *rotundata* (VERON, PICHON & WIJSMAN-BEST, 1977)
Rundpolypen-Sternkoralle

Vork.: Australien: Großes Barriereriff, Korallensee, Süd- und Westküste von Houtman Abrolhosinseln.
GU: Nicht vorhanden.
Hält.B.: Nicht bekannt. Ihr Vorkommen ist außerdem regional begrenzt.
FU: K; Plankton und möglicherweise Produkte ihrer Zooxanthellen.
Bes.: Die Kolonien wachsen flach oder hemisphärisch. Die dickwalligen Korallenkelche sind etwa 2 cm im Durchmesser und annähernd rund. Die darin lebenden Polypen sind fleischig. Die Farbe der Polypen ist variabel und reicht von grau und gelblich bis hin zu braun. Die Art ist selten und kommt nur im australischen Faunenbereich vor.

T: 20-28 °C, **Ø**: 6 cm, **BS**: 4, **SG**: 4

Madang, Papua Neuguinea G. Allen

Favites cf. *bennettae* (VERON, PICHON & WJISMAN-BEST, 1977)
Bennetts Koralle

Vork.: Nur an der Ostküste von Australien: Großes Barriereriff und Lord Howe Inseln.
GU: Keine.
Hält.B.: Nicht bekannt. Diese Korallenart ist regional begrenzt und selten, so daß sie für den Aquarienhandel nicht gesammelt wird.
FU: K; Plankton und Produkte ihrer Zooxanthellen.
Bes.: Diese Korallenkolonien wachsen massiv mit unterschiedlich großen, vielkantigen Koralliten. Die Septen sind kräftig und besitzen abgerundete Zähnchen. Bennets Korallen sind Tierkolonien das Flachwassers. Die bilden keine umfangreichen Kolonien aus, sondern siedeln eher geduckt im kräftig strömendem Wasser.

T: 22-28 °C, Ø: 30 cm (Kolonie), BS: 4, SG: 2-3

Insel Bunaken, Sulawesi, Indonesien H. Erhardt

Favites cf. *peresi* FAURE & PICHON
Eckensternkoralle

Vork.: Rotes Meer, Indopazifik
GU: Keine.
Hält.B.: *Favites*-Arten gehören zu den haltbarsten Korallen in Aquarien. Sie benötigen viel Abstand zu ihren Nachbarn, da sie diese mit ihren langen Tentakeln nesseln könnten.
FU: K; Plankton und Produkte ihrer Zooxanthellen.
Licht: Sonnenlichtzone.
Bes.: Die Kolonien wachsen hemisphärisch oder flach. Ihre Koralliten sind vieleckig, haben gezahnte Septen und sind 15-20 mm im Durchmesser. Sie siedeln in allen Riffbereichen und sind grün oder braun in ihrer Grundfarbe.

T: 22-27 °C, Ø: 70 cm, BL: ab 100 cm, WB: m-s, WR: m, BS: 2, SG: 2.

Manado, Indonesien

H. Erhardt

Favites (?) *russelli* (WELLS, 1954)
Russells Krustenkoralle

Vork.: Indopazifik: Von Australien bis zu den Marschallinseln. GU: Keine.
Hält.B.: Verschiedene Korallen aus der Gattung *Favites* werden in Aquarien gepflegt. Die hier vorgestellt Art möglicherweise nicht, da sie in keiner Importliste geführt wird. Die anderen Arten sind sehr ausdauernd und sollten in einem Riffaquarium gepflegt werden. Ein Sicherheitsabstand zu stark nesselnden Korallen sollte eingehalten werden. Sie benötigen sehr viel Licht.
FU: K; Plankton und Produkte ihrer Zooxanthellen.
ZU/Verm.: Durch eine extratentakuläre Teilung. Licht: Sonnenlichtzone.
Bes.: Die Kolonien wachsen überwiegend krustig. Die einzelnen Polypen sind groß, ihre Koralliten eckig und etwa 6-10 mm im Durchmesser. Sie bilden hohe und gezackte Wälle. Die Farbe der Kolonien ist variabel doch häufig grünlich und braun.

T: 22-26 °C, Ø: 20 cm, BL: ab 100 cm, WB: m-s, WR: o-m, BS: 2-3, SG: 2.

Nord Male Atoll, Malediven H. Erhardt

Favites sp.
Krustenkoralle

Vork.: Malediven.
GU: Nicht vorhanden.
Hält.B.: Kolonien aus dieser Gattung sind oft im Handel. Sie sind ausdauernd und sie werden in Aquarien gepflegt. Siehe *F. russeli*.
FU: Plankton und Produkte ihrer Zooxanthellen.
Licht: Sonnenlichtzone.
ZU/Verm.: Im Aquarium unbekannt.
Bes.: Die Kolonien wachsen flach oder hemisphärisch. Die Korallenkelche sind eckig und haben mit ihren Nachbarn gemeinsame Wälle. Die Farbe ist variabel doch überwiegend sind die Kolonien braun oder grün.

T: 20-28 °C, **Ø:** 12 cm, **BL:** ab 100 cm, **WB:** m-s, **WR:** o-m, **BS:** 3, **SG:** 2.

Insel Bunaken, Sulawesi, Indonesien H. Erhardt

Moseleya latistellata QUELCH, 1884
Großpolypen-Sternkoralle

Vork.: Indopazifik: Indonesien, Philippinen, Papua Neuguinea und Australien.
GU: Keine.
Hält.B.: Nicht bekannt, da diese Art zu selten ist, um für den Aquarienhandel gesammelt zu werden. **FU**: K; Plankton und Produkte ihrer Zooxanthellen.
Bes.: Die Korallenkolonien wachsen geduckt, diskusähnlich und sind häufig nicht am Untergrund befestigt. Jeder Polyp besitzt einen großen, vieleckigen Koralliten mit fein gezahnten Septen, wobei breite Wälle sie vom Nachbarpolypen trennen. Die Polypen sind ausschließlich nachtaktiv. Ihre Farbe ist variabel. Eine große und ausgewachsene Kolonie haben wir bereits im MEERWASSER ATLAS, Band 2, Seite 436, vorgestellt, die in ihrem Aussehen ganz anders ist als die hier angeführte Kolonie, bei der es sich möglicherweise um eine Standortform mit deutlich voneinander abgesetzten Koralliten handelt, die nur annähernd vieleckig sind.

T: 22-26 °C, **Ø**: 15 cm, **BS**: 3-4, **SG**: 2.

Madang, Papua Neuguinea G. Allen

Platygyra cf. *sinensis* (EDWARDS & HAIME, 1849)
Hirnkoralle

Vork.: Rotes Meer, Indopazifik: Von Ostafrika bis nach Samoa.
GU: Keine.
Hält.B.: Nicht bekannt. Zudem sind die Korallen aus dieser Gattung nicht leicht zu pflegen. Sie benötigen viel Platz und klares, nährstoffarmes Wasser.
FU: K; Plankton und Produkte ihrer Zooxanthellen.
Licht: Sonnenlichtzone.
Bes.: Die Korallenkolonien wachsen massiv, hemisphärisch oder abgeflacht. Die hier abgebildete Koralle wächst atypisch für die Art *P. sinensis*. Normalerweise sind die Furchen zwischen den sinusartigen Kämmen nicht so breit. Auch läßt sich die Art anhand von Fotos nur sehr schwer von den anderen Arten *P. lamellina* und *P. daedalae* unterscheiden. Hirnkorallen dieser Art leben auf Riffdächern und am oberen Riffhang.

T: 22-28 °C, Ø: 80 cm, BS: 3-4, SG: 2.

Insel Lombok, Indonesien H. Erhardt

Platygyra sp.
Hirnkoralle

Vork.: Die Gattung kommt vom Roten Meer bis in den Zentralpazifik vor. GU: Keine.
Hält.B.: Kolonien aus dieser Gattung sind nicht leicht zu pflegen. Sie benötigen viel Licht und viel Platz, um sich auszubreiten. Das Wasser sollte klar und nährstoffarm sein. Am besten pflegt man sie in einem Riffaquarium.
FU: K, Plankton und Produkte ihrer Zooxanthellen. Licht: Sonnenlichtzone.
Bes.: Die Bestimmung der einzelnen Arten ist nur anhand einer mikroskopischen Analyse möglich. Die Korallenkolonien wachsen massiv und inkrustiert, stets mit einer mäandrischen Korallitenstruktur, die die Windungen eines Gehirns nachzeichnen. Die Täler sind lang und 4-5 mm breit. Hirnkorallen dieser Art leben vom Gezeitenbereich bis in mittlere Wassertiefen bevorzugt an Riffkanten und im oberen Riffhang.

T: 22-26 °C, Ø: 80 cm, BL: ab 80 cm, WB: m-s, WR: o-m, BS: 2-3, SG: 3

Insel Bunaken, Indonesien H. Erhardt

Galaxea astreata LAMARCK, 1816
Sternkoralle

Vork.: Rotes Meer, Indopazifik: Von Madagaskar bis Fidschi und Samoa.
GU: Äußerlich nicht erkennbar.
Soz.Verh./Vgs.: Da die Koralle sehr aggressiv auf Nachbarn reagiert, sollte sie nur bedingt mit riffbildenden Steinkorallen gehalten werden.
Hält.B.: Im Handel wird vorallem *G. fascicularis* angeboten, so daß die hier vorgestellte Art ähnliche oder gleiche Hälterungsbedingungen haben dürfte. Da die Polypen stark nesseln, benötigen sie zu ihren Nachbarn einen größeren Abstand. Sie bekämpfen ihre Raumkonkurrenten nämlich mit langen und fadenförmigen Kampftentakeln. Sie wachsen schnell und sind bei entsprechender Pflege über einen längeren Zeitraum sehr gut haltbar.
Licht: Sonnenlichtzone. Sie sollte nicht zu stark beleuchtet werden, da sie sonst zu schnell wächst.
FU: K; Plankton und weitgehend Produkte ihrer Zooxanthellen. Im Aquarium füttert man sie, wenn nötig, mit Ersatzplankton.
ZU/Verm.: Eine Vermehrung durch Fragmentation ist möglich.
Bes.: Die Kolonien wachsen überwiegend krustig und gelegentlich auch säulenförmig und können größere Riffareale abdecken. Ihr Lebensraum ist das Riffdach und der obere Riffhang. Die Farbe der Kolonien ist variabel. Graue und grünliche Kolonien sind sehr häufig.

T: 22-28 °C, **Ø**: 60 cm, **BL**: ab 120 cm, **WB**: m- **WR**: m, **BS**: 3, **SG**: 2.

Manado, Sulawesi, Indonesien H. Baensch

Galaxea fascicularis (LINNAEUS, 1767)
Kristallkoralle

Vork. Rotes Meer, Indopazifik: Von Ostafrika bis nach Samoa und Australien.
GU: Keine.
Soz.Verh./Vgs.: Diese Art ist sehr aggressiv, und sie nesselt sehr stark. Sie hält mit ihren langen und fädigen Tentakel ihre Raumkonkurrenten auf Distanz.
Hält.B.: Diese Korallen benötigen viel Platz, damit andere Tiere im Aquarium nicht von ihnen genesselt werden. Sie sind ausdauernd, pflegeleicht und wachsen schnell.
Licht: Sonnen- bis Mittellichtzone.
FU: K; Plankton und Produkte ihrer Zooxanthellen.
Bes.: Die Kolonien wachsen massiv, krustig bis säulenförmig und können mehrere Quadratmeter Untergrund bedecken. Sie besitzen scharfe, krönchenartige Koralliten, die einen Durchmesser von 7-12 mm haben. Sie besitzen mehr als 12 Septen, im Vergleich zu *G. astrea*, die nur 8-12 besitzen. Die Farbe der Kolonien ist variabel. Sie siedeln in allen Riffbereichen bis zum Riffgrund.

T: 22-26 °C, **Ø:** 25 cm, **BL:** ab 100 cm, **WB:** m, **WR:** m, **BS:** 2-3, **SG:** 2.

Großes Barriereriff, Australien R.C. Steene

Blastomussa wellsi WJSMAN-BEST, 1973
Wells Koralle

Vork.: Neukaledonien, Australien, Korallensee.
GU: Keine.
Hält.B.: Korallen aus dieser Gattung werden gesucht, da sie sich leicht pflegen lassen. Doch sie sind selten im Handel. Die Kolonien sind zerbrechlich und die großen Polypen verlieren mit zunehmenden Alter den Kontakt zueinander. Sie leben dann solitär. Die hier vorgestellte Art wird selten in heimischen Aquarien gepflegt.
FU: Plankton und Produkte ihrer Zooxanthellen. Ersatzplankton.
Licht: Sonnenlichtzone.
ZU/Verm.: Durch vorsichtige Fragmentation.
Bes.: Diese Korallenart ist selten und sie besitzt nur ein kleines Verbreitungsgebiet. Die Korallenkelche sind groß, die Septen gezahnt und die Polypen fleischig und nachtaktiv. Wenn sie voll expandiert sind, sehen sie Blumen ähnlich. Wells Korallen kommen in zwei Farbmorphen vor: In Rot und in Grün. Ihr Lebensraum sind bevorzugt Flachriffe.

T: 22-29 °C, **Ø:** Korallenkelche: 9-14 mm, **BL:** ab 100 cm, **WB:** m-s, **WR:** m, **BS:** 3-4, **SG:** 1-2.

Insel Palau, Mikronesien H. Erhardt

Lobophyllia sp.
Robuste Doldenkoralle

Vork.: Rotes Meer, Indopazifik: Von Ostafrika bis zu den Tuamotuinseln. GU: Keine.
Hält.B.: Alle Arten aus der Gattung *Lobophyllia* sind in Aquarien ausdauernd und gut zu pflegen. Ein Sicherheitsabstand zu stark nesselnden Wirbellosen muß unbedingt eingehalten werden.
FU: K; In der Natur und in Aquarien ernähren sich die Tiere vom Plankton und von den Produkten ihrer Zooxanthellen.
Bes.: Diese Art wächst massiv und kräftig, mit großen und kleinen Septen, die sich abwechseln. Die großen Septen besitzen besonders große, spitze und scharfe Zähne. Die Polypen sind groß, fleischig und ausschließlich nachtaktiv. Ihre Fangarme haben im allgemeinen weiße Spitzen.

T: 22-26 °C, Ø: 20 cm, BL: ab 100 cm, WB: m, WR: m, BS: 3-4, SG: 2.

Insel Bonaire, Niederländische Antillen H. Erhardt

Mycetophyllia aliciae WELLS, 1973
Knotige Kaktuskoralle

Vork.: Karibisches Meer, Bahamas, Südflorida.
GU: Keine.
Hält.B.: Korallen dieser Gattung werden in heimischen Aquarien nicht gepflegt.
FU: K; Plankton und Produkte ihrer Zooxanthellen.
Bes.: Knotige Kaktuskorallen formen flache Platten, die mit einer kleinen Basis am Untergrund befestigt sind. Sie leben im tiefen Wasser der Riffhänge und setzen ihre gesamte Kolonieoberfläche als Lichtfalle ein. Die Kammlinien sind radiär angeordnet und die Täler zwischen 20-28 mm auseinanderstehend. Die Septen sind dick und gezahnt.

T: 20-26 °C, **Ø:** 30 cm, **BS:** 4, **SG:** 4

Insel Bonaire, Niederländische Antillen H. Erhardt

Mycetophyllia sp.
Knotige Kaktuskoralle

Vork.: Niederländische Antillen, Bonaire.
GU: Keine.
Hält.B.: Nicht bekannt.
FU: K; Plankton und Produkte ihrer Zooxanthellen.
Bes.: Das Bild zeigt eine außerordentlich seltene Wuchsform der Gattung *Mycetophyllia*. Sie konnte, im Diapositiv, keiner der 5 bekannten Arten aus dem tropischen Atlantik zugeordnet werden. Die Kammlinien sind unterbrochen, so daß die Kolonieoberfläche als ungeordnet erscheint. Möglicherweise handelt es sich um eine Wuchsform von *M. danaana*. Die Kolonie lebt am Fuße eines Steilabfalles in 48 m Wassertiefe.

T: 20-26 °C, Ø: 65 cm, BS: 4, SG: 4

Insel Bunaken, Sulawesi, Indonesien H. Erhardt

Symphyllia agaricia EDWARDS & HAIME, 1849
Stachelige Faltenkoralle

Vork.: Rotes Meer, Indopazifik: Von Ostafrika bis Samoa und Australien.
GU: Keine.
Hält.B.: *Symphyllia*-Arten werden in Riffaquarien gepflegt. Sie sind ausdauernd und benötigen aber viel Platz. Diese Art wird für den Aquarienhandel nicht gesammelt.
Licht: Sonnenlichtzone.
FU: K; Plankton und Produkte ihrer Zooxanthellen.
Bes.: Die Kolonien wachsen entweder flach oder hemisphärisch. Die dicken und breiten Septen verlaufen sinusförmig und tragen große Zähne. Die Täler zwischen den Septen sind breit. Tierkolonien dieser Art sind selten, Sie leben am oberen Riffhang, gut exponiert zum stark strömenden Wasser. Ihre Farbe ist variabel.

T: 22-28 °C; Ø: 25 cm, BS: 4, SG: 2.

Manado, Sulawasi, Indonesien H. Erhardt

Symphyllia cf. *recta* (DANA, 1846)
Faltenkoralle

Vork.: Indopazifik: Von den Malediven bis nach Samoa und Australien.
GU: Keine.
Hält.B.: Soweit sie im Handel zu erwerben sind, sollen sie ausdauernde Pfleglinge sein, die viel Platz in einem Aquarium benötigen.
Licht: Dämmerlichtzone.
FU: K; Plankton und Produkte ihrer Zooxanthellen.
Bes.: Die Wuchsform dieser Art ist überwiegend hemisphärisch und kuppelförmig, mit sinusförmigen Wällen und 12-15 mm breiten Tälern. Der Talgrund und die Oberfläche der sinusförmigen Erhebungen sind stets unterschiedlich gefärbt. Faltenkorallen dieser Art siedeln in tieferen Riffbereichen und lieben abgeschattete Standorte.

T: 22-26 °C, Ø: 40 cm, BL: ab 120 cm, WB: m-s, WR: m-u, BS: 3, SG: 2.

Manado, Indonesien H. Erhardt

Symphyllia sp. (?) *valensiennesii* MILNE-EDWARDS & HAIME, 1848
Valenciennes Koralle

Vork.: Indopazifik: Australien, Indonesien, Madagaskar, Neukaledonien, Tonga.
GU: Keine.
Hält.B.: Nicht bekannt.
FU: K; Plankton.
Bes.: Diese Kolonien wachsen überwiegend horizontal, mit breiten und tief eingeschnittenen Wällen und Tälern. Die Septen sind dick und kräftig gezahnt. Wälle und Täler sind stets verschieden gefärbt. Grau ist hier die häufigste Farbe. Die Polypen dieser Korallen sich fleischig. Korallen dieser Art sind selten und leben versteckt in verschiedenen Riffbereichen. Sehr häufig siedeln sie an gut durchströmten Riffhängen.

T: 22-26 °C, **Ø**: 12 cm, **BS**: 4, **SG**: 4

Symphyllia sp. H. Erhardt

Symphyllia sp. H. Erhardt

Manado, Indonesien H. Erhardt

Symphyllia sp.
Faltenkorallen

Vork.: Die Gattung ist vom Roten Meer und Ostafrika bis nach Australien, Samoa und Südjapan verbreitet. **GU:** Keine.
Hält.B.: Einige Arten werden importiert. Sie lassen sich gut pflegen, sind ausdauernd in einem Aquarium und benötigen viel Platz, um sich zu entwickeln und auszubreiten.
Licht: Sonnen- bis Dämmerlichtzone.
FU: K; Plankton und Produkte ihrer Zooxanthellen.
Bes.: Drei verschiedene *Symphyllia*-Kolonien werden hier vorgestellt. Sie wachsen alle mehr oder weniger krustig, haben unterschiedlich breite Wälle und Täler und sind verschieden gefärbt. Da sie bevorzugt in den unteren Riffbereichen siedeln, wo noch wenig Sonnenlicht sie trifft, setzen sie ihre breite Oberfläche als Lichtfalle ein, um die Photosynthese ihrer Zooxanthellen aufrecht zu erhalten.

T: 22-26 °C, **Ø:** 40-60 cm, **BL:** ab 120 m, **WB:** m, **WR:** m, **BS:** 2-3, **SG:** 2.

Großes Barriereriff, Australien R.C. Steene

Oxypora lacera (VERRILL, 1864)
Plattenkoralle

Vork.: Indopazifik: Indonesien, Philippinen, Neukaledonien und Australien.
GU: Keine.
Hält.B.: Nicht bekannt. Sie sind zu selten, um für den Aquarienhandel gesammelt zu werden. Zudem haben sie nur ein begrenztes Verbreitungsgebiet.
FU: K; Plankton und Produkte ihrer Zooxanthellen.
Bes.: Die Gattung wird durch 2 Arten repräsentiert, die beide plattenförmig bis inkrustiert wachsen. Auffallend sind die zahlreichen Tuberkeln, die den Mund der Polypen umstehen. Viele wulstige, parallele gleichförmige Septen verlaufen zwischen den Polypen und dem Kolonierand. Die Farbe der Kolonien ist variabel und reicht von goldbraun und schokolodenbraun bis hin zu grün. Ihre bevorzugten Siedlungsareale sind Riffterrassen und der untere Riffhang.

T: 22-27 °C, **Ø**: 35 cm, **BS**: 4, **SG**: 2.

Insel Bunaken, Sulawesi, Indonesien H. Erhardt

Hydnophora microconus (LAMARCK, 1816)
Kegelkoralle, Pickelkoralle

Vork.: Rotes Meer, Indopazifik: Von Ostafrika bis zu den Cookinseln und Australien.
GU: Keine.
Hält.B.: Diese Art wird nicht in Aquarien gepflegt. Doch andere, wie z.B. *H. rigida* und *H.* exesa kommen gelegentlich in den Handel. Beide Arten sind leicht zu pflegen und ausdauernd. Sie benötigen aber hohe Beleuchtungsstärken.
Licht: Sonnenlichtzone. **FU:** K; Plankton und Produkte ihrer Zooxanthellen.
ZU/Verm.: Durch Fragmentation möglich.
Bes.: Die Kolonien wachsen massiv, überwiegend hemisphärisch und besitzen auf ihrer Oberfläche viele konische Erhebungen von etwa 2-3 mm im Durchmesser. Diese umstehen die Mundöffnung und die Tentakel. Kegelkorallen leben in geschützten Lagunen und leicht durchströmten Riffhängen. Ihre Farbe ist variabel und reicht von braun und grün bis hin zu cremefarben.

T: 22-28 °C, **Ø:** 65 cm, **BL:** ab 100 cm, **WB:** m, **WR:** m-u, **BS:** 3-4, **SG:** 2.

Madang, Papua Neuguinea G.Allen

Euphyllia glabrescens (CHAMISSO & EYSENHARDT, 1821)
Bukettkoralle

Vork.: Indopazifik: Indonesien, Philippinen bis Fidschi und Australien.
GU: Keine.
Hält.B.: Diese Art kommt auch bei uns gelegentlich in den Handel. Sie ist leicht zu pflegen, bildet schnell größere Bestände und benötigt daher viel Platz in einem Aquarium. Nur gegen bohrende Grünalgen ist sie empfindlich.
Licht: Sonnenlichtzone.
FU: K; Plankton und Produkte ihrer Zooxanthellen.
ZU/Verm.: Durch Fragmentation möglich.
Bes.: Diese Korallenart bildet große Bestände auf felsigen und schlammigen Substraten. 1 m und mehr im Durchmesser ist da keine Seltenheit. Die Polypen sind groß und besitzen stark nesselnde und lappig verzweigte Tentakel.

T: 22-27 °C, Ø: 40 cm, BL: 120 cm, WB: m, WR: m-u, BS: 2, SG: 2.

Manado, Indonesien H. Erhardt

Plerogyra simplex REHBERG, 1892
Blasenkoralle

Vork.: Indopazifik: Cookinseln, Indonesien, Mikronesien, Neukaledonien, Philippinen, Papua Neuguinea. **GU:** Keine.
Hält.B.: Blasenkorallen werden seit Jahren in Aquarien gepflegt. Hier ganz besonders *Plerogyra sinuosa*. Sie nesseln sehr stark und benötigen daher viel Abstand zu anderen Wirbellosen. Man pflegt sie bei schwacher Beleuchtung in einem Riffaquarium. Gegen Grünalgen sind sie sehr empfindlich.
FU: K; Plankton und Produkte ihrer Zooxanthellen.
Bes.: Blasenkorallen haben traubenförmige Tentakel und Nematocysten, die stark nesseln. Sie bilden kleine Kolonien am Boden aus, wobei sie abgeschattete Standorte bevorzugen. Ihre Korallenkelche sind lang, monozentrisch und besitzen große Septen. Diese sind 2-6 cm im Durchmesser. Blasenkorallen dieser Art siedeln bevorzugt an Riffhängen.

T: 22-26 °C, **Ø:** 60 cm, **BL:** 100 cm, **WB:** m, **WR:** m-u, **BS:** 2-3, **SG:** 2-3

Insel Komodo, Indonesien H. Erhardt

Turbinaria peltata (ESPER, 1794)

Folienkoralle

Vork.: Rotes Meer und von Ostafrika bis Tahiti. **GU**: Keine.
Hält.B.: Die Kolonien dieser Art sind im Aquarium gut haltbar, doch selten im Handel. In den becherförmigen Kolonien sammelt sich schnell Sediment und Detritus an, der entfernt werden muß. Sonst könnten sehr rasch Fäulnisprozesse einsetzen, die die Koralle absterben lassen. Man siedelt sie an strömungsreichen Stellen im Aquarium an und plaziert sie so, daß eine Seite vom Kelchrand nach unten geneigt ist. Empfindlich sind sie gegen die Nesselgifte anderer Korallen.
Licht: Sonnenlichtzone.
FU: Die Kolonien ernähren sich weitgehend von den Produkten ihrer Zooxanthellen. Keine weitere Fütterung notwendig.
Bes.: Die Kolonien wachsen in flachen, plattenförmigen Lagen, die häufig Becher oder Säulen bilden. Ihre Polypen sind groß, fleischig und auch tagsüber expandiert. Bei einem guten Standort können die Kolonien mehrere Meter im Durchmesser erreichen.

T: 20 - 28 °C, **Ø**: 30 cm, **BL**: ab 120 cm, **WB**: m-s, **WR**: o-m, **BS**: 3-4, **BS**: 2-3

Insel Komodo, Indonesien H. Erhardt

Turbinaria cf. *mesenterina* LAMARCK, 1816
Salatblattkoralle

Vork.: Indopazifik: Vom Persischen Golf bis zu den Cookinseln.
GU: Keine.
Hält.B.: Korallen dieser Art sind selten im Handel. Verwandte Arten aus der Gattung sind in einem Aquarium gut und ausdauernd haltbar und wachsen bei guten Bedingungen schnell heran. Sie benötigen viel Platz, um ihre Wuchsform auszubilden.
FU: K; Plankton und Produkte ihrer Zooxanthellen.
Bes.: Die Kolonien wachsen überwiegend plattenförmig und zeigen daneben noch weitere Wuchsformen. Eine im tiefen Wasser vorkommende Wuchsform hatten wir bereits im MEERWASSER ATLAS, Band 2, auf Seite 477 vorgestellt. Die hier abgebildete Korallenkolonie ist eine im flachen Wasser vorkommende Wuchsform. Bei ihr sind die mäanderförmigen Septen stark gefaltet und zum Teil spiralig gewunden. Salatblattkorallen leben an Saumriffen und am Riffhang und können bei gutem Standort mehrere Quadratmeter Riffgrund bedecken.

T: 22-26 °C, **Ø**: 45 cm, **BL**: ab 100 cm, **WB**: m-s, **WR**: m, **BS**: 2-3, **SG**: 2.

Großes Barriereriff, Australien

H. Erhardt

Turbinaria reniformis BERNARD, 1896
Kraterkoralle, Schalenkoralle

Vork.: Indopazifik: Von Ostafrika und dem Persischen Golf bis nach Tahiti und Australien.
GU: Keine.
Hält.B.: Diese Art ist selten im Handel. Sie wächst schnell, ist gut und problemlos zu pflegen und sollte viel Platz haben, um ihre Wuchsform auszubilden. Bei guten Bedingungen ist sie ein ausdauernder Pflegling in Aquarien.
Licht: Sonnenlichtzone.
FU: Die Kolonien ernähren sich weitgehend von den Produkten ihrer Zooxanthellen. Man kann sie mit gelösten organischen Verbindungen zusätzlich füttern.
Bes.: Die Kolonien können monospezifische Bestände bilden und in Form von ausladenden Schalen und gewundenen Trichtern wachsen. Diese können mehrere Meter im Durchmesser haben. Die gelblichgrün gefärbten Kolonien besitzen große und deutlich voneinander abgesetzte Polypen, die wie kleine Noppen die Kolonieoberfläche überragen. Ihr Lebensraum sind gut durchströmte Riffhänge, die nicht zu steil abfallen.

T: 22-29 °C, Ø: 120 cm, BL: ab 120 cm, WB: m-s, WR: m, BS: 3-4, SG: 2.

Insel Palau, Mikronesien H. Erhardt

Korallenverbiß

Korallen sind für viele Fische Nahrung. Speziell die Papageifische leben von ihnen. Mit ihrem scharfen und kräftigen Gebiß, das einem Papageischnabel ähnelt, beißen und schaben sie Korallen ab und verdauen das Korallengewebe. Der unverdaute Kalk wird über den Darm ausgeschieden und fällt als feines Sediment zu Boden. Da, wo die Fische ihr Gebiß in die Korallen schlugen, bleiben helle Schürfwunden zurück. Immer da, wo die Korallenoberfläche hügelig ist, sind die Verletzungen am Korallenblock besonders groß. Da läßt es sich für die Fische auch erfolgreicher zubeißen, als bei einer Koralle, die eine runde Wuchsform hat. Der Korallenverbiß hält sich immer in Grenzen. Davon stirbt die Korallenkolonie nicht ab. Den abbauenden Kräften durch Verbiß stehen immer aufbauende Kräfte des Wachstums entgegen, so daß sich im natürlichen Haushalt der Riffe ein Gleichgewicht einstellt.

Tubastrea sp., Komodo, Indonesien

H. Erhardt

Antipathes dichotoma H. Erhardt

Dornkorallen (Antipatharia)

Dornkorallen, besser bekannt unter dem Namen "Schwarze Korallen", leben bevorzugt in tropischen und subtropischen Meeren und kommen vom Flachwasser bis in große Tiefen vor. Ihre Kolonien bilden dunkelbraune bis schwarze Achsenskelette aus, die von außerordentlicher Festigkeit sind. Sie werden in der Schmuckindustrie zu Perlen, Ketten, Amuletten und zu anderen Schmuckgegenständen verarbeitet.

Schwarze Korallen sind koloniebildende, auf festen Unterlagen wachsende, sechsstrahlige Korallen, die ein dorniges, elastisches, hornartiges und kalkfreies Achsenskelett ausbilden, das Konvergenzen zum Skelett der Hornkorallen aufweist. Dieses Achsenskelett wird von einer dünnen, weichen und lebenden Außenschicht überzogen, in der die Polypen leben. Diese sind klein, messen nur wenige Millimeter und besitzen ein zylindrisches Aussehen. Sie sind nicht in der Lage, sich zu kontrahieren. Um die Mundöffnung herum befinden sich sechs, selten acht, Fangarme. An ihrer Basis sind alle Polypen über eine gemeinsame Grundmasse miteinander verbunden.

Schwarze Korallen ernähren sich vom Phytoplankton, das sie mit ihren Flimmerepithelien einstrudeln.

Schwarze Korallen zeigen sehr unterschiedliche Wuchsformen, die von langgestreckten, peitschenförmigen, bürstenartigen oder fächerförmigen Kolonien bis hin zu kleinen Büschen und Bäumchen reichen. Oft sind die Kolonien in einer Ebene verzweigt und bilden Federn und Fächer oder aber benachbarte Zweige verwachsen miteinander zu einem Maschen- und Netzwerk. Kleinere Arten sind oft quirlförmig verzweigt, wobei die Seitenverzweigungen rings um die Hauptachse der Kolonie ansetzen. Sie haben dann das Aussehen von Flaschenbürsten.

Einige Kolonien sind nur wenige Zentimeter groß, andere messen einige Meter im Durchmesser. Besonders die peitschenförmigen Arten, die wie lange Ruten in der Strömung stehen, erreichen eine maximale Länge von 6 m. Aus Stabilitätsgründen sind sie an den Enden der Kolonie mehrfach aufgerollt.

Schwarze Korallen sind eine kleine Ordnung mit nur wenigen Arten.

Ordnung: ANTIPATHARIA

Man weiß sehr wenig über ihre Biologie, da die meisten Tierkolonien erst unterhalb einer Wassertiefe von 100 m vorkommen.

Schwarze Korallen sind überwiegend getrenntgeschlechtliche Tierkolonien. Dabei sind die Polypen eines Stockes entweder weiblich oder männlich. Zwittrige Kolonien sind vereinzelt nachgewiesen worden, doch sind sie nicht die Regel. Über die Entwicklung von der Eizelle bis zur Koloniegründung ist wenig oder fast nichts bekannt.

Schwarze Korallen haben zahlreiche Tiere als Untermieter. Kleine Fische, Krebse, Schlangensterne, Muscheln, Schnecken und Gorgonenhäupter leben auf ihren Kolonien, ohne daß man jedoch Wissenswertes über eine mögliche Wechselbeziehung aussagen kann. Freßfeinde besitzen sie offensichtlich nicht. Zumindest weiß man nichts darüber.

Systematik

Stamm: CNIDARIA	Nesseltiere
Klasse: ANTHOZOA	Blumentiere
Unterklasse: HEXACORALLIA	Sechsstrahlige Korallen
Ordnung: ANTIPATHARIA	Dornkorallen
Familie: Antipathidae	
Gattungen: *Antipathes*	
Cirripathes	
Parantipathes	

Insel Komodo, Indonesien H. Erhardt

Antipathes cf. *abies* LINNAEUS, 1758
Schwarze Buschkoralle

Vork.: Indopazifik: Indonesien, Papua Neuguinea.
GU: Die Tierkolonien sind getrenntgeschlechtlich.
Hält.B.: Nicht bekannt.
FU: H; Plankton.
Bes.: Diese Art wächst in Form eines Strauches, mit engen und dicht stehenden Seitenverzweigungen an einer Hauptachse. Die Kolonie siedelt bevorzugt an stark strömenden Riffhängen. Die Krabbe *Quadrella maculosa* lebt in den engen Verzweigungen dieser Schwarzen Koralle.

T: 22-26 °C, L: 60 cm hoch, BS: 4 (Gattung geschützt), SG: 4

Ordnung: ANTIPATHARIA
Fam.: Antipathidae

Insel Lombok, Indonesien H. Erhardt

Antipathes sp.
Gelbe Strauchkoralle

Vork.: Indopazifik: Indonesien.
GU: Die Tierkolonien sind getrenntgeschlechtlich.
Hält.B.: Nicht bekannt.
FU: H; Plankton.
Bes.: Die Tierkolonien aus dieser Gattung zeigen die unterschiedlichsten Wuchsformen und auch verschiedene Farbvarianten. Die strauchförmig wachsende Schwarze Koralle auf dem Bild besitzt gelbe Polypen. Sie siedelt am unteren Riffhang im nur mäßig strömenden Wasser.

T: 22-26 °C, L: 80 cm, BS: 4 (die Gattung ist geschützt), SG: 4

Insel Palau, Mikronesien
H. Erhardt

Antipathes sp.
Feinverzweigte Schwarze Koralle

Vork.: Indopazifik: Mikronesien.
GU: Die Kolonien sind entweder getrenntgeschlechtlich oder zwittrig.
Hält.B.: Schwarze Korallen werden in der Aquaristik nicht gehandelt und sind für den Meerwasseraquarianer daher ohne Bedeutung.
FU: H; Phytoplankton.
Bes.: Die auf dem Bild dargestellte Art wächst überwiegend fächerförmig und mit weit ausladenden, sehr filigranen Seitenverzweigungen. Die einzelnen, stiftförmigen Polypen sind als helle Pünktchen an den Verzweigungen zu erkennen. Schwarze Korallen sind Tierkolonien des tieferen Wassers, wo sie bevorzugt an steil abfallenden Riffhängen siedeln.

T: 20-28 °C, L: bis 120 cm, BS: 4, SG: 4

Ordnung: ANTIPATHARIA
Fam.: Antipathidae

Insel Palau, Mikronesien H. Erhardt

Antipathes sp.
Schwarze Koralle

Vork.: Indopazifik: Mikronesien.
GU: Keine. Die Tierkolonien sind entweder getrenntgeschlechtlich oder zwittrig.
Hält.B.: Nicht bekannt.
FU: H; Phytoplankton.
Bes.: Die abgebildete Koralle wächst an einem tiefen Riffhang, wo keine starken Strömungen die fächerförmig wachsende Kolonie treffen. Die Verzweigungen sind zahlreich, zart und filigran in ihrer Gestalt und quer zum Riffhang ausgerichtet.

T: 22-28 °C, L: 80 cm, BS: 4, SG: 4

Nordsulawesi, Insel Bunaken, Indonesien H. Erhardt

Antipathes sp.
Schwarze Koralle

Vork.: Indopazifik: Indonesien.
GU: Die Tierkolonien sind getrenntgeschlechtlich oder zwittrig.
Hält.B.: Unbekannt.
FU: H; Phytoplankton.
Bes.: Die Tierkolonie auf dem Bild zeigt eine außergewöhnlich seltene Wuchsform. Die Verzweigungen dieser Schwarzen Koralle erheben sich nur wenig über das Siedlungssubstrat und formieren sich zu einem geduckt wachsenden Busch. Möglicherweise ist diese Wuchsform eine Anpassung an starke Wasserströmungen, die in diesem Riffgebiet auch tatsächlich vorherrschen.

T: 22-27 °C, **L:** 15-20 cm, **BS:** 4, **SG:** 4

Cirripathes sp. H. Erhardt

Lembeth-Straße, Bitung, Indonesien H. Erhardt

Cirripathes sp.
Spiralige Drahtkoralle

Vork.: Indonesien. Die Gattung ist im Roten Meer und von Ostafrika bis Polynesien weit verbreitet.
GU: Die Kolonien sind getrenntgeschlechtlich oder zwittrig.
Hält.B.: Wenig bekannt, doch sollen die Tierkolonien leicht zu pflegen sein, wenn sie das richtige Futter bekommen.
FU: O, Planktonfänger. Im Aquarium füttert man sie mit Planktonersatz.
Bes.: Drahtkorallen wachsen unverzweigt und sind spiralig bis korkenzieherähnlich gewunden. Sie können über 1 m lang werden. Die stiftförmigen Polypen sind um die lebende Kolonieachse angeordnet. Sie kommen in verschiedenen Farben vor, doch sind die meisten Kolonien zitronengelb bis orange gefärbt. Ihr Lebensraum sind tiefe Riffhänge und Riffplateaus. Das kleine Bild zeigt die beschädigte Rindenschicht und das sich darunter befindende, schwarze Achsenskelett.

T: 20-28 °C, L: 60 cm, BL: ab 120 cm, WB: m-s, WR: u, BS: 3-4, SG: 2.

Insel Bunaken, Indonesien H. Erhardt

Parantipathes sp.
Flaschenbürste

Vork.: Indopazifik: Indonesien, Malediven, Malaysia, Mikronesien, Philippinen.
GU: Die Kolonien sind entweder getrenntgeschlechtlich oder zwittrig.
Hält.B.: Nicht bekannt.
FU: H; Phytoplankton.
Bes.: Die Kolonie dieser Schwarzen Koralle wächst in Form einer Flaschenbürste. Um einen zentralen Stab, der am Untergrund befestigt ist, gruppieren sich die einzelnen und kurzen Verzweigungen in alle Richtungen. Flaschenbürsten sind Tierkolonien des tiefen Wassers und siedeln am unteren Riffhang, wo noch kräftige Wasserströmungen vorherrschen.

T: 22-26 °C, **L:** 60 cm, **BS:** 4, **SG:** 4

Cirripathes spiralis, Malediven

H. Erhardt

Pseudoceros dimidiatus K. Fiedler

Meeresstrudelwürmer (Polycladida)

Meeresstrudelwürmer kommen in allen Weltmeeren vor. Ihren größten Artenreichtum und ihre größte Vielfalt erreichen sie in tropischen und subtropischen Meeren. Sie führen ein unauffälliges Dasein unter Steinen, in Ritzen und in Spalten. Nur gelegentlich sieht man sie, wenn sie einen Standortwechsel vornehmen.

Meeresstrudelwürmer sind bandartige, flache, weiche und nicht segmentierte Organismen mit einem deutlich entwickelten Kopf und häufig wellenförmigen Körperrändern. Der Körper kann glatt, warzig oder zottig sein. Am Kopf können Meeresstrudelwürmer entweder paarige, einfache oder gelappte Tentakel tragen. Einigen Tieren fehlen die Tentakel völlig. Augenflecken sind paarig oder zahlreicher angelegt oder sie können in mehrreihigen Bändern arrangiert sein. Sie nehmen Lichtsinnesreize wahr und befähigen ein Richtungssehen. Der chemische Sinn ist bei vielen Arten sehr gut entwickelt. Er ermöglicht es, den Tieren Nahrungsquellen zu erschließen, Hindernisse und Strömungen zu lokalisieren und sich nach ihnen auszurichten.

Meeresstrudelwürmer sind Hermaphroditen. Sie haben sowohl weibliche, als auch männliche Gonaden angelegt, die außerordentlich kompliziert aufgebaut sind und die für die Bestimmung der Arten herangezogen werden. Meeresstrudelwürmer kopulieren. Die befruchteten Eier werden entweder einzeln oder in spiraligen Eikokons abgelegt und am Untergrund befestigt. Entweder entwikkelt sich aus dem Ei direkt ein kleiner Strudelwurm, oder die Entwicklung verläuft indirekt über ein planktisches Larvenstadium. Die Lebenserwartung der meisten Tiere ist nicht besonders groß. Einige leben nur wenige Wochen oder Monate, andere vielleicht ein Jahr und mehr.

Tropische und subtropische Meeresstrudelwürmer sind sehr farbig. Man ist schnell geneigt, sie mit tropischen Nacktschnecken zu verwechseln. Die Kaltwasserarten sind dagegen unauffällig und oft auch transparent.

Meeresstrudelwürmer sind Räuber, die sich von allen möglichen Wirbellosen ernähren. Die meisten von ihnen sind Nahrungsspezialisten, die auf einem ganz bestimmten Nahrungssubstrat leben. Meist handelt es sich dabei um koloniale Wirbellose. Häufig haben sie dann zur Tarnung die Farbe ihres Freßsubstrates angenommen.

Auch Meeresstrudelwürmer sind unterschiedlich groß. Nur wenige Millimeter messen die kleinen Tiere, die großen erreichen bis zu 15 cm. Sie bewegen sich aus einer Kombination von Muskelkontraktion, Wimpernschlag der Haut und Schleimabsonderung fort. Auffällig sind dabei die undulierenden Bewegungen der Körperseitenränder. Meeresstrudelwürmer besitzen ein außerordentlich großes Regenerationsvermögen. Aus Teilen eines Tieres können sich wieder neue Organismen entwickeln.

Meeresstrudelwürmer werden nicht in Aquarien gepflegt. Die meisten von ihnen sind Nahrungsspezialisten und an anderes Futter nicht zu gewöhnen. Sie würden in einem Aquarium verhungern.

Systematik

Stamm: PLATHELMINTHES — Plattwürmer
Klasse: TURBELLARIA — Strudelwürmer
Ordnung: POLYCLADIDA — Meeresstrudelwürmer
Unterordnung: Cotylea
Familie: Pseudoceratidae
Gattungen: *Maiazoon*
Posthecereus
Pseudoceros
Pseudobiceros
Familie: Euryleptidae
Gattung: *Eurylepta*
Unterordnung: Acotylea
Familie: Stylochidae
Gattung: *Stylochus*
Ordnung: ACOELA

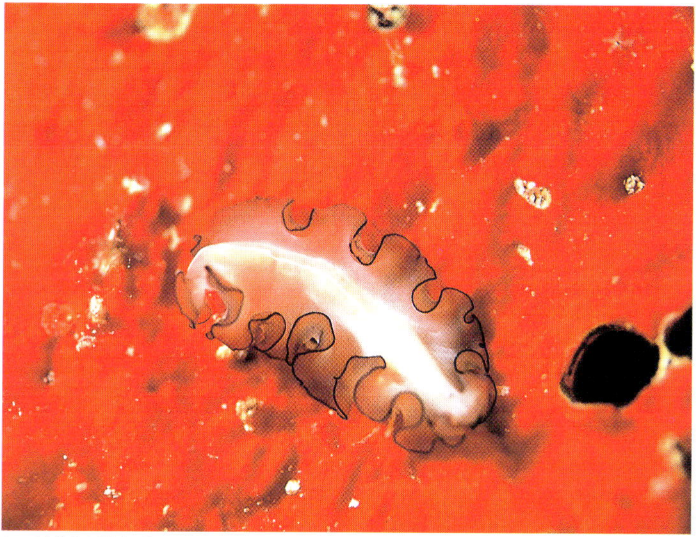

Insel Mirihi, Malediven H.Klerks

Maiazoon orsaki NEWMAN & CANNON, 1996
Orsakis Strudelwurm

Vork.: Indopazifik: Malediven, Marschallinseln.
GU: Strudelwürmer sind Hermaphroditen.
Soz.Verh./Vgs.: Die Tiere leben einzeln in der Nähe ihrer Freßsubstrate.
Hält.B.: Unbekannt. Die Tiere sind extreme Nahrungsspezialisten, die in Heimaquarien verhungern würden.
FU: K; die Tiere fressen Schwämme.
Bes.: Der fast transparente, leicht bräunlich gefärbte Körper der Strudelwürmer trägt eine dünne, weiße Medianlinie. Ein orangebraunes Marginalband mit einem annähernd schwarzen Saum umgibt das Tier. Orsakis Strudelwürmer leben tagsüber versteckt und sind nur nachts auf Nahrungssuche unterwegs.

T: 22-27 °C, **L**: 4 cm, **BS**: 4, **SG**: 4

Tamariu, Spanien, Mittelmeer H. Klerks

Posthecereus giesbrechtii LANG, 1884
Variable Planarie, Rosa Bandplanarie

Vork.: Atlantik, Mittelmeer.
GU: Bandplanarien sind Zwitter.
Soz.Verh./Vgs.: Die Tiere leben einzeln und treffen sich nur zur Kopulation.
Hält.B.: Unbekannt. Sie sind extreme Nahrungsspezialisten und können ohne ihr spezielles Futter nicht überleben. Sie müßten verhungern.
FU: K; Seescheiden und andere Wirbellose, die sie vollständig verschlingen müssen, da ihnen ein Kiefer zum Zerkleinern der Nahrung fehlt.
Bes.: Der Körper der Tiere ist abgeflacht, längsgestreift und hinten zugespitzt. Das Kopfende trägt ausgeprägte Tentakel. Planarien gleiten auf einem dichten Wimpernkleid über den Boden und können mit undulierenden Bewegungen des Körpersaumes schwimmen. Sie kommen in verschiedenen Farbmorphen vor und leben in Pflanzenbeständen und auf Hart- und Weichböden. Sie besitzen ein hohes Regenerationsvermögen bei Verletzungen.

T: 5-18 °C, L: 2-3 cm, BS: 4, SG: 4

Pseudoceros bifurcus D. Tackett

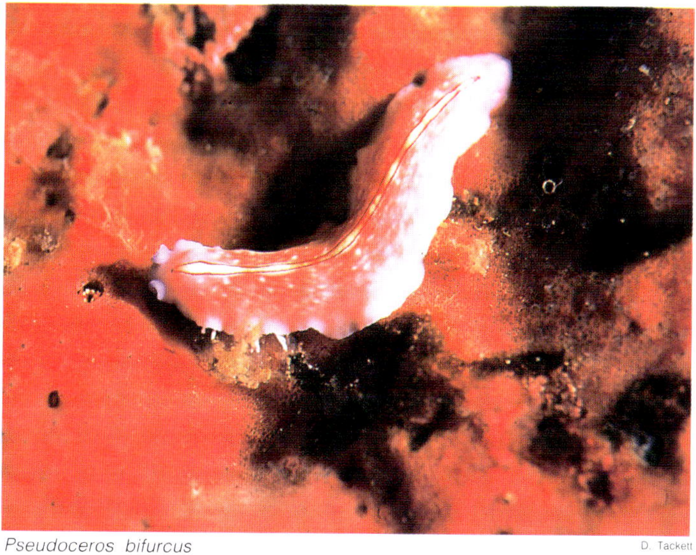

Pseudoceros bifurcus D. Tackett

Ordnung: Polycladida
Fam.: Pseudoceratidae

Nordsulawesi, Indonesien L. Tackett

Pseudoceros bifurcus PRUDHOE, 1989
Variabler Strudelwurm

Vork.: Indopazifik: Von Madagaskar bis nach Australien.
GU: Strudelwürmer sind Hermaphroditen.
Soz.Verh./Vgs.: Die Tiere leben einzeln und treffen sich nur zur Kopulation.
Hält.B.: Strudelwürmer sind extreme Nahrungsspezialisten, die in Heimaquarien verhungern würden.
FU: K; Sie ernähren sich von Manteltieren der Gattung *Eudistoma* und speziell von *Eudistoma laysani* (SLUITER, 1900).
Bes.: Variable Strudelwürmer findet man auf oder in der Nähe ihrer Freßsubstrate. Drei verschiedene Farbvarianten werden hier in Bildern vorgestellt, wobei man nicht genau weiß, ob es sich hierbei nur um Farbübergänge handelt. Der blauviolett schimmernde Körper wird durch ein mittleres, helles Band auf dem Rücken geteilt, und nur ein orangeroter Fleck am Ende des Bandes zeigt die Kopfregion an. Die Pseudotentakel befinden sich ebenfalls am vorderen Bewegungspol.

T: 22-27 °C, **L:** 6 cm, **BS:** 4, **SG:** 4

Insel Palau, Mikronesien H. Erhardt

Pseudoceros dimidiatus VON GRAFF, 1893
Zebra-Strudelwurm

Vork.: Indopazifik: Australien, Philippinen, Mikronesien, Ostafrika.
GU: Strudelwürmer sind Hermaphroditen.
Hält.B.: Da die meisten Tiere Nahrungsspezialisten sind, werden sie in heimischen Aquarien nicht gepflegt.
FU: K; sie weiden auf kolonialen Wirbellosen und meist auf Lederkorallen der Gattungen *Sarcophyton* und *Sinularia*.
Bes.: Die Grundfarbe des Körpers ist schwarz. Zwei gelbe Medianstreifen teilen die Tiere in eine rechte und in eine linke Hälfte. Der Körper ist von einem breiten, orangefarbenen Band umgeben. Von dieser orangen Peripherie strahlen unterschiedlich lange und unterschiedlich breite, gelbe Streifen zu den doppelten Medianlinien. Zebra-Strudelwürmer leben zwischen Korallenschutt am Fuße der Riffhänge und auf ihren Freßsubstraten.

T: 20-28 °C, L: 5 cm, BS: 4, SG: 4

Ordnung: Polycladida
Fam.: Pseudoceratidae

Indonesien

M. Walker

Pseudoceros jebborum NEWMAN & CANNON, 1994
Schwarzsaum-Strudelwurm

Vork.: Australien, Indonesien, Papua Neuguinea, Philippinen.
GU: Strudelwürmer sind Hermaphroditen.
Hält.B.: Da die Tiere Nahrungsspezialisten sind, werden sie in heimischen Aquarien nicht gepflegt.
FU: K; extreme Nahrungsspezialisten, die sich von Schwämmen und möglicherweise auch von kolonialen Ascidien ernähren.
Bes.: Der Körper der Tiere ist cremigorange, wobei eine graue, mittlere Körperlinie das Tier in zwei Hälften teilt. Der Körpersaum ist breit, mit einem schwarzen inneren und einem gelben äußeren Saum. Über die Biologie dieser Tiere ist außerordentlich wenig bekannt.

T: 22-26 °C, **L**: 7 cm, **BS**: 4, **SG**: 4

Chuuk, Mikronesien

P. Schupp

Pseudoceros ouini NEWMAN & CANNON, 1994
Ouinis Plattwurm

Vork.: Indopazifik: Indonesien, Mikronesien, Philippinen und Australien.
GU: Strudelwürmer sind Hermaphroditen.
Soz.Verh./Vgs.: Die Tiere leben einzeln und treffen sich nur zur Kopulation.
Hält.B.: Strudelwürmer sind extreme Nahrungsspezialisten. Sie würden in heimischen Aquarien verhungern.
FU: Unbekannt. Möglicherweise ernähren sie sich von kleinen, kolonialen Wirbellosen.
Bes.: Der beige und fast transparente Körper der Tiere ist übersät mit orangefarbenen Punkten und Strichen und mit rosaroten bis violetten Punkten am Körpersaum. Etwa 30 Augenflecken befinden sich am vorderen Bewegungspol. Die Tiere leben auf verschiedenen Substraten, doch findet man sie am häufigsten zwischen Korallenbruch.

T: 22-28 °C, **L:** 3 cm, **BS:** 4, **SG:** 4

Ordnung: POLYCLADIDA
Fam.: Pseudoceratidae

Jordanien, Golf von Aquaba Th. Paulus

Pseudoceros scintillatus NEWMAN & CANNON, 1994
Weißflecken-Strudelwurm

Vork.: Rotes Meer, Indopazifik: Indonesien, Philippinen, Australien.
GU: Strudelwürmer sind Hermaphroditen.
Soz.Verh./Vgs.: Die Tiere leben einzeln und treffen sich nur zur Kopulation.
Hält.B.: Als extreme Nahrungsspezialisten würden sie in heimischen Aquarien schnell verhungern.
FU: K; sie fressen koloniale Manteltiere.
Bes.: Die Grundfarbe des Körpers ist samtschwarz. Darauf befinden sich verschieden große und in der Form unterschiedliche gelbgrüne Flecken, die weiß umrandet sein können. Ein orangefarbenes Marginalband umfaßt den Körper. Weißflecken-Strudelwürmer leben unter Korallenbrocken, zwischen Korallenbruch und zum Teil tagsüber eingegraben im Sediment.

T: 22-28 °C; **L**: 1-2 cm, **BS**: 4, **SG**: 4

Mittelmeer, Estartit, Spanien H. Klerks

Pseudoceros sp.
Orangefarbene Bandplanarie

Vork.: Mittelmeer.
GU: Strudelwürmer sind Hermaphroditen.
Hält.B.. Nicht bekannt. Die Tiere sind extreme Nahrungsspezialisten, die in Aquarien verhungern würden.
FU: K; Schwammfresser.
Bes.: Der dorsoventral abgeplattete Körper der Strudelwürmer trägt einen hellen, undulierenden Saum. Viele helle Punkte unterschiedlicher Größe bedecken den Oberkörper, während die Unterseite des Körpers hell erscheint. Über kurze Strecken können Strudelwürmer mit wellenförmigen Bewegungen des Körpers schwimmen.

T: 5-22 °C, **L:** 3 cm, **BS:** 4, **SG:** 4

Indonesien M. Walker

Pseudoceros sp. (als Art noch nicht beschrieben)
Gelber Strudelwurm

Vork.: Indopazifik: Indonesien.
GU: Strudelwürmer sind Hermaphroditen.
Hält.B.: Da die Tiere Nahrungsspezialisten sind, werden sie in heimischen Aquarien nicht gepflegt.
FU: K; sie ernähren sich möglicherweise von Schwämmen und von verschiedenen Wirbellosen.
Bes.: Der Körper der Tiere ist zitronengelb gefärbt und mit einem dunklen, marginalen Band als Körperbegrenzung versehen. Über die Biologie dieser Tiere ist nichts bekannt.

T: 22-26 °C, **L**: 6 cm, **BS**: 4, **SG**: 4

Indonesien M. Walker

Pseudoceros sp. (als Art noch nicht beschrieben)
Violetter Strudelwurm

Vork.: Indopazifik: Indonesien.
GU: Strudelwürmer sind Hermaphroditen.
Hält.B.: Da Strudelwürmer Nahrungsspezialisten sind, werden sie in heimischen Aquarien nicht gepflegt.
FU: K; Schwammfresser.
Bes.: Der violett gefärbte Körper der Tiere besitzt eine gelbe, punktuell angeordnete Mittellinie auf der Körperoberseite. Auch die Rhinophoren sind gelb. Nichts ist über die Biologie dieser Tiere bekannt.

T: 22-26 °C, L: 4 cm, BS: 4, SG: 4

Ordnung: POLYCLADIDA
Fam.: Pseudoceratidae

Nordsulawesi, Indonesien   L. Tackett

Pseudoceros nov. sp.   NEWMAN & CANNON, in MS
Rotoranger Strudelwurm

Vork.: Indopazifik: Indonesien.
GU: Strudelwürmer sind Hermaphroditen.
Soz.Verh./Vgs.: Die Tiere leben einzeln und treffen sich nur zur Kopulation.
Hält.B.: Strudelwürmer sind extreme Nahrungsspezialisten, die in heimischen Aquarien verhungern würden.
FU: Unbekannt. Möglicherweise ernähren sie sich von Schwämmen oder von kolonialen Wirbellosen.
Bes.: Der Körper der Tiere ist plakativ gefärbt und zeigt auf dem Rücken eine helles Band. Helle Flecken, Punkte und Streifen bedecken den Körper.

T: 2-27 °C, **L**: 4 cm, **BS**: 4, **SG**: 4

Chuuk, Mikronesien P. Schupp

Pseudoceros nov. sp. NEWMAN & CANNON, in MS
Violetter Strudelwurm

Vork.: Mikronesien
GU: Strudelwürmer sind Hermaphroditen.
Soz.Verh./Vgs.: Die Tiere leben einzeln und treffen sich nur zur Kopulation.
Hält.B.: Unbekannt. Außerdem sind sie extreme Nahrungsspezialisten, die in heimischen Aquarien verhungern würden.
FU: Nicht bekannt.
Bes.: Über die Biologie dieser Art ist nichts bekannt. Man muß die Erstbeschreibung von NEWMAN & CANNON abwarten, um darüber Aussagen machen zu können.

T: 22-29 °C, L: 4 cm, BS: 4, SG: 4

Ordnung: POLYCLADIDA
Fam.: Pseudoceratidae

Raa Atoll, Malediven H. Erhardt

Pseudobiceros gloriosus NEWMAN & CANNON, 1994
Schöner Strudelwurm

Vork.: Indonesien, Indischer Ozean, Melanesien, Ostaustralien.
GU: Strudelwürmer sind Hermaphroditen.
Hält.B.: Strudelwürmer sind zum Teil extreme Nahrungsspezialisten und werden daher in heimischen Aquarien nicht gepflegt.
FU: K; sie ernähren sich von verschiedenen kolonialen Wirbellosen.
Bes.: Der Körper der Tiere ist samtschwarz und trägt drei farblich unterschiedliche Randbänder. Das innere Band ist breit und orangefarben, das mittlere rosa, und das äußere Band ist schwarz. Tiere dieser Art leben unter Korallen und in Blockfeldern. Über ihre Biologie ist sehr wenig bekannt.

T: 22-26 °C, L: 9 cm, BS: 4, SG: 4

Rotes Meer

V. Neumann

Pseudobiceros nov. spp. NEWMAN & CANNON, in MS
Strudelwurm

Vork.: Rotes Meer.
GU: Strudelwürmer sind Hermaphroditen.
Soz.Verh./Vgs.: Die Tiere leben einzeln und treffen sich nur zur Kopulation.
Hält.B.: Als extreme Nahrungsspezialisten werden Strudelwürmer nicht in heimischen Aquarien gepflegt.
FU: K; sie sind möglicherweise Schwammfresser.
Bes.: Der Körper der Tiere ist samtschwarz. Er wird durch ein breites, orangefarbenes inneres und ein schmales schwarzes äußeres Marginalband begrenzt. Die Art wird gerade beschrieben, so daß im Moment wenig über die Biologie dieser Tiere bekannt ist.

T: 22-28 °C, **L:** 5 cm, **BS:** 4, **SG:** 4

Ordnung: Polycladida
Fam.: Pseudoceratidae

Sudan, Rotes Meer

Th. Paulus

Pseudobiceros cf. *stellae* NEWMAN & CANNON, 1994
Stellas Strudelwurm

Vork.: Rotes Meer, Indopazifik: Indonesien, Philippinen bis Hawaii und Australien.
GU: Strudelwürmer sind Hermaphroditen.
Soz.Verh./Vgs.: Die Tiere leben als Einzelgänger und treffen sich nur zur Kopulation.
Hält.B.: Nicht bekannt. Als Nahrungsspezialisten würden sie in heimischen Aquarien bereits nach Tagen verhungern.
FU: K; Schwammfresser.
Bes.: Der Körper der Strudelwürmer kann entweder samtschwarz oder schokoladenbraun gefärbt sein. Darauf befinden sich viele kleine helle Striche, Flecken und Punkte, die sic im mittleren Körperbereich konzentrieren. Ein feiner orangefarbener Saum begrenzt das Tier. Stellas Strudelwürmer leben unter Korallenbrocken und zwischen Korallenbruch in unterschiedlichen Wassertiefen.

T: 22-28 °C, **L:** 2 cm, **BS:** 4, **SG:** 4

Indonesien M. Walker

Pseudobiceros sp. (diese Art ist noch nicht beschrieben)
Schwarzer Strudelwurm

Vork.: Indopazifik: Indonesien.
GU: Strudelwürmer sind Hermaphroditen.
Hält.B.: Die Tiere sind Nahrungsspezialisten und werden daher nicht in heimischen Aquarien gepflegt.
FU: K; sie ernähren sich möglicherweise von Schwämmen und von verschiedenen Wirbellosen.
Bes.: Der Körper der Tiere ist schwarz und zeigt eine helle innere und eine orangefarbene äußere Begrenzung. Der stark undulierende Körpersaum ist bei gerichteter Fortbewegung besonders stark ausgeprägt. Die Rhinophoren sind orange gefärbt. Über die Biologie dieser Tiere ist so gut wie nichts bekannt.

T: 22-26 °C, **L**: 8 cm, **BS**: 4, **SG**: 4

Ordnung: POLYCLADIDA
Fam.: Pseudoceratidae

Insel Cebu, Philippinen H. Erhardt

Pseudobiceros nov. spp. NEWMAN & CANNON, in MS
Gelbrand-Strudelwurm

Vork.: Indopazifik: Philippinen.
GU: Strudelwürmer sind Hermaphroditen.
Hält.B.: Nicht bekannt und auch nur unter großen Schwierigkeiten möglich, da die Tiere Nahrungsspezialisten sind.
FU: K; weiden auf kolonialen Wirbellosen.
Bes.: Der dunkelgraue bis schwarze Körper der Tiere besitzt drei Medianlinien. Ein weißgelber bis weißgelboranger Saum befindet sich an der Körperperipherie. Das abgebildete Tier ist noch nicht beschrieben und muß als eine neue Art angesehen werden.

T: 20-28 °C, **L:** 6 cm, **BS:** 4, **SG:** 4

Nordsulawesi, Indonesien

L. Tackett

Pseudobiceros nov. spp. NEWMAN & CANNON, in MS
Olivgrüner Strudelwurm

Vork.: Indopazifik: Indonesien.
GU: Strudelwürmer sind Hermaphroditen.
Soz.Verh./Vgs.: Die Tiere leben einzeln und treffen sich nur zur Kopulation.
Hält.B.: Strudelwürmer sind extreme Nahrungsspezialisten, die in heimischen Aquarien verhungern würden.
FU: Fraßspuren weisen darauf hin, daß sich dieser Strudelwurm von dem Manteltier *Diademnum molle* ernährt.
Bes.: Der olivgrüne Körper der Tiere zeigt einen schwarzweißen, undulierenden Saum. Ein helles medianes Band teilt den Körper in zwei Hälften.

T: 22-26 °C, L: 3 cm, BS: 4, SG: 4

Nordsulawesi, Indonesien L. Tackett

Pseudobiceros nov. spp. NEWMAN & CANNON, in MS
Gefleckter Strudelwurm

Vork.: Indopazifik: Indonesien.
GU: Strudelwürmer sind Hermaphroditen.
Soz.Verh./Vgs.: Die Tiere leben einzeln und treffen sich nur zur Kopulation.
Hält.B.: Strudelwürmer sind extreme Nahrungsspezialisten, die in heimischen Aquarien verhungern würden.
FU: K; Schwämme.
Bes.: Der helle Körper der Würmer trägt dunkle Streifen und Punkte unterschiedlicher Größe und Anordnung. Der undulierende Körpersaum ist grünlich eingefärbt.

T: 22-26 °C, **L:** 3 cm, **BS:** 4, **SG:** 4

Fam.: Euryleptidae

Nordsulawesi, Indonesien — L. Tackett

Eurylepta sp.
Strudelwurm

Vork.: Indopazifik: Indonesien.
GU: Strudelwürmer sind Hermaphroditen.
Soz.Verh./Vgs.: Die Tiere leben einzeln und treffen sich nur zur Kopulation.
Hält.B.: Unbekannt. Die Tiere sind extreme Nahrungsspezialisten, die in heimischen Aquarien verhungern würden.
FU: Nicht bekannt. Möglicherweise ernähren sie sich von Schwämmen oder von kolonialen Wirbellosen.
Bes.: Der helle Körper trägt zwei dunkle, parallel verlaufende Bänder, die sich am Körperende vereinen und spitz auslaufen. Am Kopfende sind sie nicht geschlossen und enden in den beiden orangeroten Pseudotentakeln.

T: 22-26 °C, L: 3 cm, BS: 4, SG: 4

Nordsulawesi, Indonesien D. Tackett

Eurylepta sp.
Weißsaum-Strudelwurm

Vork.: Indopazifik: Indonesien.
GU: Keine. Strudelwürmer sind Hermaphroditen.
Soz.Verh./Vgs.: Die Würmer leben einzeln und treffen sich nur zur Kopulation.
Hält.B.: Unbekannt. Die Tiere sind extreme Nahrungsspezialisten und würden in heimischen Aquarien verhungern.
FU: Nichts ist darüber bekannt. Möglicherweise fressen sie Schwämme oder koloniale Wirbellose.
Bes.: Der dunkle Körper der Tiere trägt einen grauweißen Saum und einen hellen Rücken. Auch die Körperunterseite ist hell. Die beiden Pseudotentakel am Kopf sind orangerot abgesetzt.

T: 22-27 °C, L: 4 cm, BS: 4, SG: 4

Nordsulawesi, Indonesien L. Tackett

Eurylepta sp.
Schwarzrücken-Strudelwurm

Vork.: Indopazifik: Indonesien.
GU: Keine. Die Tiere sind Hermaphroditen.
Soz.Verh./Vgs.: Strudelwürmer leben einzeln und treffen sich nur zur Kopulation.
Hält.B.: Unbekannt. Sie sind extreme Nahrungsspezialisten, die in heimischen Aquarien verhungern würden.
FU: Unbekannt. Möglicherweise fressen sie Schwämme oder koloniale Wirbellose.
Bes.: Der helle und gelblichgrün gesäumte Körper trägt ein schwarzes, medianes Band auf dem Rücken.

T: 22-26 °C, L: 3 cm, BS: 4, SG: 4

Indonesien

M. Walker

(?) *Eurylepta* sp.
Streifen-Strudelwurm

Vork.: Indopazifik: Indonesien.
GU: Strudelwürmer sind Hermaphroditen.
Hält.B.: Da die Tiere zum Teil ausgesprochene Nahrungsspezialisten sind, werden sie in heimischen Aquarien nicht gepflegt.
FU: K; Manteltiere der Gattung *Rhopalaea*.
Bes.: Streifen-Strudelwürmer sind klein und unauffällig. Ihr Körper ist semitransparent und besitzt feine, orangefarbene, parallel angeordnete Längslinien. Eine durchgehende orangefarbene Linie verläuft in der Körpermitte. Nichts ist über die Biologie dieser Tiere bekannt. Sogar die Gattung ist noch ungewiß.

T: 22-26 °C, **L**: 2 cm, **BS**: 4, **SG**: 4

G. Allen

Ashmor Reef, Timor See

Eurylepta nov. spp. (die Art wird gerade von **NEWMAN & CANNON** beschrieben)
Strudelwurm

Vork.: Timor See. 10-20 m.
GU: Strudelwürmer sind Hermaphroditen.
Soz.Verh./Vgs.: Die Tiere sind Einzelgänger und treffen sich nur zur Kopulation.
Hält.B.: Unbekannt. Da sie zum Teil extreme Nahrungsspezialisten sind, würden sie in heimischen Aquarien schon nach kurzer Zeit verhungern.
FU: Unbekannt.
Bes.: Der cremefarbene, langgestreckte und abgeplattete Körper zeigt eine Strich- und Punktzeichnung an den Rändern und ein breites, von dieser Zeichnung freies Band in der Körpermitte. Über die Biologie dieser Art wird es erst mehr Informationen geben, wenn die Erstbeschreibung veröffentlicht ist.

T: 22-28 °C, **L:** 4 cm, **BS:** 4, **SG:** 4

Ordnung: POLYCLADIDA
Fam.: Stylochidae

Rotes Meer

Th. Paulus

Stylochus sp.
Grauer Strudelwurm

Vork.. Rotes Meer, Indopazifik.
GU: Strudelwürmer sind Hermaphroditen.
Soz.Verh./Vgs.. Die Tiere leben einzeln im Flachwasser zwischen Algen, auf Weich- und Lederkorallen und als Kommensalen auf ihren Freßsubstraten.
Hält.B.: Unbekannt. Sie sind extreme Nahrungsspezialisten und würden in einem Aquarium nach wenigen Tagen oder Wochen verhungern.
FU: K, kleine Wirbellose.
Bes.. Der Körper der Tiere ist langgestreckt, flach, in der Mitte etwas dicker und an beiden Enden abgerundet. Die Mundöffnung mit dem Vorderdarm befindet sich etwa in der Körpermitte auf der Unterseite der Strudelwürmer. Die Farbe der Tiere ist überwiegend braun, und die Oberfläche ist etwas filzig.

T: 22-29 °C, **L**: 5 cm, **BS**: 4, **SG**: 4

H. Baensch

Waminoa sp.

D. Tackett

Waminoa sp.

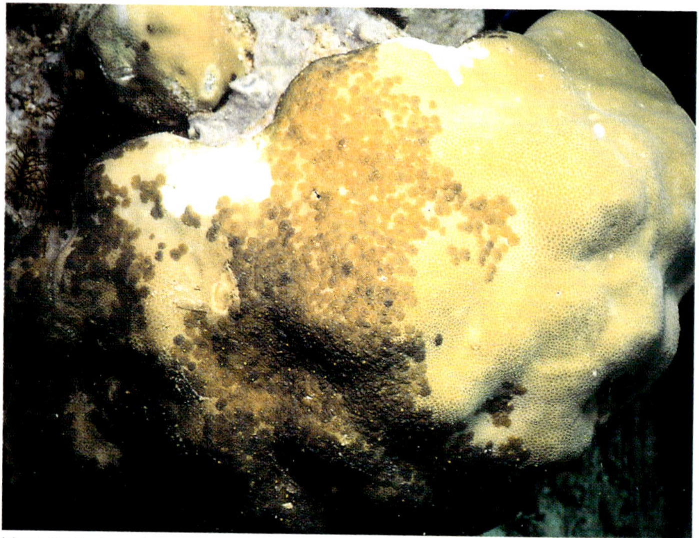

Manado, Indonesien H. Erhardt

Waminoa sp.
Acoela-Wurm, Brauner Korallenplattwurm

Vork.: Rotes Meer, von Ostafrika bis nach Melanesien.
GU: Die Tiere sind Hermaphroditen.
Hält.B.: In der Aquarienliteratur sind die Tiere unter der Bezeichnung "Rote Pest" bekannt. Bei sehr starker Beleuchtung können sie sich so schnell vermehren, daß sie für viele Wirbellose zu einer echten Gefahr werden. Sie bedecken deren Körper so massenhaft, daß die Tiere darunter regelrecht ersticken.
FU: Möglicherweise ernähren sie sich von den Schleimabsonderungen ihrer Wirtstiere. Zudem nehmen sie gelöste Stoffe über ihre Körperoberfläche auf. Sie leben aber auch in einer Symbiose mit Algen, so daß sie sich von deren Fotosyntheseprodukten ernähren.
Bes.: Acoela-Strudelwürmer sind darmlos und schmarotzen auf der Kolonieoberfläche vieler Weich- und Steinkorallen. Sie können bei Massenbefall die Kolonieoberfläche ihrer Wirte regelrecht abdecken. Sehr schön zu sehen sind die Würmer dann, wenn sie auf der Blasenkoralle *Plerogyra sinuosa* sitzen, wo sie sich farblich gut abheben.

T: 22-26 °C, **Ø:** 3-4 mm, **BL:** 80 cm, **WB:** m, **BS:** 2, **SG:** 1

Waminoa sp. auf Lederkoralle, Komodo, Indonesien H. Erhardt

Membranipora membranacea H. Erhardt

Moostierchen (Bryozoa)

Moostierchen gehören zum Stamm der Tentakelträger. Sie leben sowohl im Meer als auch im Süßwasser. Viele Arten sind Kosmopoliten, die vom Flachwasser bis in sehr große Wassertiefen vorkommen.

Auf den ersten Blick sehen diese Tiergemeinschaften wie Algen oder Moospolster aus, doch Moostierchen sind, bis auf wenige Ausnahmen, festsitzende Tiergemeinschaften, die auf Steinen, an Felswänden, auf Muschel- und Schneckenschalen siedeln, Piers und Hafenanlagen bevölkern, sich großflächig auf Seetang und Seegras ausbreiten und Sand und Schlick als Lebensraum erschließen. Nur ganz wenige Arten sind in der Lage, sich sehr langsam fortzubewegen.

Moostierchen erreichen trotz der mikroskopischen Kleinheit ihrer Einzeltiere im kolonialen Verband beträchtliche Größe. Eine jede Moostierchenkolonie setzt sich aus Tausenden von Einzeltieren zusammen, die unterschiedlich gestaltet sein können, da sie im Dienste der Kolonie auch verschiedene Aufgaben zu erfüllen haben. So kommt es zu einer Arbeitsteilung innerhalb dieser Gemeinschaft, die im allgemeinen auch mit einer Gestaltsumwandlung der einzelnen Tiere verbunden ist.

Moostierchen sind Strudler. Mit Hilfe ihrer ständig schlagenden Tentakelkronen werden Nahrungspartikel herbeigestrudelt und der Mundöffnung zugeführt. Über einen Darm erreicht die aufgenommene Nahrung den Magen, wo sie verdaut wird. Die Aufgabe der "normal" gestalteten Tiere ist es, die notwendige Nahrung für die Kolonie zu beschaffen, sie zu verdauen und zu verteilen. Sie heißen Autozoide. Alle anderen Tiere in der Kolonie, die für die unterschiedlichsten Aufgaben umgestaltet wurden, heißen Heterozoide. Zu ihnen gehören z.B. die Avicularien, die einen Zangenapparat besitzen und die die Kolonieoberfläche reinigen. Sie entfernen alles, was sich darauf festsetzen will. Eine ähnliche Aufgabe erfüllen auch die Vibracularien. Sogenannte Kenozoide sind für die Befestigung der Tiere am Substrat verantwortlich und die Gonozoide stehen im Dienste der Fortpflanzung und der Reproduktion.

Stamm: Tentaculata

Moostierchen lassen zwei Körperabschnitte erkennen: einen weichhäutigen und tentakeltragenden Vorderkörper und einen verkalkten Hinterkörper. Kräftige Muskeln können den Vorderkörper in die verkalkten Skelettkästchen zurückziehen. Viele marine Arten können diese mit einem Deckel verschließen.

Moostierchen sind überwiegend Zwitter. Nur wenige Arten betreiben Brutpflege. Die Verbreitung der Art erfolgt über eine bewimperte Larve, die sich nach einer kurzen planktischen Phase festsetzt und mit Hilfe einer fortdauernden Knospung eine neue Kolonie gründet. Die Lebensdauer vieler Moostierchen variiert sehr stark. Die meisten Einzeltiere leben nur wenige Wochen. Einige schaffen es, ein Jahr zu überleben, was charakteristisch ist für Arten, die auf Algen und Tangen leben. Nur ganz wenige Arten leben ein bis zwei Jahre und länger, wobei sie im Winter ihr Wachstum drastisch reduzieren.

Moostierchenkolonien sind in ihrer Konsistenz entweder biegsam, gallertig oder brüchig. Das hängt vom Anteil der Kalk- und Chitinablagerungen im Außenskelett der Tiere ab. Auch ihre Wuchsformen sind vielgestaltig, wobei einige an zarte Moose erinnern (Name!).

Systematik

Systematik

Stamm: TENTACULATA	Tentakelträger
Klasse: PHORONIDA	Hufeisenwürmer
Familie: Phoronidae	
Gattung: *Phoronis*	
Klasse: BRYOZOA	Moostierchen
Unterklasse: GYMNOLAEMATA	
Ordnung CHEILOSTOMATA	Lippenmünder
Familie: Membraniporidae	
Gattung: *Membranipora*	
Familie: Bugulidae	
Gattungen: *Bugula*	
Caulibugula	
Familie: Sertellidae	
Gattung: *Triphyllozoon*	
Familie: Scrupocellariidae	
Gattungen: *Canda*	
Scrupocellaria	
Familie: Phidoliporidae	
Gattung: *Reteporella*	
Familie: Tubuliporidae	
Gattung: *Idmidronea*	

Indonesien M. Walker

Phoronis sp.
Hufeisenwurm

Vork.: In allen gemäßigten und tropischen Meeren bis in 400 m Wassertiefe.
GU: Die überwiegende Anzahl der Arten ist zwittrig.
Hält.B.: Nicht bekannt.
FU: O; Plankton und Detritus.
ZU/Verm.: Die Geschlechtsprodukte werden in das freie Wasser abgegeben und hier befruchtet. Nach einer kurzen planktischen Phase lassen sich die Larven zu Boden sinken, machen eine Metamorphose durch und graben sich ein. Dann beginnen sie ihre Wohnröhre abzuscheiden.
Bes.: Hufeisenwürmer sind eine artenarme Gruppe. Die Tiere leben in selbstgefertigten, chitinigen Wohnröhren, in denen sie sich frei bewegen können. Nur ihre tentakeltragenden Vorderenden werden zum Nahrungsfang ausgestreckt. Die Tentakelkrone ist hufeisenförmig (Name!). Sie besteht aus 2 Reihen von 50-200 mit Cilien besetzten Tentakeln, in deren halbmondförmigen Falte die Mundöffnung liegt. Sehr wenig ist über die Biologie der einzelnen Arten bekannt. In gewisser Weise ähneln sie den Moostierchen.

T: 20-26 °C, **L**: weniger als 10 cm, **BS**: 4, **SG**: 4

Insel Palau, Mikronesien H. Erhardt

Membranipora savarti (AUDOUIN, 1826)
Filigranes Seemoos

Vork.: Indopazifik: Indonesien, Mikronesien, Papua Neuguinea.
GU: Die Kolonien sind zwittrig.
Hält.B.: Nicht bekannt. Sie sind als Sammelobjekte für den Transport ungeeignet und sehr zerbrechlich.
FU: O; Plankton, Detritus.
Bes.: Diese Moostierchenart wächst in zarten, filigranen und sehr zerbrechlichen Verzweigungen an strömungsabgewandten Riffteilen, wo die Bewegung des Wassers sie nicht zerstören kann. Man ist schnell geneigt, sie für Kalkalgen zu halten, doch bei genauem Hinsehen erkennt man an den Verzweigungen die zarten Fangarme der Moostierchen, die in der Strömung nach Nahrung suchen.

T: 22-26 °C, Ø: 15 cm, BS: 4, SG: 4

Nordsulawesi, Indonesien D. Tackett

Membranipora sp.
Moostierchen

Vork.: Indopazifik: Indonesien
GU: Die Tierkolonien sind zwittrig.
Hält.B.: Nicht bekannt.
FU: O; Plankton und Detritus.
Bes.: Die auf dem Bild dargestellte Moostierchenkolonie hat den Siedlungsplatz an der Spitze einer Gorgonie erobert. Hier lebt sie im strömungs- und nahrungsreichen Wasser und überzieht ihren Siedlungsplatz mit ihren Zooiden. Diese bilden kalkige Kästchen aus, die aneinandergereiht die Kolonie großflächig erweitern. Man sieht hier sehr schön die feinen Fangarme, die die Tiere aus ihren Behausungen herausstrecken.

T: 22-26 °C, **L**: Kästchenlänge: 1 mm, **BS**: 4, **SG**: 4

Insel Palau, Mikronesien H. Erhardt

Bugula sp.
Rotalgen-Moostierchen

Vork.: Indopazifik: Indonesien.
GU: Die Kolonien sind zwittrig.
Hält.B.: Nicht bekannt. Die zarten Tierkolonien würden einen Transport auch nie überstehen.
FU: O; Plankton, Detritus.
Bes.: Die auf dem Bild dargestellte Moostierchenkolonie könnte man auch für eine reich verzweigte Kalkrotalge halten. Betrachtet man die einzelnen Verzweigungen jedoch genauer, dann erkennt man die winzigen Kalkkästchen und die ausgestreckten Fangarme der Tiere. Bemerkenswert ist, daß sich die Endverzweigungen stets gabeln.

T: 22-26 °C, Ø: 12 cm, BS: 4, SG: 4

Insel Palau, Mikronesien H. Erhardt

Caulibugula sp. (?) *intermis*
Strauch-Moostierchen

Vork.: Indopazifik: Mikronesien.
GU: Die Kolonien sind zwittrig.
Hält.B.: Nicht bekannt.
FU: O; Plankton und Detritus.
Bes.: Strauch-Moostierchen leben mit ihren Rhizoiden im Boden verankert und wachsen aufrecht auf langen und verzweigten Stielen, die aus zusammengesetzten Kenozoiden bestehen. Am Ende dieser zarten Stiele befinden sich die Zooide, die hier kranzförmig arrangiert sind. Sie sehen wie zarte Blüten aus und erinnern an die ausgestreckten Mundwerkzeuge so mancher Meeresborstenwürmer. Die buschartigen Kolonien dieser Art siedeln normalerweise im sehr tiefen Wasser, doch kommen sie in der großen Lagune der Rock Islands in Palau auch im flachen Wasser vor. Sie bevorzugen als Lebensraum stark durchströmte Riffabschnitte.

T: 22-26 °C, **L:** 8 cm, **BS:** 4, **SG:** 4

Fam.: Sertellidae

Apo-Riff, Philippinen H. Erhardt

Triphyllozoon sp.
Netz-Moostierchen

Vork.: Indopazifik: Australien, Indonesien, Philippinen, Papua Neuguinea.
GU: Die Kolonien sind zwittrig.
Hält.B.: Nicht bekannt.
Bes.: Netz-Moostierchen wachsen in mäandrischen Lagen. Sie sind zart, zerbrechlich und die Lagen netzartig durchbrochen. Die Zooide befinden sich beiderseits der kalkigen Lagen. Sie lieben als Lebensraum schattige Standorte unter Überhängen, wo sie auf Hartsubstrat festzementiert leben. Auf dem Bild sieht man sehr schön die ausgestreckten Fangarme der Tiere. Netz-Moostierchen werden nur wenige Monate alt. Dann überziehen sehr schnell fädige Algen ihre mäandrischen Kalklagen.

T: 22-26 °C, Ø: 8 cm, BS: 4, SG: 4

Insel Bunaken, Indonesien H. Erhardt

Canda sp.
Zartgliedriges Moostierchen

Vork.: Indopazifik: Indonesien, Malaysia, Philippinen.
GU: Die Kolonien sind zwittrig.
Hält.B.: Nicht bekannt.
FU: O; Plankton und Detritus.
Bes.: Die Kolonien sind sehr klein und außerordentlich zart verzweigt, wobei die Längsverzweigungen durch Querverbindungen stabilisiert werden. Ihr Siedlungssubstrat ist recht unterschiedlich. Meist sind es Schwämme, die sie bevorzugen. Ihr Lebensraum sind tiefe und dunkle Nischen und Unterhöhlungen, wo Strömungen sich brechen und nur leichte Wasserbewegungen die zerbrechliche Moostierchenkolonie erreichen.

T: 22-26 °C, Ø: 4 cm, BS: 4, SG: 4

H. Erhardt

Insel Bunaken, Indonesien

Scrupocellaria sp.
Busch-Moostierchen

Vork.: Indopazifik: Indonesien, Philippinen.
GU: Die Kolonien sind zwittrig.
Hält.B.: Nicht bekannt.
FU: O; Plankton und Detritus.
Bes.: Die Kolonien wachsen buschig auf allen nur möglichen Unterlagen. Ganz charakteristisch für sie ist, daß die Enden der Verzweigungen gebogen sind. Der bevorzugte Lebensraum dieser Tierkolonien sind Riffhänge und Steilabfälle, wo starke Wasserbewegungen vorherrschen.

T: 22-26 °C, Ø: 6 cm, BS: 4, SG: 4

Insel Bunaken, Indonesien H. Erhardt

Reteporella sp.
Weißes Fächermoostierchen

Vork.: Indopazifik: Australien, Indonesien, Philippinen.
GU: Die Kolonien sind zwittrig.
Hält.B.: Moostierchen werden nicht in Aquarien gepflegt.
FU: O; Plankton und Detritus.
Bes.: Die relativ kleinen Kolonien leben festzementiert an Korallengestein und verzweigen sich mitunter sehr filigran. Oft sind die Verzweigungen fächerförmig ausgerichtet. Zudem sind sie sehr zerbrechlich. Ihr Lebensraum sind tiefe und dunklen Spalten, Nischen und Unterhöhlungen an Steilabfällen, wo starke Strömungen vorherrschen. Sie sehen Filigrankorallen aus der Gattung *Stylaster* ähnlich.

T: 22-26 °C, L: 6 cm, BS: 4, SG. 4.

Indonesien M. Walker

Adeonellopsis sp.
Schleier-Moostierchen, Folien-Moostierchen

Vork.: Indopazifik: Indonesien.
GU: Die Kolonien sind zwittrig.
Hält.B.: Nicht bekannt.
FU: O; Plankton und Detritus.
Bes.: Die umfangreichen Kolonien wachsen in aufrechten und mäandrischen Lagen, wobei beide Seiten von Zooiden besetzt sind. Die apikale Wachstumszone ist farblich abgesetzt und rotorange gefärbt. Schleier-Moostierchen leben auf festen Substraten unter geräumigen und schattigen Überhängen und können ausgedehnte Kolonien ausbilden.

T: 21-26 °C, **Ø:** 30 cm, **BS:** 4, **SG:** 4

Großes Barriereriff, Australien H. Erhardt

Idmidronea sp.
Stacheliges Moostierchen

Vork.: Australien.
GU: Die Tierkolonien sind zwittrig.
Soz.Verh./Vgs.: Diese Moostierchenkolonien leben häufig mit Schwämmen und fingerförmig wachsenden Korallen vergesellschaftet.
Hält.B.: Unbekannt.
FU: O, Plankton und Detritus.
Bes.: Die Kolonien wachsen filigran, mit vielen gabelförmig verzweigten Fortsätzen, die triangulär im Querschnitt sind. Die lateral und in Reihen an den Verzweigungen angeordneten Zooidröhrchen sehen wie Stacheln aus und geben der Kolonie ein rauhes Aussehen. Stachelige Moostierchen leben bevorzugt an schattigen und gut durchströmten Riffabschnitten.

T: 20-28 °C, Ø: 12 cm, BS: 4, SG: 4

H. Erhardt

Caulibugula intermis, Palau, Mikronesien

Laich von *Hexabranchus sanguineus* H. Erhardt

Stenochiton pilsbryanus C. Bryce

Patella vulgata H. Erhardt

Nequetia cunningii C. Bryce

Fam.: Vermetidae C. Bryce

Chromodoris reticulata H. Erhardt

Chlamys pallium H. Erhardt

Sepia sp. M. Walker

Octopus sp. C. Bryce

Weichtiere (Mollusca)

Die Weichtiere sind ein sehr erfolgreicher Tierstamm und mit etwa 50.000 Arten auf unserer Erde vertreten. Sie haben fast alle Lebensräume erobert: Das Meer, das Süßwasser und das Land. Zu den Weichtieren zählen folgende Klassen: Käferschnecken (*Placophora*), Wurmmolluscen (*Aplacophora*), Schnecken (*Gastropoda*), Muscheln (*Bivalvia*), Kahnfüßer (*Scaphopoda*) und die Kopffüßer (*Cephalopoda*). Vier dieser Klassen werden in den folgenden Kapiteln kurz beschrieben und verschiedene Arten vorgestellt.

Der Körper der Weichtiere gliedert sich in 3 Abschnitte: In Kopf, Fuß und Eingeweidesack, der vom Mantel umhüllt wird. Dieser scheidet eine äußere, kalkige Schale in Form von Stacheln, Schuppen, Schalen, Platten und Gehäusen ab. Diese können extrem vielgestaltig sein und waren seit jeher Objekte menschlicher Sammelleidenschaft. Im Prinzip sind diese Kalkbildungen aus drei Schichten aufgebaut: Einer inneren Perlmuttschicht, einer Prismenschicht und einer chitinigen Außenhaut (Periostracum). Diese ist bei verlassenen Gehäusen und bei Sammelobjekten meist abgeblättert. Ein inneres Skelett tritt nur bei einigen Kopffüßern auf.

Der Kopf ist vom Rumpf nicht immer eindeutig abgesetzt. Bei einigen Weichtieren ist er reduziert, und bei den Muscheln ist er nicht mehr vorhanden. Am Kopf liegt auch der Mund und die zentralen Teile des Nervensystems sowie viele Sinnesorgane. Neben den Mechano- und Chemorezeptoren haben viele Weichtiere Lichtsinnesorgane entwickelt. So besitzen Schnecken und Kopffüßer Kopfaugen in den unterschiedlichsten Entwicklungsstufen und einige Muscheln (*Pecten)* tragen primitive Augen am Mantelrand. Mechanorezeptoren befinden sich an vielen Kopftentakeln, an den Rhinophoren und an den Saugnäpfen bei den Kopffüßern.

Am Kopf liegt auch der Mund, der bei den Muscheln fehlt (sie sind Filtrierer). Bei den parasitisch lebenden Schnecken ist er weitestgehend reduziert. Im Mundraum befindet sich eine, für den Stamm der Weichtiere so typische Raspelzunge (Radula), die aus einer Membran besteht, auf der "Zähne" in Längs- und Querreihen angeordnet sind. Diese Radula ist eine Spezialeinrichtung der

Weichtiere, die zum Erwerb, Verschlingen und Zerkleinern der Nahrung eingesetzt wird. Sie kann verschieden gestaltet sein und ist abhängig von der Nahrungsaufnahme. Bei den pflanzenfressenden Weichtieren ist sie weitgehend gleichförmig, bei den Carnivoren dagegen vielgestaltig ausgebildet. Mit ihr haben die Weichtiere die unterschiedlichsten Nahrungsquellen erschlossen, und sie sind dabei sehr erfolgreich geblieben.

Der Fuß hat sich aus einem Hautmuskelschlauch entwickelt und ist ursprünglich als Kriechfuß angelegt gewesen. Er besteht aus einem dreidimensionalen Muskelgeflecht und aus flüssigkeitsgefüllten Lakunen. Mit seiner Hilfe können Weichtiere graben, kriechen und schwimmen. Sonderbildungen des Fußes sind z.B. die lappigen Verbreiterungen (Parapodien) bei den Seehasen, die zum Schwimmen eingesetzt werden. Aber auch die zungenförmige Gestalt des Fußes bei den Muscheln ist eine Anpassung an ihre grabende Tätigkeit. Die stärkste Modifikation des Fußes ist bei den Kopffüßern erfolgt. Bei ihnen sind sie zu Fangarmen umgestaltet worden.

Der Eingeweidesack ist vom Fuß durch eine ringförmige Mantelfalte getrennt und stellt eine dorsale Erweiterung des Körpers dar. Er enthält alle wichtigen vegetativen Organe (Darm, Magen, Gonaden, Mitteldarmdrüse, Nieren, Herz): Das Blutgefäßsystem ist bei den Weichtieren offen. Nur bei den Kopffüßern ist es weitgehend geschlossen. Ein Herz ist vorhanden, das in Kammer und Vorkammer gegliedert ist. Es wird von einem Herzbeutel (Pericard) umschlossen.

Weichtiere sind entweder getrenntgeschlechtlich oder Zwitter. Die äußere Befruchtung der Keimzellen findet im freien Wasser statt. Die Entwicklung und Verbreitung läuft über planktische Larvenstadien. Kopulationen sind bei den Schnecken, Kopffüßern und bei den Lungenschnecken bekannt. Zwittrige Schnecken bilden manchmal Fortpflanzungsketten. Die Fortpflanzungs- und Laichzeit wird im allgemeinen durch Hormone und Neurosekrete gesteuert. Aber auch äußere Faktoren spielen hier hinein. So die Temperatur und die Mondphasen. Einfache Formen von Brutpflege gibt es in mehreren Klassen der Weichtiere.

Stamm: Mollusca

Weichtiere haben eine sehr große wirtschaftliche Bedeutung. Sie sind für viele Menschen auf dieser Erde eine wichtige Proteinquelle, allen voran die Muscheln, die in Farmen gezüchtet werden. Etwa 6 Millionen Tonnen Weichtiere werden jährlich aus dem Meer gefischt, wobei die Muscheln und die Kopffüßler auch hier den größten Anteil stellen. Wenn man noch die vielen Industriezweige hinzurechnet, die sich mit der Zucht und der Verarbeitung von Weichtieren beschäftigt (Schmuck- und Perlenindustrie, Austernzucht), dann kommt ein Milliardengeschäft zusammen. Früher wurden Weichtiere vielfältiger genutzt. Sie waren Zahlungsmittel, man benutzte sie als Gebrauchsgegenstände und sie waren eine wichtige Kalkquelle für die Industrie.

Schon längst hat der Mensch begonnen, viele Arten durch Aufsammeln auszurotten. Durch die Verschmutzung der Meere hält dieser Trend bis heute an. Wenn diese Entwicklung so weiter läuft, dann wird der Mensch eine sehr wichtige Nahrungsgrundlage auf dieser Erde in wenigen Jahrzehnten vernichtet haben.

Hydatina physis L. Tackett

Schnecken (Gastropoda)

Schnecken sind innerhalb des Stammes der Weichtiere eine sehr formenreiche Klasse, die über 35 000 Arten umfaßt. Im Meer haben sie fast alle Lebensräume von den Brandungszonen der Küsten bis hinab in die Tiefsee erobert. Eine große Anzahl von ihnen lebt in Brack- und Süßwasser und die über Lungen atmenden Schnecken haben sogar das Festland erobert.

Schnecken sind den jeweiligen ökologischen Bedingungen ihres Lebensraumes außerordentlich gut angepaßt. Sie können vielfach extreme Schwankungen von biotischen und abiotischen Faktoren gut vertragen. Lediglich Säure- und Salzgehaltsschwankungen sind Parameter, die ihrer Verbreitung Grenzen setzen.

Schnecken besitzen ein Gehäuse, das seit Jahrtausenden die Menschen begeistert und fasziniert hat. Es wird vom Mantel der Tiere abgeschieden, ist im allgemeinen spiralig aufgedreht und meist rechtsgewunden. Es schützt die Tiere vor ihren Feinden und vor widrigen Umweltbedingungen. Zusätzliche Schalenverstärkungen wie Stacheln, Höcker, Dornen und spezielle Verdickungen erhöhen die Haltbarkeit der Gehäuse. Die große Schalenöffnung kann häufig durch eine chitinige oder kalkige Platte verschlossen werden.

Schnecken besitzen einen auffallend großen und muskulösen Fuß, der das Schneckengehäuse und das darin lebende Tier trägt. Er dient der Fortbewegung, ist sohlenartig abgeplattet und drüsig. Mit Hilfe wellenartiger Muskelkontraktionen, die von hinten nach vorne verlaufen, kriechen Schnecken auf selbsterzeugten Schleimbahnen. Sinneszellen an den Fußrändern prüfen den Untergrund, so daß die Tiere Hindernissen rechtzeitig ausweichen und sie umkriechen können.

Schnecken haben einen gut ausgebildeten Kopf, der zwei oder vier Fühler, ein Paar Augen, den Mund und manchmal auch einen ausstülpbaren Rüssel trägt. Die Leistung der Augen ist gering und ihr Sehbereich hält sich in Grenzen. Er reicht nur von wenigen Millimetern bis hin zu wenigen Zentimetern

Schnecken besitzen Fühler, die chemische und mechanische Reize wahrnehmen können. Mit ihrer Hilfe tasten sie den Boden ab, finden ihren Weg zur Nahrung und prüfen diese chemisch. Wie alle Weichtiere, so besitzen auch Schnecken eine Raspelzunge, die eine mit zahlreichen Zähnchen besetzte, chitinige Reibplatte darstellt und die artspezifisch ausgebildet ist. Sie fehlt nur den parasitisch lebenden Schnecken. Den unterschiedlichen Zahnformen lassen sich bestimmte Ernährungsweisen zuordnen. Man unterschiedet damit sofort einen Weidegänger von einem Strudler, Bohrer oder Schlinger.

Schnecken sind überwiegend Pflanzenfresser. Viele von ihnen sind Räuber und Aasfresser. Einige betätigen sich als Strudler, die sich von Plankton und Detritus ernähren.

Schnecken sind überwiegend getrenntgeschlechtlich, einige von ihnen sind Zwitter und nur wenige sind lebendgebärend. Die Geschlechtsprodukte werden in das Wasser entlassen, wo auch die Befruchtung der Gameten stattfindet. Über zwei Larvenstadien entstehen wieder Jungschnecken. Schnecken mit höher entwickelten Geschlechtsorganen kopulieren. Die befruchteten Eier werden von einer hornigen Kapsel umgeben in Form von Bändern, Schnüren und Klumpen abgelaicht und an Pflanzen, Steinen und anderen Gegenständen befestigt. Aus ihnen schlüpfen Larven, die sich zu Jungschnecken entwickeln.

Schnecken hatten früher regional wirtschaftliche Bedeutung. Ihre Schalen werden heute zum Teil hoch gehandelt oder in Handarbeit zu Schmuck verarbeitet.

Systematik

Stamm: MOLLUSCA Weichtiere
Unterstamm: ACULIFERA Stachel-Weichtiere
Klasse: SOLENOGASTRES Furchenfüßer
Familie: Neomeniidae
Gattung: *Epimenia*
Klasse: POLYPLACOPHORA Käferschnecken
Ordnung: ISCHINOCHITONIDA Gelenkkäferschnecken
Familie: Chitotonidae Gürtelkäferschnecken
Gattungen: *Acanthopleura*
Chiton
Stenochiton
Familie: Ischnochitonidae
Gattung: *Ischnochiton*
Ordnung: ACANTHOCHITONIDA
Familie: Acanthochitonidae
Gattung: *Cryptochiton*
Unterstamm: CONCHIFERA Schalen-Weichtiere
Klasse: GASTROPODA Schnecken
Unterklasse: PROSOBRANCHIA Vorderkiemenschnecken
Ordnung: ARCHAEOGASTROPODA Altschnecken
Familie: Haliotidae Seeohren
Gattung: *Haliotis*
Familie: Patellidae Napfschnecken
Gattung: *Patella*
Familie: Trochidae Kreiselschnecken
Gattung: *Calliostoma*
Tectus
Familie: Turbinidae Turbanschnecken
Gattung: *Turbo*
Familie: Neritidae Schwimmschnecken
Gattung: *Nerita*
Ordnung: MESOGASTROPODA Mittelschnecken
Familie: Littorinidae Strandschnecken
Gattung: *Littorina*
Familie: Vermetidae Wurmschnecken
Gattungen: *Dendropoma*
Serpulorbis

Familie: Cypraeidae		Porzellanschnecken
Gattungen:	*Cribrarula*	
	Erosaria	
	Erronea	
	Leporicypraea	
	Luria	
	Lyncina	
	Mauritia	
	Palmadusta	
	Staphylaea	
	Talparia	
Familie: Epitoniidae		Wendeltreppenschnecken
Gattung:	*Epitonium*	
Familie: Ovulidae		Eischnecken
Gattungen:	*Calpurnus*	
	Dentiovula	
	Globovula	
	Phenacovolva	
Familie: Cassidae		Helmschnecken
Gattungen:	*Casmaria*	
	Cassis	
	Morum	
Familie: Strombidae		Flügelschnecken
Gattungen:	*Lambis*	
	Strombus	
Familie: Tonnidae		Tonnenschnecken
Gattungen:	*Phalium*	
	Tonna	
Familie: Naticidae		Nabelschnecken
Gattungen:	*Natica*	
	Polinices	
Familie: Eumilidae		
Gattung:	*Thyca*	
Familie: Capulidae		Mützenschnecken
Gattung:	*Hipponix*	
Familie: Cymatiidae		Tritonshörner
Gattungen:	*Charonia*	
	Cymatium	

Familie: Lamellariidae		
Gattung:	*Coriocella*	
Ordnung: NEOGASTROPODA		Neuschnecken
Familie: Muricidae:		Purpurschnecken
Gattungen:	*Chicoreus*	
	Drupa	
	Murex	
	Muricanthus	
	Nucella	
	Thais	
Familie: Nassaridae		Reusenschnecken
Gattung:	*Nassarius*	
Familie: Vasidae		Vasenschnecken
Gattung:	*Vasum*	
Familie: Bursidae		Froschschnecken
Gattung:	*Bursa*	
Familie: Fasciolariidae		Tulpenschnecken
Gattungen:	*Fusinus*	
	Pleuroploca	
Familie: Volutidae		Walzenschnecken
Gattung:	*Voluta*	
	Cymbiola	
Familie: Conidae		Kegelschnecken
Gattung:	*Conus*	
Familie: Harpidae		Harfenschnecken
Gattung:	*Harpa*	
Familie: Terebridae		Schraubenschnecken
Gattung:	*Terebra*	
Familie: Mitridae		
Gattungen:	*Cancilla*	
	Mitra	
Familie: Turridae		
Gattung:	*Turris*	
Familie: Costellariidae		
Gattung:	*Vexillum*	
Familie: Buccinidae		
Gattung:	*Bucccinum*	
Familie: Melongenidae		
Gattung:	*Syrinx*	

Unterklasse: OPISTHOBRANCHIA	Hinterkiemenschnecken
Ordnung: ANASPIDAE	Seehasen
Familie: Aplysiidae	
Gattungen: *Aplysia*	
Dolabella	
Stylocheilus	
Ordnung: SACOGLOSSA	Sackzüngler
Familie: Elysiidae	Samtschnecken
Gattungen: *Plakobranchus*	
Thuridilla	
Tridachia	
Familie: Polybranchidae	
Gattung: *Cyerce*	
Familie: Stiligeridae	
Gattung: *Stiliger*	
Ordnung: CEPHALASPIDEA	Kopfschildschnecken
Familie: Haminoeidae	
Gattung: *Haminoea*	
Phanaropthalmus	
Familie: Aglajidae	
Gattung: *Chelidonura*	
Philinopsis	
Ordnung: NOTASPIDAE	Rückenschildschnecken
Familie: Pleurobranchiidae	Seitenkiemenschnecken
Gattungen: *Berthella*	
Euselenops	
Pleurobranchus	
Susania	
Familie: Umbraculidae	Schirmschnecken
Gattung: *Umbraculum*	
Familie: Scaphandridae	Blasenschnecken
Gattung: *Scaphander*	

Baa Atoll, Malediven

H. Erhardt

Epimenia verrucosa (NIERSTRASZ, 1902)
Warziger Furchenfuß

Vork.: Vom Indischen Ozean bis nach Japan und Australien.
GU: Keine.
Soz.Verh./Vgs.: Die Tiere leben einzeln auf verschiedenen Substraten, und sie sind außerordentlich selten.
Hält.B.. Unbekannt.
FU: K; sie schmarotzen überwiegend auf Hohltieren wie Hydroiden, Seefedern, Weich- und Lederkorallen.
Bes.: Furchenfüßer besitzen einen länglichen, fast wurmförmigen Körper, der seitlich abgerundet ist. Auf der Bauchseite befindet sich eine schmale Bauchfurche, die von der Mundöffnung bis zur Kloake zieht. Sie wird als rückgebildeter Fuß gedeutet. Die Haut der Tiere trägt glänzende Kalkschuppen. Sie können sich schlängelnd auf Wimpern fortbewegen. Überwiegend jedoch sitzen sie auf ihren Freßsubstraten, mit der Mundöffnung daran festgesaugt. Man übersieht diese wurmähnlichen Gebilde schnell, da man sie nicht mit dem Begriff einer Schnecke verbindet.

T: 23-29 °C, **L:** 18 cm, **BS:** 4, **SG:** 2.

Bigge Island, Westaustralien G. Allen

Acanthopleura gemmata IREDALE & HULL, 1926
Große Edelstein-Käferschnecke

Vork.: Indopazifik: Australien, Indonesien, Mikronesien, Philippinen.
GU: Die Tiere sind getrenntgeschlechtlich.
Soz.Verh./Vgs.: Käferschnecken leben im allgemeinen einzeln, doch kommen sie mancherorts in Gruppen vor.
Hält.B.: Zur Haltung der Tiere wird ein Felsaquarium oder ein Brandungsbecken empfohlen. Sie alle sollten einen guten Algenbewuchs aufweisen, der für die Ernährung der Tiere wichtig ist.
FU: H; die Tiere fressen Algen, die sie mit Hilfe ihrer Raspelzunge (= Radula) vom Untergrund abschaben.
Licht: Sonnenlichtzone.
Bes.: Diese Art kommt häufig im Gezeitenbereich von Ebbe und Flut vor. Vorwiegend jedoch halten sich die Käferschnecken unterhalb der Niedrigwasserlinie auf, wo sie mit ihrem breiten Fuß auf Hartsubstrat angesaugt leben. Sie besitzen einen eigenen Standort, oft ein ausgeschabtes Loch, das sie zeitlebens bewohnen. Nach jeder Nahrungswanderung in der Nacht kehren sie dorthin zurück. 8 schwarzbraune Kalkplatten sind auf der Körperoberseite sichtbar, die von einem Gürtel umgeben sind, der eine Vielzahl kurzer Stacheln trägt.

T: 22-35 °C, **L:** 10 cm, **BL:** ab 100 cm, **WB:** s, **WR:** o, **BS:** 3, **SG:** 3

Bahia de Santa Marta, Kolumbien H. Erhardt

Acanthopleura granulata (GMELIN, 1791)
Rauhe Käferschnecke

Vork.: Tropischer Westatlantik bis Brasilien.
GU: Die Tiere sind getrenntgeschlechtlich.
Soz.Verh./Vgs.: Die Käferschnecken leben einzeln oder in lockeren Gruppen auf Felsen und unter Steinen im Bereich der Spritz- und Niedrigwasserzone.
Hält.B.: Käferschnecken lassen sich gut und ausdauernd in einem Aquarium halten. Sie benötigen einen gewissen Algenbewuchs, um sich davon zu ernähren.
FU: H; sie raspeln mit ihrer Radula Algen vom Untergrund ab.
Licht: Sonnenlichtzone.
Bes.. Diese Art ist die häufigste auf den Westindischen Inseln. Sie lebt im Brandungsbereich von Felsküsten. Der länglichovale Körper der Käferschnecken trägt einen breiten und dicht bestachelten Gürtel und 8 unterschiedlich große Schalenplatten, die bei den erwachsenen Tieren häufig stark gefurcht und zerklüftet sind.

T: 20-35 °C, L: 5 cm, BL: ab 80 cm, WB: m-s, WR: o, BS: 2-3, SG: 2.

Bigge Island, Westaustralien G. Allen

Acanthopleura spinosa (BRUGIERE, 1792)
Stachel-Käferschnecke

Vork.: Indopazifik: Australien, Indonesien, Japan, Mikronesien, Philippinen.
GU: Die Tiere sind getrenntgeschlechtlich.
Soz.Verh./Vgs.: Sie leben einzeln oder in Gruppen.
Hält.B.: Kleinere Tiere lassen sich in einem Aquarium gut halten. Ein Felsaquarium oder ein Brandungsbecken mit viel Algenbewuchs wird empfohlen.
FU: H; sie ernähren sich von Algen, die sie mit Hilfe ihrer Raspelzunge vom Untergrund abschaben.
Licht: Sonnenlichtzone.
Bes.: Stachel-Käferschnecken leben direkt unterhalb der Niedrigwasserlinie und im Ebbe-Flut-Bereich auf Steinen und totem Korallenfels. Speziell auf dem Riffdach sind sie extremen Bedingungen von Hitze und Sonneneinstrahlung, Wind und Wellenschlag ausgesetzt und diesen weitgehend angepaßt. Hier können sie längere Trockenperioden überstehen. Ihr Gürtel wird mit Hilfe der Fußmuskulatur so an den Untergrund gepreßt, daß es kaum zu einem Feuchtigkeitsverlust kommt. 8 schwarze Kalkplatten werden von einem breiten und borstenreichen Gürtel umgeben. Auch sie sind nachtaktiv und kommen bei Tagesanbruch zu ihrem angestammten Platz zurück.

T: 22-35 °C, L: 10 cm, BL: ab 100 cm, WB: s, WR: o, BS: 3, SG: 3

Chiton torrianus C. Bryce

Ischnochiton contractus C. Bryce

Fam.: Acanthochitonidae

Insel Bali, Indonesien R.C. Steene

Cryptochiton sp.
Käferschnecke

Vork.: Indopazifik: Indonesien, Philippinen, Ostküste von Australien.
GU: Keine. Die Tiere sind getrenntgeschlechtlich.
Soz.Verh./Vgs.: Die Käferschnecken leben einzeln unter Steinen, in Ritzen und in Löchern. Ganz selten sieht man sie einen Standortwechsel über freies Gelände vornehmen.
Hält.B.: Eine erfolgreiche Pflege in einem Aquarium kann nur bei einem guten Algenbestand gewährleistet sein. Gelegentlich kommen kleinere Tiere mit lebenden Steinen in die Aquarien, wo sie leider nicht lange überleben. Das liegt sicherlich an der unzureichenden Wasserbewegung, denn die Tiere sind im Gezeitenbereich sehr kräftigen Wasserturbulenzen ausgesetzt.
FU: H; Algen.
Bes.: Der Körper der Tiere ist länglich, fast wurmförmig. Die sich in Reduktion befindenden Schalenplatten berühren sich nicht mehr und sind teilweise oder ganz vom Gürtel überwachsen. Die Rückbildung der Schalenplatten deutet man als eine Anpassung an ihre zum Teil auch bohrende Lebensweise. Die relativ großen Tiere können sich stark kontrahieren und strecken.

T: 22-29 °C, **L:** 12 cm, **BL:** ab 80 cm, **WB:** s, **WR:** u, **BS:** 3-4, **SG:** 2-3

Großes Barrierериff, Australien R.C. Steene

Haliotis sp. (?) *clathrata* REEVE, 1846
Kleines Seeohr

Vork.: Rotes Meer, Indopazifik: Australien, Borneo, Indonesien, Papua Neuguinea, Philippinen.
GU: Die Tiere sind getrenntgeschlechtlich.
Soz.Verh./Vgs.: Sie leben einzeln, sind jedoch zur Fortpflanzungszeit paarweise anzutreffen. Man kann sie in einem Aquarium mit allen Wirbellosen und Fischen sehr gut vergesellschaften.
Hält.B.: Man pflegt Seeohren am besten in einem Fels- oder Korallenriffaquarium. Hier benötigen sie einen festen Untergrund, der gut mit Algen bewachsen ist. Nachts sieht man sie über die Aquarienscheiben kriechen, wo sie den feinen Algenbewuchs abschaben.
Licht: Mittellichtzone.
FU: H; sie weiden Algen vom Untergrund ab.
Bes.: Die Schale der Tiere ist ohrförmig, flach und mit Löchern auf der hinteren Seite. Am Mantelrand befinden sich zahlreiche, fadenförmige Anhänge, die auf dem Bild sehr deutlich zu sehen sind. Tagsüber leben Seeohren mit ihrem breiten Fuß am Untergrund festgesaugt; nachts betätigen sie sich als Weidegänger. Die meisten von ihnen leben in Gebieten, in denen viele koralline Algen vorkommen, die ihre Nahrungsgrundlage bilden.

T: 22-26 °C, **L:** 2 cm, **BL:** ab 100 cm, **WB:** m, **WR:** m-u, **BS:** 3, **SG:** 2-3

Nordatlantik, Irland

H. Erhardt

Patella vulgata LINNAEUS, 1758
Gemeine Napfschnecke

Vork.: Atlantik und Nordsee in der Gezeitenzone.
GU: Äußerlich nicht erkennbar.
Soz.Verh./Vgs.: Die Tiere sind Einzelgänger, die oft in einer großen Individuendichte leben. Sie sind mit fast allen Wirbellosen gut zu vergesellschaften, ausgenommen räuberischen Seesternen.
Hält.B.: Atlantik-Nordsee-Aquarium. Wenn man es sich leisten kann, dann wäre die optimale Pflege in einem Brandungsbecken.
ZU/Verm.: Die Larven sind planktisch. Eine Geschlechtsumwandlung vom ♂ zum ♀ ist möglich.
FU: H; die Tiere sind nächtliche Weidegänger, die Algen vom Untergrund abweiden.
Bes.: Die Napfschnecken besitzen eine kappenförmige Schale, deren Apex etwa im Zentrum liegt. Ihre Oberfläche ist gerippt. Die Schale ist den Unebenheiten des Untergrundes angepaßt. Sie schließt bei Ebbezeiten, Trocken- und Regenperioden das Tier hermetisch und tagelang von der Umwelt ab. So können sie auch Temperaturen bis zu 40 °C überleben. Gewöhnlich haben die Tiere einen festen Ruheplatz, den sie als Weidegänger nur nachts verlassen. Bei Tagesanbruch kehren sie dorthin zurück.

T: 18-40 °C, **Ø:** 2-3 cm, **BL:** ab 100 cm, **WB:** s, **WR:** o, **BS:** 1-2, **SG:** 1-2.

Manado, Indonesien H. Erhardt

Patella sp.
Napfschnecke

Vork.: Indopazifik: Indonesien, Philippinen.
GU: Sie besitzen keine äußerlichen Geschlechtsunterschiede.
Soz.Verh./Vgs.: Napfschnecken sind Einzelgänger, die aber mancherorts in einer großen Individuendichte vorkommen können. Im Aquarium sind sie mit fast allen Wirbellosen und Fischen gut zu vergesellschaften. Nur vor räuberisch lebenden Stachelhäutern sind sie nicht sicher.
Hält.B.: Die Tiere sind in einem Aquarium gut und lange haltbar. Sie betätigen sich als Aufwuchsfresser und sollten in Brandungsbecken gehalten werden, da sie hier bessere Überlebenschancen haben, als in einem normalen Aquarium.
Licht: Sonnenlichtzone.
FU: H; sie ernähren sich von Algen.
Bes.: Napfschnecken leben auf Steinen und an Felsen in der Brandungszone und im Spritzwasserbereich. Ihr Gehäuse trägt Radiärrippen und ist am Rand unregelmäßig gezahnt. Sie leben mit einem breiten Fuß am Untergrund festgesaugt, wobei sich die Schalenränder den Unebenheiten des Untergrundes angepaßt haben. Bei einsetzender Flut "lüften" sie ihr Gehäuse und stemmen es etwas nach oben. Sie sind nächtliche Weidegänger.

T: 20-35 °C, **Ø:** 2 cm, **BL:** ab 80 cm, **WB:** s, **WR:** o, **BS:** 3, **SG:** 2

Long Island, Bahamas

O. Gremblewski-Strate

Calliostoma sp.(?) *jujubinum* GMELIN, 1791
Bunter Kreisel

Vork.: Transatlantische und Karibische Provinz: Von Kap Hatteras bis Florida, Golf von Mexiko, Karibik bis Brasilien.
Soz.Verh./Vgs.: Die Schnecken leben einzeln und können mit allen Wirbellosen und Fischen vergesellschaftet werden.
Hält.B.: Felsbecken, das einen guten Algenbewuchs aufweist. Die Tiere sind ausdauernd und leicht zu pflegen und halten einen vermehrten Algenbewuchs in Grenzen.
Licht: Sonnenlichtzone.
FU: O; Algen und Detritus.
Bes.: Bunte Kreisel besitzen ein braunrot geflammtes und dickschaliges Gehäuse, das kräftig gekörnte Spiralreifen trägt. Die Tiere leben auf Felsen, Steinen, Korallen und zwischen Korallenbruch und weiden hier den Algenteppich ab.

T: 12-26 °C, L: 3,5 cm, BL: ab 80 cm, WB: m-s, WR: o-u, BS: 3, SG: 1-2.

Philippinen H. Erhardt

Tectus sp. (?) *conus* GMELIN, 1791
Kegelförmige Kreiselschnecke

Vork.: Indopazifik: Philippinen, Australien, Japan.
GU: Die Tiere sind getrenntgeschlechtlich.
Soz.Verh./Vgs.: Kreiselschnecken leben einzeln. Sie können mit vielen Fischen und einer großen Anzahl von Wirbellosen vergesellschaftet werden. Sie sind keine Räuber, sondern Pflanzenfresser.
Hält.B.: Die beste Unterbringung wäre in einem Felsaquarium, wo sie viel Platz und genügend Fläche für die Nahrungssuche hätten.
Licht: Sonnenlichtzone.
FU: H; Die Tiere ernähren sich ausschließlich von Grünalgen. Große Tiere benötigen als Zusatznahrung überbrühte Salatblätter.
Bes.: Das Gehäuse dieser Tiere ist dickschalig, kegelförmig und trägt ein spitzes Gewinde. Die Oberfläche ist oft stark bewachsen. Entfernt man den Aufwuchs, dann ist die Schale mit dunkelroten Flecken und unregelmäßigen, hellen Axialstreifen ähnlich *T. niloticus* gekennzeichnet. Auch die breite Basis ist von rostroten Spiralbändern unterbrochen. Kreiselschnecken dieser Art leben im Flachwasser auf Riffdächern, in Lagunen und am oberen Riffhang.

T: 20-28 °C, **L**: 5 cm, **BL**: ab 120 cm, **WB**: m, **WR**: m-o, **BS**: 2, **SG**: 1-2.

Insel Palau, Mikronesien

H. Erhardt

Turbo setosus GMELIN, 1791
Indopazifische Turbanschnecke

Vork.: Indopazifik: Mikronesien, Polynesien, Australien, Japan.
GU: Äußerlich nicht zu erkennen.
Soz.Verh./Vgs.: Die Tiere leben einzeln und sind gut mit Fischen und Wirbellosen zu vergesellschaften.
Hält.B.: Da die Schnecken auf Hartsubstrat leben, wäre ein Felsaquarium sehr gut geeignet für eine Hälterung. Außerdem reduzieren sie als Pflanzenfresser den Algenbestand im Aquarium.
Licht: Sonnen- und Mittellichtzone.
FU: H; die Tiere weiden Algen vom Untergrund ab.
Bes.: Das Gehäuse ist dickschalig und trägt zahlreiche abgeflachte Spiralrippen. Dunkelbraune bis grünliche Flecken, die sich mit hellen Tupfen abwechseln, befinden sich darauf. Turbanschnecken leben auf Hartsubstrat im Flachwasser. Sie besitzen ein dickes, helles und stark verkalktes Operculum, das ihr Gehäuse verschließt und das sie vor Feinden schützt. An den Riffen im Indopazifik sind sie allgegenwärtig.

T: 20-28 °C, **L:** 6 cm, **BL:** ab 100 cm, **WB:** m, **WR:** o-m **BS:** 3, **SG:** 2.

Bigge Island, Westaustralien G. Allen

Nerita undata LINNAEUS, 1758
Wellen-Schwimmschnecke

Vork.: Indopazifik: Von Ostafrika und dem Roten Meer bis nach Australien und Tahiti.
GU: Es gibt keine äußerlichen Geschlechtunterschiede.
Soz.Verh./Vgs.: Die Tiere sind Einzelgänger, die aber gelegentlich in größeren Ansammlungen vorkommen. Man kann sie mit allen Wirbellosen und Fischen gut vergesellschaften, aber nicht mit räuberisch lebenden Seesternen.
Hält.B.: Wellen-Schwimmschnecken benötigen von Algen bewachsene Steine zum Abweiden. Eine gute Aquarienabdeckung ist notwendig, da sie meistens nachts aus dem Becken klettern. Ein Brandungsbecken wäre optimal für einen Aquarienaufenthalt dieser Tiere.
Licht: Sonnenlichtzone.
FU: H; Algen.
Bes.: Die Schnecken sind nächtliche Weidegänger, die im Gezeitenbereich leben. Ihre gebänderte, grauschwarze Schale, die sehr variabel in der Farbe sein kann, besitzt einen Deckel (= Operculum), der das Gehäuse fest verschließt. So können die Tiere lange Trockenperioden ohne Schaden überstehen. Alle Tiere aus dieser Familie besitzen nur eine Niere und eine Kieme, die bei anderen Schnecken paarig angelegt sind.

T: 20 - 35 °C, **L:** bis 4 cm, **BL:** ab 100 cm, **WB:** m-s, **WR:** o, **BS:** 2-3, **SG:** 2.

Großes Barriereriff, Australien H. Erhardt

Littorina scabra LINNAEUS, 1758
Mangrovenschnecke

Vork.: Rotes Meer, Indopazifik: Von Ostafrika bis Hawaii, Polynesien und Australien.
GU: Keine.
Soz.Verh./Vgs.: Die Schnecken leben einzeln oder dicht gedrängt an den Stelzwurzeln von Mangroven.
Hält.B.: Nicht bekannt.
FU: H, Algen.
Bes.: Die Gehäuse dieser Schnecken sind dünnschalig doch stets fest. Sie besitzen ein kegelförmiges Gewinde. Die Farbe, Form und die Zeichnungen darauf sind sehr variabel und abhängig vom Standort. Häufig finden sich braune Axialmuster mit cremefarbenen Mustern darauf, die im Zickzackmuster verlaufen. Mangrovenschnecken leben als geschlechtsreife Schnecken außerhalb des Wassers. Die ♀♀ bringen Jungtiere zur Welt, die sie im Wasser entlassen. Auch die Jungschnecken leben im aquatischen Milieu, bis sie geschlechtsreif werden. Dann verlassen sie das Wasser und klettern auf Mangroven. Die Wissenschaft ist der Ansicht, daß diese Art einmal ausschließlich terrestrisch leben wird.

T: 24-40 °C, L: 2-3 cm, BS: 4, SG: 4

Rottnest Island, Westaustralien C. Bryce

Littorina unifasciata GRAY, 1826
Strandschnecke

Vork.: Panamaische Provinz: Vom Golf von Kalifornien bis nach Ecuador.
GU: Keine.
Soz.Verh./Vgs.: Die Schnecken kommen im Spritzwasserbereich der Küsten häufig in einer großen Individuendichte vor.
Hält.B.: Korallenriffaquarium. Da sie stets in trockene Bereiche des Aquariums klettern, muß das Becken gut abgedeckt sein.
FU: H; Algen.
Bes.: Das Gehäuse der Schnecken ist kegelförmig und trägt ein spitzes Gewinde. Es wirkt wie aufgeblasen. Die Oberfläche ist glatt und glänzend und bläulich gemustert. Strandschnecken leben an Mangrovenstelzwurzeln und in der oberen Tidezone stets auf festen Substraten. Auch an Hafenanlagen sind sie häufig anzutreffen. An Land sind sie sehr hohen Temperaturen ausgesetzt, die sie aber unbeschadet überstehen.

T: 20-45 °C, L: 2 cm, BL: ab 80 cm, WB: m, WR: o, BS: 3, SG: 1-2.

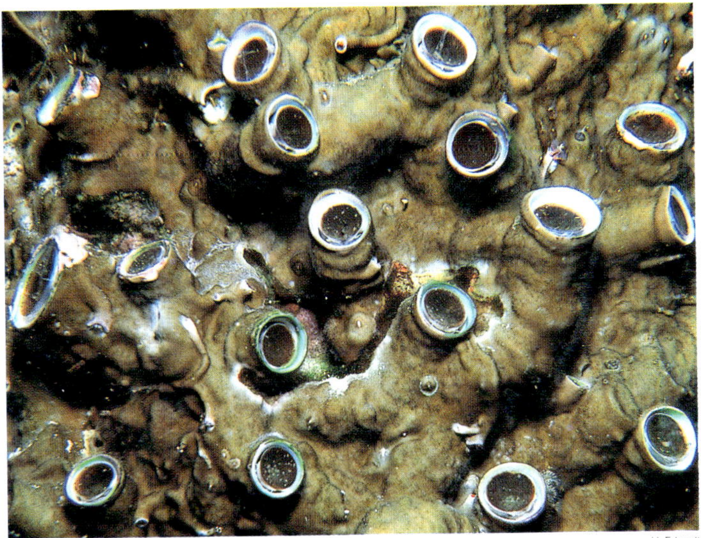

Insel Bohol, Philippinen
H. Erhardt

Dendropoma maxima (SOWERBY, 1825)
Große Wurmschnecke

Vork.: Rotes Meer, Indopazifik: Vom Indischen Ozean bis nach Polynesien und Australien.
GU: Keine.
Soz.Verh./Vgs.: Die Schnecken leben in ihren kalkigen Wohnröhren einzementiert in Korallen oder Feuerkorallen. Hier siedeln sie einzeln oder in einer größeren Individuenzahl.
Hält.B.: Sie können nur mit ihrem Siedlungssubstrat in ein Aquarium gelangen. Man befestigt die Koralle oder Feuerkoralle so in der Dekoration, daß die Strömung sie trifft.
Licht: Sonnenlichtzone.
FU: K; Planktonfresser. Sie werfen Schleimnetze aus, woran alles, was im Wasser driftet, hängenbleibt. Das Schleimnetz wird eingezogen und Verwertbares darauf gefressen. Nicht Verwertbares wird aussortiert. Danach wird ein neues Schleimnetz ausgeworfen.
Bes.: Wurmschnecken besitzen röhrenförmig und spiralig gedrehte Gehäuse, die mit einem Deckel verschlossen werden können. Weitere Informationen im MEERWASSER ATLAS, Band 2, Seite 578.

T: 22-28 °C, L: 15 cm, BL: ab 100 cm, WB: m, WR: m, BS: 2-3, SG: 1-2.

Nord Male Atoll, Malediven H. Erhardt

Serpulorbis grandis GRAY, 1850
Große Wurmschnecke

Vork.: Im gesamten Indopazifik bis in den Westpazifik.
GU: Äußerlich nicht erkennbar.
Soz.Verh./Vgs.: Sie leben einzeln oder in kleinen Gruppen.
Hält.B.: Sie werden häufig mit lebenden Steinen eingeschleppt. Auch die vom Substrat gelösten Tiere sind gelegentlich im Handel. Sie sind sehr gut haltbar.
FU: K; Plankton. Sie legen Schleimnetze aus, die mit Hilfe der Wasserbewegung in der unmittelbaren Umgebung verteilt werden. Organisches Material und Sinkstoffe bleiben daran hängen. Die Schleimnetze werden eingesammelt und aufgefressen.
Bes.: Die Schnecken leben in gewundenen, röhrenförmigen Kalkgehäusen, die am Untergrund festgewachsen sind. Die Röhren selbst sind stets von anderen Wirbellosen bewachsen. Ein Operculum zum Verschließen der Röhren fehlt den Tieren.

T: 22-28 °C, **L:** 10 cm, **BL:** ab 100 cm, **WB:** m, **WR:** m, **BS:** 2-3, **SG:** 2.

H. Erhardt

Insel Lombok, Indonesien

Serpulorbis sp. (?) *variabilis*
Große Wurmschnecke

Vork.: Indopazifik: Australien, Malediven, Indonesien, Philippinen, Papua Neuguinea. Vom Flachwasser bis in 10 m Tiefe.
GU: Äußerlich nicht erkennbar.
Soz.Verh./Vgs.: Die Schnecken leben einzeln und lassen sich gut mit Fischen und vielen Wirbellosen vergesellschaften.
Hält.B.: Da ihre wurmförmigen Gehäuse am Untergrund festzementiert sind, müssen sie auch mit ihrem Haftsubstrat eingesetzt werden. Der Einbau in die Dekoration erfolgt im oberen Beckenbereich. Aufwachsende Schwämme müssen entfernt werden.
Licht: Sonnenlichtzone.
FU: K; Plankton. Sie legen zum Fressen ein Schleimnetz aus, das die Umgebung des Tieres überzieht. Daran haften Nahrungspartikel und Sinkstoffe. Periodisch wird das Netz mit den daran haftenden Nahrungspartikeln eingezogen und aufgefressen. Danach wird ein neues Netz ausgelegt. Im Aquarium füttert man sie mit fein verriebenem Trockenfutter.
Bes.: Die Wohnröhre ist stark gewunden und im allgemeinen nicht von Korallen umwachsen. Sie sitzt nur dem Untergrund auf und ist relativ leicht zu entfernen. Stets sind die Röhren bewachsen. Sie können nicht mit Hilfe eines Deckels verschlossen werden.

T: 22-28 °C, **L:** 15 cm, **BL:** ab 100 cm, **WB:** m, **WR:** m, **BS:** 3, **SG:** 1-2.

Großes Barriereriff, Australien R.C. Steene

Cribrarula cribraria LINNAEUS, 1758
Siebkauri

Vork.: Von Ostafrika bis Samoa, Japan, Australien und Mikronesien.
GU: Die Tiere sind getrenntgeschlechtlich.
Soz.Verh./Vgs.: Sie leben einzeln und sind mit fast allen Wirbellosen und Fischen gut zu vergesellschaften. Große, räuberisch lebende Schnecken und Tintenschnecken sollten im Aquarium fehlen.
Hält.B.: Korallen- oder Riffaquarium, mit genügend Tagesverstecken. Ein ausreichender Algenbelag ist für ihre Ernährung notwendig. Trotzdem verhungern sie nach einiger Zeit.
Licht: Dämmerlichtzone.
FU: H; sie ernähren sich von Algen und von Schwämmen.
Bes.: Die Tiere besitzen ein farbenprächtiges Gehäuse mit einem fast transparenten Mantel, der kurze Protrusionen zeigt. Die orangebraune Schale hat große kreisrunde und scharf abgesetzte, helle Flecken unterschiedlicher Größe. Siebkauri sind Flachwassertiere, die unter Steinen und Korallen leben. Sie sind dämmerungs- und nachtaktiv.

T: 22-26 °C, **L**: 3 cm, **BL**: ab 80 cm, **WB**: m, **WR**: m-u, **BS**: 3-4, **SG**: 2.

Isla del Cocos, Costa Rica C. Bryce

Erosaria albuginosa (GRAY, 1825)
Aubergine-Kauri

Vork.: Panamaische Provinz: Panama, Ecuador, Kolumbien, Cocosinseln, Galapagos, Golf von Kalifornien.
GU: Keine. Die Schnecken sind getrenntgeschlechtlich.
Soz.Verh./Vgs.: Die Tiere leben einzeln. Nur zur Fortpflanzungszeit findet man sie paarweise oder in kleinen Gruppen unter Steinen. Sie sind überwiegend nachtaktiv.
Hält.B.: Nicht bekannt und in der Aquarienliteratur auch nicht beschrieben.
FU: K; Algen- und Schwammfresser.
Bes.: Das Gehäuse der Tiere ist relativ klein, oval bis eiförmig, und es ist mit einer Vielzahl kleiner, dunkelbraunvioletter Ringe übersät. Dazwischen liegen viele weiße Punkte. Die Ränder sind violett. Der Mantel trägt auffällig lange, bäumchenförmige Protrusionen. Aubergine-Kauri leben direkt unterhalb der Niedrigwasserlinie unter Steinen.

T: 15-27 °C, **L:** 3 cm, **BS:** 4, **SG:** 4

Großes Barriereriff, Australien H. Erhardt

Erosaria annulus LINNAEUS, 1758
Geringelte Geldkauri

Vork.: Von Ostafrika bis Westpolynesien.
GU: Äußerlich nicht erkennbar.
Soz.Verh./Vgs.: Sie sind mit allen anderen Kauri, Wirbellosen und Fischen gut zu vergesellschaften.
Hält.B.: Dieser Kauri ist im Aquarium gut und dauerhaft haltbar, soweit Algen als Nahrung vorhanden sind. Sie kriechen gerne auf algenbestandenem Hartsubstrat und meiden mobile Böden.
Licht: Sonnenlichtzone.
FU: H; sie fressen ausschließlich Algen.
Bes.: Eine sehr häufige Kauri-Art mit einem goldgelben Ring an der Stelle, wo die schwieligen Ränder beginnen. Die Gehäuse sind oval, glatt gerundet und ohne Kiel. Die Mundöffnung ist gezähnt und schmal. Ring-Kauri leben im Gezeitenbereich, in Gezeitentümpeln auf Riffdächern, unter Steinen, zwischen Korallen und an den Stelzwurzeln von Mangroven. Diese Art ist eine der beiden, die früher in Afrika als Zahlungsmittel verwendet wurden.

T: 20-28 °C, **L**: 2-3 cm, **BL**: ab 80 cm, **WB**: m-s, **WR**: m, **BS**: 2-3, **SG**: 2.

Großes Barriereriff, Australien R.C. Steene

Erosaria erosa LINNAEUS, 1758
Nager-Kauri

Vork.: Indopazifik: Von Ostafrika bis Polynesien, Hawaii und Australien.
GU: Die Tiere sind getrenntgeschlechtlich.
Soz.Verh./Vgs.: Sie sind Einzelgänger und mit fast allen Wirbellosen und Fischen zu vergesellschaften. Räuberisch lebende Schnecken und Tintenschnecken sollten im Aquarium fehlen.
Hält.B.: Fels- oder Korallenriffaquarium, das ihnen Tagesverstecke bietet und einen guten Algenbewuchs aufweist. Trotzdem sind sie ungeeignet für eine Aquarienhaltung, da sie schon nach 1-2 Wochen verhungern.
Licht: Dämmerlichtzone.
FU: H; Algen und verschiedene Schwämme.
Bes.: Das Gehäuse der Tiere ist blaß mit olivenbrauner Oberseite und grauweißen kleinen und runden Flecken darauf. Eine milchgraue Linie, die fast median verläuft, bleibt ausgespart. Kauri dieser Art leben im Bereich zwischen Ebbe und Flut unter Steinen und Korallen.

T: 22-26 °C, **L:** 4 cm, **BL:** ab 80 cm, **WB:** m, **WR:** m, **BS:** 3, **SG:** 2.

Großes Barrierriff, Australien R.C. Steene

Erosaria labrolineata GASKOIN, 1849
Streifenkauri

Vork.: Indopazifik: Malaysia, Philippinen, Indonesien, Samoa, Hawaii und Australien.
GU: Die Tiere sind getrenntgeschlechtlich.
Soz.Verh./Vgs.: Streifenkauri leben einzeln oder paarweise. Sie können mit fast allen Wirbellosen und Fischen vergesellschaftet werden. Große, räuberische Schnecken und Tintenschnecken sollten im Aquarium fehlen.
Hält.B.: Fels- oder Riffaquarium, das ihnen genügend Tagesverstecke bietet. Ein Algenbesatz muß für ihre Ernährung vorhanden sein. Trotz aller Bemühungen verhungern die Tiere nach einigen Wochen. Daher sollte man von einer Pflege Abstand nehmen.
Licht: Dämmerlichtzone.
FU: O; Algen und Schwämme.
Bes.: Das Gehäuse der Tiere ist oval bis birnenförmig. Verschieden große und cremeweiße Flecken befinden sich auf der hellbraunen bis milchkaffeebraunen Schale. Die Seiten, die Basis und die Zähne sind cremeweiß. Kauri dieser Art leben im Flachwasser der Korallenriffe unter Steinen und toten Korallen oder schieben ihre Gehäuse über schlammige Flächen.

T: 22-26 °C, L: 3 cm, BL: ab 80 cm, WB: m, WR: m-o, BS: 3-4, SG: 2.

Rotes Meer V. Neumann

Erosaria nebrites (MELVILLE, 1888)
Rehbraune Kaurischnecke

Vork.: Rotes Meer, Persischer Golf. Bis zu 3 m Wassertiefe.
GU: Keine. Die Schnecken sind getrenntgeschlechtlich.
Soz.Verh./Vgs.: Die Tiere leben einzeln oder paarweise unter Korallen, auf Korallensand und auf algenbewachsenen Steinen.
Hält.B.: Nicht bekannt. Sie sind sehr selten, werden nicht gesammelt und erreichen damit auch nicht den Aquarienhandel.
FU: In der uns zur Verfügung stehenden Literatur ist nichts darüber ausgesagt.
Bes.: Die Schale ist eiförmig und dickschalig. Die Seiten sind wulstig und auf jeder Seite befindet sich ein großer, brauner Fleck. Die Oberseite der Schale ist bräunlich und trägt viele helle Punkte. Rehbraune Kauri sind Tiere des Flachwassers.

T: 25 - 30 °C, L: 3 cm, BS: 4, SG: 4

Insel Bunaken, Indonesien H. Baensch

Erronea caurica LINNAEUS, 1758
Dickgesäumte Kauri

Vork.: Rotes Meer, Indopazifik: Indischer Ozean bis Samoa, Japan und Nordaustralien.
GU: Die Tiere sind getrenntgeschlechtlich.
Hält.B.: Da die Schnecken dämmerungsaktiv sind, benötigen sie tagsüber ausreichend Versteckmöglichkeiten. Daher pflegt man sie am besten in einem tropischen Fels- oder Korallenriffaquarium.
Licht: Dämmerlichtzone.
FU: H; Algen bei jungen Tieren und als Zufütterung Muschelfleisch und Trockenfutter bei größeren Tieren. Außerdem ernähren sich diese Tiere auch von Schwämmen.
Bes.: Das Gehäuse ist etwas aufgebläht, eiförmig und langgestreckt-zylindrisch. Jedoch sind Form und Farbe sehr variabel und abhängig vom Fundort. Der Rücken des cremefarbenen Gehäuses ist mit braunen Tüpfeln kräftig gesprenkelt, die im Zentrum gehäuft auftreten. Diese Art ist über den Suezkanal in das Mittelmeer eingewandert und hier 1932 nachgewiesen worden. Der Lebensraum dieser Kauri ist das Flachwasser, wo sie auf Hartsubstrat Algen abweidet.

T: 18-26 °C, **L:** 6 cm, **BL:** ab 80 cm, **WB:** m, **WR:** m-u, **BS:** 3, **SG:** 2.

Nordsulawesi, Indonesien L. Tackett

Erronea chinensis chinensis GMELIN, 1791
Chinesische Kauri

Vork.. Von Ostafrika bis Polynesien, Hawaii und Australien.
GU: Keine.
Soz.Verh./Vgs.: Die Tiere leben einzeln auf verschiedenen Substraten.
Hält.B.: Diese Schnecken sind absolut ungeeignet für eine Aquarienhaltung. Sie verhungern schon nach einigen Wochen.
FU: O; Algen und Schwämme.
Bes.: Das Gehäuse ist variabel in der Form. Es ist zylindrisch-oval, auf der Oberseite orangegelb gesprenkelt und auf der Unterseite cremefarben. Der orangerote Mantel trägt viele transparente Protrusionen. Chinesische Kauri leben tagsüber unter Steinen und Korallen. Sie sind sehr selten.

T: 22-27 °C, **L**: 2-3 cm, **BS**: 3-4, **SG**: 4

Großes Barriereriff, Australien R.C. Steene

Erronea chinensis amiges MELVILLE & STAUDEN, 1904
Weiße Chinakauri

Vork.: Zentralpazifik bis Australien. Vom Flachwasser bis in 35 m Wassertiefe.
GU: Keine.
Soz.Verh./Vgs.: Die Tiere leben einzeln oder paarweise unter großen Steinen und Korallenblöcken.
Hält.B.: Ungeeignet. Zudem sind sie sehr selten und werden auch nicht für den Aquarienhandel gesammelt. Leider findet man sie in Andenkenläden.
FU: O; Algen und Schwämme.
Bes.: Ähnlich *E. chinensis chinensis*, doch sind sie etwas heller und nicht so kräftig gesprenkelt.

T: 22-27 °C, L: 4 cm, BS: 4, SG: 4

Solomonen R.C. Steene

Erronea succincta ssp. *melanesiae* SCHILDER, 1937
Melanesien-Kauri

Vork.: Von Malaysia bis nach Melanesien.
GU: Die Tiere sind getrenntgeschlechtlich.
Soz.Verh./Vgs.: Sie leben einzeln. Man kann sie mit fast allen Wirbellosen und Fischen vergesellschaften, doch nicht mit großen, räuberisch lebenden Schnecken und Tintenschnecken. Als dämmerungsaktive Tiere benötigen sie Tagesverstecke. Daher pflegt man sie am besten in einem Fels- oder Korallenriffaquarium. Dennoch verhungern die Tiere nach einigen Wochen. Daher Abstand nehmen von einer Pflege.
Licht: Dämmerlichtzone.
FU: O; Algen und Schwämme.
Bes.: Gegenüber *Erronea onynx* fehlt der Schale dieser Variation der zartblaue Schleier auf dem Rücken. Das Gehäuse ist birnenförmig, meist dunkelbraun und trägt 3 blaßbraune Querbinden. Die Ränder und die Basis sind häufig schokoladenbraun. Der dunkelbraune bis schwarze Mantel trägt kurze, helle Papillen. Die Schnecken sind in ihrer Biotopwahl sehr variabel: Sie leben auf Sand, Schlamm- und Hartböden in unterschiedlichen Tiefen.

T: 22-26 °C, **L**: 4 cm, **BL**: ab 100 cm, **WB**: m, **WR**: u, **BS**: 4, **SG**: 2.

Ordnung: Mesogastropoda
Fam.: Cypraeidae

Großes Barriereriff, Australien R.C. Steene

Leporicypraea valentia (PERRY, 1811)
Valentia-Kauri

Vork.: Von den Philippinen bis Melanesien und Australien. 15-80 m.
GU: Keine.
Soz.Verh./Vgs.: Die Schnecken leben in dunklen Spalten, Ritzen, Unterhöhlungen und in Höhlen und sie sind nachtaktiv.
Hält.B.: Unbekannt und in der Aquarienliteratur, soweit verfügbar, nicht beschrieben.
FU: Nichts ist darüber bekannt.
Bes.: Das Gehäuse der Tiere ist groß, schwer und hochrückig. Es trägt irreguläre braune Tupfen, Flecken und Punkte unterschiedlicher Größe. Diese Art ist sehr selten und auch kaum als Sammelobjekt zu erwerben.

T: 22-28 °C, **L:** 7 cm, **BS:** 4, **SG:** 4

Insel Bonaire, Niederländische Antillen O. Gremblewski-Strate

Luria cinerea GMELIN, 1791
Graue Atlantikkauri

Vork.: Von Nordkarolina bis Florida und Brasilien.
GU: Die Tiere sind getrenntgeschlechtlich.
Soz.Verh./Vgs.: Sie sind mit fast allen Wirbellosen und Fischen gut zu vergesellschaften. Große und räuberisch lebende Schnecken und Tintenschnecken sollten im Aquarium fehlen.
Hält.B.: Die beste Unterbringung der Tiere wäre in einem Korallen- oder Felsaquarium, das ihnen tagsüber gute Versteckmöglichkeiten bietet.
Licht: Dämmerlichtzone.
ZU/Verm.: Im Aquarium nicht bekannt. Die Entwicklung der Tiere verläuft über eine planktische *Veliger*-Larve.
FU: O; Graue Atlantikkauri ernähren sich von Algen und von Aas.
Bes.: Die Tiere sind nachtaktiv. Ihr Gehäuse ist gewölbt, kaffee- bis orangebraun gefärbt und oft mit dunklen Querbändern versehen. Die Basis und die Zähne sind weiß. Der Mantel, der das Gehäuse umschließt, ist braun und malvenartig gesprenkelt. Er besitzt viele fleischige Warzen und gabelige Ausläufer. Die Art ist in ihrem Verbreitungsgebiet selten.

T: 18 - 24 °C; **L**: 3-4 cm, **BL**: ab 80 cm, **WB**: m, **WR**: m, **BS**: 3-4, **SG**: 2.

Ordnung: Mesogastropoda
Fam.: Cypraeidae

Rotes Meer Th. Paulus

Luria pulchra (GRAY, 1824)
Schöne Kauri

Vork.: Rotes Meer, Golf von Aden und Persischer Golf.
GU: Keine. Die Tiere sind getrenntgeschlechtlich.
Soz.Verh./Vgs.: Sie leben einzeln unter Steinen, Korallen und in schattigen Unterhöhlungen.
Hält.B.: Aus der Aquarienliteratur nicht bekannt.
FU: O; Algen und kleinen, wirbellosen Aufwuchs.
Bes.: Das Gehäuse ist zylindrisch, eiförmig und rehbraun. In ultraviolettem Licht zeigt das Gehäuse rote Fluoreszenzfarben. Dunkelbraune Flecken befinden sich an den Schalenenden. Gelegentlich treten helle Querbänder auf.

T: 22-28 °C, **L**: 3 cm, **BS**: 4, **SG**: 4

Papua Neuguinea R.C. Steene

Lyncina aurantium GMELIN, 1791
Goldene Porzellanschnecke

Vork.: Indopazifik: Philippinen, Neukaledonien, Fidschi, Mikronesien, Zentralpazifik.
GU: Die Tiere sind getrenntgeschlechtlich.
Soz.Verh./Vgs.: Sie leben einzeln.
Hält.B.: Gold-Kauri werden in Aquarien nicht gepflegt. Sie kommen auch nicht in den Handel, da ihre Gehäuse einen zu großen Sammelwert besitzen.
FU: H; sie fressen verschiedene Algenarten und Schwämme
Bes.: Eine Goldene Kauri zu besitzen ist der Wunschtraum eines jeden Schneckensammlers. Die goldenen Gehäuse durften früher nur von den Stammeshäuptlingen der Fidschiinseln als Zeichen ihrer Würde an einer Schnur um den Hals getragen werden. Man findet die nachtaktiven Tiere vor allem in schwammverkrusteten Höhlen in der Umgebung der Samarinseln auf den Philippinen. Das aufgeblähte und schwere Gehäuse ist goldenorange bis pfirsichfarben und an der Basis und an den Enden weiß.

T: 22-26 °C, **L**: 8 cm, **BS**: 4, **SG**: 4

Indonesien R.C. Steene

Lyncina vitellus LINNAEUS, 1758
Weißpunkt-Kauri

Vork.: Rotes Meer, Indopazifik: Ostafrika bis Polynesien, Japan und Australien.
GU: Keine, die Tiere sind getrenntgeschlechtlich.
Soz.Verh./Vgs.: Sie leben einzeln und sind nachtaktiv. Man kann sie mit fast allen Wirbellosen und Fischen vergesellschaften, doch nicht mit großen, räuberisch lebenden Schnecken und mit Tintenschnecken.
Hält.B.: Korallen- oder Felsriffaquarium. Ausreichende Tagesverstecke müssen vorhanden sein. Leider verhungern die Tiere nach einigen Wochen. Daher: Abstand nehmen von einer Pflege.
Licht: Dämmerlichtzone.
FU: O; sie fressen sowohl Algen als auch Schwämme.
Bes.: Das Gehäuse ist oval. Runde, weiße Flecken und Punkte befinden sich darauf. An den Rändern fallen feine Querstreifen auf. Der Mantel besitzt lange, im oberen Drittel gegabelte, helle Ausläufer. Vielfach variieren die Gehäuse in ihrer Farbe und Größe. Weißpunkt-Kauri werden auf Riffdächern bei Niedrigwasser unter Steinen und Korallen gesammelt.

T: 22-28 °C, **L**: 4 cm, **BL**: ab 100 cm, **WB**: m, **WR**: m-u, **BS**: 2-3, **SG**: 2.

Großes Barriereriff, Australien R.C. Steene

Mauritia arabica LINNAEUS, 1758
Arabischer Kauri

Vork.: Rotes Meer, Indopazifik: Von Ostafrika bis Polynesien, Samoa, Hawaii und Australien.
GU: Die Tiere sind getrenntgeschlechtlich.
Soz.Verh./Vgs.: Sie leben einzeln oder paarweise und sind mit fast allen Wirbellosen und Fischen zu vergesellschaften. Große, räuberisch lebende Schnecken und Tintenschnecken sollten im Aquarium fehlen.
Hält.B.: Als dämmerungsaktive Tiere benötigen sie ausreichend Tagesverstecke. Die Pflege sollte in einem Fels- oder Korallenriffaquarium erfolgen. Dennoch: Die Tiere verhungern schon nach kurzer Zeit. Man sollte sie, wenn sie im Handel angeboten werden, nicht kaufen.
Licht: Dämmerlichtzone.
FU: H, Pflanzenfresser. Große Tiere bekommen als Zukost feingehacktes Muschelfleisch und Futtertabletten.
Bes.: Das Gehäuse ist oval und leicht gebuckelt. Drei bräunliche Querbinden verlaufen über die cremefarbene Schale. Darüber befinden sich dünne, braune Längsstreifen, runde Flecken und eine helle, ausgesparte Rückenlinie. Die schwieligen Seiten haben braune Flecken. Diese Art lebt im Flachwasser der Korallenriffe unter toten Korallen und unter Steinen.

T: 22-26 °C, **L**: 5 cm, **BL**: ab 100 cm, **WB**: m, **WR**: m, **BS**: 3, **SG**: 2.

Baa Atoll, Malediven H. Erhardt

Mauritia histrio (GMELIN, 1791)
Poeten-Kauri

Vork.: Indopazifik: Von Ostafrika bis Melanesien und Australien.
GU: Keine. Die Schnecken sind getrenntgeschlechtlich.
Soz.Verh./Vgs.: Die Tiere leben einzeln unter Steinen und Korallen von Flachwasserriffen.
Hält.B.. Aus der Literatur nicht bekannt. Sie sind sehr selten und werden nicht im Aquarienhandel angeboten. Ihre Gehäuse findet man leider nur in Andenkenläden.
FU: O; Allesfresser. Algen, Schwämme und tierischen Aufwuchs.
Bes.: Das Gehäuse ist schwer, oval in der Form und besitzt eine flache Basis. Die Seiten sind stark wulstig und tragen dunkle Flecken unterschiedlicher Größe. Die Dorsalseite ist von hellen, dicht liegenden Flecken übersät, die bräunlich eingefaßt sind.

T: 25-32 °C, **L**: 8 cm, **BS**: 4, **SG**: 4

Nordsulawesi, Indonesien D. Tackett

Palmadusta ziczac LINNAEUS, 1758
Zickzack-Kauri

Vork.: Indopazifik: Von Ostafrika bis Tahiti, Japan und Australien.
GU: Äußerlich nicht erkennbar.
Soz.Verh./Vgs.: Die Tiere leben einzeln und nur zur Fortpflanzungszeit findet man sie paarweise unter Steinen und Korallen.
Hält.B.: Nicht bekannt. Sie werden bei Niedrigwasser auf Riffdächern intensiv gesammelt und in den Souvenirläden verkauft.
FU: H; Algen.
Bes.: Das Gehäuse der Tiere ist klein, oval, mit deutlichen Zickzack-Zeichnungen an den Umläufen der Querbinden und kleinen, braunen Flecken an den cremefarbenen Rändern. Sie leben von der Niedrigwasserlinie bis in wenigen Metern Wassertiefe unter Steinen und Korallen.

T: 22-30 °C, **L:** 2 cm, **BS:** 4, **SG:** 4

Insel Bali, Indonesien R.C. Steene

Staphylaea limacina (juvenil) (LAMARCK, 1810)
Schrot-Kauri

Vork.: Indopazifik: Von Ostafrika bis Samoa und Australien.
GU: Keine, die Tiere sind getrenntgeschlechtlich.
Soz.Verh./Vgs.: Sie leben einzeln auf verschiedenen Substraten, verstecken sich unter Steinen und Korallen des Flachwassers und sind überwiegend nachtaktiv.
Hält.B.: Aus der Aquarienliteratur nicht bekannt.
FU: O; Algen und kleiner, tierischer Aufwuchs.
Bes.: Das Gehäuse ist bei den juvenilen Tieren dunkler gezeichnet als bei den älteren Tieren. Dann ist es hellbraun und trägt eine Vielzahl heller Punkte darauf. Das Gehäuse der Schnecke auf dem Bild ist vom dunkelbraunen Mantel völlig bedeckt. Dieser zeigt dicke, fingerförmige Anhänge. Der Siphorand ist glatt.

T: 23-30 °C, L: 2 cm, BS: 4, SG: 4

Isla del Cocos, Costa Rica C. Bryce

Talparia talpa (LINNAEUS, 1758)
Maulwurf-Kauri

Vork.: Rotes Meer, Indopazifik: Von Madagaskar bis in den Ostpazifik zur Küste Mittelamerikas.
GU: Keine. Die Schnecken sind getrenntgeschlechtlich.
Soz.Verh./Vgs.: Maulwurf-Kauri leben einzeln und treffen sich nur zur Kopulation.
Hält.B.: Unbekannt und in der Aquarienliteratur auch nicht beschrieben.
FU: O, sie fressen Algen und Aas.
Bes.: Das Gehäuse der Tiere ist walzenförmig, gelblichbraun gefärbt und trägt vier breite, rotbraune Querbänder. Die Unterseite, die Ränder und die beiden Enden der Schale sind schwarz. Der schwarze Mantel trägt viele weiße Punkte und fingerförmige Papillen. Die nachtaktiven Tiere leben auf verschiedenen Hartsubstraten. Das Bild zeigt zwei Maulwurf-Kauri nach der Kopulation. Das weibliche Tier legt danach sofort ihre Eikapseln ab und befestigt sie am Untergrund. Leider werden diese schönen Kauri intensiv gesammelt und in Andenkenläden verkauft.

T: 22-29 °C, **L**: 8 cm, **BS**: 4, **SG**: 4

C. Bryce

Austrocypraea reevei

C. Bryce

Blasicrura teres pelluceus

Fam.: Eptonidae

Großes Barriereriff, Australien R.C. Steene

Epitonium billeanum (DU SHANE & BRATCHTER, 1965)
Wendeltreppenschnecke

Vork.: Von Ost- und Südafrika bis in den tropischen Pazifik und Australien.
GU: Keine.
Soz.Verh./Vgs.: Die Tiere leben einzeln oder in kleinen Gruppen auf Korallen der Gattung *Tubastrea*.
Hält.B.: So gut wie nicht bekannt. Sie könnten aber, auf kurzen Transportwegen, mit Korallen der Gattung *Tubastrea* eingeführt und in ein Aquarium gelangen.
FU: K, Räuber und Nahrungsspezialisten, die sich von den Korallenpolypen der Gattung *Tubastrea* ernähren.
Licht: Dämmerlichtzone.
Bes.: Wendeltreppenschnecken benutzen ihre langen Rüssel, um die Korallenpolypen der Gattung *Tubastrea* auszusaugen und zu fressen. Man findet sie entweder einzeln, paarweise oder in kleineren Gruppen auf ihren Freßsubstraten weiden. Die ausgefressenen Korallenkelche dienen den Schnecken auch als Eiablage. Die Schale, der Körper und der Laich der Tiere hat sich farbig dem Freßsubstrat angepaßt. Das Bild zeigt eine Wendeltreppenschnecke bei der Eiablage.

T: 22-28 °C, **L**: 1 cm, **BS**: 4, **SG**: 4

Großes Barriereriff, Australien R.C. Steene

Calpurnus verrucosus (LINNAEUS, 1758)
Kleine Eikauri, Fingernagel-Eischnecke

Vork.: Rotes Meer, Indopazifik: Von Madagaskar bis Polynesien.
GU: Keine äußeren Merkmale.
Soz.Verh./Vgs.: Die Tiere leben einzeln, paarweise oder in kleinen Gruppen und sind mit Weichkorallen der Gattungen *Lobophytum* und *Sarcophyton* vergesellschaftet.
Hält.B.: Die Tiere sind nur in einem Riffaquarium zu pflegen, das einen ausreichenden Besatz an Weich- und Lederkorallen aufweist.
Licht: Dämmerlichtzone.
FU: Nahrungsspezialisten, die sich von ihren Wirtstieren ernähren.
Bes.: Sie sehen den Porzellanschnecken sehr ähnlich, doch sie gehören nicht zu dieser Familie. Das helle Gehäuse wirkt aufgeblasen und besitzt warzenartige, rosa gefärbte Knoten an den Enden. Der weiße Fuß und der Mantel tragen schwarze Punkte. Eikauri leben im Flachwasser unterhalb der Niedrigwasserlinie auf Weich- und Lederkorallen.

T: 22-27 °C, L: 2 cm, BL: ab 80 cm, WB: m, WR: m, BS: 4, SG: 3

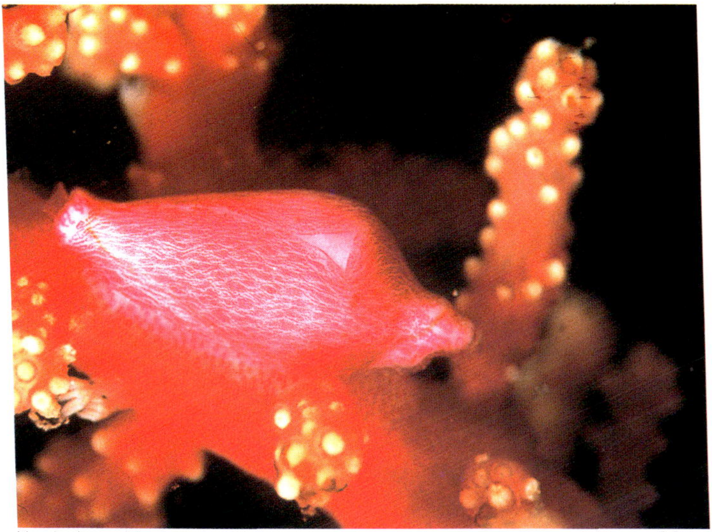

Nordsulawesi, Indonesien D. Tackett

Dentiovula dorsuosa (HINDS, 1844)
Gezahnte Spindelkauri

Vork.. Indopazifik: Indonesien, Philippinen, Malaysia, Neuguinea bis Japan.
GU: Keine.
Soz.Verh./Vgs.: Die Schnecken leben einzeln auf verschiedenen Weichkorallen.
Hält.B.: Nicht bekannt. Sie können aber durch den Aquarienhandel mit Weichkorallen in ein Heimaquarium gelangen.
FU: Sie ernähren sich von ihren Wirten.
Bes.: Die Schale der Tiere besitzt Zähne, die von der Lippe zu den beiden Gehäuseenden führen. Vorne und hinten besitzt sie rote Zeichnungen. Der Mantel ist charakteristisch ornamentiert und trägt feine und kurze Papillen.

T: 22-28 °C, **L**: 1-2 cm, **BS**: 4, **SG**: 4

C. Bryce

Dentiovula spectabilis

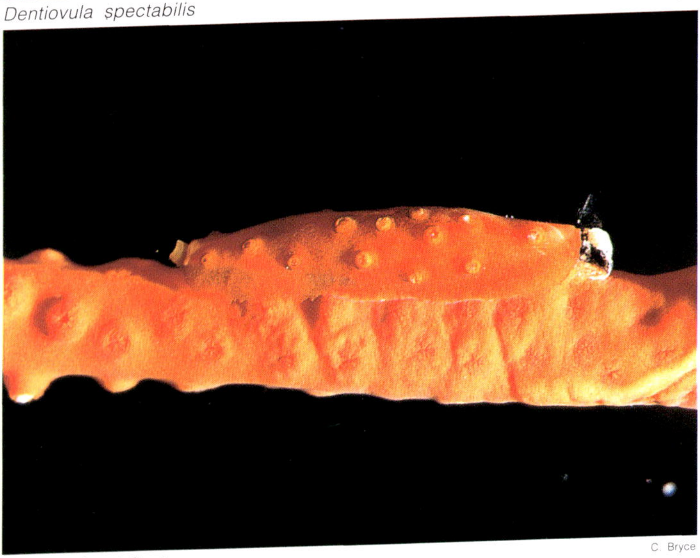

C. Bryce

Gymbovula deflecta

Großes Barriereriff, Australien R.C. Steene

Globovula cavanghi (IREDALE, 1931)
Cavanghs Eikauri

Vork.: Indopazifik und Australien. 1-50 m Wassertiefe.
GU: Keine.
Soz.Verh./Vgs.: Die Tiere leben einzeln auf ihren Freßsubstraten.
Hält.B.: In der uns zur Verfügung stehenden Aquarienliteratur nicht beschrieben.
FU: K; Weichkorallen. Überwiegend weiden sie auf Weichkorallen der Gattungen *Dendronephthya* und *Capnella*.
Bes.: Die eiförmige Schale ist im allgemeinen vom Mantel der Tiere völlig bedeckt. Dieser zeigt auf orangem Grund weißgrundige Protrusionen. Die Tiere sind farblich ihrem Freßsubstrat gut angepaßt. Hier legen sie auch ihre Eikapseln ab. Die abgebildete Art ist selten.

T: 24-30 °C, L: 1 cm, Bes.: 4, SG: 4

Indonesien R.C. Steene

Phenacovolva cf. *gracilis* (ADAMS & REEVE, 1848)
Zarte Spindelkauri

Vork.: Indopazifik: Von Borneo, Indonesien, Philippinen und Papua bis Japan.
GU: Nicht vorhanden.
Soz.Verh./Vgs.: Sie leben auf Schwarzen Korallen der Gattung *Antipathes*.
Hält.B.: Man pflegt sie in einem Korallenriffaquarium, das einen ausreichenden Besatz an Schwarzen Korallen hat.
Licht: Mittellichtzone.
FU: Sie ernähren sich von den Polypen ihrer Wirtstiere.
Bes.: Spindelkauri sind relativ klein und leben versteckt zwischen den vielen Verzweigungen ihrer Wirte. Das abgebildete Tier klettert in den Verzweigungen einer Schwarzen Koralle (*Antipathes* sp.). Die langgestreckte Schale ist dünn und in der Mitte aufgeblasen. Der Mantel ist rot ornamentiert und trägt helle und konische Protuberanzen.

T: 22-26 °C, **L:** 3 cm, **BL:** ab 100 cm, **WB:** m, **WR:** m, **BS:** 3-4, **SG:** 3-4

Nordsulawesi, Indonesien D. Tackett

Phenacovolva longirostrata SOWERBY, 1828
Lange Spindelkauri

Vork.: Indopazifik: Indonesien, Philippinen bis nach Melanesien und Hawaii.
GU: Keine.
Soz.Verh./Vgs.: Die Schnecken leben einzeln auf verschiedenen Hornkorallen.
Hält.B.: Unbekannt. Sie können aber über den Aquarienhandel mit ihren Freßsubstraten in heimische Becken gelangen.
FU: Die Tiere ernähren sich von ihren Wirten.
Bes.: Die Schale ist langgestreckt und in der Mitte etwas aufgeblasen. Beide Enden sind lang ausgezogen. Ein rot ornamentierter Mantel bedeckt sie.

T: 22-27 °C, **L:** 3 cm, **BS:** 4, **SG:** 4

Nordsulawesi, Indonesien L. Tackett

Phenacovolva rosea (ADAMS, 1854)
Rosarote Spindelkauri

Vork.: Südafrika bis Australien, Indonesien, Philippinen, Salomon, Papua, Taiwan, China und Japan.
GU: Keine.
Soz.Verh./Vgs.: Die Schnecken leben auf verschiedenen Gorgonien der Gattungen *Leptogorgia, Homophyton* und *Plexaura.*
Hält.B.. Unbekannt.
FU: Die Schnecken ernähren sich von ihren Wirten.
Bes.: Die vom Mantel verdeckte Schale ist rötlich. Sie trägt ein weißes, medianes Band. Der Mantel selbst ist rötlich und besitzt zahlreiche dunkelrote Punkte und helle Papillen. Die Fühler sind gebändert. Von dieser Art soll es drei Unterarten geben, die man leicht miteinander verwechseln kann.

T: 22-27 °C, **L**: 4 cm, **BS**: 4, **SG**: 4

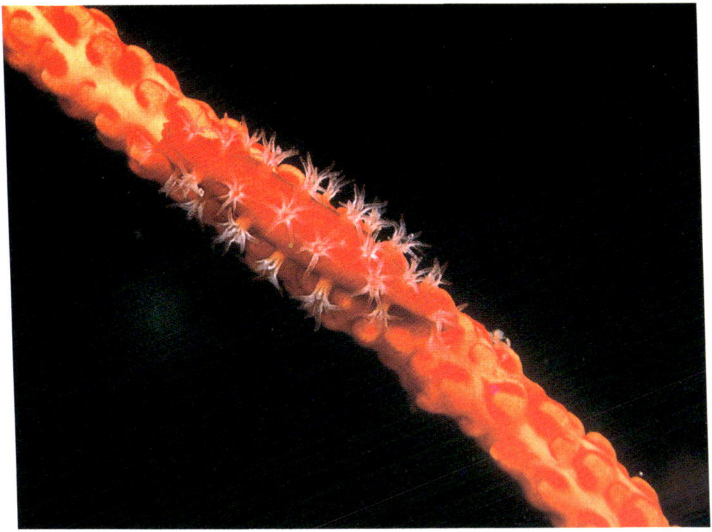

Nordsulawesi, Indonesien D. Tackett

Phenacovolva rugosa (CATE & AZUMA, 1973)
Kleine Spindelkauri

Vork.. Indopazifik: Indonesien, Philippinen bis in den Ostpazifik.
GU: Keine.
Soz.Verh./Vgs.: Die Tiere leben einzeln auf verschiedenen Gorgonien.
Hält.B.: Unbekannt. Möglich ist, daß sie über den Aquarienhandel mit ihren Freßsubstraten in heimische Becken gelangen.
FU: Die Schnecken ernähren sich von ihren Wirten.
Bes.: Die Tiere leben auf ihren Wirten perfekt getarnt. Ihr Mantel hat nicht nur die gleiche Farbe, sondern auch Auswüchse, die an ausgestreckte Polypen erinnern.

T: 22-28 °C, L: 2 cm, BS: 4, SG: 4

C. Bryce

Phenacovolva cf. *rugosa*

C. Bryce

Pseudosimnia cf. *jeanae*

Gillimota, Indonesien C. Bryce

Pseudosimnia marginata DUCLOS, 1831
Spindelkauri

Vork.: Indopazifik: Vom Indischen Ozean bis nach Japan.
GU: Keine.
Soz.Verh./Vgs.: Diese Spindelkauri lebt auf Weichkorallen der Gattung *Dendronephthya*. Sie paßt sich der Färbung ihres Wirtes weitgehend an.
Hält.: Unbekannt und in der Aquarienliteratur auch nicht erwähnt. Es ist aber möglich, daß sie mit Weichkorallen in die Aquarien gelangt.
FU: Die Schnecken ernähren sich von ihren Wirten.
Bes.: Das kleine Gehäuse ist eiförmig. Es kann breite Querbänder tragen oder einfarbig sein. Der Mantel, der normalerweise die Schale bedeckt, ist violett gefleckt und gepunktet und trägt feine, weiße, fingerförmige Protrusionen. Die Schnecken sind ihrem Lebensraum gut angepaßt, und nur ein geübtes Auge ist in der Lage, sie in den vielen Verzweigungen der Weichkoralle zu entdecken.

T: 22-29 °C, L: 2 cm, BS: 4, SG: 4

Insel Guam, Mikronesien P. Schupp

Casmaria erinaceus LINNAEUS, 1758
Kleine Sturmhaube

Vork.: Rotes Meer, Indopazifik: Von Ostafrika bis nach Polynesien und Hawaii.
GU: Keine.
Soz.Verh./Vgs.: Die Tiere leben einzeln und immer dann in kleineren Gruppen, wenn es Aas zu verzehren gibt. Man kann sie mit vielen Fischen und Wirbellosen vergesellschaften.
Hält.B.: Diese Schnecken sind selten im Aquarienhandel. Sie benötigen Sandflächen und Korallenbruch im Aquarium, um darin zu graben.
Licht: Dämmerlichtzone, da überwiegend nachtaktiv.
FU: K; Räuber, die sich von vielen Wirbellosen und von Aas ernähren. Im Aquarium ernährt man sie mit Fisch-, Schnecken- oder Muschelfleisch.
Bes.: Das Gehäuse ist mittelgroß und mit einer aufgeblasenen Endwindung versehen, wobei die Form und die Skulptur variabel sind. Der Siphonalkanal ist breit und tief eingeschnitten und die Außenlippe verdickt. Sie trägt purpurbraune Flecken. Die Tiere sind selten. Nur auf den Philippinen, wo ihre Freßfeinde durch Überfischung weggefangen wurden, kommen sie jetzt häufiger vor.

T: 22-28 °C, L: 7 cm, BL: ab 80 cm, WB: m, WR: u, BS: 3, SG: 2.

Cassis cornuta C. Bryce

Cassis cornuta H. Erhardt

Nordsulawesi, Indonesien H. Erhardt

Cassis cornuta (LINNAEUS, 1758)
Große Helmschnecke

Vork.: Rotes Meer, Indopazifik: Von Ostafrika bis nach Polynesien, Japan und Australien.
GU: Die Schnecken zeigen einen Geschlechtsdimorphismus: Die Gehäuse der ♂♂ sind stets etwas kleiner als die der ♀♀.
Hält.B.: Man sollte diese Schnecken für eine Aquarienhaltung nicht erwerben, da sie geschützt sind.
FU: K; sie fressen verschiedene Stachelhäuter und hier bevorzugt Seeigel. Aber auch der Korallen fressende Seestern *Acanthaster planci* steht auf ihrem Speiseplan.
Bes.: Große Helmschnecken leben auf und in mobilen Böden und jagen hier nach Beute. Diese wird mit Nervengift gelähmt. Zur gleichen Zeit werden Säuren ausgeschieden, die das Skelett der Beute weich und verzehrbar machen. Leider werden diese Schnecken intensiv gesammelt und in den Souvenirläden zum Kauf angeboten. Mit jedem gesammelten Exemplar verschwindet auch ein Feind des Korallenfressers *A. planci*. Mehr zu diesem Tier im MEERWASSER ATLAS, Band 2, auf Seite 607.

T: 22-27 °C, **L:** 25 cm, **BS:** 4, **SG:** 4

Insel Komodo, Indonesien H. Erhardt

Lambis millepeda LINNAEUS, 1758
Vielfingerschnecke

Vork.: Südwestpazifik, im Flachwasser.
GU: Die Gehäuse der männlichen Tiere sind im allgemeinen kleiner als die der ♀♀.
Soz.Verh./Vgs.: Da die Tiere Sandlieger sind, lassen sie sich mit allen Fischen sehr gut vergesellschaften. Ihre großen Gehäuse können allerdings große Lücken in eine Beckendekoration reißen, wenn sich die Tiere auf Nahrungssuche begeben. Dabei werden oft viele sessile Wirbellose in Mitleidenschaft gezogen.
Hält.B.: Es wird empfohlen nur Jungtiere aufzuziehen.
Licht: Mittellichtzone.
FU: O; die Tiere ernähren sich von Algen, kleinen Muscheln und Schnecken und auch von Aas.
Bes.: Das große und dickschalige Gehäuse trägt 10 kurze und kräftige Fortsätze. Die Lippen sind cremefarben bis zart rosa gefärbt und besitzen Gaumenfalten mit violetten Zwischenräumen. Das Tier ist eine typische Lagunenschnecke.

T: 22-28 °C, L: 15 cm, BL: ab 120 cm, WB: m, WR: u, BS: 2-3, SG: 2.

Lambis scorpius

C. Bryce

Morum vlerone

C. Bryce

Strombus dentatus

C. Bryce

Strombus dilatatus

C. Bryce

Strombus bulla H. Erhardt

Strombus bulla H. Erhardt

Manado, Indonesien L. Tackett

Strombus bulla (RÖDING, 1798)
Flügelschnecke, Fechterschnecke

Vork.: Westpazifik: Indonesien, Philippinen, Japan, Papua Neuguinea, Samoa.
GU: Die Tiere sind getrenntgeschlechtlich.
Hält.B.: Eine Hälterung im Aquarium ist möglich, doch nicht zu empfehlen, da sich die Tiere die meiste Zeit im Sediment aufhalten und nur nachts an die Oberfläche kommen. Sie benötigen eine tiefe Sandschicht, um sich einzugraben und darauf einen guten Algenbewuchs, um sich davon zu ernähren.
FU: H; verschiedene Algen.
Bes.: Die Schale der Tiere ist weiß, außen hellbraun gefleckt und innen glänzend orangebraun gefärbt. Der Lippenfortsatz ist schmal und lang ausgezogen. Flügelschnecken leben auf algenbestandenen Sandflächen und benutzen ihr langes Operculum um sich sprungartig fortzubewegen, sich zu verteidigen und um sich in den Untergrund einzugraben.

T: 22-26 °C, **L**: 7 cm, **BL**: ab 120 cm, **WB**: m, **WR**: u, **BS**: 3, **SG**: 2-3

Insel Bunaken, Indonesien

H. Erhardt

Strombus lentiginosus LINNAEUS, 1758
Knotige Flügelschnecke

Vork.: Ostafrika bis Australien, Indonesien, Philippinen und bis nach Japan.
GU: Die Schnecken sind getrenntgeschlechtlich.
Hält.B.: Gelegentlich gelangen Knotige Flügelschnecken in den Handel. Sie benötigen in einem Aquarium ausgedehnte Sandflächen, um darauf zu kriechen und um sich einzugraben. Man setzt sie aber erst in ein Becken, wenn genügend Algenbewuchs vorhanden ist.
FU: H; Algen.
Bes.: Das Gehäuse ist dickschalig und schwer. Es trägt große Höcker auf den Windungskanten und kleine auf der letzten Windung. Die helle Schale trägt graubraune Sprenkel und 7 braune Streifen am Lippenrand. Der kurze Siphonalkanal ist nach hinten gebogen. Knotige Flügelschnecken leben auf Riffdächern und im Flachwasser der Lagunen.

T: 22-28 °C, **L**: 10 cm, **BL**: ab 100 cm, **WB**: m, **WR**: u, **BS**: 2-3, **SG**: 3

Insel Bunaken, Indonesien H. Erhardt

Strombus luhuanus LINNAEUS, 1758
Rotmund-Flügelschnecke

Vork.: Von Ostafrika bis in den Westpazifik.
GU: Die Tiere sind getrenntgeschlechtlich.
Hält.B.: Da die Schnecken Sandlieger sind, benötigen sie in einem Aquarium große Sandareale. Man setzt sie erst dann in ein Becken, wenn sich darin genügend Algen für die Ernährung der Tiere gebildet haben.
FU: H; filamentöse Algen.
Bes.: Das Gehäuse der Schnecken ist verkehrt-kegelförmig und trägt ein stumpfes Gewinde mit erhobenem Apex. Die Lippe ist verdickt und leicht gebogen. Die helle Schale trägt orangebraune Zeichnungen in Querreihen. Die Mündung ist rosa bis violett. Junge Tiere sehen aus wie Kegelschnecken (Gattung: *Conus*). Auf Korallensand, in Seegraswiesen und im Gezeitenbereich der Lagunen kommen sie häufig in einer großen Individuendichte vor und sind hier die Beute von Rochen, Grundhaien und Brassen. Häufig sind die Schalen der Tiere mit Algen bis zur Unkenntlichkeit bewachsen.

T: 22-28 °C, L: 5-7 cm, BL: ab 100 cm, WB: m, WR: u, BS: 3, SG: 3

Großes Barriereriff, Australien R.C. Steene

Phalium bandatum PERRY, 1811
Gebänderte Helmschnecke

Vork.: Indopazifik: Australien, Indonesien, Philippinen, Japan.
GU: Keine.
Soz.Verh./Vgs: Die Tiere sind Einzelgänger, die auf und im Sand ihre Beute suchen. Da sie sich räuberisch von Mollusken und Stachelhäutern ernähren, sollten diese Tiere in einem Aquarium fehlen.
Hält.B.: Die Schnecken benötigen in einem Aquarium eine tiefe Sandschicht, um darin zu graben. Ein starker Filter und ein Eiweißabschäumer sind unbedingt notwendig.
Licht: Mittellichtzone.
FU: K; sie leben räuberisch und ernähren sich von Schnecken, Muscheln und von Stachelhäutern. Im Aquarium füttert man sie mit Muschel- und Tintenfischfleisch.
Bes.: Das Schneckengehäuse ist mittelgroß, eiförmig und trägt ein schlankes Gewinde. Die Schulterkanten tragen kleine und spitze Knoten. Die Außenlippe ist verdickt. Auf der Endwindung befinden sich breite und braune Spiralbänder. Gebänderte Helmschnecken leben auf und in ausgedehnten Sandflächen und werden so intensiv gesammelt, daß sie kaum noch zu finden sind. Man verarbeitet sie in Südostasien zu Salz- und Pfefferstreuern.

T: 22-26 °C, **L**: 8 cm, **BL**: ab 120 cm, **WB**: m, **WR**: u, **BS**: 4, **SG**: 2.

Insel Lombok, Indonesien H. Erhardt

Tonna cepa RÖDING, 1798
Tonnenschnecke

Vork.: Rotes Meer, Ostafrika bis Melanesien.
GU: Die Tiere sind getrenntgeschlechtlich.
Soz.Verh./Vgs.: Tonnenschnecken sind Einzelgänger und Räuber, die man nicht mit anderen Weichtieren und Stachelhäutern vergesellschaften sollte.
Hält.B.: Die Tiere sind selten im Handel. Daher gibt es auch nur wenige Informationen über eine Beckenhaltung. Da die Tiere aber im Sediment graben, brauchen sie in einem Aquarium große Sand- und Geröllflächen.
Licht: Dämmerlichtzone.
FU: Tonnenschnecken sind gefräßige Räuber, die sich von Seesternen, Seewalzen und Seeigeln ernähren. Auch viele Weichtiere sind ihre Beute. Der Speichel der Tiere enthält freie Säure, mit deren Hilfe sie die Kalkschalen ihrer Opfer auflösen.
Bes.: Das Gehäuse der Tiere ist groß, aufgeblasen und die Schale relativ dünn. Das Gewinde ist nur mäßig erhoben und die Naht tief und kanalartig eingesenkt. Die Spiralrippen sind breit, flach und glatt. Die Außenlippe ist verdickt. Ein Operculum zum Verschließen der Gehäuseöffnung fehlt den Tieren. Der Fuß ist groß, breit und fleischig. Wenn sich die Tiere bewegen, wird er mit Wasser gefüllt. Fühlen sich die Tiere bedroht, wird das Wasser wieder ausgespritzt. Dann erst gelingt es den Schnecken, sich vollständig in ihr Gehäuse zurückzuziehen. Als nachtaktive Tiere graben sie tagsüber im Sediment

T: 22-28 °C, L: 15-20 cm, BL: ab 120 cm, WB: m, WR: u, BS: 3-4, SG: 3

Indonesien M. Walker

Tonna perdix LINNAEUS, 1758
Rebhuhn-Tonnenschnecke

Vork.: Rotes Meer, Indopazifik: Von Ostafrika bis Polynesien, Japan und Australien.
GU: Keine. Die Tiere sind getrenntgeschlechtlich.
Soz.Verh./Vgs.: Tonnenschnecken sind Einzelgänger und Räuber, die man nicht mit anderen Weichtieren und Stachelhäutern vergesellschaften sollte.
Hält.B.: Diese Schnecken sind so gut wie nie im Handel. Sie benötigen aber große und tiefe Sandflächen, um sich eingraben zu können.
Licht: Dämmerlichtzone.
FU: K; sie ernähren sich vorwiegend von Weichtieren und Stachelhäutern und sind gefräßige Räuber.
Bes.: Rebhuhn-Tonnenschnecken besitzen ein dünnschaliges Gehäuse. Dieses ist braun und trägt dunkelbraune und weiße Schmierflecken auf den flachen und breiten Rippen. Der Fuß ist außerordentlich groß, breit und braunweiß geflammt. Tonnenschnecken sind ausschließlich nachtaktiv und leben auf und in verschiedenen Sedimenten in Riffnähe. Sie kommen vom Flachwasser bis in größere Tiefen vor.

T: 22-26 °C, **Ø:** 20 cm, **BL:** ab 120 cm, **WB:** m, **WR:** u, **BS:** 3-4, **SG:** 3

Manado, Indonesien H. Erhardt

Naticarius orientalis (GMELIN, 1817)
Mondschnecke

Vork.: Tropischer Indopazifik: Australien, Indonesien, Japan, Papua Neuguinea.
GU: Nabelschnecken sind getrenntgeschlechtlich.
Soz.Verh./Vgs.: Die Schnecken leben solitär, sind ausschließlich nachtaktiv und graben in Sand- und Geröllböden.
Hält.B.: Nicht bekannt. Zudem sind sie fleischfressende Räuber, die andere Weichtiere aufbohren und ausfressen. Als nachtaktive Tiere sind sie für eine Aquarienhaltung nicht gerade attraktiv.
FU: K; Fleischfresser, die sich von Weichtieren ernähren.
Bes.: Die Gehäuse der Schnecken sind klein, dickschalig, fast kugelig, glatt und glänzend. Ein gut ausgebildeter Nabel (Name!) ist vorhanden. Der Fuß und der Mantel sind wunderschön gefärbt, hier in rotorange mit hellen, durchbrochenen Linien. Ihre Opfer bohren sie mit Hilfe ihrer Radula auf. Durch ein kreisrundes Loch werden sie dann ausgefressen.

T: 22-26 °C, **L**: 3 cm, **BS**: 4, **SG**: 4

C. Bryce

Natica euzona

C. Bryce

Polinices pyriformis

Fam.: Eumilidae

Indonesien

M. Walker

Thyca cristallina ADAMS, 1854
Kristallschnecke

Vork.: Indopazifik: Indonesien, Phlippinen, Australien.
GU: Keine, die äußerlich erkennbar wären.
Soz.Verh./Vgs.: Kristallschnecken leben einzeln oder in kleinen Gruppen auf indopazifischen Seesternen.
Hält.B.: Nicht bekannt. Sie könnten aber mit importierten Seesternen eingeschleppt werden.
FU: Die Schnecken sind Nahrungsspezialisten. Sie leben parasitisch und saugen an ihren Wirten.
Bes.: Kristallschnecken leben als Ektoparasiten auf Seesternen. Das Bild zeigt eines dieser Tiere auf dem Blauen Seestern *Linckia laevigata*. Das Schneckengehäuse ist klein, kristallblau, semitransparent und der Apex mützenförmig gebogen. Die Radialrippen sind glatt. Ein Periostracum fehlt der Schale. Es gibt weltweit nur wenige Arten aus dieser Gattung.

T: 22-26 °C, **L:** 6 mm, **BS:** 4, **SG:** 4

Hipponix sp. auf *Iconaster* C. Bryce

Eunilid auf Seewalze C. Bryce

Charonia tritonis

Th. Paulus

Malediven H. Decker

Charonia tritonis (LAMARCK, 1816)
Großes Tritonshorn

Vork.: Rotes Meer, Indopazifik: Von Ostafrika bis Polynesien, Australien und Neuseeland.
GU: Keine, die Tiere sind getrenntgeschlechtlich.
Soz.Verh./Vgs.. Diese großen Schnecken leben einzeln auf verschiedenen Substraten.
Hält.B.: Wegen ihrer Größe ungeeignet. Sie sollten weder gefangen, noch importiert werden.
FU: Räuber; sie ernähren sich überwiegend von großen Seesternen der Gattung *Acanthaster*.
Bes.: Tritonshörner leben auf Sand-, Fels- und Geröllgrund und besitzen ein schweres, kegelförmiges Gehäuse. Dieses trägt spiralige Noppenreihen, eine große Endwindung und einen verdickten Mündungsrand. Ein ovales Operculum verschließt das Gehäuse. Leider sind diese Tiere sehr selten geworden. Und leider werden auch noch heute ihre Gehäuse gesammelt und in den Andenkenläden verkauft. Im Altertum wurden sie als Signalhörner in der Seefahrt verwendet. Mehr Informationen sind auf Seite 609 im MEERWASSER ATLAS, Band 2, nachzulesen.

T: 22-29 °C, **L**: 35 cm, **BS**: 4, **SG**: 2.

Insel Menorca, Mittelmeer H. Erhardt

Charonia tritonis variegata LAMARCK, 1816
Tritonschnecke

Vork.: Atlantik, Mittelmeer, Südafrika bis Indonesien, Australien, Tasmanien und Neuseeland.
GU: Keine.
Soz.Verh./Vgs.: Die Schnecken leben einzeln.
Hält.B.: Diese Tritonschnecken werden zwar gesammelt, jedoch nicht für den Aquarienhandel. Gereinigt und poliert werden sie in Andenkenläden an die Touristen verkauft.
FU: K; Die Schnecken sind Räuber. Sie ernähren sich von Seeigeln und Seewalzen.
Bes.: Diese Art ist die größte Gehäuseschnecke im Mittelmeer. Sie ist oft, entsprechend ihrem Alter, bis zur Unkenntlichkeit von Kalkalgen und vielen Wirbellosen bewachsen. Sie lebt in Seegraswiesen, zwischen Tangen, auf Fels- und Geröllgrund und sucht auch auf Sandböden ihre Beute. Das Gehäuse ist kräftig und schwer. Es hat starke Schulterknoten an den Umläufen. Die Zähne an der Außenlippe sind kräftig braun gefärbt.

T: 8-28 °C, **L**: bis 35 cm, **BS**: 4, **SG**: 4

Manado, Indonesien H. Erhardt

Cymatium lotorium LINNAEUS, 1758
Küstentriton, Krötenschnecke

Vork.: Rotes Meer, Indopazifik: Indonesien, Philippinen, Malaysia, Japan.
GU: Die Schnecken sind getrenntgeschlechtlich.
Hält.B.: Nicht bekannt.
FU: H; verschiedene Algen.
Bes.: Das Gehäuse der Tiere ist dickschalig und schwer. Der Siphonalkanal ist schräg nach hinten verdreht und die Außenlippe ist kräftig verdickt. Am Innenrand befinden sich 6-7 Zähne. Auf der gelbbraunen Schale sind die Varizen abwechselnd weiß und dunkelbraun gezeichnet. Ein dickes Periostracum ist bei alten Tieren oft bis zur Unkenntlichkeit vor allem mit Kalkalgen überwuchert.

T: 22-26 °C, **L**: 12 cm, **BS**: 4, **SG**: 4

Baa Atoll, Malediven H. Decker

Cymatium sp.
Krötenschnecke

Vork.: Indischer Ozean: Malediven.
GU: Die Schnecken sind getrenntgeschlechtlich.
Hält.B.: Nicht bekannt und in der uns zur Verfügung stehenden Literatur nicht erwähnt.
FU: H; verschiedene Algen.
Bes.: Das Gehäuse der Schnecken ist dickschalig, trägt ein hohes Gewinde und besitzt ein dickes gelblichbraunes Periostracum. Der Rand und die Spitze des Siphonalkanals sind dunkelbraun gefleckt. Feine Fäden befinden sich auf dem Gehäuse. Krötenschnecken leben auf algenbestandenen, felsigen Substraten vom Flachwasser bis in größere Tiefen.

T: 20-28 °C, L: 8 cm, BS: 4, SG: 2-3

Coriocella nigra R.C. Steene

Coriocella nigra R.C. Steene

Coriocella nigra R.C. Steene

Coriocella nigra BLAINVILLE,1824
Blauschwarze Samtschnecke, Schwarze Mantelschnecke

Vork.: Indopazifik: Von Südafrika bis zu den Malediven, Philippinen, Indonesien, Papua Neuguinea, den Salomoninseln und Australien.
GU: Nicht bekannt.
Soz.Verh./Vgs.: Die Schnecken leben einzeln und sind nachtaktiv.
Hält.B.: Möglicherweise im Aquarium haltbar, doch liegen darüber keine Hinweise vor.
FU: K; vermutlich frißt das Tier Schwämme.
Bes.: Blaue Samtschnecken bewegen sich außerordentlich langsam, werden dadurch übersehen und für einen Schwamm gehalten. Der Körper der Tiere besitzt lange und fingerförmige Projektionen, die seitlich und nach oben vom Körper abstrahlen. Der blauschwarze Mantel trägt eine schindelförmige Zeichnung und dunkle Punkte unterschiedlicher Größe. Ein kommensaler Krebs, *Pontocypria coriocella*, lebt im Mantelrand dieser Samtschnecken. Die Gattung gehört zu den den echten Schalenschnecken, wird jedoch oft mit den Nacktschnecken verwechselt.

T: 20-28 °C, **L**: 8-12 cm, **BS**: 4, **SG**: 4

Ordnung: Neogastropoda
Fam.: Muricidae

Bitan Island, Indonesien C. Bryce

Chicoreus microphyllus (LAMARCK, 1822)
Stachelschnecke

Vork.: Indopazifik: Vom Arabischen Golf bis nach Japan.
GU: Keine. Die Schnecken sind getrenntgeschlechtlich.
Soz.Verh./Vgs.: Die Stachelschnecken leben einzeln auf verschiedenen Hartsubstraten.
Hält.B.: Sie erscheinen zwar auf keiner der uns zugänglichen Importlisten, doch ist es denkbar, daß sie unter einem anderen Namen gehandelt werden. Man pflegt sie in tropischen Riff- oder Felsaquarien.
FU: K; sie fressen überwiegend Muscheln, die sie anbohren.
Bes.: Diese Art besitzt ein kleines Gehäuse, das im allgemeinen bis zur Unkenntlichkeit von Kalkalgen überwuchert ist. Es trägt dunkelbraune Spiralbänder und die Mündung der Schale hat breite Stacheln. Lebensräume der Tiere sind Ebbetümpel, Riffdächer und Riffplattformen, wo sie gelegentlich auch trockenfallen. Daher sind sie auch extremen Temperaturen angepaßt.

T: 20-45 °C, **L:** 5 cm, **BL:** ab 100 cm, **WB:** m-s, **WR:** u, **BS:** 3-4, **SG:** 2

Nord Male Atoll, Malediven H. Erhardt

Chicoreus palmarosae LAMARCK, 1816
Kleine Stachelschnecke

Vork.: Indopazifik: Malediven, Australien, Indonesien.
GU: Äußerlich nicht erkennbar.
Hält.B.: Da diese Art sehr selten vorkommt, wird sie auch nicht für den Aquarienhandel gesammelt. Sie kann mit Steers Stachelschnecke, *Chicoreus steeriae*, leicht verwechselt werden, die gelegentlich im Handel verkauft wird.
FU: K; sie fressen andere Weichtiere und Aas.
Bes.: Das Schneckengehäuse besitzt ein hohes Gewinde und einen langen Siphonalstachel. Die Stacheln sind an den Enden verzweigt und nach oben offen. Die Schale ist rötlichbraun und trägt dunkelbraune Spiralrippen. Die Stachelenden sind oft rosa gefärbt. Kleine Stachelschnecken leben auf festen Substraten in allen Riffbereichen.

T: 20-28 °C, L: 6-8 cm, BS: 4, SG: 4

Manado, Indonesien

H. Baensch

Chicoreus sauli SOWERBY, 1841
Sauls Stachelschnecke

Vork.: Indopazifik: Indonesien, Philippinen, Südjapan.
GU: Äußerlich nicht erkennbar. Die Tiere sind getrenntgeschlechtlich.
Hält.B.: Wenn sie im Handel zu erwerben sind, dann sollten sie in einem Felsaquarium gehalten und gepflegt werden. Hier sind sie gut und auch lange haltbar.
FU: K; sie ernähren sich von Muscheln und Schnecken, die sie aufbohren und ausfressen. Man findet sie aber auch in beköderten Fischreusen, wo sie sich von Aas ernähren. Im Aquarium ernährt man sie mit aufgetautem Tiefkühlfutter und mit feingehacktem Muschel- und Schneckenfleisch.
Bes.: Der Name dieser Schnecken stammt von einem wohlhabenden Engländer, dessen Ehefrau eine leidenschaftliche Schneckensammlerin war. Das Gehäuse der Tiere ist fast immer bis zur Unkenntlichkeit von Schwämmen und Kalkrotalgen bewachsen, so daß die feinen Zeichnungen nicht sichtbar sind. Die Stacheln sind kurz, der Siphonalkanal lang und gebogen und die Lippe gezähnt. Sauls Stachelschnecken leben auf Hartböden in relativ flachem Wasser.

T: 22-26 °C, **L:** 7 cm, **BL:** ab 120 cm, **WB:** m, **WR:** u, **BS:** 3-4, **SG:** 2.

Insel Bunaken, Indonesien — H. Erhardt

Drupa rubusidaea RÖDING, 1798
Rotmund-Drupe

Vork.: Rotes Meer und von Ostafrika bis Polynesien, Hawaii und Japan.
GU: Die Schnecken sind getrenntgeschlechtlich.
Hält.B.: Nicht bekannt.
FU: H; Algen, die sie vom Untergrund abschaben.
Bes.: Das Gehäuse der Tiere trägt 5 Reihen kurzer und kräftiger Stacheln. Die Zwischenräume zwischen den Stacheln sind mit feinen Spiralstreifen gefüllt. Die Innenseite der Außenlippe trägt 7-12 Zähnchen. Die Mündung und die Columella ist kräftig rosa gefärbt. Rotmund-Drupen leben unter Steinen, auf abgestorbenen Riffplattformen und in den Nischen der Riffhänge. Leider sieht man sie selten, da Sediment und Aufwuchs die Tiere in ihrem natürlichen Biotop fast unsichtbar machen.

T: 22-26 °C, L: 3-5 cm, BS: 4, SG: 4

Ordnung: NEOGASTROPODA
Fam.: Muricidae

H. Uecker

Insel Bequia, Karibik

Murex brevifrons LAMARCK, 1822
Karibische Stachelschnecke

Vork.: Florida Keys, Westindien bis Brasilien.
GU: Keine.
Soz.Verh./Vgs.: Stachelschnecken leben einzeln und sind Räuber in Austernkulturen. Man kann sie mit allen Fischen und vielen Wirbellosen vergesellschaften, doch sollten Weichtiere fehlen, da sie diese anbohren und ausfressen.
Hält.B.: Man pflegt sie in einem Gesellschaftsbecken mit großen Krebsen und Fischen. Hungrige Tiere fallen im Aquarium neben den Weichtieren auch Röhrenwürmer und kleine Stachelhäuter an.
FU: K; Räuber, die sich von Weichtieren und Seepocken ernähren. Aber auch Aas wird nicht verschmäht. In einem Gesellschaftsbecken ernähren sie sich von Futterresten und müssen nicht zusätzlich gefüttert werden.
ZU/verm.: Die ♀♀ legen 80-150 Eikapseln. Die Eiablage dauert 5-12 Tage. Nach etwa 6 Wochen schlüpfen die Jungschnecken.
Bes.: Die Schale der Tiere ist dick, schwer und mit Hohlstacheln bestanden. Diese sind offen und nach hinten gebogen. Auf den Umgängen befinden sich zahlreiche Spirallinien, die man aber erst am gesäuberten Gehäuse sieht. Die Schnecken leben auf Sand, Schlamm und auf Hartsubstraten. Man findet sie aber auch in Ästuarien und Mangroven.

T: 20-26 °C, **L**: 8 cm, **BL**: ab 100 cm, **WB**: m, **WR**: u, **BS**: 2, **SG**: 1-2.

Insel Manado, Indonesien H. Erhardt

Hexaplex cichoreum GMELIN, 1817
Große Purpurschnecke

Vork.: Indopazifik: Von Ostafrika bis zu den Philippinen und Neuguinea.
GU: Keine.
Soz.Verh./Vgs.: Die Tiere leben einzeln und sind Räuber. Sie bohren andere Schnecken und Muscheln an und fressen diese aus. Daher sollten Weichtiere in einem Aquarium fehlen.
Hält.B.: Man pflegt diese Tiere in einem großen Becken, das ein Sandareal besitzt, auf dem die Tiere kriechen können. Man findet diese großen Schnecken aber so gut wie nie im Handel, da sie sehr selten geworden sind. Sie werden gesäubert und mit gutem Profit in Andenkenläden an die Touristen verkauft.
FU: K; Räuber, die sich von Weichtieren ernähren. Im Aquarium ernährt man sie mit kleingehacktem Muschel- und Schneckenfleisch.
Bes.: Das Gehäuse ist dickschalig und besitzt kurze und blättrige Stacheln. Die Zeichnung von braunen Spiralbändern sieht man erst, wenn die Gehäuse gereinigt sind. Die Schalenmündung ist weiß. Ein großes und dickes Operculum verschließt das Gehäuse.

T: 22-26 °C, L: 12 cm, BL: ab 100 cm, WB: m, WR: u, BS: 3-4, SG: 1-2.

Isla del Cocos, Costa Rica C. Bryce

Muricanthus (= *Hexaplex*) *princeps* BRODERIP, 1865
Panama-Stachelschnecke

Vork.: Panamaische Provinz: Golf von Kalifornien bis Peru und Galapagos.
GU: Keine. Die Schnecken sind getrenntgeschlechtlich.
Soz.Verh./Vgs.: Stachelschnecken dieser Art leben einzeln und räuberisch, bohren andere Schnecken und Muscheln an und fressen sie aus.
Hält.B.: Diese Art wird nicht in Aquarien gepflegt.
FU: K; sie fressen andere Weichtiere.
Bes.: Das Gehäuse der Schnecken ist dickschalig und schwer. Es besitzt einen relativ langen Siphonalkanal. Auf der Endwindung stehen 5-8 Varizen mir kräftigen, nach vorne offenen Stacheln. Die größten davon befinden sich auf der Schulter. Braune Spiralrippen umgreifen die Schale. Die Stacheln sind im allgemeinen heller als die Schale. Panama-Stachelschnecken leben an Felsen, im Flachwasser von der Niedrigwasserlinie an. Sie sind in ihrem Verbreitungsgebiet häufig.

T: 15-26 °C, **L:** 9 cm, **BS:** 4, **SG:** 4

Westküste Irland H. Erhardt

Nucella lapillus LINNAEUS, 1758
Atlantische Purpurschnecke

Vork.: Atlantik, Nordsee, Britische Inseln, Neufundland bis New York.
GU: Äußerlich nicht erkennbar.
Soz.Verh./Vgs.: Die Schnecken leben oft in einer großen Individuendichte am Spülsaum und im Gezeitenbereich felsiger Uferzonen.
Hält.B.: Die Tiere sind Nahrungsspezialisten, die sich hauptsächlich von Seepocken ernähren. Hier findet man sie auch entlang der Küste, wo sie die Seepocken im Spritzwasserbereich abweiden. Für eine Aquarienhaltung sind sie deshalb ungeeignet.
FU: K, Seepocken und Miesmuscheln.
Bes.: Purpurschnecken wurden früher gesammelt und aus ihrer Drüse der Purpurfarbstoff zum Färben von Textilien gewonnen. Die Tiere leben an Felsen und Steinen und zwischen Seetang. Ihr Gehäuse ist dick, konisch und kann unterschiedlich gefärbt sein, wobei die Farbe abhängig ist von dem Futter, das sie aufnehmen. Die ♀♀ legen Eiballen aus vasenförmigen Kapseln, die an festen Unterlagen angeheftet werden. Nach vier Wochen der Entwicklung schlüpfen die Jungtiere.

T: 8-20 °C, **L**: 4-5 cm, **BS**: 4, **SG**: 4

Surininseln, Thailand — H. Erhardt

Thais sp.
Knotenschnecke

Vork.: Indopazifik: Von Ostafrika bis Polynesien.
GU: Die Schnecken sind getrenntgeschlechtlich.
Soz.Verh./Vgs.: Die Tiere leben einzeln in Gezeitentümpeln, auf Riffplattformen, in der Gezeitenzone und darunter. Sie lassen sich mit friedfertigen Fischen und vielen Wirbellosen gut vergesellschaften.
Hält.B.: Vorsicht, die Schnecken sind Räuber, die Muscheln und Schnecken anbohren und sie fressen. Sie sind sehr gut zu pflegen und auch lange haltbar.
Licht: Sonnenlichtzone.
FU: K; sie fressen Seepocken, Muscheln und Schnecken. Man kann sie mit kleingehacktem Muschel- und Schneckenfleisch gut in einem Aquarium ernähren.
Bes.: Das Gehäuse trägt kräftige und dicke Knoten. Es ist im allgemeinen von Kalkalgen und krustig wachsenden Wirbellosen bis zur Unkenntlichkeit bewachsen, so daß man die Schnecke erst dann wahrnimmt, wenn sie sich bewegt. Sie leben auf Felsen, auf Korallen und auf anderen Hartsubstraten im Bereich des Flachwassers.

T: 22-28 °C, **L:** 5 cm, **BL:** ab 80 cm, **WB:** m-s, **WR:** o, **BS:** 3, **SG:** 2-3

Scott Riff, Westaustralien

G. Allen

Nassarius papillosus (LINNAEUS, 1758)
Körnige Reusenschnecke

Vork.: Von Ostafrika bis nach Hawaii und Polynesien.
GU: Es gibt keine äußerlichen Geschlechtsunterschiede.
Soz.Verh./Vgs.: Die Tiere leben einzeln und lassen sich mit allen Fischen und fast allen Wirbellosen vergesellschaften. Einige Stachelhäuter sind ihre Feinde und sollten daher in einem Aquarium fehlen.
Hält.B.: Man pflegt diese Schnecken in einem Fels- oder Korallenriffaquarium, das einen ausgedehnten Sandboden besitzen sollte.
Licht: Sonnenlichtzone.
FU: K; sie sind Aasfresser und Restevertilger, die man im Aquarium mit Gefrierfutter am Leben hält.
Bes.: Das Gehäuse der Tiere ist dick, etwas aufgeblasen und spindelförmig. Das Gewinde ist spitzkegelig. 7-8 spiralige Knotenreihen befinden sich auf der Endwindung und 3-4 auf den übrigen Gewinden. Die Schale ist weiß bis cremig und trägt braune Flecken. Reusenschnecken sind Tiere des Flachwassers und graben hier im Sediment. Ihr Geruchssinn ist hoch entwickelt und steht im Dienste des Nahrungserwerbes.

T: 22-28 °C, L: 4 cm, BL: ab 100 cm, WB: m, WR: u, BS: 2-3, SG 2-3

C. Bryce

Golf von Exmouth, Westaustralien

Nassarius spp.
Reusenschnecke

Vork.: Westaustralien.
GU: Keine. Die Schnecken sind getrenntgeschlechtlich.
Soz.Verh./Vgs.: Sie leben einzeln, finden sich jedoch schnell in Gruppen zusammen, wenn es Nahrungsbrocken oder Aas zu vertilgen gibt.
Hält.B.: Es ist möglich, daß besonders Jungtiere mit lebenden Steinen importiert werden. Pflege wie *N. papillosus*.
FU: K, Tiere dieser Gattung sind überwiegend Aasfresser und Restevertilger.
Bes.: Das Gehäuse der Schnecken ist klein, tropfenförmig, mit spitzen Apex und einer großen Endwindung. Die Schalenoberfläche ist glatt und kann verschieden gefärbt sein. Häufig sind sie braun, gelb oder olivgrün. Normalerweise leben die Tiere in Weichböden versteckt und strecken nur ihren Sipho in das freie Wasser. Ihr Riechvermögen ist ausgezeichnet, so daß sie über weite Strecken Aas wahrnehmen können. Dann durchbrechen sie die Sedimentoberfläche und kriechen gerichtet dem Aas entgegen. Dann kommt es zu diesen Ansammlungen, wie sie das Bild zeigt.

T: 22-29 °C, **L**: 3 cm, **BL**: ab 80 cm, **WB**: m, **WR**: u, **BS**: 3-4, **SG**: 2-3

Insel Bunaken, Indonesien

H. Erhardt

Vasum ceramicum (LINNAEUS, 1758)
Keramik-Vasenschnecke

Vork.: Von Afrika bis nach Polynesien.
GU: Die Tiere sind getrenntgeschlechtlich
Hält.B.: Nicht bekannt.
FU: H; Algen.
Bes.: Das Gehäuse der Tiere ist massiv, länglich und spindelförmig gestaltet. Es trägt kegelförmige Stacheln auf den Schultern und weißliche Zeichnungen mit braunschwarzen Flecken auf der Spindel, die häufig in Axial- und Spiralbänder zusammenlaufen. Die Außenschale ist fast immer bis zur Unkenntlichkeit von Algen und inkrustiertem Material bewachsen und gelegentlich auch von Sediment bedeckt.

T: 22-26 °C, **L:** 8-13 cm, **BS:** 4, **SG:** 4

Insel Bunaken, Indonesien H. Erhardt

Bursa bubo (LINNAEUS, 1758)
Große Froschschnecke

Vork.: Von Ostafrika bis nach Polynesien.
GU: Die Tiere sind getrenntgeschlechtlich.
Hält.B.: Nicht bekannt.
FU: K; sie ernähren sich von verschiedenen Wirbellosen.
Bes.: Das Gehäuse der Tiere ist sehr groß, dick, aufgeblasen, grob skulptiert, mit leicht eingeschnürter Naht und trägt ein ziemlich hohes Gewinde. Auf jeder Windung befinden sich 2 Varizen und 6-8 dazwischenliegende, stumpfe Knoten. Die Außenlippe ist ausgebuchtet und trägt 20-25 gerundete Zähne. Das cremefarbene Gehäuse ist mit hellbraunen Flecken und Spritzern übersät. Froschschnecken leben unter großen Korallenblöcken und kriechen über Sand oder über Korallenbruch. Man findet sie sowohl im Flachwasser der Lagunen, als auch in größeren Tiefen. Leider werden die Schneckengehäuse der Tiere gesammelt, gereinigt und in den Andenkenläden zum Verkauf angeboten.

T: 22-26 °C, **L:** 19-25 cm, **BS:** 4, **SG:** 4

Insel Manado, Indonesien H. Erhardt

Pleuroploca (*Fasciolaria*) *trapezium* (LINNAEUS, 1758)
Trapez-Spindelschnecke

Vork.: Rotes Meer, Indopazifik: Von Ostafrika bis Australien und Polynesien.
GU: Keine. Die Schnecken sind getrenntgeschlechtlich.
Soz.Verh./Vgs.: Spindelschnecken leben einzeln und sind Räuber, die alle anderen Weichtiere überwältigen und fressen. Daher dürfen in einem Aquarium weder Schnekken noch Muscheln mit ihnen gemeinsam gepflegt werden.
Hält.B.: Große Tiere benötigen viel Platz und große Sandflächen, um diese mit ihrem großen und voluminösen Fuß zu durchpflügen.
FU: K; Weichtiere und im Aquarium verschiedene Gefrierfutterarten.
Bes.: Die großen und schweren Gehäuse sind spindelförmig und tragen knotige Verdickungen. Der Apex ist spitz und der Siphonalkanal annähernd gerade. Der Fuß ist groß und rostrot gefärbt. Er kann vollständig in das Gehäuse eingezogen werden, wobei ein kräftiges Operculum die Gehäuseöffnung verschließt. Auf kaffeebraunem Grund sind auf der Schalenoberfläche Spiralbänderungen sichtbar, die überwiegend paarig verlaufen. Häufig ist die Schale bis zu Unkenntlichkeit bewachsen. Trapez-Spindelschnecken leben auf Riffdächern, auf Sand und Korallenbruch vom Flachwasser bis in moderate Tiefen.

T: 22-26 °C, L: 14-20 cm, BL: ab 150 cm, WB: m, WR: u, BS: 3, SG: 3

Insel Bunaken, Indonesien H. Erhardt

Pleuroploca (*Fasciolaria*) *filamentosa* ROEDING, 1798
Gebänderte Spindelschnecke

Vork.: Rotes Meer, Arabisches Meer, Indopazifik: Von Ostafrika bis Japan, Polynesien und Australien.
GU: Keine.
Soz.Verh./Vgs.: Die Schnecken leben einzeln und sind Räuber. Man sollte sie in einem Aquarium nicht mit Weichtieren vergesellschaften.
Hält.B.: Die Tiere brauchen viel Platz und ein Sandareal, um darin zu graben.
FU: K; Sie fressen überwiegend andere Weichtiere. Man füttert sie im Aquarium mit verschiedenen Gefrierfutterarten und mit kleingehacktem Muschel- und Schneckenfleisch.
Bes.: Das schwere Gehäuse besitzt ein spindelförmiges und hohes Gewinde mit spitzem Apex. Die kaffeebraune Schale trägt eine Vielzahl von Spiralbändern und Spirallinien. Der Siphonalkanal ist mäßig lang und gerade. Ein dickes Operculum verschließt das Gehäuse. Gebänderte Spindelschnecken leben im Flachwasser der Korallenriffe.

T: 22-26 °C, **L**: 15 cm, **BL**: ab 150 cm, **WB**: m, **WR**: u, **BS**: 3, **SG**: 2-3

Insel Bunaken, Indonesien H. Erhardt

Fusinus longicauda LAMARCK, 1816
Weberspindelhorn

Vork.: Von Ostafrika bis Melanesien.
GU: Die Schnecken sind getrenntgeschlechtlich.
Hält.B.: Da die Schnecken im Sand graben und sich hier ihre Beute suchen, benötigen sie eine dicke Sandschicht im Aquarium.
FU: K; Sie fressen kleine Muscheln und sind Restevertilger. Bei einer Aquarienhaltung reicht man ihnen feingehacktes Krebs- und Muschelfleisch.
Bes.: Der Körper der Tiere ist kräftig rostrot gefärbt. Das Gehäuse ist schlank, trägt ein hohes Gewinde und einen langen Siphonalkanal. Wulstige Knoten stehen auf den Umgängen, die fein gerippt sind. Weberspindelhörner leben auf verschiedenen Weichböden unterhalb der Niedrigwasserlinie und sind eine seltene Art. In stillen und seichten Lagunen sieht man sie nachts gelegentlich auf der Sedimentoberfläche bei der Nahrungssuche.

T: 22-28 °C, **L**: 10-15 cm, **BL**: ab 100 cm, **WB**: m, **WR**: u, **BS**: 3-4, **SG**: 2-3

Cabo la Vella, Nordkolumbien

H. Erhardt

Voluta musica LINNAEUS, 1758
Notenschnecke

Vork.: Südliches und östliches Karibisches Meer.
GU: Die Tiere sind getrenntgeschlechtlich.
Soz.Verh./Vgs.: Notenschnecken leben überwiegend eingegraben im Sediment.
Hält.B.: Nicht bekannt. Sollten sie dennoch im Handel erhältlich sein, benötigen sie im Aquarium große und tiefe Sandareale, um sich einzugraben. Damit werden sie für den Aquarianer wieder uninteressant, da man sie selten sieht.
FU: K; Räuber, die sich von anderen Weichtieren, von verschiedenen Wirbellosen und von Aas ernähren.
Bes.: Notenschnecken besitzen eine Schalenzeichnung, die an Notenschrift erinnert. Ihre Gehäuse tragen flache Axialrippen und stumpfe Schulterknoten. Die Gehäuse der weiblichen Tiere sind häufig größer als die der männlichen Tiere. Notenschnecken leben vom Flachwasser bis in große Tiefen in und auf sandigen Böden. Schlammige Sedimente meiden sie.

T: 20-26 °C, **L:** 4-11 cm, **BL:** ab 80 cm, **WB:** m, **WR:** u, **BS:** 4, **SG:** 2-3

Cymbiola vespertilio M. Walker

Cymbiola vespertilio M. Walker

Indonesien

M. Walker

Cymbiola vespertilio (LINNAEUS, 1758)
Große Walzenschnecke

Vork.: Indopazifik: Indonesien, Philippinen, Papua Neuguinea, Nordaustralien.
GU: Keine.
Hält.B.: Felsaquarium mit einem tiefen und sandigen Bodenbesatz, damit die Tiere sich eingraben können.
ZU/Verm.: Viele Arten aus dieser Familie besitzen keine freischwimmenden Larven mehr, die die Art im Meer verbreiten. Dadurch kommt es zur Ausbildung lokaler Formen.
FU: K; Walzenschnecken sind gefräßige Räuber, die sich von Weichtieren und Würmern ernähren. Man füttert sie im Aquarium mit Garnelen und mit kleingehacktem Muschel- und Tintenschneckenfleisch.
Bes.: Das Gehäuse der Tiere ist groß, dickschalig, glänzend und überwiegend creme- bis olivenfarben. Eine braune Netzzeichnung befindet sich darauf. In der Form und in der Farbe sind diese Schnecken sehr variabel entsprechend der jeweiligen Lokalformen. Ihr natürlicher Lebensraum sind schlammige und schlammsandige Böden, auf denen sie mit ihrem breiten und langen Fuß kriechen und im Untergrund nach Nahrung suchen.

T: 22-26 °C, **L:** 8-12 cm, **BL:** ab 120 cm, **WB:** m, **WR:** u, **BS:** 3-4, **SG:** 2.

Conus lucidus
C. Bryce

Conus purpurasceus
C. Bryce

Indonesien

R.C. Steene

Conus betulinus LINNAEUS, 1758
Betuline Kegelschnecke

Vork.: Rotes Meer, Indopazifik: Von Ostafrika bis in den Pazifischen Ozean.
GU: Nicht vorhanden.
Soz.Verh./Vgs.: Die Tiere leben einzeln auf verschiedenen Substraten.
Hält.B.: Nicht bekannt.
FU: K; Polychaetenfresser.
Bes.: Das Gehäuse ist dickschalig, schwer und mit gerundeter Schulter. Dunkelbraune Flecken und Striche in Reihen formiert befinden sich darauf. Ein dickes Periostracum bedeckt die Schale. Betuline Kegelschnecken leben in Seegras und auf sandigen bis schlammigen Boden im Bereich der Gezeiten.

T: 22-28 °C, **L:** 8 cm, **BS:** 4, **SG:** 4

Nordsulawesi, Indonesien L. Tackett

Conus capitaneus LINNAEUS, 1758
Kapitän-Kegelschnecke

Vork.: Indopazifik: Von Ostafrika bis nach Hawaii, Samoa, Japan, Tonga und Australien.
GU: Nicht vorhanden.
Hält.B.: Unbekannt. Diese Art wird lebend nicht importiert.
FU: K; Polychaetenfresser.
Bes.: Das Gehäuse ist dickschalig und wird von einem fransigen Periostracum bedeckt. Ein weißes Band in der Mitte der Schale zeigt dunkelbraune Flecken auf beiden Seiten. Tiere dieser Art leben auf Riffdächern, im Sand, unter Korallen und zwischen Korallenbruch. Auf dem Bild überwältigt eine räuberisch lebende Trapezschnecke, *Pleuroploca trapezium*, die Kapitän-Kegelschnecke. Oder ist vielleicht die Trapezschnecke die Beute?

T: 22-28 °C, **L:** 7 cm, **BS:** 4, **SG:** 4

Insel Komodo, Indonesien H. Erhardt

Conus distans BRUGUIERE, 1792
Kegelschnecke

Vork.: Vom Roten Meer bis in den Indopazifik.
GU: Nicht vorhanden.
Hält B.: Aus der Literatur nicht ersichtlich und in den Importlisten nicht vorhanden.
FU: K; die Tiere sind reine Polychaetenfresser.
Bes.: Das Gehäuse der Tiere ist braun, schlank und dickschalig. Die Mündung ist lila bis lilaweiß. Da die Gehäuse stets von Kalkalgen überwachsen sind, heben sie sich farblich kaum vom Untergrund ab. Die Schnecke könnte auch ein Stück Korallenbruch sein. Kegelschnecken dieser Art leben in Lagunen, auf Korallenbruch und auf ausgedehnten Sandarealen.

T: 22-28 °C, **L**: 6-13 cm, **BS**: 4, **SG**: 2-3

Nordsulawesi, Indonesien L. Tackett

Conus eburneus LINNAEUS, 1758
Fleckenkonus

Vork.: Rotes Meer, Indopazifik: Amiranten und Malediven bis Polynesien und Australien.
GU: Kegelschnecken sind getrenntgeschlechtlich.
Soz.Verh./Vgs.: Die Tiere leben einzeln und graben im Sand. Man kann sie mit allen friedfertigen Fischen und mit fast allen Wirbellosen vergesellschaften. Nur räuberisch lebende Stachelschnecken (Muricidae) sollten im Aquarium fehlen.
Hält.B.: Korallenriffaquarium mit Sandarealen, damit die Tiere darin graben können.
FU: K, die Tiere fressen Meeresborstenwürmer, die sie im Sediment aufstöbern und harpunieren. Man ernährt sie mit feingehacktem Fisch- und Schneckenfleisch.
Bes.: Diese Art hat ein sehr großes Verbreitungsgebiet und variiert daher sowohl im Aussehen, als auch in der Größe beträchtlich. Die Schulter ist abgerundet und die helle Schale trägt schwarze rundliche bis quadratische Flecken und Tupfen in Spiralbändern. Die Schnecken leben überwiegend im Flachwasser und graben in Sand und Schill.

T: 22-27 °C, **L**: 4-9 cm, **BL**: ab 80 cm, **WB**: I. **WR**: u, **BS**: 3, **SG**: 2.

Solomoninseln R.C. Steene

Conus geographus LINNAEUS, 1758
Landkarten-Kegelschnecke

Vork.: Rotes Meer, Indopazifik: Ostafrika bis Polynesien und Australien.
GU: Keine, die Tiere sind getrenntgeschlechtlich.
Soz.Verh./Vgs.: Diese Kegelschnecken sind nur mit wenigen Fischen und Wirbellosen zu vergesellschaften. Grundfische und solche, die nachts am Boden schlafen, sind Opfer dieser Schnecken.
Hält.B.: Die Tiere benötigen Tagesverstecke und einen Sandgrund. Vorsicht: Sie sind sehr giftig! Daher die Kegelschnecken nur mit einem Kescher handhaben.
FU: K; Räuber, die sich überwiegend von schlafenden Fischen ernähren. Sie harpunieren sie mit einem sehr giftigen Radulazahn.
Bes.: Die dünnschaligen Gehäuse kommen in verschiedenen Mustern vor: weiß, cremefarben und rosa mit verschiedenen Flecken, Tupfen und Streifen. Die Schnecken leben im Sand und unter Korallen bevorzugt im Flachwasser unterhalb der Niedrigwasserlinie und sind nachtaktiv. Bei unsachgemäßer Handhabung werden auch Menschen von den Schnecken harpuniert. Mehrere Todesfälle sind bekannt!

22-26 °C, **L:** 6 cm, **BL:** 100 cm, **WB:** m, **WR:** u, **BS:** 2-3, **SG:** 3-4

Insel Ibiza, Mittelmeer R. Patzner

Conus mediterraneus BRUGIERE, 1792
Mittelmeer-Kegelschnecke

Vork.: Mittelmeer, im stark bewachsenen Sublitoral.
GU: Keine.
Soz.Verh./Vgs.: Die Tiere leben einzeln. Sie sind Räuber und lassen sich nur schwer mit anderen Wirbellosen vergesellschaften.
Hält.B.: Man pflegt sie in einem Mittelmeer- oder Atlantikbecken, das einen kleinen Sandgrund hat und Versteckmöglichkeiten aufweist. Vorsicht, die Mittelmeer-Kegelschnecken sind giftig!
FU: K; die Tiere sind Räuber, die vor allem Borstenwürmer harpunieren. Man füttert sie mit zerkleinerten Regenwurmstückchen.
Bes.: Diese Art ist der einzige europäische Vertreter der Kegelschnecken. Die Farbe und die Zeichnungen der Schale sind sehr variabel. Die Farbkombinationen gelb-braun-grün sind dominierend. Sie besitzen einen Giftzahn, der zum Beutefang und zur Verteidigung eingesetzt wird. Das injizierte Gift ist jedoch nicht so stark wie das der tropischen Verwandten. Es kann aber trotzdem beim Menschen Schmerzen und Entzündungen hervorrufen.

T: 8-20 °C, **L**: 5 cm, **BL**: ab 80 cm, **WB**: m, **WR**: u, **BS**: 3, **SG**: 1-2.

Kimberley, Westaustralien C. Bryce

Conus omaria HWASS, 1792
Kegelschnecke

Vork.: Indopazifik: Von Madagaskar und den Seychellen bis nach Polynesien und Australien.
GU: Keine.
Soz.Verh./Vgs.: Die Schnecken leben einzeln und sind überwiegend nachtaktiv. Tagsüber leben sie eingegraben in Sand, Schlamm, Schlick oder Geröllgrund.
Hält.B.: Nicht bekannt und in der Literatur auch nicht erwähnt. Dennoch dürften sie zu pflegen sein wie alle anderen Kegelschnecken auch. Sie sind Räuber und dezimieren in kurzer Zeit den Weichtierbesatz in einem Aquarium.
FU: K; sie fressen Schnecken der Gattungen *Cypraea*, *Oliva*, *Strombus* und *Pleuroploca*.
Bes.: Das Gehäuse der Schnecken ist dickschalig und zylindrisch. Ein hell- bis dunkelbraunes Muster ziert die Oberfläche. Die Farbe der Schale ist regional verschieden, ganz besonders zwischen den Tieren des Indischen Ozeans und denen des Pazifiks. Auf dem Bild hat die Kegelschnecke gerade eine große Tulpenschnecke der Gattung *Pleuroploca* harpuniert und beginnt, sie auszufressen.

T: 22-29 °C, **L**: 5 cm, **BL**: ab 100 cm, **WB**: m, **WR**: u, **BS**: 3, **SG**: 2.

Insel Manado Tua, Indonesien H. Erhardt

Conus sp. (?) *rattus* HWASS, 1792
Kegelschnecke

Vork.: Rotes Meer, Indopazifik: Von Ostafrika bis nach Polynesien und Hawaii.
GU: Keine.
Soz.Verh./Vgs.: Die Tiere leben einzeln auf verschiedenen Substraten.
Hält.B.: Wie alle anderen *Conus*-Arten.
Licht: Sonnenlichtzone.
FU: K, die Tiere sind reine Polychaetenfresser. Man füttert sie im Aquarium mit Regenwurmstückchen.
Bes.: Das Gehäuse ist fest, schwer und deutlich konisch in der Form. Die Farben und Fleckenzeichnungen werden durch ein dickes und braunes Periostracum verdeckt. Diese Art schiebt sich auf der Suche nach Borstenwürmern durch die Sandoberfläche und ist im allgemeinen vom Sediment bedeckt. Die Tiere leben auf Riffplattformen, auf Sandflächen, unter Korallen und auf felsigen Substraten.

T: 22-28 °C, **L**: 5 cm, **BL**: ab 100 cm, **WB**: m, **WR**: u, **BS**: 3, **SG**: 1-2.

Insel Guam, Mikronesien P. Schupp

Conus stercusmuscarum LINNAEUS, 1758
Kegelschnecke

Vork.: Indopazifik: Von Ceylon bis Mikronesien und Melanesien.
GU: Nicht vorhanden.
Soz.Verh./Vgs.: Die Schnecken leben einzeln. Man sollte sie nicht mit Fischen vergesellschaften, da sie diese nachts harpunieren.
Hält.B.: Keine Angaben in der Literatur. Doch sie benötigen Sandboden, um darin zu graben und Tagesverstecke in der Dekoration.
FU: K; Räuber, die sich von Fischen ernähren.
Bes.: Kegelschnecken dieser Art leben tagsüber versteckt unter Korallen oder sind im Sand vergraben. Ihr Gehäuse ist dick, zylindrisch und zeigt dichte Spiralstreifen aus dunklen Punkten, die mal sehr dicht stehen, dann wieder weit auseinander angeordnet sind. Die Schulter kann kleine Knoten besitzen, die jedoch häufig fehlen.

T: 22-28 °C, **L:** 6 cm, **BL:** ab 80 cm, **WB:** m, **WR:** u, **BS:** 3, **SG:** 2-3

Großes Barriereriff, Australien

R.C. Steene

Conus striatus LINNAEUS, 1756
Gestreifte Kegelschnecke

Vork.: Rotes Meer, Indopazifik: Von Ostafrika bis Polynesien.
GU: Nicht vorhanden.
Soz.Verh./Vgs.: Die Tiere leben einzeln auf verschiedenen Substraten.
Hält.B.: Nicht bekannt.
FU: K; Räuber, der sich von Fischen und anderen Tieren ernährt.
Bes.: Das Gehäuse der Kegelschnecken kann viele Farbvarianten und Muster besitzen. Es ist dickschalig, hat sehr variable braune Zonen mit Flecken und Tupfen und darauf sehr feine, dunkle Spirallinien. Gestreifte Kegelschnecken leben auf sandigen Böden, auf Riffdächern, unter Steinen und toten Korallen. Vorsicht: Sie sind sehr giftig!

T: 22-26 °C, L: 8 cm, BS: 4, SG: 4

Isla del Cocos, Costa Rica C. Bryce

Conus tessulatus BORN, 1778
Orangegepunktete Kegelschnecke

Vork.: Rotes Meer, Indopazifik: Von Ostafrika bis Hawaii und Australien und der pazifischen Provinz von Panama.
Soz.Verh./Vgs.: Die Kegelschnecken leben einzeln auf Sand und Geröllgrund.
Hält.B.: Sie sind Nahrungsspezialisten und über einen längeren Zeitraum nicht in einem Aquarium zu halten. Sie benötigen eine größere Sandfläche, um darauf zu kriechen.
FU: K; ausschließlich Polychaetenfresser. Über einen gewissen Zeitraum kann man sie mit feingehacktem Muschel- und Garnelenfleisch am Leben erhalten.
Bes.: Das Gehäuse der Tiere ist dickschalig, hell und mit orangen Flecken in Spiralreihen bestanden. Die Basis ist schwach lila gefärbt. Orangegepunktete Kegelschnecken sind Flachwasserarten, die auf Sand- und Geröllboden leben und auch in Mangroven zu finden sind.

T: 22-28 °C, **L:** 6 cm, **BL:** ab 80 cm, **WB:** I, **WR:** u, **BS:** 2-3, **SG:** 3-4

Großes Barriereriff, Australien H. Erhardt

Conus virgio LINNAEUS, 1758
Jungfern-Kegelschnecke

Vork.: Indopazifik: Von Ostafrika bis Polynesien.
GU: Äußerlich nicht erkennbar.
Hält.B.: Diese Kegelschnecke ist ein Nahrungsspezialist und in einem Aquarium nur mit viel Aufwand zu halten und zu ernähren. Größere Sandareale und Bruchfelder sollten vorhanden sein und Meeresborstenwürmer sollten darin leben.
FU: K; frißt in ihrem natürlichen Lebensraum nur Polychaeten.
Bes.: Das Gehäuse dieser Schnecke ist dickschalig und trägt schwache Siphonalriefen. Die Schale ist, wenn das dicke und schwarzbraune Periostracum entfernt ist, cremeweiß bis gelblich gefärbt. Nur die Basis ist violett. Jungfern-Kegelschnecken leben im Flachwasser der Riffdächer, auf Sandflächen und auf Korallenbruchfeldern. Beim Trockenfallen auf Riffplattformen sind sie regelmäßig extremen Temperaturen ausgesetzt, die ihnen offensichtlich nichts ausmachen.

T: 20-45 °C, **L:** 8 cm, **BL:** ab 100 cm, **WB:** m, **WR:** u, **BS:** 3-4, **SG:** 2

Conus sp. H. Erhardt

Conus sp. H. Erhardt

Conus sp. L. Tackett

Conus sp. H. Baensch

Nordwestkap, Westaustralien C. Bryce

Harpa amouretta (RÖDING, 1798)
Liebliche Harfenschnecke

Vork.: Rotes Meer, Indopazifik: Von Ostafrika bis nach Polynesien, Japan und Australien.
GU: Keine.
Soz.Verh./Vgs.: Tagsüber leben die Schnecken eingegraben im Sand. Erst nachts sind sie auf der Suche nach Beute unterwegs.
Hält.B.: In der uns zur Verfügung stehenden Aquarienliteratur nicht beschrieben.
FU: K; Krebsfresser.
Bes.: Von allen Harfenschnecken hat diese Art das größte Verbreitungsgebiet. Die Schale ist klein, schlank, etwas eiförmig und trägt ein hohes Gewinde. Die Rippen besitzen dunkelbraune Querbänder und feine Axialstreifen dazwischen. Die Farbe der Schale ist sehr variabel und abhängig von Fundort. Liebliche Harfenschnecken bewegen sich auf einem großen Kriechfuß und leben vom Gezeitenbereich bis in größere Wassertiefen.

T: 22-29 °C, **L:** 5 cm, **BS.:** 4, **SG:** 4

Indonesien M. Walker

Harpa harpa LINNAEUS, 1758
Große Harfenschnecke

Vork.: Von Ostafrika bis Mikronesien, Samoa, Tonga und Australien.
GU: Die Tiere sind getrenntgeschlechtlich.
Soz.Verh./Vgs.: Harfenschnecken sind Einzelgänger. Sie lassen sich gut mit friedfertigen Fischen und vielen Wirbellosen vergesellschaften, doch sollten Krebstiere im Aquarium fehlen, da diese ihre bevorzugten Beutetiere darstellen.
Hält.B.: Ein größeres Sandareal sollte im Aquarium vorhanden sein, damit sich die Tiere tagsüber eingraben können.
ZU/verm.: Im Aquarium nicht bekannt. Die Entwicklung der Tiere verläuft über eine planktische Veliger-Larve.
FU: K; Sie ernähren sich überwiegend von großen und kleinen Krebsen, die sie mit ihrem großen Fuß ersticken und auffressen. Sie sind aber auch Aasfresser und werden so in beköderten Reusen gefangen. Im Aquarium ernährt man sie mit Muschel-, Krebs-, Fisch- und Garnelenfleisch.
Bes.: Die Tiere besitzen einen großen und langen Fuß, den sie teilweise abwerfen, wenn sie angegriffen werden. Diese Selbstverstümmelung (= Autotomie) ist ein Regulativ im Kampf um das Überleben. In der Hoffnung, daß der Angreifer sich mit dem abgetrennten Fußteil beschäftigt, kann die Schnecke sich in Sicherheit bringen.

T: 22-26 °C, **L**: 7 cm, **BL**: ab 120 cm, **WB**: m, **WR**: u, **BS**: 3-4, **SG**: 2.

Nordsulawesi, Indonesien — L. Tackett

Harpa major ROEDING, 1798

Gemeine Harfenschnecke

Vork.: Indopazifik: Von Ostafrika bis Polynesien, Japan und Australien.

GU: Die Schnecken sind getrenntgeschlechtlich.

Soz.Verh./Vgs.: Harfenschnecken sind Einzelgänger. Sie lassen sich mit fast allen friedfertigen Fischen und den meisten Wirbellosen vergesellschaften, doch sollten Krebse fehlen. Sie sind ihre Hauptnahrung.

Hält.B.: Ein größeres Sandareal muß vorhanden sein, damit die Schnecken sich tagsüber eingraben können.

FU: K; sie fressen vor allem Krebse. Ihre Opfer werden in einen Klumpen von Schleim und Sand erstickt und dann aufgefressen. Man ernährt sie in einem Aquarium mit feingehacktem Muschel-, Krebs- und Garnelenfleisch. Auch kleine Fischbrocken nehmen sie an.

Bes.: Das Gehäuse ist aufgeblasen und hat im Vergleich mit anderen Harfenschnecken nur wenige Rippen. Braune, halbmondförmige Zeichnungen befinden sich zwischen den Rippen. Der Fuß ist außerordentlich groß und kann nicht vollständig in das Gehäuse eingezogen werden. Gemeine Harfenschnecken graben in Sand und in Schill.

T: 22-27 °C, **L:** bis 10 cm, **BL:** ab 80 cm, **WB:** m, **WR:** u, **BS:** 3-4, **SG:** 2.

Insel Bunaken, Indonesien H. Erhardt

Terebra areolata LINK, 1807
Schraubenschnecke

Vork.: Von Ostafrika bis nach Polynesien.
GU: Die Tiere sind getrenntgeschlechtlich.
Hält.B.: Schraubenschnecken graben im Sediment und benötigen daher in einem Aquarium eine dicke Sandschicht. Die im Boden lebenden Tiere werden dabei gefressen, soweit sie klein genug sind.
FU: K; sie fressen kleine, weichhäutige Wirbellose und können in einem Aquarium mit feingehacktem Muschel- und Garnelenfleisch ernährt werden.
Bes.: Das Gehäuse der Tiere ist groß, schlank, schraubenförmig und cremefarben. Auf den annähernd 20 Umgängen sind 3 Reihen braunschwarzer Flecken zu finden, wobei nur die Endwindung 4 Reihen dieser Flecken besitzt. Schraubenschnecken sind Tiere des Flachwassers und der Lagunen. Man sieht sie selten an den Sedimentoberflächen, findet aber häufig ihre breiten Kriechspuren im Sand.

T: 22-28 °C, **L:** 15 - 18 cm, **BL:** ab 100 cm, **WB:** m, **WR:** u, **BS:** 3, **SG:** 2.

Isla del Coco, Costa Rica C. Bryce

Terebra strigata SOWERBY, 1848
Geflammte Schraubenschnecke

Vork.: Panamaische Provinz: Vom Golf von Kalifornien bis nach Ecuador und Galapagos.
GU: Keine. Die Schnecken sind getrenntgeschlechtlich.
Hält.B.: Schraubenschnecken benötigen im Aquarium einen ausgedehnten und tiefen Sandgrund, um sich eingraben zu können.
FU: K, sie ernähren sich von kleinen, im Boden lebenden Tieren und können in einem Aquarium mit kleingehacktem Muschel- und Garnelenfleisch ernährt werden.
Bes.: Das Gehäuse der Tiere ist groß und schwer. Die Spindel ist glatt und der letzte Umgang ist lang. Auf cremefarbenem Grund tragen die Gehäuse dunkle, kastanienbraune Flammenzeichnungen. Sie sind die größten westamerikanischen Schraubenschnecken überhaupt. Ihr Lebensraum sind Fein- und Grobsandböden vom Gezeitenbereich bis in größere Tiefen.

T: 20-29 °C, **L**: 16 cm, **BL**: ab 100 cm, **WB**: m, **WR**: u, **BS**: 3-4, **SG**: 2.

Isla den Cocos, Costa Rica

C. Bryce

Cancilla filaris (LINNAEUS, 1771)
Mitraschnecke

Vork.: Indopazifik: Indien, bis Mikronesien, Polynesien, Südjapan und Australien.
GU: Keine.
Soz.Verh./Vgs.: Die Tiere leben einzeln in sandigen Vertiefungen der Korallenriffe. Die Schnecken sind überwiegend nachtaktiv.
Hält.B.: Nicht bekannt und auch nicht in der von uns genutzten Aquarienliteratur beschrieben. Die Schnecken sind zu selten, um für den Aquarienhandel gesammelt zu werden.
FU: K; sie fressen kleine Wirbellose des Bodens.
Bes.: Das Gehäuse der Tiere ist schlank, spindelförmig-oval und trägt kräftige Spiralreifen mit feinen Axiallinien in den Zwischenräumen. Rotbraune Linien befinden sich auf den Spiralreifen. Die Mündung ist weiß.

T: 20-28 °C, **L:** 3 cm, **BS:** 4, **SG:** 4

Manado, Indonesien H. Erhardt

Mitra papalis LINNAEUS, 1758
Papstmitra

Vork.: Indopazifik: Von Afrika bis nach Polynesien.
GU: Sie besitzen keine äußerlichen Geschlechtsunterschiede.
Soz.Verh./Vgs: Die Schnecken leben einzeln im Sediment und können mit allen Fischen und vielen Wirbellosen vergesellschaftet werden. Räuberisch lebende Seesterne sollten in einem Aquarium fehlen.
Hält.B.: Da die Tiere den Sandgrund nur selten verlassen, benötigen sie große Flächen zum Graben. Die Art ist nicht häufig und kaum im Aquarienhandel zu erwerben. Gesäuberte Gehäuse gibt es jedoch reichlich in den Andenkenläden.
Licht: Dämmerlichtzone.
FU: K; sie ernähren sich möglicherweise von Borstenwürmern, die sie im Sediment aufstöbern und erbeuten. Im Aquarium reicht man ihnen Gefrierfutter.
Bes.: Das Gehäuse ist spindelförmig und trägt ein hohes Gewinde. Spiralige Rinnen laufen auf den letzten Umgängen aus. Auffallend sind die annähernd quadratischen roten Flecken auf der cremigen Schale, die in spiraligen Reihen verlaufen. Die Schulterknoten an den letzten Umgängen sind weiß. Papstmitren leben im Flachwasser der Lagunen, in Seegraswiesen und im Gezeitenbereich direkt unterhalb der Niedrigwasserlinie.

T: 22-26 °C, **L:** 7 cm, **BL:** ab 100 cm, **WB:** m, **WR:** u, **BS:** 3, **SG:** 2.

Fam.: Turridae

Nordsulawesi, Indonesien D. Tackett

Turris babylonia (LINNAEUS, 1758)
Babylon-Schraubenschnecke

Vork.: Indopazifik: Indonesien, Melanesien, Philippinen und Papua Neuguinea.
GU: Äußerlich nicht erkennbar.
Soz.Verh./Vgs.: Die Schnecken leben einzeln im Sediment und kommen nur gelegentlich an die Oberfläche. Man kann sie mit allen Tieren vergesellschaften, nur nicht mit räuberisch lebenden Schnecken.
Hält.B.: Die Art ist selten und so gut wie nie im Aquarienhandel. Sie benötigen aber stets ein großes Sandareal, um darin zu graben. Außerdem sind sie selten zu sehen, da sie den Boden fast nie verlassen.
Licht: Dämmerlichtzone.
FU: K; sie fressen möglicherweise kleine Würmer und weichhäutige Wirbellose. Man kann sie mit feingehacktem Muschel- und Garnelenfleisch ernähren.
Bes.: Gehäuse dickschalig mit kräftigen Spiralstreifen. Der Siphonalkanal ist nur mäßig lang. Unterschiedlich große, schwarze oder dunkelbraune Flecken sind in Spiralreihen auf dem Gehäuse angeordnet. Babylon-Schraubenschnecken graben in Sand und Schill des Fachwassers.

T: 22-26 °C, **L:** 7-10 cm, **BL:** ab 80 cm, **WB:** I, **WR:** u, **BS:** 3-4, **SG:** 2.

Ordnung: Neogastropoda
Fam.: Costellariidae

Nordsulawesi, Indonesien L. Tackett

Vexillum rugosum (GMELIN, 1790)
Turmschnecke

Vork.: Indopazifik: Von Ostafrika bis Polynesien und Australien.
GU: Äußerlich nicht erkennbar.
Soz.Verh./Vgs.: Die Tiere leben einzeln und graben im Sediment.
Hält.B.: Nicht bekannt.
FU: K; Polychaetenfresser.
Bes.: Das dickschalige Gehäuse trägt kräftige Axialrippen und Spiralstreifen. 4-5 Columellarfalten sind vorhanden, die das Gehäuse wie ein Turm aussehen lassen. Auf der hellen Schale verlaufen mehrere schwarze Spiralbänder. Turmschnecken dieser Art leben im Flachwasser und graben in Sand- und Geröllböden.

T: 22-26 °C, **L**: 8 cm, **BS**: 4, **SG**: 2.

Großes Barriereriff, Australien

R.C. Steene

Vexillum taeniatum LAMARCK, 1811

Falsche Mitraschnecke

Vork.: Indopazifik: Nordaustralien, Papua Neuguinea, Fidschi.
GU: Sind äußerlich nicht vorhanden.
Soz.Verh./Vgs: Die Schnecken leben einzeln auf weichen Sedimenten.
Hält.B.: Nicht bekannt. Die Schneckenschalen dieser Art sind so attraktiv, daß sie intensiv gesammelt und teuer an Sammler in aller Welt verkauft werden. Sie erscheinen auf keiner der uns zur Verfügung stehenden Importlisten des Aquarienhandels.
Licht: Sonnenlichtzone.
FU: K; sie ernähren sich von verschiedenen Wirbellosen der Bodenfauna. Doch auch darüber ist wenig bekannt.
Bes.: Das schlanke Schneckengehäuse besitzt breite und glatte Axialrippen und ein hohes, spindelförmiges Gewinde. Orangefarbene und gelbe, dunkelbraune und weiße Bänder wechseln sich ab und werden von schwarzen Linien begrenzt. Ihr Lebensraum ist das Flachwasser, wo sie auf Sandböden und in Seegraswiesen leben.

T: 22-28 °C, **L:** 6 cm, **BS:** 4, **SG:** 4

Irland, Nordatlantik H. Uecker

Buccinum undatum LINNAEUS, 1758
Wellhornschnecke

Vork.: Atlantik, westliches Mittelmeer, Nordsee, westliche Ostsee, amerikanische Ostküste bis New Jersey.
GU: Keine.
Soz.Verh./Vgs.: Die Schnecken leben einzeln. Auf ihrer Schale befinden sich im allgemeinen Hydroiden der Art *Hydractinia echinata*.
Hält.B.: Diese Schnecken lassen sich in einem Atlantikbecken gut pflegen. Sie sind ausdauernd und können Jahre überleben. Sie benötigen Algenbewuchs und Sandgrund.
Licht: Sonnen- bis Dämmerlichtzone.
FU: K; Räuber, die lebende Schnecken und Muscheln anbohren und Aasfresser.
ZU/Verm.: Wellhornschnecken lassen sich gut in einem Aquarium züchten. Sie legen ihre Eier in Eikapseln ab, die zu charakteristischen Trauben arrangiert sind. Viele dieser Eier sind Futtereier für die sich entwickelnden Jungschnecken.
Bes.: Die Schale ist dick, rauh und mit feinen Längs- und Querrillen versehen. Ein pelziges, schmutzig graues Periostracum bedeckt das Gehäuse. Ihre Farbe ist variabel. Sie leben auf Algen, Tangen, auf Schlamm- und Sandgrund. Ihre leeren Schalen werden von Einsiedlerkrebsen besiedelt. Wellhornschnecken sind der häufigste Beifang von Schollen- und Krabbenkuttern in der Nordsee. Sie werden vielerorts als Nahrung auf den Fischmärkten verkauft und sind hochwertige Fischköder.

T: 8-20 °C, **L:** 8 cm, **BL:** ab 100 cm, **WB:** m, **WR:** m-u, **BS:** 2, **SG:** 1-2.

Fam.: Melongenidae

Nordwestkap, Westaustralien C. Bryce

Syrinx aruanus (LINNAEUS, 1758)
Ritterhelm

Vork.: Indopazifik: Nord- und Westaustralien, südliches Papua Neuguinea und Indonesien.
GU: Keine.
Hält.B.: In der uns zur Verfügung stehenden Aquarienliteratur nicht beschrieben. Die Größe dieser Schnecken sprengt jede Dimension eines Heimaquariums.
FU: K; sie fressen andere Weichtiere
Bes.: Ritterhelme sind die größten Schnecken auf unserer Erde. Ihr Gehäuse ist groß, schwer, spiralig gewulstet und von einem dicken Periostracum bedeckt. Die Oberfläche trägt schwache Spiralstreifen. Jungschnecken besitzen noch ein sogenanntes Embryonalgewinde, das sehr lang, dünn und zylindrisch ist. Bei großen Tieren ist es abgebrochen. Der Körper der Tiere ist gelb. Ritterhelme leben auf Schlamm- und Feinsandböden vom Flachwasser bis in moderate Tiefen. Aus den in Kapseln abgelegten Eiern schlüpfen direkt junge Schnecken. Eine planktische Entwicklung und die darauf folgende Gestaltsumwandlung wird hier unterdrückt. Leider werden die großen Schalen intensiv abgefischt und in Souvenirläden verkauft. Die Aboriogines Australiens essen den breiten Fuß, und sie benutzten das große Gehäuse als Wassertransportgefäß.

T. 20-35 °C, **L:** 60 cm, **BS:** 4, **SG:** 4

Aplysia dactylomela O. Gremblewski-Strate

Nordatlantik, Irland H. Erhardt

Aplysia fastigiata POIRET, 1789
Gemeiner Seehase

Vork.: Mittelmeer und Nordatlantik.
GU: Seehasen sind Zwitter.
Hält.B.: Wegen ihrer Größe sind Seehasen für eine Aquarienhaltung ungeeignet. Auch in großen Schauaquarien ist eine erfolgreiche Haltung nur dann möglich, wenn ein ausreichender Algenbestand vorhanden ist.
FU: H; Seehasen sind reine Pflanzenfresser, die sich von verschiedenen Algen ernähren.
Bes.: Seehasen besitzen noch eine stark reduzierte Schale, die vom Mantel vollständig überwachsen ist. Der Fuß trägt große Seitenlappen, sogenannte Parapodien. Diese sind orangerot gesäumt und werden in Ruhestellung über dem Rücken zusammengelegt. Bei der Fortbewegung können sie mit ihrer Hilfe über kurze Strecken schwimmen. Der Kopf trägt paarige Rhinophoren, die löffelartig gestaltet sind. Bei Störungen stoßen die Tiere ein violettes Sekret aus. Im Frühjahr kommen die Seehasen aus großer Tiefe in das Flachwasser, um sich zu paaren. Nach der Begattung legen sie leuchtend gelbe Eischnüre, sogenannte "Seenudeln", ab.

T: 8-20 °C, L: 25 cm, BS: 4, SG: 4

Ordnung: Anaspidae
Fam.: Aplysiidae

Zuljana, Adria H. Erhardt

Aplysia depilans LINNAEUS, 1761
Gemeiner Seehase, Großer Seehase

Vork.: Mittelmeer und Atlantik.
GU: Die Tiere sind Zwitter.
Hält.B.: Wegen ihrer Größe sind Seehasen für eine Aquarienhaltung ungeeignet. Auch in großen Schauaquarien gelingt eine erfolgreiche Haltung der Tiere nur dann, wenn ein ausreichender Algenbestand vorhanden ist.
FU: H; Seehasen sind reine Pflanzenfresser, die sich von verschiedenen Algen ernähren.
Bes.: Die stark reduzierte Schale ist vom Mantel vollständig überwachsen. Breite Parapodien sind flügelartig ausgebildet und am Körperende U-förmig vereinigt. Mit ihrer Hilfe und mit undulierenden Bewegungen können Seehasen über kurze Strecken schwimmen. Bei Störungen stoßen sie ein violettes Sekret aus. Im Frühjahr kommen die Tiere aus großer Tiefe in das Flachwasser und legen nach der Paarung dicke Knäuel von leuchtend gelben Eischnüren ab, die sie an Algen befestigen. Ein einziges Gelege kann über eine Million von Eizellen enthalten.

T: 8-20 °C, **L:** 25 cm, **BS:** 4, **SG:** 3

Hainan, Volksrepublik China — V. Neumann

Aplysia sp.
Seehase

Vork.: Chinesisches Meer.
GU: Seehasen sind Zwitter.
Hält.B.: Unbekannt und auch zu groß für heimische Aquarien.
FU: H; die Tiere sind reine Pflanzenfresser, die sich von verschiedenen Algen ernähren.
Bes.: Wie bei allen anderen Seehasen so ist auch bei ihnen die reduzierte Schale vom Mantel vollständig überwachsen. Die braungrünen Tiere sind auffällig gemustert, haben schwarze Punkte und helle Flecken und Streifen unterschiedlicher Größe und Länge auf Kopf, Hals und den Parapodien. Mit letzteren können sie über kurze Strecken schwimmen.

T: 18-28 °C, L: 28 cm, BS: 4, SG: 3

Molukken R.C. Steene

Dolabella auricularia (LIGHTFOOT, 1786)
Grüner Seehase, Großer Seehase

Vork.: Südafrika, Rotes Meer bis Hawaii und den Galapagosinseln.
GU: Seehasen sind Zwitter.
Soz.Verh./Vgs.: Die Tiere sind nachtaktiv und leben tagsüber in Ritzen, Spalten oder im Sand vergraben.
Hält.B.: Wegen ihrer Größe sind Seehasen für eine Aquarienhaltung ungeeignet. Die hier vorgestellte Art wird immerhin fast 60 cm lang. Siehe: *Aplysia depilans*.
FU: H; Seehasen sind reine Pflanzenfresser. Sie verschlingen Blau- und Grünalgen, aus denen der Tintenfarbstoff gewonnen wird.
Bes.: Ihr schmutziggrüner Körper trägt eine Vielzahl kurzer und spitzer Tuberanzen, die die Gestalt des Körpers speziell in Seegrasbeständen fast unsichtbar macht. Sie zählen zu den größten Arten im Indopazifik und können über einen halben Meter lang werden. Die Art ist leicht am "abgeschnittenen" Hinterende zu erkennen. Es wird berichtet, daß Einheimische diese Seehasenart auch essen.

T: 22-26 °C, **L**: 50 cm, **BS**: 4, **SG**: 3-4

Großes Barrierereriff, Australien R.C. Steene

Stylocheilus longicauda (QUOY & GAIMARD, 1825)
Langschwanz-Seehase

Vork.: Zirkumtropical.
GU: Seehasen sind Zwitter.
Soz.Verh./Vgs.: Die Tiere leben einzeln oder lokal in einer großen Individuendichte in Algen- und Seegrasbeständen.
Hält.B.: Seehasen dieser Art sind nie im Handel. Sie sind für eine Aquarienhaltung auch ungeeignet, da man ihre Nahrung nicht beschaffen kann.
FU: H; sie sind reine Pflanzenfresser und ernähren sich von verschiedenen Algen.
Bes.: Der schlanke Tierkörper ist hochrückig und das Körperende lang und spitz auslaufend. Der Kopf ist schlank und flach und trägt die Fühler. Lange und zum Teil fädige Anhänge bedecken den gesamten Körper, der sich mit ihrer Hilfe und den vielen braunen Längslinien der Umgebung fast völlig angleicht.

T: 20-27 °C, **L**: 5 cm, **BS**: 4, **SG**: 3-4

Insel Guam, Mikronesien P. Schupp

Plakobranchus ocellatus HASSELT, 1824
Augenfleck-Samtschnecke

Vork.: Rotes Meer, Indopazifik: Australien, Hawaii, Japan und Thailand
GU: Keine. Die Tiere sind Zwitter.
Hält.B.: Unbekannt. Die Schnecken sind Nahrungsspezialisten und würden in einem Aquarium schon nach kurzer Zeit verhungern.
FU: H; Algen. Über ihre Freßgewohnheiten ist wenig bekannt.
Bes.: Die Tiere bevorzugen als Lebensraum schlammige Böden und suspensionsreiche Gewässer mit gutem Algengrund. Der Kopf, der Körper und die Parapodien sind mit augenförmigen Ringen übersät. Die Rhinophoren sind seitliche Auswüchse des Kopfes.

T: 22-28 °C, **L:** 4 cm, **BS:** 4, **SG:** 4

Insel Guam, Mikronesien P. Schupp

Thuridilla bayeri MARCUS, 1965
Bayers Samtschnecke

Vork.: Indopazifik: Von Ostafrika bis in den Westpazifik und Australien.
GU: Die Tiere sind Zwitter.
Soz.Verh./Vgs.: Die Schnecken leben einzeln oder gelegentlich in kleineren Gruppen, fast immer assoziiert mit ihren Freßsubstraten.
Hält.B.: Unbekannt. Sie sind Nahrungsspezialisten und würden in einem Aquarium verhungern. In der Literatur gibt es keine Hinweise für eine Aquarienhaltung.
FU: H; Algen. Über ihre Freßgewohnheiten gibt es so gut wie keine weiteren Hinweise.
Bes.: Die Tiere sind tag- und nachtaktiv. Ihr Körper ist prächtig gefärbt, häufig dunkelgrün bis schwarz mit weißen oder cremefarbenen Längslinien und blauen und roten Flecken. Sie leben überwiegend im Flachwasser und kommen noch in moderaten Tiefen vor.

T: 22-28 °C, **L:** 2 cm, **BS:** 4, **SG:** 4

Ordnung: Sacoglossa
Fam.: Elysiidae

Indonesien D. Tackett

Thuridilla lineolata (BERGH, 1888)
Streifenschnecke

Vork.: Indopazifik: Indonesien, Philippinen.
GU: Die Tiere sind Zwitter.
Soz.Verh./Vgs.: Sackzüngler sind Einzelgänger, die sich nur zur Kopulation treffen. Sie sind tagaktiv.
Hält.B.: Es gibt in der uns zur Verfügung stehenden Literatur keinen Hinweis auf eine Aquarienhaltung dieser Art.
FU: H; Sackzüngler sind Nahrungsspezialisten und ausschließlich auf Algennahrung ausgelegt, hauptsächlich die Gattung *Caulerpa*.
Bes.: Der leuchtend blaue Körper der Schnecken trägt dunkle und braune Linien, einen braun abgesetzten Mantelrand und kräftig orangefarbene bis braune Kopffühler. Außerdem besitzen die Schnecken keine Kiemen mehr und es fehlt ihnen die Restschale im Körper. Die Radula ist einreihig und auf den Verzehr von Algen spezialisiert.

T: 22-26 °C, L: 2 cm, BS: 4, SG: 4

Australien R.C. Steene

Thurdilla splendida GOSLINER, 1995
Saftsauger, Sackzungenschnecke

Vork.: Australien, Papua Neuguinea.
GU: Die Tiere sind Zwitter.
Soz.Verh./Vgs.: Die Schnecken sind Einzelgänger, die sich nur zur Kopulation treffen.
Hält.B.: Nicht bekannt und auch nicht möglich, da man nicht genau weiß, welche Grünalgen sie aussaugen. Sie sind tagaktiv.
FU: H; Saftsauger an Grünalgen. Sie sind hochspezialisiert und an bestimmte Algen angepaßt.
Bes.: Die Schnecken besitzen kein Gehäuse mehr. Ihr langgestreckter Körper ist wurmähnlich und farbenprächtig gekennzeichnet. Man findet sie im offenen Gelände, unter Steinen und zwischen Korallenbruch.

T: 22-28 °C, **L**: 3 cm, **BS**: 4, **SG**: 4

Thuridilla undulata R.C. Steene

Tridachia sp. R.C. Steene

Fam.: Polybranchidae

Australien R.C. Steene

Cyerce nigricans (PEASE, 1866)
Schmetterlings-Sackzungenschnecke

Vork.: Von Südafrika bis nach Australien.
GU: Keine. Die Tiere sind Zwitter.
Hält.B.: Nicht empfehlenswert. Die mit der Algennahrung aufgenommenen Giftstoffe werden im Körper der Schnecke angereichert. Werden diese freigesetzt, kann das Gift für alle Aquarientiere tödlich sein.
FU: H; sie fressen bevorzugt Algen der Gattung *Chlorodesmis*, auch bekannt als Schildkrötenkraut.
Bes.: Diese Schnecken sind oft prächtig gefärbt. Die Körperanhänge sind blattförmig, häufig gestreift, gepunktet und gebändert oder alles zusammen. In ihrer Funktion sind sie Atmungs- und Schwimmorgane. Schmetterlings-Sackzungenschnecken besitzen noch ein Gehäuse auf dem Rücken, das durch die vielen Cerata verdeckt ist. Der Lebensraum der Tiere sind sandige Ebbetümpel und Seegraswiesen.

T: 21-30 °C, L: 4 cm, BS: 4, SG: 4

Westaustralien — C. Bryce

Stiliger smaragdinus
Smaragd-Saftsauger

Vork.: Westküste von Australien.
GU: Keine. Die Schnecken sind Zwitter.
Hält.B.: Nicht bekannt und in der Aquarienliteratur auch nicht erwähnt. Außerdem sind die Tiere viel zu selten, um für die Aquaristik gesammelt zu werden.
FU: H; Algen, die sie mit ihrem Radulazahn anstechen und aussaugen.
Bes.: Die Schnecken sind aufgrund ihrer grünen Färbung sehr schwer auf ihren Freßsubstraten auszumachen. Erst dann, wenn sie sich bewegen, können sie entdeckt werden. Ihr schlanker Körper trägt eine Vielzahl von kolbigen, etwas aufgeblasenen Körperanhängen, die wie die Verzweigungen von Algen aussehen. Die größeren Cerata liegen innen, die kleineren sind peripher angeordnet. Die Rhinophoren sind einfach ausgebildet. Smaragd-Saftsauger leben in Seegraswiesen und in Algenbeständen.

T: 15-25 °C, L: 3 cm, BS: 4, SG: 4

Australien R.C. Steene

Haminoea cymbalum (QUOY & GAIMARD, 1835)
Grüne Blasenschnecke

Vork.: Indopazifik: Vom Indischen Ozean bis nach Hawaii und Australien.
GU: Keine. Die Tiere sind Zwitter.
Soz.Verh./Vgs.: Die Schnecken leben einzeln oder in kleineren Gruppen.
Hält.B.: Nicht bekannt und in der uns zur Verfügung stehenden Literatur auch nicht beschrieben.
FU: H; sie fressen kleine Algen und Algenaufwuchs.
Bes.: Die Tiere sind außerordentlich schön, sowohl in der Färbung als auch in der Form. Sie leben in Tidetümpeln zwischen Algen und Sand und sind sehr schwer zu finden. Außerdem sind sie selten. Ihr Gehäuse ist sehr zart, zerbrechlich und transparent.

T: 20-35 °C, L: 1 cm, BS: 4, SG: 4

Insel Guam, Mikronesien P. Schupp

Phaneropthalmus smaragdinus (RÜPPELL & LEUCHART, 1831)
Smaragdschnecke

Vork.: Indopazifik: Von Ostafrika bis in den Westpazifik und Australien. Ostisland
GU: Keine. Die Tiere sind Zwitter.
Hält.B.: Nicht bekannt. Da sie Nahrungsspezialisten sind, würden sie nach kurzer Zeit in einem Aquarium verhungern.
FU: H; filamentöse Grünalgen.
Bes.: Diese Tierart variiert in der Farbe von weiß bis hin zu dunkelgrün. Es ist keine Außenschale mehr vorhanden, dafür jedoch eine kleine, helle Restschale am Hinterende des Körpers. Diese kann man durch den Mantel hindurchscheinen sehen, wenn man die Parapodien, die über dem Rücken zusammengeschlagen sind, auseinanderzieht. Die Schnecken sind ausschließlich nachtaktiv.

T: 8-28 °C, **L**: 3 cm, **BS**: 4, **SG**: 4

Indonesien M. Walker

Chelidonura amoena BERGH, 1905
Kopfschildschnecke

Vork.: Die Gattung ist vom Roten Meer bis in den Ostpazifik weit verbreitet.
GU: Die Tiere sind Zwitter.
Hält.B.: Darüber ist wenig bekannt. In der uns zur Verfügung stehenden Literatur gibt es keine Hinweise darüber. Von einer Aquarienhaltung wird abgeraten.
ZU/Verm.: Die Tiere kopulieren (siehe Bildfolge). Sie legen kleine Eier, aus denen Veliger-Larven schlüpfen. Diese leben planktisch und verbreiten die Art im Meer. Über eine Nachzucht im Aquarium ist nichts bekannt.
FU: O; Kopfschildschnecken sind Fleisch- und Pflanzenfresser.
Bes.: Kopfschildschnecken sind mit vielen bunten Arten im Meer vertreten. Ihr Körper ist schlank, zylindrisch und der Kopf zu einem Kopfschild verbreitert. Eine kleine und dünne Restschale befindet sich noch im Körperzentrum. Viele Tiere besitzen am Körper breite Parapodien, die sie zum Schwimmen einsetzen. Beim Kriechen werden sie über dem Rücken zusammengelegt. Die meisten von ihnen sind Bodenbewohner. Ihre Lebensräume sind Seegraswiesen, Sand- und Geröllflächen. Die Bildfolge zeigt zwei Tiere, die aufeinander zukriechen und miteinander verschlungen kopulieren.

T: 22-26 °C, **L:** 4 cm, **BS:** 3-4, **SG:** 4

Chelinodura amoena M. Walker

Chelinodura amoena M. Walker

Chelinodura electra R.C. Steene

Chelinodura inornata R.C. Steene

Zuljana, Adria H. Erhardt

Berthella aurantiaca (RISSO, 1826)
Orange Berthella

Vork.: Mittelmeer, von 10-100 m Wassertiefe.
GU: Keine.
Soz.Verh./Vgs.: Die Tiere leben häufig auf kolonialen Seescheiden und auf Schwämmen, von denen sie sich ernähren.
Hält.B.: Nicht bekannt. Sie sind Nahrungsspezialisten, die in einem Aquarium nur mit Mühe und viel Aufwand zu ernähren sind.
FU: K; die Tiere ernähren sich von Seescheiden und Schwämmen. Mit Hilfe eines muskulösen Rüssels stechen sie ihre Beute an und saugen sie aus.
Bes.: Der Körper der Tiere ist oval, leicht gewölbt und gelb bis aprikosenfarben. Ein dunkler Fleck auf dem Rücken zeigt die durchscheinende Restschale, die vom Mantel umwachsen ist. Der Kopf trägt zwei Paar Fühler, die ohrenförmig ausgebildet sind. Orange Berthellen leben auf Seescheidenkolonien und auf Schwämmen und können zum Standortwechsel über kurze Strecken schwimmen.

T: 8-20 °C, **L**: 3 cm, **BS**: 4, **SG**: 4

Insel Manukan, Sabah, Borneo H. Erhardt

Berthella martensi (PILSBRY, 1896)
Martens Rückenschildschnecke

Vork.: Indopazifik: Malaysia, Philippinen, Indonesien.
GU: Die Tiere sind Zwitter.
Hält.B.: Rückenschildschnecken sind für heimische Aquarien nicht geeignet, weil sie extreme Nahrungsspezialisten sind.
FU: K; sie fressen Schwämme und verschiedene Seescheiden.
Bes.: Diese Schnecke ist sehr auffällig. Der Mantelrand und der Fuß sind dunkel gesäumt und der gelbe Körper trägt dunkle Punkte und Flecken unterschiedlicher Größe. Selbst die Fühler und die Rhinophorenspitzen sind dunkelbraun bis schwarz abgesetzt. Martens Rückenschildschnecken leben auf Korallenbruchfeldern und auf korallinen Böden in unterschiedlichen Wassertiefen.

T: 20-28 °C, **L:** 12 cm, **BS:** 4, **SG:** 4

Nordsulawesi, Indonesien D. Tackett

Euselenops luniceps (CUVIER, 1817)
Mondschnecke

Vork.: Indopazifik: Von Südafrika und Tansania bis nach Hawaii.
GU: Keine. Die Tiere sind Zwitter.
Hält.B.: Unbekannt.
FU: K; Räuber, die sich von Seeanemonen und anderen Wirbellosen ernähren. Möglicherweise sind sie Kannibalen und Fischfresser. Aus der Literatur erfährt man sehr wenig darüber.
Bes.: Erwachsene Tiere haben nur noch eine Restschale. Ihre Körperform ist bizarr geformt und weicht erheblich von der der anderen Seitenkiemer ab. Speziell der Kopf ist seitlich zu einem Mundvelum verbreitert und ausgefranst. Ihr abgeflachter Körper ist variabel in der Farbe, doch trägt er stets eine Vielzahl unterschiedlich großer, dunkler Flecke. Mondschnecken leben auf Sand in sedimentreichen Gewässern und können zum Standortwechsel über längere Strecken schwimmen. Die hier vorgestellte Schnekke ist die einzige Art in ihrer Gattung.

T: 22-28 °C, **L:** 8 cm, **BS:** 4, **SG:** 4

Santa Marta, Kolumbien H. Erhardt

Pleurobranchus sp. (?) *areolatus* MÖRCH, 1814
Warzige Seitenkiemenschnecke

Vork.: Karibisches Meer, Florida, Bahamas.
GU: Die Tiere sind Zwitter.
Hält.B.: Nicht bekannt.
FU: K; die Tiere leben räuberisch und ernähren sich von verschiedenen Wirbellosen.
Bes.: Warzige Seitenkiemenschnecken tragen eine außerordentlich große Anzahl von Warzen auf ihrer Körperoberfläche. Ihre Farbe reicht von weiß und gelb bis hin zu rostbraun und braun. Zwei kräftige Rhinophoren, die geringelte Spitzen tragen, befinden sich oberhalb des Kopfes. Die Tiere leben tagsüber versteckt. Man sieht sie außerordentlich selten ihren Standort wechseln.

T: 20-26 °C, **L**: 6-8 cm, **BS**: 4, **SG**: 4

Insel Komodo, Indonesien R.C. Steene

Pleurobranchus (?) *forskali* RÜPPELL & LEUCKART, 1828
Forsskals Rückenschildschnecke

Vork.. Tansania, Rotes Meer, Tropischer Indopazifik: Australien, Indonesien, Philippinen, Mikronesien bis Japan.
GU: Die Tiere sind Zwitter.
Soz.Verh./Vgs.: Im Riff sind sie Einzelgänger. Über eine Vergesellschaftung in einem Aquarium ist leider nichts bekannt.
Hält.B.: Nicht bekannt.
FU: K; sie leben räuberisch und ernähren sich von verschiedenen Wirbellosen.
Bes.: Die Schnecken sind relativ groß und an manchen Riffen sehr häufig anzutreffen. Sie sind ausschließlich nachtaktiv. Diese Art ist sehr variabel in ihrer Färbung und in der Art ihrer Körperzeichnungen.

T: 22-28 °C, L: 18 cm, BS: 4, SG: 4

Pleurobranchus grandis R.C. Steene

Pleurobranchus grandis H. Erhardt

Insel Komodo, Indonesien H. Erhardt

Pleurobranchus grandis PEASE, 1868
Große Seitenkiemenschnecke

Vork.: Indopazifik: Indonesien, Papua Neuguinea, Philippinen, Fidschi
GU: Die Tiere sind Zwitter.
Hält.B.: Nicht bekannt. Sie sind für eine Aquarienhaltung zu groß und auch nicht gerade attraktiv, da sie nur nachts ihre Verstecke verlassen.
FU: K; die Schnecken leben räuberisch und ernähren sich von verschiedenen Wirbellosen und hier besonders von Tunikaten
Bes.: Die relativ großen Tiere sind nachtaktiv. Ihr Körper trägt netzförmige Zeichnungen mit schwarzen Flecken, die in ihrer Ausdehnung verschieden sein können. Eine Mantelfalte verdeckt den Kopf. Reste einer Schneckenschale sind im Körper noch vorhanden, aber vom Mantel verdeckt. Nur auf ihrer nächtlichen Nahrungssuche kann man sie unter Wasser sehen.

T: 20-28 °C, **L:** 25 cm, **BS:** 4, **SG:** 4

Großes Barriereriff, Australien L. Tackett

Pleurobranchus peroni (CUVIER, 1804)
Perons Seitenkiemenschnecke

Vork.: Indopazifik: Australien, Indonesien, Mikronesien, Philippinen.
GU: Die Tiere sind Zwitter.
Hält.B.: Nicht bekannt.
FU: K, die Schnecken sind Räuber, die sich von verschiedenen Wirbellosen ernähren.
Bes.: Auch diese Tiere sind ausschließlich nachtaktiv und leben tagsüber in ihren dunklen Verstecken im Riff. Nachts kriechen sie über das Sediment und versuchen, verschiedene wirbellose Tiere als Nahrung zu erbeuten. Ihr Körper ist schlank, abgeflacht und übersät mit einer Vielzahl von Pusteln. Weiße Pünktchen, die in Gruppen stehen, befinden sich auf dem Körper. Als einzige Körpererhebungen sind am vorderen Bewegungspol zwei Rhinophoren sichtbar.

T: 22-26 °C, L: 10 cm, BS: 4, SG: 4

Pleurobranchus sp. H. Erhardt

Pleurobranchus sp. H. Erhardt

Insel Bunaken, Indonesien H. Erhardt

Pleurobranchus sp.
Große Seitenkiemenschnecke

Vork.: Indopazifik: Philippinen. **GU**: Die Tiere sind Zwitter.
Hält.B.: Nicht bekannt und auch nicht empfehlenswert, da die Schnecken zu groß sind und ausschließlich erst nachts ihre Verstecke verlassen.
FU: K; sie ernähren sich von verschiedenen Wirbellosen. Genaueres darüber ist leider nicht bekannt.
Bes.: Der schlanke Körper der Tiere trägt netzförmige Zeichnungen und rote bis rotviolette Felder unterschiedlicher Größe und Form. Das zugespitzte Fußende wird durch ein dunkles, medianes Band in eine rechte und linke Seite geteilt. Tagsüber leben die Tiere in ihren Verstecken und gehen erst des nachts auf Nahrungssuche. In manchen Riffen auf den Philippinen kommen sie in einer beachtlichen Individuendichte vor.

T: 20-28 °C, **L**: 25 cm, **BS**: 4, **SG**: 4

Ordnung: NOTASPIDA
Fam.: Pleuroranchidae

Hainar, Volkrepublik China V. Neumann

Pleurobranchus sp.
Seitenkiemenschnecke

Vork.: Chinesisches Meer.
GU: Keine. Die Tiere sind Zwitter.
Hält.B.: Nicht bekannt und auch nicht zu empfehlen, da die Tiere zu groß für heimische Aquarien sind. Außerdem sind sie nachtaktiv und leben tagsüber versteckt.
FU: O; sie fressen Algen und möglicherweise verschiedene Wirbellose.
Bes.: Ein Gehäuse fehlt den Tieren. Ihr Körper ist massig, milchig weiß in der Grundfarbe und mit schwarzen Mustern darauf. Der Fuß trägt helle Pusteln auf schwarzem Grund. Über die Biologie dieser Tiere ist so gut wie nichts bekannt.

T: 18-26 °C, **L:** 20 cm, **BS:** 4, **SG:** 4

Zuljana, Adria

H. Erhardt

Susania testudinaria (CANTRAINE, 1840)
Schildkrötenschnecke

Vork.: Mittelmeer und Atlantik. GU: Keine.
Hält.B.: Nicht bekannt. Die Tiere sind zu groß und Nahrungsspezialisten. Die Nahrungsbeschaffung wird hier zum Problem für den Aquarianer.
FU: K; sie ernähren sich möglicherweise von Schwämmen und Seescheiden, doch Genaueres ist darüber nicht bekannt.
BS: Schildkrötenschnecken leben in Seegraswiesen, auf Sand- und Geröllboden und im tiefen Korallenriff. Der Mantel bedeckt den Körper der Schnecke und damit auch die winzige Restschale. Rotbraune Mantelhöcker werden von karminroten Linien eingefaßt. Über die Biologie dieser Tiere ist wenig bekannt. Die ♀♀ legen nach der Kopulation sinusförmige Laichbänder, die sie an der Basis mit Steinchen beschweren.

T: 6-20 °C, L: 20 cm, BS: 4, SG: 4

Zuljana, Adria H. Erhardt

Umbraculum mediterraneum (LAMARCK, 1812)
Warzige Schirmschnecke

Vork.: Mittelmeer.
GU: Keine.
Hält.B.: Nicht bekannt und auch nur unter Schwierigkeiten möglich, da die Tiere Nahrungsspezialisten sind und sich ausschließlich von Schwämmen ernähren.
FU: K; die Tiere ernähren sich von verschiedenen Schwammarten.
Bes.: Die Warzige Schirmschnecke ist die einzige Art aus dieser Gattung im Mittelmeer. Ihr Körper ist mit zahlreichen Warzen besetzt und trägt eine napfförmige, scharfkantige Restschale, die häufig von Algen bewachsen ist. Der breite Fuß ist drüsig und orange bis gelb gefärbt. Warzige Schirmschnecken leben sowohl auf Schlamm- und Schlickböden, als auch im algenbestandenen Felslitoral.

T: 6-20 °C, L: 12 cm, BS: 4, SG: 4

Kungkungan Bay, Indonesien H. Erhardt

Umbraculum umbraculum LIGHTFOOT, 1786
Warzige Schirmschnecke

Vork.: Zirkumtropikal.
GU: Keine. Die Tiere sind Zwitter.
Hält.B.: Da die Tiere Nahrungsspezialisten sind und sich ausschließlich von bestimmten Schwämmen ernähren, werden sie in Aquarien auch nicht gepflegt. Sie würden hier verhungern, da ihnen ihr Freßsubstrat fehlt.
FU: K; sie fressen verschiedene Schwammarten.
Bes.: Möglicherweise gibt es aus der Gattung *Umbraculum* nur eine einzige Art. Solange sich aber hier die Systematiker nicht einig sind, bestehen mehrere Arten auch weiterhin nebeneinander. Der breite und muskulöse Fuß der Tiere trägt helle, runde, verschieden große und papillenähnliche Warzen auf gelbem Untergrund. Eine Restschale in Form eines scharfkantigen Schirmes befindet sich auf dem Rücken der Tiere. Diese ist oft von Algen bewachsen und von Sediment bedeckt. Warzige Schirmschnecken sind dämmerungs- und nachtaktive Tiere.

T: 22-26 °C, **L:** 10 cm, **BS.** 4 **SG:** 4

Discodoris (Peltodoris) atromaculata H. Erhardt

Nacktkiemenschnecken (Nudibranchia)

Nacktkiemenschnecken gehören zu den schönsten und farbenprächtigsten Wirbellosen im Meer. Ihre zum Teil plakative Färbung signalisiert dem Freßfeind Ungenießbarkeit und Giftigkeit. Zum Teil imitieren sich die giftigen Farbmuster anderer Tiere. Auch sind ihre Körperfarbe und Körpermuster vielfach exakte Anpassungen an ihre Beutetiere. Mit der Nahrung wird die Farbe aufgenommen und in den Hautzellen gespeichert. Die Farbe der Haut dient auch der Tarnung.

Nacktkiemenschnecken sind in allen Weltmeeren verbreitet und kommen am häufigsten in tropischen und subtropischen Meeren vor. Hier erreichen sie ihre größte Arten- und Formenvielfalt. Die kleinsten Tiere messen etwa 2 mm; die größten haben eine Körperlänge von annähernd 10 cm.

Nacktkiemenschnecken besitzen eine vielgestaltige Körperform die oval, flach, dünn, fadenförmig, mit und ohne Rückenanhänge sein kann. Auch die Körperkonsistenz ist verschieden und reicht von hart bis gallertig.

Nacktkiemenschnecken sind überwiegend Räuber, die sich von anderen Tieren und Tiergemeinschaften ernähren. Ihr bevorzugtes Nahrungssubstrat sind Schwämme, Hydroiden, Moostierchen, Manteltiere und Fischeier. Aber auch Zylinderrosen und Schnekken gehören zu ihrer Beute. Damit sind die meisten Tiere aus dieser Ordnung Nahrungsspezialisten. Viele Nacktkiemenschnecken nehmen mit ihrer Nahrung photosynthetisch aktive Zooxanthellen auf und nutzen sie für ihren Stoffwechsel. Damit sind sie in der Lage, zumindest kurzzeitig photoautotroph zu leben.
Marine Nacktkiemenschnecken sind Zwitter. Sie besitzen sowohl weibliche, als auch männliche Gonaden, wobei die weiblichen außerordentlich kompliziert gebaut sind. Die meisten Arten legen ihre befruchteten Eier in gallertige Schnüre und Bänder ab und befestigen sie an allen nur möglichen Gegenständen. Die Entwicklung der Tiere läuft über eine planktische Larve, die noch ein kleines Schneckengehäuse besitzt. Die Larvalschale und das Operculum werden während der Metamorphose abgestoßen. Alle erwachsenen Tiere besitzen kein Schneckengehäuse mehr und sind somit "nackt" (Name!).

Ordnung: NUDIBRANCHIA

Der fehlende Schutz der Schale wird kompensiert durch den Besitz chemischer und biologischer Waffen. So enthält die Haut Drüsenzellen, die Schwefelsäure als Abwehrstoff sezernieren. Die Verwendung von Nesselzellen anderer Tiere, die sie mit der Nahrung aufnehmen und für die eigene Verteidigung nutzen, ist wohl einmalig im Tierreich.

Nacktschnecken tragen am Kopf paarige Rhinophoren, die glatt, gerillt, gefiedert, lamellenförmig oder anders gestaltet sein können. Sie sind der Sitz der chemischen Sinneswahrnehmung und in ihrer Funktion Strömungsorgane.

Die Lebenserwartung der meisten Tiere ist gering. Sie leben nur einige Wochen oder Monate. Ganz wenige Arten leben ein Jahr. Die Ordnung wird in 4 Gruppen aufgeteilt: In Stern-, Baum-, Furchen- und Fadenschnecken.

Systematik

Stamm: MOLLUSCA	Weichtiere
Unterklasse: OPISTHOBRANCHIA	Hinterkiemenschnecken
Ordnung: NUDIBRANCHIA	Nacktkiemenschnecken
Familie: Archidorididae	
Gattung: *Trippa*	
Familie: Chromodorididae	Pracht-Sternschnecken
Gattungen: *Ardeadoris*	
Ceratosoma	
Chromodoris	
Glossodoris	
Hypselodoris	
Mexichromis	
Noumea	
Risbecia	
Familie: Miriamidae	
Gattung: *Miamira*	

Familie: Dendrodorididae		Baum-Sternschnecken
Gattung:	*Dendrodoris*	
Familie: Phyllidiidae		Warzenschnecken
Gattungen:	*Fryeria*	
	Phyllidia	
	Phyllidiella	
	Phyllidiopsis	
	Reticulidia	
Familie: Notodorididae		Sternschnecken
Gattung:	*Notodoris*	
Familie:	Facelinidae	Finger-Fadenschnecken
Gattungen:	*Caloria*	
	Moridilla	
	Phyllodesmium	
Familie: Pteraeoliidae		
Gattung:	*Pteraeolidia*	
Familie: Flabellinidae		Fadenschnecken
Gattung:	*Flabellina*	
Familie: Asteronotidae		Rücken-Sternschnecken
Gattungen:	*Asteronotus*	
	Halgerda	
Familie: Discodorididae		Scheiben-Sternschnecken
Gattung:	*Discodoris*	
Familie: Kentrodorididae		
Gattung:	*Kentrodoris*	
Familie: Platydorididae		Blatt-Sternschnecken
Gattungen:	*Hoplodoris*	
	Platydoris	
Familie: Polyceratidae		Kopflappen-Sternschnecken
Gattungen:	*Gymnodoris*	
	Nembrotha	
	Tambja	
	Thecacera	
Familie: Aeolidiidae		
Gattungen:	*Aeolidia*	
	Cerberilla	
Familie: Eubranchidae		
Gattung:	*Eubranchus*	
Familie: Bornellidae		
Gattung:	*Bornella*	

Familie: Tritonidae
Gattungen: *Marionia*
Tritonia
Tritonopsilla
Familie: Tergipedidae
Gattungen: *Cuthona*
Phestilla
Familie: Tethyidae
Gattung: *Melibe*
Unterordnung: Arminacea — Furchenschnecken
Familie: Arminidae
Gattungen: *Arminia*
Dermatobranchus
Familie: Madrellidae
Gattung: *Madrella*
Familie: Zephyrinidae
Gattung: *Janolus*

Trippa intecta — D. Tackett

Nordsulawesi, Indonesien R.C. Steene

Trippa intecta (KELAART, 1858)
Weißband-Nacktschnecke

Vork.: Indopazifik: Von Indonesien bis Australien.
GU: Keine. Die Tiere sind Zwitter.
Soz.Verh./Vgs.. Die Tiere leben einzeln auf oder in der Nähe ihrer Freßsubstrate.
Hält.B.: Unbekannt. Sie sind extreme Nahrungsspezialisten und würden in einem Aquarium verhungern.
FU: K; verschiedene Schwammarten.
Bes.: Der längliche Körper ist übersät mit hellen Tuberkeln. Ein weißes bis cremefarbenes medianes Band teilt den Körper in zwei Hälften. Die Rhinophoren sind kolbig und lamelliert. Innerhalb der Art variiert die Körperfarbe der Tiere von orangefarben und braun bis hin zu schwarz. Weißband-Nacktschnecken sind selten.

T: 22-28 °C, **L**: 6 cm, **BS**: 4, **SG**: 4

Insel Manukan, Sabah, Borneo H. Erhardt

Ardeadoris egretta RUDMAN, 1984
Rotrand-Sternschnecke

Vork.: Indopazifik: Australien, Malaysia.
GU: Die Tiere sind Zwitter.
Soz.Verh./Vgs.: Rotrand-Sternschnecken weiden auf verschiedenen Schwammarten und leben damit auf ihrem Freßsubstrat.
Hält.B.: Rotrand-Sternschnecken sind nicht geeignet für heimisch Aquarien, da man ihnen die richtige Nahrung nicht reichen kann.
FU: K; die Tiere sind Nahrungsspezialisten, die sich ausschließlich von Schwämmen ernähren.
Bes.: Der Körper der Schnecken ist cremefarben bis hellgrün gefärbt. Ein roter bis rotoranger Mantelsaum begrenzt den Körper. Auch die Spitzen der Rhinophoren sind so gefärbt. Die Kiemen sind heller abgesetzt. Rotrand-Sternschnecken leben in allen Riffbereichen in der Nähe ihrer Freßsubstrate und in Korallenblockfeldern.

T: 20-28 °C, L: 8 cm, BS: 4, SG: 4

Großes Barriereriff, Australien R.C. Steene

Ceratosoma amoena (CHEESEMAN, 1886)
Prachtschnecke

Vork.: Australien, Tasmanien, Neuseeland.
GU: Keine. Die Tiere sind Zwitter.
Soz.Verh./Vgs.: Prachtschnecken dieser Art leben einzeln, paarweise oder in kleineren Gruppen auf ihren Freßsubstraten.
Hält.B.: Nicht bekannt. Die Tiere sind extreme Nahrungsspezialisten und würden sehr schnell in heimischen Aquarien verhungern.
FU: K; sie ernähren sich von Schwämmen und bevorzugen hier offensichtlich Kalkschwammarten.
Bes.: Prachtschnecken leben vom Gezeitenbereich bis in größere Tiefen. Ihr beiger Körper zeigt rote, rotorange und gelbe Flecken. Lokale Farbvarianten kommen vor.

T: 20-26 °C, L: 6 cm, BS: 4, SG: 4

Großes Barrierriff, Australien R.C. Steene

Ceratosoma brevicaudatum ABRAHAM, 1876
Hammernacktschnecke

Vork.. Nur an der Ost- und Westküste von Australien.
GU: Keine. Die Schnecken sind Zwitter.
Soz.Verh./Vgs.: Sie leben einzeln und treffen sich nur zur Kopulation.
Hält.B.: Unbekannt. Als extreme Nahrungsspezialisten würden sie in heimischen Aquarien sehr schnell verhungern.
FU: K; Schwammfresser.
Bes.: Der langgestreckte Körper ist kräftig orange gefärbt. Er trägt rotviolette, hell umrandete Flecken, die bevorzugt entlang des Mantelsaumes, aber auch auf dem Rücken und am Fuß angeordnet sind. Die Kiemenbüschel und die kolbigen Rhinophoren heben sich farblich kaum vom Körper ab. Nur die Fußsohle ist weiß. Die größeren Tiere kommen offensichtlich im Flachwasser, die kleinen in größeren Tiefen vor.

T: 15-25 °C, L: 8 cm, BS: 4, SG: 4

Indonesien M. Walker

Ceratosoma gracillimum (GRAY, 1827)
Grazile Hammerschnecke

Vork.: Indopazifik: Indonesien.
GU: Nacktschnecken sind Zwitter.
Soz.Verh./Vgs.: Die Tiere sind Einzelgänger, die sich nur zur Kopulation treffen.
Hält.B.: Nacktschnecken sind Nahrungsspezialisten, die ein ganz bestimmtes Freßsubstrat bevorzugen. Ist dieses nicht vorhanden, sollten sie auch nicht in Aquarien gehalten werden.
FU: K; sie ernähren sich möglicherweise von verschiedenen Schwämmen.
Bes.: Der Körper der Tiere ist kräftig, hammerförmig in der Gestalt, mit breitem Kopf, großen Kiemenbüscheln und großen Rhinophoren. Helle Fleckenzeichnungen durchbrechen den rotorange gefärbten Körper. Die Tiere sind aussschließlich nachtaktiv und leben tagsüber versteckt in den Ritzen und Spalten der Riffe.

T: 22-25 °C, **L:** 7 cm, **BS:** 4, **SG:** 4

H. Erhardt

Ceratosoma sp.

Nordsulawesi, Indonesien R.C. Steene

Ceratosoma tenue ABRAHAM, 1876
Variable Hammerschnecke

Vork.: Rotes Meer und im gesamten Indopazifik bis nach Hawaii.
GU: Keine. Die Tiere sind Zwitter.
Soz.Verh./Vgs.: Sie leben einzeln und treffen sich nur zur Kopulation.
Hält.B.: Nicht bekannt und auch nicht möglich, weil man nicht weiß, welche Schwammart sie fressen.
FU: K; Schwammfresser.
Bes.: Der Vorderkörper ist, wie bei allen Arten der Gattung *Ceratosoma* verdickt. Das hintere Ende des Körpers ist lang ausgezogen. Der Mantel ist verbreitert und endet hochgestülpt wie ein Kragen hinter den Kiemen. Er ist lila gesäumt. Die Rhinophoren sind kolbig und lamelliert. Diese Art besitzt ein breites Farbspektrum.

T: 20-26 °C, **L**: 12 cm, **BS**: 4, **SG**: 4

Ceratosoma trilobatum R.C. Steene

Ceratosoma trilobatum M. Walker

Nordsulawesi, Indonesien H. Baensch

Ceratosoma trilobatum (GRAY, 1827)
Große Hammerschnecke

Vork.: Rotes Meer, Indopazifik: Von Tansania bis nach Tahiti.
GU: Die Tiere sind Zwitter.
Soz.Verh./Vgs.: Nacktschnecken sind Einzelgänger, die sich nur zur Kopulation treffen.
Hält.B.: Wenn ihr Freßsubstrat nicht zur Verfügung steht, sollten Nacktschnecken als Nahrungsspezialisten nicht in Aquarien gepflegt werden.
FU: K; Schwämme und koloniale Manteltiere.
Bes.: Der Körper der Tiere ist schlank. Drei Körperabschnitte werden deutlich: Kopf-, Körper- und Schwanzregion. Der Kopf trägt paarige Rhinophoren und der Körper die Kiemen. Der restliche Teil des Körpers läuft konisch aus. Die Körperfarbe der Tiere ist unterschiedlich, wobei Rottöne vorherrschen. Viele orangefarbene Ringe unterschiedlicher Größe, die hell umrandet sind, bedecken den Körper. Bei einigen Tieren trägt die Schwanzregion eine helle Querbänderung.

T: 22-26 °C, **L**: 7 cm, **BS**: 4, **SG**: 4

Chromodoris sp. H. Erhardt

Chromodoris bullocki O. Gramblewski-Strate

Chromodoris bullocki D. Tackett

Bali, Indonesien R.C. Steene

Chromodoris bullocki COLLINGWOOD, 1881
Bullok-Sternschnecke

Vork.: Rotes Meer, Indopazifik: Indonesien, Malediven, Philippinen, Thailand und Australien.
GU: Keine. Die Tiere sind Zwitter.
Soz.Verh./Vgs.: Die Schnecken leben im allgemeinen einzeln und treffen sich nur zur Kopulation.
Hält.B.: Unbekannt. Als extreme Nahrungsspezialisten würden sie in heimischen Aquarien verhungern.
FU: K; sie fressen möglicherweise Schwämme.
Bes.: Diese Art kommt in verschiedenen Farbvarianten vor. Die Farben reichen von weiß bis zu einem kräftigen Lila. Möglicherweise sind es Farbabstufungen von der Jugendform bis zum geschlechtsreifen Tier. Der Körper der Schnecken ist länglich, im Querschnitt oval und hochrückig und der Mantel verbreitert. Der Mantelrand ist bei allen Farbvarianten weiß. Die Rhinophoren und die Kiemenbüschel sind orange. Ihr Lebensraum ist das Flachwasser, wo sie auf bewachsenem Korallenfels weiden. Es ist möglich, daß Taxonomen diese Art neuerdings zur Gattung *Hypselodoris* eingeordnet haben.

T: 22-27 °C, **L:** 8 cm, **BS:** 4, **SG:** 4

Nordsulawesi, Indonesien D. Tackett

Chromodoris collingwoodi RUDMAN, 1987
Collingwoods Prachtsternschnecke

Vork.. Ost- und Westaustralien bis Indonesien, Papua Neuguinea, Mikronesien und bis in den Westpazifik.
GU: Keine. Die Tiere sind Zwitter.
Soz.Verh./Vgs.: Die Schnecken leben einzeln auf oder in der Nähe ihrer Freßsubstrate.
Hält B.: Unbekannt. Als Nahrungsspezialisten müßten sie in einem Aquarium schon nach kurzer Zeit verhungern.
FU: K; Nicht bekannt. Möglicherweise Schwämme und koloniale Wirbellose.
Bes.: Eine außerordentlich seltene Schnecke, die hier auf Algen weidet. Ihre Körperoberfläche kann verschiedene netzartige Muster auf dem Rücken zeigen. Die Rhinophoren sind lamelliert.

T: 22-28 °C, **L**: 4 cm, **BS**: 4, **SG**: 4

Nordsulawesi, Indonesien L. Tackett

Chromodoris elisabethina BERGH, 1877
Elisabeth-Prachtsternschnecke

Vork.: Indopazifik: Von den Malediven bis nach Japan und Australien.
GU: Keine. Die Tiere sind Zwitter.
Soz.Verh./Vgs.: Diese Art lebt einzeln und ist ausschließlich nachtaktiv.
Hält.B.: Unbekannt. Als extreme Nahrungsspezialisten würden die Tiere in heimischen Aquarien bereits nach kurzer Zeit verhungern.
FU: K; Schwämme, überwiegend inkrustierte Schwämme.
Bes.. Diese Art ist sehr häufig in ihrem Verbreitungsgebiet. Man erkennt sie im allgemeinen an einem durchgehenden, schwarzen Marginalband, das hier fleckig unterbrochen ist. Der Mantelsaum ist hell und von einem gelben Band durchzogen. Die Kiemenbüschel und die lamellierten Rhinophoren sind orange. Das abgebildete Tier befindet sich gerade bei der Eiablage.

T: 22-28 °C, **L**: 4 cm, **BS**: 4, **SG**: 4

Australien R.C. Steene

Chromodoris cf. *fidelis* (KELAART, 1858)
Prächtige Ornatsternschnecke

Vork.: Indopazifik: Von Ostafrika bis in den Westpazifik.
GU: Keine. Die Tiere sind Zwitter.
Soz.Verh./Vgs.: Die Schnecken leben einzeln in der Nähe oder auf ihren Freßsubstraten.
Hält.B.: Nicht bekannt. Da sie extreme Nahrungsspezialisten sind, würden sie in einem Aquarium schon nach kurzer Zeit verhungern.
FU: Unbekannt. Möglicherweise Schwämme.
Bes.: Der Körper der Schnecken ist länglich-oval und leicht gewellt. Der Kriechfuß ist am Ende zugespitzt. Die Rhinophoren sind kolbig, lamelliert und schwarz bis dunkelviolett gefärbt. Das Kiemenbüschel ist 6-8teilig und im Verhältnis zur Körperlänge der Tiere recht groß. Die Farbe und die Körperzeichungen sind sehr variabel und möglicherweise gebietsabhängig.

T: 22-28 °C, **L**: 3 cm, **BS**: 4, **SG**. 4.

Bali, Indonesien R.C. Steene

Chromodoris geometrica (RISBEC, 1928)
Geometrische Sternschnecke

Vork.: Indopazifik: Von Südafrika bis in den Westpazifik.
GU: Keine. Die Tiere sind Zwitter.
Hält.B.: Nicht bekannt. Sie sind extreme Nahrungsspezialisten und würden schnell in einem Aquarium verhungern.
FU: K; verschiedene Schwämme.
Bes.: Der Körper der Tiere ist langgestreckt und warzig. Die rötlichen Kiemen und Rhiniphoren sind einziehbar. Farbe und Körperzeichnungen sind verschieden und sehr variabel entsprechend dem Faunengebiet, in dem sie leben. Tiere dieser Art weiden auf Schwämmen, deren Gift sie in Drüsen sammeln. Es wird zur Abwehr von Freßfeinden eingesetzt.

T: 22-28 °C, **L:** 1 cm, **BS:** 4, **SG:** 4

Java, Indonesien R.C. Steene

Chromodoris gleniei (RUSSELL, 1935)
Gleneis Prachtsternschnecke

Vork.: Von Ostafrika bis in die Java-See.
GU: Keine. Die Tiere sind Zwitter.
Soz.Verh./Vgs.: Diese Schnecken leben einzeln und treffen sich nur zur Kopulation. Sie sind überwiegend nachtaktiv.
Hält.B.: Nicht möglich, da es sich hier um Nahrungsspezialisten handelt. In heimischen Aquarien würden sie schon nach kurzer Zeit verhungern.
FU: K; Schwammfresser.
Bes.: Der ovale Körper der Schnecken ist von einem hellen Mantelsaum umgeben, der den Fuß überlappt und bedeckt. Ein großer, von einer schwarzgewellten Linie umrandeter Rüchenfleck zeigt verschiedenfarbige Muster und bedeckt den Großteil des Rückens. Die Rhinophoren und die Kiemenbüschel sind hell und semitransparent.

T: 20 - 28 °C, **L:** 4 cm, **BS:** 4, **SG:** 4

Australien G. Allen

Chromodoris leopardus RUDMAN, 1987
Leoparden-Prachtsternschnecke

Vork.: Von Ostaustralien bis zu den Philippinen.
GU: Keine. Die Nacktschnecken sind Zwitter.
Soz.Verh./Vgs.: Die Tiere leben einzeln und treffen sich nur zur Kopulation.
Hält.B.: Nicht bekannt und auch nicht möglich, da sie als Nahrungsspezialisten in Aquarien verhungern würden.
FU: K; sie ernähren sich von verschiedenen Krustenschwämmen.
Bes.: Die Tiere tragen auf ihrer Körperoberfläche ein Leopardenmuster. Daher auch der Trivialname. Fuß- und Mantelsaum sind blauviolett und schwarz abgesetzt und die Kiemenbüschel im allgemeinen hell. Farbvarianten kommen vor.

T: 22-29 °C, **L:** 6 cm, **BS:** 4, **SG:** 4

Australien R.C. Steene

Chromodoris lineolata
Streifen-Prachtsternschnecke

Vork.: Australien, Indonesien, Salomoninseln.
GU: Keine. Sie sind Zwitter.
Soz.Verh./Vgs.: Die Tiere leben im allgemeinen einzeln und treffen sich nur zur Kopulation.
Hält.B.: Nicht bekannt und auch nicht möglich, da die Tiere Nahrungsspezialisten sind. Sie würden schon nach kurzer Zeit in heimischen Aquarien verhungern.
Bes.: Körper und Fuß sind mit einer Vielzahl von Längslinien übersät. Die Streifung des Körpers hat Tarncharakter. Hat man die Tiere erst einmal gesehen, dann sind sie ein prächtiger Anblick. Der Mantelrand und der Fußsaum sind orangefarben abgesetzt.

T: 22-28 °C, **L**: 7 cm, **BS**: 4, **SG**: 4

Chromodoris lochi

Indonesien H. Baensch

Chromodoris lochi RUDMAN, 1982
Sternschnecke

Vork.: Indopazifik: Von Ostafrika bis Fidschi, Tonga und Australien.
GU: Keine. Nacktschnecken sind Zwitter.
Soz.Verh./Vgs.: Die Tiere leben einzeln und treffen sich nur zur Kopulation.
Hält.B.: Nicht bekannt und auch nicht möglich, da sie extreme Nahrungsspezialisten sind. In heimischen Aquarien verhungern sie schon nach kurzer Zeit.
FU: K; Schwammfresser.
Bes.: Diese Tiere leben an Riffhängen, an Saum- und Barriereriffen immer in der Nähe ihres Freßsubstrates. Die Grundfarbe des Mantels und des Fußes ist hellblau. Mantelrand und Fuß sind hell umsäumt. Dunkelblaue, submarginale Bänder verlaufen auf dem Körper, wobei das mittlere Band unterbrochen sein kann. Die Rhinophoren- und Kiemenspitzen sind orange abgesetzt.

T: 20-28 °C, **L:** 4 cm, **BS:** 4, **SG:** 4

Ordnung: NUDIBRANCHIA
Fam.: Chromodorididae

Indonesien H. Baensch

Chromodoris reticulata (QUOY & GAIMARD, 1832)
Pracht-Sternschnecken

Vork.: Die Gattung ist im gesamten Indopazifik weit verbreitet. Die Art kommt von Tansania bis nach Vietnam vor.
GU: Die Tiere sind Zwitter.
Hält.B.: Da die Tiere Nahrungsspezialisten sind und sich fast ausschließlich von Schwämmen ernähren, würden sie in einem Aquarium verhungern. Sie nehmen auch kein Ersatzfutter an. Außerdem ist ihre Lebenserwartung nicht sehr hoch.
FU: K; überwiegend Schwammfresser. Einige Tiere ernähren sich auch von Hydroiden, Moostierchen und von verschiedenen Algen.
Bes.: *Chromodoris*-Arten sind häufig prachtvoll gefärbte Tiere. Ein länglich-ovaler Mantel bedeckt den kräftigen Fuß. Im hinteren Rückenbereich stehen federartige Kiemen. Der Kopf trägt ein Paar Rhinophoren. Einige Arten sind ganz charakteristisch gefärbt und mit anderen Arten nicht zu verwechseln.

T: 20-28 °C, L: 5-12 cm, BS: 4, SG: 4

Australien

R.C. Steene

Chromodoris tumulifera COLLINGWOOD, 1889
Rotflecken-Sternschnecke

Vork.: In den Gewässern von Ostaustralien.
GU: Die Schnecken sind Zwitter.
Soz.Verh./Vgs.: Die Tiere sind Einzelgänger und treffen sich nur zur Kopulation.
Hält.B.: Nicht bekannt und auch außerordentlich schwierig, da sie extreme Nahrungsspezialisten sind. Schon nach wenigen Tagen würden sie in einem Aquarium verhungern, wenn sie nicht ihre Nahrungsgrundlage bekommen.
FU: K; möglicherweise Schwammfresser.
Bes.: Die Schnecken leben bevorzugt in kühleren Gewässern. Sie besitzen rote Flecken und Punkte verschiedener Größe auf ihrem milchigen Mantel. Der Mantelrand ist rot und gelb gesäumt. Die großen Rhinophoren sind kolbig und lamelliert. Sie wird leicht verwechselt mit *C. splendida* (6 cm).

T: 10-18 °C, L: 4 cm, BS: 4, SG: 4

Ordnung: Nudibranchia
Fam.: Chromodorididae

Rottnest Island, Westaustralien R.C. Steene

Chromodoris westraliensis (D´DONOGHNE, 1924)
Westaustralische Prachtsternschnecke

Vork.: Nur in den Gewässern von Westaustralien.
GU: Keine. Die Tiere sind Zwitter.
Soz.Verh./Vgs.: Die Schnecken leben einzeln auf verschiedenen Substraten und treffen sich nur zur Kopulation.
Hält.B.: Unbekannt. Als extreme Nahrungsspezialisten würden sie schon nach wenigen Tagen in heimischen Aquarien verhungern.
FU: K; krustenförmig wachsende Schwämme.
Bes.: Der Körper der Tiere ist länglich-oval. Die Kiemenbüschel, die Rhinophoren und der Mantelsaum sind orange gefärbt. Auf schwarzem Körpergrund werden zwei voneinander getrennte hellblaue Flecke am vorderen und hinteren Körperabschnitt sichtbar, eine typische Kolorierung dieser Art. Der Fuß trägt hellblaue Längsbänder und ist orangefarben gesäumt.

T: 10-16 °C, **L:** 4 cm, **BS:** 4, **SG:** 4

Chromodoris willani H. Baensch

Chromodoris willani H. Baensch

Indonesien, Nordsulawesi H. Baensch

Chromodoris willani (unten) RUDMAN, 1982
Chromodoris annae (oben) (BERGH, 1877)
Blaue Prachtsternschnecke

Vork.: Indopazifik: Indonesien, Philippinen, Papua Neuguinea, Mikronesien bis Japan.
GU: Keine. Die Schnecken sind Zwitter.
Soz.Verh./Vgs.: Sie leben überwiegend einzeln und bevorzugt auf ihren Freßsubstraten. Sie treffen sich nur zur Kopulation.
Hält.B.: Nicht bekannt. Als extreme Nahrungsspezialisten würden sie in heimischen Aquarien verhungern.
FU: K; die Schnecken sind reine Schwammfresser.
Bes.: Der hellblaue Körper der Tiere trägt drei dunkelblaue bis schwarze, vom Kopf bis zum Fuß verlaufende Bänder, wobei das mittlere Band unterbrochen sein kann. Die Kiemenbüschel und die kolbigen Rhinophoren sind semitransparent und mit reflektierenden Pünktchen besetzt. Man kann diese Art leicht mit *Ch. lochi* verwechseln.

T: 22-8 °C, **L:** 3 cm, **BS:** 4, **SG:** 4

Chromodoris sp.

R.C. Steene

Chromodoris sp.

R.C. Steene

Chromodoris sp. H. Baensch

Chromodoris sp. H. Baensch

Molukken R.C. Steene

Glossodoris atromarginata (CUVIER, 1804)
Prachtsternschnecke

Vork.: Rotes Meer, Indopazifik bis Westpazifik.
GU: Die Tiere sind vorwiegend Zwitter.
Soz.Verh./Vgs.: Nacktschnecken sind Einzelgänger, die sich nur zur Kopulation treffen.
Hält.B.: Wenn das Freßsubstrat der Tiere nicht zur Verfügung steht, sollten Nacktschnecken als ausgesprochene Nahrungsspezialisten nicht in Aquarien gehalten werden, da sie sonst verhungern.
FU: K; sie besitzen ein kleines Nahrungsspektrum und ernähren sich von Schwämmen.
Bes.: Der Körper der Tiere ist schlank und gelblichbraun gefärbt. Eine dunkelviolette Marginallinie verläuft am Mantelrand. Die Kiemen und die Rhinophorenspitzen sind dunkelbraun gefärbt. Man sieht Tiere dieser Art an allen Riffen ihres Verbreitungsgebietes und in jeder Tauchtiefe. Versteckt leben sie unter Korallen und zwischen Korallenbruch. Erst bei Anbruch der Dunkelheit werden sie aktiv und suchen ihr Freßsubstrat auf.

T: 21-26 °C, L: 3-4 cm, BS: 4, SG: 4

Ordnung: Nudibranchia
Fam.: Chromodorididae

Nordsulawesi, Indonesien L. Tackett

Glossodoris averni
Prachtsternschnecke

Vork.: Rotes Meer, Indopazifik: Australien, Indonesien, Philippinen, Papua Neuguinea.
GU: Keine. Die Tiere sind Zwitter.
Soz.Verh./Vgs.: Die Schnecken leben überwiegend einzeln und treffen sich nur zur Kopulation.
Hält.B.: Nicht bekannt und auch nicht beschrieben. Als extreme Nahrungsspezialisten würden sie schnell in einem Aquarium verhungern.
FU: K; Schwammfresser.
Bes.: Der helle Körper trägt einen gelben bis rotorangen Saum, kräftig rote Kiemenbüschel und Rhinophoren.

T: 22-28 °C, **L:** 5 cm, **BS:** 4, **SG:** 4

Clossodoris cincta C. Bryce

Clossodoris cincta M. Walker

Ordnung: Nudibranchia
Fam.: Chromodorididae

Indonesien H. Baensch

Glossodoris cincta (BERGH, 1889)
Fleischige Nacktschnecke

Vork.: Von Ostafrika bis zu den Marschallinseln.
GU: Keine. Die Tiere sind Zwitter.
Soz.Verh./Vgs.: Die Schnecken sind Einzelgänger, die sich nur zur Kopulation treffen.
Hält.B.: Nicht bekannt und auch nicht zu empfehlen, da die Tiere extreme Nahrungsspezialisten sind.
FU: K; sie ernähren sich von Manteltieren.
Bes.: Aufgrund ihrer gesprenkelten Körperfarbe sind die Tiere unter Wasser kaum zu erkennen. Erst wenn sie sich bewegen, wird man auf sie aufmerksam. Ihr Körper ist relativ groß, kräftig und fleischig. Die Fußsohle ist breit. Die Körperbegrenzung trägt farbig unterschiedliche Bänder. Zwei kräftige Rhinophoren befinden sich am Bewegungspol. Fleischige Nacktschnecken leben bevorzugt im flachen Wasser und verstecken sich tagsüber zwischen Korallenbruch.

T: 22-26 °C, **L:** 6 cm, **BS:** 4, **SG:** 4

Australien R.C. Steene

Glossodoris hikuerensis (PRUVOT-FOL, 1954)
Prachtsternschnecke

Vork.: Rotes Meer, Indopazifik: Von Ostafrika bis zu den Tuamotuinseln.
GU: Keine. Die Tiere sind Zwitter.
Soz.Verh./Vgs.. Die Schnecken sind Einzelgänger und treffen sich nur zur Paarung.
Hält.B.: Nicht bekannt. Sie sind extreme Nahrungsspezialisten und würden in heimischen Aquarien schon nach kurzer Zeit verhungern.
FU: K; sie ernähren sich möglicherweise von Schwämmen.
Bes.: Die Schnecken sind relativ groß, länglich-oval in ihrer Körperform und besitzen einen stark gewellten Mantelsaum. Der Fuß ist schlank und konisch auslaufend. Schnecken dieser Art kommen in verschiedenen Farbvarianten vor.

T: 22-28 °C, **L:** 9 cm, **BS:** 4, **SG:** 4

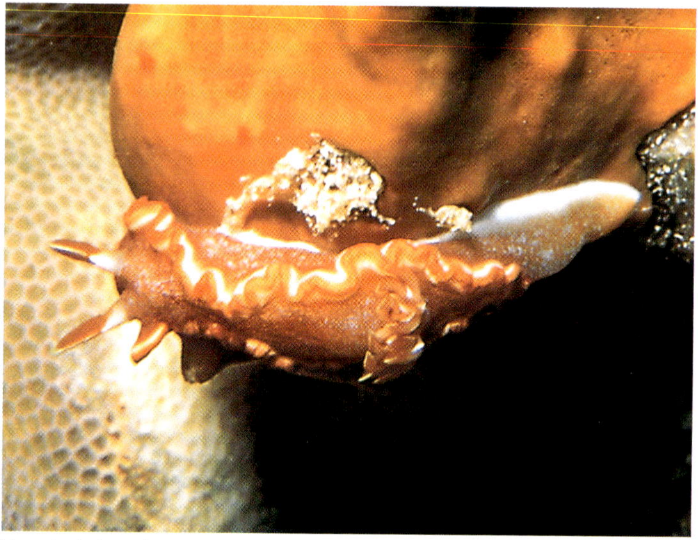

Manado, Indonesien H. Baensch

Glossodoris rufomarginata (BERGH, 1890)
Rotsaum-Prachtsternschnecke

Vork.: Rotes Meer, Indopazifik: Von Ostafrika bis nach Fidschi und Hawaii.
GU: Keine. Die Tiere sind Zwitter.
Soz.Verh./Vgs.: Die Schnecken leben einzeln, sind überwiegend nachtaktiv und treffen sich nur zur Kopulation.
Hält.B.: Nicht bekannt und auch nicht empfehlenswert. Sie sind Nahrungsspezialisten und würden schon nach kurzer Zeit in heimischen Aquarien verhungern.
FU: K; Schwammfresser.
Bes.: Sowohl der Mantel, als auch der Fuß aller Tiere dieser Art ist orangerot gefärbt. Auch der Mantelsaum ist davon nicht ausgenommen, wie der Trivialname verdeutlicht. Die Rhinophoren sind lamelliert und die Lamellen durch ein weißes medianes Band halbiert. Der schlanke und nach hinten zugespitzte Fuß ist hell umsäumt.

T: 20-27 °C, **L:** 4 cm, **BS:** 4, **SG:** 4

Australien R.C. Steene

Glossodoris sedna (MARCUS & MARCUS, 1967)
Rotrand-Sternschnecke

Vork.: Indonesien.
GU: Keine. Die Schnecken sind Zwitter.
Hält.B.: Nicht bekannt. Als extreme Nahrungsspezialisten würden sie nach kurzer Zeit in einem Aquarium verhungern.
FU: K, verschiedene Schwämme.
Bes.: Der Körper der Tiere ist länglich-oval und mit einem stark gewellten Mantelrand versehen. Dieser ist mit einer orange-weißer Kante vom gelblichen Körper abgesetzt. Die Kiemen und die Rhinophoren sind rotorange gefärbt und ein schöner Kontrast zum geblichweißen Körper.

T: 22 28 °C, L: 6 cm, BS: 4, SG: 4

D. Tackett

Hypselodoris iacula

Australien R.C. Steene

Hypselodoris cf. *iacula*
Prachtsternschnecke

Vork.: Tropischer Indopazifik.
GU: Keine. Die Tiere sind Zwitter.
Soz.Verh./Vgs.: Die Schnecken leben einzeln und treffen sich nur zur Kopulation.
Hält.B.: Unbekannt und auch sehr schwierig, da sie extreme Nahrungsspezialisten sind.
FU: K; Schwammfresser.
Bes.: Diese Schnecken sind außerordentlich schön gekennzeichnet, tragen ein helles Linienmuster auf Körper und Fuß. Der Mantelrand ist orangerot und die Fußperipherie violett abgesetzt. Die Kiemen und Rhinophoren sind orangefarben.

T: 22-28 °C, **L:** 5 cm, **BS:** 4, **SG:** 4

Australien R.C. Steene

Hyselodoris cf. *infucata* (RÜPPELL & LEUCKART, 1828)
Feuer-Sternschnecke

Vork.: Rotes Meer, Indopazifik: Von Südafrika bis Australien, Papua Neuguinea, den Salomoninseln und den Philippinen.
GU: Keine. Die Schnecken sind Zwitter.
Hält.B.: Unbekannt. Als extreme Nahrungsspezialisten würden sie in Aquarien verhungern.
FU: K; ihre bevorzugte Nahrung ist nicht bekannt.
Bes.: Der Körper der Tiere ist langgestreckt und hochrückig. Der Mantel ist am Kopf verbreitert. Diese Art zeichnet sich durch eine Vielzahl von Farbvarianten aus. Eine davon zeigt das Bild: Der Körper des Tieres trägt viele gelbe und blauviolette Flecken und Punkte. Das Kiemenbüschel besteht aus 6-12 Kiemen, die, wie auch die Rhinophoren, orange bis rot gefärbt sind.

T: 22-28 °C, L: 5 cm, BS: 4, SG: 4

Australien R.C. Steene

Hypselodoris kaname BABE, 1994
Prachtsternschnecke

Vork.: Indopazifik: Von Ostafrika bis Hawaii.
GU: Keine. Die Schnecken sind Zwitter.
Hält.B.: Unbekannt und auch sehr schwer zu pflegen, da die Tiere extreme Nahrungsspezialisten sind.
FU: K; Schwammfresser.
Bes.: Der helle Körper trägt ein orangefarbenes Muster aus Bändern und Punkten, wobei der Mantelrand gelb abgesetzt ist. Der Fuß ist schlank und zugespitzt und die Kriechsohle ist hell. Nacktschnecken dieser Art sind meist nachts auf verschiedenen Substraten unterwegs, stets auf der Suche nach geeigneten Weideplätzen.

T: 22-28 °C, **L**: 5 cm, **BS**: 4, **SG**: 4

Nordsulawesi, Indonesien D. Tackett

Hypselodoris mouaci (RISBEC, 1930)
Prachtsternschnecke

Vork.: Indopazifik: Von Ostafrika bis nach Hawaii und im Golf von Oman.
GU: Keine. Die Tiere sind Zwitter.
Soz.Verh./Vgs.: Prachtsternschnecken dieser Art leben einzeln. Die Tiere treffen sich nur zur Kopulation.
Hält.B.: Unbekannt und auch sehr schwierig, da die Schnecken extreme Nahrungsspezialisten sind.
FU: K; Schwammfresser.
Bes.: Der schlanke Körper trägt orangefarbene Längslinien, die durch feine violette Streifen voneinander getrennt werden. Die Kiemenbüschel und die Rhinophoren sind kräftig rotorange bis rotviolett gefärbt.

T: 22-29 °C, **L**: 4 cm, **BS**: 4, **SG**: 4

Hypselodoris sp. R.C. Steene

Hypselodoris sp. R.C. Steene

Australien R.C. Steene

Mexichromis cf. *mariei* RUDMAN, 1983
Prachtsternschnecke

Vork.: Tropischer Indopazifik.
GU: Keine. Die Schnecken sind Zwitter.
Soz.Verh./Vgs.: Sie leben einzeln und treffen sich nur zur Kopulation.
Hält.B.: Nicht bekannt. Sie sind extreme Nahrungsspezialisten und würden schon nach kurzer Zeit in einem Aquarium verhungern.
FU: K; Schwammfresser.
Bes.: Der helle Körper der Schnecken trägt eine Vielzahl unterschiedlich großer und violetter Pusteln. Auch die Kiemen und die Rhinophoren sind so gefärbt. Der Mantelrand ist gelb abgesetzt. Der Fuß läuft spitz aus und zeigt eine violette Graduierung.

T: 20-28 °C, **L:** 5 cm, **BS:** 4, **SG:** 4

Indonesien R.C. Steene

Mexichromis multituberculata RUDMAN, 1983
Vielwarzige Prachtsternschnecke

Vork.: Indopazifik: Von Sri Lanka und den Malediven bis nach Japan.
GU: Keine. Die Tiere sind Zwitter.
Soz.Verh./Vgs.: Sie leben einzeln, sind überwiegend nachtaktiv und treffen sich nur zur Kopulation.
Hält.B.: Nicht bekannt. Als extreme Nahrungsspezialisten würden sie schon nach kurzer Zeit in heimischen Aquarien verhungern.
FU: K; Schwammfresser.
Bes.: Der Körper der Tiere trägt auf hellem Grund zahlreiche, kegelförmige Erhebungen, deren Spitzen violett abgesetzt sind. Die Kiemen besitzen violette Streifen, der Fuß und der Mantelrand sind violett umsäumt. Schnecken dieser Art sind sehr selten.

T: 22-29 °C, **L:** 6 cm, **BS:** 4, **SG:** 4

Noumea sp.

D. Tackett

Shimoni K. Fiedler

Risbecia pulchella (RÜPPELL & LEUCKHART, 1828)
Hübsche Prachtsternschnecke

Vork.: Rotes Meer, Arabischer Golf, Indopazifik: Von Südafrika bis Hawaii und Japan.
GU: Keine. Die Tiere sind Zwitter.
Soz.Verh./Vgs.: Sie leben einzeln, werden aber auch paarweise angetroffen.
Hält.B.: Unbekannt. Sie sind extreme Nahrungsspezialisten und würden schon nach kurzer Zeit in einem Aquarium verhungern.
FU: Spezialisierte Schwammfresser.
Bes.: Diese Art kommt in verschiedenen Farbvarianten vor. Ihr Körper ist länglich und der Mantel über dem Kopf verbreitert. Er endet gleich hinter den Kiemenbüscheln. Der Fuß ist schlank und läuft spitz aus. Der cremeweiße Körper der Schnecken ist mit gelben Punkten übersät und zeigt bei einer der Farbvarianten verschwommene, violette Flecken. Der Saum des Mantelrandes, des Kriechfußes, die Rhinophoren und die Streifung der Kiemen sind violett. Hübsche Prachtsternschnecken leben in Seegrasbeständen und auf Sandflächen.

T: 21-28 °C, **L**: 8 cm, **BS**: 4, **SG**: 4

Australien R.C. Steene

Risbecia tryoni (GARRETT, 1873)
Prachtsternschnecke

Vork.: Indopazifik: Von Ostafrika bis Japan.
GU: Keine. Die Schnecken sind Zwitter.
Soz.Verh./Vgs.: Die Schnecken leben einzeln oder paarweise. Möglicherweise bilden paarig angetroffene Tiere gerade eine Kopulationsgemeinschaft.
Hält.B.: Unbekannt und auch sehr schwer zu pflegen, da sie extreme Nahrungsspezialisten sind.
FU: K; Schwammfresser.
Bes.: Der gelblichbraune Körper der Tiere ist übersät mit schwarzen Punkten unterschiedlicher Größe. Nicht immer sind die Punkte schwarz, sie können gelb, orangefarben oder auch rot sein. Der Mantelrand ist violett abgesetzt, der Mantel ist über dem Kopf verbreitert.

T: 22-28 °C, **L**: 9 cm, **BS**: 4, **SG**: 4

Fam.: Miriamidae

Nordsulawesi, Indonesien L. Tackett

Miamira magnifica ELIOT, 1910
Pracht-Nacktschnecke

Vork.: Rotes Meer, Indopazifik: Indonesien, Philippinen bis nach Japan und Australien.
GU: Keine. Die Tiere sind Zwitter.
Soz.Verh./Vgs.: Sie leben einzeln, sind nachtaktiv und treffen sich nur zur Kopulation.
Hält.B.: Nicht bekannt und auch nicht möglich, da sie extreme Nahrungsspezialisten sind. Sie würden in heimischen Aquarien schnell verhungern.
FU: K; Schwammfresser.
Bes.: Kräftige Körperhöcker und plakative Farben sind kennzeichnend für diese Art, die in verschiedenen Farbkompositionen vorkommt. Alle Farbvarianten sind an bestimmte Faunengebiete gebunden.

T: 22-28 °C, L: 4 cm, BS: 4, SG: 4

Jordanien, Rotes Meer O. Gremblewski-Strate

Miamira sp.
Gewellte Prachtschnecke

Vork.: Rotes Meer.
GU: Keine. Die Tiere sind Zwitter.
Hält.B.: Nicht bekannt. Es ist anzunehmen, daß auch sie extreme Nahrungsspezialisten sind, die schon nach wenigen Tagen in einem Aquarium verhungern würden.
FU: Nicht bekannt.
Bes.: Die Tiere sind selten, und über ihre Biologie ist so gut wie nichts bekannt. Ihr breiter und stark abgeflachter Körper ist mit Buckeln, Höckern und anderen Protrusionen übersät und skulptiert, einschließlich des Mantelrandes. Die Farbe der Schnecken variiert von gelbgrün und grün bis hin zu braun-grün-gelb und violett-grün-gelb. Die kolbenförmigen Rhinophoren sind glatt und glänzend.

T: 22-29 °C, **L**: 7 cm, **BS**: 4, **SG**: 4

Indonesien M. Walker

Dendrodoris cf. *tuberculosa* (QUOY & GAIMARD, 1832)
Warzige Sternschnecke

Vork.: Tropischer Indopazifik.
GU: Sternschnecken sind Zwitter.
Hält.B.: Eine Aquarienhaltung wird nicht empfohlen, da die Tiere ausgesprochene Nahrungsspezialisten sind und geeignete Schwämme als Freßsubstrat im Aquarienhandel nicht zu besorgen sind.
FU: K; Schwammfresser, Schwammsauger.
Bes.: Der Körper der Tiere ist weich, schleimig und warzig. Die Warzen bedecken den gesamten Körper und können unterschiedlich gefärbt sein. Buschige Kiemen befinden sich auf dem Rücken und sind um eine zentrale Afteröffnung gruppiert. Eine Radula fehlt den Tieren, so daß sie gezwungen sind, mit Hilfe eines Rüssels ihr Freßsubstrat auszusaugen. Warzige Sternschnecken sind nachtaktive Tiere, die bevorzugt auf schlammigen und auf organisch angereicherten Böden kriechen.

T: 22-26 °C, L: 15-20 cm, BS: 4, SG: 4

Indonesien H. Baensch

cf. *Fryeria* sp.
Warzenschnecke

Vork.: Indopazifik: Indonesien.
GU: Keine. Die Schnecken sind Zwitter.
Soz.Verh./Vgs.: Warzenschnecken sind Einzelgänger, die sich nur zur Kopulation treffen. Sie sind tag- und nachtaktiv.
Hält.B.: Unbekannt. Sie sind extreme Nahrungsspezialisten und würden schon nach kurzer Zeit in einem Aquarium verhungern.
FU: K; Schwammfresser.
Bes.: Auf dem schwarzgrundigen Rücken der Tiere stehen nur wenige, doch kräftige Warzen. Diese sind blau umsäumt und besitzen eine gelbe Spitze. Die Rhinophoren sind gelb. Der Mantelsaum ist vom Körper blau abgesetzt und trägt kleine dunkelblaue Warzen.

T: 22-28 °C, **L**: 3 cm, **BS**: 4, **SG**: 4

Maumere, Indonesien K. Fiedler

Phyllidia babai BRUNCKHORST, 1993
Babais Warzenschnecke

Vork.: Indopazifik: Indonesien, Philippinen, Papua Neuguinea, Samoa.
GU: Die Schnecken sind Zwitter.
Soz.Verh./Vgs.: Die Tiere leben einzeln und treffen sich nur zur Kopulation.
Hält.B.: Sie sind Nahrungsspezialisten, die sehr schnell verhungern, wenn sie nicht regelmäßig ihre Nahrung bekommen. Auch wenn sie gelegentlich im Handel zu kaufen sein sollten: Bitte nicht erwerben und von einer Pflege absehen!
FU: K, spezialisierte Schwammfresser.
Bes.: Der helle Körper der Schnecken ist warzig, wobei die großen Warzenspitzen gelb abgesetzt sind. Unterschiedlich große und verschieden geformte, schwarze Flecken befinden sich auf der Körperoberfläche, die von weißen Punkten verschiedener Größe besetzt sind. Die Rhinophoren sind gelb und die Kiemen liegen seitlich versteckt unter dem Mantelrand.

T: 22-28 °C, **L**: 5 cm, **BS**: 4, **SG**: 4

Indonesien M. Walker

Phyllidia ocellata CUVIER, 1804
Augenflecken-Warzenschnecke

Vork.: Indowestpazifik.
GU: Die Tiere sind Zwitter.
Hält.B.: Es handelt sich hier um Nahrungsspezialisten, die sich ausschließlich von Schwämmen ernähren. Da ihr Freßsubstrat nicht zu beschaffen ist, verhungern sie in Aquarien.
FU: K; sie fressen ausschließlich Schwämme.
Bes.: Der warzige Körper der Schnecken ist variabel in der Farbe. Er besitzt dunkel umrandete Warzenflecken, die wie Augen aussehen sollen. Auf Seite 691, MEERWASSER ATLAS, Band 2, haben wir auf die Problematik dieser Gattung und Art bereits hingewiesen.

T: 22-26 °C, **L**: 3-5 cm, **BS**: 4, **SG**: 4

Insel Cebu, Philippinen H. Erhardt

Phyllidia sp. (?) *varicosa* EHRENBERG, 1831
Blaue Pralinenschnecke

Vork.: Vom Roten Meer bis in den Indopazifik weit verbreitet.
GU: Die Tiere sind Zwitter.
Hält.B.: Tiere aus dieser Gattung werden ganz selten importiert. Sie im Aquarium zu halten, bedeutet, ausreichend Schwammbesatz zur Verfügung haben zu müssen. Daran scheitert die Aquarienhaltung dieser Tiere.
Licht: Dämmerlichtzone.
FU: K; die Tiere fressen überwiegend Schwämme.
Bes.: Der blaue Körper der Tiere trägt mehrere Längsleisten mit höckerigen Projektionen, die gelb bis gelborange gefärbt sind. Weitere Höcker befinden sich beiderseits des Fußsaumes. Pralinenschnecken sind sehr lichtempfindlich und leben an schattigen Stellen im Riff.

T: 20-28 °C, **L**: 4 cm, **BS**: 3-4, **SG**: 4

Baa Atoll, Malediven H. Decker

Phylidiella rosans (BERGH, 1873)
Streifen-Warzenschnecke

Vork.: Indopazifik: Von Ostafrika bis Hawaii.
GU: Die Tiere sind Zwitter.
Soz.Verh./Vgs.: Sie leben einzeln oder paarweise auf ihren Freßsubstraten und sind nachtaktiv.
Hält.B.: Nicht bekannt und in der uns zur Verfügung stehenden Literatur auch nicht beschrieben.
FU: K; sie sind Nahrungsspezialisten auf Schwämmen. Möglicherweise fressen sie mehrere Schwammarten.
Bes.: Die Tiere sind relativ klein und unscheinbar. Die schwarze Körperoberseite trägt 6 warzige Längsstreifen, ein Merkmal, durch das man sie schnell bestimmen kann. Über ihre Biologie ist nichts bekannt.

T: 22-29 °C, **L:** 3 cm, **BS:** 4, **SG:** 4

Manado, Nordsulawesi, Indonesien H. Erhardt

Phyllidiella cf. *rudmani* BRUNCKHORST, 1993
Rudmans Warzenschnecke

Vork.: Indopazifik: Indonesien, Malaysia, Thailand und Australien.
GU: Keine. Die Tiere sind Zwitter.
Hält.B.: Informationen über eine Aquarienhaltung konnten in der zur Verfügung stehenden Literatur nicht gefunden werden. Zudem sind die Tiere extreme Nahrungsspezialisten und würden in einem Aquarium schon nach kurzer Zeit verhungern.
Licht: Dämmerlichtzone. FU: K, Schwämme.
Bes.: Der Körper der Schnecken ist langgestreckt, oval in der Form und mit warzigen Erhebungen bedeckt. Dunkle Längslinien auf beiden Körperseiten ziehen vom Kopf bis zum Körperende. Die Rhinophorenspitzen sind schwarz. Rudmans Warzenschnecken weiden auf ihren Freßsubstraten. Nachts sieht man sie auf Korallenfelsen, auf Korallenschutt und auf Sandflächen kriechen.

T: 22-28 °C, L: 4 cm, BS: 4, SG: 4

Indonesien M. Walker

Phyllidiopsis annae (BERGH, 1889)
Gestreifte Nacktschnecke

Vork.: Australien, Indopazifik: Indonesien, Philippinen, Papua Neuguinea.
GU: Die Tiere sind Zwitter.
Soz.Verh./Vgs.: Die Nacktschnecken sind Einzelgänger, die sich nur zur Paarungszeit treffen.
Hält.B.: Wird nicht empfohlen, da die Tiere ausgesprochene Nahrungsspezialisten sind. Sie würden in Heimaquarien verhungern.
FU: K; Schwammfresser.
Bes.: Die Tiere besitzen einen blauen, mehr oder weniger starren und harten Körper, der drei schwarze Längsbänder trägt. Die Fußsohle ist gelb. Arten aus dieser Gattung besitzen gegenüber anderen Schnecken einen im Detail deutlich zu unterscheidenden Verdauungstrakt, der außerordentlich kompliziert ist. Gestreifte Nacktschnecken leben auf Korallenbruch und an Riffhängen in unterschiedlichen Wassertiefen.

T: 22-26 °C, **L**: 2 cm, **BS**: 4, **SG**: 4

Phyllidiopsis pipeki H. Baensch

Phyllidiopsis pipeki H. Baensch

Indonesien H. Baensch

Phyllidiopsis shirinae BRUNCKHORST, 1993
Warzenschnecke

Vork.: Indopazifik: Von den Malediven bis nach Australien und Japan.
GU: Keine.
Soz.Verh./Vgs.: Die Schnecken leben einzeln. Sie treffen sich nur zur Kopulation.
Hält.B.: Nicht bekannt. Als extreme Nahrungsspezialisten würden sie schon nach kurzer Zeit in einem Aquarium verhungern.
FU: K; Schwammfresser.
Bes.: Der helle und warzige Körper der Tiere trägt schwarze, laterale Streifen, die sich am vorderen Bewegungspol und am Hinterende vereinen. Die Rhinophoren sind im allgemeinen farbig abgesetzt.

T: 22-28 °C, **L:** 6 cm, **BS:** 4, **SG:** 4

Manado Tua, Indonesien H. Baensch

Phyllidiopsis striata (BERGH, 1889)
Gestreifte Warzenschnecke

Vork.. Rotes Meer, Indopazifik: Indonesien, Philippinen, Thailand bis zu den Marschall-inseln.
GU: Keine. Die Schnecken sind Zwitter.
Soz.Verh./Vgs.: Die Tiere leben einzeln und treffen sich nur zur Kopulation.
Hält.B.: Nicht bekannt und auch nicht möglich, da man nicht genau weiß, welche Schwammart sie fressen.
FU: K; Schwammfresser.
Bes.: Der blaue Körper der Tiere zeigt vier kräftige Längsstreifen, wobei die beiden mittleren am Kopf zusammenlaufen können.

T: 20-27 °C, **L**: 3 cm, **BS**: 4, **SG**: 4

Manado Tua, Indonesien H. Erhardt

Reticulidia fungia BRUCKHORST & GOSLINER, 1993
Pilz-Warzenschnecke

Vork.: Nordaustralien bis Indonesien und Fidschi.
GU: Keine. Die Tiere sind Zwitter.
Hält.B.: Unbekannt. Als extreme Nahrungsspezialisten würden sie in Aquarien verhungern.
FU: K; möglicherweise von verschiedenen Schwämmen. Zumindest hat man sie auf Schwämmen weiden gesehen.
Bes.: Die für diese Familie so typischen Warzen fehlen den Tieren dieser Gattung. Sie besitzen dagegen Kämme, die gelb gefärbt und Kammlinien, die hell abgesetzt sind. Die Täler sind schwarz. Der Mantelsaum ist hellblau. Sehr wenig ist über die Biologie der Tiere aus dieser Gattung bekannt.

T: 22-28 °C, **L:** 4 cm, **BS:** 4, **SG:** 4

Indonesien H. Baensch

Reticulidia halgerda BRUNCKHORST & BURN, 1990
Schwarze Halgerda

Vork.: Indopazifik: Indonesien, Philippinen, Papau Neuguinea, Salomoninseln bis Japan und Australien.
GU: Keine. Die Schnecken sind Zwitter.
Soz.Verh./Vgs.: Die Tiere leben einzeln und treffen sich nur zur Kopulation. Sie sind tag- und nachtaktiv.
Hält.B.: Nicht bekannt und auch nicht möglich, da sie extreme Nahrungsspezialisten sind. In heimischen Aquarien würden sie schon nach wenigen Tagen verhungern.
FU: K; Schwammfresser. Man findet sie häufig auf Schwämmen der Gattung *Chinachyra*.
Bes.: Man könnte diese Tiere sehr leicht für Vertreter der Gattung *Halgerda* halten, doch fehlen ihnen die Kiemenbüschel auf dem Rücken. Der schwarze Körper trägt orangefarbene Kammlinien auf kräftigen Höckern. Weiße Linien befinden sich in den Vertiefungen dazwischen.

T: 22-28 °C, L: 4 cm, BS: 4, SG: 4

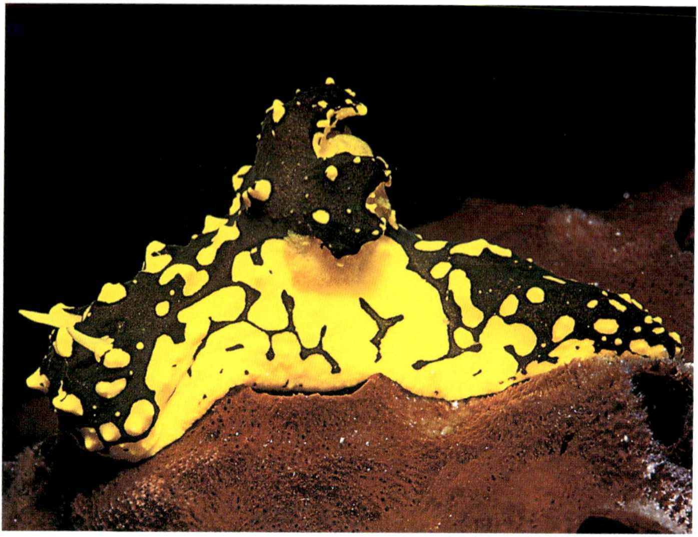

Australien R.C. Steene

Notodoris gardineri ELLIOT, 1906
Schwarzgelbe Sternschnecke

Vork.: Indopazifik: Australien, Malediven, Indonesien, Salomoninseln, Papua Neuguinea.
GU: Keine. Die Tiere sind Zwitter.
Soz.Verh./Vgs.: Die Tiere leben einzeln auf ihren Freßsubstraten. Sie treffen sich nur zur Kopulation.
Hält.B.: Unbekannt und auch nicht möglich, da die Tiere als extreme Nahrungsspezialisten bereits nach kurzer Zeit verhungern würden.
FU: K; Schwammfresser.
Bes.: Der Körper dieser Schnecken ist sehr variabel in seiner Färbung und stets ist der Anteil der schwarzen Farbe unterschiedlich verteilt. Es gibt ganz schwarze Tiere, die nur wenige gelbe Flecken auf dem Rücken tragen, aber auch solche, wo der Anteil der schwarzen Farbe gering ist. Der Körper der Schnecken ist außerordentlich fest.

T: 22-29 °C, **L**: 7 cm, **BS**: 4, **SG**: 4

Australien R.C. Steene

Notodoris minor ELLIOT, 1906
Gelbschwarze Sternschnecke

Vork.: Indopazifik: Australien, Mikronesien, Philippinen, Indonesien.
GU: Die Tiere sind Zwitter.
Soz.Verh./Vgs.: Sie leben mit verschiedenen Kalkschwammarten vergesellschaftet.
Hält.B.: Nicht bekannt und auch nicht ratsam, da sie Nahrungsspezialisten sind.
FU:: K; Die Schnecken ernähren sich von Kalkschwämmen.
Bes.: Die beiden Tiere auf dem Bild trennen sich nach der Kopulation. Das ♀ legt danach sofort grellgelbe, mäandrische Laichbänder ab, die es am Untergrund befestigt. Der Körper der Schnecken ist hart und warzig. Schwarze Striche, Bänder und Punkte bedecken die grellgelbe Körperoberfläche. Der Schwarzanteil kann gering oder groß sein, so daß manche Tiere fast schwarz sind. Sternschnecken dieser Art erkennt man unter Wasser schon aus weiter Entfernung.

T: 20-28 °C, L: 8 cm, BS: 4, SG: 4

R.C. Steene

Notodoris serenae

G. Allen

Notodoris sp.

Nordsulawesi, Indonesien D. Tackett

Caloria indica (BERGH, 1896)
Indische Fadenschnecke

Vork.: Rotes Meer, Indopazifik.
GU: Keine, Die Tiere sind Zwitter.
Soz.Verh./Vgs.: Fadenschnecken leben einzeln oder in kleineren Gruppen auf ihren Freßsubstraten.
Hält.B.: Ohne ihre spezielle Nahrung verhungern Fadenschnecken in Aquarien.
FU: K, Hydroidpolypen verschiedener Gattungen.
Bes.: Der Körper der Schnecken ist schlank und der Kriechfuß stets länger als der Mantel. Die vielen Körperanhänge (Cerata) sind vielfarbig. Hier werden die Nesselkapseln gespeichert, die sie mit der Nahrung aufnehmen und für die eigene Verteidigung eingesetzt. Der Kopf trägt lange Fühler und konische Rhinophoren.

T: 22-29 °C, **L**: 3 cm, **BS**: 4, **SG**: 4

Cassini Island, Kimberley, Westaustralien C. Bryce

Moridilla brocki BERGH, 1888
Fadenschnecke

Vork.: Von Ostafrika, dem Indopazifik bis nach Japan und Australien.
GU: Keine. Die Tiere sind Zwitter.
Soz.Verh./Vgs.: Die Schnecken leben einzeln oder in kleineren Gruppen auf ihren Freßsubstraten.
Hält.B.: Weitgehend unbekannt. Als extreme Nahrungsspezialisten verhungern sie in heimischen Aquarien.
FU: K, sie ernähren sich von Weichkorallen verschiedener Gattungen.
Bes.: Die Schnecken leben im Flachwasser in dunklen Überhängen und unter großen Korallenbrocken. Hier sind sie auch tagsüber unterwegs auf Nahrungssuche. Die langen Fühler und die papillenförmigen Rhinophoren sind orangefarben vom hellen Körper abgesetzt. Zahlreiche Körperanhänge (= Cerata), die bei Gefahr und bei Störungen aufgestellt werden können, sind bündelförmig auf dem Rücken der Tiere angeordnet.

T: 22-29 °C, **L:** 5 cm, **BS:** 4, **SG:** 4

Moridilla brocki R.C. Steene

Moridilla sp. G. Allen

Australien R.C. Steene

Phyllodesmium briareus (BERGH, 1896)
Fadenschnecke

Vork.: Indopazifik: Indonesien, Philippinen, Malaysia, Papua Neuguinea, Mikronesien und Australien.
GU: Keine. Die Schnecken sind Zwitter.
Hält.B.: Ohne ihre Freßsubstrate verhungern Fadenschnecken in Aquarien.
FU: Sie weiden auf Weichkorallen der Gattung *Pachyclavularia* und *Clavularia* und ernähren sich auch von den Produkten ihrer Zooxanthellen, die sich in ihren Körperanhängen befinden.
Bes.: Der Körper dieser Schnecken ist fast fadenförmig. Auffallend sind die langen, zylindrischen und apikal zugespitzten Körperanhänge, die die Schnecken bei Gefahr auch abwerfen können.

T: 22-29 °C, L: 4 cm, BS: 4, SG: 4

Indonesien R.C. Steene

Phyllodesmium longicirra BERGH, 1905
Langzirren Fingerschnecke

Vork.: Indopazifik: Australien, Indonesien, Papua Neuguinea.
GU: Die Tiere sind Zwitter.
Soz.Verh./Vgs.: Die Schnecken sind Einzelgänger im Riff und stets nachts unterwegs.
Hält.B.: Nicht bekannt und auch nicht so attraktiv, da sie tagsüber versteckt leben und nur nachts auf Nahrungssuche gehen.
FU: K; fressen möglicherweise Weichkorallen.
Bes.: Der helle und schlanke Körper der Schnecken wird von einer Vielzahl langer und kräftiger Körperanhänge (Cerata) bestanden. Sowohl der Körper, als auch die Zirren zeigen braun gepunktete Muster, die die Tiere in ihrer Umgebung tarnen und fast unsichtbar machen. Bei kräftigeren Wasserbewegungen flattern die Körperanhänge in der Strömung und täuschen Algenbüschel vor. Langzirren-Fingerschnecken findet man nachts bei einem Standortwechsel der Tiere auf Sand- und Geröllgrund und auf Weichkorallen, ihrem Weidesubstrat.

T: 22-28 °C, **L**: bis 12 cm, **BS**: 4, **SG**: 4

Australien R.C. Steene

Phyllodesmium kabiranum BABA, 1991
Fingerschnecke

Vork.: Australien, Papua Neuguinea, Indonesien, Philippinen, Malaysia, Okinawa.
GU: Die Tiere sind Zwitter.
Soz.Verh./Vgs.: Die Tiere leben einzeln und treffen sich nur zur Kopulation. Sie sind überwiegend nachtaktiv.
Hält.B.: Nicht bekannt und auch außerordentlich schwierig, da sie Nahrungsspezialisten sind.
FU: K; möglicherweise von Weichkorallen der Gattungen *Xenia* und *Heteroxenia*.
Bes.: Die Abbildung zeigt ein farbenprächtiges Tier, das einen rötlichen Körper mit einer weißen Mittellinie besitzt. Viele schlauchförmige Körperanhänge, die apikal zugespitzt und farbig abgesetzt sind, werden in das freie Wasser gestreckt und sind hier in Strömungsrichtung des Wassers gebogen. Sie sind unterschiedlich lang, wobei die längeren davon in Körpermitte zu liegen kommen. Der Fuß ist breit und abgeflacht.

T: 20-28 °C, **L**: 6 cm, **BS**: 4, **SG**: 4

Bintan Island, Indonesien C. Bryce

Phyllodesmium magnum RUDMAN, 1991
Große Fadenschnecke

Vork.: Rotes Meer, Indopazifik: Von Ostafrika bis nach Australien und den Marschallinseln.
GU: Keine. Die Schnecken sind Zwitter.
Hält.B.: Nicht bekannt und in der Literatur auch nicht beschrieben.
FU: K; sie fressen bevorzugt Weichkorallen der Gattung *Sinularia*.
Bes.: Große Fadenschnecken kommen in verschiedenen Farbmorphen vor. Ihr schlanker und am Fußende zugespitzter Körper trägt eine Vielzahl langer Körperanhänge, die apikal spitz auslaufen. Die paarigen Fühler und die Rhinophoren sind außerordentlich lang. Auf ihren Freßsubstraten bewegen sie sich auf Schleimbahnen, um nicht genesselt zu werden.

T: 22-28 °C, **L:** 13 cm, **BS:** 4, **SG:** 4

Ordnung: Nudibranchia
Fam.: Pteraeoliidae

R.C. Steene

Australien

Pteraeolidia ianthina (ANGAS, 1864)
Fadenschnecke

Vork.: Rotes Meer, Indopazifik: Von Ostafrika bis Hawaii, Japan und Australien.
GU: Die Tiere sind Zwitter.
Soz.Verh./Vgs.: Diese Fadenschnecken leben einzeln. Nur zur Kopulation treffen sie aufeinander. Sie sind überwiegend nachtaktiv. Auf dem Körper tragen sie symbiontische Algen, deren Produkte sie als Nahrungsquelle nutzen.
Hält.B.: Weitgehend unbekannt.
FU: K; Nesseltiere und deren Polypen und Produkte der Fotosynthese ihrer symbiontischer Algen.
Bes.: Der schlanke Körper der Tiere ist fadenförmig und trägt viele Rückenanhänge. Diese sind so angeordnet, daß sie sich nicht überlappen und das Sonnenlicht sie voll trifft. Das ist notwendig zur Aufrechterhaltung der Fotosynthese ihrer symbiontischen Algen. In ihnen werden auch die Nesselzellen gespeichert, die sie mit ihrer Nahrung aufnehmen. Sie werden zur Feindabwehr genutzt. Die Fühler sind sehr lang und gebändert. Die Jungtiere sind hellbraun, die Erwachsenen hellblau bis blau gefärbt.

T: 22-28 °C, **L:** 8 cm, **BS:** 4, **SG:** 3-4

Flabellina rubrolineata D. Tackett

Australien R.C. Steene

Flabellina rubrolineata (O´DONOGHUE, 1929)
Purpur-Fadenschnecke

Vork.: Rotes Meer und im gesamten Indopazifik.
GU: Keine. Die Tiere sind Zwitter.
Soz.Verh./Vgs.: Purpur-Fadenschnecken leben einzeln oder in kleinen Gruppen auf Hydroidstöcken der Gattung *Eudendrium*. Hier legen sie auch nach der Kopulation ihre Eischnüre ab.
Hält.B.: Nicht bekannt und auch nicht möglich, wenn man ihnen nicht ihr Freßsubstrat bieten kann. Schon nach wenigen Tagen wären sie verhungert.
FU: K; sie fressen die Polypen von Hydroiden der Gattung *Eudendrium*.
Bes.: Das Farbspektrum der Tiere dieser Art ist sehr groß und variabel. Drei violette Längslinien verlaufen vom Kopf bis zum Körperende. Die Rückenanhänge sind zahlreich, sehr lang und tragen violettgelbe Spitzen. Der Kopf trägt schlanke, paarige Tentakel und Rhinophoren. Die von den Hydroiden aufgenommenen Nesselkapseln werden nicht verdaut, sondern in die Darmblindsäcke eingelagert, die sich in die Rückenanhänge erstrecken. Sie werden zur eigenen Feindabwehr genutzt.

T: 20-27 °C, **L**: 4 cm, **BS**: 4, **SG**: 4

Flabellina sp. *bilas* M. Walker

Flabellina sp. *exoptata* M. Walker

Australien R.C. Steene

Asteronotus caespitosus (HASSELT, 1824)
Rückensternschnecke

Vork.: Indopazifik: Von Westafrika, den Seychellen und Mauritius bis nach Papua Neuguinea und den Hawaiiinseln.
GU: Die Tiere sind Zwitter.
Soz.Verh./Vgs: Die Tiere leben einzeln.
Hält.B.: Nicht bekannt und auch nicht beschrieben. Sie sind als Nahrungsspezialisten in einem Heimaquarium auch nicht zu ernähren.
FU: K; sie ernähren sich ausschließlich von Schwämmen.
Bes.: Die Tiere leben tagsüber unter großen Steinen und Korallen. Erst nachts verlassen sie ihre Tagesverstecke und wandern zu neuen Nahrungsquellen über Sand. Ihr bräunlicher Körper ist warzig und trägt eine Vielzahl unterschiedlich gestalteter Tuberkeln, die auch konzentrisch ausgebildet sein können. Auffallend sind die Kiemenbüschel am Körperende und die beiden Rhinophoren am vorderen Körperpol.

T: 22-256 °C, L: 20 cm, BS: 4, SG: 4

Indonesien

M. Walker

Asteronotus sp.
Warzige Rückensternschnecken

Vork.: Tropischer Indopazifik und Indowestpazifik.
GU: Die Tiere sind Zwitter.
Soz.Verh./Vgs.: Warzige Rückensternschnecken sind Einzelgänger.
Hält.B.: Darüber ist nichts bekannt.
FU: K; die Schnecken ernähren sich von verschiedenen Wirbellosen. Dazu gehören: Schwämme, Borstenwürmer, Seepocken, Moostierchen und koloniale Manteltiere.
Bes.: Die relativ großen Tiere sind dorsoventral abgeflacht, in der Körperform rund bis oval und unterschiedlich gefärbt. Ihre Körperoberfläche ist warzig und die Körperperipherie zart gesäumt. Am Kopf befinden sich paarige Rhinophoren, die als Strömungsorgane zum Auffinden der Beute dienen. Am Hinterende des Körpers befinden sich Kiemenbüschel, die um einen zentral gelegenen Anus gruppiert sind. Sie können bei Störungen eingezogen werden. Bei einigen Arten besitzt die Haut noch Kalkeinlagerungen in Form von Kalknadeln (Spiculae). Die hier vorgestellten Tiere sind nachtaktiv.

T: 22-26 °C, **Ø:** 10-15 cm, **BS:** 4, **SG:** 4

L. Tackett

Halgerda sp.

Australien R.C. Steene

Halgerda carlsoni RUDMAN, 1978
Carlsons Höckerschnecke

Vork.: Australien, Fidschi, Papua Neuguinea, Tonga und Salomoninseln.
GU: Keine. Die Schnecken sind Zwitter.
Hält.B.: Nicht bekannt. Die Tiere sind extreme Nahrungsspezialisten und würden in einem Aquarium schon nach kurzer Zeit verhungern
FU: K; Schwammfresser.
Bes.: Der weiße Körper der Schnecken trägt eine Vielzahl höckeriger und zum Teil tubulärer Auswüchse, deren Spitzen rot oder orangerot gefärbt sind. Die Kiemen und die Rhinophoren sind entweder schwarz oder schwarz gepunktet. Man findet sie stets in der Nahe ihrer Freßsubstrate oder darauf weidend.

T: 21-29 °C, **L**: 5 cm, **BS**: 4, **SG**: 4

Nordsulawesi, Indonesien L. Tackett

Halgerda malesso CARLSON & HOFF, 1993
Malesso-Höckerschnecke

Vork.. Indopazifik: Indonesien, Philippinen, Marschallinseln und Mikronesien.
GU: Die Schnecken sind Zwitter.
Soz.Verh./Vgs.: Die Tiere leben einzeln und treffen sich nur zur Kopulation.
Hält.B.. Unbekannt. Da die Tiere extreme Nahrungsspezialisten sind, würden sie in heimischen Aquarien schon nach kurzer Zeit verhungern.
FU: K; Schwammfresser.
Bes.: Der hochrückige Körper der Schnecken ist mit kleinen und großen Höckern übersät, deren terminale Spitze rot bis rotorange gefärbt ist. Dazwischen durchziehen feine orangefarbene Linien den Körper. Die hellen Kiemenbüschel und die Fühler sind schwarz gefleckt und gepunktet. Das abgebildete Tiere legt gerade ein orangefarbenes Laichband ab. Höckerschnecken sind leicht zu entdecken, da sie sich auch tagsüber nicht verstecken.

T: 22-28 °C, L: 6 cm, BS: 4, SG: 4

Australien — R.C. Steene

Halgerda tesselata (BERGH, 1880)
Mosaik-Höckerschnecke

Vork.: Rotes Meer, Indopazifik: Von Tansania bis nach Neuguinea und Australien.
GU: Keine. Die Schnecken sind Zwitter.
Hält.B.: Nicht bekannt. Als extreme Nahrungsspezialisten würden sie schnell in heimischen Aquarien verhungern.
FU: K; Schwammfresser.
Bes.: Die Körperoberfläche der Tiere zeigt ein prächtiges Mosaikmuster aus kräftigen roten bis rotorangen, gratartigen Erhebungen, die zu dreieckigen Feldern zusammen laufen. Die Vertiefungen sind schwarz und mit hellen Punkten ausgefüllt. Die Kiemenbüschel und die Rhinophoren sind farbig abgesetzt. Tiere dieser Art sind selten

T: 22-29 °C, **L:** 4 cm, **BS:** 4, **SG:** 4

Rotes Meer Th. Paulus

Halgerda willeyi ELIOT, 1903
Willeys Höckerschnecke

Vork.: Rotes Meer, Indopazifik: Von Ostafrika bis in den Westpazifik und Australien.
GU: Die Tiere sind Zwitter.
Soz.Verh./Vgs.: Die Schnecken leben einzeln und treffen sich nur zur Kopulation.
Hält.B.. Unbekannt. Als extreme Nahrungsspezialisten würden sie nach kurzer Zeit in heimischen Aquarien verhungern.
FU: K; Schwammfresser.
Bes.: Der hochrückige Körper ist warzig, wobei gelbe Kammlinien zu kegelförmigen Auswüchsen zusammenlaufen. Zwischen diesen Rückenkanten oder Höckern verlaufen braune bis schwarze Linien und Punkte. Die hellen Kiemenbüschel und die Fühler sind schwarz gefleckt und gepunktet. Tiere dieser Art findet man regelmäßig auf ihren Freßsubstraten. Eine weitere Farbvariante wurde bereits im MEERWASSER ATLAS, Band 2, auf Seite 677 vorgestellt.

T: 22-28 °C, **L:** 5 cm, **BS:** 4, **SG:** 4

Discodoris boholensis C. Bryce

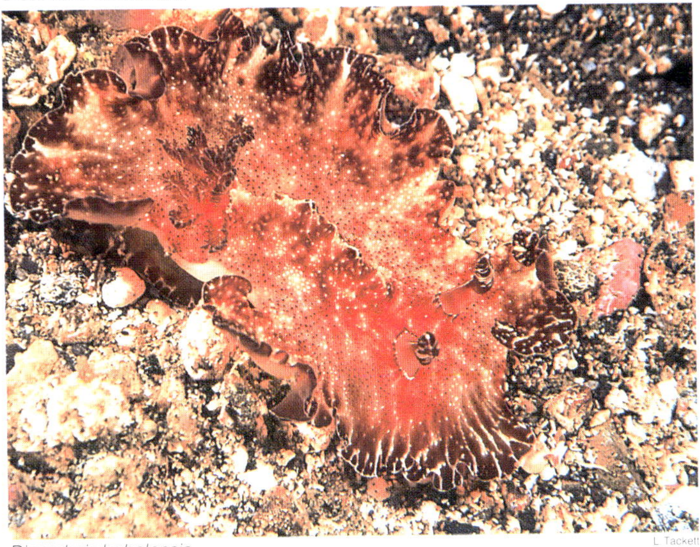

Discodoris boholensis L. Tackett

Ordnung: Nudibranchia
Fam.: Discodorididae

Indonesien R.C. Steene

Discodoris boholensis BERGH, 1877
Bohol-Sternschnecke

Vork.: Indopazifik: Indonesien, Philippinen, Papua Neuguinea und Australien.
GU: Keine. Die Tiere sind Zwitter.
Soz.Verh./Vgs.: Die Schnecken leben einzeln und treffen sich nur zur Kopulation.
Hält.B.. Nicht bekannt und wahrscheinlich auch nicht möglich, da man nicht genau weiß, von welcher Schwammart sie sich ernähren. Das Bild zeigt eine Schnecke auf einem Bohrschwamm.
FU: K; Schwammfresser.
Bes.: Der Körper der Schnecken ist buckelig. Der Mantelrand ist undulierend gefaltet und geflammt eingefärbt. Helle Flecken und zahlreiche Punkte bedecken den Körper der Tiere. Die Rhinophoren sind kolbig und lamelliert.

T: 21-27 °C, **L:** 6 cm, **BS:** 4, **SG:** 4

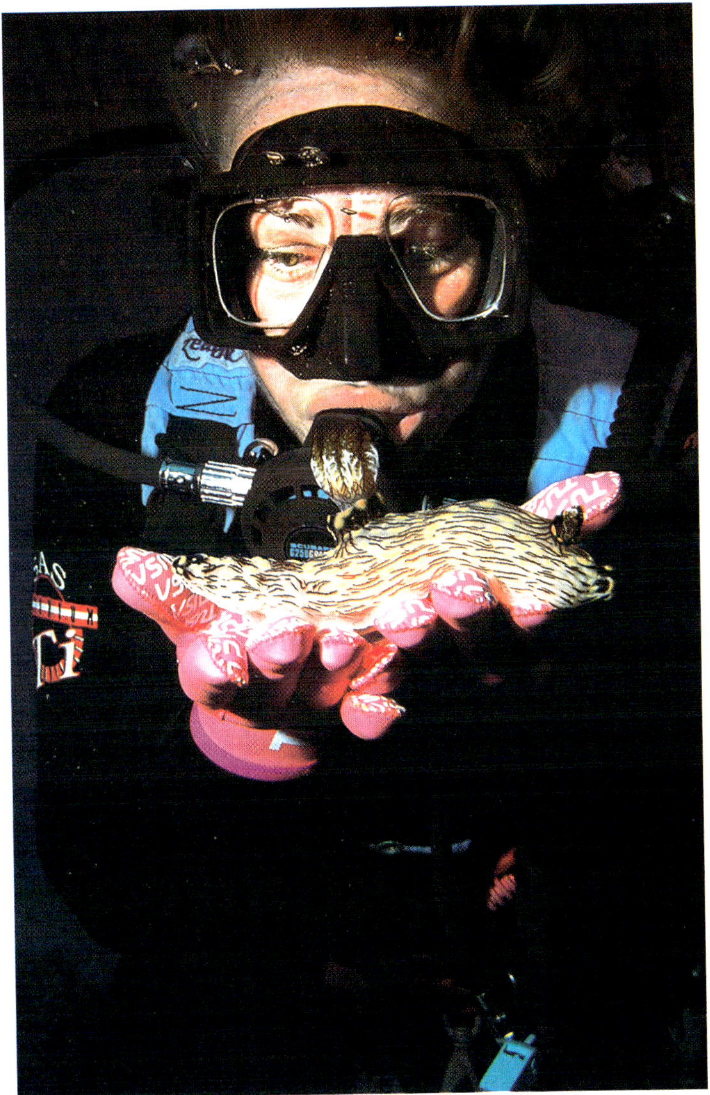

Kentrodoris rubsceus

C. Bryce

Jorunna funebris H. Erhardt

Hoplodoris nodulosa L. Tackett

Australien R.C. Steene

Hoplodoris nodulosa (ANGAS, 1864)
Warzige Sternschnecke

Vork.: Indopazifik: Indonesien, Philippinen, Japan, Polynesien, Vietnam und Australien.
GU: Keine. Die Schnecken sind Zwitter.
Soz.Verh./Vgs.: Sie leben einzeln und treffen sich nur zur Kopulation.
Hält.B.: Unbekannt. Da sie extreme Nahrungsspezialisten sind, würden sie bereits nach Tagen in heimischen Aquarien verhungern.
FU: K; Schwammfresser.
Bes.: Der Körper der Tiere ist flach und länger als breit. Er ist von einer Vielzahl von warzigen Erhebungen bedeckt, die unterschiedlich gefärbt sein können. Eine ganze Anzahl dieser Warzen ist an der Basis weiß umrandet. Bei einigen Tieren wird ein orangefarbener Fleck auf dem Rücken von hellen Pustelflecken umfaßt. Die Rhinophoren sind lamelliert.

T: 22-28 °C, L: 6 cm, BS: 4, SG: 4

Insel Cebu, Philippinen

P. Schupp

Platydoris cruenta (QUOY & GAIMARD, 1832)
Rotflecken-Sternschnecke

Vork.: Indopazifik: Von Südafrika bis Australien und Neuseeland.
GU: Keine. Sie sind Zwitter.
Soz.Verh./Vgs.: Die Tiere leben als Einzelgänger und treffen sich nur zur Kopulation.
Hält.B.: Unbekannt und sicherlich auch nicht möglich, da man nicht weiß, was die Schnecken fressen.
FU: Möglicherweise sind sie Schwammfresser.
Bes.: Der weißgrundige Körper der Schnecken ist mit einer Vielzahl von roten Flecken unterschiedlicher Form und Größe bedeckt. Er erhält seine Festigkeit durch kleine Kalknadeln, die hier als feine, dünne und braune Linien sichtbar sind. Tagsüber leben die Tiere versteckt unter Steinen und zwischen Algen. Nachts suchen sie dann ihre Freßsubstrate auf.

T: 22-28 °C, **L**: 8 cm, **BS**: 4, **SG**: 4

Platydoris formosa M. Walker

Platydoris formosa L. Tackett

Australien R.C. Steene

Platydoris formosa (ALDER & HANCOCK, 1864)
Formosa-Nacktschnecke

Vork.: Indowestpazifik, Westaustralien, Indonesien.
GU: Keine. Die Tiere sind Zwitter.
Soz.Verh./Vgs.: Die Tiere sind Einzelgänger, die sich nur zur Paarungszeit treffen.
Hält.B.: Da Nacktschnecken ausgesprochene Nahrungsspezialisten sind, kann man sie langfristig in keinem Aquarium halten.
FU: K; Schwämme und verschiedene koloniale Wirbellose.
Bes.: Der Körper der Tiere ist relativ groß und massig. Er ist übersät mit rotorangen Flecken unterschiedlicher Form und Größe. Zwei kräftig ausgebildete Rhinophoren fallen am vorderen Bewegungspol auf. Formosa-Nacktschnecken sind nachtaktiv. Man findet sie sowohl in Seegrasbeständen als auch zwischen Korallenbruch.

T: 22-26 °C, **L**: 10 cm, **BS**: 4, **SG**: 4

Scott-Reef, Westaustralien G. Allen

Platydoris scabra (CUVIER, 1804)
Marmor-Sternschnecke

Vork.: Rotes Meer, Indopazifik: Indonesien, Philippinen, Thailand bis nach Australien.
GU: Keine. Die Schnecken sind Zwitter.
Soz.Verh./Vgs.: Die Schnecken sind Einzelgänger und treffen sich nur zur Kopulation.
Hält.B.: Nicht bekannt. Die Tiere sind extreme Nahrungsspezialisten und würden in heimischen Aquarien bereits nach Tagen verhungern.
FU: K; Schwammfresser.
Bes.: Der länglich-ovale Körper der Schnecken kann unterschiedlich marmoriert sein. Hier ist es eine Farbkomposition aus weiß und braun. Diese Art lebt tagsüber im Gezeitenbereich unter Korallen und zwischen Korallenbruch versteckt und verläßt erst nach Einbruch der Dämmerung ihr Versteck, um auf Nahrungssuche zu gehen.

T: 12 - 26 °C, L: 8 cm, BS: 4, SG: 4

Australien R.C. Steene

Gymnodoris aurita (GOULD, 1852)
Neonsternschnecke

Vork.: Indopazifik: Indonesien, Philippinen, Papua Neuguinea, Australien.
GU: Keine. Die Schnecken sind Zwitter.
Soz.Verh./Vgs.: Die Tiere leben einzeln und treffen sich nur zur Kopulation. Sie sind ausschließlich nachtaktiv.
Hält.B.: Nicht bekannt. Sie sind extreme Nahrungsspezialisten, die in heimischen Aquarien schon nach kurzer Zeit verhungern würden.
FU: K; frißt andere Hinterkiemenschnecken.
Bes.: Der Körper der Tiere ist plakativ kräftig rot gefärbt. Nur unterschiedlich große und gelbe Pusteln befinden sich darauf. Der Mantelrand und die Kiemen sind gelb abgesetzt.

T: 22-29 °C, **L**: 8 cm, **BS**: 4, **SG**: 4

Kungkungan Bay, Indonesien H. Erhardt

Gymnodoris ceylonica (KELAART, 1858)
Ceylon-Nacktschnecke

Vork.: Rotes Meer, Indopazifik: Von den Seychellen bis nach Japan.
GU: Keine. Die Tiere sind Zwitter.
Hält.B.: Da die Tiere extreme Nahrungsspezialisten sind, wird von einer Aquarienhaltung dringend abgeraten.
FU: K; sie ernähren sich von verschiedenen Moostierchenkolonien und von anderen Nacktschnecken.
Bes.: Der helle Körper der Schnecken trägt orange Punkte und orange Streifen an den Kiemen. Ceylon-Nacktschnecken leben in Seegraswiesen und auf Sandflächen und sind nachtaktiv. Zu bestimmten Jahreszeiten (in Indonesien ist es der Oktober) bilden sie Kopulationsgemeinschaften aus Hunderten von Tieren. Welche Signale oder Geruchstoffe die Tiere zusammenführt, ist unbekannt. Nach der Kopulation werden Laichschnüre produziert und diese am Untergrund befestigt.

T: 22-26 °C, **L**: 12 cm, **BS**: 4, **SG**: 4

Ordnung: Nudibranchia
Fam.: Polyceratidae

Cassini Island G. Allen

Gymnodoris rubropapulosa (BERGH, 1877)
Ornament-Nacktschnecke

Vork.: Von Indonesien bis nach Japan.
GU: Keine. Die Schnecken sind Zwitter.
Soz.Verh./Vgs.: Sie leben einzeln und sind nachtaktiv. Nur zur Kopulation treffen sich die Tiere.
Hält.B.: Nicht bekannt.
FU: K; möglicherweise sind sie Schwammfresser.
Bes.: Der hochrückige Körper ist mit rotorangen Ornamenten auf milchigem Grund übersät. Die Kiemenbüschel und die Rhinophoren sind genauso gefärbt.

T: 22-28 °C, **L:** 6 cm, **BS:** 4, **SG:** 4

Gymnodoris sp. R.C. Steene

Gymnodoris sp. R.C. Steene

Ordnung: Nudibranchia
Fam.: Polyceratidae

Nordsulawesi, Indonesien D. Tackett

Nembrotha livingstonei ALLEN, 1933
Livingstone-Sternschnecke

Vork.: Australien, Indonesien, Südafrika.
GU: Keine. Die Tiere sind Zwitter.
Hält.B.: Unbekannt. Sie sind zu selten, um gesammelt zu werden und dazu noch extreme Nahrungsspezialisten, die in Aquarien verhungern würden.
FU: K; möglicherweise fressen sie koloniale Seescheiden.
Bes.: Die Tiere sind charakteristisch gefärbt: Ihr rötlichbrauner Körper trägt eine Vielzahl rotoranger Flecken und Punkte. Der Kriechfuß ist hell, wie auch die Rhinophoren und die Kiemen. Die Tiere sind überwiegend nachtaktiv.

T: 22-28 °C, L: 4 cm, BS: 4, SG: 4

Australien R.C. Steene

Nembrotha purpureolineolata O´DONOGHUE, 1924
Purpurstreifen-Neonschnecke

Vork.: Von Ostafrika bis nach Australien und Japan.
GU: Keine. Die Schnecken sind Zwitter.
Soz.Verh./Vgs.: Die Tiere leben einzeln und treffen sich nur zur Kopulation. Sie sind ausschließlich nachtaktiv.
Hält.B.: Nicht bekannt. Sie sind extreme Nahrungsspezialisten und würden schon nach wenigen Tagen in Aquarien verhungern.
FU: K; sie ernähren sich von Manteltieren verschiedener Gattungen.
Bes.: Der helle Körper der Schnecken trägt breite, purpurrote Längsstreifen und rote bis rotorange Kiemenbüschel und Rhinophoren. Die Basis der Rhinophoren, der Kiemen und das Fußende sind violett gefärbt.

T: 20-28 °C, L: 6 cm, BS: 4, SG: 4

Ordnung: NUDIBRANCHIA
Fam.: Polyceratidae

Australien R.C. Steene

Nembrotha sp.
Neonsternschnecke

Vork: Australien.
GU: Keine. Die Tiere sind Zwitter.
Soz.Verh./Vgs.: Die Schnecken leben einzeln und sind nachtaktiv.
Hält.B.: Nicht bekannt und auch nicht möglich, da sie extreme Nahrungsspezialisten sind.
FU: K, möglicherweise fressen sie koloniale Manteltiere verschiedener Gattungen.
Bes.: Der schwarzgrundige Körper der Tiere trägt unterschiedlich große und gelbe Flecken und einen ebenso farbig abgesetzten Mantelrand. Auch der Kiemenbüschelansatz und die Rhinophorenlamellen sind gelb gefärbt.

T: 22-29 °C, **L:** 6 cm, **BS:** 4, **SG:** 4

Tambja morosa H. Baensch

Tambja morosa R.C. Steene

Ordnung: Nudibranchia
Fam.: Polyceratidae

Insel Guam, Mikronesien P. Schupp

Tambja tambja
Sternschnecke

Vork.: Indopazifik: Malediven, Mikronesien, Australien.
GU: Keine. Die Tiere sind Zwitter.
Hält.B.: Unbekannt.
FU: K; Hydroiden, Moostierchen, Synascidien.
Bes.: Der Körper der Schnecken ist schlank. Der Mantel ist mit dem Kriechfuß verwachsen, wobei das Hinterende spitz ausläuft. Die lamellierten Rhinophoren sind sehr groß und können in Scheiden eingezogen werden. Die Kiemen befinden sich etwa in Körpermitte auf dem Rücken. Wechselnde grüne und gelbe Längsstreifen zeichnen den Körper. Sternschnecken dieser Art leben auf algenbestandenen Gründen und sind überwiegend nachtaktiv.

T: 22-28 °C, **L:** 5 cm, **BS:** 4, **SG:** 4

Australien G. Allen

Thecacera picta BABA, 1972
Neonsternschnecke

Vork.: Indopazifik: Indonesien, Malediven,
GU: Keine. Die Tiere sind Zwitter.
Soz.Verh./Vgs.: Die Schnecken sind Einzelgänger und treffen sich nur zur Kopulation. Sie sind ausschließlich nachtaktiv.
Hält.B.: Nicht bekannt und auch nicht beschrieben. Als extreme Nahrungsspezialisten würden sie schnell in Aquarien verhungern.
FU: K; die Tiere aus dieser Gattung ernähren sich alle von kolonialen Moostierchen.
Bes.: Der relativ kleine Körper trägt eine Vielzahl von dunklen Linien, Strichen und Punkten. Die Rhinophoren sind lamelliert und deren Spitzen orangefarben abgesetzt.

T: 23-29 °C, **L:** 1 cm, **BS:** 4, **SG:** 4

Nordsee, Belgien H. Klerks

Aeolidia papillosa (LINNAEUS, 1761)
Breitwarzige Fadenschnecke

Vork.: Nordatlantik bis Gibraltar, Nordsee, westliche Ostsee.
GU: Keine. Die Tiere sind Zwitter.
Soz.Verh./Vgs.: Die Schnecken leben einzeln und treffen sich nur zur Kopulation. Man sollte sie nicht mit Seeanemonen und Seerosen vergesellschaften, da sie diese fressen.
Hält.B.: Sie sollen in einem Atlantik-Aquarium bis zu einem Jahr gut haltbar sein.
FU: K; Seeanemonen und Seenelken.
Bes.: Der Körper der Tiere ist gelblich, bräunlich oder grau. Der Rücken ist gefleckt und der Fuß weiß. Beiderseits des Rückens befinden sich unverzweigte Kiemenpapillen mit weißer Spitze. Fadenschnecken dieser Art leben auf Sand und Felsengrund.

T: 5-18 °C, **L**: 8-12 cm, **BL**: ab 80 cm, **WB**: m, **WR**: m-u, **BS**: 2-3, **SG**: 2-3

Australien R.C. Steene

Cerberilla cf. *affinis* BERGH, 1888
Masken-Fadenschnecke

Vork.: Indopazifik: Indonesien, Philippinen bis Hawaii und Australien.
GU: Keine. Die Schnecken sind Zwitter.
Soz.Verh./Vgs.: Die Tiere leben einzeln und treffen sich nur zur Kopulation.
Hält.B.: Nicht bekannt und auch nicht beschrieben.
FU: K; sie fressen im Sand lebende Hohltiere, wie z.B. Zylinderrosen.
Bes.: Man erkennt die Schnecken an ihrem breiten und weißen Fuß, einer schwarzen "Maske" um die Rhinophoren und den schwarz geringelten Körperanhängen, der Cerata. Die Fühler sind lang, weit ausladend und geringelt. Masken-Fadenschnecken kriechen auf Sandflächen und sind in der Lage, sich bei Gefahr schnell einzugraben.

T: 23-29 °C, L: 4 cm, BS: 4, SG: 4

Oosterschelde, Holland H. Klerks

Eubranchus tricolor FORBES, 1838
Dreifarben-Fadenschnecke

Vork.: Nordatlantik, Mittelmeer.
GU: Keine, die Tiere sind Zwitter.
Soz.Verh./Vgs.: Fadenschnecken leben einzeln und treffen sich nur zur Kopulation.
Hält.B.: Aus der Literatur nicht bekannt. Gepflegt werden müssen sie in einem Atlantikaquarium, das einen guten Besatz an Hydroiden aufweist.
FU: K; sie fressen Hydroiden der Gattungen *Obelia* und *Nemertesia*.
Bes.: Die Schnecken leben auf felsigem Grund unterhalb der Niedrigwasserlinie. Im Sommer sind sie hier häufiger anzutreffen als zu anderen Jahreszeiten. Ihr Körper trägt lange, unverzweigte, etwas gebläht und zugespitzte Rückenpapillen, deren Spitzen hell abgesetzt sind. Die Körperfarbe der Tiere variiert zwischen gelblich, bräunlich und grünlich. Der Kopf trägt seitliche Fühler und lange, gerade Rhinophoren.

T: 5-18 °C, **L:** 5 cm, **BL:** ab 80 cm, **WB:** m, **WR:** m-u, **BS:** 2-3, **SG:** 2-3

Bornella anguilla R.C. Steene

Marionia sp. R.C. Steene

Rotes Meer Th. Paulus

Tritonia sp.
Baumschnecke

Vork.: Rotes Meer.
GU: Keine. Die Tiere sind Zwitter.
Soz.Verh./Vgs.: Baumschnecken sind Einzelgänger und treffen sich nur zur Kopulation.
Hält.B.: Nicht bekannt. Die Tiere sind Nahrungsspezialisten und würden sehr schnell in heimischen Aquarien verhungern.
FU: K; verschiedene Nesseltiere wie Weich- und Hornkorallen. Manche Tiere sind auf eine einzige Art spezialisiert.
Bes.: Der schlanke Körper der Schnecken trägt zwei Reihen bäumchenartiger, vielfach verzweigter Anhänge auf dem Rücken. Ein marmorierter Streifen mit seitlichen Abgängen befindet sich darauf. Die Rhinophoren sind büschelartig gestaltet und das Mundsegel trägt Fransen. Tiere dieser Gattung leben auf verschiedenen Substraten und besonders auf ihren Freßunterlagen.

T: 22-28 °C, **L:** 6 cm, **BS:** 4, **SG:** 4

Südwestaustralien G. Allen

Tritonopsilla sp.
Baumschnecke

Vork.: Australien.
GU: Keine. Die Tiere sind Zwitter.
Soz.Verh./Vgs.: Sie leben als Einzelgänger und treffen sich nur zur Kopulation.
Hält.B.: Unbekannt und sicherlich auch sehr schwierig, da man nicht weiß, was sie fressen.
FU: Einen Hinweis darauf konnte in der zur Verfügung stehenden Literatur nicht gefunden werden.
Bes.: Der länglich-ovale Körper der Tiere trägt lateral eine Vielzahl reich verzweigter Körperanhänge, die hier wie helle "Bäumchen" in das freie Wasser ragen. Der Mantel geht in den Kriechfuß über, wobei die Körperenden dünner auslaufen. Das hier abgebildete Tier kriecht auf Seegras, das möglicherweise auch ihr Freßsubstrat sein könnte.

T: 15-25 °C, **L**: 6 cm, **BS**: 4, **SG**: 4

Cuthona sibogae D. Tackett

Cuthona sp. R.C. Steene

Insel Komodo, Indonesien R.C. Steene

Phestilla melanobrachia (BERGH, 1874)
Schwarze Nacktschnecke

Vork.: Rotes Meer, Indopazifik: Von Südafrika bis nach Hawaii, Japan und Australien.
GU: Keine. Sie sind Zwitter.
Soz.Verh./Vgs.: Die Schnecken weiden einzeln auf Korallen der Gattung *Tubastrea*.
Hält.B.: Aus der Literatur nicht bekannt. Man müßte ein ganzes Aquarium mit *Tubastrea*-Korallen füllen, um einige Tiere darin pflegen zu können.
FU: K; sie fressen die Polypen der Kelchkoralle *Tubastrea*.
Bes.: Die Tiere können gelb, orange oder schwarz gefärbt sein. Ihre Körperfarbe und deren zahlreichen Anhänge richtet sich nach der Art der Nahrung, die sie zu sich nehmen. Tiere, die z.B. auf einer *Tubastrea micrantha* weiden, sind schwarz; die auf einer *T. coccinea* orange gefärbt. Ihre Gelege werden in die ausgefressenen Kelche der Koralle abgelegt.

T: 22-28 °C, **L**: 4 cm, **BS**: 4, **SG**: 4

Australien R.C. Steene

Melibe mirifica (ALLAN, 1932)
Baumschnecke, Schleierschnecke

Vork.: Westaustralien, Küste von Queensland.
GU: Keine. Die Schnecken sind Zwitter.
Hält.B.: Eine Aquarienhaltung ist nur von *M. bucephala* bekannt. Diese Art ist mit lebenden Steinen gut zu pflegen.
FU: O; fressen Detritus, Algen und kleine Krebse, die sie mit Hilfe ihres Kopfsegels vom Untergrund abfischen.
Bes.: Diese Tiere sehen eigenartig aus und eigentlich nicht wie Nacktschnecken. Ihr Körper trägt große, breite und scheibenförmige Körperanhänge und der Kopf eine ballonförmige Vergrößerung der Mundöffnung. Mit Hilfe dieses Mundsegels wird der Untergrund nach Freßbarem abgefischt. Schleierschnecken sind Tiere des Flachwassers, die sich in Seegraswiesen, zwischen Mangrovenstelzwurzeln und in organisch belasteten Gewässern aufhalten. Sie besitzen keine Radula mehr. Die Färbung der Tiere ist sehr variabel und den lokalen Bedingungen angepaßt.

T: 22-35 °C, L: 16 cm, BS: 4, SG: 4

Australien R.C. Steene

Arminia sp.
Gestreifte Arminia

Vork.: Indopazifik.
GU: Keine. Die Tiere sind Zwitter.
Soz.Verh./Vgs.: Sie sind Einzelgänger, nachtaktiv und leben tagsüber eingegraben.
Hält.B.: Unbekannt. Sie sind extreme Nahrungsspezialisten, die in heimischen Aquarien schnell verhungern würden.
FU: K, möglicherweise fressen sie Seefedern.
Bes.: Der schwarzbraune Körper der Schnecken ist abgeflacht, langgestreckt, am Ende zugespitzt und der Rücken trägt längsgestreifte Rillen. Ein breites Kopfschild zeigt den vorderen Bewegungspol an. Es ist gewöhnlich mit Nesselbatterien bestückt Die Kiemen befinden sich seitlich unter dem Notum. Die Rhinophoren sind einziehbar. Nachts wandern die Tiere über Sandgrund auf der Suche nach Seefedern. Sie können nur einmal gezielt zubeißen, da Seefedern sich bei der geringsten Störung in den Untergrund zurückziehen.

T: 22-29 °C, L: 6 cm, BS: 4, SG: 4

Nordsulawesi, Indonesien — D. Tackett

Dermatobranchus sp.
Warzige Furchenschnecke

Vork.: Indopazifik: Indonesien.
GU: Keine. Die Schnecken sind Zwitter.
Hält.B.: Nicht bekannt und in der Literatur auch nicht beschrieben. Als extreme Nahrungsspezialisten würden sie sehr schnell in einem Aquarium verhungern.
FU: K; sie fressen verschiedene Weichkorallen.
Bes.: Der abgeflachte Körper der Tiere wird auf einer breiten Fußsohle bewegt. Der Körper besitzt eine Vielzahl von Warzen, die in Längsreihen angeordnet sind. Die rostrote Färbung des Rückens verblaßt zum Mantelsaum hin. Die Rhinophoren sind orangefarben.

T: 22-28 °C, L: 5 cm, BS: 4, SG: 4

Fam.: Madrellidae

Australien R.C. Steene

Madrella ferruginosa (ANGAS, 1864)
Fingerschnecke

Vork.: Australien.
GU: Keine. Die Tiere sind Zwitter.
Soz.Verh./Vgs.: Die Schnecken leben einzeln und sind nachtaktiv. Sie treffen sich nur zur Kopulation.
Hält.B.: Nicht bekannt. Als extreme Nahrungsspezialisten müßten sie in Aquarien verhungern.
FU: K; krustig wachsende Moostierchen.
Bes.: Die Abbildung zeigt ein außerordentlich schönes Tier aus dieser Gattung. Viele schlauchförmige Körperanhänge, die apikal zugespitzt sind werden vom Rücken aus in das freie Wasser gestreckt. Sie sind verschieden lang, wobei die längsten davon sich in der Körpermitte befinden. Der Fuß ist breit und abgeflacht. Wenn sie berührt werden, entlassen sie zu Verteidigung ein gelbes Sekret aus ihren Rückenanhängen.

T: 20-28 °C, L: 6 cm, BS: 4, SG: 4

Adria, Mittelmeer H. Erhardt

Janolus (= *Antiopella*) *cristatus* (DELLE CHIAJE, 1841)
Gestreifte Dickkolbenschnecke

Vork.: Ostatlantik bis Norwegen und westliches Mittelmeer.
GU: Die Tiere sind Zwitter.
Soz.Verh./Vgs.: Die Schnecken leben mit verschiedenen Moostierchenkolonien vergesellschaftet, von denen sie sich ernähren.
Hält.B.: Nicht zu empfehlen, da man ihnen die Nahrung, die sie benötigen, im Aquarium nicht anbieten kann. Moostierchenkolonien werden nicht in Heimaquarien gepflegt, denn ihre Lebendauer ist sehr gering.
FU: K; sie ernähren sich vorwiegend von Moostierchen der Gattung *Bugula*, verschmähen aber Moostierchen anderer Gattungen nicht.
Bes.: Der Mantel der Schnecken trägt viele, in Reihen angeordnete, kolbenförmige Rückenanhänge, die apikal hell getupft und bläulich irisierend sind. In ihrer Mitte scheint als dunkler Schlauch die Mitteldarmdrüse hindurch. Die Rhinophoren am Kopf besitzen eine gemeinsame Basis. Gestreifte Dickkolbenschnecken leben auf sekundären Weich- und Hartböden in unterschiedlichen Tiefen. In ihrem Verbreitungsgebiet sind sie nicht häufig.

T: 6-20 °C, **L:** 8 cm, **BS:** 4, **SG:** 4

Australien R.C. Steene

Janolus sp.
Prachtkolbenschnecke

Vork.: Australien.
GU: Keine. Die Schnecken sind Zwitter.
Hält.B.: Nicht bekannt.
FU: Nicht bekannt.
Bes.: Diese Tiere sind außerordentlich selten. Man weiß nichts über ihre Biologie. Der relativ kleine Körper trägt eine Vielzahl unterschiedlich langer und dicker Körperanhänge, die spitz auslaufen. Die Spitzen sind violett, rot oder orange abgesetzt. Die nachtaktiven Tiere sieht man auf verschiedenen Substraten weiden, doch man weiß leider nicht, wovon sie sich ernähren.

T: 22-29 °C, L: 5 cm, BS: 4, SG: 4

Tridacna gigas C. Bryce

Muscheln (Bivalvia)

Muscheln sind in allen Weltmeeren verbreitet und kommen sowohl im Brackwasser als auch im Süßwasser vor. Allgegenwärtig sind ihre ausgefressenen Schalenklappen an den Spülsäumen der Strände.

Muscheln unterscheiden sich von allen anderen Weichtieren dadurch, daß ihr schützendes Gehäuse aus zwei Schalenklappen besteht. Diese werden zur Bestimmung der Arten herangezogen. Gebildet werden sie vom Mantel und bestehen aus Kalziumkarbonat. Durch ein elastisches Scharnierband (Ligament) sind sie beweglich miteinander verbunden. Ineinandergreifende Zähne, Leisten und Gruben verhindern eine Verschiebung der Schalenklappen. Die Schalenoberfläche ist vielfach strukturiert und bei vielen Arten farbig gekennzeichnet. Stacheln, Spitzen, Rillen, Rippen, Schuppen und konzentrische Strukturen sind weit verbreitet. Muscheln haben in Anpassung an ihre Lebensweise weitgehend ihren Kopf reduziert oder ganz zurückgebildet. Sie besitzen auch keine Raspelzunge mehr, da sie als Strudler keine Beute mehr zerkleinern müssen.

Muscheln sind innere Strudler und Kleinpartikelfresser. Ihre mikroskopisch kleine Nahrung besteht hauptsächlich aus Plankton und Detritus. Schleimabsonderungen der Kiemen halten die Nahrungspartikel fest und Wimperbahnen transportieren sie über den Mund in den Magen. Hier wird die Nahrung verdaut.

Muscheln besitzen einen großen, muskulösen, drüsenreichen und sehr beweglichen Fuß. Er wird hauptsächlich zum Graben eingesetzt. Bei festsitzenden Arten (Auster) ist der Fuß weitgehend reduziert. Außerdem besitzen viele Tiere am Fuß eine Byssusdrüse, die Fäden aus gegerbten Proteinen produziert (= Byssusfäden), mit deren Hilfe sich die Muscheln am Untergrund festheften.

Muscheln sind entweder zwittrig oder getrenntgeschlechtlich. Die Geschlechtsprodukte werden mit dem verbrauchten Atemwasser in das Meerwasser entlassen, wo auch die Befruchtung stattfindet. Aus den Eizellen entwickeln sich Larven, die bereits einen kleinen Fuß, Augen, Tentakel und ein kleines Gehäuse besitzen. Sie schwimmen aktiv mit Hilfe segelartiger Fortsätze. Ist ein gewisses Entwicklungsstadium erreicht, lassen sie sich zu Boden sinken und leben entweder frei beweglich, epifaunistisch oder kommensalistisch.

Muscheln besitzen oft Statocysten und Augen in den verschiedensten Entwicklungsstadien, die aber nur eine Hell-Dunkel-Wahrnehmung gewährleisten. Sinnesepithelien sind über die gesamte Körperoberfläche der Tiere verteilt.

Muscheln haben viele Feinde. Einer, der ihnen am häufigsten nachstellt, ist der Mensch. Er dezimiert die Bestände durch Aufsammeln und Fang, um sie für die eigene Ernährung zu nutzen. Muschelschalen bereichern private und zoologische Sammlungen. Vielerorts in der Welt haben Muscheln eine große wirtschaftliche Bedeutung. Man denke dabei an Austern- und Miesmuschelkulturen und an die japanische Zuchtperlenindustrie, die künstlich gezüchtete Perlen für die Schmuckindustrie herstellt.

Muscheln können erhebliche Schäden anrichten. So können speziell Bohrmuscheln Holzteile von Schiffen und Hafenanlagen zerstören und die Filter großtechnischer Anlagen entlang der Küsten verstopfen. Als Fossilfunde sind Muscheln außerordentlich wichtig. In fast allen Meeresablagerungen spielen sie eine wichtige Rolle als Leitfossilien für die Bestimmung der zeitlichen Gliederung der Gesteinsschichten.

Systematik

Klasse: BIVALVIA	Muscheln
Ordnung: FILIBRANCHIA	Fadenkiemer
Familie: Arcidae	Archenmuscheln
Gattung: *Arca*	
Familie: Pteriidae	Flügelmuscheln
Gattung: *Pteria*	
Familie: Pectinidae	Kammuscheln
Gattung: *Chlamys*	
Familie: Chamidae	Grienmuscheln
Gattung: *Chama*	
Familie: Spondylidae	Stachelaustern
Gattung: *Spondylus*	
Familie: Ostreidae	Austern
Gattungen: *Alectryonella*	
Crassostrea	
Dendrostrea	
Hyotissa	
Saccostrea	
Lopha	
Familie: Malleidae	Hammeraustern
Gattung: *Malleus*	
Ordnung: EULAMELLIBRANCHIA	Lamellenkiemer
Familie: Cardiidae	Herzmuscheln
Gattungen: *Cerastoderma*	
Laevicardium	
Trachycardium	
Familie: Veneridae	Venusmuscheln
Gattung: *Periglypta*	
Familie: Tellinidae	Platt- oder Tellmuscheln
Gattung: *Tellina*	

Ordnung: FILIBRANCHIA
Fam.: Arcidae

Insel Palau, Mikronesien H. Erhardt

Arca sp.
Archenmuschel

Vork.: Indopazifik: Mikronesien.
Soz.Verh./Vgs.: Die Muscheln sind im Aquarium mit allen Fischen und Wirbellosen gut zu vergesellschaften.
Hält.B.: Da sich die Muscheln mit Byssusfäden am Untergrund befestigen, benötigen sie feste Unterlagen. Sind die Schalenklappen mit Schwämmen bewachsen, so müssen diese vor dem Besatz entfernt werden. Licht: Mittellichtzone.
FU: Filtrierer; sie nehmen nur kleine Nahrungspartikel zu sich. Fütterung im Aquarium mit kleinen Mengen von Muschelmilch und feinem Planktonersatz.
Bes.: Archenmuscheln siedeln mit Byssus befestigt auf festen Unterlagen. Sie werden aufgrund ihrer Standorttreue von sehr vielen Wirbellosen besiedelt, besonders von Schwämmen.

T: 20-28 °C, L: 8 cm, BL: ab 100 cm, WB: m, WR: m, BS: 2, SG: 2

Fam.: Pteriidae

Banyls, Frankreich R. Patzner

Pteria hirundo (LINNAEUS, 1758)
Vogelmuschel, Flügelauster

Vork.: Mittelmeer, Atlantik bis Südengland.
Soz.Verh./Vgs.: Die Flügelaustern leben einzeln mit Byssus befestigt an Steinen, an Gorgonien und auf weichen Sedimenten. Ihre Schalenklappen sind oft von verschiedenen Wirbellosen bewachsen
Hält.B.: Die Tiere sind so gut wie nie im Handel. Sollte man sie aus dem Mittelmeer mitbringen, muß das Aquarium gut beströmt werden. Haften die Muscheln nicht mehr an ihrem Originalsubstrat, müssen sie an hochragende Elemente im Aquarium so lange festgebunden werden, bis sie sich mit Byssus daran befestigt haben.
Licht: Mittellichtzone.
FU: Filtrierer; sie nehmen nur feinste Partikel auf. Während der Fütterung sollte man den Filter abschalten.
Bes.: Die Schalen sind ungleich und ihre Rückenseiten zu zwei Ohren ausgezogen, wobei der hintere Fortsatz stets länger ist als der vordere. Ihr Periostracum ist braun, die Innenschalen perlweiß. Flügelaustern leben im tiefen Wasser des Litorals.

T: 8 - 20 °C, L: 7 cm, BL: ab 100 cm, WB: s, WR: m, BS: 3-4, SG: 2.

Großes Barriereriff, Australien R.C. Steene

Chlamys pallium LINNAEUS, 1758
Pilgermuschel

Vork.: Von Ostafrika bis Polynesien, Südjapan und Australien.
Soz.Verh./Vgs.: Die Muscheln leben einzeln, festgeheftet mit Byssus am Untergrund. Man darf sie im Aquarium nicht mit räuberisch lebenden Seesternen vergesellschaften. Sie vertragen sich gut mit Fischen und vielen Wirbellosen.
Hält.B.: Sie benötigen ein Riff- oder Felsaquarium, um sich festzuheften. Aufsitzende Schwämme müssen vor dem Besatz von den Schalenklappen entfernt werden.
Licht: Mittellichtzone.
FU: Filtrierer, die sich von feinsten Partikeln ernähren.
Bes.: Pilgermuscheln besitzen schön gezeichnete Schalenklappen, die 12-15 Rippen und blättrige Querschuppen aufweisen. Sie sind orange oder purpur gefärbt und besitzen weiße Flecken. Sie leben überwiegend im Flachwasser der Lagunen und sind festgeheftet an Hartsubstrat oder leben versteckt unter Steinen und Korallen. Ihre Schalenklappen findet man regelmäßig am Spülsaum der Strände.

T: 22-28 °C, **L**: 12 cm, **BL**: ab 100 cm, **WB**: m, **WR**: m-u, **BS**: 3, **SG**: 1-2.

Nordsulawesi, Indonesien D. Tackett

Chlamys sp.
Kammuschel

Vork.: Indopazifik: Indonesien.
Soz.Verh./Vgs.: Kammuscheln leben einzeln auf Sandflächen. Gelegentlich kommen sie in einer großen Individuendichte vor. Sie lassen sich gut mit fast allen Wirbellosen und Fischen vergesellschaften, außer mit fleischfressenden Schnecken und räuberischen Stachelhäutern.
Hält.B.: Wenn möglich, dann in einem Wirbellosenbecken, das größere Sandflächen aufweist.
FU: Filtrierer. Man füttert sie mit Ersatzplankton und Muschelmilch.
Bes.: Die beiden Schalenklappen tragen ca. 8 kräftige Rippen, die stets bewachsen sind. Der Mantelrand ist mit zahlreichen Sinnenszellen besetzt, unter anderem mit vielen Ocellen, die eine Hell-Dunkel-Wahrnehmung gewährleisten. An den zarten Fäden, die ausgestreckt werden, befinden sich Tastsinneszellen. Bei Gefahr, wenn sich räuberische Seesterne nähern, flüchten die Tiere mit Hilfe des Rückstoßprinzipes. Sie schwimmen davon. Dabei werden die beiden Schalenklappen kräftig zusammengeschlagen und das aufgenommene Wasser nach vorne ausgepreßt. Kammuscheln werden gegessen.

T: 22-26 °C, L: 7 cm, BL: ab 120 cm, WB: m, WR: u, BS: 3-4, SG: 2.

Baa Atoll, Malediven H. Erhardt

Chama lazarus LINNAEUS, 1758
Lazarusklappe, Schuppige Hufmuschel

Vork.: Indopazifik: Von Ostafrika bis Melanesien und Australien.
Soz.Verh./Vgs.: Die Muscheln leben einzeln, und sind mit ihrer rechten Schalenklappe am Untergrund festzementiert. Man kann sie mit allen Fischen und Wirbellosen vergesellschaften, doch sollten räuberische *Murex*-Arten im Aquarium fehlen.
Hält.B.: Diese Art wird im Handel so gut wie nie angeboten. Die Muscheln brauchen viel Schatten und eine starke Strömung.
Licht: Schattenlichtzone.
FU: Filtrierer, die im Aquarium mit Ersatzplankton und Muschelmilch gefüttert werden.
Bes.: Die Schalenklappen tragen lamellenartige Schuppen und lange, blättrige Stacheln, die terminal gespalten sind. Ihre Farbe ist variabel, häufig sind sie weiß und gelb gemustert, braun, rosa, rötlich oder mehrere dieser Farben sind gemischt.

T: 22-29 °C, L: 8 cm, BL: ab 100 cm, WB: s, WR: m, BS: 3-4, SG: 2-3

Nordsulawesi, Indonesien D. Tackett

Chama sp.
Steinauster

Vork.: Die Gattung *Chama* ist in allen tropischen und gemäßigten Meeren vertreten.
Soz.Verh./Vgs.: Die Muscheln leben einzeln und sind zeitlebens mit ihrer linken Schalenklappe am Untergrund festzementiert. Sie lassen sich mit fast allen Fischen und Wirbellosen vergesellschaften. Räuberisch lebende Stachelschnecken (Muricidae) sollten im Aquarium fehlen.
Hält.B.: Muscheln wie diese sind sehr schwierig zu halten. Sie sollten mit ihrer Substratunterlage gekauft werden. Sie sind sehr selten im Handel.
Licht: Dämmerlichtzone.
FU: Filtrierer; Plankton und Detritus. Im Aquarium versucht man, sie mit Ersatzplankton und Muschelmilch zu füttern.
Bes.: Die Schalenklappen dieser Muschel sind dick und schwer. Ihre Oberfläche zeigt schuppige Lamellen. Der Mantel ist marmoriert und die Kiemen gestreift. Steinaustern leben in Spalten und Ritzen und sind im allgemeinen völlig bewachsen.

T: 22-26 °C, Ø: 5 cm, BL: ab 80 cm, WB: m-s, WR: m-u, BS: 3-4, SG: 3-4

Zuljana, Adria H. Erhardt

Spondylus gaederopus LINNAEUS, 1758
Stachelauster, Lazarusklapper

Vork.: Adria, Mittelmeer und lokal im angrenzenden Atlantik.
Soz.Verh./Vgs.: Die obere Schalenklappe der Tiere ist häufig von Bohrschwämmen und anderen Wirbellosen bewachsen, Mit räuberischen Seesternen und *Murex*-Schnecken sollten sie nicht vergesellschaftet werden.
Hält.B.: Diese Art ist so selten im Mittelmeer, daß sie auf keiner Verkaufsliste des Aquarienhandels vermerkt ist. Sollte sie dennoch aus dem Mittelmeer mitgebracht werden, so muß man unbedingt den Aufwuchs vor dem Einsetzen entfernen. Dann setzt man sie mit der Unterlage, auf der sie festgewachsen ist, in die Aquariendekoration.
FU: Filtrierer; sie können mit Ersatzplankton ernährt werden.
Bes.: Die Schalenklappen sind bei erwachsenen Tieren etwa 10 cm im Durchmesser. Während die Jungtiere auf ihren Schalenklappen noch Stacheln in 12 Reihen besitzen, sind diese bei den älteren Tieren weggebrochen oder erodiert. Außen sind die Schalenklappen oft bis zur Unkenntlichkeit mit Algen, Schwämmen und anderen Wirbellosen bewachsen. Innen sind sie porzellanweiß. Der Lebensraum dieser Muscheln ist das Felslitoral und Hartböden, auf denen sie sich festzementieren können. Aufgrund ihres starken Bewuchses sind sie in ihrem natürlichen Lebensraum kaum zu entdecken.

T: 6-20 °C, Ø: 10 cm, BL: ab 100 cm, WB: m, WR: m, BS: 3-4, SG: 2.

Insel Cebu, Philippinen H. Erhardt

Spondylus sp.
Stachelauster

Vork.: Indopazifik: Philippinen.
Soz.Verh./Vgs.: Stachelaustern sind in fast jedem Aquarium gut haltbar, doch müssen sie mit ihrer Siedlungsunterlage fest verankert werden. Als Filtrierer ist eine kräftige Strömung für sie wichtig. Räuberische Seesterne und *Murex*-Schnecken sollten sich nicht im Aquarium befinden.
FU: Filtrierer; sie können mit Ersatzplankton ernährt werden.
Bes.: Junge Stachelaustern besitzen noch eine Vielzahl von Stacheln auf den Schalenklappen und am Schalenrand. Zwischen ihnen siedelt ein kleiner Makrokosmos aus Algen und Wirbellosen. Nur die untere Schalenklappe ist am Untergrund festzementiert. Die obere wird zum Filtrieren geöffnet und bei Störungen blitzschnell geschlossen. Stachelaustern siedeln gerne in schattigen Unterhöhlungen der Riffe.

T: 20-28 °C, Ø: 10 cm, BL: ab 100 cm, WB: s, WR: m, BS: 3-4,

Insel Bunaken, Indonesien H. Erhardt

Alectryonella plicatula (GMELIN, 1791)
Gezackte Auster

Vork.: Westlicher Indischer Ozean bis nach Indonesien und den Philippinen.
Hält.B.: Junge Austern dieser Art können mit aus einem Riff gesprengtem Korallengestein in den Hangel gelangen, man pflegt die dann in einem Felsaquarium.
ZU/Verm.: Über eine Nachzucht im Aquarium ist nichts bekannt. Die Vermehrung der Art läuft über eine freischwimmende *Veliger*-Larve.
FU: Muscheln sind Filtrierer, die sich von feinem Plankton und Planktonersatz ernähren. Zur Zeit der Fütterung sollte man die Filteranlage abschalten.
Bes.: Die Schalenklappen der Tiere sind im Riffgestein festzementiert. Sie besitzen nur wenig Spielraum, um sich zu öffnen und zu schließen. Beide Schalenklappen besitzen wulstige Falten, die vom Schloß bis zum Schalenrand verlaufen. Die Peripherie der Schale erscheint dann gezackt. Da die Schalenoberfläche stets bewachsen oder mit feinem Sediment bedeckt ist, sind Gezackte Austern unter Wasser schwer zu erkennen.

T: 22-26 °C, **L**: 8 cm, **BS**: 4, **SG**: 2-3

Großes Barriereriff, Australien H. Erhardt

Crassostrea amasa LAMARCK, 1816
Steinauster

Vork.: Indopazifik: Australien.
Soz.Verh./Vgs.: Steinaustern siedeln kolonial.
Hält.B.: Nicht bekannt. Sie würden sich für eine Aquarienhaltung auch nicht eignen, da sie dem Rhythmus von Ebbe und Flut angepaßt sind.
FU: Filtrierer, die sich von Plankton und Detritus ernähren.
Bes.: Steinaustern bilden, festgewachsen auf Felsen und Korallengestein, im Gezeitenbereich bei Niedrigwasser helle Säume entlang der Küste. Mächtige Steinformationen werden von ihnen bisweilen bewachsen, die bei ablaufendem Wasser trockenfallen und ihren Austernbewuchs freisetzen. Dann sind die Tiere hohen Temperaturen ausgesetzt. Die Austern schützen sich davor, indem sie ihre Schalen fest und hermetisch verschließen und die nächste Flut abwarten. Die Austernschalen sind flach, gerillt und scharfkantig und oft von Kalkrotalgen besiedelt. Steinaustern sind eßbar.

T: 20-45 °C, Ø: 4 cm, BS: 4, SG: 4

Insel Cebu, Philippinen H. Erhardt

Dendrostrea folium (LINNAEUS, 1758)
Zackenauster

Vork.: Indopazifik: Australien, Philippinen.
Soz.Verh./Vgs.: Zackenaustern leben als Aufwuchs an Gorgonien und Schwarzen Korallen.
Hält.B.: Nicht bekannt.
FU: Filtrierer; sie ernähren sich von Plankton und Detritus.
Bes.: Zackenaustern leben bevorzugt an Schwarzen Korallen in tieferen Riffabschnitten. Ihre Schalenklappen sind dünn, an den Rändern gezackt und gerippt und innen mit Perlmutt ausgekleidet. Beide Schalenklappen sind meist von Schwämmen und anderen Wirbellosen bewachsen.

T: 20-28 °C, **L:** 6 cm, **BS:** 4, **SG:** 4

Raa Atoll, Malediven H. Erhardt

Hyotissa hyotis (LINNAEUS, 1758)
Auster, Honigwaben-Auster

Vork.: Rotes Meer, Indopazifik: Von Südafrika bis Indonesien, Philippinen und Papua Neuguinea.
Soz.Verh./Vgs.: Die Austern leben einzeln mit ihrer linken Schalenklappe an festen Substraten angeheftet.
Hält.B.: Weitgehend unbekannt, da die Tiere weder gesammelt noch importiert werden.
FU: Filtrierer; Plankton und Detritus.
Bes.: Die hier vorgestellte Art ist die größte eßbare Auster. Sie besitzt dicke und schwere Schalenklappen, deren Ränder gezackt sind. Man kann sie daher leicht mit der Hahnenkammauster, *Lopha cristagalli*, verwechseln (MEERWASSER ATLAS, Band 3, Seite 778). Ihr Siedlungsraum reicht vom Gezeitenbereich bis in mittlere Wassertiefen steil abfallender Riffhänge. Beide Schalenklappen sind im allgemeinen mit vielen Wirbellosen bis zur Unkenntlichkeit bewachsen.

T: 22-28 °C, L: 25 cm, BS: 4, SG: 4

Cassini Island, Westaustralien G. Allen

Saccostrea cucculata REDALE, 1939
Kommerzielle Auster

Vork.: Indopazifik: Australien.
Soz.Verh./Vgs.: Die Austern siedeln kolonial.
Hält.B.: Nicht bekannt. Die Austern werden auch nicht importiert.
FU: Filtrierer; sie ernähren sich von Plankton und Detritus.
Bes.: Diese Auster, die an den Stelzwurzeln der Mangroven, in schlammigen Arealen des oberen Litorals und auch zum Teil an Korallenriffen vorkommt, war jahrtausendelang eine sehr wichtige Nahrungsquelle für die Ureinwohner Australien. Heute hat die Auster als Eiweißlieferant weitgehend an Bedeutung verloren. Bei Niedrigwasser fallen die Austern trocken und sind extremen Umweltbedingungen ausgesetzt. Durch den festen Verschluß ihrer Schalenklappen sind sie aber in der Lage, die Zeit zwischen Ebbe und Flut zu überleben.

T: 20-45 °C, **Ø:** 8 cm, **BS:** 4, **SG:** 4

Nord Male Atoll, Malediven H. Erhardt

Lopha frons LINNAEUS, 1758
Kleine Hahnenkammauster

Vork.: Indopazifik: Australien, Malediven, Indonesien, Philippinen.
Soz.Verh./Vgs.: Sie sind mit allen Fischen und vielen Wirbellosen gut zu vergesellschaften. Räuberische Seesterne sollte man von ihnen fernhalten.
Hält.B.: Die meisten Muscheln sind von Schwämmen überzogen, die man vor dem Besatz entfernen sollte.
Licht: Dämmerlichtzone.
FU: Austern sind Filtrierer, die feinste Nahrung aufnehmen. In der Natur ernähren sie sich von Plankton. In einem Aquarium füttert man sie am besten mit Planktonersatz. Dabei muß der Filter während der Fütterung abgeschaltet werden.
Bes.: Kammaustern sind Schattentiere, die mit ihrer unteren Schalenklappe am Untergrund festzementiert sind. Die Schalenklappen sind relativ dünn und die Ränder unregelmäßig und zickzackähnlich gestaltet.

T: 22-28 °C, L: 6-8 cm, BL: ab 100 cm, WB: m-s, WR: m, BS: 3, SG: 2-3

Manado, Indonesien H. Erhardt

Malleus malleus (LINNAEUS, 1758)
Schwarze Hammerauster

Vork.: Indopazifik: Australien, Ceylon, Thailand.
Soz.Verh./Vgs.: Hammeraustern leben häufig vergesellschaftet mit anderen Austern der Gattung *Lopha*. Hält.B.: Nicht bekannt.
FU: Filtrierer; sie ernähren sich von Plankton und Detritus.
Bes.: Die Schalenklappen der Hammeraustern sind flach und in ihrer Form sehr variabel. Sie sehen häufig einem Hammer ähnlich. Die blaugraue Schalenoberfläche ist bei älteren Tieren häufig bis zur Unkenntlichkeit bewachsen und verkrustet. Mit Byssusfäden sind sie an Mangrovenstelzwurzeln, an Korallen und auf anderen, harten Unterlagen befestigt. Den mobilen Sedimenten liegen sie lose auf. Hammeraustern werden nicht gegessen. Sie sind auch nicht häufig, können aber lokal in einer größeren Individuendichte vorkommen.

T: 20-45 °C, L: 12 cm, BS: 4, SG: 4

Insel Giglio, Italien B. Unger

Cerastoderma edule (LINNAEUS, 1758)
Lagunenherzmuschel, Eßbare Herzmuschel

Vork.: Mittelmeer, Atlantik von Portugal bis Norwegen, Nordsee, Ostsee.
Soz.Verh./Vgs.: Die Muscheln leben einzeln eingegraben im Sandboden. Man sollte sie im Aquarium nicht mit räuberischen Seesternen und Raubschnecken der Gattung *Murex* vergesellschaften.
Hält.B.: Sie benötigen zum Eingraben eine dicke Sandschicht.
FU: Filtrierer; sie ernähren sich von feinem Detritus und können mit Muschelmilch und flüssigem Ersatzplankton ernährt werden. Beides sollte man mit Hilfe einer Pipette vor die Einströmöffnung spritzen.
Bes.: Die Schalen der Tiere sind gleichklappig. Der vordere Schalenrand ist gekerbt. 22-24 Rippen sind vorhanden, die im Schaleninneren tiefe Furchen ziehen. Dunkelbraune Bänder erscheinen auf dem Periostracum. Lagunenherzmuscheln graben im lockeren Sand und Schlamm und wandern häufig in Brackwasser ein. Da die Muscheln eßbar sind, findet man sie häufig auf Fischmärkten.

T: 8 - 20 °C, L: 3-5 cm, BL: ab 100 cm, WB: m, WR: u, BS: 2-3, SG: 2

Insel Giglio, Mittelmeer R. Patzner

Laevicardium crassum (GMELIN, 1791)
Norwegische Herzmuschel

Vork.: Atlantik, Mittelmeer, Nordsee.
Soz.Verh./Vgs.: Die Muscheln leben eingegraben im Sediment. Räuberische Seesterne und Raubschnecken sollten im Aquarium fehlen. Sie vertragen sich gut mit Fischen und Wirbellosen.
Hält.B.: Mittelmeer- oder Atlantikbecken mit einem dicken Sedimentbesatz, damit die Muscheln sich eingraben können. In der Praxis jedoch werden diese Muscheln aufgrund ihrer versteckten Lebensweise selten in Aquarien gehalten.
Licht: Dämmerlichtzone.
FU: Filtrierer, die sich von feinsten Partikeln und Detritus ernähren.
Bes.: Die Muscheln besitzen gleichklappige Schalen, deren Oberseite schwach gerippt ist. Auf hellem Grund tragen sie bräunliche Flecken unterschiedlicher Form und Größe. Sie graben im Sand und Schill und sind Nahrung für Krebse, Schnecken, Seesterne und Fische.

T: 8-20 °C, L: 4 cm, BL: ab 80 cm, WB: m, WR: u, BS: 2-3, SG: 2.

Insel Palau, Mikronesien H. Erhardt

Trachycardium sp.
Große Herzmuschel

Vork.: Indopazifik: Mikronesien.
Hält.B.: Nicht bekannt.
FU: Filtrierer; sie ernähren sich von Plankton und Detritus.
Bes.: Die Schalenklappen der Tiere sind bauchig und mit vielen Radiärrippen versehen, die nur enge Zwischenräume erkennen lassen. Die cremefarbenen Gehäuse haben rötlichbraune Flecken auf den Wirbeln. Normalerweise leben die Tiere auf ausgedehnten Sandarealen und nur selten auf Korallenschutt.

T: 20-28 °C, **L:** 8 cm, **BS:** 4, **SG:** 4

Insel Palau, Mikronesien H. Baensch

Periglypta sp.
Geldbörsen-Muschel

Vork.: Indopazifik: Australien, Mikronesien, Melanesien, Hawaii, Tonga.
Hält.B.: Nicht bekannt. Die Art ist auf keiner Importliste vermerkt.
FU: Filtrierer; sie ernähren sich von Plankton und Detritus.
Bes.: Die Schalenklappen der Muscheln sind mittelgroß, dickschalig, oval bis elliptisch und bauchig. Sie besitzen helle, kräftige und konzentrische Axialrippen. Die Muscheln leben im Flachwasser des Gezeitenbereiches und auf Sandarealen des oberen Riffhanges.

T: 20-35 °C, Ø: 7 cm, BS: 4, SG: 4

Insel Giglio, Mittelmeer — R. Patzner

Tellina planata LINNAEUS, 1758
Mittelmeer-Plattmuschel

Vork.. Mittelmeer, 15-100 m.
Soz.Verh./Vgs.: Die Muscheln leben einzeln eingegraben im Untergrund. Man sollte sie nicht mit räuberisch lebenden Seesternen und Raubschnecken vergesellschaften.
Hält.: Mittelmeerbecken, das eine dicke Sedimentschicht haben muß, damit die Muscheln sich eingraben können. Ihre Pflege im Aquarium ist jedoch weitgehend unbekannt, da sie versteckt im Untergrund leben.
FU: Filtrierer, die sich von feinstem Plankton und Detritus ernähren.
Bes.: Die Muschelschale ist zart, oval, abgeflacht und die Schalenklappen sind nicht ganz gleich. Beide Schalenklappen besitzen eine braune Lippe. Die Tiere graben in Sand und Schlick und strecken nur ihre beiden sehr langen Siphone aus dem Untergrund. Mit ihrer Hilfe pipettieren sie ihre nahe Umgebung nach Nahrung ab.

T: 5-18 °C, L: 4 cm, BL: ab 80 cm, WB: m, WR: u, BS: 2-3, SG: 2.

Sepia sp. M. Walker

Tintenschnecken (Cephalopoda)

Tintenschnecken, auch Kopffüßer, Tintenfische, Polypen oder Kraken genannt, sind hochentwickelte Weichtiere (Mollusca) und die wohl am höchsten organisierten wirbellosen Tiere, die im Meer leben. Ihr sehr leistungsfähiges Zentralnervensystem ist in einem Kopf zentralisiert und wird durch eine Knorpelkapsel ähnlich einem Schädel geschützt.

Tintenschnecken zeigen, bedingt durch ihre räuberische Lebensweise im Meer, manche Konvergenz zu den Wirbeltieren. Dazu gehören zweifelsfrei die Augen und die Seitenorgane.

Die Augen sind besonders hoch entwickelt, ähnlich gebaut und leistungsfähig wie bei den Wirbeltieren. Mit ihrer Hilfe sind sie in der Lage, räumlich und farbig zu sehen, visuelle Eindrücke zu verarbeiten und die Sehschärfe auf Feinde, Opfer und auf Paarungspartner zu adaptieren. Während bei den Wirbeltieren die Augen Teile des Gehirns sind, sind sie bei den Tintenschnecken aus Hauteinstülpungen entstanden. Nur bei einer Tiefseeart, *Cirrothauna murrayi*, die im Atlantik in einer Wassertiefe von über 3000 m lebt, hat eine Rückbildung der Augen stattgefunden als Anpassung an die lichtlose Tiefsee. Diese Tiere sind blind. Sicherlich ein einmaliger Vorgang bei den Tintenschnecken.

Das Vorhandensein von Seitenorganen bei den Tintenschnecken, die man bisher nur von den Fischen kannte, ist erst in den letzten Jahren entdeckt worden. Es handelt sich dabei um druckempfindliche Zellen im Kopf und an den Armen, die in Reihen angeordnet sind. Sie dienen vermutlich dem Beutefang im trüben Wasser und in der Nacht, wobei die Tintenschnecken anhand von Druckwellen ihre Beute orten. Zur Zeit kennt man diese Seitenlinien nur bei den Kalmaren und den Sepien. Den Kraken fehlen sie offensichtlich.

Allen rezenten Tintenschnecken, außer dem Perlboot *Nautilus*, fehlt die äußere Schale. Sie ist entweder zurückgebildet, modifiziert worden oder fehlt gänzlich. Das Perlboot gilt als lebendes Fossil. Es ist der letzte Vertreter der Vierkiemer (Tetrabranchiata), die den Höhepunkt ihrer Entwicklung bereits vor 450 Millionen Jahren hatten. Ihr Gehäuse, das sie als Außenschale tragen, ist glatt und weißrotbraun geflammt. Das Innere der Schale ist mit Perlmutt ausgekleidet. Das gesamte Gehäuse hat die Funktion eines Auftrieborgans, mit dessen Hilfe sich die Tiere in jeder Wassertiefe stabilsieren können. Jede der Kammern ist über einen Siphonalkanal mit der benachbarten Kammer verbunden. Nur in der letzten, der größten Kammer, lebt der *Nautilus*.

Auch das Perlboot *Argonauta* trägt noch eine äußere, sehr feine und zerbrechliche Schale, die aber eine Sekundärbildung darstellt. Sie scheidet nicht den Mantelrand ab, wie bei den Weichtieren üblich, sondern lappige Verbreiterungen des ersten Armpaares. Kurios ist, das *Argonauta* zeitweise die Schale verlassen kann, um frei herumzuschwimmen und Nahrung zu suchen.

Der Körper der Tintenschnecken gliedert sich in einen Kopf und in einen Rumpf. Beide Körperabschnitte sind über einen halsähnlichen Abschnitt deutlich voneinander getrennt. Besonders auffallend ist der Kopf. Er trägt zwei große Augen und eine unterschiedliche Anzahl von Armen. Diese sind ein Kriterium für die Zuordnung der Arten in Ordnungen. Besitzt eine Tintenschnecke 10 Arme, dann gehört sie zu der Ordnung der Zehnarmer (= Decapoda). Zu ihnen gehören die Kalmare und die Sepien. Umstehen dem Kopf aber nur 8 Arme, dann gehört das Tier zu der Ordnung der Achtarmer (=Octopoda). Zu ihnen rechnen wir die Kraken. Die Zahl der Arme bleibt stets konstant. Nur *Nautilus* macht auch hier wieder eine Ausnahme: Er besitzt bis zu 90 kurze Arme.

Die Kopfarme sind, wie auch der Trichter, Sonderbildungen des Fußes. An den Kopfarmen fallen besonders die zahlreichen Saugnäpfe auf. Bei den achtarmigen Tintenschnecken sitzen sie mit der ganzen Basis den Armen auf; bei den Zehnarmern sind sie gestielt. Sonderbildungen an den Saugnäpfen sind Zähnchen an den Saugnapfrändern und die Ausbildung von kräftigen Haken zum Festhalten glitschiger Beute. Häufig sind bei den zehnarmigen Tintenschnecken zwei Arme für den Beutefang deutlich verlängert. Sie tragen dann an den Armenden eine mit vielen Saugnäpfen bewehrte Endkeule. Die Saugnäpfe dienen zum Festhalten der Beute und zum Öffnen von Schnecken und Muscheln und anderen hartschaligen Tieren. Durch Muskelkontraktion wird bei den aufsitzenden Saugnäpfen ein Unterdruck erzeugt, ähnlich einer kräftig saugenden Pumpe.

Typisch für alle Tintenschnecken ist der Trichter, der wie ein Schlot zwischen dem Kopf und dem Rumpf herausragt. Er ist aus dem Fuß entstanden und funktioniert diesem analog. Er dient auch hier der

Fortbewegung und kann in verschiedene Richtungen positioniert werden, wobei die Stellung des Trichters über die Fortbewegungsrichtung der Tiere entscheidet.

Tintenschnecken schwimmen mit dem Rückstoßprinzip. Das aufgenommene Atemwasser wird aus der geräumigen Mantelhöhle durch den Trichter hindurch nach außen gepreßt, wobei der Druck darüber entscheidet, wie schnell die Tiere rückwärts schwimmen. Durch den Trichter wird nicht nur das verbrauchte Wasser ausgepreßt, sondern auch die Stoffwechselendprodukte, die Exkrete der Nieren, die Tinte des Tintenbeutels und die Geschlechtsprodukte in das freie Wasser entleert.

Sepien und Kalmare besitzen an den Körperseiten Flossensäume. Durch eine gleichförmige, wellenförmige Bewegung von diesen sind sie in der Lage, sich ganz langsam fortzubewegen oder sie können sogar im Wasser stehen.

Im Zentrum der Arme liegt der Mund. Er kann durch einen chitinösen Schnabel verschlossen werden. Da die beiden Schnabelhälften denen der Papageien ähneln, wird er auch als "Papageienschnabel" bezeichnet. Mit seiner Hilfe wird hartschalige Beute wie Schnekken, Muscheln und Krebse aufgeknackt und zerkleinert. Eine mit vielen Zähnchen besetzte Reibzunge (Radula) verfeinert die Speiseaufbereitung. Der Biß mancher Tintenschnecken ist nicht nur schmerzhaft, sondern auch giftig. Bestimmte Speicheldrüsen sondern Toxine ab, die die Beute lähmen.

Der Rumpf der Tintenschnecken entspricht im wesentlichen dem Eingeweidesack der Schnecken. Er ist entweder sackförmig und plump oder torpedoförmig und wird vom Mantel umfaßt und bedeckt. So deuten verschiedene Rumpfformen bereits auf verschiedene Lebensweisen hin. Tintenschnecken mit einem schlanken Rumpf sind im allgemeinen Dauerschwimmer, die der Fortbewegung im Wasser nur wenig Widerstand entgegensetzen müssen. Plumpe und eiförmige Körperformen deuten dagegen auf Tiere hin, die am Boden leben, sich in den Boden einwühlen oder sich in Felsspalten oder Höhlen verkriechen. Der Mantel, der den Rumpf bedeckt, bildet eine geräumige Mantelhöhle aus. Sie steht über eine Mantelspalte mit dem Außenwasser in Verbindung. In die Mantelhöhle münden der After, die Ausführgänge der Nieren und die der Geschlechtsorgane. Hier befinden sich auch die Kiemen, die der Atmung dienen. Es sind im allgemeinen federförmige Kammkiemen, die bei allen Arten paarig angelegt sind (= Dibranchiata). Nur das Perlboot macht auch hier wieder eine Ausnahme: Es atmet über 4 Kiemen und ist damit der einzige Vertreter der Vierkiemer (= Tatrabranchiata) in unseren Meeren.

Tintenschnecken reagieren sehr sensibel auf sich verändernde Umweltbedingungen. Sie können perfekt die Farbe ihrer Haut der jeweiligen Umgebung anpassen, zeigen ein reges Farbspiel als Ausdruck innerer Stimmung und reagieren spontan auf die durch die Augen wahrgenommene Umwelt. Das Phänomen ihres Farbwechsels wird durch die in der Haut eingelagerten Farbstoffträger (= Chromatophoren) bewirkt, die durch Vergrößern, Umschichten und Zusammenziehen ein Farbspiel ermöglichen. Zu den Farbveränderungen parallel geht eine Veränderung der Hautstruktur vor sich, die sich, je nach Erregungszustand, entweder faltet, streckt, Grübchen, Warzen oder Runzeln zeigt. Mit ihr imitieren die Tintenschnecken letztlich auch die Oberflächenstruktur ihrer Umgebung. Ein Farbwechsel der Haut ist fast immer auch ein Ausdruck der inneren Stimmung der Tiere. So reagieren Tintenschnecken durch Farbumschichtung auf Licht, Kälte, Wärme, Schatten, zeigen Furcht, Aggression, Rivalität und Paarungsbereitschaft an.

Einer Paarung geht oft ein stundenlanges Balzspiel voraus. Die getrenntgeschlechtlichen Tiere sind schon rein äußerlich voneinander zu unterschieden, da die Weibchen im allgemeinen größer sind als die Männchen. Bei der Kopulation werden die männlichen Geschlechtsprodukte auf sehr unterschiedliche Weise übertragen: Bei sehr vielen Arten, und das betrifft ganz besonders die Tiefseebewohner, ist der Begattungsakt nicht bekannt. Bei Arten, die man untersuchen konnte, wird ein besonders ausgebildeter Kopfarm (= Hectocotylus), der die Spermatophore trägt, in die weibliche Mantelhöhle eingeschoben und hier abgelegt. Von hier aus gelangen die Spermien zur weiblichen Geschlechtsöffnung. Am weitesten geht die Umwandlung des Hectocotylus bei dem Papierboot *Argonauta*. Der stark verlängerte Arm kann abgetrennt werden und erreicht selbständig schwimmend das Weibchen und vollzieht in der Mantelhöhle die Befruchtung.

Alle Tintenschnecken legen Eier ab. Sie werden in Form von Trauben und Schnüren abgelaicht und an Algen, im Seegras, an

Korallen und an anderen sich bietenden Gegenständen abgelegt und befestigt und die Gelege meist sich selbst überlassen. Einige Arten, wie der gemeine *Octopus*, betreiben Brutpflege. Die meist an Höhlendecken befestigten Eischläuche werden von den Weibchen bis zum Schlüpfen der Jungtiere bewacht. Danach sterben die Weibchen an Entkräftung, da sie in der Zeit der Brutpflege keine Nahrung zu sich nehmen. Bei den pelagisch lebenden Tintenschnecken werden kleine und dotterarme Eier abgelaicht und diese der offenen See überlassen. Die Entwicklung vom befruchteten Ei bis zum Jungtier verläuft bei allen Tintenschnecken direkt und ohne Larvenstadien.

Viele Tintenschnecken, die in der Tiefsee leben, besitzen Leuchtorgane. Sie helfen Beute anzulocken und Geschlechtspartner zu finden. Diese Leuchtorgane befinden sich in der Haut nahe der Augen, an den Armen, in der Mantelhöhle und an den Körperseiten. Wichtigster Bestandteil dieser Organe sind die Leuchtkörper mit Linsen und hohlspiegelförmigen Reflektoren. Entweder wird die Leuchtsubstanz von den Tieren selbst in speziellen Drüsen erzeugt (= selbstleuchtend), oder Leuchtbakterien übernehmen die Funktion des Leuchtens (= fremdleuchtend).

Tintenschnecken sind Fleischfresser. Sie erbeuten Garnelen, Krabben, Krebse, Langusten, Fische, Muscheln, Schnecken und andere Tintenschnecken. Einige fressen auch Aas.

Als schmackhafte Beute haben Tintenschnecken zahlreiche Feinde. Vor allem große Raubfische, Rochen, Haie, Seeaale, Muränen, Wale und nicht zuletzt der Mensch machen Jagd auf sie. Ihren Feinden versuchen sie sich durch eine schnelle Flucht zu entziehen, indem sie ein Tintensekret aus ihrem Tintenbeutel in das Wasser entleeren, um Feinde zu irritieren und um im Schutz der ausgestoßenen Tintenwolke zu entkommen.

Tintenschnecken besiedeln alle Lebensräume im Meer. Sie kommen vom Flachwasser bis in die Tiefsee vor. Ihre wirtschaftliche Bedeutung für die menschliche Ernährung ist bedeutsam. Speziell in Japan werden Tintenschnecken in großen Stückzahlen angelandet und verkauft. An allen Küsten unserer Erde werden sie gefangen und gegessen. Vielerorts kommen sie als Delikatessen auf den Tisch.

Systematik

Klasse: CEPHALOPODA	Kopffüßer
Unterklasse: COLEOIDEA	
Ordnung: SEPIOIDEA	Tintenschnecken
Familie: Sepiidae	
Gattungen: *Metasepia*	
Sepia	
Ordnung: TEUTHOIDEA	Kalmare
Familie: Loligonidae	
Gattung: *Sepioteuthis*	
Ordnung: OCTOPODA	Achtarmige Kopffüßer
Familie: Octopodidae	Kraken
Gattung: *Octopus*	

G. Allen

Octopus marginatus

Indonesien

M. Walker

Metasepia pfefferi HOYLE, 1885
Pfeffers Tintenschnecke

Vork.: Indopazifik: Australien, Indonesien.
GU: Die Tiere sind getrenntgeschlechtlich.
Soz.Verh./Vgs.: Sie sind nächtliche Einzelgänger.
Hält.B.: Nicht bekannt. Da sie ausschließlich nachtaktiv sind, wären sie für eine Aquarienhaltung nicht attraktiv. Sie erscheinen in keiner Importliste.
Licht: Dämmerlichtzone.
FU: K; sie fressen kleine Krabben, Garnelen und Fische.
Bes.: Dieser kleine Kopffüßler sieht so unscheinbar aus, daß man ihn für ein auf den Boden gesunkenes Blatt oder ein Stück Alge halten könnte. Wie alle Tintenschnecken so kann auch er seine Farbe stark wechseln und der Umgebung anpassen. Man sieht diese Tiere ausschließlich nachts auf Sand und Geröllböden jagen, und man braucht ein geübtes Auge, um sie zu entdecken. In ihrem Verbreitungsgebiet ist diese Art selten.

T: 22-26 °C, **L**: 6 cm, **BS**: 4, **SG**: 4

Sepia sp. H. Erhardt

Sepia sp. H. Erhardt

Manado, Indonesien H. Erhardt

Sepia sp.
Tintenschnecke

Vork.: Indopazifik: Indonesien.
GU: Die ♂♂ sind im allgemeinen größer als die ♀♀.
Soz.Verh./Vgs.: Sepien sind Einzelgänger, die sich nur zur Paarung und zum Ablaichen treffen.
Hält.B.: Nur Jungtiere sind für eine Aquarienhaltung zu empfehlen. Große Becken mit viel Raum zum Schwimmen sind erforderlich - auch, weil die Tiere sehr schnell wachsen. Die Aquarien müssen abgedeckt werden.
FU: K; sie sind Räuber, die sich von verschiedenen Weichtieren, Fischen und Krebsen ernähren. Im Aquarium füttert man sie mit Garnelen, *Mysis*, *Artemia* und mit Flohkrebsen.
Bes.: Die vorgestellte Art ist eine der größten Tintenschnecken im tropischen Indopazifik. Während der Suche nach einem Geschlechtspartner zur Laichzeit sind sie auch im flachen Wasser zu finden. Hier kann man sich ihnen vorsichtig nähern und das phantastische Farbspiel ihren Haut beobachten.

T: 22-28 °C, L: 40 cm, BL: ab 120 cm, WB: m, WR: m, BS: 3-4, SG: 2-3

L. Tackett

Sepia sp.

D. Tackett

Sepia sp.

Sepia sp. L. Tackett

Eupyrmna sp. D. Tackett

Sepioteuthis lessoniana M. Walker

Sepioteuthis lessoniana LESSON, 1830
Großflossen-Kalmar, Lessons Kalmar

Vor.: Rotes Meer, Arabischer Golf, Indopazifik: Von Ostafrika bis zu den Hawaiiinseln, Nordaustralien. Von der Wasseroberfläche bis in 100 m Tiefe.
GU: Ein Arm der ♂♂ ist hectocotylisiert.
Soz.Verh./Vgs.: Die Großflossen-Kalmare leben einzeln oder in Gruppen. Sie zeigen Schwarmverhalten.
Hält.B.: Hier kommen nur große Schauaquarien in Betracht, die kreisförmig angelegt sein sollten, damit die Tiere ihrem ausgesprochenen Bewegungsdrang nachkommen können. Für Heimaquarien sind diese Tiere ungeeignet.
FU: K; sie sind nächtliche Jäger, die sich von Krabben, Garnelen und von Jungfischen ernähren.
Licht: Sonnen- und Mittellichtzone.
Bes.: Der Körper der Tiere ist fast transparent, bei Beleuchtung schimmert er grünlich. Auch die großen Augen sind grünlich. Von den 10 Kopftentakeln sind 8 Primärtentakel und 2 Sekundärtentakel, die an ihren Enden keulenförmige Verdickungen und Saugnäpfe tragen. Die Saugnapfringe besitzen 18-20 scharfe, trianguläre Zähne zum Festhalten glitschiger Beute. Der 4. linke Kopfarm ist hectocotylisiert. Die Flossen der Tiere sind groß und breit und erreichen fast die Gesamtlänge des Körpers. Großflossen-Kalmare leben überwiegend pelagisch. Sie kommen auch in Riffnähe vor. Ihre Fortpflanzungszeit ist regional verschieden und richtet sich nach den hydrographischen Bedingungen. Die ♀♀ legen fingerförmige Eikapseln ab, die 3-7 Eizellen enthalten. Die Kapseln werden an Tangen, an Seegras, Steinen, Korallen und an anderen festen Gegenständen befestigt und sich selbst überlassen. Die männlichen Tiere werden bei einer Körperlänge von 10 cm, die ♀♀ bei einer Körperlänge zwischen 8-20 cm geschlechtsreif. Die Lebenserwartung liegt bei 2,5 Jahren. Großflossen-Kalmare werden speziell in Südostasien in großen Stückzahlen mit verschiedenen Methoden gefangen und auf den Märkten angelandet. Da viele Länder sich am Fang beteiligen, sind die Bestände mittlerweile abgefischt. Zur Zeit werden in Indonesien, auf den Philippinen und in Japan Versuche unternommen, Großflossen-Kalmare in Zuchtfarmen zu kultivieren.

T: 22-26 °C, **L**: 8-35 cm, **BL**: ab 500 cm, **WB**: m, **WR**: m, **BS**: 4, **SG**: 4

Malediven

M. Walker

Sepioteuthis sp.
Kalmar

Vork.: Indischer Ozean: Malediven.
GU: Die ♂♂ besitzen einen hectocotylisierten Arm.
Soz.Verh./Vgs.: Entweder schwimmen die Tiere einzeln oder in kleinen Gruppen.
Hält.B.: Kalmare sind schnelle und ausdauernde Schwimmer. Sie benötigen viel Platz. Sehr große Ringbecken in großen Schauaquarien sind die einzige Form der Aquarienhaltung.
FU: K; Kalmare sind Räuber, die sich von Krebsen und Fischen ernähren.
Bes.: Wie alle Kopffüßer sind auch Kalmare Tarnungskünstler, die die Farbe ihres Körpers der jeweiligen Umgebung anpassen können. Sie werden vom Menschen gejagt und als Delikatesse auf den Markt gebracht.

T: 22-26 °C, **L**: bis 35 cm, **BL**: ab 500 cm, **BS**: 4, **SG**: 4

Octopus chierchiae M. Walker

Ordnung: Octopoda
Fam.: Octopodidae

Indonesien M. Walker

Octopus cf. *chierchiae*
Gebänderter Krake, Zebra-Oktopus

Vork.: Indopazifik: Indonesien, Philippinen.
GU: Kraken sind getrenntgeschlechtlich.
Soz.Verh./Vgs.: Die Kraken leben einzeln und sind ausschließlich nachtaktiv.
Hält.B.: Nicht bekannt.
FU: K; möglicherweise ernähren sich die Tiere von Krabben, Garnelen und von kleinen Fischen, die sie nachts erbeuten.
Bes.: Gebänderte Kraken sind Tiere des Flachwassers. Sie leben auf dem Boden, verstecken sich tagsüber in großen, leeren Schneckengehäusen und sind so selten, daß man nicht einmal weiß, ob sie auch für uns Menschen gefährlich sind. Der relativ kleine Körper trägt außerordentlich lange und dünne Arme, die über den Boden schlängeln. Diese sind weißbraun gebändert und zugespitzt. Bei Gefahr können die Tiere ihre Körperform mit den außerordentlich beweglichen Armen so verändern, daß sie den gefährlichen Rotfeuerfischen ähnlich sehen. Über die Biologie dieser Kraken ist so gut wie nichts bekannt.

T: 22-26 °C, **Armlänge:** 80-100 cm, **BS:** 4, **SG:** 4

Fidschiinseln R.C. Steene

Octopus sp. (?) *fitchi*
Fidschi-Krake

Vork.: Fidschiinseln.
GU: Kraken sind getrenntgeschlechtlich.
Soz.Verh./Vgs.: Fidschi-Kraken sind Einzelgänger und nächtliche Räuber. Wenn sie regional zu beschaffen sind, hält man sie am besten einzeln im Aquarium.
Hält.B.: Unbekannt in Deutschland. Die Art ist auch zu selten und nur regional zu beschaffen.
FU: K; ernähren sich von Krebsen und Weichtieren.
Bes.: Fidschi-Kraken kommen nur regional vor. Sie leben unter Steinen, in Ritzen und Spalten. Ihr Biß ist giftig! Der braune Körper trägt Papillen und lange, zugespitzte Arme, die einen violetten Farbanteil erkennen lassen. Die Körperfarbe kann aber bei Stimmungsumschwung blitzschnell wechseln.

T: 22-27 °C, L: 10 cm, BS: 4, SG: 4

Ordnung: OCTOPODA
Fam.: Octopodidae

Großes Barriereriff, Australien R.C. Steene

Octopus sp. (?) *marginatus*
Gefleckter Krake

Vork.: Indopazifik: Von Australien bis Baja California.
GU: Kraken sind getrenntgeschlechtlich.
Soz.Verh./Vgs.: Die Tiere leben einzeln. So sollte man sie auch in einem Aquarium halten. Schnecken, Muscheln, Krebse und kleine Fische sollten darin fehlen, da sie diese erbeuten und fressen.
Hält.B.: Die Tiere benötigen dunkle Tagesverstecke. Die Dekoration sollte eine etwas größere und dunkle Höhle aussparen. Die Aquarienabdeckung muß beschwert werden, damit sie das Aquarium nicht verlassen können.
Licht: Dämmerlichtzone.
FU: K; sie fressen Weichtiere, Krebse und kleine Fische. Man füttert sie mit kleingehacktem Muschel-, Schnecken-, Krebs- und Fischfleisch.
Bes.: Kraken sind nachtaktiv und leben räuberisch. Die warzige Haut zeigt eine typische Musterung, die durch Farbumschichtung verändert werden kann.

T: 22-28 °C, L: 10, BL: ab 100 cm, WB: m, WR: m-u, BS: 3-4, SG: 1-2.

Rotes Meer, Ägypten M. Walker

Octopus sp.
Krake

Vork.: Rotes Meer.
GU: Kraken sind getrenntgeschlechtlich.
Soz.Verh./Vgs.: Die Tiere sind Einzelgänger. Da sie nächtliche Räuber sind, müssen sie in Aquarien stets einzeln gehalten werden.
Hält.B.: Kraken benötigen in Aquarien große, dunkle und geräumige Tagesverstecke in der Dekoration. Außerdem muß das Aquarium abgedeckt und die Abdeckung beschwert werden, da Kraken es ausgezeichnet verstehen, ein Aquarium auch durch die kleinsten Ritze zu verlassen.
ZU/Verm.: Nach der Kopulation der Tiere legen die ♀♀ Eischnüre, befestigen sie an allen nur möglichen Gegenständen und bewachen sie.
FU: K; sie ernähren sich von Weichtieren, Krabben, Garnelen und von Fischen. Im Aquarium ernährt man sie mit Muschel-, Krabben- und mit Fischfleisch.
Bes. Der auf dem Bild dargestellte Krake ist noch ein Jungtier.

T: 22-26 °C, **L:** 35 cm, **BL:** ab 200 cm, **WB:** m, **WR:** u, **BS:** 3-4, **SG:** 2.

C. Bryce

Haplochlaena cf. *lunulata*

Octopus rugosus, Thailand H. Erhardt

Sabella sp.

M. Walker

Meeresborstenwürmer (Polychaeta)

Meeresborstenwürmer gehören zum Stamm der Ringelwürmer. Allen gemeinsam ist, daß ihr Körper aus gleichen oder ähnlichen Segmenten zusammengesetzt ist. Die Zahl der Segmente ist nur selten konstant und schwankt sogar innerhalb einer Art. Sie ist mit der Länge der Tiere korreliert.

Meeresborstenwürmer besitzen an jedem Segment paarige Stummelfüße, die zweiästig ausgebildet sind. Sie dienen der Fortbewegung und werden zum Graben und Rudern eingesetzt. Bei einigen Arten können sie zurückgebildet oder modifiziert sein, wie etwa bei den freilebenden Borstenwürmern am Kopf zu Cirren, Palpen oder Antennen.

Meeresborstenwürmer sind im Besitz wichtiger Sinnesorgane, wie Chemorezeptoren, die hier als Nuchalorgane bezeichnet werden, und Lichtsinnesorgane, die in den unterschiedlichsten Entwicklungsstufen vorkommen, z.B. von lichtempfindlichen Pigmentflekken bis hin zu Gruben-, Blasen- und Linsenaugen. Viele Tiere können nicht nur Licht wahrnehmen, sondern besitzen auch die Fähigkeit des Leuchtens. Auch statische Organe kommen bei einigen Arten vor.

Meeresborstenwürmer sind überwiegend getrenntgeschlechtlich. Die Geschlechtsorgane liegen meist paarig in allen Segmenten. Bei einigen Tieren werden die Eier und Spermien einfach durch Bruch der Körperwand in das freie Wasser entlassen. Oft dienen auch die Nierengänge zum Ablaichen der Geschlechtsprodukte. Arten, bei denen die Gonaden im hinteren Körperabschnitt liegen, schnüren diese Körperpartie zur Zeit der Geschlechtsreife einfach ab. Aus den befruchteten Eiern entwickeln sich Larven, die zuerst planktisch leben, um sich danach über eine sehr komplizierte Gestaltsumwandlung zu kleinen Borstenwürmern zu entwickeln.

Meeresborstenwürmer ernähren sich recht unterschiedlich. Viele sind Kleinpartikelfresser, die Kleinstlebewesen oder organische und mineralische Sinkstoffe vom Boden aufnehmen. Bodenbewohnende Arten sind Substratfresser, die Sand und Schlamm verschlingen und die darin enthaltenen Substanzen verwerten. Tentakelfänger erbeuten als Strudler kleine Nahrungspartikel, die im Wasser schweben. Meeresborstenwürmer atmen über die gesamte Haut. Viele Arten besitzen darüber hinaus an jedem Segment paarige Kiemenanhänge.

Meeresborstenwürmer werden systematisch in zwei große Gruppen eingeteilt: In freilebende und in festsitzende Tiere. Die Gruppe der freilebenden Tiere umfaßt Arten, für die eine gleichförmige Gliederung des Körpers charakteristisch ist. Alle Körpersegmente sind mit Stummelfüßen ausgestattet, an denen oft dünnhäutige Kiemen sitzen. Die festsitzenden Borstenwürmer dagegen leben in selbstgefertigten Gängen und Röhren, die sie mit Hautabscheidungen bauen und verfestigen. Ihr Körper ist überwiegend ungleichmäßig gegliedert. Röhrenborstenwürmer haben oft wunderschöne Tentakelkronen ausgebildet, die sie bei Gefahr blitzschnell einziehen können.

Meeresborstenwürmer leben überwiegend in den küstennahen Regionen der Meere. Auch in der Gezeitenzone, im Einflußbereich von Ebbe und Flut, leben viele dem Wechsel des Wasserstandes angepaßte Arten. Als Bodenbewohner stellen sie neben den Krebsen und den Weichtieren eine der Hauptnahrungsquellen für viele Fische dar und sind aus diesem Grund wirtschaftlich sehr bedeutsam.

Systematik

Stamm: ANNELIDA	Gliederwürmer
Klasse: POLYCHAETA	Meeresborstenwürmer
Ordnung: ERRANTIA	Freilebende Borstenwürmer
Familie: Amphinomidae	
Gattung: *Chloeia*	
Eurythoe	
Notopygos	
Familie: Polynoidae	
Gattung: *Gastrolepidia*	
Familie: Eunicidae	
Gattung: *Eunice*	
Marphysa	
Familie: Onuphidae	
Gattung: *Hyalinoecia*	
Familie: Hesionidae	
Gattung: *Hesione*	
Ordnung: SEDENTARIA	Festsitzende Borstenwürmer
Unterordnung: Serpulimorpha	
Familie: Sabellidae	Fächerwürmer
Gattungen: *Bispira*	
Sabella	
Familie: Serpulidae	
Gattungen: *Filogranella*	
Filograna	
Ordnung: EUNICIDA	
Familie: Onuphidae	
Gattung: *Diopatra*	
Unterordnung: Terebellomorpha	
Familie: Terebellidae	Schopfwürmer
Gattung: *Lanice*	
Reterebella	
Terebella	

Chloeia sp. L. Tackett

Chloeia sp. D. Tackett

Chloeia sp. Th. Paulus

Rotes Meer, Jordanien O. Gremblewski-Strate

Chloeia sp.
Borstenwurm, Feuerwurm

Vork.: Die Gattung ist vom Roten Meer bis in den Indopazifik und Pazifik weit verbreitet.
GU: Keine.
Soz.Verh./Vgs.: Die Borstenwürmer leben einzeln unter Steinen und toten Korallen und sind nachtaktiv. Sie saugen an Aktinien, Röhrenwürmern, an Muscheln und Schnecken.
Hält.B.: Die Tiere gelangen im allgemeinen als kleine Jungwürmer mit lebenden Steinen in ein Aquarium. Da sie nachtaktiv sind, sieht man sie nur zufällig in der Nacht, wenn man das Aquarium mit einer Taschenlampe ableuchtet.
Licht: Dämmerlichtzone.
FU: O; Allesfresser und Aasfresser. Man füttert sie mit Muschelfleisch, Regenwurmstückchen und mit *Tubifex*.
Bes.: Der Körper ist langgestreckt, abgeflacht und in viele Segmente gegliedert. Diese tragen lange, feine, spröde und spitze Borstenbüschel und oberständige Kiemen. Vorsicht: Abgebrochene Stacheln in der Haut eines Menschen sind äußerst schmerzhaft!

T: 22-27 °C, **L:** variabel 10-12 cm, **BL:** ab 80 cm, **WB:** m, **WR:** u, **BS:** 2-3, **SG:** 1-2.

Nordsulawesi, Indonesien D. Tackett

Eurythoe sp.
Tropischer Borstenwurm

Vork.: Tiere aus dieser Gattung sind in allen warmen Meeren vertreten.
GU: Keine.
Soz.Verh./Vgs.: Die Borstenwürmer leben tagsüber unter Steinen und Korallen versteckt. Sie sind ausschließlich nachtaktiv.
Hält.B.: Nicht bekannt, doch ist es nicht auszuschließen, daß sie mit lebenden Steinen in die Aquarien kommen können.
FU: O; kleine Wirbellose und Algen.
Bes.: Der Körper ist langgestreckt und segmentiert. Alle Parapodien tragen Borstenbüschel und Kiemen. Die Borsten sind spitz und jede einzelne von ihnen hat ihre eigene Giftdrüse. Daher Vorsicht: Sie durchdringen sowohl Handschuhe als auch die menschliche Haut, was zu Schmerzen und Entzündungen führen kann!

T: 22-26 °C, **L**: 10 cm, **BS**: 3-4, **SG**: 1-2.

Indonesien M. Walker

Notopygos sp. (?) *albiseta*
Feuerwurm

Vork.. Indopazifik: Indonesien, Marschallinseln.
GU: Keine.
Hält.B.: Nicht bekannt.
FU: Die Tiere leben räuberisch und ernähren sich von verschiedenen Wirbellosen und von Aas.
Bes.: Feuerwürmer besitzen einen langgestreckten und segmentierten Körper, der an jedem Segment kalkige Borstenbüschel trägt. Sie werden zur Fortbewegung und zur Feindabwehr eingesetzt. Vorsicht bei Berührung! Abgebrochene Stacheln in der menschlichen Haut verursachen ein Brennen, das tagelang anhalten kann. Feuerwürmer leben auf Korallenbruch und unter Steinen und Korallen.

T: 22-26 °C, L: 5 cm, BS: 4, SG: 4

Indonesien M. Walker

Gastrolepidia clavigera SCHMARDA, 1861
Seewalzen-Schuppenwurm

Vork.: Tropischer Indowestpazifik.
GU: Keine.
Hält.B.: Nicht bekannt und auch nicht beschrieben. Möglicherweise können einzelne Tiere mit ihren Wirten, den Seewalzen, in Aquarien eingeschleppt werden.
FU: Die Tiere leben als Kommensalen auf der Haut von Seewalzen.
Bes.: Der Körper der Tiere ist abgeflacht und besitzt bis zu 63 parapodientragende Segmente. Auffallend sind zwei Paar Augen und die große Variationsbreite ihrer Körperfarbe. Diese ist abhängig von der Körperfarbe ihrer Wirte. Auf folgenden Seewalzen leben die Tiere als Kommensalen: *Stichopus hermani, S. horrens, S. mollis, S. variegatus, Holothuria atra* und auf *Bohandschia argus*. Das Bild zeigt den Schuppenwurm auf der Augen-Seewalze *Bohadschia argus*.

T: 22-26 °C, **L:** 4 cm, **BS:** 4, **SG:** 1-2.

Ordnung: ERRANTIA
Fam.: Eunicidae

Bahia de Santa Marta, Kolumbien H. Erhardt

Eunice sp. (?) *gigantea* LINNAEUS, 1758
Riesenborster

Vork.: Atlantik, tropischer Westatlantik, Mittelmeer. **GU:** Keine.
Soz.Verh./Vgs.: Die Tiere leben einzeln unter Steinen, zwischen Korallenbrocken und im Sediment eingegraben.
Hält.B.: Aus der Literatur nicht bekannt.
FU: O, Räuber, die andere Wirbellose fressen, aber auch Algen nicht verschmähen.
Bes.: Der Körper dieser Tiere ist extrem lang und kann ausgestreckt über 1 m lang sein. Deutlich ist eine homonome Segmentierung erkennbar, wobei ein jedes Segment Stummelfüße (Parapodien) und Kiemen trägt. Der Kopf besitzt Fühler und einen leistungsfähigen Kieferapparat. Dieser besteht aus Unter- und Oberkiefer und einigen Doppelreihen kleiner Zähne. Der Körper der Würmer ist einheitlich braun gefärbt.

T: 5-26 °C, **L:** < 100 cm, **BS:** 4, **SG:** 4

Großes Barriereriff, Australien

R.C. Steene

Eunice sp.
Palolowurm, Felsenwurm

Vork.: Südpazifik.
GU: Die Tiere sind getrenntgeschlechtlich.
Hält.B.: Nicht bekannt.
FU: Weidegänger, die sich von Algen, organischen Resten und kleinen Wirbellosen ernähren.
Bes.: Der Körper der Würmer ist langgestreckt, dorsoventral abgeflacht, mit schmalen Segmenten, die Parapodien und einfache Kiemen tragen. Der hintere Körperabschnitt füllt sich zur Zeit der Geschlechtsreife (Oktober oder November eines jeden Jahres) mit Eiern und Spermien. Zum Ablaichen der Geschlechtsprodukte verlassen die Tiere ihre Verstecke, schwimmen zur Wasseroberfläche und schnüren ihre Hinterleiber ab. Diese werden von den Bewohnern Samoas und den Fidschiinseln mit Netzen abgefischt, gekocht und gegessen. Die Tiere regenerieren den verlustig gegangenen Hinterleib wieder neu. Die Abgabe der Geschlechtsprodukte in das Wasser ist an Mondphasen gekoppelt.

T: 22-26 °C, **L:** 18 cm, **BS:** 4, **SG:** 4

Ordnung: Errantia
Fam.: Eunicidae

Nordsulawesi, Indonesien D. Tackett

Eunice sp.
Kieferwurm

Vork.: Tiere aus dieser Gattung kommen in allen warmen Meeren vor.
GU: Keine.
Soz.Verh./Vgs.: Diese Borstenwürmer leben eingegraben in Sand und Geröllgrund, so daß nur noch der Kopf mit den Fühlern herausschaut.
Hält.B.: Nicht bekannt und auch nicht möglich, da manche Arten bis zu 2 m lang werden und ein tiefes Substrat zum Eingraben brauchen.
FU: K; leben räuberisch und ernähren sich von vielen kleinen Wirbellosen und von kleinen Fischen.
Bes.: Das, was man von den Tieren sieht, ist nur der Kopf mit den 5 geringelten Kopffühlern und den kräftigen Kiefern, die zur Seite geklappt und zusammengeschlagen werden können. Sie sind mit kräftigen Zähnen bewehrt. Zum Beutefang und zur Verteidigung wird ein Rüssel ausgestülpt und der kräftige Zangenapparat eingesetzt. Der langgestreckte Körper ist segmentiert. Jedes Segment besitzt Kiemen.

T: 22.28 °C, **L:** variabel, bis zu 2 m, **BS:** 4, **SG:** 1-2.

Monding, Osterschelde, Holland

H. Klerks

Marphysa sanguinea (MONTAGU, 1815)

Blutkieferwurm

Vork.: Atlantik, Mittelmeer.

GU: Keine.

Soz.Verh./Vgs.: Die Tiere sind Einzelgänger.

Hält.B.: Unbekannt.

FU: K; Räuber, die sich von anderen Polychaeten, Weichtieren und kleinen Krebsen ernähren.

Bes.: Der langgestreckte Körper der Tiere zeigt eine homonome Gliederung und besteht aus etwa 500 borstentragenden Segmenten. Das 16. bis 30. Segment trägt fädige Kiemenbündel. Der zweilappige Kopf besitzt 5 Antennen. Die Farbe der Tiere ist variabel und reicht von gräulichgrün und gräulichblau bis hin zu einem rötlich irisierenden Grünschimmer. Blutkieferwürmer sind überwiegend Weichbodenbewohner. Man findet sie aber auch in Felsnischen, zwischen Pflanzen und unter Steinen. In manchen Gegenden dienen sie den Fischern als Angelköder.

T: 5-20 °C, **L:** variabel zwischen 35-60 cm, **BS:** 4, **SG:** 4

Ordnung: Errantia
Fam.: Hesionidae

Insel Giglio, Mittelmeer R. Patzner

Hyalinoecia tubicola (MÜLLER, 1776)
Röhrenwurm

Vork.: Atlantik, Nordsee, Mittelmeer, tropischer Pazifik.
GU: Keine.
Soz.Verh./Vgs.: Die Tiere leben einzeln in ihrer Wohnröhre.
Hält.B.: Mittelmeer- oder Atlantikbecken mit größerer Sandfläche, damit die Tiere darauf herumkriechen können.
FU: Mikrophagen, die sich von kleiner beweglicher Beute und von Detritus ernähren.
Bes.: Die Tiere leben in einer fast transparenten und hornigen Röhre, die an beiden Enden mit Hilfe von Ventilklappen verschlossen werden kann. Der langgestreckte Körper trägt auf dem Rücken zwei rote Längsstreifen und ist in der Röhre frei beweglich. Mit ihr wandert der Wurm auch herum, indem er den Vorderkörper herausstreckt, das 1. kräftige Parapodienpaar in den Boden verankert und das Hinterende mitsamt der Röhre nachzieht. Geht eine Röhre verloren, dann kann der Wurm diese innerhalb eines Tages ersetzen. Lebensraum des Röhrenswurms ist feiner Sand- und Kiesgrund.

T: 8-22°C, **L:** 12 cm, **BL:** ab 100 cm, **WB:** m, **WR:** u, **BS:** 3, **SG:** 2

Großes Barriereriff, Australien

R.C. Steene

Hesione sp.
Borstenwurm

Vork.: Die Gattung ist im gesamten Indopazifik weit verbreitet.
GU: Die Tiere sind getrenntgeschlechtlich.
Hält.B.: Nicht bekannt.
FU: K; Räuber, der kleine wirbellose Tiere frißt.
Bes.: Der Körper der Tiere ist langgestreckt und besitzt ca. 20 Segmente. Die Parapodien an den Segmenten tragen Borstenbüschel und einen langen, fadenförmigen Anhang (Dorsalcirrus). Der rostrote Oberkörper besitzt eine helle, mediane Mittellinie die knotige Verdickungen an den Segmenten zeigt. Borstenwürmer dieser Gattung leben unter Steinen und Korallen im Flachwasser der Riffe.

T: 22-28 °C, **L:** 5 cm, **BS:** 4, **SG:** 4

Manado, Indonesien H. Erhardt

Bispira sp.
Spiraliger Fächerwurm

Vork.: Indopazifik: Indonesien.
GU: Nicht vorhanden.
Hält.B.: Die Tiere können nur bei ausreichender Nahrung gepflegt werden, dann sind sie auch ausdauernd. Man pflegt sie auf weichem Bodengrund bei guter Wasserbewegung.
FU: O; Plankton, Detritus, Planktonersatz.
Bes.: Die Mundwerkzeuge, mit deren Hilfe die Fächerwürmer ihre Nahrung aus dem Wasser fischen, sind spiralig und in mehreren Kreisen angeordnet. Sie sind zart gefiedert. Der Wurm selbst lebt versteckt in seiner selbstgefertigten, pergamentähnlichen Wohnröhre, die im Sediment verankert ist. Ihre Standorte sind kleine Sandflächen im Schatten von Korallenblöcken. Die Tiere sind außerordentlich schreckhaft. Bei Schattenfall und Erschütterungen verschwinden sie blitzschnell in ihren Röhren.

T: 22-26 °C, **L**: 6 cm, **BL**: ab 80 cm, **WB**: m-s, **WR**: u, **BS**: 3, **SG**: 2-3

Sabella sp. K. Fiedler

Sabella sp. H. Erhardt

Insel Cebu, Philippinen H. Erhardt

Sabella sp.
Großer Fächerwurm

Vork.: Indopazifik: Mikronesien. **GU**: Nicht vorhanden.
Soz.Verh./Vgs.: Die Tiere leben einzeln oder in kleinen Gruppen sowohl im Sediment, als auch in Korallen verankert.
Hält.B.: Zur Verankerung ihrer Wohnröhren benötigen sie eine 10 cm tiefe Sandschicht. Außerdem sollte das Aquarium einen guten Algenbesatz haben.
FU: O; Plankton, Detritus, Ersatzplankton, aufgeschwemmte Bäckerhefe und fein zerriebenes Flockenfutter.
Bes.: Fächerwürmer leben in selbstgefertigten, pergamentartigen Wohnröhren. Die Röhre des auf dem Bild dargestellten Wurmes ist von einer *Porites*-Koralle umwachsen. Sichtbar ist nur die Tentakelkrone, die aus der Röhre herausschaut. Mit ihrer Hilfe fängt das Tier die benötigte Nahrung aus dem Wasser. Die einzelnen Tentakel des Fangapparates sind lang, zart gefiedert und zu einem Kreis formiert. Die Tentakelspitzen sind hell abgesetzt.

T: 22-26 °C, **Ø**: 6 cm (Tentakelkrone), **BS**: 4, **SG**: 4

Insel Cebu, Philippinen H. Erhardt

Filogranella elatensis BERKELEY, 1851

Pracht-Kalkröhrenwurm

Vork.: Rotes Meer, Indopazifik: Australien, Mikronesien, Philippinen. **GU**: Keine.

Soz.Verh./Vgs.: Die Röhrenwürmer leben kolonial. Man sollte sie nicht mit Falterfischen, speziell nicht mit *Chelmon rostratus*, vergesellschaften.

Hält.B.: Sie sind gelegentlich im Handel, jedoch sind sie schwer zu pflegen. Wenn möglich, dann pflegt man sie in einem Spezialbecken.

FU: K; Plankton und Detritus.

Bes.: Diese Röhrenwürmer leben in filigranen, sehr zerbrechlichen und selbstgefertigten Kalkröhren, die ein kompliziertes Geflecht darstellen. Sie können nicht mit Hilfe eines Operculums geschlossen werden. Nur die im Ansatz orangefarbenen Tentakelkronen werden in das freie Wasser ausgestreckt. Die Kolonien leben bevorzugt an schattigen Stellen, meist unter Überhängen steil abfallender Riffe, die gut durchströmt sind.

T: 20-28 °C, **L**: 2 cm, **BL**: ab 100 cm, **WB**: m, **WR**: m, **BS**: 3-4, **SG**: 4

Insel Palau, Mikronesien H. Erhardt

Filograna cf. *implexa* BERKELEY, 1827
Feiner Kalkröhrenwurm

Vork.: Die Gattung ist kosmopolitisch. **GU:** Die Tiere sind Hermaphroditen.
Hält.B.: Aus der Aquarienliteratur bekannt, doch werden sie selten angeboten. Sie sind für einen Transport auch wenig geeignet, da sie sehr zerbrechlich sind. Man pflegt sie in algenreichen Riffaquarien.
FU: O; Plankton und Detritus, Zufütterung durch staubfein zermahlenes Flockenfutter und aufgeschwemmte Bäckerhefe.
Bes.: Diese Kalkröhrenwürmer bauen feine, helle, dünne, zerbrechliche, reich verzweigte und ineinander verschachtelte Wohnröhren, die im Gesamtverband sehr voluminös werden können. 40-50 cm im Durchmesser sind keine Seltenheit. Sie sind außerdem schnelle Siedler an gut durchströmten Riffabschnitten und nehmen fast jedes Substrat als Siedlungsunterlage an.

T: 22-26 °C, **L:** Wohnröhre 3 cm, **BS:** 4, **SG:** 3

Indonesien

M. Walker

(?) *Diopatra* sp.
Röhrenwurm

Vork.: Indonesien.
GU: Keine.
Hält.B.: Nicht bekannt und auch zu selten, um für den Aquarienhandel gesammelt zu werden.
FU: K; Plankton und Detritus.
Bes.: Selbst die Gattung zu bestimmen ist so schwierig, daß wir vor dem Gattungsnamen ein Fragezeichen gesetzt haben. Die Tiere leben in einer pergamentartigen Röhre, die 1-2 cm das Sediment überragt. Innen ist die Röhre glatt, außen mit Fremdpartikeln inkrustiert. Das Prostomium trägt 5 Antennen. Die Parapodien sind einästig und mit fadenförmigen Kiemen besetzt. Röhrenwürmer dieser Gattung leben in tiefen Sanden, Schlick und Korallenbruch. Das Bild zeigt ein Tier in seiner Röhre eingebettet in Lavabruch.

T: 22-28 °C, **L**: vielleicht 12 cm, **BS**: 4, **SG**: 4

Nordsulawesi, Indonesien D. Tackett

Lanice cf. *conchilega* (PALLAS, 1766)
Muschelsammlerin, Bäumchen-Röhrenwurm

Vork.: Kosmopolit in allen Meeren. 5-100 m.
GU: Keine.
Soz.Verh./Vgs.: Die Tiere leben mit ihrer Wohnröhre einzeln in Sand und Geröll eingegraben. Sie lassen sich mit fast allen Wirbellosen und friedlichen Fischen gut vergesellschaften.
Hält.B.: Muschelsammlerinnen werden gelegentlich mit lebenden Steinen in die Aquarien gebracht. Sie sind pflegeleicht und problemlos zu halten. Sie benötigen aber ein Sandareal, um sich einzugraben.
FU: O; Plankton und Detritus. Im Aquarium ist es nicht notwendig, sie gezielt zu füttern, da sie sich von Futterresten aller Art ernähren.
Bes.: Sie leben in selbstgefertigten Röhren, die sie sich aus Sandkörnchen und Muschelbruch fertigen und diese mit Sekret verkleben. Lange Kopftentakel werden aus der Röhre nach allen Seiten abgespreizt, um damit Plankton zu fangen. Weitere Informationen im MEERWASSER ATLAS, Band 3, Seite 843. Wir stellen diese Tier hier noch einmal als tropische Variante vor.

T: 22-27 °C, **L**: bis 15 cm, **BL**: ab 80 cm, **WB**: m, **WR**: u, **BS**: 2-3, **SG**: 1-2.

Insel Lombok, Indonesien H. Erhardt

Reterebella cf. *queenslandi* HARTMANN, 1963
Queensland-Spaghettiwurm

Vork.: Im gesamten Indopazifik weit verbreitet. Es ist möglicherweise die einzige Art dieser Gattung. GU: Keine.
Hält.B.: Die Tiere kommen gelegentlich mit lebenden Steinen in die Aquarien. Sie sind gut haltbar und hilfreich, weil sie Nahrungsreste verwerten.
FU: O; organische Reste und Sinkstoffe.
Bes.: Von dem Wurm selbst sieht man nichts. Es sei denn, man gräbt ihn zur Demonstration aus. Er schiebt nur seine hellen, etwa 1 m langen und spaghettiähnlichen Mundtentakel aus seinem Versteck heraus. Diese dienen dem Nahrungserwerb, weil an den klebrigen Fäden organische Reste hängenbleiben. Die Nahrungspartikel werden mit Hilfe von Cilien in einer mikroskopisch feinen Rinne der Tentakel gesammelt und zum Mund transportiert. Der Wurm selbst lebt in einer selbstgefertigten Röhre tief in Korallenblöcken verborgen.

T: 22-26 °C, L: 15 cm, BL: ab 80 cm, WB: m, WR: u, BS: 3-4, SG: 2.

Igelwürmer (Echiurida)

Die Tiere sind ausschließlich bodenbewohnende Meereswürmer, die sich Wohnröhren in Schlamm- und Sandböden graben oder Spalten als Schlupfwinkel nutzen. Ihr Stammesmerkmal ist ein rüsselartig ausgezogener Kopflappen (Prostomium), der dem Nahrungserwerb dient. Er kann ein Vielfaches der Rumpflänge betragen und weit ausgezogen werden. Mit seiner Hilfe ernähren sich die Igelwürmer von Mikroorganismen, die sie vom Boden abfegen.

Der Körper der Tiere ist sack- bis walzenförmig ausgebildet und unsegmentiert. Er trägt kräftige und hakenförmige Chitinborsten, die in Epidermistaschen stecken und wie Krallen ein- und ausgezogen werden können. Diese und ein Kranz kleinerer Borsten um das Hinterende, dienen der Fortbewegung, dem Graben im Sediment und der Verankerung in der Wohnröhre.

In ihrer Entwicklung besitzen Igelwürmer ein schwimmendes Larvenstadium, das der Trochophora-Larve der Meeresborstenwürmer weitgehend ähnelt. Die Geschlechter sind getrennt und die Männchen bei einigen Arten sehr klein (Zwergmännchen). Sie leben dann meist in den Exkretionsgängen der Weibchen

.

Die Klasse der Igelwürmer ist arm an Arten. Etwa 140 Arten werden in 32 Gattungen eingeteilt. Alle Tiere sind nur 2-20 cm groß und leben vom Flachwasser der Küsten bis in die Tiefsee. Viele Arten und Gattungen sind Kosmopoliten.

Systematik

Stamm: ANNELIDA	Gliederwürmer
Klasse: ECHIURIDA	Igelwürmer
Familie: Bonellidae	
Gattung: *Bonellia*	

Süd Male Atoll, Malediven

H. Erhardt

Bonellia sp. (?) *fuliginosa*
Igelwurm

Vork.: Rotes Meer, Tropischer Indopazifik.
GU: Extremer Geschlechtsdimorphismus und Ausbildung von Zwergmännchen.
Hält.B.: Nicht bekannt.
FU: O; Mikrophagen.
Bes.: Igelwürmer führen eine versteckte Lebensweise. Ihr Körper sitzt in Löchern, in Ritzen und in Spalten, und nur der sehr lange und enorm dehnbare Rüssel wird aus dem Versteck ausgestreckt. Der zweilappige Rüssel fegt den Untergrund nach verwertbarer Nahrung ab, die über eine cilienbewehrte Rinne dem Mund der Tiere zugeführt wird. Der lange Rüssel gehört stets einem ♀. Die ♂♂ sind nur wenige Millimeter groß und schmarotzen zeitlebens auf der Haut der ♀♀. Das Geschlecht entscheidet sich bereits im Larvenstadium: Trifft eine Larve auf ein ♀, dann wird es zu einem Zwergmännchen. Trifft es kein ♀, dann wird es auch eines. Weitere Informationen siehe MEERWASSER ATLAS, Band 3, Seite 874.

T: 22-26 °C, L: 10-12 cm, BS: 4, SG: 4

Schnurwürmer (Nemertini)

Schnurwürmer besitzen einen schlanken, schnur- oder bandförmigen Körper, der gerade bei Vertretern der Gattung *Lineus* stark variieren kann. Bei einer Reizung ziehen sie sich blitzartig zusammen oder rollen sich ein. Manche Arten haben einen schwanzartigen Anhang und viele sind lebhaft gefärbt. Ihre Körperlänge reicht von wenigen Millimetern bis zu 30 m (!). Die Haut ist drüsenreich und bewimpert. Über dem Mund liegt die Öffnung des Fangrüssels, einer Sonderbildung des Vorderkörpers. Dieser ist oft platt und klebrig, oder er besitzt Stacheln und Giftdrüsen. Er dient dem Beutefang und der Verteidigung.

Schnurwürmer sind zwittrig oder getrenntgeschlechtlich. Die Befruchtung der Eier erfolgt im freien Wasser und die Entwicklung über eine planktische Larve. Eine vegetative Vermehrung ist auch beobachtet worden. Dabei zerfällt ein Tier durch Querteilung in viele Teilstücke, aus denen sich wieder neue Schnurwürmer entwickeln.

Schnurwürmer leben im Dunkeln zwischen Steinen, Algen oder im Sand der Küsten. Manche sind Schweber und leben im Freiwasser der Tiefsee. Nur wenige Arten haben das Süßwasser und feuchttropische Lebensräume erobert.

Schnurwürmer sind Räuber, die sich von Ringelwürmern, Schnekken und auch von Aas ernähren Die Beute wird entweder ausgesaugt oder verschlungen. Die Fortbewegung erfolgt durch eine wechselseitige Verdickung und Streckung der einzelnen Körperabschnitte.

Systematik

Stamm: NEMERTINI — Schnurwürmer
  Familie: Lineidae
    Gattung: *Lineus*

Großes Barriereriff, Australien R.C. Steene

Lineus sp.
Grüner Lineus

Vork.: Indopazifik: Australien.
GU: Die Tiere sind zwittrig oder getrenntgeschlechtlich.
Soz.Verh./Vgs.: Sie leben einzeln oder in kleinen Gruppen unter Steinen und toten Korallen.
Hält.B.: Nicht bekannt. Die Kaltwasserarten sollen über Monate gut haltbar sein, wenn man sie mit Fleischstückchen und Regenwürmern füttert.
Licht: Dämmerlichtzone.
FU: K; Räuber, die kleine Wirbellose und Aas fressen.
Bes.: Über die Biologie dieser Tiere ist recht wenig bekannt. Ihr Körper ist lang und zylindrisch. Mit 4-8 schwarzen Augenpunkte und sensorische Gruben entlang der Körperseiten orientieren sich die Tiere in ihrer Umgebung. Sie sind variabel, manchmal sogar plakativ gefärbt. Sie leben unter Steinen und in Algenbeständen unterhalb der Niedrigwasserlinie.

T: 22-26 °C, **L**: 10 cm, **BL**: ab 80 cm, **WB**: m, **WR**: u, **BS**: 3-4, **SG**: 1-2.

M. Walker

Anilorca sp.

Krebstiere (Crustacea)

Krebse gehören zum Stamm der Gliedertiere. Innerhalb dieses Stammes sind sie die einzigen Organismen, die durch Kiemen atmen. Sie besitzen stets mehr als vier Beinpaare und sind dadurch leicht von den sechsbeinigen Insekten und den achtbeinigen Spinnen zu unterscheiden.

Krebse sind gepanzerte Tiere. Ihr Körper ist von einer festen, chitinigen Hülle umschlossen, die durch Kalkeinlagerungen verstärkt ist. Sie wird von der Außenhaut abgeschieden und dient den Tieren als Schutz, Stütze und zur Befestigung der Muskulatur. Leider verhindert dieses Außenskelett ein gleichmäßiges Wachstum und muß daher von Zeit zu Zeit abgestreift werden. Dann häuten sich die Tiere. Die Häutung wird hormonell gesteuert. Gesprengt wird der alte Panzer an genau vorgegebenen Stellen durch verstärkte Wasseraufnahme in den Darm. Heraus kriecht der frisch gehäutete Krebs.

Krebse besitzen einen gegliederten Körper. Eindeutig erkennbar sind diese Glieder nur am Hinterleib. Die Segmente des Kopfes und der Brust sind dagegen in den meisten Fällen miteinander verwachsen.

Krebse tragen am Kopf zwei Antennenpaare und drei Paar Mundgliedmaßen. An der Brust befinden sich vier Schreitbeinpaare, die der Fortbewegung dienen. Fünf Hinterleibsbeinpaare folgen. Sie sind zu Schwimmbeinen modifiziert. Am Hinterleibende befindet sich ein Schwanzfächer.

Krebse besitzen eine Vielzahl von Sinnesorganen. Diese haben sich den verschiedenen Lebensweisen der Tiere angepaßt. Am auffallendsten sind die Augen. Bei den Larven noch als einfache Pigmentbecherzellen sind sie bei den erwachsenen Tieren als Komplexaugen ausgebildet. Sie stehen häufig auf Stielen und sind aus über 30.000 Einzelaugen zusammengesetzt. Sie können ein Gesamtfeld vom 360° überblicken und den Augen der Insekten gleichen. Neben den optischen Sinnesorganen besitzen Krebse auch Tasthaare, Chemorezeptoren, Geruchs- und Geschmacksorgane sowie Statocysten

Krebse sind überwiegend getrenntgeschlechtlich. Die Geschlechtsorgane münden an der Bauchseite. Nicht selten findet eine Parthenogenese ohne die Beteiligung männlicher Tiere statt, wobei die Nachkommen sich aus unbefruchteten Eizellen entwickeln. Überwiegend verläuft die Entwicklung jedoch über eine Gestaltsumwandlung, wobei der aus dem Ei schlüpfende Krebs wesentlich anders aussieht, als das in seiner Entwicklung abgeschlossene, erwachsene Tier. Manche Arten betreiben Brutpflege, indem sie die Eier in Form von Eiballen an ihre Gliedmaßen anheften oder sie in besonderen Bruträumen unterbringen. Die Entwicklung der Krebse verläuft dann im allgemeinen über verschiedene Larvenstadien und nur ganz wenige Arten entwickeln sich direkt.

Krebse sind entweder Räuber, Filtrierer, Sandlecker, Taster, Schlick-, Pflanzen- oder Aasfresser. Auch als saugende Parasiten kommen sie vor. Sie sind alle eindeutig in ihrem Nahrungserwerb spezialisiert.

Krebse haben eine große wirtschaftliche Bedeutung. Besonders die planktisch lebenden Arten, die als Nahrung für viele Fische, niedere Tiere und Meeressäuger dienen, stehen im ersten Glied der Nahrungskette. Menschen fangen, züchten und essen Krabben, Garnelen, Hummer, Langusten und Flußkrebse. Leider sind viele Krebsarten durch Überfischung bereits so stark dezimiert, daß der Mensch begonnen hat, sie in Farmen zu kultivieren. Gerade in den Ländern der Dritten Welt ist die Nachfrage nach tierischem Eiweiß außerordentlich groß.

Systematik

Stamm: ARTHROPODA	Gliederfüßer
Klasse: CIRRIPEDIA	Rankenfüßer
Ordnung: THORACICA	Thoraziken
Unterordnung: LEPADOMORPHA	Entenmuscheln
Familie: Lepadidae	
Gattung: *Lepas*	
Unterordnung: BALANOMORPHA	Seepocken
Familie: Balanidae	
Gattung: *Balanus*	
Familie: Tetraclitidae	
Gattung: *Tetraclita*	
Klasse: CRUSTACEA	Krebse
Unterklasse: MALACOSTRACA	Höhere Krebse
Ordnung: DECAPODA	Zehnfußkrebse
Unterordnung: AMPHIPODA	Flohkrebse
Familie: Caprellidae	Gespensterkrebse
Gattung: *Caprella*	
Unterordnung: NATANTIA	Garnelen
Familie: Alpheidae	Knallkrebse
Gattung: *Alpheus*	
Familie: Palaemonidae	Felsen- und Partnergarnelen
Gattungen: *Leander*	
Periclimenes	
Familie: Hippolythidae	Putzer- und Seegrasgarnelen
Gattungen: *Saron*	
Tozeuma	
Unterordnung: REPTANTIA	Panzerkrebse
Familie: Galatheidae	Springkrebse
Gattungen: *Allogalathea*	
Galathea	
Lauriea	
Munida	
Familie: Porcellanidae	Porzellankrebse
Gattungen: *Lissoporcellana*	
Pachycheles	
Perrolisthes	
Porcellanella	
Neopetrolisthes	

Familie: Calappidae	Schamkrabben
Gattung: *Calappa*	
Familie: Raninidae	Schraubenzieherkrabben
Gattung: *Ranina*	
Familie: Majidae	Spinnenkrebse
Gattungen: *Camposcia*	
Cyclocoeloma	
Haplophrys	
Micippa	
Mithrax	
Schizophrys	
Xenocarcinus	
Familie: Paguridae	Einsiedlerkrebse
Gattung: *Paguritta*	
Familie: Portunidae	Schwimmkrabben
Gattungen: *Charybdis*	
Liocarcinus	
Lissocarcinus	
Ovalipes	
Portunus	
Thalmatia	
Familie: Leucosiidae	Kugelkrabben
Gattung: *Leucosia*	
Familie: Trapeziidae	Korallenkrabben
Gattungen: *Domecia*	
Quadrella	
Tetralia	
Tetraloides	
Trapezia	
Familie: Grapsidae	Quadratkrabben
Gattung: *Percnon*	
Familie: Cancridae	Taschenkrebse
Gattung: *Cancer*	
Familie: Xanthidae	Steinkrabben
Gattungen: *Atergatis*	
Carpilius	
Epiactaea	
Etisus	
Liomera	
Phymodius	

	Pseudoliomera	
Familie: Eumedonidae		
Gattung:	*Ceratocarcinus*	
	Zebrida	
Familie: Scyllariidae		Bärenkrebse
Gattung:	*Parribacus*	
Familie: Dromiidae		Wollkrabben, Schwammkrabben
Gattung:	*Dromia*	
	Dromidiopsis	
	Dynomene	
	Petalomera	
Familie: Ocypodidae		Sandkrabben
Gattungen:	*Ocypode*	
	Uca	
Familie: Mictyridae		Soldatenkrabben
Gattung:	*Mictyris*	
Ordnung: STOMATOPODA		Fangschreckenkrebse
Familie: Lysiosquillidae		
Gattung:	*Lysiosquilla*	
	Odontodactylus	
Ordnung: ISOPODA		Asseln
Familie: Cirolanidae		
Gattung:	*Bathynomus*	
Ordnung: ANOMURA		Mundfüßer

Lepas sp.

H. Erhardt

Lepas cf. *anatifera* LINNAEUS, 1758
Entenmuschel

Vork.: Die Gattung ist kosmopolitisch.
GU: Die Tiere sind Zwitter, mit einer inneren Befruchtung. Erst die Larven werden in das Wasser entlassen.
Soz.Ver./Vgs.: Die einzelnen Tiere leben in einer kolonialen Gemeinschaft, angeheftet an Treibgut, an Schiffen und an Hafenanlagen.
Hält.B.: Entenmuscheln werden nicht in Aquarien gepflegt.
FU: O; Plankton, Detritus.
Bes.: Entenmuscheln sind ausschließlich marine und sessile Krebse, die nur in ihrem Larvenstadium noch frei beweglich sind. Ihre Larven sehen Krebsen noch ähnlich. Diese Cypris-Larven heften sich mit Hilfe der an ihrem Vorderkopf ausgebildeten Kopfdrüsen an Substraten fest und entwickeln sich im Verlaufe von 4 Monaten zu fertigen Entenmuscheln. Dabei wachsen die Tiere bei günstigen Bedingungen täglich um mehr als einen Millimeter. Ein muskulöser Stiel, der in seiner Länge variabel sein kann, ist deutlich vom Körper abgesetzt. Er kann bis zu 20 cm lang werden. Der Krebskörper ist von 5 gefurchten Kalkplatten bedeckt, die bläulichweiß, gelblich oder schiefergrau gefärbt sein können. Auf der Bauchseite werden die zu Rankenfüßen umgewandelten Spaltbeine zum Nahrungsfang in das freie Wasser gestreckt. Diese Rankenfüße sind gegabelt und mit Fiedern besetzt und ergeben funktionell einen effektiven Filterapparat. Damit fischen die Entenmuscheln die obere Wasserschicht nach Freßbarem ab, indem sie die Rankenfüße rhythmisch ausstrecken und einziehen. Fast alle Entenmuscheln heften sich an feste und treibende oder fahrende Gegenstände an und lassen sich als "Blinde Passagiere" durch die Weltmeere tragen. Sie siedeln mit besonderer Vorliebe an Treibholz, an Bojen, Schiffskörpern und auch an Schildkrötenpanzern. Beim Fehlen geeigneter Transportmittel sondern sie eine Sekretkugel ab, ähnlich einem Schaumfloß, und lassen sich damit an der Wasseroberfläche durch die Weltmeere treiben. Oft wird Treibgut und damit auch die Entenmuscheln an Land gespült. Hier sind die Entenmuscheln in der Lage, einige Tage zu überleben. Bringt man sie wieder mit Seewasser in Verbindung, fangen die Rankenfüßchen sofort wieder zu schlagen an. Im Mittelalter war man der Auffassung, daß sich aus Entenmuscheln Bernikelgänse entwickeln. Noch heute werden im englischen Sprachgebrauch die Entenmuscheln als "Barnacles" bezeichnet.

T: 1-35 °C, **L**: 5 cm, **BS**: 4, **SG**: 4

Unterordnung: BALANOMORPHA
Fam.: Balanidae

Atlantikküste von Irland, Marokko

H. Erhardt

Balanus sp.
Gemeine Seepocke

Vork.: Atlantik, Nordsee, westliche Ostsee.
GU: Die Tiere sind Zwitter
Soz.Verh./Vgs: Seepocken siedeln überwiegend kolonial.
Hält.B.: Seepocken werden selten in Aquarien gehalten. Sie vertragen keine Wasertemperaturen über 25 °C.
ZU/Verm.: Vermehrung im Winter über Larven.
FU: K; Plankton.
Bes.: Die Schale ist aus 6 gekerbten Platten zusammengesetzt. Dabei greifen die Seitenplatten über die Endplatten hinaus. Die Öffnung ist sechseckig. Die Tiere leben am oberen Gezeitenrand in der Brandungszone, auf Felsen und Pfahlwerk, an Hafenanlagen und an Schiffen. Beim Überfluten werden die Rankenfüße in das Wasser gestreckt, um Nahrung zu fangen. Seepocken sind in der Lage, extreme biotische und abiotische Faktoren zu überstehen und längere Trockenperioden zu überleben.

T: 4- 23 °C, Ø: 15 mm, BS: 3-4, SG: 2.

Felsküste von Manado, Indonesien H. Erhardt

Tetraclita sp. (?) *squamosa*
Riesen-Seepocke

Vork.: Rotes Meer, Indopazifik: Indonesien, Philippinen, Papua Neuguinea, Japan.
GU: Seepocken sind Zwitter.
Soz.Verh./Vgs.: Seepocken siedeln einzeln oder kolonial.
Hält.B.: Eine erfolgreiche Haltung von Seepocken in einem Aquarium ist nur in einem Brandungsbecken möglich, in dem Ebbe und Flut simuliert werden. Hier haben sie dann gute und lange Überlebenschancen.
FU: K; Plankton, feines Ersatzplankton.
Bes.: Das Gehäuse der Seepocken besteht aus 4 Kalkplatten, die kegelförmig und gerillt aufgebaut sind. Eine kleine, im Zentrum der Seepocke liegende Öffnung kann durch 2 bewegliche Platten verschlossen werden. Das geschieht bei Ebbe, wenn die Tiere längere Zeit ohne Wasser überleben müssen. Riesen-Seepocken leben auf Steinen und Korallenfelsen im Gezeitenbereich und teilweise auch in der unteren Spritzwasserzone. Bei Überflutung fangen sie mit ihren zarten Rankenfüßchen Plankton aus dem Wasser.

T: 22 - 30 °C, Ø: 3 cm, BS: 3-4, SG: 2.

Nordsulawesi, Indonesien L. Tackett

Caprella sp.
Gespensterkrebs, Widderkrabbe

Vork.: Indopazifik: Indonesien.
GU: Keine.
Soz.Verh./Vgs.: Gespensterkrebse leben fast immer in einer Gemeinschaft mit anderen Tieren der gleichen Art. Es kann aber gelegentlich zu einem Massenauftreten kommen.
Hält.B.: Unbekannt. Es ist jedoch möglich, daß sie mit Algen in ein Aquarium eingeschleppt werden. Gezielt werden sie aber nicht gesammelt und gepflegt.
FU: K; Zooplankton.
Bes.: Die einzelnen Tiere sind relativ klein und leben auf Hydroiden, auf Algen, Gorgonien, Weichkorallen und auf Schwämmen. Ihr fast stabförmiger Körper ist langgestreckt, besitzt stabförmige Brustringe und einen zurückgebildeten Hinterleib. Mit den hinteren 3 Beinpaaren, die zu Klammerhaken umgebildet wurden, umklammern sie feste Unterlagen, während der Vorderkörper schräg aufgerichtet in das freie Wasser ragt. Die vorderen Beinpaare tragen kräftige Krallenscheren und dienen so als Fangbeine dem Nahrungserwerb. Zooplankton wird blitzschnell damit ergriffen und mit Hilfe der Mundwerkzeuge zerkleinert. Trotz der fehlenden Pleopoden können Gespensterkrebse schwimmen. Die abgebildeten Tiere besetzen gerade einen Schwamm.

T: 22-28 °C, L: 2 cm, BS: 4, SG: 4

Insel Bunaken, Nordsulawesi, Indonesien H. Erhardt

Alpheus sp. (?) *dendropus*
Labyrinth-Knallkrebs

Vork.: Indopazifik: Indonesien, Philippinen, Hawaii.
GU: Knallkrebse sind getrenntgeschlechtlich.
Hält.B.: Nicht bekannt.
FU: Bisher ist nichts darüber bekannt.
Bes.: Das, was man von den Tieren sieht, ist ihr Labyrinthsystem in Korallenblöcken verschiedener Korallenarten, in denen sie sich aufhalten. Dieses System aus Haupt- und Seitengängen ist verschieden ausgebildet und abhängig vom Alter der Korallenblöcke. Unbekannt ist, ob die Krebse ihre Gänge aktiv freihalten oder ob die Korallenkolonie hier ihr weiteres Wachstum eingestellt hat. Die Seitenränder dieser Gänge sind von kleinen Hydroiden besetzt. Man sieht nur ihre hellen Polypenköpfchen.

T: 22-26 °C, L: 1 cm, BS: 4, SG: 4

Rotes Meer — V. Neumann

Alpheus lottini — GUERIN, 1830

Pistolenkrebs, Knallkrebs

Vork.: Tropischer Indopazifik.
GU: Keine.
Soz.Verh./Vgs.: Die Krebse leben einzeln oder paarweise in verzweigten Korallen.
Hält.B.: Für den Aquarienhandel werden sie nicht gezielt gesammelt. Es kann jedoch vorkommen, daß sie mit verzweigt wachsenden Korallen in ein Aquarium gelangen. Dann pflegt man sie am besten in einem Korallenriffaquarium, das ihnen genügend Versteckmöglichkeiten bietet.
Licht: Dämmerlichtzone.
FU: K; Detritus und kleine Mikroorganismen.
Bes.: Knallkrebse können mit ihrer großen Schere Knackgeräusche und einen Wasserstrahl erzeugen, der zum Nahrungsfang und zur Feindabwehr eingesetzt wird. Die Energie des Wasserstrahls kann kleine Beutetiere betäuben. Der Carapax trägt ein kleines Rostrum und das Abdomen ist langgestreckt. Auf dem Bild lebt der Krebs in der Korallenverzweigung verborgen.

T: 23-29 °C, **L**: 3 cm, **BL**: ab 80 cm, **WB**: m, **WR**: m, **BS**: 3-4, **SG**: 2.

Leander pulmosus M. Walker

Indonesien M. Walker

Periclimenes amboinensis (MAN, 1888)
Haarsterngarnele

Vork.: Rotes Meer, Indopazifik: Australien, Indonesien, Mikronesien, Neukaledonien, Philippinen, Salomoninseln.
GU: Äußerlich nicht erkennbar. Sie sind getrenntgeschlechtlich.
Soz.Verh./Vgs.: Die Tiere leben einzeln oder paarweise als Kommensalen auf Haarsternen.
Hält.B.: Sie sind nur mit ihren Wirtstieren in einem Aquarium zu halten. Sie nehmen keinen anderen Wirt an.
Licht: Dämmerlichtzone.
FU: Die Kommensalen ernähren sich von dem, was die Haarsterne an Nahrung fangen und einschleimen.
Bes.: Die Tiere sind in ihrer Körperfarbe sehr variabel und im allgemeinen so gefärbt, wie das Wirtstier, auf dem sie leben. Der längliche Körper zeigt häufig eine Streifung und Bänderung, auch in Anpassung an den Wirt. Das 1. und 2. Beinpaar trägt Scheren. Die großen und abstehenden Augen stehen auf Stielen. Die Tiere sind farblich so gut an ihre Wirte angepaßt, daß man sie erst dann sieht, wenn man bei dem Haarstern jede Feder einzeln untersucht.

T: 22-26 °C, **L:** 10-12 mm, **BL:** ab 120 cm, **WB:** m, **WR:** m, **BS:** 3-4, **SG: 3-4** (Haarstern).

Insel Komodo, Indonesien — M. Walker

Periclimenes colemani BRUCE, 1975
Colemans Garnele, Seeigelgarnele

Vork.: Vom Indischen Ozean bis in den Westpazifik.
GU: Die Tiere sind getrenntgeschlechtlich.
Soz.Verh./Vgs.: Colemanns Garnelen leben fast ausschließlich mit dem giftigen Seeigel *Asthenosoma intermedium* vergesellschaftet.
Hält.B.: Weitgehend unbekannt. Weder der Seeigel noch sein Kommensale kommen bei uns in den Handel.
FU: K; Makroplankton und von organischen Resten der Seeigelmahlzeit.
Bes.: Die Tiere leben als Kommensalen paarweise auf einem Seeigel. Dabei sind die ♀♀ etwas größer als die ♂♂. Entweder sitzen sie parallel zueinander, was selten vorkommt, oder die Ruheposition ist umgekehrt. Dabei bearbeiten die Krebse die Pedicellarien und die Saugfüßchen des Seeigels so lange, bis diese eingezogen werden. So entsteht ein Ruhefeld für ihre Ruheposition. Der helle Körper der Tiere trägt braune Punkte und Bänder. Die Scherenarme sind gebändert.

T: 22-26 °C, L: 2 cm, BS: 3-4, SG: 4

Nordsulawesi, Indonesien L. Tackett

Periclimenes imperator BRUCE, 1967
Imperator-Garnele

Vork.. Rotes Meer und im gesamten Indopazifik.
GU: Äußerlich nicht erkennbar.
Soz.Verh./Vgs.: Die Krebse leben einzeln oder paarweise auf verschiedenen Wirten, wie Seeigeln, Seesternen, Haarsternen und Seegurken der Gattungen *Bohandschia, Thelenota, Stichopus, Euapta* und *Actinopyga* und *Opheodesoma*. Das Bild zeigt sie auf einer Nacktschnecke.
Hält.B.: Riffaquarium. Man kann sie erfolgreich nur in Verbindung mit einem ihrer Wirte pflegen.
FU: O; in der Natur ernähren sie sich überwiegend vom Schleim und den daran haftenden Partikeln ihrer Wirtstiere. Sie verlassen ihre Wirtstiere auch für kurze Zeit, um in der näheren Umgebung nach Freßbarem zu suchen. Im Aquarium nehmen sie feingehacktes Gefrierfutter an.
Bes.: Imperator-Garnelen sind Kommensalen, die sich farblich ihren Wirtstieren gut anpassen. Weitere Informationen sind im MEERWASSER ATLAS, Band 1, auf Seite 528 nachzulesen.

T: 22-28 °C, **L**: 2 cm, **BL**: ab 60 cm, **WB**: I, **WR**: u, **BS**: 2, **SG**: 2-3

Indonesien M. Walker

Periclimenes soror NOBILI, 1904
Soror-Garnele, Seesternen-Shrimp

Vork.: Rotes Meer, Indopazifik: Von Ostafrika bis zum Golf von Kalifornien.
GU: Äußerlich nicht erkennbar.
Soz.Verh./Vgs.: Sie leben einzeln oder paarweise auf Seesternen der Gattungen: *Acanthaster, Astrometis, Culcita, Choriaster, Linckia Mithrodia, Nidorellia, Oreaster,* und *Pentacreaster.*
Hält.B.: Sie sind nur mit ihren Wirtstieren gut in einem Aquarium zu pflegen. Sie werden sehr leicht übersehen, da sie klein sind, sich verstecken und sich im allgemeinen auf der Unterseite der Tiere aufhalten.
Licht: Mittellichtzone.
FU: Kommensalen, die sich vom Schleim ihrer Wirte ernähren und Detritus aufsammeln.
Bes.: Die relativ kleinen Krebse besitzen ein langes und gezähntes Rostrum. Das 1. Beinpaar besitzt kleine, das 2. Beinpaar größere und kräftige Scheren. Farblich sind sie ihren Wirten außerordentlich gut angepaßt und können bei einem Wirtswechsel sofort ihre Farbe wechseln. Ein heller Rückenstreifen ist stets vorhanden.

T: 22-27 °C, **L:** 15 mm, **BL:** ab 120 cm, **WB:** m, **WR:** dem Wirtstier entsprechend, **BS:** 2-3, **SG:** 2-3

Nordsulawesi, Indonesien D. Tackett

Periclimenes sp.
Partnergarnelen, Symbiosegarnelen

Vork.: Überwiegend in allen tropischen Meeren.
Fast 100 Arten aus dieser Gattung sind bekannt, die vom Foto her nicht immer zu determinieren sind. Diese außerordentlich schönen und in ihrer Farbenpracht einzigartigen Krebse leben als Partner mit Nesseltieren, Nacktschnecken, Muscheln, Seeigeln, Seewalzen, Seesternen und mit Manteltieren vergesellschaftet und haben sich hier in vielen Variationen ihren Wirten nicht nur farblich angepaßt. Sie leben einzeln oder paarweise mit ihren Wirtstieren vergesellschaftet. Ihre Aufgabe ist es im wesentlichen, ihre Wirte zu säubern. Als Gegenleistung genießen sie dafür ihren Schutz. Wir stellen hier einige dieser Krebschen, die nicht bis zur Art zu bestimmen waren, vor. Vielleicht ist einer unserer Leser in der Lage, uns einen wissenschaftlichen Artnamen zu nennen.

D. Tackett

Periclimenes sp.
Partnergarnele

Vork.: Indonesien: Nordsulawesi.
GU: Äußerlich nicht erkennbar.
Soz.Verh./Vgs.: Lebt einzeln oder paarweise auf verschiedenen Wirten. Sie verlassen diese nur zu kurzen Erkundungen ihrer unmittelbaren Umgebung.
Hält.B.: Sie erreichen gelegentlich mit ihren Wirten den Aquarienhandel. Pflege je nach Wirt.
Licht: Mittellichtzone.
ZU: Im Aquarium noch nicht gelungen.
FU: Partnergarnelen ernähren sich überwiegend von an der schleimigen Haut ihrer Wirte anhaftenden Partikeln.
Bes.: *Periclimenes*-Arten passen sich ihren Wirten farblich gut an. Ihr Körper ist semitransparent, weiß und orange getupft und die Scherenbeine sind violett gebändert. Die auf dem Bild dargestellte Garnele geht nachts auf Erkundung ihrer Umgebung. Bei Gefahr sucht sie sofort ihren Wirt auf.

T: 22-26 °C, **L:** 2,3 cm, **BL:** ab 100 cm, **WB:** I, **WR:** u, **BS:** 2-3, **SG:** 2-3.

Indonesien M. Walker

Saron sp.
Marmorgarnele

Vork.: Indopazifik: Indonesien.
GU: Ausgewachsene ♂♂ tragen große Scherenbeine. Bei den ♀♀ sind sie erheblich kürzer.
Soz.Verh./Vgs.: Die Tiere leben im allgemeinen paarweise. Man sollte darauf achten, daß man nicht gleiche Geschlechter in einem Aquarium miteinander vergesellschaftet, denn da kommt es zu erbitterten Kämpfen, die mit dem Tod eines der Tiere enden. Mit anderen Krebsen und kleinen Fischen sind sie gut zu pflegen.
Hält.B.: Riff- oder Felsaquarium, das den Tieren gute Versteckmöglichkeiten bietet.
Licht: Dämmerlichtzone.
FU: O; sie fressen Algen und kleine wirbellose Tiere. Man füttert sie bei Anbruch der Dämmerung mit *Artemia* und *Mysis*.
Bes.: Die Tiere sind dämmerungs- und nachtaktiv. Sie leben in den seichten Lagunen der Saumriffe und halten sich in der Nähe ihrer Tagesverstecke auf.

T: 22-28 °C, **L**: 4 cm, **BL**: ab 80 cm, **WB**: m, **WR**: u, **BS**: 3, **SG**: 2.

Nordsulawesi, Indonesien D. Tackett

Tozeuma armatum PAULSON, 1875
Schwarze Korallengarnele

Vork.: Rotes Meer, Indopazifik: Australien, Indonesien, Malaysia, Philippinen, Japan.
GU: Äußerlich nicht erkennbar.
Soz.Verh./Vgs.: Die Tiere leben einzeln, paarweise oder in kleinen Gruppen auf Schwarzen Korallen der Gattungen *Antipathes* und *Cirripathes*.
Hält.B.: Aus der Literatur nicht bekannt. Sollten sie dennoch zu bekommen sein, dann pflegt man sie am besten in einem Riffaquarium gemeinsam mit ihren Wirten.
FU: K; sie fressen das von ihren Wirtstieren gefangene und eingeschleimte Plankton.
Bes.: Die Krebse sind Kommensalen, die auch die Farbe ihrer Wirtstiere nachahmen (Mimikri). Dadurch sind sie fast nicht zu sehen. Der extrem schlanke Körper ist fast transparent und gebändert. Alleine das Rostrum macht ein Drittel der Gesamtlänge des Körpers aus.

T: 22-27 °C, **L**: 2-3 cm, **BL**: ab 60 cm,,**WB**: L, **WR**: m, **BS**: 3-4, **SG**: 2-3

Allogalathea elegans M. Walker

Allogalathea elegans M. Walker

Indonesien M. Walker

Allogalathea elegans (ADAMS & WHITE, 1848)
Federstern-Springkrebs

Vork.: Vom Roten Meer bis in den Westpazifik.
GU: Äußerlich nicht erkennbar.
Soz.Verh./Vgs.: Die Tiere leben als Kommensalen auf Haarsternen und werden gelegentlich mit ihnen importiert. Man sollte sie nicht mit räuberisch lebenden Krebsen vergesellschaften.
Hält.B.: Riffaquarium, mit einem guten Besatz an Federsternen.
Licht: Dämmerlichtzone.
ZU./Verm.: Im Aquarium nicht bekannt.
FU: Kommensalen, die sich von dem ernähren, was ihre Wirtstiere aus dem Wasser fangen. Sie nehmen im Aquarium Gefrier- und Trockenfutter an.
Bes.: Die Krebse leben paarweise auf ihren Wirten und verlassen diese gelegentlich, um Futter zu suchen. Der ovale Körper trägt ein langes Rostrum. Das Abdomen ist bauchwärts umgeschlagen. Das 1. Beinpaar ist lang und mit kräftigen Scheren bewehrt. Die Farbe der Tiere ist variabel und richtet sich weitgehend nach der Farbe ihrer Wirtstiere.

T: 22-27 °C, L: 20 mm, BL: ab 120 cm, WB: m, WR: den Wirtstieren entsprechend, BS: 2-3, SG. 3-4 (Haarstern).

Insel Bali, Indonesien R.C. Steene

Galathea sp.
Springkrebs

Vork.: Indopazifik: Indonesien.
GU: Die Geschlechter sind äußerlich nicht voneinander zu unterscheiden.
Soz.Verh./Vgs.: Die Tiere sind Einzelgänger. Man kann sie mit fast allen Fischen und Wirbellosen vergesellschaften, nur nicht mit dem eigenen Geschlecht. Das führt zu erbitterten Kämpfen, die mit dem Tod eines der Tiere enden.
Hält.B.: Fels- oder Riffaquarium, das den Tieren gute Tagesverstecke anbietet.
Licht: Dämmerlichtzone.
FU: K; man ernährt sie bei Anbruch der Dämmerung mit Gefrier- und Trockenfutter.
Bes.: Die Scherenbeine der Tiere sind außerordentlich lang und können doppelte Körperlänge erreichen. Sie sind mit Dornen und Haaren besetzt. Die Scheren sind schlank und zart. Der ovale Carapax zeigt Querbinden und helle Zeichnungen. Die langen Schreitbeine sind abgeflacht und mit Dornen und Haaren bewehrt. Springkrebse dieser Art leben in den Spalten und Ritzen der Riffe und sind nur in der Nacht mobil und für den Taucher zu sehen.

T: 22-27 °C, L: 8 cm, BL: ab 100 cm, WB: m, WR: m-u, BS: 3, SG: 2.

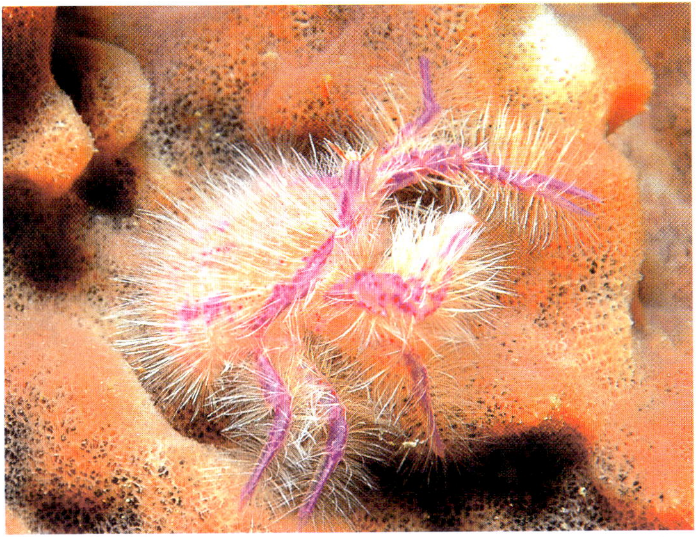

Insel Komodo, Indonesien R.C. Steene

Lauriea siagiani BABA, 1994
Violetter Springkrebs

Vork.: Indopazifik: Indonesien, Philippinen
GU: Äußerlich nicht erkennbar.
Soz.Verh./Vgs.: Die Tiere sind Einzelgänger und leben auf und in Schwämmen.
Hält.B.: Nicht bekannt und sicherlich auch nicht so leicht möglich, da auch die meisten Schwämme nicht in Aquarien gepflegt werden.
FU: Nicht bekannt.
Bes.: Der rosarote Körper der Tiere ist übersät mit einer Vielzahl violetter Flecken und Punkte. Körper, Beine und Scherenbeine sind bestückt mit langen, spitzen und hellen Borsten. Violette Springkrebse leben stets in einer Gemeinschaft mit verschiedenen Schwammarten.

T: 22-27 °C, **L:** 3 cm, **BS:** 4, **SG:** 4

Insel Giglio, Italien B. Unger

Munida rugosa (FABRICIUS, 1775)
Langarmiger Springkrebs, Runzeliger Furchenkrebs

Vork.: Atlantik, Mittelmeer.
GU: Springkrebse sind getrenntgeschlechtlich.
Hält.B.: Nicht bekannt.
FU: K; verschiedene Wirbellose.
Bes.: Springkrebse haben ihren Hinterleib bauchwärts gekrümmt. Das erste Schreitbeinpaar trägt lange und schlanke Scheren, mit deren Hilfe die Tiere ihre Nahrung noch in tiefen Spalten und Ritzen suchen. Außerdem dienen sie der Feindabwehr. Sie sind doppelt so lang wie der Körper der Krebse. Die Antennen sind kürzer als die Scherenbeine. Alle Beine tragen Dornen und Borsten, die rot gefärbt sind. Die Tiere leben auf Sand und Schlick und in schmalen Felsspalten erst unterhalb einer Wassertiefe von 50 m.

T: 8-20 °C, L: 6 cm, BS: 4, SG: 4

Insel Bali, Indonesien R.C. Steene

Lissoporcellana sp.
Blaue Porzellankrabbe

Vork.: Indopazifik: Indonesien.
GU: Keine.
Soz.Verh./Vgs.: Die Krebse leben einzeln und treffen sich nur zur Paarungszeit.
Hält.B.: Unbekannt. In der Literatur nicht beschrieben.
FU: Nicht bekannt. Vielleicht sind sie Filtrierer.
Bes.: Der Körper der Tiere ist oval und stark abgeflacht. Die Scherenbeine sind lang, kräftig und gezahnt. Der blaue Carapax und die Scheren zeigen eine orangefarbene Ornamentierung. Möglicherweise leben diese Krebse kommensalistisch auf Schwämmen und in geräumigen Schwammschloten.

T: 22-28 °C, L: 2 cm, BS: 4, SG: 4

Nordsulawesi, Indonesien L. Tackett

Lissoporcellana sp.
Porzellankrabbe

Vork.: Indonesien
GU: Keine.
Soz.Verh./Vgs.: Die Krebse leben einzeln oder paarweise in den Verzweigungen von Weichkorallen oder Seefedern.
Hält.B.: Nicht bekannt und in der uns zur Verfügung stehenden Literatur nicht erwähnt.
FU: Sie leben als Kommensalen auf Ihren Wirten und ernähren sich von ihnen.
Bes.: Der Carapax der Tiere ist oval. Er trägt drei kräftige Zähne am Rostrum. Die Scherenbeine sind ungleich lang und kräftig. Die Scherenspitzen sind dunkelrot abgesetzt. Der Carapax und die Scherenbeine zeigen eine rötliche Fleckenzeichnung. Die Laufbeine sind lang, dünn und fast transparent. Die kleinen Krebse imitieren die Farbzeichnung ihrer Wirte, um so gut getarnt von ihren Freßfeinden nicht erkannt zu werden.

T: 22-29 °C, Ø: 2 cm, BS: 4, SG: 4

Insel Bali, Indonesien R.C. Steene

Pachycheles sp.
Porzellankrabbe

Vork.: Indopazifik: Indonesien.
GU: Äußerlich nicht erkennbar.
Soz.Verh./Vgs.. Die Krebse leben einzeln. Die Geschlechter finden sich nur zur Paarungszeit.
Hält.B.: Unbekannt.
FU: Möglicherweise fressen sie kleine Wirbellose.
Bes.: Der rostbraune Carapax ist oval in der Form, abgeflacht und trägt ein breites und helles Band. Dieses verläuft zwischen den Augen bis hinab zum Abdomen. Sowohl die Scherenspitzen, als auch die Beingelenke sind weiß abgesetzt. Diese Krabben sind ausschließlich nachtaktiv. In dieser Zeit trifft man sie am Riff auf verschiedenen Substraten an, stets auf der Suche nach Nahrung und Geschlechtspartnern.

T: 21-29 °C, L: 3 cm, BS: 4, SG: 4

Insel Bali, Indonesien R.C. Steene

Perrolisthes coccineus OWEN, 1839
Porzellankrabbe

Vork.: Indopazifik: Von Ostafrika bis nach Hawaii und den Tuamotuinseln.
GU: Äußerlich nicht erkennbar.
Soz.Verh./Vgs.: Die Krebse leben einzeln und sind ausschließlich nachtaktiv.
Hält.B.: Nicht bekannt.
FU: K, sie ernähren sich von kleinen wirbellosen Tieren.
Bes.: Die Krebse sind rostbraun gefärbt und tragen lange, kräftige und mit Dornen bewehrte Scherenbeine. Der Carapax besitzt an der Stirn drei Höcker. Porzellankrebse dieser Art sind flinke Räuber, die nur nachts ihre Beute jagen. Tagsüber leben sie in den Ritzen und Spalten der Riffe.

T: 22-26 °C, L: 4 cm, BS: 4, SG: 2

Insel Komodo, Indonesien R.C. Steene

Porcellanella haigae SANKARANKUTTY, 1963
Haigers Porzellankrebs

Vork.: Indopazifik: Indonesien, Mikronesien, Philippinen, Japan, Golf von Mannar.
GU: Die ♀♀ sind etwas größer als die ♂♂.
Soz.Verh./Vgs.: Die Krebse leben einzeln oder paarweise in einer Gemeinschaft mit Seefedern der Gattungen *Pteroeides* und *Veretillum*.
Hält.B.: In einem Aquarium sind sie nur mit ihren Wirtstieren zu halten. Siehe MEERWASSER ATLAS, Band 2, Seite 308, Seefedern im Aquarium.
FU: Sie sind Kommensalen auf ihren Wirten und ernähren sich von dem gefangenen und eingeschleimten Plankton und von Detritus.
Bes.: Die hellen Krebschen besitzen eine charakteristische Ornamentierung auf ihrem Carapax und auf den Scherenbeinen.

T: 22-27 °C, **L:** 2 cm, **BL:** ab 60 cm, **WB:** I, **WR:** dem Wirt entsprechend, **BS:** 3-4, **SG:** 2

Porzellana haigae D. Tackett

Neopetrolisthes maculatus D. Tackett

Insel Flores, Indonesien — M. Walker

Calappa calappa LINNAEUS, 1758
Schamkrabbe, Boxerkrabbe

Vork.: Im gesamten Indopazifik.
GU: Die Tiere sind getrenntgeschlechtlich.
Soz.Verh./Vgs.: Boxerkrabben leben einzeln und versteckt im Untergrund. Sie sind ausschließlich nachtaktiv. Man vergesellschaftet sie am besten mit robusten Fischarten.
Hält.B.: Da sich die Krebse eingraben, muß im Aquarium eine dicke Sedimentschicht vorhanden sein. Da sich die Tiere in der Natur ausschließlich von Weichtieren ernähren, sollten diese im Aquarium fehlen.
FU: K; man ernährt sie mit fein gehacktem Muschel- und Schneckenfleisch, mit Gefrierfutter und Futtertabletten.
Licht: Dämmerlichtzone.
Bes.: Tagsüber leben die Tiere im Boden versteckt. Sie verdanken ihren Namen der Tatsache, daß sie ihre großen Scheren "schamhaft" vor das Gesicht halten. Die beiden großen und abgeflachten Scheren sind unterschiedlich gestaltet und arbeiten sehr effektvoll beim Öffnen der Weichtierbeute

T: 21-26 °C, L: 8 cm, BL: ab 100 cm, WB: m, WR: u, BS: 3-4, SG: 1-2.

Insel Giglio, Italien B. Unger

Calappa granulata LINNAEUS, 1758
Schamkrabbe, Hahnenkamm-Krabbe

Vork.: Atlantik bis Portugal, Mittelmeer.
GU: Schamkrabben sind getrenntgeschlechtlich.
Soz.Verh./Vgs.: Die Tiere leben einzeln versteckt im Sediment. Sie sind ausschließlich nachtaktiv.
Hält.B.: Die Krebse benötigen eine dicke Sandschicht, um sich einzugraben. Da sie räuberisch leben, können sie nur mit sehr robusten Arten vergesellschaftet werden. Sie werden jedoch sehr selten gefangen und erreichen den deutschen Markt fast nie.
FU: K; man kann sie mit Gefrierfutter und Futtertabletten ernähren.
Bes.: Der Carapax der Krebse ist oval, breiter als lang, granuliert, höckerig und am Vorderrand mit Zähnen bewehrt. Er kann verschieden gefärbt sein, trägt aber immer rote Flecken. Das erste Schreitbeinpaar trägt kräftige Scheren, die auf ihrer Oberseite hahnenkammähnliche Zacken tragen. Die Scheren sind Hilfsmittel zum Eingraben und zum Knacken hartschaliger Beute. Die Krabben halten sie sich "verschämt" vor ihr Gesicht. Schamkrabben sind träge Tiere, die im Untergrund eingegraben leben und hier auf ihre Beute lauern. Sie werden selten gefangen, gelten aber als wohlschmekkend. Die vorgestellte Art ist die einzige im Mittelmeer.

T: 8 - 20 °C, **L:** 12 cm, **BL:** ab 100 cm, **WB:** m, **WR:** u, **BS:** 3-4, **SG:** 1-2.

Insel Ambon, Indonesien R.C. Steene

Calappa hepatica (LINNAEUS, 1758)
Granulierte Schamkrabbe

Vork.: Rotes Meer, Indopazifik: Indonesien, Philippinen, Papua Neuguinea.
GU: Die Tiere sind getrenntgeschlechtlich.
Soz.Verh./Vgs.: Granulierte Schamkrabben leben einzeln und vorwiegend eingegraben im Sediment. Man kann sie mit fast allen Fischen und Wirbellosen, außer den Weichtieren, vergesellschaften.
Hält.B.: Eine tiefe Sandschicht muß im Aquarium vorhanden sein, damit die Krebse sich eingraben können.
FU: K; in ihrer natürlichen Umgebung ernähren sie sich ausschließlich von Weichtieren, die sie mit ihren kräftigen Scheren aufknacken. Im Aquarium ernährt man sie mit feingehacktem Muschel- und Schneckenfleisch.
Licht: Dämmerlichtzone.
Bes.: Der Carapax der Tiere ist dreieckig und stark gewölbt. Das erste Beinpaar ist stark verbreitert und mit relativ kleinen Scherenfingern ausgestattet. Die obere Kante trägt stumpfe Dornen. Sowohl der Carapax als auch das erste Beinpaar sind auf ihrer Oberfläche mit einer Vielzahl von olivenfarbenen bis braunen Buckeln besetzt. Schamkrabben leben auf und in mobilen Böden in der Nähe von Korallenriffen und sind tag- und nachtaktiv.

T: 22-26 °C, **L:** 5 cm, **BL:** ab 100 cm, **WB:** m, **WR:** u, **BS:** 3-4, **SG:** 1-2.

Insel Bali, Indonesien R.C. Steene

Ranina ranina (LINNAEUS, 1758)
Taucherkrabbe, Rote Froschkrabbe

Vork: Von Südafrika und Mauritius bis in das Südchinesische Meer und Hawaii.
GU: Die Krabben sind getrenntgeschlechtlich.
Soz.Verh./Vgs.: Die Tiere leben einzeln im Boden versteckt, so daß nur noch ihre langen Stielaugen daraus hervorschauen. Sie kommen gelegentlich nachts an die Sedimentoberfläche.
Hält.B.: Nicht bekannt und auch nicht beschrieben.
Licht: Dämmerlichtzone.
FU: O; Plankton und Detritus, das sie aus dem Wasser filtern. Sie nutzen das ablaufende Wasser an Sandstränden, um ihren Nahrungsbedarf zu decken.
Bes.: Ein ovaler Carapax bedeckt den Körper, der aber das Abdomen frei läßt. Da die Krebse im Sand leben, werden sie in großen Mengen als Beifang mit Schleppnetzen, Scherbrettern und Dredgen aus dem Wasser gefischt und sind daher in den letzten Jahrzehnten total überfischt worden. Sie werden auch gegessen und sollen sehr gut schmecken.

T: 22-26 °C, L: 12 cm, BS: 4, SG: 4

Maumere Bay, Indonesien M. Walker

Composcia retusa LATRAILLE, 1829
Schmuck-Krabbe, Dekorier-Spinnenkrabbe

Vork.: Indopazifik: Australien, Indonesien, Mikronesien, Philippinen.
GU: Äußerlich nicht erkennbar.
Hält.B.: Nicht bekannt. Die Tiere sind so schwer zu finden, daß sie sicherlich auch nicht gesammelt werden und den Aquarienhandel nicht erreichen.
FU: Sie ernähren sich möglicherweise von organischen Sinkstoffen.
Bes.: Die Krebse schmücken ihre Körper, die Beine und die Scheren mit Schwämmen, Moostierchen und kleinen Anemonen. Damit maskieren und tarnen sie sich, um nicht in ihrer Umgebung von Freßfeinden erkannt zu werden. Die Körpermaskierung wird stetig und nicht nur nach jeder Häutung erneuert, umgebaut und mit frischen Materialien bestückt. Dabei wird das Tarnmaterial mit Hilfe scharf gezackter Angelhaare, die sich auf dem Rücken und den Gliedmaßen befinden, befestigt. Aufmerksam wird man auf die Tiere erst dann, wenn sie sich bewegen und sich nachts auf Nahrungssuche befinden.

T: 20-28 °C, L: 8 cm mit Beinen, BS: 4, SG: 4

Nordsulawesi, Indonesien L. Tackett

Cyclocoeloma tuberculata MIERS, 1880
Tarnkrabbe, Dekorierkrabbe

Vork.: Im westlichen Pazifik: Australien, Indonesien, Malaysia, Philippinen.
GU: Die Tiere sind getrenntgeschlechtlich.
Soz.Verh./Vgs.: Die Tiere leben einzeln und sind ausschließlich nachtaktiv.
Hält.B.: Nicht bekannt.
FU: O; Algen und kleine Wirbellose.
Bes.: Tarnkrabben dieser Art sieht man nur nachts über Korallenriffe krabbeln. Man sieht sie nur, wenn sie sich bewegen. Ihr Carapax ist nämlich mit Seeanemonen, Korallenanemonen, Manteltieren oder mit anderen Wirbellosen so vollgepackt, daß man den Krebs darunter kaum noch erkennt. Die Oberfläche des Carapax ist mit vielen, dicht gepackten Tuberkeln bestanden, die eine gute Ansatzfläche für das Dekorationsmaterial liefern. Nur die kräftigen Laufbeine schauen unter den Dekoraufbauten hervor.

T: 22-27 °C, L: 12 cm, BS: 4, SG: 4

Insel Bali, Indonesien R.C. Steene

Haplophrys sp. (?) *oatesi*
Weichkorallen-Krabbe

Vork.: Indopazifik: Indonesien.
GU: Keine.
Soz.Verh./Vgs.: Diese Krebse leben, farbig ihrer Umgebung gut angepaßt und getarnt, auf Weichkorallen der Gattung *Dendronephthya*.
Hält.B.: Aus der Literatur nicht bekannt. Doch könnten die Krebschen mit Weichkorallen durchaus in ein Aquarium gelangen.
FU: Die Krebse sind Kommensalen, die sich vom gefangenen und eingeschleimten Plankton und von den Polypen ihres Wirtes ernähren. Durch sie erhalten sie auch ihre Farbe. Sie brauchen in einem Aquarium nicht gefüttert zu werden.
Bes.: Der Carapax trägt auf seiner Oberseite und an den Rändern spitze Dornen. Die Beine sind stachelig. Das 1. Beinpaar ist mit kleinen Scheren bewehrt. Die Tiere sind farbig perfekt ihren Wirtstieren angepaßt, um nicht erkannt und gefressen zu werden. Außerordentlich wenig ist über ihre Biologie bekannt.

T: 22-26 °C, Ø: Carapax: 2 cm, BS: 4, SG: *Dendronephthya*: 3-4.

Nordsulawesi, Indonesien M. Walker

Micippa philyra (HERBST, 1803)
Tarnkrabbe, Dekorierkrabbe

Vork.: Westlicher Pazifik: Indonesien, Malaysia, Philippinen, Australien.
GU: Keine. Die Krebse sind getrenntgeschlechtlich.
Soz.Verh./Vgs.: Tarnkrabben dieser Art sind Einzelgänger, die ausschließlich nachts im Riff unterwegs sind. Sie tarnen sich mit verschiedenen Wirbellosen: Bevorzugt mit Anemonen und Korallenanemonen der Gattungen *Discosoma* und *Rhodacis*.
Hält.B.: Nicht bekannt und in der Aquarienliteratur weder erwähnt, noch beschrieben.
FU: O; Algen und kleine Wirbellose.
Bes.: Der Carapax und die Beine tragen gekrümmte Haare (= Angelhaare), an denen Fremdkörper hängenbleiben. Gezielt lösen sie Anemonen, Manteltiere, Hydroiden und andere Wirbellose von ihrem Standort und "pflanzen" sie auf ihrem Körpern fest. Das aufgepflanzte Material wächst im allgemeinen sogar weiter. Nach einer Häutung werden Teile des alten Tarnmaterial wieder übernommen und auf den neuen Panzer umgepflanzt. Die schlanken Beine der Krebse sind schwarz gebändert.

T: 22-29 °C, **L**: 10 cm, **BS**: 4, **SG**: 2.

Insel Bonaire, Niederländische Antillen H. Erhardt

Mithrax forceps (MILNE-EDWARDS, 1837)
Orange Dreieckskrabbe

Vork.: Südflorida, Bahamas, Karibisches Meer.
GU: Die Krabben sind getrenntgeschlechtlich.
Hält B.: In der Literatur ist darüber nichts bekannt. Da die Tiere ausschließlich nachtaktiv sind, wären sie für eine Aquarienhaltung auch nicht sonderlich attraktiv.
FU: K; Muscheln, Meeresborstenwürmer, organische Reste.
Bes.: Der Carapax der Krabben besitzt eine Vielzahl rauher und runder Höcker und spitze Projektionen am Carapaxrand. Im Gegensatz zu anderen Dreieckskrabben verzichten diese Krebse auf eine Maskierung, so daß ihr Körper nie von Algen und anderem Aufwuchs bedeckt ist. Die Beine tragen lange und gekrümmte Angelhaare. Die beiden Scheren sind in ständiger Bewegung, um Nahrhaftes vom Boden aufzutupfen und in den Mund zu stopfen. Ihr Lebensbereich sind Flachwasserlagunen, Korallenschutthalden und Hafenmolen. Die Tiere sind ausschließlich nachtaktiv.

T: 20-24 °C, **Ø**: 7 cm, **BS**: 4, **SG**: 4

Nordsulawesi, Indonesien L. Tackett

Schizophrys aspera (MILNE-EDWARDS, 1834)
Seespinne

Vork.: Die Art ist im Indopazifik weit verbreitet. 5-30 m.
GU: Seespinnen sind getrenntgeschlechtlich.
Soz.Verh./Vgs.: Die Tiere leben einzeln und sind nachtaktiv.
Hält.B.: Eine Pflegeanleitung findet sich in keiner der uns zur Verfügung stehenden Aquarienliteratur.
FU: O; sie fressen pflanzlichen und tierischen Aufwuchs.
Bes.: Der eiförmige Carapax trägt lange Dornen zwischen den Augen. Der Körper und die Beine sind stark mit Algen, Schwämmen, Anemonen und mit anderen Wirbellosen bewachsen und mit Sediment bedeckt. Der Aufwuchs dient der Tarnung. Die Beine sind lang und dünn und die Scheren kräftig ausgebildet.

T: 22-28 °C, **L:** 10 cm, **BS:** 4, **SG:** 4

Rotes Meer V. Neumann

Xenocarcinus cf. *conicus* (MILNE-EDWARDS, 1865)
Gorgonien-Spinnenkrabbe

Vork.: Rotes Meer, Indopazifik: Australien, Indonesien, Japan, Papua Neuguinea.
GU: Äußerlich nicht erkennbar.
Soz.Verh./Vgs.: Die Krebse leben einzeln oder paarweise auf Gorgonien oder Schwarzen Korallen.
Hält.B.: Riffaquarium, das einen guten Besatz an Gorgonien oder Schwarzen Korallen aufweist. Die Tiere sind nur mit ihren Wirten zu pflegen.
Licht: Mittellichtzone.
FU: K; Kommensalen, die sich von dem ernähren, was ihre Wirte aus dem Wasser fischen.
Bes.: Die Tiere leben auf Gorgonien, Schwarzen Korallen und Hydroiden. Ihr dreieckiger Körper ist im allgemeinen der Farbe der Wirtstiere gut angepaßt, wobei ein heller Streifen in der Mitte des Carapax ausgespart bleibt. Die langen Beine sind gebändert und das 1. Beinpaar trägt kleine Scheren.

T: 22-26 °C, **L:** 25 mm, **BL:** ab 100 cm, **WB:** m, **WR:** dem Wirtstier entsprechend, **BS:** 3, **SG:** 3-4 (Gorgonie oder Schwarze Koralle).

Indonesien M. Walker

Xenocarcinus tuberculatus WHITE, 1847
Stachelige Spinnenkrabbe

Vork.: Von Südafrika bis nach Japan und China.
GU: Äußerlich nicht erkennbar.
Soz.Verh./Vgs.: Die Krebse leben als Kommensalen ausschließlich auf Schwarzen Korallen.
Hält.B.: Nicht bekannt, da Schwarze Korallen als Tierkolonien des tieferen Wassers nicht in Aquarien gepflegt werden.
FU: K; sie ernähren sich von dem eingeschleimten Plankton und Detritus, das die Schwarzen Korallen aus dem Wasser fangen.
Bes.: Der längliche Körper trägt einen dünnen Carapax, der mit Stacheln besetzt ist. Das Rostrum ist lang ausgezogen. Die Farbe der Tiere richtet sich im allgemeinen nach der Farbe ihrer Wirte und die besitzen nicht gerade ein breites Farbspektrum. Die Tarnung der Tiere ist so perfekt, daß selbst ein geübtes Auge einige Zeit benötigt, um sie unter Wasser zu entdecken.

T: 22-26 °C, L: 20 mm, BS: 4, SG: 4

Fam.: Majidae L. Tackett

Fam.: Majídae M. Walker

Indonesien M. Walker

Fam.: Majidae
Seespinnen

Vork.: Die Gattung ist kosmopolitisch und kommt in allen Meeren vor.
Für die Aquaristik ist aus der Familie der Seespinnen lediglich die Gattung *Stenorhynchus* interessant. Der Carapax der Tiere ist dreieckig und stets länger als breit und vorne zu zwei Spitzen ausgezogen. Das Integument des Carapax und die Beine sind mit gekrümmten Angelhaaren besetzt, an denen Fremdkörper hängen bleiben und an denen eine Maskierung aufgesetzt wird. So sind Seespinnen gut getarnt und verstekken sich hinter ihren Aufbauten. Eines der Bilder zeigt eine kleine Seespinne, die vollkommen mit nesselnden Polypen besetzt ist. Die Beine der Tiere sind dünn und im Verhältnis zur Körpergröße sehr lang (= spinnenähnlich). Beim Erreichen der Geschlechtsreife machen die Krebse eine Endhäutung durch. Etwa 800 Arten aus 160 Gattungen umfaßt die Familie der Seespinnen. Sie alle leben im Litoral und Sublitoral der Küsten und nur wenige Arten bevölkern die Tiefsee. Weitere Informationen zu dieser Familie im MEERWASSER ATLAS, Band 1, auf den Seiten 632 bis 643.

Nordsulawesi, Indonesien L. Tackett

Paguritta sp.
Koralleneinsiedler

Vork.: Indonesien.
GU: Keine.
Soz.Verh./Vgs.. Die Krebse leben einzeln in verlassenen Kalkröhren der Polychaeten *Spirobranchus gigantea* und Wurmschnecken der Gattung *Dendropoma*, die diese in Korallen bauen.
Hält.B.: Nicht bekannt. Die mit Korallen und lebenden Steinen eingeführten Tiere verhungern beim Transport.
FU: K; Zooplanktonfänger.
Bes.: Die Tiere leben in verlassenen Röhren von Borstenwürmern und Wurmschnecken, die diese in Korallen bauen. Ihre Nahrung fangen die kleinen Krebse mit Hilfe ihrer federförmigen Antennen, die das freie Wasser vor ihrer Wohnröhre durchsieben. Die Antennen sind umgewandelte Fangorgane. Das 1. Beinpaar trägt Scheren, wovon die rechte Schere stets größer ist. Sie dient zum Verschließen der Röhre und hat die Funktion eines Operculums. Koralleneinsiedler verlassen ihre Wohnröhre nie.

T: 22-28 °C, L: 15 mm, BS: 4, SG: 4

Insel Ambon, Indonesien R.C. Steene

Charybdis feriata (LINNAEUS, 1758)
Schwimmkrabbe

Vork.: Rotes Meer, Indopazifik: Von Ostafrika bis nach Hawaii.
GU: Schwimmkrabben sind getrenntgeschlechtlich und die Geschlechter sind an der Unterseite zu erkennen: Die ♂♂ haben einen dreieckigen, die ♀♀ einen abgerundeten, zum Bauch umgeschlagenen Unterleib.
Soz.Verh./Vgs.. Die Krabben leben einzeln und sie sind nachtaktiv.
Hält.B.: Aus der uns zur Verfügung stehenden Aquarienliteratur nicht bekannt. Ein Riffaquarium mit einem Sandboden und Versteckmöglichkeiten dürfte für eine erfolgreiche Pflege ausreichend sein.
FU: K; Räuber; sie fressen Würmer und Krebse.
Licht: Dämmerlichtzone.
Bes.: Der Körper der Tiere ist abgeflacht und breiter als lang. Die Augen stehen weit auseinander, wobei sich zwischen ihnen kurze Dornen befinden. Die Carapaxkanten besitzen auf jeder Seite 6 spitze Dornen. Die Scheren sind lang und kräftig und das letzte Beinpaar zum Schwimmpaddel verbreitert. Der helle Körper trägt eine dunkelbraune Musterung auf dem Carapax und die Beine sind hellbraun gebändert.

T: 22-29 °C, L: 12 cm, BL: ab 100 cm, WB: m, WR: u, BS: 3-4, SG: 3

Nordatlantik; Irland H. Erhardt

Liocarcinus (= *Macropipus*) *puber* LINNAEUS, 1758
Samtkrabbe

Vork.: Mittelmeer, Atlantik, Nordsee.
GU: Die Tiere sind getrenntgeschlechtlich.
Hält.B.: Samtkrabben sind nicht besonders attraktiv in einem Aquarium, da sie nachtaktiv sind. Sie dezimieren räuberisch den Bestand an Wirbellosen und kleinen Fischen. Wenn man sie in einem Aquarium hält, dann in einem Kaltwasserbecken mit Felsdekoration. Samtkrabben sind so gut wie nie im Handel.
FU: K; sie leben räuberisch und können mit fast allem ernährt werden.
Bes.: Samtkrabben besitzen rote Augen und blau gestreifte Scheren. Sie leben im Gezeitenbereich unter Steinen und Tangen, oft bis zu den Augen eingegraben im Sediment. Ihr Rückenschild ist filzig behaart. Nachts sind sie räuberisch unterwegs, wobei sie auch kleine, schlafende Fische erbeuten. Bei Störungen versuchen sie fortzuschwimmem; gestellt verteidigen sie sich mit weit abgestellten Scheren. In der Bretagne findet man sie gelegentlich auf dem Fischmarkt. Sie sind eßbar, schmecken aber nicht besonders gut.

T: 8-20 °C, **Ø:** 7 cm, **BL:** ab 100 cm, **WB:** m-s, **WR:** u, **BS:** 3, **SG:** 2

Nordsulawesi, Indonesien D. Tackett

Lissocarcinus laevis MIERS, 1886
Zylinderrosen-Schwimmkrabbe

Vork.: Indopazifik: Von Südafrika bis Japan, Hawaii und Australien.
GU: Die Geschlechter sind nur beim umgedrehten Tier erkennbar: Der Hinterleib der ♂♂ ist dreieckig, der der ♀♀ abgerundet.
Soz.Verh./Vgs.. Die Tiere leben einzeln im Tentakelbereich von Zylinderrosen und Seeanemonen und sind gegen Nesselgifte geschützt. Sie sind gut mit kleinen Fischen und empfindlichen Wirbellosen zu vergesellschaften.
Hält.B.. Riffaquarium, das mit Zylinderrosen oder mit Seeanemonen besetzt ist.
Licht: Mittellichtzone.
FU: O; Allesfresser. Sie nehmen auch Futtertabletten an.
Bes.: Der rotbraune Körper zeigt eine auffallend helle Flecken- und Punktzeichnung. Die Krabben leben gelegentlich auch mit Weichkorallen vergesellschaftet. Die gleiche Art wurde mit einer Zylinderrose bereits im MEERWASSER ATLAS, Band 1, auf Seite 646 vorgestellt.

T: 22-28 °C, **L**: 4 cm, **BL**: ab 80 cm, **WB**: l-m, **WR**: u, **BS**: 3, **SG**: 1-2.

Nordsulawesi, Indonesien

L. Tackett

Ovalipes sp.
Schwimmkrabbe

Vork.: Von Ostafrika bis in den südlichen Zentralpazifik.
GU: Die unterschiedlichen Geschlechter sind nur beim umgedrehten Tier erkennbar: Der Hinterleib der ♂♂ ist dreieckig und der der ♀♀ abgerundet.
Soz.Verh./Vgs.: Die Krabben leben einzeln. Nur zur Paarungszeit treffen sich die Geschlechter.
Hält.B.: Unbekannt. Sie dürften aufgrund ihrer räuberischen Lebensweise sehr schnell den Besatz eines Aquariums aufgefressen haben.
FU: K; Räuber, die sich von Fischen, Krebsen und Würmern ernähren.
Bes.: Die Tiere leben auf und in verschiedenen Böden: in Sand, Kies, Schlamm, zwischen Korallenbruch, auf Lavagrund, auf Felsen an Sandstränden und migrieren in Ästuarien. Sie sind außerordentlich aggressiv, kämpferisch, attackieren schnell und greifen, einmal eingekreist, schnell an.

T: 22-28 °C, **L:** 12 cm, **BS:** 4, **SG:** 4

Unterordnung: Reptantia
Fam.: Portunidae

Insel Ambon, Indonesien R.C. Steene

Portunus pelagicus (LINNAEUS, 1766)
Blaue Schwimmkrabbe

Vork.: Rotes Meer, Indopazifik: Von Ostafrika bis nach Japan.
GU: Die Tiere sind getrenntgeschlechtlich.
Soz.Verh./Vgs.: Schwimmkrabben leben einzeln, sind sehr aktiv, streitsüchtig und kämpfen gegen alles, was sich ihnen in den Weg stellt. Auch Taucher werden angegriffen. Man sollte sie nur mit äußerst robusten Tieren in einem Aquarium vergesellschaften.
Hält.B.: Sandboden und eine feste Felsdekoration müssen vorhanden sein, damit die Tiere das Wasser zeitweise verlassen können. Auch eine Abdeckung ist notwendig. Da sie keine Ansprüche an eine gute Wasserqualität stellen, sind sie gut zu pflegen und lange am Leben zu halten.
Licht: Sonnenlichtzone.
FU: K; sie ernähren sich vorwiegend von Fischen und anderen kleinen Tieren. Sie fressen auch Aas.
Bes.: Blaue Schwimmkrabben leben sowohl auf, als auch im Sediment. Sie graben sich so tief ein, daß nur noch die Stielaugen daraus hervorschauen und warten auf Beute. Die ♂♂ sind größer als die ♀♀. Zur Zeit der Fortpflanzung treffen sich die Tiere im Flachwasser zu Kopulationsgemeinschaften. Das erste Beinpaar trägt große, kräftige und spitze Scheren; das 5. Beinpaar ist zu Schwimmbeinen verbreitert.

T: 22-26 °C, **L:** 15 cm, **BL:** ab 120 cm, **WB:** m, **WR:** u, **BS:** 2-3, **SG:** 2.

Madang, Papua Neuguinea R.C. Steene

Portunus sp.
Schwimmkrabbe

Vork.: Indonesien.
GU: Schwimmkrabben sind getrenntgeschlechtlich. Das Geschlecht erkennt man beim umgedrehten Tier: Bei den ♂♂ ist der umgeklappte Hinterleib dreieckig, bei den ♀♀ ist er abgerundet.
Soz.Verh./Vgs.: Die Krabben leben einzeln. Nur zur Paarungszeit treffen sich die Geschlechter.
Hält.B.: Nicht bekannt.
FU: K; Räuber, der sich von verschiedenen Wirbellosen ernährt.
Bes.: Der flache Carapax ist seitlich gezahnt und trägt auf hellem Grund ein dunkelbraunes Muster. Das 1. Beinpaar ist kräftig und mit langen Scheren bewehrt. Die dünnen, fast transparenten Laufbeine sind gebändert. Das letzte Beinpaar trägt behaarte Schwimmpaddel. Diese Schwimmkrabbe lebt ist Spalten und Ritzen der Riffe und ist nur nachts anzutreffen.

T: 22-29 °C, L: 2 cm, BS: 4, SG: 4

Unterordnung: Reptantia
Fam.: Portunidae

Nordsulawesi, Indonesien R.C. Steene

Thalamita prymna (HERBST, 1803)
Kleine Schwimmkrabbe

Vork.: Indopazifik: Von Westafrika bis Hawaii.
GU: Die Tiere sind getrenntgeschlechtlich und die Geschlechter an der Form des eingeklappten Hinterleibes erkennbar. Bei den ♀♀ ist der Hinterleib abgerundet, bei den ♂♂ dreieckig.
Soz.Verh./Vgs.: Die Krebse leben einzeln, sind überwiegend nachtaktiv und sehr aggressiv gegen Artgenossen.
Hält.B.: Nicht bekannt.
FU: K; Räuber, die sich von kleinen Krebsen und Borstenwürmern ernähren.
Bes.: Auffallend sind die weit auseinanderstehenden Augen. Der Carapax dazwischen trägt stumpfe Dornen. Die Scherenbeine sind lang, kräftig und mit spitzen Dornen versehen. Die Scherenspitzen sind hell abgesetzt. Das 5. Beinpaar ist zu Schwimmfüßen verbreitert. Kleine Schwimmkrabben huschen über Riffdächer, leben in Lagunen und in den Ritzen und Spalten der Riffe.

T: 22-28 °C, L: 12 cm, BS: 3-4, SG: 2.

Thalamita sp.

M. Walker

Thalamita sp.

H. Erhardt

Großes Barriereriff, Australien L. Tackett

Thalamita sp.
Riffkrabbe

Vork.: Indopazifik: Australien, Indonesien.
GU: Die Tiere sind getrenntgeschlechtlich und die Geschlechter an der Form des eingeklappten Hinterleibes zu erkennen.
Hält.B.: Nicht bekannt.
FU: K; Weichtiere, Garnelen, Würmer, kleine Fische.
Bes.: Der Körper der Tiere ist flach und mit Seitenstacheln bewehrt. Das 5. Beinpaar ist zu einem Paddel umgebildet und mit Haaren umsäumt. Riffkrabben leben im Gezeitenbereich zwischen Ebbe und Flut, migrieren aber auch in brackige Gewässer und in Stelzwurzelmangroven. Aufgeschreckt stellen sie sich mit aufgestellten Scheren zur Wehr. Ihre Schwimmkunst ist miserabel. Sie benutzen diese Fähigkeit nur auf der Suche nach Beute. 3 Arten aus dieser Gattung leben in den Gewässern Australiens. Die Farbe der Tiere ist sehr variabel.

T: 20-28 °C, Ø: 8 cm, BS: 4, SG: 4

Nordsulawesi, Indonesien D.Tackett

Leucosia sp.
Rote Kugelkrabbe

Vork.: Indonesien.
GU: Die Geschlechter sind nur an der Form ihres umgeschlagenen Hinterleibes erkennbar.
Hält.B.: Es finden sich keine Pflegehinweise in der uns zur Verfügung stehenden Aquarienliteratur.
FU: Kleinpartikelfresser.
Bes.: Der Carapax der Krebse ist annähernd rund. Die Augen sind klein und stehen dicht beieinander. Das 1. Beinpaar trägt spitze Scheren, die zur Nahrungsaufnahme eingesetzt werden. Die Tiere sind nachtaktiv und leben tagsüber in Spalten und Ritzen der Riffe oder bis zu den Augen eingegraben im Sediment. Die ♀♀ betreiben Brutpflege. Etwa 40 Arten sind aus dem Indopazifik bekannt.

T: 22-29 °C, Ø: 3 cm, BS: 4, SG: 4

Insel Bali, Indonesien R.C. Steene

Quadrella cf. *granulosa*
Granulierte Korallenkrabbe

Vork.: Indopazifik: Indonesien, Philippinen.
GU: Das Geschlecht erkennt man nur, wenn die Tiere umgedreht werden. Bei den ♂♂ ist der umgeschlagene Hinterleib dreieckig, bei den ♀♀ abgerundet.
Soz.Verh./Vgs.: Granulierte Korallenkrabben leben einzeln oder paarweise auf Schwarzen Korallen der Gattungen *Antipathes* und *Cirripathes*.
Hält.B.. Aus der Literatur nicht bekannt. Da die Krebse nur mit ihren Wirten erfolgreich zu pflegen sind und Schwarze Korallen selten in Aquarien gehalten werden, ist es anzunehmen, daß in der Literatur an Informationen nicht viel mehr zu finden sein wird.
FU: O; möglicherweise Allesfresser, die ihre Wirtstiere auch von fädigen Grünalgen befreien.
Bes.: Die relativ kleinen Krebse haben einen fast quadratischen Carapax, lange, kräftige und behaarte Scherenbeine und kleine, dünne und gebänderte Laufbeine. Sie bewegen sich sehr flink in den Verzweigungen der Schwarzen Korallen und sind ihnen farblich gut angepaßt.

T: 22-28 °C, **L:** 2 cm, **BS:** 3-4, **SG:** 2.

Insel Bali, Indonesien R.C. Steene

Quadrella cf. *maculosa*
Schwarzkorallenkrabbe

Vork.: Indopazifik: Indonesien, Philippinen, Malaysia.
GU: Das Geschlecht erkennt man nur, wenn die Tiere umgedreht werden. Bei den ♂♂ ist der umgeschlagene Hinterleib dreieckig, bei den ♀♀ abgerundet.
Soz.Verh./Vgs.: Die Krebse leben fast immer paarweise in Schwarzen Korallen der Gattungen *Antipathes* und *Cirripathes*.
Hält.B.: Siehe *Q.* cf. *granulosa*.
FU: O; möglicherweise Allesfresser.
Bes.: Der dunkelbraune und fast quadratische Carapax trägt beiderseits ein gelbes, halbmondförmiges Zeichen und ein gelbes Band zwischen den Augen. Die Scherenbeine sind lang, sehr kräftig und farblich hellbraun abgesetzt. Die Tiere sind auch Tauchern gegenüber aggressiv. Makrofotografen wissen das, denn die Tiere versuchen stets, in ihr Spiegelbild, das an der Frontscheibe der Unterwasserkamera entsteht, zu zwicken und den vermeintlichen Gegner zu attackieren.

T: 22-27 °C, **L:** 2 cm, **BS:** 4, **SG:** 2.

Sulawesi, Indonesien R.C. Steene

Quadrella sp.
Korallenkrabbe

Vork.: Indopazifik: Indonesien.
GU: Das Geschlecht der Tiere ist nur beim umgedrehten Tier erkennbar: Bei den ♂♂ ist der umgeschlagene Hinterleib dreieckig, bei den ♀♀ abgerundet.
Soz.Verh./Vgs.: Die Tiere leben einzeln oder paarweise zwischen verzweigten Korallen. Auf dem Bild sitzt die Krabbe in der Röhrenkoralle *Tubastrea*. Sie sind überwiegend nachtaktiv.
Hält.B.: Siehe *Q. granulosa*. Ein großes Problem bei der Pflege dieser Tiere ist die Unkenntnis darüber, was sie eigentlich fressen.
FU: Unbekannt. Möglicherweise Allesfresser.
Bes.: Der ovale Carapax ist abgerundet und glatt. Die Augen sind kurz gestielt. Das 1. Beinpaar ist außerordentlich lang, kräftig und mit Scheren versehen. Alle anderen Beinpaare sind dünner, kürzer und kräftig orangerot gefärbt. Ihr Lebensraum sind nicht ausschließlich verzweigte Korallen. Sie kommen auch auf Schwarzen Korallen und auf stark verzweigten Gorgonien vor.

T: 22-28 °C, **L**: 1,5 cm, **BS**: 4, **SG**: 4

Trapzia rufopunctata O. Gremblewski-Strate

Trapzia rufopunctata O. Gremblewski-Strate

Insel Bali, Indonesien R.C. Steene

Trapezia rufopunctata (HERBST, 1799)
Rotpunkt-Korallenkrabbe

Vork.: Rotes Meer, Indopazifik: Malediven, Sri Lanka, Japan, Vietnam, Samoa, Hawaii.
GU: Die Krebse sind getrenntgeschlechtlich. Man erkennt ihr Geschlecht, wenn man die Tiere umdreht: Bei den ♂♂ ist der umgeschlagene Hinterleib dreieckig, bei den ♀♀ abgerundet.
Soz.Verh./Vgs.: Korallenkrabben leben mit verschiedenen Korallenarten in einer Symbiose. Dabei bevölkern sie entweder einzeln, paarweise oder in kleinen Gruppen einen Korallenstock. Man kann sie gut mit kleinen Wirbellosen und nicht zu großen Fischen vergesellschaften.
Hält.B.: Korallenriff-Aquarium mit einem guten Bestand an fingerförmigen Korallen der Gattungen *Pocillopora* und *Acropora*, in denen sie sich verstecken können.
Licht: Mittellichtzone.
FU: O; sie sammeln Schleim und Detritus von der Korallenoberfläche und fressen auch fädige Algen. Man kann sie mit Futtertabletten und kleinen Brocken von Gefrierfutter ernähren.
Bes.: Der cremeweiße Körper der Tiere ist mit roten Punkten auf Carapax und Beinen übersät. Die Tiere leben in den Nischen der Zweigkorallen und haben kaum Feinde.

T: 22-28 °C, L: 3 cm, BL: ab 80 cm, WB: m, WR: m, BS: 3, SG: 2.

Rotes Meer V. Neumann

Trapezia tigrina EYDOUX & SOULEYET, 1842
Tiger-Korallenkrabbe

Vork.: Rotes Meer und im gesamten Indopazifik.
GU: Man erkennt das Geschlecht an der Form des umgeschlagenen Hinterleibes: Bei den ♂♂ ist es dreieckig, bei den ♀♀ abgerundet.
Soz.Verh./Vgs.: Korallenkrabben leben mit verschiedenen Korallen in einer Symbiose. Sie belegen einen Korallenstock einzeln oder paarweise.
Hält.B.: Korallenriffaquarium mit verschiedenen fingerförmigen Korallen im Besatz.
Licht: Mittellichtzone.
FU: O; sie sammeln Schleim und Detritus von der Korallenoberfläche und fressen auch fädige Algen. Man kann sie zusätzlich mit Futtertabletten und kleinen Brocken von Gefrierfutter ernähren.
Bes.: Diese Art sieht *T. rufopunctata* sehr ähnlich. Nur die roten Punkte auf Carapax, Scheren- und Laufbeinen sind hier nicht so dicht gesetzt.

T: 22-28 °C, **L**: 3 cm, **BL**: ab 80 cm, **WB**: m, **WR**: m, **BS**: 3, **SG**: 2.

Trapezia cymodoce V. Neumann

Trapezia digitalis V. Neumann

Trapezia ferniginea V. Neumann

Trapezia guttata V. Neumann

Insel Bali, Indonesien R.C. Steene

Trapezia sp.
Korallenkrabbe

Vork.: Vom Roten Meer bis in der Indopazifik.
GU: Bei den ♂♂ ist der zum Bauch umgeschlagene Hinterleib dreieckig. Bei den ♀♀ ist er abgerundet.
Soz.Verh./Vgs.: Die Krebse leben einzeln, paarweise, aber auch mit Jungtieren in ihren Korallen. Sie sind gut mit vielen Wirbellosen und mit nicht zu großen Fischen zu vergesellschaften.
Hält.B.: Riffaquarium mit gutem Besatz an verzweigten Korallen der Gattungen *Acropora* und *Pocillopora*.
Licht: Dämmerlichtzone.
FU: O; Allesfresser, die auch kleine Brocken Gefrierfutter und Futtertabletten vom Boden aufnehmen.
Bes.: Der Carapax ist annähernd rund und gewölbt. Die Augen sind in Vertiefungen einklappbar. Das 1. Beinpaar ist kräftig und mit starken Scheren besetzt.

T: 22-26 °C, **L**: 20 mm, **BL**: ab 80 cm, **WB**: m, **WR**: m, **BS**: 2-3, **SG**: 1-2.

Indonesien

M. Walker

Trapezia sp.
Korallenkrabbe

Vork.: Vom Roten Meer bis in den Indopazifik.
GU: Bei den ♂♂ ist der zum Bauch umgeschlagene Hinterleib dreieckig. Bei den ♀♀ ist er abgerundet.
Soz.Verh./Vgs.: Die Krebse leben einzeln oder paarweise auf ihren Wirtstieren. Man kann sie gut mit kleinen Fischen und vielen Wirbellosen vergesellschaften.
Hält.B.: Riffaquarium mit einem guten Besatz an Leder- und Weichkorallen.
Licht: Dämmerlichtzone.
FU: O; Allesfresser, die sich als Kommensalen vom eingeschleimten Fang ihrer Wirtstiere ernähren, im Becken aber auch Brocken von Gefrierfutter und Futtertabletten annehmen.
Bes.: Der Körper der Tiere ist hell, fast transparent. Auffallend sind die langen und kräftigen Scherenbeine und die zarten, dünnen und gebänderten Laufbeine. Korallenkrabben leben mit verschiedenen Weich- und Lederkorallen in einer Gemeinschaft.

T: 22-26 °C, **L:** 25 mm, **BL:** ab 80 cm, **WB:** m, **WR:** m, **BS:** 2-3, **SG:** 1-2.

V. Neumann

Tetralia cavimana

V. Neumann

Tetraloides heterodactyla

Insel Bali, Indonesien

R.C. Steene

Percnon guinotae (CROSNIER, 1965)
Uferkrabbe, Felskrabbe, Seeigelkrabbe

Vork.: Indopazifik: Indonesien, Philippinen, Papua Neuguinea.
GU: Die Tiere sind getrenntgeschlechtlich und das Geschlecht ist an der Form des umgeschlagenen Abdomens erkennbar.
Soz.Verh./Vgs.: Die Tiere leben einzeln, sind außerordentlich flink und scheu. Man sollte sie nicht mit empfindlichen Wirbellosen, jedoch mit fast allen Korallenfischen vergesellschaften.
Hält.B.: Felskrabben sind in einem Felsaquarium gut aufgehoben, doch leben sie meist versteckt. Das Aquarium braucht eine gute Abdeckung.
Licht: Sonnenlichtzone.
FU: H; sie fressen verschiedene Algen.
Bes.: Der Carapax ist flach, oval und hinten abgeflacht. Spitze Dornen befinden sich an den Seiten und zwischen den Augen. Das erste Beinpaar ist kurz und trägt kleine Scheren. Damit zupfen sie die Algen vom Untergrund. Die Schreitbeine sind lang, abgeflacht und an jedem Glied mit Dornen an den Vorderkanten bewehrt. Der graubraune Carapax besitzt eine bläuliche Mittellinie und seitlich davon Abzweigungen. Die Beine sind gebändert. Felskrabben leben auf Hartgrund im Strandbereich und auf dem Riffdach. Man sieht sie aber auch unter langstacheligen *Diadema*-Seeigeln.

T: 22-28 °C, L: 10 cm, BL: ab 120 cm, WB: m, WR: o, BS: 3-4, SG: 3-4

Indonesien M. Walker

Percnon sp.
Uferkrabbe

Vork.: Indonesien.
GU: Die Tiere sind getrenntgeschlechtlich und das jeweilige Geschlecht ist nur an der Form des umgeschlagenen Abdomens erkennbar: Bei den ♂♂ ist es dreieckig, bei den ♀♀ ist es abgerundet.
Soz.Verh./Vgs.: Uferkrabben sind flink und scheu. Sie leben einzeln und bewegen sich im Spülsaum der Küsten und klettern im Brandungsbereich.
Hält.B.: Siehe *P. guinotae*.
FU: H; Uferkrabben sind Algenfresser.
Bes.: Der Körper ist oval, abgeflacht und marmoriert. Spitze Dornen befinden sich zwischen den roten Augen. Das 1. Beinpaar ist kurz und trägt kleine Scheren. Ihre Aufgabe ist es, Algen vom Untergrund abzureißen. Die Laufbeine sind abgeflacht, dornig, lang und gebändert.

T: 22-29 °C, **L**: 8 cm, **BL**: ab 120 cm, **WB**: m, **WR**: o-u, **BS**: 3-4, **SG**: 3

Atlantikküste, Irland H. Erhardt

Cancer pagurus LINNAEUS, 1758
Atlantischer Taschenkrebs

Vork.: Atlantik, Nordsee, Britische Inseln. **GU:** Die Tiere sind getrenntgeschlechtlich.
Soz.Verh./Vgs.: Atlantische Taschenkrebse sollten einzeln gehalten werden, da sie sehr gefräßig sind und räuberisch leben. Innerhalb kurzer Zeit haben sie den Besatz eines Aquariums leergeräumt. Auch mit Artgenossen vertragen sie sich nicht. Es gibt ständig Kämpfe, tote Rivalen werden sofort gefressen. Mit großen Fischen und großen Aktinien sind sie aber problemlos zu vergesellschaften.
Hält.B.: Da die Krebse groß und schwer werden und viel Bewegungsraum benötigen, sollte die Aquariendekoration fest montiert sein. Auch ist eine Abdeckung unbedingt notwendig, da die Krebse sonst hinaussteigen können. Da die Krebse tiefe Löcher im Sediment graben, um sich tagsüber darin zu verbergen, muß eine dicke Sand- oder Kiesschicht im Aquarium vorhanden sein.
FU: O; Allesfresser, sie ernähren sich von Weichtieren, verschiedenen Stachelhäutern, von kleinen Fischen und von Aas. Sie sind im Aquarium problemlos zu ernähren.
Bes.: Atlantische Taschenkrebse sind Tiere felsiger Küsten. Sie besitzen einen ziegel- bis rostroten Carapax und lange, behaarte Laufbeine. Die Scheren sind kräftig und tragen schwarze Spitzen. Taschenkrebse unternehmen ausgedehnte Nahrungswanderungen und legen dabei große Strecken zurück. Zur Fortpflanzungszeit kommen sie in flache Küstengewässer. Hier graben sie tiefe Löcher und warten auf einen Geschlechtspartner. Bei einer hohen Individuendichte kann die Unterwasserwelt mancherorts wie eine Mondlandschaft aussehen. Atlantische Taschenkrebse werden kommerziell in beköderten Reusen aus großer Tiefe gefangen. Ausgewachsene Tiere wiegen über 6 kg. Sie werden auf den Fischmärkten angeboten. Die Muskulatur ihrer Beine und die der Scheren wird gegessen und gilt als außerordentliche Delikatesse.

T: 4-15 °C, **Ø:** 16 cm, **BL:** ab 120 cm, **WB:** m, **WR:** u, **BS:** 3, **SG:** 2

Großes Barriereriff, Australien R.C. Steene

Atergatis floridus LINNAEUS, 1758
Olivgrüne Steinkrabbe

Vork.: Rotes Meer und Arabischer Golf bis Hawaii.
GU: Äußerlich nicht erkennbar.
Soz.Verh./Vgs.: Die Krebse leben einzeln versteckt in Korallen oder auf Sandflächen, wo sie tagsüber teilweise eingegraben sind.
Hält.B.: In der Literatur ist darüber nichts bekannt. Man sollte sie aber in einem Riffaquarium pflegen, das sowohl Versteckmöglichkeiten, als auch eine größere Sandfläche aufweist.
Licht: Dämmerlichtzone.
FU: K; sie fressen vorallem Weichtiere, die sie mit ihren kräftigen Scheren aufknacken. Mit kleingehacktem Muschel- und Schneckenfleisch müßten sie in einem Becken gut zu ernähren sein.
Bes.: Der Carapax ist breiter als lang, die Ränder glatt und ohne Dornen und Zacken. Die Scheren sind groß und kräftig, die Laufbeine glatt und nicht behaart. Eine helle, eigenwillige Zeichnung und helle Punkte zieren den olivgrünen Carapax. Steinkrabben leben in den Spalten und Ritzen der Riffe und sind nachtaktiv. Vorsicht: Man kann Steinkrabben nicht essen! Ihr Gift wirkt ähnlich wie das Tetratoxin vom Kugelfisch!

T: 22-26 °C, L: 7 cm, BL: ab 80 cm, WB: m, WR: m-u, BS: 2, SG: 2.

Similaninseln, Thailand H. Erhardt

Carpilius convexus (FORSSKÅL, 1775)
Riffkrabbe, Korallenkrabbe

Vork.: Indopazifik: Vom Roten Meer und Ostafrika bis Fidschi.
GU: Die Tiere sind getrenntgeschlechtlich.
Soz.Verh./Vgs.: Einzelgänger und ausschließlich nachtaktiv. Sie sind nur für eine Einzelhaltung geeignet, da sie sehr aggressiv auch auf Artgenossen reagieren. Die Aquariendekoration muß fest verankert sein mit breiten Spalten als Versteckmöglichkeiten.
Hält.B.: Die Tiere sind gut zu pflegen, wenn sie einzeln gehalten werden. Als nachtaktive Tiere sind sie nicht gerade attraktive Aquarientiere.
FU: O; sie sind Allesfresser und daher problemlos in Gefangenschaft zu ernähren.
Bes.: Riffkrabben besitzen einen fast runden und kräftigen Körper. Dieser ist, wie auch die Scheren- und Schreitbeine, rostrot bis rotbraun gefärbt. Tagsüber verstecken sich die Tiere in Spalten und Ritzen der Riffe. Nachts gehen sie auf Nahrungssuche. Die kräftigen Scheren knacken alles Freßbare. Das Fleisch der Tiere ist giftig!

T: 20-28 °C, **Ø**: 15 cm, **BL**: ab 120, **WB**: m, **WR**: u, **BS**: 3-4, **SG**: 2.

Insel Bali, Indonesien M. Walker

Carpilius maculatus LINNAEUS, 1758
Gepunktete Korallenkrabbe

Vork.: Rotes Meer, Indopazifik: Von Ostafrika bis zu den Marquesas.
GU: Die Tiere sind getrenntgeschlechtlich.
Soz.Verh./Vgs.: Gepunktete Korallenkrabben sind Einzelgänger und ausschließlich nachtaktiv. Da sie sehr aggressiv auch gegen ihre Artgenossen sind, müssen sie unbedingt einzeln gehalten werden. Sie benötigen im Aquarium breite Spalten, um sich tagsüber darin zu verstecken.
Hält.B.: Allein in einem Aquarium sind sie problemlos zu pflegen. Trotz ihres dekorativen Aussehens sind sie als nachtaktive Tiere für den Aquarienfreund nicht gerade attraktiv.
FU: O; sie sind Allesfresser und daher problemlos in Gefangenschaft zu ernähren.
Bes.: Der rötlichbraune Carapax trägt typisch angeordnete, dunkelrote Punkte, die der Krabbe auch den Namen gaben. Die Scheren sind kräftig und gleich groß. Sie werden zum Öffnen festschaliger Beutetiere eingesetzt. Auch junge "Mördermuscheln" der Gattung *Tridacna* gehören zu ihrer Beute. Trotz ihrer Größe sind diese Tiere scheu und flüchten sofort, wenn sie nachts mit einer Lampe angestrahlt werden. Ihr Fleisch ist giftig. Das Gift wird mit der Algennahrung aufgenommen und befindet sich im gesamten Körper.

T: 22-26 °C, **Ø:** 14-18 cm, **BL:** ab 120 cm, **WB:** m, **WR:** u, **BS:** 3-4, **SG:** 2.

Nordsulawesi, Indonesien L. Tackett

Epiactaea sp.
Rote Steinkrabbe

Vork.: Indonesien.
GU: Die Geschlechter sind nur an der Form ihres umgeschlagenen Hinterleibes zu erkennen: Bei den ♂♂ ist der Hinterleib spitz, bei den ♀♀ abgerundet.
Soz.Verh./Vgs.: Die Krebse leben einzeln und sind nachtaktiv.
Hält.B.: Es finden sich keine Pflegehinweise in der Aquarienliteratur.
FU: O; Allesfresser.
Bes.: Der skulptierte Carapax ist oval, leicht gewölbt und an den Seiten gezahnt. Das 1. Beinpaar trägt kräftige Scheren, die im allgemeinen von Algen und Hydroiden bewachsen sind. Die nachtaktiven Krebse sind sehr scheu und verkriechen sich bei Licht und Erschütterungen sofort in nahegelegene Spalten und Ritzen des Riffes.

T: 22-28 °C, **Ø:** 4 cm, **BS:** 4, **SG:** 4

Surininseln, Thailand H. Erhardt

Etisus splendidus RATHBUN, 1824
Pracht-Riffkrabbe

Vork.: Indopazifik: Australien, Malediven, Mikronesien, Philippinen, Indonesien.
GU: Die Tiere sind getrenntgeschlechtlich.
Soz.Verh./Vgs.: Prachtkrabben sind Einzelgänger und ausschließlich nachtaktiv. Als gefräßige Räuber kann man sie nur in Einzelhaltung mit großen Fischen und Seeanemonen vergesellschaften.
Hält.B.: Als Einzeltiere sind sie gut in einem Aquarium zu pflegen. Sie benötigen Versteckmöglichkeiten in der Dekoration, da sie nachtaktiv sind und sich tagsüber verstecken müssen.
FU: H; sie ernähren sich ausschließlich von Algen. Man kann ihnen abgekochte Salatblätter reichen.
Bes.: Prachtriffkrabben sind Einzelgänger. Nur bei Vollmond wandern sie in offene Gewässer ein, um sich zu paaren und zu laichen. Der unregelmäßig gezahnte Carapax ist glatt, ohne Aufwuchs und kräftig rot gefärbt. Die Scherenspitzen sind stets dunkelbraun bis schwarz. Die standorttreuen Krabben bewegen sich auf ihrer Nahrungssuche sehr bedächtig, da sie kaum Feinde haben. Ihr Fleisch ist sehr giftig.

T: 20-28 °C, Ø: 12 cm, BL: ab 120 cm, WB: m, WR: u, BS: 3-4, SG: 2.

Madang, Papua Neuguinea R.C. Steene

Liomera rubra HASWELL, 1882
Rote Muster-Steinkrabbe

Vork.: Indopazifik: Indonesien, Philippinen, Papua Neuguinea.
GU: Den Unterschied zwischen den Geschlechtern erkennt man nur, wenn man die Tiere umdreht. Die ♀♀ haben einen abgerundeten, zum Bauch hin eingeschlagenen Hinterleib. Der Hinterleib der ♂♂ ist dreieckig.
Soz.Verh./Vgs.: Die Krabben sind Einzelgänger und können nur mit robusten Fischen und Wirbellosen vergesellschaftet werden.
Hält.B.: Riffaquarium mit ausreichenden Tagesverstecken und einen Sandboden zum Graben.
Licht: Dämmerlichtzone.
FU: K; sie nehmen fast alles tierische Futter und auch Futtertabletten an.
Bes.: Der Körper der Krebse ist feuerrot gefärbt. Der Carapax trägt ein auffällig helles Muster aus Linien und Ornamenten. Die nachtaktiven Tiere leben tagsüber in den Ritzen und Spalten der Riffe versteckt.

T: 22-26 °C, L: 2 cm, BL: ab 80 cm, WB: I, WR: u, BS: 3, SG: 1-2.

Rotes Meer V. Neumann

Phymodius granulatus TARGIONI TOZZETTI, 1877
Rauhe Rundkrabbe

Vork.: Rotes Meer, Indopazifik.
GU: Die Geschlechter unterscheiden sich in der Form des zum Bauch umgeschlagenen Hinterleibes: Bei den ♂♂ ist der Hinterleib dreieckig, bei den ♀♀ ist er abgerundet.
Hält.B.: Unbekannt und in der uns zur Verfügung stehenden Literatur nicht beschrieben.
FU: K, verschiedene Wirbellose und Aas.
Bes.: Der Carapax der Tiere ist breiter als lang und an den Rändern gezahnt. Die Oberfläche ist rauh, stark zerklüftet und zeigt höckerige Muster. Das 1. Beinpaar trägt kräftige, doch unterschiedlich große Scheren, deren Spitzen schwarz gefärbt sind. Die Scherenglieder sind dornig.

T: 22-28 °C, **L**: 4 cm, **Bes.**: 4, **SG**: 3

Insel Bali, Indonesien R.C. Steene

Pseudoliomera speciosa (DANA, 1852)
Lava-Rundkrabbe

Vork.: Indopazifik: Indonesien, Philippinen, Mikronesien bis nach Hawaii.
GU: Die Geschlechter unterscheiden sich an der Form des umgeschlagenen Hinterleibes: Bei den ♂♂ ist der Hinterleib dreieckig, bei den ♀♀ ist er abgerundet.
Soz.Verh./Vgs.: Die Krebse sind nächtliche Einzelgänger.
Hält.B.: Unbekannt. Es konnte keine Pflegeanleitung in der zur Verfügung stehenden Literatur gefunden werden.
FU: K; verschiedene koloniale Wirbellose.
Bes.: Der Carapax der Krebse ist breiter als lang. Die Stirn ist breit ausgezogen und ohne Rostrum. Das 1. Beinpaar trägt kräftige Scheren, deren Spitzen schwarz gefärbt sind. Der Carapax und die Scherenbeine zeigen eine eigenwillige Skulpturierung und eine farbige Rückenzeichnung, in deren Mitte sich drei rote Farbflecken befinden.

T: 23-28 °C, **Ø**: 2 cm, **BS**: 4, **SG**: 4

Rotes Meer V. Neumann

Ceratocarcinus spinosus MIERS, 1879
Stachelige Haarstern-Krabbe

Vork.: Rotes Meer und im Indopazifik.
GU: Keine.
Soz.Verh./Vgs.: Die Tiere leben einzeln oder paarweise zwischen den Pinnulae und den Armen von Haarsternen.
Hält.B.: Die Krebse sind ohne ihren Wirt nicht überlebensfähig. Da Haarsterne selten in Aquarien gepflegt werden, sind diese Tiere so gut wie nie im Aquarienhandel zu erwerben.
FU: Haarstern-Krabben sind Kommensalen, die sich vom eingeschleimten Planktonbrei ihrer Wirte ernähren.
Bes.: Diese relativ kleinen Krebse leben farblich ihren Wirten gut angepaßt und somit gut getarnt zwischen den Armen von Haarsternen. Selbst die Bänderung der Arme wird von ihnen imitiert. Ihr Carapax trägt kräftige, nach vorne und nach oben abgespreizte Dornen. Es bedarf schon einer guten Kenntnis über die Lebensweise dieser Tiere, um sie zu entdecken.

T: 23-29 °C, **L**: 2-3 cm, **BS**: 4, **SG**: 2-3

Zebrida adamsi L. Tackett

Insel Lombok, Indonesien M. Walker

Zebrida adamsii WHITE, 1847
Adams Seeigelkrebs, Zebrakrebs

Vork.: Vom Indischen Ozean bis in den Westpazifik.
GU: Nicht vorhanden.
Soz.Verh./Vgs.: Die Tiere leben einzeln oder paarweise auf einem Seeigel. Sie leben hier als Kommensalen.
Hält.B.: Die Krebse sind außerhalb ihres Wirtes lebensunfähig. Sofern die entsprechenden Seeigel zu bekommen sind, kann auch der Kommensale mit ihnen gepflegt werden.
FU: K; Zebrakrebse profitieren von der unorthodoxen Freßweise der Seeigel und reinigen zum Teil ihre Wirte von auflagernden organischen Materialien.
Bes.: Im südlichen Indischen Ozean leben die Krebse mit dem Seeigel *Heliocidaris erythrogamma* vergesellschaftet. Sie besetzen in anderen Faunengebieten auch andere Seeigelarten, wie z. B. *Asthenosoma varium* oder *A. intermedium*. Im allgemeinen leben die Tiere paarweise auf einem der Seeigel und sie bewegen sich auf ihrem Wirt immer an der Basis der Stacheln. Der Carapax und die Beine sind zebraähnlich gebändert.

T: 22-26 °C, **L**: 2-2,5 cm, **BS**: 4, **SG**: 4

Manado, Nordsulawesi, Indonesien H. Erhardt

Parribacus antarcticus (LUND, 1793)
Antarktischer Bärenkrebs

Vork.: Zirkumtropikal: Australien, Ostafrika, Hawaii, Indonesien, Japan, Karibik, Papua Neuguinea, Neukaledonien, Philippinen. GU: Nicht vorhanden.
Soz.Verh./Vgs.: Die erwachsenen Tiere sind Einzelgänger, die sich mit anderen Artgenossen nicht vertragen. Mit großen Fischen sind sie gut zu vergesellschaften.
Hält.B.: Man pflegt sie am besten in großen Felsaquarien, in denen sie genügend Tagesverstecke vorfinden sollten. Das Aquarium muß unbedingt abgedeckt werden, da die Tiere auf der nächtlichen Suche nach Nahrung aus dem Becken springen könnten.
FU: K; sie fressen Würmer, Schnecken, Muscheln und kurzstachelige Seeigel. Man füttert sie im Aquarium mit Krebs- und Muschelfleisch. Futtertabletten versuchen.
Bes.: Bärenkrebse sind nachtaktiv. Ihr Körper ist dorsoventral abgeflacht und der Panzer durch scharfe und spitze Seitenstacheln bewehrt. Das 2. Antennenpaar ist zu schaufelartigen Platten umgebildet worden. Mit ihrer Hilfe graben sich die Bärenkrebse in den Untergrund ein. Ihr Fleisch ähnelt im Geschmack dem der Langusten.

T: 22-26 °C, L: 20 cm, BL: ab 100 cm, WB: l, WR: u, BS: 3-4, SG: 2.

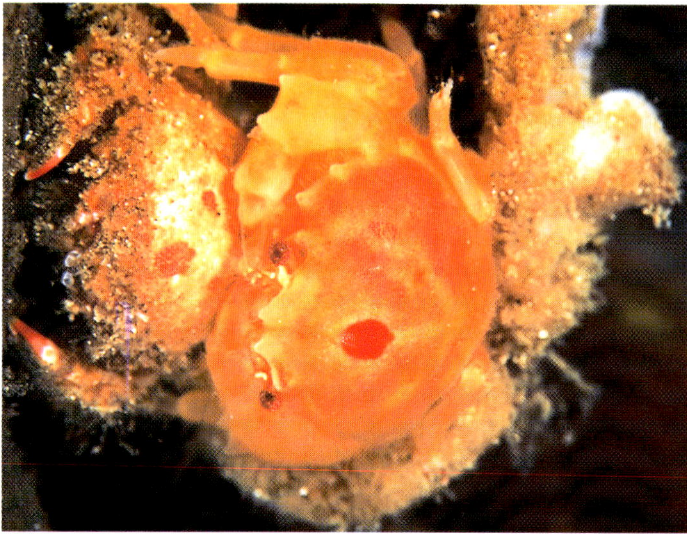

Nordsulawesi, Indonesien D. Tackett

Dromia sp.
Rotfleck-Wollkrabbe

Vork.: Indonesien.
GU: Die Geschlechter sind nur an der Form ihres umgeschlagenen Hinterleibes erkennbar: Der Hinterleib des ♂ ist dreieckig, der des ♀ abgerundet.
Soz.Verh./Vgs.: Rotfleck-Wollkrabben sind nächtliche Einzelgänger.
Hält.B.: Es gibt in der uns zur Verfügung stehenden Aquarienliteratur keine Pflegehinweise.
FU: K, verschiedene kleine Wirbellose.
Bes.: Der Carapax ist gewölbt und mit dichtstehenden Haaren besetzt. So auch die Laufbeine. Ein roter Fleck befindet sich darauf. Normalerweise maskieren sich die Tiere mit Schwämmen oder mit anderen wirbellosen Tieren, die sie auf ihren Carapax setzen und mit den letzten Beinpaaren festhalten. Der Krebs auf dem Bild hat offensichtlich seine Maskerade abgelegt und ist im Begriff, sich eine neue zu suchen. Auf dem Bild deutlich erkennbar ist der hakenförmige Dactylus des 5. Laufbeinpaares.

T: 23 - 29 °C, Ø: 4 cm, BS: 4, SG: 4

Manado, Kunkungan Bay, Indonesien H. Erhardt

Dromidiopsis edwardsi RATBUN, 1919
Edwards Schwammkrabbe

Vork.: Indopazifik: Australien, Indonesien, Philippinen.
GU: Nur bei den umgedrehten Tieren ist das Geschlecht zu erkennen. Die ♀♀ besitzen einen breiten und abgerundeten, die ♂♂ einen dreieckig umgeschlagenen Hinterleib.
Soz.Verh./Vgs.: Die Krebse sind nachtaktive Einzelgänger und nur mit großen Fischen und kräftigen Wirbellosen zu vergesellschaften.
Hält.B.: Wenn möglich, dann in einem großen Felsaquarium halten, das aber auch eine kräftige Dekoration aufweisen muß. Der Schwamm auf dem Rücken der Krebse wird zu einem Problem für die Aquarianer.
FU: K; sie ernähren sich von verschiedenen Wirbellosen und von Aas. Im Aquarium füttert man sie mit Fisch-, Muschel- und Garnelenfleisch.
Bes.: Der große Körper der Krebse ist fein behaart. Die kräftigen Scheren haben hell abgesetzte Scherenspitzen. Sie leben in einer Gemeinschaft mit Schwämmen, die sie sich auf den Körper laden und mit dem letzten, umgewandelten Beinpaar festhalten. Der Schwamm dient der Tarnung und Abschreckung.

T: 22-26 °C, **L:** 15 cm, **BL:** ab 100 cm, **WB:** m, **WR:** m-u, **BS:** 3-4, **SG:** 2.

Insel Bali, Indonesien R.C. Steene

Dynomene sp.
Haarige Schwammkrabbe

Vork.: Indonesien.
GU: Die Geschlechter sind nur an der Form des umgeschlagenen Hinterteils der Krebse zu erkennen: Beim ♂ ist das Hinterteil zugespitzt, beim ♀ ist es abgerundet.
Soz.Verh./Vgs.: Die Krebse sind nächtliche Einzelgänger.
Hält.B.: In der Literatur finden sich keine Pflegehinweise für Tiere dieser Gattung.
FU: K, Kleinpartikelfresser im Aquarium.
Bes.: Der Carapax und alle Beinpaare sind mit langen und kräftigen Haaren besetzt. Die kleinen Augen stehen weit auseinander und befinden sich seitlich eines Kopfschildes. Der braun skulptierte Körper des abgebildeten Tieres ist nicht maskiert.

T: 22-28 °C, Ø: 5 cm, BS: 4, SG: 4

Rotes Meer V. Neumann

Petalomera sp.
Schwammkrabbe

Vork.: Rotes Meer.
GU: Die Geschlechter sind nur an der Form des umgeschlagenen Hinterleibes zu erkennen: Bei den ♂♂ ist der Hinterleib dreieckig, bei den ♀♀ ist er abgerundet.
Soz.Verh./Vgs.: Die Krebse sind nächtliche Einzelgänger im Riff.
Hält.B.: Korallenriff- oder tropisches Felsaquarium mit ausreichenden Versteckmöglichkeiten.
Licht: Dämmerlichtzone.
FU: O, die Krebse fressen Aufwuchs aller Art. Sie müssen im Aquarium nicht zusätzlich ernährt werden.
Bes.: Der Carapax ist hochrückig und seitlich gezahnt. Das 1. Beinpaar trägt unterschiedlich kräftige Scheren. Das 5. Beinpaar ist reduziert und seitlich über den Carapax gelegt. Es dient zum Festhalten des Schwammes. Fast alle Krebse dieser Gattung bedecken sich zur Tarnung mit Teilen von Schwämmen, die sie passend mit Hilfe ihrer Scheren zuschneiden und aushöhlen.

T: 23-29 °C, L: 5 cm, BL: ab 80 cm, WB: m, WR: variabel, BS: 3-4, SG: 1-2.

Ocypodidae (Sand- und Winkerkrabben)

Die Krabben aus dieser Familie leben amphibisch stets im Gezeitenbereich, in Ästuarien und in Mangroven aller warmen Meeresküsten und sie unterliegen hier dem Gezeiten-Aktivitätsrhythmus. Bei Niedrigwasser sind sie aktiv und bei auflaufender Flut schließen sie sich in ihren selbstgegrabenen Wohnröhren ein. Die Vertreter aus zwei Gattungen stellen wir hier vor: Zum einen sind es die Renn- und Reiterkrabben der Gattung *Ocypode* und zum anderen die Winkerkrabben der Gattung *Uca*.
Rennkrabben sind sehr lebhafte tag- und dämmerungsaktive Tiere, die an Sandstränden und in Dünen leben. Sie suchen bei Ebbe den Strand nach Aas ab und verschwinden bei Gefahr blitzschnell in ihren Röhren. Diese reichen bis an das Grundwasser. Hier findet auch die Paarung und die Eiablage statt. Einige Arten errichten als optische Signale Pyramiden aus dem ausgeräumten Sand der Höhlen, um diese als Paarungsrevier zu nutzen. Das ausgeräumte Bodenmaterial wird auch zu kleinen Sandbällchen geformt und in einiger Entfernung vom Höhleneingang zu Mustern abgelegt. Einige Arten können sich akustisch verständigen, indem sie mit ihrem Stridulationsorgan grillenähnliche Geräusche verursachen.
Bei Tieren aus der Gattung *Uca* besitzen die ♂♂ auf der einen Körperseite eine große Schere, die bis zu Hälfte des Körpergewichtes ausmachen kann. Damit vollführen die Krabben während der Balz und bei der Reviermarkierung Winkbewegungen. Das Winken ist ein Signal, um den ♀♀ mitzuteilen, daß sich das ♂ in Paarungsbereitsschaft befindet. Dieses Schaugebahren dient aber auch als Warnung an andere ♂♂, sich dem Schauplatz der Werbung fernzuhalten. Kommt es zum Kampf, dann rammen die ♂♂ mit ihren großen Scheren aneinander. Der Kampf besteht nur aus Schieben und Drücken, bis der Schwächere aufgibt. Krabben der Gattung *Dotilla* winken mit den beiden gleich großen Scheren. Winkerkrabben können in großer Individuendichte vorkommen und auf 50 Quadratmeter Boden möglicherweise mit bis zu 15 verschiedene Arten vertreten sein. Krabben aus dieser Familie pflegt man am besten in einem Gezeiten-Becken, um die gesamte Palette ihrer Aktivitäten und ihres Verhaltens beobachten zu können. Nachfolgend werden einige Arten im Bild vorgestellt.

Uca inversa ♂ H. Erhardt

Uca inversa ♀ H. Erhardt

Uca lactea ♀ V. Neumann

Uca vocanus ♂ V. Neumann

Uca tetragonon V. Neumann

Dotilla sulcata H. Erhardt

Hainan, Volksrepublik China V. Neumann

Mictyris brevidactylus STIMPSON, 1858
Blaue Armeekrabbe

Vork.: Indopazifik im Gezeitenbereich.
GU: Die Geschlechter sind nur an der Form des umgeschlagenen Hinterleibes zu erkennen: Die ♂♂ besitzen einen dreieckigen, die ♀♀ einen abgerundeten Hinterleib.
Soz.Verh./Vgs.: Die Krebse leben einzeln in ihren selbstgegrabenen Wohnröhren, in ihrem Biotop jedoch leben sie in einer großen Individuendichte.
Hält.B.: Nicht bekannt. Man könnte sie wie *Uca crassipedes* halten, wie im MEERWASSER ATLAS, Band 1, auf Seite 667 beschrieben.
FU: O; Allesfresser, die den obersten Schlickbelag nach organischen Resten durchsieben.
Bes.: Blaue Armeekrabben leben semiterrestrisch. Ihr fast kugeliger Körper wird auf stelzigen Beinen bewegt. Mit Hilfe ihrer Scheren "schrauben" sie sich tief in den Boden (bis zu 25 cm) und verbringen dort die Zeit der Flut. Bei Niedrigwasser kommen sie heraus und sortieren den Schlick nach Verwertbarem.

T: 25-32 °C, L: 5 cm, BL: ab 100 cm, WB: l, WR: u, BS: 3-4, SG: 1-2.

Insel Bali, Indonesien
M. Walker

Lysiosquilla maculata (FABRICIUS, 1793)
Gebänderter Fangschreckenkrebs

Vork.: Indopazifik: Von Ostafrika bis nach Japan.
GU: Keine.
Soz.Verh./Vgs.: Die Tiere leben einzeln und sind sehr aggressiv gegenüber anderen am Boden lebenden Tieren. Man sollte sie einzeln halten.
Hält.B.: Fangschreckenkrebse graben Löcher in Sand und Geröll und leben darin. Sie benötigen diesen Grund auch im Aquarium. Eine geräumige Dekoration kann für weitere Versteckmöglichkeiten sorgen.
Licht: Dämmerlichtzone.
FU: K; Schnecken, Muscheln und Gefrierfutter.
Bes.: Diese Art gehört zu den größten Fangschreckenkrebsen im Indopazifik. Der Körper der Tiere besitzt dunkle Querbänder, die ein Erkennen erleichtern. Ihr Lebensraum sind Weich- und Geröllböden vom Flachwasser bis in größere Tiefen.

T: 21-26 °C, **L**: bis 40 cm, **BL**: ab 100 cm, **WB**: m, **WR**: u, **BS**: 3, **SG**: 3

Nordsulawesi, Indonesien H. Erhardt

Odontodactylus scyllarus (LINNAEUS, 1758)
Bunter Fangschreckenkrebs

Vork.: Im gesamten Indopazifik und Australien.
GU: Keine.
Soz.Verh./Vgs.: Die Tiere leben einzeln in ihren selbstgegrabenen Gängen im Sandboden. Hier lauern sie auf Beute. Da sie Räuber sind, die sich von Fischen, Garnelen und Würmern ernähren, sollten sie einzeln gehalten werden.
Hält.B.: Sie benötigen Sandgrund, um ihre Gänge darin zu bauen.
Licht: Dämmerlichtzone.
FU: K; sie fressen Muscheln, Schnecken und Fisch. Man kann sie auch an Gefrierfutter gewöhnen.
Bes.: Der Körper der Krebse ist langgestreckt, der Hinterleib abgeflacht und mit einem breiten Schwanzfächer ausgestattet. Der Vorderkörper trägt große und bedornte Fangbeine, die zum Beutefang eingesetzt werden. Die Beute wird praktisch aufgespießt, mit einem Fanghaken ergriffen und mit den eingeklappten Fangbeinen festgehalten. Fangschreckenkrebse sind sehr beweglich, laufen schnell über den Untergrund und können auch über kurze Strecken schwimmen. Vorsicht: Sie anzufassen ist gefährlich und kann zu schlimmen Verletzungen führen. Weitere Informationen im MEERWASSER ATLAS, Band 1, auf den Seiten 676 und 677.

T: 22-26 °C, L: 14 cm, BL: ab 80 cm, WB: m, WR: u, BS: 1-2, SG: 1-2.

Großes Barriereriff, Australien R.C. Steene

Bathynomus sp.
Riesenassel

Vork.: Barriereriff Australien. Bewohnt die Tiefsee und wurde mit einem Netz aus 1000 m Tiefe gefischt.
Diese Riesenassel soll hier nur vorgestellt werden. Sie wird in Aquarien nicht gepflegt und über ihre Biologie weiß man auch nicht sehr viel.
Der Körper der Asseln ist dorsoventral abgeflacht. Auffallend sind die langen und gegliederten Beine. Diese Art dürfte sich in der Tiefsee von Detritus, Aas und kleinen Wirbellosen ernähren. Asseln sind artenreich und ökologisch die wohl leistungsfähigste Gruppe der Krebse, da sie nicht nur im Meer, im Süßwasser und auf dem Land leben, sondern viele Arten sich auch zu Parasiten entwickelt haben. Das Titelbild, welches das Kapitel der Krebse einleitet, zeigt eine solche parasitische Fischassel am Kiemendeckel eines Kaninchenfisches.

Birgus latro P. Schupp

Insel Guam, Mikronesien P. Schupp

Birgus latro (LINNAEUS, 1767)
Palmendieb, Kokosnußkrabbe

Vork.: Im tropischen Westpazifik weit verbreitet, doch nur auf kleineren Inseln vorkommend.
GU: Keine.
FU: O; Allesfresser, der sich von Früchten und kleineren Tieren ernährt. Auch Artgenossen werden angegriffen und gefressen. Er hat eine Vorliebe für Kokosnüsse.
Bes.: Wir stellen diesen Krebs hier vor, weil zumindest die Larvalentwicklung im Meer stattfindet. Die ♀♀ suchen zum Absetzen und Abschütteln der Larven noch das Wasser auf, kehren aber sofort wieder an Land zurück. Die erwachsenen Tiere sind reine Landtiere. Die Jungkrebse verstecken ihren Hinterleib noch in einer Schneckenschale. Nach mehreren Häutungen und bei einer Länge von 10-12 cm wird der Schutz der Schneckenschale aufgegeben und die Tiere krümmen den verkalkten Hinterleib unter den Vorderkörper. Palmendiebe leben in Löchern des Bodens, unter Wurzelwerk und im Korallenfels und wandern bis zu 6 km landeinwärts. Sie klettern auf 20 m hohe Bäume, um die Kokosnüsse von den Palmen zu schneiden. Die Beute wird zum Versteck geschleppt und gefressen. Finden sie nichts Freßbares, können sie bis zu 14 Monate hungern. Auf vielen Inseln werden die Tiere gesammelt und vor dem Verzehr mit Kokosnüssen gemästet.

Echinodermata (Stachelhäuter)

Über die stammesgeschichtliche Entwicklung der Stachelhäuter ist relativ wenig bekannt, da es kaum Fossilienfunde gibt. Die ältesten Versteinerungen stammen aus dem Kambrium, einer Zeitepoche vor etwa 500 Millionen Jahren. Zur damaligen Zeit waren die Stachelhäuter auf der Erde jedoch sehr viel artenreicher vertreten als heute.

Die etwa 6000 rezenten Stachelhäuter besitzen ein weitgehend einheitliches Konstruktionsprinzip, wobei die Zahl 5 beim Körperbau der Tiere eine dominierende Rolle spielt, sowohl bei den 5 Armen der Seesterne, den 5 Zähnen des Kauapparates bei den Seeigeln, als auch bei den 5 Reihen der Ambulakralfüßchen bei den Seewalzen. Die Zahl 5 setzt sich auch bei der Anordnung der inneren Organe fort.

Der Stamm der Stachelhäuter teilt sich in 5 Klassen: Typische Vertreter sind die Haar- und Federsterne, die Seesterne, die Schlangensterne und die Seeigel.

Eine abweichende Form zeigen die Seewalzen, die zylindrisch gestreckt sind. Alle Stachelhäuter leben ausschließlich im Meer. Ihre Verbreitung reicht von den Polargebieten bis in die warmen Regionen gemäßigter, tropischer und subtropischer Meere.

Dieser so mannigfaltige Tierstamm, der so viele Formentypen in sich vereinigt, kann nur verstanden werden, wenn man die Embryonalentwicklung der Tiere betrachtet, in der nachvollzogen wird, was in der stammesgeschichtlichen Entwicklung in groben Zügen abgelaufen ist. Es zeigt sich so, daß im Gegensatz zu den erwachsenen Tieren die Larven der Stachelhäuter zweiseitig symmetrisch gebaut sind, was beweist, daß die fünfstrahlige radiäre Symmetrie, die für die erwachsenen Tiere dieses Stammes so charakteristisch ist, sekundär erworben wurde. Sie tritt erst während der Metamorphose ein, wenn sich die Larven zu jungen Stachelhäutern entwikkeln. Tritt die fünfstrahlige Radiärsymmetrie bei einigen Klassen des Stammes in der äußeren Erscheinungsform nur verwischt auf, so ist sie um so deutlicher bei den Seesternen und den Haar- und Schlangensternen ausgeprägt. Betrachtet man nachfolgend die

Anordnung der inneren Organe und das Nervensystem in den einzelnen Tierklassen, wird deutlich, daß die fünfstrahlige Radiärsymmetrie auch hier wiederholt wird.

Die wenigen Fossilienfunde, die uns heute von den Stachelhäutern zur Verfügung stehen, haben gezeigt, daß sich die Tiere von festsitzenden, bilateral symmetrischen Ahnen ableiten lassen. Rezente Tiere sind auch heute noch als Bindeglieder dieser Entwicklung vorhanden. Als Beispiel dafür gelten die Seelilien, die zeitlebens mit dem Substrat verankert sind und die Haarsterne, die während eines Teiles ihrer Entwicklung, im sogenannten Seelinienstadium, über einen Stiel mit dem Untergrund verbunden bleiben. Auch die Larven vieler Seesterne saugen sich während der Zeit ihrer Metamorphose mit Hilfe eines Haftorgans am Substrat fest, was deutlich darauf hinweist, daß sie sich von sessilen Tieren ableiten lassen.

Verglichen mit anderen Tieren sind die Stachelhäuter in ihrer Formgebung sehr eigenwillig geblieben. So kann man bei ihnen zwar unterscheiden, wo oben und wo unten ist, nicht jedoch wo hinten und wo vorne ist. Da ein Kopf mit einem Mund einerseits und ein After andererseits stets sichere Anhaltspunkte für die Orientierung der Hauptachse eines Tierkörpers sind, ist es oft sehr schwierig, bei den Stachelhäutern zu einer Aussage zu kommen, mit Ausnahme der Seewalzen. Ihr Körper verläuft parallel zum Untergrund, ist horizontal ausgerichtet, und man kann ein Vorne und Hinten voneinander unterschieden.

Die Haut der Stachelhäuter besteht aus drei Schichten. Die äußere ist sehr dünn und überzieht die gesamte Körperoberfläche der Tiere, einschließlich der Höcker, Stacheln und anderen Fortsätze. In ihr sind Drüsen- und Sinneszellen eingelagert. Die zweite Schicht besteht aus Bindegewebe. In ihr befindet sich das Skelettsystem, das aus Kalzit, einer besonderen Form von Kalk, besteht und vom Bindegwebe abgeschieden ist. Damit ist das Skelett der Stachelhäuter ein inneres, also ein Endoskelett. Es kann aus einzelnen, in der Haut liegenden Kalkplatten bestehen oder vielgestaltige lockere oder feste Panzer bilden und hat die Aufgabe, den Körper zu schützen und zu formen. Die systematische Einordnung der Stachelhäuter in Ordnungen und Familien erfolgt nach der Anordnung und Form dieser Skelettelemente, der Füßchen, der Greif- und Kauwerkzeuge und ist in vielen Fällen nur mikroskopisch möglich. Die dritte Schicht bedeckt alle inneren Organe und kleidet die Leibeshöhle aus.

Was aber die Stachelhäuter von allen anderen Tieren deutlich unterscheidet, ist ihr herausragendes Merkmal: das Wasser- oder Ambulakralgefäßsystem. Da es sehr kompliziert aufgebaut ist, soll es hier nicht ausführlich besprochen werden. Dafür gibt es weiterführende Literatur. Man kann es aber, salopp gesagt, als eine Art Pumpwerk betrachten, das Meerwasser in das Innere der Tiere befördert und der Sauerstoffversorgung, der Fortbewegung und der Nahrungsaufbereitung dient. Das Wasser tritt durch eine Siebplatte in den Körper ein, fließt durch den sogenannten Steinkanal und gelangt durch diesen in den Ringkanal. Von hier zweigen Radiärkanäle ab, die sich wiederum in viele Seitenkanäle verzweigen, die mit Ampullen und den schlauchförmigen Ambulakralfüßchen versehen sind. Diese können bei einsetzendem Wasserdruck gestreckt werden, wobei sie sich mit ihren Haftscheiben an den Untergrund festsaugen. Im Wechselspiel zwischen Ansaugen und Loslassen kommt eine gerichtete Fortbewegung zustande.

Wie bereits erwähnt, folgt die Anordnung des Nervensystems der fünfstrahligen Radiärsymmetrie der Tiere. Es sind ursprünglich drei verschiedene Nervensysteme vorhanden, die sich auf verschiedenen Ebenen entwickeln. Sie verzweigen sich alle wie das Wassergefäßsystem. Die Haut trägt zahlreiche Sinneszellen, die auf Licht, Berührung und Chemikalien reagieren. Typische Sinnesorgane sind aber selten. Eine zentralnervöse Schaltstelle in Form eines Gehirns ist bei den Stachelhäutern noch nicht ausgebildet.

Ein Blutgefäßsystem ist bei allen Stachelhäutern entwickelt, doch wird es hier als Blutlakunensystem bezeichnet. Bei den Seeigeln und den Seewalzen ist es besonders gut entwickelt. Das Gefäßsystem enthält Blutzellen. 18 verschiedene Typen wurden beschrieben, die Pigmente bilden, den Sauerstoff transportieren und Exkrete entfernen.
Die Sauerstoffaufnahme und die Kohlendioxydabgabe erfolgt an

allen dünnen Hautstellen: So bei den zahlreichen Ambulakralfüßchen, den Papillen, den Papulae und Bursen und über die Wasserlungen bei der Seewalzen.

Stachelhäuter sind getrenntgeschlechtliche Tiere. Die Gonaden sind in Fünfzahl vorhanden und in den Interradien untergebracht. Die Eizellen sind klein, dotterarm und werden in das freie Wasser abgegeben. Hier werden sie von den Spermien der männlichen Tiere befruchtet. Die Larven der einzelnen Tierklassen haben verschiedene Namen erhalten: *Echinopluteus* bei den Seeigeln, *Ohiopluteus* bei den Schlangensternen, *Bipinnaria* bei den Seesternen, *Doliolaria* bei den Haarsternen und *Auricularia* und *Doliolaria* bei den Seewalzen. Alle Larven leben zuerst planktisch, bevor sie sich zu Boden sinken lassen und zu einer benthonischen Lebensweise übergehen. Arten, die Brutpflege betreiben, haben dotterreiche Eizellen und eine abgewandelte Entwicklung. Bei ihnen entfällt ein freies Larvenstadium.

Die wirtschaftliche Bedeutung der Stachelhäuter für die menschliche Ernährung ist nicht zu unterschätzen. Jährlich werden weltweit über 50 000 Tonnen Anlandungen registriert. Den größten Anteil haben dabei die Seeigel, deren Gonaden gegessen werden. Ein kleiner Anteil fällt auf die Seewalzen, die getrocknet als Trepang in Südostasien auf den Markt kommen. Seesterne, Haarsterne und Schlangensterne, die fast nur aus Skelettsubstanz bestehen, sind zwar unbedeutend für die menschliche Ernährung, doch als Biomasse sind sie im Kreislauf der Natur sehr wichtig.

Haarsterne auf Schwamm D. Tackett

Haarsterne (Crinoidea)

Haarsterne, auch Federsterne genannt, bilden gemeinsam mit den Seelilien innerhalb des Stammes der Stachelhäuter die Klasse der Crinoidea. Im Gegensatz zu den Seelilien, die zeitlebens mit einem Stiel am Boden festsitzen, sind Haarsterne im erwachsenen Alter frei bewegliche Tiere. Nur in ihrer Jugend, im sogenannten Seelilienstadium, sitzen sie auf einem Stiel am Untergrund verankert fest. Die Periode des Seelilienstadiums dauert bei manchen Arten einige Jahre. Erst wenn die Entwicklung des Haarsterns abgeschlossen ist, lösen sich die Tiere von ihrem Stiel ab und beginnen als erwachsene Organismen ein frei bewegliches Leben.

Haarsterne unterscheiden sich von allen anderen Stachelhäutern durch den Besitz von Pinnulae, auch Fiederchen genannt. Es sind fingerförmige Anhänge auf beiden Seiten der Arme. Sie prüfen und sortieren die gefangene Nahrung und leiten sie über eine bewimperte Futterrinne dem Mund zu.

Haarsterne bestehen aus einem Rumpf, aus Armen und Cirren. Der Rumpf ist klein und birgt die Eingeweide. Auf der Rumpfoberseite befindet sich die Mundöffnung. Folglich sitzen Haarsterne stets mit ihrem Rücken auf dem Untergrund. Dem seitlichen Rumpf entspringen fast immer gegabelte, häufig mehrfach verzweigte Arme, die gegliedert sind. Auf ihnen stehen wechselseitig angeordnete Fiederchen. Diese dienen nicht nur dem Nahrungserwerb, sondern sie sind auch der Sitz der Fortpflanzungszellen. Die Körperscheibe trägt mehr oder weniger 40 gegliederte, sehr bewegliche Cirren, die krallenartig geformt sind. Sie sind Greiforgane und dienen den Tieren zum Festklammern und bei Bedarf zur Fortbewegung. Gelegentlich sind die Cirren abgewandelt oder sie fehlen gänzlich. Dann übernehmen einige der vielen Arme deren Aufgabe.

Haarsterne besitzen meist 10, selten 5 Arme. Manche Arten haben 200 davon. Jedes der Armglieder trägt ein Paar Fiederchen, was den Tieren ein federartiges Aussehen verleiht. Sie brechen bei der kleinsten Berührung ab, werden aber, bedingt durch eine hohe Regenerationsfähigkeit der Tiere, stets schnell nachgebildet. Haarsterne sind Suspensionsfresser, die ihre Nahrung aus dem Wasser filtern. Aus diesem Grund sind sie auf gut durchströmte Meeresgebiete angewiesen. Ihre Filterleistung ist von der Anzahl der Arme und der sich darauf befindlichen Fiederchen abhängig. Die Größe der aufgenommenen Nahrung kann bis zu einigen hundert Mikrometern betragen. Hauptsächlich ernähren sich Haarsterne von kleinen Algen, Diatomeen, Kleinstkrebsen, Moostierchen, organischem Detritus, Bakterien und von vielen anderen kleinen Lebewesen des Planktons, die sie nachts fangen. Tagsüber leben die recht lichtscheuen Tiere mit eingerollten Armen in ihren Verstecken und erklimmen erst bei Einbruch der Dämmerung gut exponierte Standorte im Riff. Hier fangen sie mit ausgebreiteten Armen ihre Nahrung aus der Strömung. Das, was das Wasser an Freßbarem heranträgt, wird herausgefiltert, eingeschleimt und dem Mund zugeführt.

Die Form und die Stellung des Filterfächers sind abhängig von der Stärke und von der Richtung der Strömung. Immer jedoch werden die Arme so gestellt und ausgerichtet, daß die Strömung nicht auf die Armseite trifft, auf der sich die Futterrinne befindet. Häufig wird eine Bogenfächerstellung angenommen, wobei die Arme senkrecht aufgestellt werden und parallel zueinander ausgerichtet einen halbkreisförmigen Fächer bilden.

Haarsterne sind getrenntgeschlechtliche Tiere. Ihre Gonaden liegen in den Pinnulae. Eier und Spermien werden im allgemeinen in das freie Wasser entlassen, wo die Befruchtung der Gameten stattfindet. Die Weibchen laichen mehrfach im Jahr ab. Die sich aus den befruchteten Eizellen entwickelten *Doliolaria*-Larven schwimmen einige Zeit im Plankton und verbreiten die Art im Meer. Nach einigen Wochen lassen sie sich zu Boden sinken, heften sich fest und bilden einen Stiel aus. In diesem Pentacrinus-Stadium leben sie mehrere Monate festgeheftet an den Untergrund. Erst dann, wenn sich Arme, Pinnulae und Cirren gebildet haben, lösen sich die jungen Haarsterne von ihrem Stiel ab und beginnen ihr frei bewegliches Leben im Meer.

Haarsterne sind ausschließlich Meerestiere. Sie kommen jedoch nicht in allen Meeresgebieten auf unserer Erde vor. An der Westküste Afrikas und im östlichen Pazifik fehlen sie völlig.

Haarsterne besitzen viele Untermieter, sogenannte Kommensalen, die sich vom eingeschleimten Nahrungsbrei der Tiere ernähren. So findet man zwischen ihren Armen eine ganze Anzahl kleiner Fische,

Ruderfußkrebse, Garnelen und Borstenwürmer. Meist tarnen sich die Untermieter so geschickt, daß man sie kaum erkennen kann.

Haarsterne sind die wohl schönsten und filigransten Meerestiere überhaupt. In ihrer Farbenpracht übertreffen sie alles, was im Meer lebt.

Systematik

Stamm: ECHINODERMATA	Stachelhäuter
Klasse: CRINOIDEA	Haarsterne
Ordnung: COMATULIDA	Haar- und Federsterne
Familie: Comasteridae	
Gattungen: *Comaster*	
Comatella	
Comatula	
Comanthus	
Comanthina	
Oxycomanthus	
Familie: Colobometridae	
Gattungen: *Cenometra*	
Pontiometra	
Familie: Mariametridae	
Gattungen: *Liparometra*	
Oxymetra	
Familie: Stephanometridae	
Gattung: *Stephanometra*	
Familie: Zygometridae	
Gattung: *Catoptometra*	
Familie: Himerometridae	
Gattung: *Himerometra*	

Comaster sp. H. Erhardt

Comaster sp. H. Erhardt

Felidu-Atoll, Malediven

H. Erhardt

Comaster sp.
Vielarmige Haarsterne

Vork.: Indischer Ozean, Indopazifik: Australien, Indonesien, Mikronesien, Philippinen, Neukaledonien bis Fidschi.
GU: Keine. Die Tiere sind getrenntgeschlechtlich.
Hält.B.: Nicht bekannt.
FU: O; Plankton und Detritus.
Bes.: Vielarmige Haarsterne besitzen bis zu 80 gefiederte Arme. Cirren zum Festklammern an den Untergrund fehlen ihnen. Einige der vielen Arme übernehmen diese Aufgabe. Sie alle sind nachtaktive Planktonfänger, die tagsüber versteckt leben. Sie besitzen ein breites Farbspektrum.

T: 22-26 °C, **Ø**: 35 cm, **BS**: 4, **SG**: 4

Insel Bunaken, Indonesien H. Erhardt

Comatula pectinata (LINNAEUS, 1758)
Gebänderter Haarstern

Vork.: Von Ceylon bis Australien und China.
GU: Keine. Haarsterne sind getrenntgeschlechtlich.
Soz.Verh./Vgs.: Die Tieren leben einzeln tagsüber versteckt in Spalten und Ritzen der Riffe. Sie sind ausschließlich nachtaktiv.
Hält.B.: Nicht bekannt.
FU: O; Plankton und Detritus.
Bes.: Die Tiere besitzen 10 weiße bis rostbraun gebänderte Arme, wovon einige immer versteckt sind. Der Rest wird zum Planktonfang in der Nacht in das freie Wasser gestreckt. Entlang der Arme befinden sich helle und dicht stehende Fiederchen.

T: 22-28 °C, **Ø**: 30 cm, **BS**: 4, **SG**: 4

Insel Komodo, Indonesien

H. Erhardt

Comatella sp.
Variabler Haarstern

Vork.: Diese Gattung ist im Indischen Ozean und im Indopazifik weit verbreitet.
GU: Keine. Die Tiere sind getrenntgeschlechtlich.
Hält.B.: Nicht bekannt.
FU: O; Plankton und Detritus.
Bes.: Die Tiere aus dieser Gattung besitzen ein breites Farbspektrum. Ihre Armzahl schwankt zwischen 20 und 80. Sie alle sind nachtaktiv und sitzen auf unterschiedlichen Substraten. Einige bevorzugen Gorgonien, andere Schwämme. Einen Positionswechsel nehmen sie mit Hilfe ihrer Arme vor. Das grelle Licht der Unterwasserlampen zwingt sie, ihre Arme zum Mundfeld einzurollen, eine Haltung, die sie tagsüber in Ruhestellung einnehmen.

T: 22-26 °C, Ø: 30-35 cm, BS: 4, SG: 4

Comanthus alternans H. Erhardt

Comanthus alternans H. Erhardt

Insel Lombok, Indonesien H. Erhardt

Comanthus alternans (CARPENTER, 1881)
Haarstern

Vork.: Indopazifik: Indonesien, Papua Neuguinea, Philippinen, Malaysia, Japan, Neukaledonien und Australien.
GU: Keine.
Hält.B.: Unbekannt.
FU: O; Plankton und Detritus.
Bes.: Haarsterne dieser Art besitzen 10-125 Arme. Cirren zum Festklammern an den Untergrund fehlen den Tieren, die mehr als 40 Arme besitzen. Hier übernehmen einige der Arme deren Aufgabe. Viele Farbvarianten sind möglich, doch meist sind die Arme dunkelbraun gefärbt und tragen helle Ringe. Die Haarsterne sind tag- und nachtaktiv.

T: 22-28 °C, Ø: 35 cm, BS: 4, SG: 4

Ordnung: Comatulida
Fam.: Comasteridae

Insel Cebu, Philippinen H. Erhardt

Comanthus sp.
Gebänderter Haarstern

Vork.: Indopazifik: Philippinen.
GU: Haarsterne sind getrenntgeschlechtlich.
Hält.B.: Nicht bekannt. Wegen ihrer Neigung zur Autotomie (Selbstverstümmelung) können viele Haarsterne weder gesammelt, noch transportiert werden.
FU: O; Plankton und Detritus.
Bes.: Gebänderte Haarsterne besitzen eine Vielzahl von Armen, die weißbraun gebändert sind. Sie leben tagsüber in Nischen und Ritzen der Riffe und wandern erst bei Einbruch der Dunkelheit zu exponierten Stellen im Riff. Mit ausgestreckten Armen fangen sie dann ihre Nahrung aus dem vorbeiströmenden Wasser.

T: 20-28 °C, Ø: 30 cm, BS: 4, SG: 4

Felidu-Atoll, Malediven

H. Erhardt

Comanthina audax ROWE, BIRTLES & VAIL, 1986
Dreister Haarstern

Vork.: Indopazifik: Australien, Papua Neuguinea, Thailand.
GU: Die Tiere sind getrenntgeschlechtlich.
Hält.B.: Nicht bekannt.
FU: O; Plankton und Detritus.
Bes.: Die Zahl der Arme variiert zwischen 75 und 180. Da sie keine Cirren besitzen, werden einige Arme zum Festklammern an den Untergrund eingesetzt. Auch die Farbe der Pinnulae variiert stark: Sie reicht von Schwarz, Weiß und Grau bis hin zu Orange und Gelb. Stets sind die Spitzen der Pinnulae gelblich. Dreiste Haarsterne sind überwiegend nachtaktiv.

T: 22-26 °C, Ø: 30 cm, BS: 4, SG: 3-4

Ordnung: COMATULIDA
Fam.: Comasteridae

Comathina sp. H. Erhardt

Comathina sp. H. Erhardt

Insel Lombok, Indonesien H. Erhardt

Comanthina sp.
Haarstern

Vork.: Die Tiere aus dieser Gattung sind im Indischen Ozean und im Indopazifik weit verbreitet.
GU: Keine. Die Tiere sind getrenntgeschlechtlich.
Hält.B.: Nicht bekannt.
FU: O; Plankton und Detritus.
Bes.: Haarsterne aus dieser Gattung können 80-200 Arme besitzen. Die Armzahl schwankt von Art zu Art und ist auch innerhalb einer Art unterschiedlich. Ihr Farbspektrum ist breit gefächert, und alle Tiere sind überwiegend nachtaktiv. Tagsüber leben sie in Spalten und Ritzen der Riffe und man sieht gelegentlich nur Teile der gefiederten Arme aus ihren Verstecken in das freie Wasser ragen.

T: 22-26 °C, **Ø:** 25 - 30 cm, **BS:** 4, **SG:** 4

Insel Komodo, Indonesien H. Erhardt

Oxycomanthus sp. (?) *bennetti* (MÜLLER, 1841)
Gold-Haarstern

Vork.: Von den Malediven bis nach Neukaledonien und den Marschallinseln.
GU: Keine. Die Tiere sind getrenntgeschlechtlich.
Hält.B.: Nicht bekannt. **FU**: O; Plankton und Detritus.
Bes.: Dieser Haarstern besitzt mehr als 60 gefiederte Arme. Einige Tiere können bis zu 120 davon haben. Die Cirren sind kräftig und gegliedert und dienen dem Festklammern an den Untergrund. Arme und Cirren sind überwiegend goldgelb gefärbt, doch kommen sie in unterschiedlichen Farbmorphen vor. Der auf dem Bild dargestellte Haarstern hat seine Arme mit den hellen Fiederchen an den Armspitzen zu einer Krone versammelt. Entweder sitzen die Tiere einzeln oder in Gruppen. Sie alle sind tag- und nachtaktiv.

T: 22-26 °C, **Ø**: 25 cm, **BS**: 4, **SG**: 4

Fam.: Comasteridae H. Erhardt

Fam.: Comasteridae H. Erhardt

Fam.: Comasteridae H. Erhardt

Fam.: Comasteridae H. Erhardt

Fam.: Comasteridae H. Erhardt

Fam.: Comasteridae, Indonesien H. Erhardt

Fam.: Comasteridae, Indonesien H. Erhardt

Familie: Comasteridae
Haarsterne

Die Bestimmungen der Gattungen und Arten aus der Familie der Comasteridae anhand von Fotos oder Diapositiven ist auch für die Spezialisten in den Museen und Universitäten eine sehr schwierige und oftmals nicht zu lösende Aufgabe. Die Taxonomen benötigen mehrere Exemplare für eine eindeutige Identifizierung der Art. Alles andere ist nicht wissenschaftlich genug. Außerdem ist es häufig so, daß die Spezialisten Bilder aus Gebieten zugeschickt bekommen, in denen sie selbst noch nie gearbeitet haben. Aus diesen Gründen auch ihr Rat an uns: Zeigt dem Leser die Zugehörigkeit zur Familie auf und laßt den interessierten Betrachter sich an den Farben und Formen der Tiere erfreuen. Das tun wir mit 8 Bildern auf den beiden vorhergehenden Seiten.

Fam.: Colobonetridae

Insel Palau, Mikronesien H. Erhardt

Cenometra bella (HARTLAUB, 1890)
Schöner Haarstern

Vork.: Indopazifik: Indonesien, Philippinen, Malediven, Mikronesien bis Japan und Australien.
GU: Die Tiere sind getrenntgeschlechtlich.
Soz.Verh./Vgs.: Nachts sitzen sie einzeln oder in Gruppen auf ihren Fangplätzen.
Hält.B.: Nicht bekannt. **FU**: O; Plankton und Detritus.
Bes.: Schöne Haarsterne sind ausschließlich nachtaktiv. Man findet sie vom Beginn der Dunkelheit bis zum Morgengrauen mit ausgebreiteten Armen in Fangposition an gut durchströmten und exponierten Stellen im Riff sitzen, wobei sie Peitschenkorallen, Gorgonien und Schwarze Korallenruten als Substrat bevorzugen. Mehr Informationen dazu im MEERWASSER ATLAS, Band 3, Seite 914. Wir stellen diese Art noch einmal vor, da hier die Fangposition der Arme gut dargestellt wird.

T: 22-26 °C, **Ø**: 30 cm, **BS**: 4, **SG**: 4

Ordnung: COMATULIDA
Fam.: Colobometridae

Insel Palau, Mikronesien H. Erhardt

Cenometra sp.
Haarstern

Vork.: Indopazifik: Palau, Mikronesien.
GU: Die Tiere sind getrenntgeschlechtlich.
Hält.B.: Nicht bekannt.
FU: O; Plankton, Detritus.
Bes.: Die Gattung *Cenometra* ist im Indopazifik mit einigen Arten vertreten, die anhand von Bildmaterial nicht zu bestimmen sind. Der Taxonom benötigt mindestens ein Exemplar zur Determinierung. Die Anzahl der Arme variiert bei dieser Gattung. Alle besitzen aber Cirren, um sich an den Untergrund festzuklammern. Viele von ihnen sind ausschließlich nachtaktiv.

T: 22-26 °C, Ø: 30 cm, BS: 4, SG: 4

Pontiometra sp. H. Erhardt

Pontiometra sp. H. Erhardt

Ordnung: COMATULIDA
Fam.: Colobometridae

Insel Palau, Mikronesien H. Erhardt

Pontiometra sp.
Krallen-Haarstern

Vork.: Indopazifik: Mikronesien, Indonesien und die Philippinen.
GU: Haarsterne sind getrenntgeschlechtlich.
Soz.Verh./Vgs.: Die Tiere leben einzeln und tagsüber versteckt. Nachtaktiv.
Hält.B.: Nicht bekannt. Diese Gattung wird in keiner Importliste geführt.
FU: O; Plankton und Detritus.
Bes.: Krallen-Haarsterne besitzen eine Vielzahl von Armen, die auch unterschiedlich gefärbt sein können. Das Licht der Unterwasserlampe zwingt die lichtscheuen Tiere, diese einzurollen. Mit gekrümmten Cirren klammern sich die Tiere an Korallengestein oder an exponierten Standorten, die von Peitschengorgonien und Schwarzen Korallen eingenommen werden, fest. Die Gattung *Pontiometra* ist auch bekannt dafür, daß die ihre Arme zum Planktonfang nie völlig ausstreckt.

T: 20-28 °C, **Ø**: 30 cm, **BS**: 4, **SG**: 4

Liparometra sp.

H. Erhardt

Liparometra sp.

H. Erhardt

Insel Cebu, Philippinen H. Erhardt

Liparometra sp.
Haarstern

Vork.: Indopazifik: Philippinen, Indonesien.
GU: Haarsterne sind getrenntgeschlechtlich.
Hält.B.: Nicht bekannt. Diese Gattung wird auch in keiner Importliste geführt.
FU: O; Plankton und Detritus.
Bes.: Die Tiere sind nachtaktiv. Die Anzahl der Arme variiert zwischen 20 und 40. Krallenartige Cirren dienen teils der Fortbewegung, teils dem Festklammern an den Untergrund. Die sehr langen Arme zeigen unterschiedliche Färbungen, Farbbänderungen und Musterungen der Fiederchen. Eine Artabgrenzung ist nicht möglich.

T: 20-28 °C, **Ø**: 25 cm, **BS**: 4, **SG**: 4

Insel Komodo, Indonesien H. Erhardt

Oxymetra sp.
Langzirren-Haarstern

Vork.: Indopazifik: Indonesien.
GU: Keine, Die Tiere sind getrenntgeschlechtlich.
Hält.B.: Nicht bekannt.
FU: O; Plankton und Detritus.
Bes.: Die Tiere besitzen außerordentlich lange Cirren, die aus 50-60 Segmenten zusammengesetzt sind. Sie dienen der Fortbewegung und dem Festklammern an den Untergrund. 36-51 Arme dienen dem Beutefang, und ihre Spitzen werden, wenn die Tiere nachts mit Lampen angestrahlt werden, zur Mundöffnung gekrümmt. Langzirren-Haarsterne sind selten, leben tagsüber versteckt und besitzen verschiedene Farbmorphen.

T: 22-26 °C, Ø: 20 cm, BS: 4, SG: 4

Insel Bunaken, Indonesien H. Erhardt

Stephanometra sp. (?) *echinus* (CLARK, 1908)
Stacheliger Haarstern

Vork.: Indopazifik: Indonesien, Malediven, Mikronesien, Philippinen.
GU: Keine.
Soz.Verh./Vgs.: Die Tiere leben einzeln und tagsüber versteckt. Sie sind ausschließlich nachtaktiv.
Hält.B.. Nicht bekannt.
FU: O; Plankton und Detritus.
Bes.: Stachelige Haarsterne besitzen zwischen 25 und 45 lange Arme, die leicht gekrümmte Pinnulae tragen. Die mundnahen Fiederchen sind vergrößert, stachelig und steif. Sie werden als Schutz über die Körperscheibe gelegt. Die Cirren besitzen Stacheln an den Unterseiten. Die Tiere lieben Standorte mit kräftigen Strömungen.

T: 22-27 °C, **Ø:** 30 cm, **BS:** 4, **SG:** 4

Stephanometra sp.

H. Erhardt

Stephanometra sp.

H. Erhardt

Ordnung: COMATULIDA
Fam.: Stephanometridae

Manado, Indonesien H. Erhardt

Stephanometra sp.
Stacheliger Haarstern

Vork.: Die Gattung ist im Indischen Ozean und im Indopazifik weit verbreitet.
GU: Keine. Die Tiere sind getrenntgeschlechtlich.
Hält.B.: Nicht bekannt.
FU: O; Plankton und Detritus.
Bes.: Stachelige Haarsterne kommen in vielen Farben und Farbkompositionen vor. Häufig sind ihre langen Arme gebändert. Sie leben in verschiedenen Riffbereichen und sind ausschließlich nachtaktiv. Eine Artbestimmung war leider nicht möglich.

T: 22-26 °C, Ø: 20-30 cm, BS: 4, SG: 4

Fam.: Zygometridae

Insel Bali, Indonesien H. Erhardt

Cataptometra magnifica A.H. CLARK, 1908
Prächtiger Haarstern

Vork.: Indopazifik: Indonesien, Philippinen, Neukaledonien, Vietnam.
GU: Keine.
Soz.Verh./Vgs.: Die Tiere leben einzeln und tagsüber versteckt. Sie sind ausschließlich nachtaktiv.
Hält.B.: Nicht bekannt und auch zu selten, um gesammelt zu werden.
FU: O; Plankton und Detritus.
Bes.: Prächtige Haarsterne leben erst unterhalb einer Wassertiefe von 20 m. Sie besitzen 30-65 Arme, die unterschiedlich gefärbt sein können. Häufig sind sie gebändert. Die Cirren, mit denen sie sich an den Untergrund klammern, besitzen 18 - 25 Cirrensegmente. Das Bild zeigt ein Tier mit weißen Armbasen und gelben Armspitzen.

T: 22-27 °C, Ø: 30 cm, BS: 4, SG: 4

Ordnung: Comatulida
Fam.: Zygometridae

Moyo-Island, Indonesien H. Erhardt

Catoptometra sp.
Haarstern

Vork.: Indopazifik: Indonesien.
GU: Keine. Die Tiere sind getrenntgeschlechtlich.
Hält.B.: Nicht bekannt. FU: O; Plankton und Detritus.
Bes.: Haarsterne aus dieser Gattung sind außerordentlich selten. Sie leben in größeren Wassertiefen (20-40 m) und sind ausschließlich nachtaktiv. Kaum werden Nachttauchgänge in diese Tiefen durchgeführt, so daß Haarsterne aus dieser Gattung selten fotografiert werden. Ihre Arme sind lang und 30-65 an der Zahl. Nur die ganz großen Tiere haben noch einige Arme mehr. Die Cirren sind kräftig und gebogen und aus 18-25 Segmenten zusammengesetzt. Auch die Farbe der Tiere variiert stark. Eine Artbestimmung anhand von Fotos ist nicht möglich.

T: 22-26 °C, Ø: 30-35 cm, BS: 4, SG: 4

Fam.: Himerometridae

Insel Bunaken, Indonesien H. Erhardt

(?) *Himerometra* sp.
Haarstern

Vork.: Indopazifik: Indonesien.
GU: Keine.
Soz.Verh./Vgs.: Die Tiere leben einzeln und tagsüber versteckt. Sie sind ausschließlich nachtaktiv.
Hält.B.: Nicht bekannt.
FU: O; Plankton und Detritus.
Bes.: Erwachsene Tiere aus dieser Gattung besitzen 30-50 lange Arme. Die Pinnulae sind lang und sie stehen dicht. Die Cirren sind ohne Stacheln. Die Art ist leider nicht bekannt, und ob es sich um die Gattung *Himerometra* handelt, ist fraglich. Das hier abgebildete Tier ist sehr selten an den Riffen des Indopazifik.

T: 22-28 °C, Ø: 40 cm, BS: 4, SG: 4

Unbekannter Haarstern H. Baensch

Unbekannter Haarstern H. Baensch

Unbekannter Haarstern L. Tackett

Unbekannter Haarstern D. Tackett

Ordnung: Comatulida

Insel Lombock, Indonesien

H. Erhardt

Haarstern
(Gattung und Art konnten leider nicht bestimmt werden)

Vork.: Indonesien: Insel Lombok.
GU: Keine.
Hält.B.: Nicht bekannt.
FU: O; Plankton und Detritus.
Bes.: Dieser Haarstern befindet sich nachts in seiner optimalen Fangposition. Die vielen Arme mit den seitlich gespreizten Fiederchen ergeben einen optimalen Fangtrichter, der Plankton aus dem vorbeiströmenden Wasser fischt. Einige Armspitzen sind in Richtung Mund gebogen, weil das Licht der Unterwasserlampe die Tiere zwingt, ihre Arme einzurollen.

T: 22-26 °C, **Ø**: 30 cm, **BS**: 4, **SG**: 4

Himerometra robustipinna, Indonesien H. Erhardt

Echinaster luzonicus H. Erhardt

Seesterne (Asteroidea)

Seesterne leben auf Weich- und Hartböden vom Gezeitenbereich bis in Tiefen von über 8000 m. Ihre typische Form ist das Pentagramm, die Fünfstrahligkeit. Auch wenn abgewandelte Formen mit mehr oder weniger Armen vorkommen, so bleibt doch das Prinzip der Fünfstrahligkeit erhalten. Neben der "klassischen" Form eines Seesterns mit fünf Armen gibt es auch solche, deren Armzahl erheblich größer ist. Bis zu 50 Arme können radiär um das Körperzentrum eines Seesterns angeordnet sein.

Seesterne kommen als Winzlinge und als Riesen vor. Einige Arten messen nur wenige Millimeter, andere besitzen einen Durchmesser von über 1 m. Ihr Körper erhält Form und Festigkeit durch Skelettplatten, die durch Muskeln gelenkig miteinander verbunden sind. Der Körper der Seesterne ist dadurch in gewissem Grad beweglich, so daß sie sich aufrichten, umdrehen und sich über unwegsames Gelände ausgezeichnet und zielgerichtet, doch langsam fortbewegen können.

Seesterne besitzen auf ihrer Körperoberfläche vom Skelett gebildete Höcker, Dornen, Warzen oder Stacheln, die Abwehrfunktion erfüllen. Sie können farbig abgesetzt sein. Besonders an der Körperunterseite stehen kräftige und spitze Stacheln an den Rändern der Ambulakralfurchen, die die dünnen und zarten Ambulakralfüßchen vor Angriffen und Verletzungen schützen sollen.

Seesterne besitzen gestielte oder ungestielte Giftzangen, die wie eine Pinzette arbeiten. Sie tragen nur zwei Zangenbacken und dienen der Verteidigung, dem Beutefang und der Reinigung der Körperoberfläche. Charakteristisch für Seesterne sind auch die Papulae, weichhäutige und bläschenartige Ausstülpungen der Haut, die der Atmung dienen.

Seesterne sind überwiegend Räuber. Sie fressen Muscheln, Schnekken, kleine Krebse, Seeigel, Seesterne, Seegurken, Hohltiere und Aas. Besonders die Schlinger unter ihnen ergreifen ihre Beute ganz, die sie dann in einem geräumigen Magen unterbringen. Da ihnen ein After fehlt, müssen sie die Nahrungsreste wieder über den Mund entleeren. Nahrungsspezialisten sind z.B. die Dornenkorne, *Acanthaster planci*, die sich ausschließlich von Korallenpolypen ernährt und der große Seestern *Oreaster reticulatus*, der sich auf Schwammfraß spezialisiert hat.

Seesterne sind überwiegend getrenntgeschlechtlich. Männliche und weibliche Tiere sind rein äußerlich nicht voneinander zu unterscheiden. Zuerst entlassen die Männchen ihre Spermien in das Wasser, wodurch die Weibchen zur Eiabgabe angeregt werden. Die Befruchtung der Gameten findet im Meerwasser statt. Aus den befruchteten Eiern entwickeln sich Larven, die zuerst planktisch leben, sich nach einiger Zeit zu Boden sinken lassen, ihre Gestalt verändern und sich zu kleinen Seesternen entwickeln.

Seesterne haben kaum Feinde. Daher auch ihre große Formenvielfalt. Für die Tiere, die sie dennoch fressen würden, haben sie wirksame chemische und mechanische Abwehrwaffen entwickelt. Nicht zuletzt sind sie durch Abwerfen der Arme in der Lage, sich dem Zugriff ihrer Freßfeinde zu entziehen. Dieser Selbstverstümmelung steht als Regulativ ein großes Regenerationsvermögen gegenüber, da sich aus Teilen des Körpers wieder komplette Seesterne entwickeln können.

Seesterne sind häufig sehr farbig, und keine Farbkomposition wird bei ihnen in der Natur ausgelassen. Für uns Menschen haben Seesterne keine wirtschaftliche Bedeutung. Aber als Biomasse im Kreislauf der Natur sind sie bedeutsam.

Systematik

Stamm: ECHINODERMATA	Stachelhäuter
Klasse: ASTEROIDEA	Seesterne
Ordnung: PAXILLOSIDA	Paxillensterne
Familie: Astropectinidae	Kammsterne
Gattung: *Astropecten*	
Familie: Archasteridae	
Gattung: *Archaster*	
Ordnung: VALVATIDA	Klappensterne
Familie: Goniasteridae	Borstensterne
Gattungen: *Bothriaster*	
Iconaster	
Tosia	
Familie: Oreasteridae	Kissensterne
Gattungen: *Culcita*	
Pentaceraster	
Familie: Valvasteridae	
Gattung: *Valvaster*	
Familie: Pentasteridae	
Gattung: *Pentaster*	
Familie: Ophidiasteridae	Schlangenseesterne
Gattungen: *Celerina*	
Fromia	
Gomophia	
Leiaster	
Linckia	
Nardoa	
Neoferdina	
Ophidiaster	
Familie: Pterasteridae	
Gattung: *Euraster*	
Ordnung: SPINULOSIDA	Stachelsterne
Familie: Asterinidae	Fünfecksterne
Gattungen: *Nepanthia*	
Patiriella	
Familie: Echinasteridae	Blutsterne
Gattung: *Echinaster*	
Familie: Mithrodiidae	Nagelsterne
Gattung: *Thromidia*	

Manado, Indonesien H. Erhardt

Astropecten phragmorus FISHER, 1913
Kleiner Kammstern

Vork.: Indopazifik: Indonesien.
GU: Keine.
Soz.Verh./Vgs.: Die Tiere leben einzeln und tagsüber eingegraben in Geröllfeldern und in groben Sedimenten.
Hält.B.: Aus der Literatur nicht bekannt. Da die Tiere ausschließlich nachtaktiv sind, sind sie für eine Aquarienhaltung nicht sehr attraktiv.
FU: K; die Tiere sind Räuber, die sich vor allem von Weichtieren und Würmern ernähren.
Bes.: Diese Seesterne sieht man nur nachts auf der Sedimentoberfläche, wenn sie auf Nahrungssuche sind. Die Arme sind zugespitzt, besitzen breite Basen und sind seitlich von kammartigen Stacheln bestanden. Die graufarbene Oberseite trägt ein oranges Paxillenmuster.

T: 22-26 °C, **Ø**: 7 cm, **BS**: 4, **SG**: 4

Indonesien M. Walker

Astropecten polyacanthus MÜLLER & TROSCHEL, 1842
Stacheliger Kammstern

Vork.: Rotes Meer, Indopazifik: Von Ostafrika bis nach Hawaii.
GU: Keine.
Soz.Verh./Vgs.: Die Tiere sind Einzelgänger, die tagsüber im Sediment vergraben leben. Erst bei Einbruch der Dämmerung verlassen sie ihre Verstecke und kriechen auf Nahrungssuche über den Boden. Die Tiere sind Räuber und sollten einzeln gehalten werden. Sie sind mit allen Korallenfischen gut zu vergesellschaften.
Hält.B.: Im Aquarium benötigen Kammsterne eine tiefen Bodengrund, um sich einzugraben.
FU: K; Kammsterne sind Räuber, die sich vorwiegend von Weichtieren ernähren, die sie im Boden aufspüren. Im Aquarium füttert man sie mit feingehacktem Muschel- und Schneckenfleisch.
Bes.: Stachelige Kammsterne besitzen beiderseits der Arme eine Vielzahl von kräftigen und spitzen Stacheln, die der Feindabwehr dienen. Sie können bewegt und dem Feind entgegengestreckt werden. Sie dienen aber auch zum schnellen Eingraben in den Untergrund.

T: 22-26 °C, Ø: 15 cm, BL: ab 100 cm, WB: m, WR: u, BS: 2-3, SG: 3

Ordnung: Paxillosida
Fam.: Astropectinidae

Sangalakki-Island, Borneo G. Allen

Archaster angulatus MÜLLER & TROSCHEL, 1842
Stachelstern

Vork.: Indopazifik: Borneo, Indonesien, Malaysia, Philippinen, Polynesien, Melanesien.
GU: Keine.
Soz.Verh./Vgs.: Die Tiere leben einzeln auf Sandflächen und graben im Sediment.
Hält.B.: Nicht bekannt.
FU: K; Weichtiere und Borstenwürmer.
Bes.: Die Tiere sind Sandbodenbewohner, die teilweise darin eingegraben leben. Die konischen Arme sind abgeflacht und tragen seitlich Stacheln. Die Paxillen sind in diagonalen Reihen angeordnet. Die Madreporenplatte ist gut sichtbar. Zur Fortpflanzungszeit legt sich das ♂ auf das ♀ und schiebt seine Arme zwischen deren Arme. Dann erst entlassen die ♀♀ ihre Eier in das freie Wasser, die dann vom Sperma der ♂♂ befruchtet werden. Die Farbe der Tiere ist variabel. Graugrüne Tiere mit schwarzen Flecken und Punkten sind aber sehr häufig.

T: 22-26 °C, **Ø:** 20 cm, **BS:** 4, **SG:** 4

Nordsulawesi, Indonesien D. Tackett

Bothriaster primigenius DÖDERLEIN, 1918
Kleiner Fünfeck-Seestern

Vork.: Indopazifik: Indonesien, Philippinen, 2-45 m.
GU: Keine.
Soz.Verh./Vgs.: Die Seesterne leben einzeln auf Korallenbruch. Sie sind nachtaktiv.
Hält.B.: Nicht bekannt. Sie sind auch zu selten, um für den Aquarienhandel gesammelt zu werden.
FU: O; Kleinpartikelfresser.
Bes.: Die relativ große Körperscheibe trägt 5 konische Arme mit breitem Ansatz. Ihre Spitzen sind schokoladenbraun abgesetzt. Von einem schokoladenbraunen Pentagramm im Zentrum des Körpers strahlen jeweils 5 orangegelbe Bänder in die Armspitzen und in die Interradien.

T: 22-27 °C, **Ø:** 4 cm, **BS:** 4, **SG:** 3

Cassini-Island, Westaustralien G. Allen

Iconaster longimanus (MÖBIUS, 1859)
Langarmiger Seestern

Vork.: Südarabien bis Australien und Indonesien, 30-85 m.
GU: Keine.
Soz.Verh./Vgs.: Die Seesterne leben einzeln auf Sandflächen und Korallenbruch tiefer Riffabschnitte.
Hält.B.: Nicht bekannt.
FU: K; Weichtiere und Borstenwürmer.
Bes.: Die Seesterne besitzen 5 lange und dünne Arme, die sich von der fünfeckigen Körperscheibe deutlich absetzen. Große marginale Platten befinden sich entlang der Arme und kleine auf der Körperscheibe. Sie sparen ein Fünfeck aus.

T: 22-26 °C, Ø: 25 cm, BS: 4, SG: 3

Großes Barriereriff, Australien R.C. Steene

Tosia queenslandensis LIVINGSTONE, 1932
Queensland-Seestern

Vork.: Australien, Neukaledonien.
GU: Keine.
Soz.Verh./Vgs.: Sie leben einzeln auf Schwämmen und Korallenfels.
Hält.B.: Nicht bekannt. Sie könnten nur problemlos gehalten werden, wenn man ihnen ihr Freßsubstrat in einem Aquarium bieten könnte.
FU: O; Algen, Schwämme, Manteltiere, Moostierchen.
Bes.: Der Körper der Tiere ist von Platten bedeckt, wobei große Marginalplatten entlang der Armränder angeordnet sind. Die Madreporenplatte ist auf der ornamentalen Musterung des Körpers gut sichtbar. Die Farbe der Seesterne kann gelb rot oder orange sein.

T: 22-26 °C, Ø: 4 cm, BS: 4, SG: 4

Ordnung: Valvatida
Fam.: Oreasteridae

Indonesien M. Walker

Culcita novaeguineae (juvenil) MÜLLER & TROSCHEL, 1842
Großer Kissenstern

Vork.: Östlicher Indischer Ozean, Westpazifik.
GU: Keine.
Soz.Verh./Vgs.: Die Tiere leben einzeln auf allen möglichen Substraten. Man kann sie mit widerstandsfähigen Fischen und Wirbellosen gut vergesellschaften.
Hält.B.: Sie benötigen entsprechend ihrer Körpergröße ein großes Aquarium und eine nicht zu steile Dekoration.
FU: K; sie fressen verschiedene seßhafte Wirbellose. Im Aquarium ernährt man sie mit Muschel-, Schnecken- und Fischfleisch. Auch Futtertabletten sind geeignet.
Bes.: Das Bild zeigt ein juveniles Stadium dieser Seesternart. Man ist schnell geneigt, diesen Seestern für eine andere Art zu halten, da die erwachsenen Tiere ganz anders aussehen. Im MEERWASSER ATLAS, Band 3, haben wir die erwachsenen Tiere auf den Seiten 950 bis 955 in einer großen Palette ihrer Farbvariationen dargestellt.

T: 22-28 °C, **Ø:** 30 cm, **BL:** ab 100 cm, **WB:** m-s, **WR:** u, **BS:** 3, **SG:** 3

Küste von Oman, Golf von Arabien K. Fiedler

Culcita schmideliana (semiadult) (RETZIUS, 1805)
Stachel-Kissenstern

Vork.: Indopazifik: Von Ostafrika bis nach Australien und den Westpazifik.
GU: Keine.
Soz.Verh./Vgs.: Die Seesterne leben einzeln auf verschiedenen Substraten.
Hält.B.: Riffaquarium mit Sand- und Schuttgrund. Sie benötigen sauerstoffreiches Wasser und etwas Strömung.
Licht: Sonnenlichtzone.
FU: K; Räuber, die sich von Weichtieren, verschiedenen Stachelhäutern, Röhrenwürmern und von Anemonen ernähren.
Bes.: Bei dem abgebildeten Tier handelt es sich um einen noch nicht ausgewachsenen Seestern, bei dem die Armradien noch offen sind. Die ausgewachsene Form und viel mehr Wissenswertes kann man auf Seite 957 im MEERWASSER ATLAS, Band 3, betrachten und nachlesen.

T: 24-28 °C, Ø: 25 cm, BL: ab 150 cm, WB: m, WR: u, BS: 1, SG: 3

Ordnung: VALVATIDA
Fam.: Oreasteridae

Insel Palau, Indonesien G. Allen

Pentaceraster regulus (MÜLLER & TROSCHEL, 1842)
Walzenseestern

Vork.: Vom Golf von Bengalen bis Hawaii. Die Art fehlt auf den Malediven.
GU: Keine.
Soz.Verh./Vgs.: Die Tiere leben einzeln auf ausgedehnten Sandflächen.
Hält.B.: Nicht bekannt.
FU: O; sie sind gefräßige Räuber, die sich von Weichtieren, Würmern, Krebsen, Stachelhäutern und nachts von schlafenden Fischen ernähren. Auch Algen werden als Zukost genommen.
Bes.: Der Körper ist hochrückig und trägt 5 konische Arme, die im Querschnitt dreieckig sind. Große Dornen sind in Reihen entlang der Mitte der Arme angeordnet. Dazwischen befindet sich eine gitterförmige Musterung der Körperoberfläche. Walzenseesterne leben in seichten Lagunen, in Seegras, auf Sand und Korallenschutt. Sie zeigen verschiedene Farbmuster.

T: 22-28 °C, **Ø**: 10 cm, **BS**: 4, **SG**: 2.

Fam.: Valvasteridae

Großes Barriereriff, Australien R.C. Steene

Valvaster striatus (LAMARCK, 1816)
Streifen-Seestern

Vork.: Indopazifik: Von Afrika, dem Golf von Bengalen und den Philippinen bis nach Hawaii und Australien.
GU: Keine.
Soz.Verh./Vgs.: Die Seesterne leben einzeln auf Hartgrund und unter Steinen. Sie sind nachtaktiv.
Hält.B.: Nicht bekannt. Sie sind zu selten, um für den Aquarienhandel gesammelt zu werden.
FU: O; Algen und kleine Wirbellose.
Bes.: Die Tiere besitzen 5 konische Arme mit dreieckigem Querschnitt. Zahlreiche Dornen sind entlang der Armränder angeordnet. Eine Madreporenplatte ist meist gut sichtbar. Die Farbe der Seesterne ist variabel. Das abgebildete Tier zeigt rote Flecken und Bänder auf Körper und Armen.

T: 22-26 °C, Ø: 4 cm, BS: 4, SG: 2-3

Ordnung: VALVATIDA
Fam.: Pentasteridae

Basterra Riff, Philippinen H. Erhardt

Pentaster obtusatus (BORY DE ST. VINCENT, 1827)
Noppenseestern

Vork.: Indopazifik: Philippinen.
GU: Keine.
Soz.Verh./Vgs.: Diese Seesterne leben tagsüber eingegraben im Sediment von Seegraswiesen. Sie sind ausschließlich nachtaktiv.
Hält.B.: Nicht bekannt.
FU: Die Seesterne ernähren sich möglicherweise von organischen Resten und von sessilen Wirbellosen.
Bes.: Die Tiere sind groß, massig, mit breiten Armbasen und sich verjüngenden Armspitzen. Die Körperoberfläche der Seesterne trägt eine Vielzahl unterschiedlich großer runder bis ovaler Noppen, die hell abgesetzt sind.

T: 20-28 °C, **Ø:** 18 cm, **BS:** 4, **SG:** 4

Manado Tua, Indonesien H. Erhardt

Celerina heffernani (LIVINGSTONE, 1931)
Heffernanis Seestern

Vork.: Westpolynesien, Melanesien, Indonesien, Philippinen, Chinesisches Meer und Neukaledonien. 5-40 m.
GU: Keine.
Soz.Verh./Vgs.. Die Tiere sind Einzelgänger. Da sie nachtaktiv sind, leben sie tagsüber versteckt in Spalten und Ritzen der Riffe.
Hält.B.: Nicht bekannt und in der Aquarienliteratur auch nicht beschrieben. Die Tiere sind zu selten, um gesammelt zu werden. Da sie *Fromia monilis* ähneln, könnten sie möglicherweise auch wie diese gepflegt werden (MEERWASSER ATLAS, Band 3, Seite 966).
FU: K; Detritus- und Kleinpartikelfresser.
Bes.: Körperscheibe und Arme flach. Diese beginnen mit breiter Basis und laufen spitz aus. Armspitzen und Körperscheibe sind rostbraun abgesetzt. Die Tiere leben in Lagunen, an Riffhängen und auf Korallenbruch. Man kann sie leicht mit *Fromia monilis* verwechseln.

T:22-28 °C, Ø: 5 cm, BS: 4, SG: 4

Fromia indica H. Erhardt

Fromia indica H. Erhardt

Insel Manado Tua, Indonesien H. Erhardt

Fromia indica (PERRIER, 1869)
Schwarzspitzen Seestern

Vork.: Indopazifik: Malediven, Philippinen, Indonesien, Salomoninseln, Japan und Australien.
GU: Keine.
Soz.Verh./Vgs.: Die Tiere leben einzeln auf verschiedenen Substraten des Riffdaches und der Riffhänge und verstecken sich unter Steinen und Korallen. Sie sind tag- und nachtaktiv.
Hält.B.: Diese Art wird nicht importiert, da es sehr schwierig ist, sie in einem Aquarium zu ernähren.
FU: K; Detritus- und Kleinpartikelfresser.
Bes.: An einer relativ kleinen Körperscheibe befinden sich konische Arme mit dunklen Armspitzen. Körper und Arme besitzen auf ziegelrotem Grund ein feines, dunkles und netzartiges Linienmuster.

T: 22-28 °C, Ø: 8 cm, BS: 4, SG: 4

Rotes Meer — O. Gremblewski-Strate

Fromia milleporella (LAMARCK, 1816)
Tausendpunkt-Seestern

Vork.: Rotes Meer, Indopazifik: Von Westafrika bis in den Südpazifik und Japan.
GU: Keine.
Soz.Verh./Vgs.: Die Seesterne leben einzeln auf Hartsubstraten der Riffhänge und auf Riffterrassen. Man sieht sie gelegentlich auch auf Sandgrund. Sie sind tag- und nachtaktiv. Man vergesellschaftet sie am besten mit friedfertigen Fischen und nicht so stark nesselnden Wirbellosen.
Hält.B.: Riffaquarium mit Algenbewuchs und vielen seßhaften Wirbellosen.
FU: K; Detritus, kleine Wirbellose, Kleintierfresser.
Bes.: Diese Seesterne kommen in verschiedenen Farbmorphen vor. Die hier vorgestellte ist eine davon. Die Seesterne sind im allgemeinen einheitlich rot gefärbt mit vielen Poren auf Körperscheibe und Arme. Tiere, die im Roten Meer leben, haben dazu noch blaue und weiße Punkte auf Körper und Armen. Weitere Informationen zu dieser Art im MEERWASSER ATLAS, Band 3, Seite 965.

T: 22-28 °C, Ø 7 cm, **BL**: ab 60 cm, **WB**: m, **WR**: m-u, **BS**: 2-3, **SG**: 3

Bohol, Philippinen H. Erhardt

Fromia pacifica CLARK, 1921
Pazifischer Seestern

Vork.: Indopazifik: Indonesien, Neukaledonien, Philippinen bis Hawaii. 15-30 m.
GU: Keine.
Soz.Verh./Vgs.: Pazifische Seesterne leben einzeln in flachen Lagunen und an steilen Riffabfällen. Sie sind tag- und nachtaktiv und sie können einzeln oder auch mit anderen *Fromia*-Arten vergesellschaftet werden. Kleine Riffische und fast alle Wirbellosen, außer räuberisch lebenden Seesternen, können ein Aquarium mit ihnen teilen.
Hält.B.: Riffaquarium. Hier lassen sie sich problemlos pflegen.
FU: K; Detritus- und Kleinpartikelfresser. Man füttert sie zusätzlich mit feingehacktem Fisch-, Schnecken- und Muschelfleisch. Auch Trockenfutter wird von ihnen angenommen.
Bes.: Der Körper und die Arme der Tiere sind kräftig rotorange gefärbt. Nur die konischen Armspitzen sind gelb abgesetzt. Auch die Madreporenplatte auf der Körperscheibe trägt diese Farbe. Pazifische Seesterne leben auf verschiedenen Substraten, kommen aber besonders häufig auf Korallenbruch vor.

T: 22-28 °C, **Ø**: 4 cm, **BL**: ab 80 cm, **WB**: m, **WR**: u, **BS**: 3-4, **SG**: 2.

Rottnest Island, Westaustralien V. Neumann

Fromia polypora (PERRIER, 1869)
Vielporiger Seestern

Vork.: Westaustralien.
GU: Keine.
Soz.Verh./Vgs.: Die Seesterne leben einzeln in Kelpwäldern, in Algenbeständen und auf verschiedenen festen Substraten. Sie lassen sich, wie fast alle *Fromia*-Arten, mit friedfertigen Fischen und nicht zu stark nesselnden Wirbellosen vergesellschaften. Räuberische Seesterne und Helmschnecken sollten im Aquarium fehlen.
Hält.B.: Kaltwasser-Felsaquarium mit gutem Algenbestand.
FU: K; Detritus- und Kleinpartikelfresser. Man füttert sie wie die anderen Vertreter aus dieser Gattung.
Bes.: Diese Art erinnert an *Fromia milleporella*. Nur die Farbe ist nicht so grell und plakativ, sondern dezenter und unscheinbarer.

T: 10-20 °C, **Ø**: 5 cm, **BL**: ab 80 cm, **WB**: m, **WR**: m-u, **BS**: 4, **SG**: 2.

Nordsulawesi, Indonesien D. Tackett

(?) *Fromia* sp.
Roter Plattenstern

Vork.: Indopazifik: Indonesien.
GU: Keine.
Soz.Verh./Vgs.: Die Seesterne leben einzeln und weiden auf verschiedenen Substraten.
Hält.B.: Nicht bekannt.
FU: K; Kleintierfresser.
Bes.: Die Zuordnung zur Gattung *Fromia* ist bei diesem Seestern ungewiß. Es kann sich auch um eine andere Gattung und Art handeln. Möglicherweise ist der abgebildete Seestern ein juveniles Tier. Der rote Körper zeigt eine periphere Anordnung von weißen und gelblichen Platten entlang der Arme. Die Armspitzen sind weiß abgesetzt. Schwarze Punkte, konzentriert an den Armbasen, befinden sich auf der Körperoberfläche.

T: 22-27 °C, **Ø:** 4 cm, **BS:** 4, **SG:** 4

Ordnung: VALVATIDA
Fam.: Ophidiasteridae

Moyo-Inseln, Indonesien H. Erhardt

Gomophia gomophia (PERRIER, 1875)
Warzenstern

Vork.: Indopazifik: Australien, Malediven, Indonesien, Philippinen, Papua Neuguinea.
GU: Keine.
Soz.Verh./Vgs.: Warzensterne leben einzeln auf lebenden und toten Unterlagen. Sie sind gut mit vielen Wirbellosen und friedlichen Korallenfischen zu vergesellschaften.
Hält.B.: Sie stellen keine großen Ansprüche und bewegen sich auf jedem Untergrund. Ein Fels- und Riffaquarium wäre für eine Haltung optimal.
Licht: Sonnenlichtzone.
FU: Kleinpartikelfresser, die sich auch von organischen Resten ernähren.
Bes.: Die Körperoberfläche der Seesterne trägt typische, halbkugelige Platten unterschiedlicher Größe und Form. Sie ähneln Warzen. Die Farbe des Körpers variiert sehr stark. Im allgemeinen besitzen die Arme breite, orange Bänder.

T: 22-28 °C, **Ø:** 20 cm, **BL:** ab 100 cm, **WB:** m, **WR:** u, **BS:** 3-4, **SG:** 3-4

Großes Barriereriff, Australien R.C. Steene

Gomophia rosea (H.L. CLARK, 1921)
Rosaroter Warzenstern

Vork.: Nur am Barriereriff in Australien.
GU: Keine.
Hält.B.: Bei uns nicht bekannt und in der Aquarienliteratur auch nicht beschrieben. Es ist aber durchaus möglich, daß sie in Australien in Aquarien gepflegt werden.
FU: Kleinpartikelfresser, die sich auch von organischen Resten ernähren.
Bes.: Wie bei den meisten *Gomophia*-Arten so besitzen auch bei diesen Seesternen die Körperscheibe und die Arme halbkugelige Platten. Die Armbasen sind breit und die Arme laufen konisch und spitz aus. Unterschiedlich breite, orangefarbene Bänder befinden sich an den Armen. Nahe der Armbasen sind die Bänder breit, zu den Armspitzen hin werden sie immer schmaler. Warzensterne dieser Art leben an flachen Korallenriffen, wo sie sich tagsüber verstecken. Sie sind nachtaktiv.

T: 23-29 °C, Ø: 20 cm, BS: 4, SG: 4

S. Padar, Indonesien G. Allen

Gomophia (?) *tumulosa* (FISHER, 1917)
Warzenstern

Vork.: Indopazifik.
GU: Keine.
Soz.Verh./Vgs.: Die Seesterne leben einzeln auf Korallenfels. Man kann sie mit vielen Wirbellosen und Fischen gut vergesellschaften.
Hält.B.: Felsen- oder Riffaquarium mit Tagesverstecken und mit Klettermöglichkeiten. Man hält sie wie die anderen *Gomophia*-Arten. Siehe MEERWASSER ATLAS, Band 3.
Licht: Sonnenlichtzone.
FU: K; Kleinpartikelfresser.
Bes.: Die Arme sind lang und zylindrisch. Sie tragen runde und spitze Skelettplatten unterschiedlicher Größe. Die Tiere sind nachtaktiv.
Die Art zu bestimmen ist sehr schwierig, ohne ein Tier im Labor zu examinieren.

T: 22 -26 °C, **Ø:** 15 cm, **BS:** 3-4, **SG:** 3

Manado, Sulawesi, Indonesien H. Erhardt

Leiaster speciosus VON MARTENS, 1866
Roter Seestern

Vork.: Indopazifik: Indonesien, Malaysia, Philippinen, Japan bis nach Australien.
GU: Keine.
Soz.Verh./Vgs.: Die Seesterne leben einzeln auf Hartsubstrat. Sie sind ausschließlich nachtaktiv.
Hält.B.: Nicht bekannt. Sie sind für eine Aquarienhaltung auch viel zu groß.
FU: O; Algen und kleine Wirbellose.
Bes.: Die Arme der Tiere sind lang, zylindrisch und fast kreisrund im Querschnitt. Tuberkeln, die in Reihen angeordnet sind, befinden sich darauf.

T: 22-26 °C, **Armlänge:** 25 cm, **BS:** 4, **SG:** 3

Insel Bunaken, Sulawesi, Indonesien H. Erhardt

Linckia guildingi GRAY, 1840
Guildingis Seestern

Vork.: Rotes Meer, Indopazifik: Von Afrika bis Hawaii, Japan und Australien.
GU: Keine.
Soz.Verh./Vgs.: Die Seesterne leben einzeln. Sie können mit friedlichen Fischen und vielen Wirbellosen vergesellschaftet werden.
Hält.B.: Fels- oder Riffaquarium, wo sie klettern können. Da sie nachtaktiv sind, benötigen sie Tagesverstecke.
Licht: Mittellichtzone. **FU:** K; Detritus und kleine wirbellose Tiere.
Bes.: Die Arme der Tiere sind außerordentlich lang und zylindrisch. Guildingis Seesterne leben auf Hartgrund am Riffhang und klettern auf Korallenfels. Verschiedene Farbmorphen kommen vor. Weitere Informationen im MEERWASSER ATLAS, Band 3, Seite 976.

T: 22-27 °C, **Armlänge:** 30 cm, **BL:** ab 120 cm, **WB:** m, **WR:** m-u, **BS:** 3, **SG:** 3

Raa Atoll, Malediven H. Erhardt

Linckia laevigata (LINNAEUS, 1758)
Lachsfarbener Seestern

Vork.: Indopazifik: Von Ostafrika bis nach Hawaii, Japan, Australien und Neukaledonien.
GU: Keine.
Soz.Verh./Vgs.: Diese Seesterne leben einzeln vom Riffdach bis in mittlere Wassertiefen auf Korallengestein, Riffterassen und auf Korallenschutt. Eine parasitische Schnecke, *Thyca crystallina*, lebt mit ihnen vergesellschaftet.
Hält.B.: Siehe MEERWASSER ATLAS, Band 3, Seite 977. **Licht**: Sonnenlichtzone.
FU: K, Kleintier- und Detritusfresser. Weitere Informationen MEERWASSER ATLAS, Band 3, Seite 977.
Bes.: Wir stellen diese Art hier noch einmal vor, weil es sich um eine seltene Farbvariante des blauen Seesterns handelt, nämlich um die "salmon-pink"-Variation. Während die blaue Farbvariante außerordentlich häufig vorkommt, ist die hier vorgestellte lachsfarbene Form selten und sehr schwer zu finden. Man muß Glück haben und mit der Kamera zur richtigen Zeit am richtigen Ort sein.

T: 24-28 °C, **Ø**: 30 cm, **BL**: ab 120 cm, **WB**: m, **WR**: u, **BS**: 4, **SG**: 3

Apo-Riff, Philippinen H. Erhardt

Linckia sp.
Oranger Klappenstern

Vork.: Indopazifik: Philippinen. **GU:** Keine vorhanden.
Soz.Verh./Vgs.: Diese Seesterne leben einzeln und können mit friedfertigen Fischen, Krebsen und Stachelhäutern vergesellschaftet werden.
Hält.B.: Tiere aus dieser Gattung pflegt man in einem Riffaquarium, das auch ein geräumiges Sandareal aufweist.
FU: K; sie fressen organischen Detritus, kleine Schnecken, Muscheln und Borstenwürmer. Man ernährt sie im Aquarium mit Muschel-, Schnecken- und Krebsfleisch.
Bes.: Seesterne dieser Gattung werden groß. Bei dem Seestern auf dem Bild könnte es sich um *L. guildingi* handeln, doch war die Bestimmung nicht eindeutig. Es handelt sich möglicherweise um eine semiadulte Form dieser Art, da die Tiere von ihrer Jugend bis zum ausgewachsenen Seestern einen Farbwechsel durchlaufen.

T: 22-28 °C, **Ø:** 30 cm, **BL:** ab 120 cm, **WB:** m, **WR:** u, **BS:** 3, **SG:** 3

Insel Bunaken, Sulawesi, Indonesien H. Erhardt

Nardoa galatheae (LUTKEN, 1865)
Gatathea Seestern

Vork.: Indopazifik: Von den Malediven bis in den Südpazifik. **GU:** Keine.
Soz.Verh./Vgs.: Die Tiere leben einzeln auf verschiedenen Substraten. Sie sind mit vielen Wirbellosen und Fischen zu vergesellschaften.
Hält.B.: Riff- oder Felsaquarium mit etwas Sandgrund. **Licht:** Sonnenlichtzone.
FU: K; Kleinpartikelfresser. Sie brauchen im allgemeinen in einem Aquarium nicht regelmäßig gefüttert zu werden, da sie sich von Resten ernähren. Mehr Informationen im MEERWASSER ATLAS, Band 3, Seite 981. Wir stellen die Art hier noch einmal im Vergleich zu *N. novaecaledoniae* vor.
Bes.: Die Arme der Tiere sind lang, zylindrisch und zugespitzt. Die Armspitzen sind aufgestellt. Die rostbraune Oberfläche trägt eine Vielzahl unterschiedlich großer und runder Platten.

T: 22-28 °C, **Ø:** 30 cm, **BL:** ab 100 cm, **WB:** m, **WR:** u, **BS:** 2-3, **SG:** 2.

Insel Bunaken, Sulawesi, Indonesien H. Erhardt

Nardoa novaecaledoniae (PERRIER, 1875)
Neukaledonien-Seestern

Vork.: Indopazifik: Indonesien, Philippinen, Neukaledonien bis Japan und Australien.
GU: Keine.
Soz.Verh./Vgs.: Die Seesterne leben einzeln auf Korallenfels und auf Korallenbruch. Man kann sie mit fast allen Wirbellosen und Fischen vergesellschaften.
Hält.B.: Siehe MEERWASSER ATLAS, Band 3. Sie stellen keine besonderen Ansprüche und werden wie die anderen *Nardoa*-Arten gehalten und gepflegt.
FU: K; sie ernähren sich von kleinen Wirbellosen. Man füttert sie mit kleinen Muschelstückchen und mit Futtertabletten.
Bes.: Die Arme der Seesterne sind zylindrisch und rund im Querschnitt. Die kleine Körperscheibe und die Armspitzen sind farbig hell abgesetzt. Kleine, hellbraune Plättchen befinden sich auf den Armen.

T: 22-27 °C, Ø: 20 cm, BL: ab 80 cm, WB: m, WR: m, BS: 3-4, SG: 2-3

Insel Komodo, Indonesien H. Erhardt

Neoferdina cumingi (GRAY, 1840)
Platten-Seestern

Vork.: Indopazifik: Von Nordaustralien bis nach Westpolynesien. GU: Keine.
Soz.Verh./Vgs.: Die Seesterne leben einzeln auf Riffgestein. Mit friedlichen Korallenfischen sind sie gut zu vergesellschaften.
Hält.B.: Nicht bekannt. Wegen der geringen Größe sind sie für einen Aufenthalt in einem Riffaquarium geeignet.
FU: K; die Tiere fressen möglicherweise verschiedene, kleine wirbellose Tiere.
Bes.: Auffällig an den Seesternen ist, daß sie entlang der Armkanten verschieden große und überwiegend elliptische Platten tragen. Diese sind unregelmäßig angeordnet. Die Arme laufen konisch aus, wobei die Enden der Armspitzen aufgestellt werden. Platten-Seesterne kommen in verschiedenen Rottönen vor und sind an den Riffen im Indopazifik selten.

T: 22-28 °C, Ø: 5 cm, BL: ab 80 cm, WB: m, WR: u, BS: 3-4, SG: 3

Insel Bunaken, Sulawesi, Indonesien H. Erhardt

Ophidiaster duncani DE LORIOL, 1885
Dunkans Seestern

Vork.: Indopazifik: Indonesien, Mikronesien, Philippinen.
GU: Keine.
Soz.Verh./Vgs.: Die Seesterne leben einzeln, sind nachtaktiv und klettern auf Korallenfels.
Hält.B.: Nicht bekannt.
FU: K; Kleinpartikelfresser, kleine Wirbellose.
Bes.: Die kleine Körperscheibe trägt lange und zylindrische Arme, die im Querschnitt rund sind. Auf den Armen befinden sich Tuberkeln, die in Reihen angeordnet sind. Dunkans Seesterne sieht man nur nachts im Riff klettern.

T: 22-27 °C, **Armlänge:** 15 cm, **BS:** 4, **SG:** 3

Insel Komodo, Indonesien

H. Erhardt

Euretaster cribrosus (VON MARTENS, 1867)

Netz-Seestern

Vor.: Indopazifik, Australien, Papua Neuguinea, Neukaledonien, Indonesien, Philippinen.
GU: Keine, die Tiere sind getrenntgeschlechtlich.
Soz.Verh./Vgs.: Die Seesterne leben einzeln in flachen Lagunen und in Seegraswiesen.
Hält.B.: Sie benötigen große Sandflächen, auf denen sie sich bewegen können und Felsgestein, um klettern zu können. Mit friedlichen Korallenfischen sind sie gut zu vergesellschaften. **FU**: K; sie leben von verschiedenen Wirbellosen.
Bes.: Die Seesterne besitzen breite und kurze Arme. Sie haben eine interessante Art der Atmung und Brutpflege entwickelt: Auf der Körperoberfläche befindet sich eine membranöse, muskulöse und poröse Haut, die von schlanken Papillen wie ein Zeltdach aufgestellt wird. Sie ist an den Seiten offen. Wird sie angehoben, tritt Wasser in den Hohlraum ein, das durch Senken des Daches durch die Poren der Membran und durch die große, zentrale Öffnung wieder austritt. In diesem Hohlraum werden bei den ♀♀ auch die Eier aufbewahrt. Hier entwickeln sich die jungen Seesterne bis zum Schlüpfen. Dann sind sie etwa 1,5 cm im Durchmesser groß.

T: 22-28 °C, **Ø**: 10 cm, **BL**: ab 120 cm, **WB**: m-s, **WR**: u, **BS**: 3-4, **SG**: 3-4

Ordnung: Spinulosida
Fam.: Asterinidae

Rottnest Island, Australien V. Neumann

Nepanthia troughtoni (LIVINGSTONE, 1934)
Troughtons Seestern

Vork.: Süd- und Westaustralien. 2-70 m.
GU: Keine. Die Tiere sind getrenntgeschlechtlich.
Soz.Verh./Vgs.: Die Seesterne leben einzeln auf verschiedenen Substraten. Sie sind tag- und nachtaktiv.
Hält.B.: Aus der Aquarienliteratur nicht bekannt.
Licht: Schattenlichtzone.
FU: O; Algen und Krustenschwämme.
Bes.: Da in den Gewässern Süd- und Westaustraliens keine andere Art aus der Gattung *Nepanthia* lebt, es auch keine Farbvarianten innerhalb dieser Art gibt und die Oberflächenstruktur der Körperscheibe und der Arme typisch für diese Art ist, fällt eine Identifikation sehr leicht. Ihr Lebensraum sind senkrechte Wände in tiefen Unterhöhlungen und große Fels- und Korallenblöcke in schattigen Kelpwäldern.

T: 10-21 °C, **Ø:** 10 cm, **BS:** 4, **SG:** 2.

Manado, Indonesien

H. Erhardt

Patiriella pseudoexigua DARTNALL, 1917

Fünfeckstern

Vork.: Indopazifik: Indonesien.
GU: Keine.
Soz.Verh./Vgs.: Die Seesterne leben versteckt unter Steinen und Korallen im Gezeitenbereich. Mann kann sie mit friedlichen Fischen und fast allen Wirbellosen vergesellschaften.
Hält.B.: Gut haltbar, da sie im Gezeitenbereich extremen ökologischen Bedingungen ausgesetzt sind. Am besten pflegt man sie in einem Fels- oder Riffaquarium.
Licht: Sonnenlichtzone.
FU: O; Algen und kleine, seßhafte Wirbellose. Wenn genügend Algen und Sinkstoffe im Aquarium vorhanden sind, benötigen sie kein zusätzliches Futter.
Bes.: Diese Seesterne leben auf dem Riffdach, in den Ritzen von Strandfelsen, in Ebbetümpeln und unter Steinen und Korallen. Sie sind tag- und nachtaktiv. Ihre Farbe ist variabel

T: 20-25 °C, **Ø:** 3 cm, **BL:** ab 80 cm, **WB:** m, **WR:** o-m, **BS:** 3-4, **SG:** 2.

Ordnung: Spinulosida
Fam.: Echinasteridae

Echinaster luzonicus H. Erhardt

Echinaster luzonicus H. Erhardt

Insel Palau, Mikronesien H. Erhardt

Echinaster luzonicus (GRAY, 1840)
Vielfarbiger Blutstern

Vork.: Indopazifik: Mikronesien, Philippinen, Hawaii.
GU: Keine.
Soz.Verh./Vgs.: Die Tiere leben einzeln auf unterschiedlichen Substraten.
Hält.B.: In der Aquarienliteratur nicht erwähnt. Sie benötigen viel Raum und ausgedehnte Flächen zur Fortbewegung und zur Nahrungssuche.
ZU/Verm.: Im Aquarium nicht bekannt.
FU: O; sie ernähren sich von organischen Resten und von Algen.
Bes.: Diese Seesterne besitzen ein breites Farbspektrum, das von orange bis hin zu dunkelgrün reicht. Die sechs zylindrischen Arme sind stets unterschiedlich lang. Möglicherweise sind sie bei Störungen abgeworfen worden und wachsen nun nach. Vielfarbige Blutsterne leben auf Korallen, Korallenbruch, auf verschiedenen Weichböden und in Algenbeständen vom flachen Wasser bis in moderate Tiefen.

T: 20-28 °C, **Ø**: 12 cm, **BL**: ab 150 m, **WB**: m, **WR**: u, **BS**: 4, **SG**: 2-3

Ordnung: Spinulosida
Fam.: Echinasteridae

Tubataha-Riff, Philippinen H. Erhardt

(?)*Echinaster* sp.
Rostroter Blutstern

Vor.: Indopazifik: Mikronesien, Philippinen. **GU**: Keine.
Soz.Verh./Vgs.: Diese Seesterne leben einzeln auf Korallensandböden in Stillwasserlagunen.
Hält.B.: Nicht bekannt.
FU: O; möglicherweise Detritusfresser.
Bes.: Tiere dieser Art sind sehr selten und wahrscheinlich noch nicht beschrieben. Sie besitzen 6 unterschiedlich lange, zylindrische Arme, die spitz auslaufen. Die dunkelbraune Körperoberfläche zeigt feine, helle und filigrane Muster, die von parasitischen oder kommensalistischen Ctenophoren der Gattung *Astricola* herrühren, die auf ihren Armen leben. Der Seestern auf dem Bild ist regelrecht bedeckt davon.

T: 20-28 °C, **Ø**: 12-16 cm, **BS**: 4, **SG**: 4

Thromidia catalai H. Erhardt

Thromidia catalai H. Erhardt

Insel Bunaken, Sulawesi, Indonesien — H. Erhardt

Thromidia catalai POPE & ROWE, 1977
Orangespitzen-Seestern

Vork.: Indopazifik: Indonesien, Mikronesien, Neukaledonien, 15-45 m. **GU:** Keine.
Soz.Verh./Vgs.: Diese Seesterne leben einzeln in großen und schattigen Unterhöhlungen und in geräumigen Höhlen.
Hält.B.: Nicht bekannt und auch nicht möglich, da die Tiere für ein Heimaquarium zu groß sind. **FU:** O; Algen und kleine Wirbellose.
Bes.: Diese Seesterne sind außerordentlich groß. Sie haben lange, dicke und fast kreisrunde Arme. Die Armspitzen sind orangefarben abgesetzt. Wird der Seestern auf seiner Freßwanderung angegriffen und umgedreht, dann werden die Arme sehr schnell so zusammengelegt, daß die Spitzen sich berühren. Dadurch wird verhindert, daß die Räuber die langen und zarten Füßchen abfressen können. Die Körperoberfläche und die Arme sind gemustert und gekörnt.

T: 22-26 °C, **Armlänge:** 30 cm, **BS:** 4, **SG:** 3-4

Acanthaster planci, Indonesien

H. Erhardt

Ophiothrix purpurea, Malediven H. Erhardt

Ophiuroidea (Schlangensterne)

Schlangensterne sind Meerestiere, die mit etwa 2300 Arten die erfolgreichste Klasse innerhalb des Stammes der Stachelhäuter darstellen. Sie besiedeln alle Weltmeere und kommen in allen Wassertiefen vor. Ihre Artenzahl nimmt jedoch mit zunehmender Tiefe ab, so daß nur noch wenige Spezialisten unter ihnen die Tiefsee besiedeln.

Schlangensterne treten in zwei Gestaltstypen auf, wobei der Unterschied zwischen beiden Typen weitgehend in der Ausgestaltung der Arme besteht. So besitzen Vertreter der Ophiurae unverzweigte Arme, während die Medusensterne, auch Gorgonenhäupter genannt, die zur Gruppe der Euryalae gehören, lange, vielfach verzweigte und gewundene Arme tragen.

Die Mehrzahl der rezenten Schlangensterne gehören zu der ersten Gruppe. Sie besitzen sehr lange, dünne, teilweise peitschenförmig verlängerte, sehr bewegliche und unverzweigte Arme, die scharf von einer relativ kleinen Körperscheibe abgesetzt sind und fast nur noch aus Kalkplatten bestehen. Sie sind artspezifisch und wichtig für eine taxonomische Zuordnung. Die Arme sind mit vielen hohlen und nadelförmigen Stacheln besetzt, auf denen sich die Köpfchen der Sinneszellen und eine kleine Giftdrüse befindet. Die Stacheln dienen weitgehend der Haftung am Boden und der Fortbewegung, wenn sich die Arme mit Hilfe der Stacheln schlängelnd, kriechend oder kletternd über den Untergrund schieben. Dabei gibt es keine bevorzugte Bewegungsrichtung, so daß jeder beliebige Arm führen oder nachgezogen werden kann. Diese besondere Beweglichkeit beruht auf Muskeln zwischen den Wirbeln und auf einem gut entwickelten motorischen Nervensystem, das wie ein Strickleiternervensystem aus Ganglien und Kommissuren besteht.

Im Gegensatz zu den Seesternen, denen sie ähneln, werden die Organe der Schlangensterne nicht in die Arme hinein verlagert, sondern sie bleiben in der kleinen, flachen und zentralen Körperscheibe eingebettet.

Dem Substrat zugewandt liegt der Mund, der ein fünfteiliges Mundskelett trägt. Ein ausstülpbarer Magen, ein After und die Greifzangen (Pedicellarien) fehlen den Schlangensternen. Auch die Saugfüßchen (Ambulakralfüßchen) sind umgewandelt. Es fehlen ihnen die endständigen Saugscheiben. Damit erfüllen sie nicht mehr, wie bei den Seesternen, die Funktion der Fortbewegung, sondern sie sind sensorisch tätig, dienen der Atmung, dem Wühlen im Sediment und können, mit Schleim bewehrt, aufgetupfte Nahrung zum Mund führen.

An der Körperunterseite fallen, direkt neben dem Mund gelegen, große, dünnwandige und bewimperte Taschen (Bursae) auf. Sie übernehmen überwiegend die Funktion der Atmung und in sie münden die Ausführgänge der Geschlechtsorgane.

Fast alle Schlangensterne sind lichtscheu, und ihre Haut ist sehr UV-empfindlich. Sie leben daher an dunklen und schattigen Stellen, vielfach unter Steinen und Korallen, bevorzugen als Lebensraum Nischen, Spalten und Vertiefungen, graben im Sediment oder klettern in schattigen Unterhöhlungen zwischen den Verzweigungen von Korallen und Gorgonien, auf Schwämmen und Hydroidstöcken.

Bei Störungen und bei Angriffen ihrer Feinde sind Schlangensterne in der Lage, ihre sehr zerbrechlichen Arme abzuwerfen, sie aber nach einiger Zeit wieder komplett zu ersetzen. Sehr häufig findet man im Meer Schlangsterne mit unterschiedlich langen Armen, wobei die kürzeren von ihnen gerade nachgebildet werden. Dieses außerordentlich große Regenerationsvermögen der Tiere ist bei ihnen sehr ausgeprägt und im Prinzip für den gesamten Stamm der Stachelhäuter typisch.

Die meisten Schlangensterne sind getrenntgeschlechtlich. An äußeren Merkmalen können männliche und weibliche Tiere nicht voneinander unterschieden werden. Nur einige Arten sind zwittrig oder betreiben Brutpflege. Die Laichperiode ist von Art zu Art verschieden, jahreszeitlich festgelegt und mit großer Wahrscheinlichkeit temperaturabhängig.

Zur Abgabe der Geschlechtsprodukte stemmen die Tiere ihre Körperscheiben mit Hilfe der langen Arme empor und erheben sich so vom Untergrund. Die in das Wasser abgegebenen Eizellen stimulieren die männlichen Tiere zur Spermaabgabe. Nur bei wenigen Arten kommt es zur Paarbildung, wie zum Beispiel bei den Gorgonenhäuptern, wo die Männchen zu Zwergmännchen verkümmert sind und von den Weibchen umhergetragen werden.

Aus den befruchteten Eizellen entwickeln sich bilateralsymmetrische Ophiopluteus-Larven mit langen und bizarren Körperfortsätzen, die einige Zeit planktisch umhertreiben. Nach einigen Wochen entwickelt sich über eine Gestaltsumwandlung (Metamorphose) der Larve ein neuer, kleiner Schlangenstern, der sich zu Boden sinken läßt und hier ein benthisches Leben beginnt. Einige kleine Arten pflanzen sich durch Zweiteilung fort. Die fehlenden Körperteile und die Arme werden dann in einem Regenerationsablauf neu ersetzt. Schlangensterne sind im allgemeinen unscheinbar gefärbt. Überwiegend sind sie der Farbe des Untergrundes angepaßt.

Die meisten Schlangensterne sind Mikrophagen. Zum Beuteerwerb haben sie vielfältige Methoden entwickelt. So können sie sowohl Nahrungsteilchen von der Sedimentoberfläche aufnehmen, als auch Nahrungspartikel aus dem Wasser fischen und aussortieren. Das Aufsammeln der Nahrung wird von den Weidegängern praktiziert, wobei die Nahrungsteilchen mit den Füßchen, die Schleim absondern, aufgenommen und in Richtung Mund weiter transportiert werden. Große Beute wird mit den Armen festgehalten, dem Mund zugeführt und mit Hilfe der Mundkiefer zerkleinert. Auch Aasfresser gibt es unter ihnen und Räuber, die größerer Beute nachstellen und sich von Muscheln, Schnecken, Krebsen und Meeresborstenwürmern ernähren und sich auch kannibalistisch betätigen.

Die Gorgonenhäupter fangen vorwiegend Plankton aus dem freien Wasser. Sie verhalten sich dabei ähnlich wie die Haar- und Federsterne. Zum Beutefang wandern sie bei Anbruch der Dämmerung zu besonders strömungsreichen Stellen und erklimmen erhöht liegende Standorte. Mit zwei oder drei ihrer vielen Arme klammern sie sich am Untergrund fest, während der Rest der Arme zum Beutefang in das Wasser ausgestreckt wird. Die sehr beweglichen Endverzweigungen der Arme umschlingen blitzschnell die gefangene Beute, halten sie fest und führen sie nach einiger Zeit dem Mund zu. Gefressen wird alles, was an Kleintieren aus dem

Plankton erbeutet wird. Genauer betrachtet sind Schlangensterne nicht nur Allesfresser, sondern auch Abfallbeseitiger, die damit eine wichtige Rolle in der Meeresökologie erfüllen.

Gelegentlich treten Schlangensterne in einer großen Individuendichte auf. 9000 Tiere auf einem Quadratmeter sind keine Seltenheit. Damit stellen sie für einige Fische des Flachwassers eine gute Nahrungsquelle dar. Ihre Feinde sind jedoch gering, denn wer erbeutet und frißt schon überwiegend Skelettsubstanz? Gelegentlich sind sie Beute einiger Fische und Seesterne.

Mehr Informationen über diese Tiergruppe sind im MEERWASSER ATLAS, Band 3, nachzulesen. Ganz besonders über die Haltung von Schlangensternen im Meerwasseraquarium sollte man sich hier informieren.

Systematik

Klasse: OPHIUROIDEA		Schlangensterne
Ordnung: PHRYNOPHIURIDA		
Familie: Gorgonocephalidae		Gorgonenhäupter
Gattung:	*Astroboa*	
Familie: Euryalidae		
Gattung:	*Euryale*	
Ordnung: OPHIURIDA		
Familie: Ophiuridae		
Gattung:	*Ophiolepis*	
Familie: Ophiocomidae		
Gattungen:	*Ophiocoma*	
	Ophiomastix	
Familie: Ophiodermatidae		
Gattungen:	*Ophiorachnella*	
	Ophiopeza	
Familie: Ophiomyxidae		
Gattung:	*Ophyomyxa*	
Familie: Amphiuridae		
Gattung:	*Amphiura*	
Familie: Asteroschematidae		
Gattung:	*Astrobrachion*	

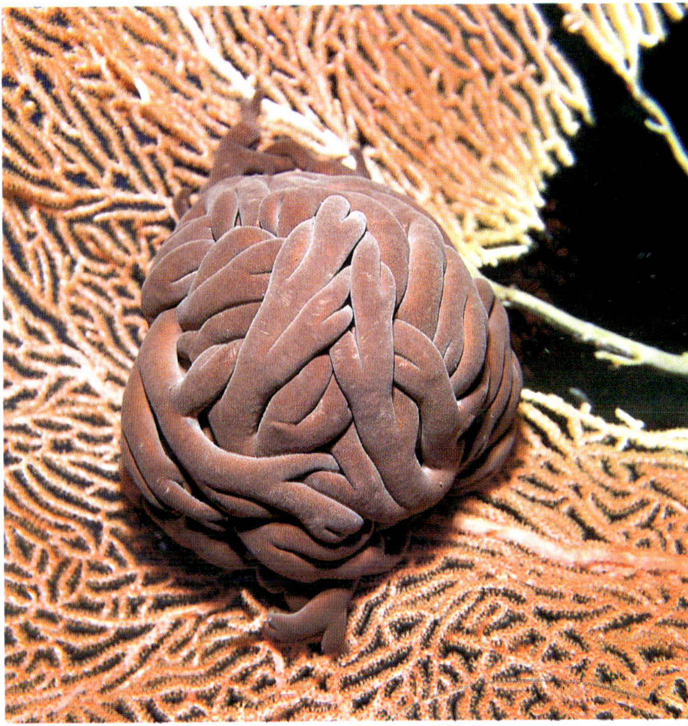

Insel Bunaken, Indonesien H. Erhardt

Astroboa granulatus (H.L. CLARK, 1938)
Rauhes Gorgonenhaupt

Vork.: Indopazifik: Australien, Indonesien, Philippinen, Papua Neuguinea, Tasmanien.
GU: Keine.
Soz.Verh./Vgs.: Die Tiere leben einzeln und tagsüber eingerollt in ihren Verstecken. Wenn sie ihre Tagesverstecke vor Sonnenaufgang nicht mehr erreichen, sieht man sie tagsüber eingerollt in Ruhestellung auf Schwämmen und Gorgonien.
Hält.B.: Siehe *Astroboa nuda*. **FU**: K; Plankton.
Bes.: Gorgonenhäupter sind nachtaktiv. An gut durchströmten und exponierten Riffabschnitten fangen sie mit ausgebreiteten Armen Plankton aus dem Wasser und kehren vor Einbruch des Tages in ihre Tagesverstecke zurück. Sie sind außerordentlich lichtempfindlich und krümmen sich zusammen, wenn das Licht der Taucherlampe sie in der Nacht trifft.

T: 22-26 °C, **Ø**: mit ausgebreiteten Armen: 120 cm, **BS**: 4, **SG**: 4

Ordnung: Phrynophiurida
Fam.: Gorgonocephalidae

Manado, Indonesien H. Erhardt

Asroboa nuda (LYMAN, 1874)
Indopazifisches Gorgonenhaupt

Vork.: Rotes Meer, Indopazifik: Von Ostafrika bis Australien, Borneo, Indonesien, den Philippinen und Neukaledonien.
GU: Keine.
Soz.Verh./Vgs.: Die Tiere leben einzeln und tagsüber eingerollt in ihren Verstecken.
Hält.B.: Gorgonenhäuter benötigen Tagesverstecke. Da man in einem Aquarium die Lebens- und Ernährungsbedingungen für diese Tiere nur unzureichend nachvollziehen kann, sollte auf eine Pflege und Haltung verzichtet werden. Erwachsene Tiere sind für Heimaquarien zu groß.
Licht: Dämmerlichtzone.
ZU/Verm.: Nicht bekannt.
FU: K; Plankton.
Bes.: Diese Art wurde bereits im MEERWASSER ATLAS, Band 3 (Seite 1026), vorgestellt. Sie ist hier noch einmal aufgenommen worden, weil das Bild sehr schön die korbähnliche Formation der Arme zeigt, die sehr wirksame Planktonreusen darstellen.

T: 22-27 °C, **Körper Ø:** 7 cm, **Arm-L:** 100 cm, **BL:** ab 200 cm, **WB:** m, **WR:** u-o, **BS:** 3, **SG:** 3

Insel Bunaken, Indonesien H. Erhardt

Euryale aspera LAMARCK, 1816
Gorgonenhaupt

Vork.: Indopazifik: Von Madagaskar, Australien, Philippinen, Indonesien und Neukaledonien bis in die Chinesische See. **GU:** Keine.
Soz.Verh./Vgs.: Die Tiere leben einzeln und sind ausschließlich nachtaktiv. Tagsüber leben sie mit eingerollten Armen in schattigen Verstecken.
Hält.B.: Siehe *Astroboa nuda*. **ZU/Verm.:** Nicht bekannt.
FU: K; Plankton.
Bes.: Die Körperscheibe der Tiere ist fünfeckig. 5 paarige Arme sind radiär um die Scheibe gruppiert. Sie besitzen lateral zahlreiche Tuberkel, die auch die Körperscheibe bedecken. Die Tiere sind entweder braun, kastanienbraun oder rostrot gefärbt. An manchen Riffen im Indopazifik kommen sie in einer großen Individuendichte vor.

T: 22-26 °C, **Körper Ø:** 4 cm, **Arme:** 70 cm, **BS:** 4, **SG:** 4

Ordnung: Ophiurida
Fam.: Ophiuridae

Manado, Indonesien — G. Allen

Ophiolepis superba H.L. CLARK, 1915
Prächtiger Schlangenstern

Vork.: Rotes Meer, Indopazifik: Von Ostafrika, Australien und Neukaledonien, bis Indonesien, Philippinen und Papua Neuguinea.
GU: Keine.
Soz.Verh./Vgs.: Die Tiere leben einzeln unter Steinen und Korallen.
Hält.B.: Ausreichende Tagesverstecke müssen vorhanden sein und Sandflächen, auf denen sie kriechen können.
FU: K, sie leben räuberisch und ernähren sich von kleinen Wirbellosen. Man füttert sie im Aquarium mit Planktonersatz und mit Kleinkrebsen. Sie sind auch Restevertilger.
Bes.: Die Körperscheibe der Tiere ist fünfeckig. Kleine Schuppen und eine dunkelbraune, sternförmige Zeichnung befinden sich auf der Oberfläche. Die 5 Arme sind im Querschnitt rund, laufen konisch aus und besitzen extrem kurze Stacheln. Sie sind dunkelbraun gebändert. Schlangensterne dieser Art sind lichtscheu, leben tagsüber versteckt und kriechen nachts über Korallenschutt und ausgedehnte Sandflächen.

T: 22-27 °C, Körper und Arme Ø: 8 cm, BL: ab 100 cm, WB: m, WR: u, BS: 3, SG: 3

Fam.: Ophiocomidae

Manado, Indonesien H. Erhardt

Ophiocoma sp.
Schwarzer Schlangenstern

Vork.: Rotes Meer, Indopazifik: Westafrika bis Japan und Hawaii.
GU: Keine.
Soz.Verh./Vgs.: Die Tiere leben einzeln, doch gelegentlich in einer großen Individuendichte im Spülsaum der Riffe und auf dem Riffdach. Sie nutzen die Ritzen als Verstecke und strecken nur einen Teil der Körperscheibe und einige Arme in das freie Wasser. Sie lassen sich mit vielen Wirbellosen und Fischen vergesellschaften.
Hält.B.: Riff- und Felsaquarium, das genügend Versteckmöglichkeiten bietet. Ein tropisches Gezeitenaquarium wäre optimal, doch viel zu aufwendig und zu teuer.
Licht: Sonnenlichtzone.
FU: O; Allesfresser. Sie weiden Algen und Aufwuchs ab, fressen organische Reste, verschlingen Kleinstlebewesen und vertilgen auch Aas. Im Aquarium füttert man sie mit kleingehacktem Muschel-, Schnecken-, Krebs- und Fischfleisch.
Bes.: Die Tiere leben im Gezeitenbereich zwischen Ebbe und Flut. Hier sind sie extremen biotischen und abiotischen Faktoren ausgesetzt. Dennoch sind sie bestens diesen Bedingungen angepaßt. Der Riffwanderer sieht von ihnen lediglich die Arme, die aus ihren Verstecken herausragen. In Watt-Tümpeln sind sie besonders häufig anzutreffen.

T: 22-35 °C, **Körper:** 3 cm, **Arme:** 8 cm, **BL:** ab 120 cm, **WB:** m-s, **WR:** u, **BS:** 2-3, **SG:** 2

Großes Barrierериff, Australien R.C. Steene

Ophiomastix variabilis KOEHLER, 1905
Gesprenkelter Schlangenstern

Vork.: Von Westafrika bis Australien, Neukaledonien, Indonesien und den Philippinen.
GU: Keine.
Soz.Verh./Vgs.: Die Schlangensterne leben einzeln und sind ausschließlich nachtaktiv.
Hält.B.: Nicht bekannt. Da sie nachtaktiv sind, sind sie für ein Heimaquarium auch nicht gerade attraktiv.
FU: O; Sie ernähren sich von Kieselalgen und organischen Resten, die sie vom Boden auftupfen. Sie säubern nachts die Porenöffnungen der Schwämme von Schwebstoffen und organischem Detritus.
Bes.: Die annähernd runde Körperscheibe trägt 5 sehr lange und zugespitzte Arme. Serien von gelben Zeichnungen befinden sich auf den schwarzen Armen und der schwarzen Körperscheibe. Die Arme tragen Stacheln. Gesprenkelte Schlangensterne leben tagsüber unter toten Korallen, in den Ritzen von Flachriffen und in Lagunen.

T: 22-26 °C, **Körperscheibe:** 3 cm, **Arme:** 15 cm, **BS:** 4, **SG:** 4

Großes Barriereriff, Australien R.C. Steene

Ophiarachnella septemspinos RETZIUS, 1805
Schlangenstern

Vork.: Indopazifik: Indonesien, Philippinen, Mikronesien und Australien.
GU: Keine.
Soz.Verh./Vgs.: Schlangensterne dieser Art leben einzeln, und sie sind ausschließlich nachtaktiv.
Hält.B.: Nicht bekannt. In der Aquarienliteratur finden sich keine Hinweise darüber.
FU: O; sie ernähren sich von kleinen, am Boden lebenden Wirbellosen und von organischem Detritus.
Bes.: Die Körperscheibe der Tiere ist annähernd rund. Daran befinden sich 5 lange, im Querschnitt runde und zugespitzte Arme, die gelb gebändert sind.

T: 22-28 °C, **Ø**: 20 cm, **BS**: 4, **SG**: 4

Ordnung: Ophiurida
Fam.: Ophiodermatidae

Großes Barriereriff, Australien R.C. Steene

Ophiozepa sp.
Schlangenstern

Vork.: Barriereriff, Australien.
GU: Keine.
Soz.Verh./Vgs.: Die Schlangensterne leben einzeln und sind ausschließlich nachtaktiv.
Hält.B.: Nicht bekannt. Es finden sich keine Hinweise darüber in der uns zur Verfügung stehenden Aquarienliteratur.
FU: Möglicherweise kleine Wirbellose und organisches Detritus.
Bes.: Die annähernd runde Körperscheibe ist gelb und trägt ein rotoranges Pentagramm. Auch die langen, dünnen und zugespitzten Arme sind auf gelbem Grund rotorange gebändert.

T: 22-28 °C, Ø: 15 cm, BS: 4, SG: 4

Fam.: Ophiomyxidae

Großes Barriereriff, Australien R.C. Steene

Ophyomyxa australis (LAMARCK, 1816)
Australischer Schlangenstern

Vork.: Australien, Neukaledonien.
GU: Keine.
Soz.Verh./Vgs.: Die Tiere leben einzeln und sind ausschließlich nachtaktiv.
Hält.B.: Nicht bekannt und in der Aquarienliteratur auch nicht beschrieben.
FU: K; ernährt sich von kleinen Wirbellosen und von organischem Detritus.
Bes.: An einer fast runden Körperscheibe befinden sich außerordentlich lange, zugespitzte und gebänderte Arme. Diese Art kommt in einigen Farbvarianten vor.

T: 22-28 °C, Ø: 20 cm, BS: 4, SG: 4

Ordnung: Ophiurida
Fam.: Amphiuridae

Amphiura sp. D. Tackett

Manado, Indonesien H. Erhardt

Amphiura sp.
Schlangenstern

Vork.: Indopazifik: Indonesien, Mikronesien, Philippinen. **GU:** Keine.
Soz.Verh./Vgs.: Tagsüber leben die Tiere einzeln im Sediment versteckt. Nachts strecken sie einige ihrer Arme zum Planktonfang ins freie Wasser.
Hält.B.: Nicht bekannt.
FU: O: Plankton und Detritus.
Bes.: Schlangensterne dieser Art leben immer in weichen Sedimenten, die sie nur selten verlassen. Die außerordentlich langen, schlanken und apikal zugespitzten Arme sind gelb, schwarz und weiß gebändert und mit langen und feinen Stacheln bewehrt. Bis zu 4 Arme werden in das freie Wasser zum Nahrungsfang ausgestreckt; ein Arm dient immer der Verankerung im Boden.

T: 22-26 °C, **Armlänge:** 10-15 cm, **BS:** 4, **SG:** 4

Ordnung: Ophiurida
Fam.: Amphiuridae

Großes Barriereriff, Australien — R.C. Steene

Astrobrachion sp.
Schlangenstern

Vork.: Australien.
GU: Keine.
Soz.Verh./Vgs.: Diese Schlangensterne leben stets auf den Verzweigungen Schwarzer Korallen der Gattungen *Antipathes* und *Cirripathes*.
Hält.B.: Unbekannt.
FU: Organisch angereicherte Sinkstoffe, die sie von den Schwarzen Korallen abtupfen.
Bes.: Diese Schlangensterne leben versteckt in Schwarzen Korallen. Sie schlingen ihre Arme ganz fest um die Verzweigungen der Kolonie und lassen erst dann los, wenn sie einen Standortwechsel vornehmen. Sie kommen in verschiedenen Farbvarianten vor.

T: 20-27 °C, **Ø Körperscheibe:** 2 cm, **BS:** 4, **SG:** 3

Astropartus mediterraneus, Mittelmeer

H. Erhardt

Asthenosoma varium M. Walker

Echinoidea (Seeigel)

Seeigel sind kugelige, herz- oder scheibenförmige Tiere von radiärer, fünfstrahliger Symmetrie, die ein festes Außenskelett besitzen, das den Körper fast vollständig umschließt und schützt. Nur um den Mund herum befindet sich eine weichhäutige Zone, in der isolierte Kalkplättchen eingelagert sind. Sie wird als Peristomialmembran bezeichnet. Das Außenskelett besteht aus 5 Doppelreihen von Ambulakralplatten, die Poren tragen und aus 5 Doppelreihen von Interambulakralplatten, die keine Poren besitzen. Beide Plattentypen tragen auf kleinen oder großen Höckern die für diese Tierklasse so typischen und unterschiedlich gestalteten Stacheln und Greifzangen (Pedicellarien). So findet man Seeigel mit langen, kurzen, nadelfeinen, keulenartigen und plattenförmigen Stacheln, die als Lanzen, Spieße, Griffel, Borsten oder schutzdachartigen Platten ausgebildet sind. Oft sind sie mit Gift geladen und mit Widerhaken versehen.

Der Grundbauplan eines rezenten Seeigels stellt eine aus zwanzig Reihen polygonaler Kalkplatten geformte Kugel dar, deren Platten entweder zu einem starren Panzer verschmolzen sind, die Platten sich dachziegelartig überdecken können oder zwischen den einzelnen Platten lederartige, bewegliche Zonen entstehen, wie wir sie bei den Lederseeigeln vorfinden. Tiere, die eine kugelige Gestalt besitzen und deren Mund in die Mitte der Körperunterseite zu liegen kommt, zählen zu den regulären Seeigeln (Regularia). Sind die Tiere jedoch herz- oder scheibenförmig gestaltet und ist der After und der Mund nach der Gestaltsumwandlung der Larve an den Rand der Körperscheibe verlagert worden, dann werden diese Seeigel zu den irregulären Tieren (Irregularia) gezählt. Sie sind entweder oval, herz- oder flaschenartig geformt. Zu ihnen gehört der Sanddollar, der sehr stark dorsoventral abgeflacht ist. Bei diesen Seeigeln kann man bereits ein Vorder- und Hinterende unterscheiden, da beide Körperöffnungen in einer Ebene angeordnet sind.

Die Stacheln der Seeigel, die so charakteristisch für diese Tierklasse sind, unterscheiden sich je nach Art in Größe und Gestalt. Ihre Form ist ihrer jeweiligen Funktion angepaßt. Sie werden auf kleinen, halbkugeligen Gelenkköpfen mit Hilfe von Muskeln bewegt, die von den Skelettplatten gebildet werden. Als Primärstacheln werden diejenigen bezeichnet, die außerordentlich lang und kräftig sind und als Sekundärstacheln die, die wesentlich kleiner sind und an der Basis der Primärstacheln stehen. Sie alle dienen der Fortbewegung und der Verteidigung.

Neben den Stacheln ist das Kauwerkzeug der Seeigel ein sehr interessant gebautes Instrument. Fünf harte, scharfe, nach hinten gebogene und im Rhythmus der Abnutzung nachwachsende Zähne umstehen die Mundöffnung. Sie werden durch ein kompliziertes Zusammenspiel von Kalkspangen und Muskeln bewegt. Seinem Aussehen nach nennt man das gesamte Gebilde die "Laterne des Aristoteles", eine Bezeichnung, die von dem römischen Schriftsteller Plinius stammt.

Zwischen den Primär- und Sekundärstacheln befinden sich, auf kleinen Stielen stehend, die Greifzangen (Pedicellarien) der Seeigel. Im Gegensatz zu denen der Seesterne besitzen sie 3 Backenzangen, die geöffnet und geschlossen werden können. Bedingt durch verschiedenartige Tätigkeiten sind sie auch verschieden geformt. Man unterscheidet 4 Haupttypen, die jedoch in noch weiteren Variationen vorkommen. So lassen sich dreifingerige (Tridactylen) von dreiblättrigen (Trifolien) und schlangenförmige (Ophiocephaliden) von kugelförmigen (Globiferen) Pedicellarien unterschieden. Sie sind als Beiß-, Klapp-, Putz- und Giftzangen ausgebildet. Mit ihrer Hilfe verteidigen sich die Seeigel und reinigen ihre Körperoberfläche von Auflagerungen und Aufwuchs.

Zwischen den Stacheln und den Greifzangen fallen dünne, schlauchförmige Saugfüßchen auf, die an ihrem Ende kleine Saugnäpfe tragen. Sie sind Teile des Wassergefäßsystems (Ambulakralgefäßsystem) und dienen der Fortbewegung, dem Festheften und Festhalten am Untergrund und dem Halten von allerlei Gegenständen, die viele Seeigel zur Tarnung auf ihrem Körper tragen. Die Saugfüßchen durchdringen den starren Kalkpanzer durch kleine Poren der Ambulakralplatten und können gestreckt und eingezogen werden. Vielfach sind sie zu Mund- und Kiemenfüßchen umgewandelt und stehen im Dienste der Atmung und zur Aufnahme von chemischen und mechanischen Reizen.

Die regulären Seeigel sind überwiegend Weidegänger, die auf Hart- und Weichböden und in Seegraswiesen weiden. Sie schaben den Aufwuchs des Untergrundes mit Hilfe ihrer Zähne ab und verwerten die aufgenommene Algennahrung. Außerdem ernähren sie sich von kleinen, festsitzenden, Wirbellosen und gelegentlich auch von Aas. Die irregulären Seeigel leben dagegen kurzfristig oder zeitlebens im Sediment und gewinnen ihre Nahrung durch Auflecken, Abtupfen und Absieben des Bodens.

Seeigel sind getrenntgeschlechtliche Tiere. Männliche und weibliche Seeigel lassen sich nicht so einfach voneinander unterschieden, es sei denn, man nimmt eine mikroskopische Betrachtung der Genitalplatte vor. Die 5 Gonaden der Seeigel sind sackförmige gestaltet und hängen in die Leibeshöhle hinein. Sie münden durch je einen Porus in der Genitalplatte auf der Körperoberseite der Tiere aus. Irreguläre Seeigel besitzen nur 4, gelegentlich 3 manchmal auch nur 2 Gonaden. Die fehlenden Gonaden werden bei der Entwicklung und bei der Wanderung des Afters zur Peripherie des Seeigelkörpers hin zerstört.

Zur Fortpflanzungszeit werden die Geschlechtsprodukte in das freie Wasser entlassen, wo auch die Befruchtung der Gameten stattfindet. Aus den frei beweglichen Pluteus-Larven entwickeln sich über eine komplizierte Gestaltsumwandlung kleine Seeigel. Einige Arten, die in kalten Gewässern leben, betreiben Brutpflege, wobei sich die Jungtiere zwischen den Stacheln, am Mundfeld oder in Gruben des Kalkpanzers aufhalten und entwickeln.

Seeigel leben in allen Regionen unserer Weltmeere und kommen von der Spritzwasserzone bis in die Tiefsee vor. Der Stachelwald vieler Seeigel ist oftmals Zufluchtsort für viele kleine Jungfische, die hier Schutz vor ihren Freßfeinden suchen. Trotz ihres wehrhaften Stachelkleides haben Seeigel viele Feinde. Große Drückerfische versuchen sie mit verschiedenen Strategien zu überlisten und auch der Seewolf (*Anarhichas*) hat sie auf seinen Speisezettel gesetzt. Einige Schnecken, Seesterne und auch die kalifornischen Seeotter stellen ihnen nach. Doch der Mensch ist ihr größter Feind, der ihnen nachstellt, sie aufsammelt und die reifen und wohl auch wohlschmeckenden Gonaden verzehrt. So sind an manchen Küsten eßbare Seeigelarten durch Aufsammeln stark bedroht, wenn nicht schon in die Liste der ausgestorbenen Arten eingetragen.

Klasse: ECHINOIDEA

Systematik

Klasse: ECHINOIDEA	Seeigel
Unterklasse: REGULARIA	Reguläre Seeigel
Ordnung: CIDAROIDA	Lanzenseeigel
Familie: Cidaridae	
Gattung: *Prionocidaris*	
Ordnung: ECHINOIDA	Echte Seeigel
Familie: Echinidae	
Gattung: *Psammechinus*	
Familie: Echinometridae	
Gattung: *Echinostrephus*	
Heterocentrotus	
Familie: Parasalenidae	
Gattung: *Parasalenia*	
Ordnung: PHYMOSOMATOIDA	
Familie: Stomopneustidae	
Gattung: *Stomopneustes*	
Ordnung: ECHINOTHUROIDEA	Lederseeigel
Familie: Echinothuriidae	
Gattung: *Asthenosoma*	
Ordnung: TEMNOPLEUROIDEA	
Familie: Temnopleuridae	
Gattung: *Salmacis*	
Unterklasse: IRREGULARIA	Irreguläre Seeigel
Ordnung: CLYPEASTEROIDA	Sanddollar
Familie: Clypeasteridae	
Gattung: *Clypeaster*	
Ordnung: SPATANGOIDA	Herzseeigel
Familie: Spatangidae	
Gattung: *Maretia*	
Familie: Brissidae	
Gattungen: *Brissus*	
Metalia	

Großes Barriereriff, Australien R.C. Steene

Prionocidaris verticillata (LAMARCK, 1816)
Lanzenseeigel

Vork.: Von Ostafrika bis in den Westpazifik.
GU: Keine.
Soz.Verh./Vgs.: Die Seeigel leben einzeln unter Korallen. Sie sind nachtaktiv.
Hält.B.: Nicht bekannt. Die Seeigel sind zu selten, um für den Aquarienhandel gesammelt zu werden.
FU: O; Algen und kleine Wirbellose.
Bes.: Der Seeigelkörper ist fast kugelig und an der Unterseite abgeflacht. Die Primärstacheln sind lang, kräftig und mit kronenähnlichen Auswüchsen versehen. Die Sekundärstacheln sind kurz, blattförmig und liegen der Basis der Primärstacheln an. Die langen Stacheln sind häufig von Moostierchen und von Algen bewachsen.

T: 22-26 °C, **Ø**: mit Stacheln 10 cm, **BS**: 4, **SG**: 2-3

Psammechinus miliaris, Nordsee, Belgien H. Klerks

Psammechinus miliaris, Nordsee, Belgien H. Klerks

Psammechinus miliaris (MÜLLER, 1771)
Strandseeigel

Vork.: Atlantik: Von Norwegen bis Marokko und in der Kieler Bucht. 0-100 m.
GU: Keine.
Soz.Verh./Vgs.: Die Seeigel leben einzeln oder in Gruppen. Sie sind bevorzugt Strandbewohner im Bereich der Brandungszone, wo sie sich mit Hilfe ihrer Kauwerkzeuge im Felsen Löcher graben. Im tieferen Wasser leben sie einzeln und maskieren sich mit Seegras, Algenstückchen und Schill, die sie mit ihren Ambulakralfüßchen festhalten.
Hält.B.: Die Strandseeigel sind sehr gut in einem Atlantik- oder Mittelmeerbecken zu halten und zu pflegen. Sie benötigen einen steinigen oder felsigen Untergrund und einen guten Algenbestand, den sie abweiden können. Bedingt durch ihre Lebensweise im Bereich der Brandungszonen vertragen sie im Aquarium auch relativ hohe Temperaturen. Auch sind sie unempfindlich und recht widerstandsfähig gegen häufigen Wasserwechsel.
ZU/Verm.: Zur Laichzeit bilden die Seeigel Paare oder sie laichen in Aggregationen ab. Die Befruchtung der Gameten findet im offenem Meer statt und verläuft über eine planktische Larve. Nach der Metamorphose der Larve beträgt der Schalendurchmesser der Seeigel etwa 1 mm. Nach einem Jahr beträgt der Schalendurchmesser bereits 20 mm. Zu diesem Zeitpunkt sind die Seeigel auch geschlechtsreif. Nach 6 Jahren haben sie ihre endgültige Größe erreicht. Das Geschlecht der Strandseeigel kann leicht an der Form der Genitalpapille bestimmt werden. Aus diesem Grunde werden sie auch häufig für entwicklungsgeschichtliche Studien herangezogen.
FU: H; Strandseeigel sind Weidegänger und bevorzugt Pflanzenfresser, die sich von Tangen ernähren. Kleine, wirbellose Tiere, die an den Tangen haften, werden mitgefressen. Wenn im Aquarium der Algenbewuchs für die Ernährung der Tiere nicht ausreicht, dann kann man mit abgekochtem, grünem Salat etwas nachhelfen. Kleingestampftes Muschel-, Schnecken- oder Fischfleisch muß gelegentlich gereicht werden, da die Tiere keine absoluten Herbivoren sind.
Bes.: Strandseeigel sind relativ kleine Seeigel, die aufgesammelt und deren Gonaden gegessen werden. Ihr Panzer ist doppelt so breit wie hoch und trägt hell- bis dunkelgrüne Stacheln, die etwa 1 cm lang und kräftig sind. Die Spitzen sind häufig violett abgesetzt. Man findet Strandseeigel außer am Spülsaum auch auf steinigem Grund, unter Steinen, auf Austernbänken, zwischen Seegras und Tangen und im Wattenmeer.

T: 12-28 °C, **Ø:** 3-5 cm, **BL:** ab 80 cm, **WB:** m-s, **WR:** u, **BS:** 1, **SG:** 1-2.

Insel Bunaken, Indonesien H. Erhardt

Echinostrephus molaris (DE BLAINVILLE, 1825)
Bohrender Seeigel

Vork.: Rotes Meer, Indopazifik: Indonesien, Philippinen. **GU**: Keine.
Soz.Verh./Vgs.: Die Seeigel leben einzeln in ihren selbstgebohrten Löchern und kommen hier stellenweise in einer großen Individuendichte vor.
Hält.B.: Nicht bekannt. Man kann den Tieren ihr Bohrsubstrat nicht anbieten.
FU: H; Jungtiere raspeln vom Untergrund Algen ab; ältere Tiere fangen mit ihren Füßchen und Stacheln vorbeitreibende Algen.
Bes.: Der helle Körper der Seeigel trägt eine Vielzahl langer und dünner Stacheln. Sie können violett, braun oder schwarz gefärbt sein. Dazwischen befinden sich lange, ausstreckbare Füßchen. Die Tiere bohren mit Hilfe ihrer Zähne Löcher in den Korallenfels und wohnen tagsüber darin. Große und erwachsene Seeigel sind nicht mehr in der Lage, ihren Standort zu verlassen. Der Lebensraum Bohrender Seeigel sind gut durchströmte Riffe im Bereich des Flachwassers.

T: 22-26 °C, **Ø**: 6 cm, **BS**: 4, **SG**: 4

Insel Manado Tua, Nordsulawesi, Indonesien H. Erhardt

Heterocentrotus mammillatus (LINNAEUS, 1758)
Griffel-Seeigel

Vork.: Rotes Meer, Indopazifik: Von Ostafrika bis in den Westpazifik. **GU**: Keine.
Soz.Verh./Vgs.: Die Seeigel leben einzeln, tagsüber verkeilt zwischen Korallen und gehen erst nachts auf Nahrungssuche.
Hält.B.: Siehe MEERWASSER ATLAS, Band 3, Seite 1116.
Licht: Sonnenlichtzone. **FU**: H; Algenfresser.
Bes.: Hier stellen wir die dunkle Farbvariante dieser Art vor. Die helle Farbvariante ist bereits im MEERWASSER ATLAS, Band 3, auf Seite 1117 vorgestellt worden. Auffallend ist, daß der Körper und die Stacheln der Seeigel einheitlich dunkelrot gefärbt sind. Nur ein heller Ring befindet sich an jeder Stachelbasis.

T: 25-28 °C, **Ø**: 8 cm, **BL**: ab 80 cm, **WB**: m-s, **WR**: o-u, **BS**: 2, **SG**: 3

Ordnung: Echinoida
Fam.: Echinometridae

Großes Barriereriff, Australien R.C. Steene

Heterocentrotus trigonarius (LAMARCK, 1816)
Griffel-Seeigel

Vork.: Indopazifik: Von Ostafrika bis in den Westpazifik.
GU: Keine.
Soz.Verh./Vgs.: Die Seeigel leben einzeln, tagsüber verkeilt in Spalten, Nischen und zwischen Korallen nahe der Brandungszone und sind ausschließlich nachtaktiv.
Hält.B.: Diese Seeigelart ist selten und erreicht den Aquarienhandel nur durch Zufall. Pflege: Siehe MEERWASSER ATLAS, Band 3, Seite 1116.
Licht: Sonnenlichtzone.
FU: H; Algenfresser.
Bes.: Diese Art unterschiedet sich nur in einigen morphologischen Besonderheiten von der Art *H. mammillatus*. Beide Arten leben häufig im selben Verbreitungsareal. Die Primärstacheln sind variabel in ihrer Länge und meist doppelt so lang wie der Schalendurchmesser des Seeigels. Die Spitzen sind abgeflacht und der helle Ring an der Stachelbasis fehlt den Tieren.

T: 25-28 °C, **Ø**: 15 cm mit Stacheln, **BS**: 4, **SG**: 3

Großes Barriereriff, Australien G. Allen

Parasalenia gratiosa AGASSIZ, 1863
Weißspitzen-Seeigel

Vork.: Vom Indischen Ozean bis in den Westpazifik, Australien und Neukaledonien.
GU: Keine.
Soz.Verh./Vgs.: Die Seeigel leben einzeln auf mit Algen bestandenem Hartgrund und sind tag- und nachtaktiv.
Hält.B.: Nicht bekannt. Es finden sich auch keine Hinweise in der uns zur Verfügung stehenden Literatur.
FU: H; Algenfresser, die den Aufwuchs abweisen.
Bes.: Diese relativ kleinen Seeigel besitzen eine abgeflachte Basis und einen schwarzbraunen Körper. Dieser trägt unterschiedlich lange Stacheln mit heller Basis und violettweißen Spitzen.

T: 22-28 °C, Ø: 5 cm, BS: 4, SG: 2.

Insel Bali, Indonesien R.C. Steene

Stomopneustes variolaris (LAMARCK, 1816)
Blauschwarzer Seeigel

Vork.: Indonesien, Philippinen, Salomoninseln und Fidschiinseln.
GU: Keine.
Soz.Verh./Vgs.: Diese Seeigel leben einzeln oder in kleinen Gruppen in Seegraswiesen und auf algenbestandenen Sandflächen. Sie sind tag- und nachtaktiv.
Hält.B.: Aus der uns zur Verfügung stehenden Literatur nicht bekannt.
Licht: Sonnenlichtzone.
FU: H; Algen- und Detritusfresser.
Bes.: Körper und Stacheln der Seeigel sind einheitlich blauschwarz gefärbt. Die Stacheln sind unterschiedlich lang und spitz. Fast nichts ist über die Biologie dieser Tiere bekannt.

T: 22-30 °C, **Ø**: 10 cm, **BS**: 4, **SG**: 2.

Ordnung: ECHINOTHURIOIDEA
Fam.: Echinothuriidae

Manado, Indonesien H. Erhardt

Asthenosoma varium GRUBE, 1866
Stecknadelkopf-Seeigel

Vork.: Vom Roten Meer bis in den Indowestpazifik. **GU:** Keine.
Soz.Verh./Vgs.: Die Tiere sind nachtaktiv. Tagsüber leben sie einzeln in Spalten und Höhlen der Riffe. Sie sollten auch einzeln gehalten werden, da sie mit den meisten Wirbellosen nicht zu vergesellschaften sind. Sie sind zu giftig und zu gefräßig.
Hält.B.: Die Aquarien sollten groß sein, Tagesverstecke bieten und einen Boden aus Korallenschutt besitzen.
FU: O; Algen, seßhafte Wirbellose und verschiedene Weichtiere. Im Aquarium ernährt man sie mit Garnelenfleisch, Salat und mit Futtertabletten.
Bes.: Siehe Seite 1074, MEERWASSER ATLAS, Band 3, wo der gleiche Seeigel vorgestellt wird, jedoch in einer anderen Farbvariation.

T: 22-26 °C, **Ø:** 15 cm, **BL:** ab 100 cm, **WB:** m-s, **WR:** o-u, **BS:** 3, **SG:** 3

Ordnung: ECHINOTHURIOIDEA
Fam.: Echinothuriidae

Manado, Sulawesi, Indonesien H. Erhardt

Asthenosoma ijimai YOSHAWARA, 1897
Ijimas Seeigel

Vork.: Tropischer Indopazifik: Indonesien, Philippinen und von Japan bis Australien.
GU: Keine.
Soz.Verh./Vgs.: Einzeln in Unterhöhlungen und Höhlen. Sie sind nachtaktiv und klettern auf festen Substraten, selten jedoch über Sand und Korallenbruch.
Hält.B.: Nicht bekannt, da auch zu selten. **Licht**: Dämmerlichtzone.
FU: O; Allesfresser: Schwämme, Tunikaten, Bryozoen und Algen.
Bes.: Auch bei diesem Seeigel sind die Kalkplatten über Bindegewebe lose miteinander verbunden. Er kann sich daher sehr flach machen und in schmale Ritzen hineinschieben. Die Stacheln, die auch hier in Bündeln stehen, sind einheitlicher ausgebildet als bei *A. varium*. Auch die Anzahl der Primärstacheln ist größer. Vorsicht: Ein Stich in die Haut eines Menschen ist sehr schmerzhaft.

T: 22-27 °C, **Ø**: 18 cm, **BS**: 4, **SG**: 3

Ordnung: TEMNOPLEUROIDEA
Fam.: Temnopleuridae

Indonesien M. Walker

Salmacis belli DÖDERLEIN, 1902
Bells Seeigel

Vork.: Indopazifik: Australien, Indonesien, Neukaledonien.
GU: Seeigel sind getrenntgeschlechtlich.
Soz.Verh./Vgs.: Die Tiere sind nachtaktiv und leben einzeln. Man kann sie mit den meisten Wirbellosen und Fischen gut vergesellschaften. Große, räuberisch lebende Seesterne, sollten im Becken fehlen.
Hält.B.: Bells Seeigel sollen gut in einem Aquarium zu pflegen sein. Da sie sich von Algen ernähren, muß ein ausreichender Algenbestand im Aquarium vorhanden sein. In der Dekoration sollten dunkle Tagesverstecke eingerichtet werden.
FU: H; Algen.
Bes.: Die Seeigel aus dieser Familie gehören normalerweise zu den kleinsten Seeigeln überhaupt, die nur wenige Millimeter im Durchmesser erreichen. Bells Seeigel machen da eine Ausnahme. Der Seeigelkörper ist von kurzen und langen Stacheln bedeckt, die rot-gelb gebändert sind und die gelbe Spitzen tragen. Sie werden bei Ruhestellung in Gruppen zusammengestellt, jedoch sofort symmetrisch verteilt, wenn der Seeigel sich angegriffen fühlt. Tagsüber leben die Tiere in dunklen Verstecken von Spalten, Höhlen und tiefen Unterhöhlungen. Erst nachts erklimmen sie Steilwände und Steilabfälle, um auch in stark strömendem Wasser Algen vom Untergrund abzuschaben. Bells Seeigel sind selten an den Riffen im Indopazifik.

T: 22-26 °C, **Ø:** 7-10 cm, **BL:** ab 100 cm, **WB:** m-s, **WR:** m-u, **BS:** 4, **SG:** 2-3

Ordnung: Clypeasterpoda
Fam.: Clypeasterodae

Großes Barriereriff, Australien R.C. Steene

Clypeaster australasiae (GRAY, 1851)
Australasiatischer Sanddollar

Vork.: Australien, Tropischer Indopazifik. 1-20 m.
GU: Keine.
Soz.Verh./Vgs.: Sanddollar leben einzeln und graben im Sediment. Sie sind nachtaktiv.
Hält.B.: Nicht bekannt.
FU: O; Detritus sowie pflanzliche und tierische Anteile des Sandlückensystems.
Bes.: Der Körper der Tiere ist dorsoventral abgeflacht, etwas oval in der Form und in der Mitte etwas aufgeblasen. Viele kurze und weiche Stacheln befinden sich darauf. Der Mund und ein After befinden sich auf der Körperunterseite. 5 dunkelgraue und sternförmig angeordnete Ambulakralen befinden sich auf der Oberseite des Seeigels. Die Tiere sind in der Lage, sich sehr schnell einzugraben. Ihre breiten Grabspuren sieht man auf der Sedimentoberfläche und kann gelegentlich feststellen, daß sie in einer großen Individuendichte vorkommen können.

T: 22-226 °C, **Ø**: 10 cm, **BS**: 4, **SG**: 4

Madang, Papua Neuguinea G. Allen

Maretia planulata (LAMARCK, 1816)
Flacher Herzseeigel

Vork.: Von Ostafrika bis in den Westpazifik.
GU: Keine.
Soz.Verh./Vgs.: Die Herzseeigel graben einzeln im Sediment. Nachts wandern sie sehr flink über Sand-, Schill und Seegrasflächen.
Hält.B.: Nicht bekannt.
FU: O; Detritus und pflanzliche und tierische Anteile des Sandlückensystems.
Bes.: Der Körper der Tiere ist herzförmig und unten abgeflacht. Bedingt durch diese Form kann man ein Kopfende von einem Hinterende unterscheiden. Der Mund liegt vorne, der After hinten. Die Stacheln sind lang, dünn und gebändert. Mit ihrer Hilfe können sich die Seeigel seht schnell eingraben und über den Untergrund laufen. Ihre Farbe ist variabel.

T: 22-26 °C, **Ø:** 8 cm, **BS:** 4, **SG:** 2-3

Insel Cebu, Philippinen H. Erhardt

Brissus sp. (?) *latecarinatus* (LESKE, 1778)

Irregulärer Herzseeigel

Vork.: Indischer Ozean bis in den Westpazifik. GU: Keine; getrenntgeschlechtlich.
Soz.Verh./Vgs.: Die Seeigel leben einzeln und eingegraben im Sediment. Sie benötigen bei einem Aquarienaufenthalt ein großes und 20-30 cm tiefes Sandareal im Becken, um sich eingraben zu können.
Hält.B.: Nicht empfehlenswert, da die Seeigel nur nachts an die Oberfläche kommen.
FU: O; sie fressen sich durch den Untergrund und verwerten alle pflanzlichen und tierischen Stoffe im Sandlückensystem.
Bes.: Dieser Herzseeigel lebt im Flachwasser der Lagunen und in Seegraswiesen. Der Körper der Tiere ist groß, elliptisch in der Form und dicht mit feinen und kurzen Stacheln bestanden. Die leeren, ausgefressenen Gehäuse findet man regelmäßig am Spülsaum der Strände.

T: 22-26 °C, L: 10 cm, BL: ab 120 cm, WB: m, WR: u, BS: 3-4, SG: 3

Großes Barriereriff, Australien R.C. Steene

Metalia sternalis (LAMARCK, 1816)
Herzseeigel

Vork.: Indopazifik: Von Ostafrika bis Hawaii, Japan und den Gesellschaftsinseln.
GU: Keine.
Soz.Verh./Vgs.: Die Tiere leben einzeln doch häufig in einer größeren Individuendichte eingegraben im Untergrund. Sie sind überwiegend nachtaktiv.
Hält.B.: Nicht bekannt und auch nicht zu empfehlen, da die Seeigel nur nachts an die Oberfläche kommen.
FU: O; sie fressen pflanzliche und tierische Anteile im Sand. Nachts sammeln sie Detritus an der Sedimentoberfläche.
Bes.: Der Körper der Tiere ist oval, hochrückig und an der Basis abgeflacht. Viele kurze und wenige lange Stacheln bedecken die Schale. Der Mund befindet sich auf der Unterseite, der After am Körperende. Ihre leeren Gehäuse findet man regelmäßig auf ausgedehnten Sandflächen.

T: 23-28 °C, Ø: 5 cm, BS: 4, SG: 3

Pseudocolochirus sp.

M. Walker

Seewalzen (Holothuroidea)

Seewalzen, auch Seegurken genannt, besitzen einen in der Hauptachse langgestreckten Körper, bei dem man bereits ein Vorder- und Hinterende voneinander unterscheiden kann. Im Durchschnitt werden die Tiere etwa 20 cm lang. Kleinere und sehr große Seewalzen, die im gestreckten Zustand eine Totallänge von über zwei Meter erreichen können, kommen auch vor. Sie alle sind ausschließlich Meerestiere, die ruhige Küstengewässer als Lebensraum bevorzugen.

Den Seewalzen fehlt ein starres Skelett. Es ist bei ihnen auf kleine, zarte und vielgestaltige Skelettstückchen reduziert, die wahllos verteilt in der Haut der Tiere liegen. Das ermöglicht ihnen eine völlig andere Bewegungsart als die, die wir von den anderen Stachelhäutern her kennen. Ihre Fortbewegung erfolgt mit Hilfe vieler Ambulakralfüßchen und einer gut entwickelten Rumpfmuskulatur, die sich strecken und zusammenziehen kann. Im Wechsel beider Bewegungsabläufe erfolgt eine langsame, doch gerichtete Fortbewegung.

Seewalzen besitzen eine breite Kriechsohle, die mit besonders vielen Ambulakralfüßchen ausgestattet ist, die endständige Saugnäpfe tragen. Auf dem Rücken der Tiere befinden sich modifizierte Saugfüßchen, die zu Papillen umgewandelt sind. Stacheln fehlen den Seewalzen.

Seewalzen besitzen eine derbe und ledrige Haut, die Knoten, Höcker, Papillen und andere Fortsätze tragen kann. In ihr liegen Drüsen- und Sinneszellen und die für die Färbung der Tiere verantwortlichen Hautpigmentzellen.

Seewalzen besitzen einen After und einen Mund. Der Mund kann sowohl auf der Vorderseite der Kriechsohle als auch auf dem Rücken der Tiere liegen. Bei der Mehrzahl der Arten ist er dem Substrat zugewandt. Um ihn herum stehen, je nach Art und der Nahrungsaufnahme angepaßt, 10-30 Mundtentakel, die die Nahrung aufnehmen. Tiere, die Plankton aus dem Wasser fischen, haben baumartig verzweigte Mundtentakel. Seewalzen, die den Untergrund nach Nahrung absuchen, besitzen kurze und schildartig erweiterte Mundfortsätze.

Klasse: Holothuroidea

Seewalzen sind getrenntgeschlechtliche Tiere. Aus den befruchteten Eizellen entwickeln sich frei schwimmende Larven, die sich nach einer Gestaltsumwandlung zu Boden sinken lassen und sich hier zu kleinen Seewalzen entwickeln. Bei arktischen Arten verläuft die Entwicklung etwas abgewandelt. Die frei schwimmenden Larvenstadien entfallen meist. Einige Arten betreiben Brutpflege, wobei sich die Jungtiere in besonderen Bruttaschen entwickeln.

Viele Seewalzen stoßen bei mechanischen Reizen zur Feindabwehr Teile ihres Enddarmes und die sich daran befindlichen Cuvierschen Schläuche aus. Diese zahlreichen und klebrigen Fäden sollen Angreifer umschlingen und fesseln. Ihre Kleb- und Haftwirkung ist so groß, daß die Einwohner abgelegener Pazifikinseln sie als Wundverband bei Verletzungen am Riff verwenden.

Seewalzen schützen sich vor ihren Feinden mit Hilfe von Giftstoffen. Die bekanntesten Gifte sind das Holothurin und das Holotoxin. Beide greifen die empfindlichen Epithelien der Fischkiemen an, wobei die Sauerstoffaufnahme erschwert wird und der Fisch erstickt. Selbst große Haie zeigen im Versuch Fluchtreaktionen. In der modernen Medizin werden diese Gifte als Narkosemittel und als ein Wirkstoff gegen unkontrolliertes Zellwachstum eingesetzt.

Seewalzen haben viele Untermieter. Kleine Muscheln, Schnecken und Ruderfußkrebse leben auf ihnen und durchsichtige Nadelfische der Gattung *Carapus* leben im Inneren so mancher Seewalze.

In vielen Teilen Südostasiens werden Seewalzen gesammelt, getrocknet, speziell zubereitet und gegessen.

Systematik

Stamm: ECHINODERMATA	Stachelhäuter
Klasse: HOLOTHUROIDEA	Seewalzen
Ordnung: ASPIDOCHIROTA	Schildtentakel-Seewalzen
Familie: Holothuriidae	
Gattungen: *Actinopyga*	
Bohadschia	
Holothuria	
Labidodemas	
Familie: Stichopodidae	
Gattungen: *Stichopus*	
Thelenota	
Ordnung: DENDROCHIROTIDA	Buschtentakel-Seewalzen
Familie: Cucumariidae	
Gattung: *Colochirus*	
Familie: Phyllophoridae	
Gattungen: *Cladolabes*	
Neothyonidium	
Ordnung: APODA Fußlose	Seewalzen
Familie: Synaptidae	
Gattungen: *Opheodesoma*	
Synapta	
Synaptula	

Insel Cebu, Philippinen H. Erhardt

Actinopyga (?) *bannwarthi* PANNING, 1944
Bannwarths Seewalze

Vork.: Indopazifik: Philippinen, Mikronesien.
GU: Seewalzen sind getrenntgeschlechtlich.
Soz.Verh./Vgs.: Die Tiere leben einzeln eingegraben im Korallensand der Lagunen.
Hält.B.: Nicht bekannt. Sie wären für ein Aquarium auch nicht attraktiv, da sie im Sand eingegraben leben. Sie benötigten im Aquarium eine tiefe Sedimentschicht von mehr als 40 cm.
FU: O; sie fressen Sand und ernähren sich von den organischen Resten darin.
Bes.: Der Körper der Seewalzen besitzt eine breite, blaue Bänderung und ist von einer Vielzahl von blauen Tuberkeln bestanden, in deren Zentrum sich ganz feine Nadeln befinden. Der Körper der Tiere ist weich und besitzt Cuviersche Schläuche.

T: 20-28 °C, **L**: 25 cm, **BS**: 4, **SG**: 4

Ari Atoll, Malediven

H. Erhardt

Actinopyga echinites (JAEGER, 1833)

Stachel-Seewalze

Vork.: Rotes Meer, Indopazifik: Von Djibouti bis in den Ostpazifik. 0-30 m.
GU: Keine. Seewalzen sind getrenntgeschlechtlich.
Soz.Verh./Vgs.: Stachel-Seewalzen leben einzeln auf Sand und Korallenbruch. Man könnte sie gut mit fast allen Fischen und vielen Wirbellosen vergesellschaften.
Hält.B.: In der Literatur gibt es jedoch keine Angaben darüber. Die Tiere sind möglicherweise für Heimaquarien viel zu groß. Sie benötigen ausgedehnte Sandflächen, um von der Oberfläche ihre Nahrung aufzunehmen.
Licht: Sonnenlichtzone. **FU**: O; Detritus, Algen und Mikroorganismen.
Bes.: Die Tiere sind groß und ihr Körper ist langgestreckt. Der Oberkörper ist mit kleinen Papillen übersät, die in Stacheln enden. Die Mundöffnung besitzt 20 Tentakel und der Enddarm trägt Cuviersche Schläuche. Stachel-Seewalzen suchen ihre Nahrung auf Sand und Hartboden und sind häufig mit Sediment bedeckt.

T: 22-28 °C, **L**: 30 cm, **BS**: 3-4, **SG**: 4

Insel Bunaken, Indonesien H. Erhardt

Actinopyga miliaris oder *Actinopyga obesa*
Stachel-Seewalze

Vork.: Tropischer Indopazifik: Indonesien, Mikronesien, Philippinen, 0-20 m. **GU:** Keine
Soz.Verh./Vgs.: Einzeln, vergraben im Sand. Sie sind völlig mit Sediment zugedeckt.
Hält.B.: Nicht bekannt. Sie würden, wegen ihrer Länge, die Dimensionen eines jeden Heimaquariums sprengen. Sie reagieren dramatisch auf Berührungen und werfen ihre Eingeweide aus. **FU:** O; pflanzliche und tierische Anteile im Sandlückensystem.
Bes.: Das Bild zeigt die Seewalze nicht so, wie sie lebt. Um ein Foto zu bekommen, wurde sie sehr vorsichtig aus dem Sediment ausgegraben. Stachel-Seewalzen leben im Korallensand seichter Lagunen. Sie fressen sich hier praktisch durch den Untergrund. Der Körper, die Haut und die Stacheln sind weich. Eine Determination der Art kann nur vorgenommen werden, wenn ein Exemplar dem Taxonomen vorliegt.

T: 22-28 °C, **L:** 60-80 cm, **BS:** 4, **SG:** 4

Insel Bunaken, Sulawesi, Indonesien

H. Erhardt

Bohadschia argus JÄGER, 1833
Augenfleck-Seewalze

Vork.: Indopazifik: Von Westafrika bis in den Pazifischen Ozean. 2-40 m Tiefe.
GU: Keine.
Soz.Verh./Vgs.: Die Seewalzen leben einzeln auf Korallenbruch und bedecken sich mit Algen, Korallen und Steinen. Selten sieht man sie auf Sand oder darin eingegraben.
Hält.B.: Diese Art wird sehr goß. Ihre Länge sprengt jede Dimension eines Heimaquariums. Daher sollte man auf eine Pflege verzichten.
FU: O; Detritus und Kleinstlebewesen.
Bes.: Mehr Informationen zu dieser Art im MEERWASSER ATLAS, Band 3, Seite 1156. Wir stellen diese Art hier nur zum Vergleich der nachfolgenden Art noch einmal vor.

T: 22-28 °C, L: 60 cm, BL: ab 150 cm, WB: m, WR: u, BS: 3, SG: 3

Ordnung: Aspidochirota
Fam.: Holothuriidae

Insel Bunaken, Sulawesi, Indonesien H. Erhardt

Bohadschia sp. aff. *argus*
Braunflecken-Seewalze

Vork.: Indopazifik: Indonesien, Malediven, Mikronesien, Philippinen.
GU: Keine.
Soz.Verh./Vgs.: Die Tiere leben auf ausgedehnten Sandflächen, auf Korallenbruch und in Seegraswiesen und bedecken sich mit Seegrasfetzen und Korallenstückchen.
Hält.B.: Siehe *B. argus*.
FU: O; sie suchen den Untergrund nach organischen Resten und Kleinstlebewesen ab.
Bes.: Möglicherweise zeigt das abgebildete Tier eine außergewöhnliche Farbvariante von *B. argus* oder es handelt sich um eine neue Art. Da diese Flecken-Seewalzen auch häufig in anderen Gebieten vorkommen, ist die letztere Vermutung durchaus möglich.

T: 22-26 °C, **L:** 50 cm, **BS:** 4, **SG:** 3

Bohadschia marmorata

H. Erhardt

Bohadschia marmorata

H. Erhardt

Insel Palau, Mikronesien H. Erhardt

Bohadschia marmorata nach ROWE & DOTY, 1977
Marmor-Seewalze

Vork.: Rotes Meer, Indopazifik: Vom Indischen Ozean bis in den Ostpazifik, 0-20 m.
GU: Keine
Soz.Verh./Vgs.: Die Tiere leben einzeln auf Sand und Korallenbruch.
Hält.B.: Große Tiere benötigen große Aquarien mit ausgedehnten Sandflächen und einer dicken Sedimentschicht, in der sie sich tagsüber eingraben können.
Licht: Sonnenlichtzone.
FU: O; die Tiere fressen reichlich Sand und ernähren sich von organischen Stoffen, die sich im Sand und auf der Sandoberfläche befinden.
BS: ROWE & DOTY haben die von JÄGER 1833 beschriebene Art neu erfaßt und taxonomisch überarbeitet. So kommt diese Art in verschiedenen Farbmustern vor, hauptsächlich jedoch so, wie sie hier abgebildet ist. Die relativ großen Tiere haben eine braune Grundfärbung und tragen auf ihrem Körper tausende gleich große dunkle Punkte. Während die Mundöffnung sich dem Substrat zuwendet, ist die Afteröffnung leicht erhoben und heller abgesetzt. Bei Störungen stoßen die Seewalzen helle, klebrige Cuvier'sche Schläuche aus. Die Jungtiere leben versteckt im Sediment und kommen nur nachts an die Oberfläche. Sie sind anders gefärbt und gemustert als die erwachsenen Seewalzen.

T: 20-28 °C, **L**: 40 cm, **BL**: ab 120 cm, **WB**: m, **WR**: u, **BS**: 3, **SG**: 3

H. Erhardt

Insel Palau, Mikronesien

Bohadschia sp. (?) *subrubra* (QUOY & GAIMARD, 1833)
Flecken-Seewalze

Vork.: Indopazifik: Mikronesien.
GU: Seewalzen sind getrenntgeschlechtlich.
Soz.Verh./Vgs.: Die Tiere leben einzeln auf Sand und in Korallenbruchfeldern flacher Lagunen.
Hält.B.: Nicht bekannt.
FU: O; sie fressen den Sand der Lagunen und verwerten die organischen Reste darin.
Bes.: Bei flüchtiger Betrachtung könnte man annehmen, daß es sich bei dem abgebildeten Tier um die Augenfleck-Seewalze, *B. argus*, handelt. Doch fehlen den braunen und unregelmäßigen Flecken auf der Haut der Tiere die so typischen Augenflecken. Die Seewalzen besitzen Cuviersche Schläuche, die auch sichtbar sind.

T: 20-28 °C, **L**: 30 cm, **BS**: 4, **SG**: 4

Insel Bunaken, Sulawesi, Indonesien H. Erhardt

Holothuria (*Thymiosycia*) *hilla* LESSON, 1830
Schlanke Warzenseewalze

Vork.: Rotes Meer, Indopazifik: Indonesien, Mikronesien, Philippinen; 0-30 m.
GU: Keine.
Soz.Verh./Vgs.: Diese Seewalzen leben einzeln und tagsüber versteckt unter Steinen und Korallen. Jungtiere sieht man häufig in Gruppen. Nachtaktiv und sehr lichtscheu.
Hält.B.: Nicht bekannt und auch nicht attraktiv, da sie nur nachts zu sehen sind.
FU: Detritus.
Bes.: Der schlanke Körper ist weich und von vielen spitzen Papillen bestanden. Die Kriechsohle trägt 3 Reihen langer Saugfüßchen. 20 Mundtentakel tasten den Untergrund nach Freßbarem ab. Nachts, wenn sie mit einer Unterwasserlampe angestrahlt werden, krümmen sie sich stark zusammen und versuchen in Spalten oder Ritzen zu kriechen.

T: 22-27 °C, **L**: 20 cm, **BS**: 4, **SG**: 2-3

Insel Bunaken, Sulawesi, Indonesien H. Erhardt

Holothuria (*Mertensiothuria*) *leucospilota* (BRANDT, 1835)
Schlangen-Seewalze

Vork.: Rotes Meer, Indopazifik: Von den Malediven bis Hawaii, Australien und Japan, 0-10 m. **GU**: Keine.
Soz.Verh./Vgs.: Lebt einzeln oder in Gruppen mit ihrem Hinterende verkeilt in Korallen. Das Vorderende mit den Mundtentakeln ist stets auf der Suche nach Nahrung.
Hält.B.: Nicht bekannt und auch nicht möglich, da die Tiere für Heimaquarien viel zu groß sind.
FU: O; Detritus und organische Stoffe aus dem Freßsubstrat.
Bes.: Der Körper der Tiere ist schlank und stark dehnbar. Er kann schlangenartig ausgestreckt werden und verkürzt sich bei Störungen sehr stark. 18-20 lange Mundtentakel tasten den Untergrund nach Freßbarem ab. Die einheitlich schwarze bis schwarzbraun gefärbte Haut trägt viele spitze Papillen.

T: 22-28 °C, **L**: 60-90 cm, **BS**: 4, **SG**: 3

Holothuria nobilis H. Erhardt

Holothuria nobilis H. Erhardt

Insel Palau, Mikronesien H. Erhardt

Holothuria (*Microthele*) *nobilis* (SELENKA, 1867)
Weißfuß-Seewalze

Vork.: Rotes Meer, vom Indischen Ozean bis nach Japan, Australien und Neukaledonien.
GU: Keine.
Soz.Verh./Vgs.: Die Tiere leben einzeln auf Fels- und Sandgrund und in Seegraswiesen.
Hält.B.: Diese Art ist zu groß für eine Pflege in Heimaquarien. Sie soll aber anspruchslos und gut haltbar sein.
FU: O; sie frißt Algen und alles, was auf dem Boden lose herum liegt und verwertbar ist.
Bes.: Die Art ist variabel in ihrer Farbe. Die hier vorgestellten Seewalzen zeigen entweder verschiedene Farbvarianten oder verschiedene Farbmuster während ihrer Entwicklung vom juvenilen bis zum geschlechtsreifen Tier. Mehr Informationen dazu im MEERWASSER ATLAS, Band 3, Seite 1173.

T: 24-28 °C, L: 50 cm, BL: ab 100 cm, WB: m, WR: u, BS: 2, SG: 3

Indonesien M. Walker

Holothuria sp. (?) *signata* LUDWIG, 1882
Braunrücken-Seewalze

Vork.: Indopazifik: Indonesien.
GU: Seewalzen sind getrenntgeschlechtlich.
Soz.Verh./Vgs.: Die Tiere leben einzeln in Seegraswiesen und auf Korallenbruch.
Hält.B.: Nicht bekannt.
FU: O; sie suchen den Boden nach verwertbaren organischen Substanzen ab.
Bes.: Die Identifikation dieser Art ist unsicher. Sie tritt gelegentlich als Synonym von *H. edulis* auf. Auch der braune Rücken spricht für eine Zugehörigkeit, jedoch nicht die gepunktete, helle Sohle. Bedingt durch die große Variationsbreite dieser Art sind sich die Taxonomen hier noch sehr unsicher, und es bleibt abzuwarten, in welchem Umfang weitere Klärungen publiziert werden. Der Aquarianer sollte die Tiere so pflegen, wie das für die Art *H. edulis* auf der Seite 1164 im MEERWASSER ATLAS, Band 3, angegeben ist.

T: 22-26 °C, **L**: 30 cm, **BL**: ab 120 cm, **WB**: m, **WR**: u, **BS**: 3-4, **SG**: 3

Insel Bunaken, Sulawesi, Indonesien H. Erhardt

Holothuria (*Theelothuria*) *turricelsa* CHERBONNIER, 1980
Warzen-Seewalze

Vork.: Indopazifik: Indonesien, Mikronesien, Neukaledonien, Philippinen.
GU: Keine.
Soz.Verh./Vgs.: Diese Seewalzen leben einzeln, kriechen auf Korallengestein und sind ausschließlich nachtaktiv.
Hält.B.: Nicht bekannt.
FU: Detritus und kleine, festsitzende Wirbellose.
Bes.: Der Körper der Seewalzen ist schlank, zylindrisch und mit einer Vielzahl warziger Erhebungen bedeckt. Sie klettern nachts auch an Steilabfällen und stoßen bei Störungen ihre Cuvierschen Schläuche aus. Diese Art ist selten an den Riffen im Indopazifik.

T: 22-28 °C, **L**: 45 cm, **BS**: 4, **SG**: 3

Insel Palau, Mikronesien H. Erhardt

Holothuria (*Microthele*) *whitmaei* BELL, 1887
Seewalze

Vork.: Indopazifik: Mikronesien.
GU: Keine.
Soz.Verh./Vgs.: Die Tiere leben einzeln auf verschiedenen Substraten und klettern über Korallen und Fels.
Hält.B.: Aus der Literatur nicht bekannt.
Licht: Sonnenlichtzone.
FU: Detritusfresser.
Bes.: Der Körper der Tiere ist langgestreckt und abgeflacht. Sie bewegen sich auf einer breiten Fußsohle fort. Ihr dunkler Körper ist stets von Sediment bedeckt. Diese Seewalzenart ist an den Riffen im Indopazifik selten zu sehen. Das Bild ist eine Nachtaufnahme.

T: 22-27 °C, **L:** 60 cm, **BS:** 4, **SG:** 4

Nordsulawesi, Indonesien L. Tackett

Holothuria sp.
Gelbe Seewalze

Vork.: Indopazifik: Indonesien.
GU: Keine.
Soz.Verh./Vgs.: Seewalzen leben einzeln auf verschiedenen Substraten.
Hält.B.: Nicht bekannt.
FU: O; sie fressen pflanzliche und tierische Anteile des Untergrundes.
Bes.: Diese Seewalze weicht in ihrem Aussehen stark von allen anderen ab. Verblüffend sind die langen, feinen und röhrenförmigen Ausläufer auf der Körperoberfläche, die den Hautpapillen entspringen. Dies ist sicherlich ein äußerst seltener Anblick. Die Vermutung liegt nahe, daß es sich entweder um ein Jungtier oder um eine neue Art handeln könnte.

T: 22-28 °C, **L**: 12 cm, **BS**: 4, **SG**: 4

Großes Barriereriff, Australien R.C. Steene

Labidodemas semperianum SELENKA, 1867
Alabaster-Seewalze

Vork.: Australien, Tasmanien, Tropischer Indowestpazifik.
GU: Keine.
Soz.Verh./Vgs.: Alabaster-Seewalzen leben einzeln und tagsüber versteckt zwischen Korallenbruch. Nur nachts sind sie zum Standortwechsel unterwegs.
Hält.B.: Nicht bekannt und auch nicht attraktiv, da sie die meiste Zeit versteckt leben.
FU: Möglicherweise pflanzliche und tierische Bestandteile der Sandlückenfauna.
Licht: Dunkellichtzone.
Bes.: Diese kleine Seewalze ist fast transparent, besitzt eine helle, mit zahlreichen spitzen Papillen besetzte Haut und nur die Afterspitze ist dunkler abgesetzt. Wenig oder fast nichts ist über die Biologie dieser Art bekannt.

T: 22-28 °C, **L:** 10 cm, **BS:** 4, **SG:** 4

Similaninseln, Thailand H. Erhardt

Stichopus hermanni (SEMPER, 1868)
Hermanns Seewalze

Vork.: Indopazifik: Malediven, Malaysia, Thailand. 0-20 m. **GU:** Getrenntgeschlechtlich.
Soz.Verh./Vgs.: Die Tiere leben einzeln. Sie lieben festen Untergrund und Geröllfelder und kommen gelegentlich auch auf mobilen Böden vor.
Hält.B.: Bedingt durch ihre Länge benötigen sie große Aquarien. Hier müssen sie klettern können. Sie sind für Schauaquarien geeignet, nicht jedoch für eine Haltung in Heimaquarien.
FU: O; sie leben vom organischen und anorganischen Bodenbelag, den sie aufsaugen.
Bes.: Die Tiere kommen offensichtlich in mehreren Farbvarianten und Formen vor. Im MEERWASSER ATLAS, Band 3, hatten wir auf Seite 1184 die gleiche Art in einer blaugrauen Färbung vorgestellt. Der Körper der Tiere ist lang, im Querschnitt fast quadratisch und mit einer breiten Fußsohle versehen. Einige tragen beulenartige Papillen, die verschiedenfarbig gekennzeichnet sind.

T: 22-26 °C, **L:** 65-70 cm, **BL:** ab 150 cm, **WB:** m, **WR:** u, **BS:** 3, **SG:** 3

Ordnung: ASPIDOCHIROTA
Fam.: Stichopodidae

Manado, Indonesien H. Erhardt

Stichopus noctivagus CHERBONNIER, 1980
Nachtaktive Seewalze

Vork.: Indopazifik: Australien, Neukaledonien, Philippinen.
GU: Seewalzen sind getrenntgeschlechtlich.
Hält.B.: In der Literatur gibt es darüber keine Hinweise. Da die Tiere ausschließlich nachtaktiv sind, sind sie für eine Aquarienhaltung auch weniger interessant.
FU: O; sie saugen und tupfen feine organische Partikel vom Boden auf.
Bes.: Der Körper der Tiere ist fast quadratisch und hat eine abgeflachte Sohle. Zahlreiche Hautpapillen, die eine braune Basis besitzen, tragen in ihrem Zentrum feine und spitze Nadeln. Der Mund trägt 20 Tentakel. Nachtaktive Seewalzen sind in ihrer Färbung sehr variabel. Vielfach ist ihr Körper orangefarben und mit braunen Flecken unterschiedlicher Form und Größe übersät.

T: 20-28 °C, **L**: 20 cm, **BS**: 4, **SG**: 4

Insel Palau, Mikronesien H. Erhardt

Stichopus vastus SLUITER, 1887
Sternlinien-Seewalze

Vork.: Indopazifik: Borneo, Malaysia, Indonesien, Mikronesien bis Australien.
GU: Keine.
Soz.Verh./Vgs.: Die Seewalzen leben einzeln auf Sand oder Korallenbruch und klettern häufig senkrechte Felswände empor.
Hält.B.: Aus der Literatur nicht bekannt und wegen ihrer Größe auch nicht empfehlenswert. Sie benötigen als Lebensraum große Sandflächen.
Licht: Sonnenlichtzone.
FU: O; sie fressen Detritus und organische Partikel aller Art.
Bes.: Der langgestreckte Körper trägt kräftige Papillen, die in Reihen angeordnet sind. Sie enden in einer Papillenspitze. Die sternlinienförmige Zeichnung erscheint eigenwillig. Mehr zu dieser Art im MEERWASSER ATLAS, Band 3, auf Seite 1190.

T: 22-28 °C, L: 70 cm, BL: ab 150 cm, WB: m, WR: o-u, BS: 3-4, SG: 3-4

Insel Cebu, Philippinen H. Erhardt

Thelenota rubralineata MASSIN & LANE, 1992
Rotstrichel-Seewalze

Vork.: Indopazifik: Indonesien, Malaysia, Mikronesien, Papua Neuguinea, Neukaledonien, Philippinen. **GU**: Keine.
Soz.Verh./Vgs.: Die Seewalzen leben einzeln auf Sand und Korallenbruch.
Hält.B.: Unbekannt. Die Tiere sind viel zu groß, um in Heimaquarien gepflegt zu werden.
Licht: Sonnenlichtzone.
FU: O; sie sind Detritusfresser, die auch Kleinstlebewesen des Bodens verzehren.
Bes.: Diese Seewalzen sind recht selten. Ihr roter, papillenreicher Körper und die eigenwillige Strichmusterung darauf machen die Tiere sehr auffällig. Die Papillen sind lang, zugespitzt und tragen apikal stachelige Projektionen. Sie sind die schönsten Seewalzen an den Riffen im Indopazifik. Weitere Informationen im MEERWASSER ATLAS, Band 3, Seite 1194.

T: 22-28 °C, **L**: 60-80 cm, **BS**: 4, **SG**: 4

Ordnung: Dendrochirotida
Fam.: Cucumariidae

Insel Komodo, Indonesien

H. Erhardt

Colochirus crassus EKMAN, 1918

Kleine Warzen-Seewalze

Vork.: Indopazifik: Australien, Mikronesien, Philippinen, Indonesien, Papua Neuguinea.

GU: Keine.

Soz.Verh./Vgs.: Die Seewalzen leben einzeln oder in kleinen Gruppen auf verschiedenen Substraten. Sie sind gut mit friedlichen Korallenfischen zu vergesellschaften.

Hält.B.: Die Seewalzen benötigen Geröllflächen, um sich tagsüber zumindest teilweise einzugraben und Felsdekoration, um zu klettern.

FU: O; Plankton und Detritus. Im Aquarium füttert man sie mit flüssigem Wirbellosenfutter, Kleinkrebsen und Planktonersatz.

Bes.: Sie leben in relativ flachem Wasser stiller Lagunen und können mancherorts in einer großen Individuendichte auftreten. Sie saugen sich mit ihren Füßchen am Untergrund fest und strecken nachts ihre Mundtentakel in die Wasserströmung, um Nahrung zu fangen. Ihr Körper ist kantig, reich an Papillen und kräftig durchfurcht.

T: 18-26, **L**: 8 cm, **BL**: ab 100 cm, **WB**: m-s, **WR**: u, **BS**: 3, **SG**: 2-3

Ordnung: Dendrochirotida
Fam.: Cucumariidae

Insel Komodo, Indonesien H. Erhardt

Colochirus robustus ÖSTERGREN, 1898
Gelbe Seewalze

Vork.: Vom Indischen Ozean bis nach Japan. 7-112 m. GU: Getrenntgeschlechtlich.
Soz.Verh./Vgs.: Entweder einzeln oder in kleinen Gruppen. An den Riffen in Südostasien kommen sie gelegentlich in einer großen Individuenzahl vor.
Hält.B.: Gelbe Seewalzen sind gut in einem Aquarium zu halten. Sie benötigen Hartsubstrat, um zu kriechen, und Versteckmöglichkeiten in der Dekoration.
FU: O; Plankton und organische Schwebeteilchen, die sie mit ihren gefiederten Mundtentakeln aus dem Wasser fangen. Im Aquarium ernährt man sie mit Planktonersatz, Kleinkrebsen und mit feingehacktem Muschel- und Krebsfleisch.
Bes.: Man erkennt die Art an der grellgelben Färbung ihres Körpers. Tagsüber halten sie sich mehr oder weniger in Verstecken auf, um nachts mit ausgefahrenen Mundtentakeln im freien Wasser nach Nahrung zu fischen. Der Körper der Tiere ist im Querschnitt fast quadratisch und in der Konsistenz hart. In der Systematik wird die gleiche Art mit vielen Synonymen gehandelt.

T: 22-26 °C, L: 8-12 cm, BL: ab 80 cm, WB: m, WR: u, BS: 3, SG: 3

Insel Komodo, Indonesien H. Erhardt

Cladolabes crassus (H. L. CLARK, 1938)
Keilförmige Seewalze

Vork.: Indopazifik: Von den Andamanen bis nach Hawaii. **GU:** Getrenntgeschlechtlich.
Soz.Verh./Vgs.: Die Seewalzen leben einzeln in Geröllfeldern und Seegraswiesen und sind teilweise eingegraben. Sie sind mit friedlichen Fischen zu vergesellschaften, die nicht an ihren ausgestreckten Mundtentakeln zupfen.
Hält.B.: Sie benötigen einen tiefen Sand- und Geröllgrund, um sich einzugraben.
FU: O; Plankton und Detritus. Man ernährt sie mit Ersatzplankton und Krebslarven.
Bes.: Die Seewalzen sind nachtaktiv. Bei Anbruch der Dunkelheit strecken sie ihre 20 zarten Mundtentakel in das freie Wasser, um Nahrung zu fangen. In den Untergrund pressen sie sich mit Hilfe von Kontraktionswellen. Auf dem Sediment kriechen sie mit ihrer abgeplatteten Kriechsohle wie Egel. Der Körper der Seewalzen ist keilförmig, das Hinterende schmal und fast zu einem Schwänzchen ausgezogen. Wenn das Tier frei liegt, ist der Körper stets gekrümmt.

T: 22-28 °C, **L:** 10 cm, **BL:** ab 100 cm, **WB:** m-s, **WR:** u, **BS:** 2-3, **SG:** 2.

Indonesien M. Walker

Neothyonidium magnum (LUDWIG, 1882)
Große Buschtentakelseewalze

Vork.: Indopazifik: Australien, Indonesien, Philippinen, Neukaledonien. 0-10 m.
GU: Keine.
Soz.Verh./Vgs.: Die Tiere leben einzeln eingegraben im Sediment. Sie sind mit fast allen Wirbellosen und Fischen zu vergesellschaften, die nicht an ihren Fangarmen zupfen und diese abbeißen.
Hält.B.: Das Aquarium muß einen tiefen Sandgrund aufweisen, damit sich die Tiere darin eingraben können.
FU: O; Plankton und Detritus. Im Aquarium ernährt man sie mit Kleinkrebsen, Insektenlarven und mit Planktonersatz.
Bes.: Buschtentakel-Seewalzen sind Tiere des Sandbodens. Während ihr Körper darin eingegraben lebt, werden nur die langen Fangarme sichtbar, die Nahrung aus der Strömung fischen. Die Farbe der Tiere ist variabel und richtet sich nach dem Faunengebiet und nach der Nahrung.

T: 22-26 °C, **L**: 25 - 30 cm, **BL**: ab 120 cm, **WB**: m, **WR**: u, **BS**: 3-4, **SG**: 3

Manado, Indonesien

H. Erhardt

Opheodesoma serpentina (MÜLLER, 1778)
Serpentinen-Wurmseewalze

Vork.: Im gesamten Indopazifik.
GU: Keine.
Soz.Verh./Vgs.: Die Tiere leben überwiegend einzeln, weiden aber auch zu zweit oder in kleinen Gruppen auf Schwämmen und sind nachtaktiv. Man vergesellschaftet sie am besten mit Tieren, die nachts nicht an ihren Mundtentakeln zupfen.
Hält.B.: Sie bedürfen einer besonderen Behandlung (siehe MEERWASSER ATLAS, Band 3) und benötigen Tagesverstecke. Da diese Art in einer Gemeinschaft mit Schwämmen lebt, muß ein ausreichender Schwammbesatz im Becken vorhanden sein.
FU: O; sie tupfen mit ihren langen und gefiederten Tentakeln organische Partikel und Kleinstlebewesen von der Schwammoberfläche auf und reinigen die Poren der Schwämme.
Bes.: Der lange und schlanke Körper der Seewalzen ist mit Verdickungen übersät, die in 5 Längsreihen angeordnet sind. Die dünne Haut trägt feine Häckchen, die der Fortbewegung dienen. Die Färbung der Tiere ist sehr verschieden, wie die beiden nebeneinander kriechenden Tiere auf dem Foto erkennen lassen.

T: 22-26 °C, **L:** 15 cm, **BL:** 120 cm, **WB:** m, **WR:** m, **BS:** 3-4, **SG:** 3-4

Synapta maculata, Australien H. Erhardt

Manado Tua, Indonesien H. Erhardt

Synapta maculata (CHEMISSO & EYSENHARDT, 1821)
Gefleckte Wurmseewalze

Vork.: Rotes Meer, Indopazifik: Von Ostafrika bis Polynesien, Japan und Australien.
GU: Keine.
Soz.Verh./Vgs.: Diese Wurmseewalzen leben überwiegend einzeln. Entweder leben sie unter Korallen und Felsen versteckt oder frei auf Sandflächen und Riffdächern.
Hält.B.: In Heimaquarien sind die Tiere schwer zu halten, da sie zu groß sind. Man müßte ausgedehnte Sandflächen einrichten, auf denen sie ihre Nahrung suchen.
Licht: Sonnenlichtzone.
FU: O; sie tupfen organische Sinkstoffe mit ihren Tentakeln vom Substrat auf.
Bes.: Der Körper der Tiere ist langgestreckt und schlangenförmig. Er kann sehr lang gedehnt und extrem verkürzt werden. Der Mund trägt 15 gefiederte Tentakel, die auch sichtbar sind. Schmale braune Längs- und viele braune Querbänder zeichnen den Körper. Bei Berührung bleiben die Tiere an den Fingern kleben. Eingelagerte Kalkplättchen in der Haut sind dafür verantwortlich. Mehr zu diesen Tieren im MEERWASSER ATLAS, Band 3, Seite 1201.

T: 22-26 °C, **L:** bis 250 cm, **BL:** ab 300 cm, **WB:** m, **WR:** u, **BS:** 2-3, **SG:** 3

Ordnung: Apoda
Fam.: Synaptidae

Insel Bunaken, Sulawesi, Indonesien H. Erhardt

Synaptula lamperti HEDING, 1928
Streifen-Seewalze

Vork.: Indopazifik: Indonesien, Mikronesien, Philippinen, Australien bis Japan. 3-35 m.
GU: Keine.
Soz.Verh./Vgs.: Diese Seewalzenart lebt nur auf Schwämmen.
Hält.B.: Nicht bekannt. Man kann ihnen in einem Heimaquarium ihr Freßsubstrat nicht bieten.
FU: Detritus. Es wird angenommen, daß die kleinen Seewalzen die Schwämme von organischen Auflagerungen befreien und sich davon ernähren.
Bes.: Der helle dünne, schlanke und klebrige Körper dieser Seewalzen trägt dunklere Längsstreifen. Sie leben auf verschiedenen Schwammarten und kommen hier gelegentlich in einer großen Individuendichte vor.

T: 22-26 °C, **L:** 4-8 cm, **BS:** 4, **SG:** 4

Balicasac, Philippinen H. Erhardt

Synaptula sp.
Wurmseewalze

Vork.: Indopazifik: Australien, Philippinen, Indonesien. GU: Keine.
Soz.Verh./Vgs.: Die einzelnen Tiere leben dicht gedrängt auf verschiedenen Schwammarten häufig in einer sehr großen Individuendichte. Sie ersticken dann regelrecht den Schwamm.
Hält.B.: Eine Aquarienhaltung ist außerordentlich schwierig, ja fast unmöglich, da man den Tieren ihr Siedlungssubstrat nicht beschaffen kann.
FU: O; sie fressen, was bei der Filtration des Schwammes auf dessen Oberfläche landet und reinigen gleichzeitig die Schwammoberfläche und die Schwammporen.
Bes.: Der Körper der Tiere ist schlank und fast transparent. Er ist außerordentlich stark dehnbar. Eine Bestimmung der Art ist sehr schwierig, da sich viele Arten aus dieser Gattung rein äußerlich nicht voneinander unterschieden.

T: 22-28 °C, L: 5-8 cm, BS: 3-4, SG: 4

Stamm: Hemichordata
Klasse: Enteropneusta

Eichelwürmer (Enteropneusta)

Eichelwürmer leben im Meeresboden und graben U-förmige Wohnröhren darin. Die selbstgegrabenen Röhren werden mit Schleim und verklebten Sandkörnchen verfestigt und ausgekleidet. Einige Arten leben aber auch unter Steinen und zwischen Tangwurzeln in den flachen Küstengewässern aller Meere vom Gezeitenbereich bis in Tiefen von 200 m. Einzelfunde sind aus Tiefen von 4500 m an die Wasseroberfläche gebracht worden.
Eichelwürmer besitzen einen langgestreckten Körper, ähnlich dem eines Regenwurms. Ausgesprochen große Tiere können aber auch über 2 m lang werden. Ihr Körper gliedert sich in eine Eichel, den Kragen und in den Rumpf. Die Eichel ist ein muskulöses Graborgan, das peristaltische Bewegungen vollführen kann. Damit gräbt sich das Tier durch den Untergrund. Der Kragen umfaßt die Eichel wie eine Manschette und trägt auf der ventralen Vorderseite den Mund. Die Andeutung eines dorsalen Neuralrohrs ist vorhanden, das in etwa dem Rückenmark der Wirbeltiere entspricht. Diese Merkmalkombination ist bei den Wirbellosen einzigartig.
Ein Kiemendarm dient den Eichelwürmern zur Atmung. Er ist aus dem Vorderdarm entstanden und wird von 40-200 Kiemenspalten durchbrochen, die häufig zu seitlichen Flügeln ausgezogen sind. Die Zahl der Kiemenspalten ist so verschieden, weil sie im Verlaufe des Wachstums mit der Länge der Tiere zunimmt.
Eichelwürmer ernähren sich vom Detritus des Bodengrundes und von kleinen Organismen der Bodenfauna. Die Nahrung durchläuft einen geraden Darm, und Unverdautes wird über einen endständigen After wieder ausgeschieden und an der Sedimentoberfläche in Form von Kothaufen deponiert.
Eichelwürmer sind getrenntgeschlechtlich. Nur eine einzige Art ist bekannt, die sich ungeschlechtlich fortpflanzt. Im allgemeinen werden die Geschlechtsprodukte in das Meer abgegeben, wo auch die Befruchtung der Eier stattfindet. Die Entwicklung der Tiere läuft über eine planktische Larve, die sich nach einiger Zeit zu Boden sinken läßt, hier eine Gestaltsumwandlung durchläuft und sich danach zu einem kleinen Eichelwurm entwickelt.
Eichelwürmer besitzen ein großes Regenerationsvermögen, wobei aus Teilen des Körpers wieder komplette Organismen entstehen können.

Insel Palau, Mikronesien H. Baensch

Balanoglossus sp.
Acorn-Eichelwurm

Vork.: Kosmopolitisch.
GU: Eichelwürmer sind getrenntgeschlechtlich.
Hält.B.: Nicht bekannt. Die Tiere werden weder gesammelt, noch vertrieben. Sie benötigten im Aquarium eine Sedimentschicht von mindestens 50 cm Dicke, um sich einzugraben.
FU: Eichelwürmer fressen große Mengen Sand und verwerten die organischen Substanzen darin. Kleine Tiere, die im Sandlückensystem leben, gehören auch zu ihren Beutetieren.
Bes.: Der Körper der Tiere ist wurmförmig und dreigegliedert. Sie bauen tiefe, U-förmige Röhren im Sediment und sind darin frei beweglich. Das, was man von den Tieren sieht, ist auf der einen Seite ein Einsturztrichter und auf der anderen Seite wurstförmige Kotschlangen, die übereinander und durcheinander gepackt sind. Den Eichelwurm selbst müßte man aus mindestens 50 cm Tiefe ausgraben, um ihn betrachten zu können.

T: 20-28 °C, **L:** 15 cm, **BS:** 4, **SG:** 4

Rhopalaea sp. M. Walker

Manteltiere (Ascidiacea)

Manteltiere sind nahe Verwandte der heute auf unserer Erde lebenden Wirbeltiere. Das ist schwer zu glauben, fehlt ihnen doch zumindest im erwachsenen Stadium eine sichtbare Eigenbewegung. Erst beim Studium der Embryonalentwicklung und der Morphologie des Schwanzes der freischwimmenden Larven wird eine stammesgeschichtliche Zugehörigkeit deutlich. Diese haben nämlich in ihrem Ruderschwanz eine Rückensaite, eine Corda dorsalis, ausgebildet, die einen ungegliederten und elastischen Stützstab darstellt, der als eine Vorstufe der bei den Wirbeltieren so typischen Wirbelsäule anzusehen ist.

Manteltiere besitzen entweder eine feste, derbe, lederartige oder manchmal auch eine milchige, transparente Haut, die das gesamte Tier wie ein Mantel umhüllt. Dieser Mantel besteht aus einem zelluloseähnlichen Material, auch Tunicin genannt. Da Zellulose fast ausschließlich im Pflanzenreich vorkommt, dürften Manteltiere die einzigen Organismen im Tierreich sein, die in der Lage sind, ein zelluloseähnliches Material in größeren Mengen aus dem Meerwasser zu gewinnen.

Manteltiere besitzen ein Blutkreislaufsystem, das ebenfalls einmalig im Tierreich ist. Das Kreislaufsystem ist offen, und ein schlauchförmiges Herz steht hier im Mittelpunkt. Es pumpt die Blutflüssigkeit durch Schlagumkehr einmal in die eine, dann wieder in die andere Richtung des Körpers.

Manteltiere leben ausschließlich im Meer. In ihrer Gestalt sind sie teils plumpe, teils zarte und filigrane Tiere von zylinder-, sack- oder tonnenförmigem Aussehen, die entweder einzeln oder in Kolonien leben. Sie alle sind in erster Linie Hartsubstratbewohner, die selten, und dann nur in geringer Anzahl, auch auf Weichböden vorkommen. Fast alle leben sie mit wurzelähnlichen Ausläufern auf Steinen und anderen harten Unterlagen befestigt.

Manteltiere sind innere Strudler. Ein mächtig entwickelter Kiemendarm, der von zahlreichen Spalten durchbrochen ist, wird nicht nur zum Nahrungserwerb, sondern auch für die Atmung eingesetzt. Er ist von vielen mikroskopisch kleinen Wimpern ausgekleidet, die mit ihrem rhythmischen Schlagen einen Wasserstrom erzeugen. Dieser läßt Wasser über die Einströmöffnung durch den Kiemendarm fließen. Die eingestrudelte Nahrung wird eingeschleimt und der Verdauung zugeführt. Das gereinigte Wasser verläßt über eine Ausströmöffnung den Kiemendarm.

Manteltiere sind überwiegend Zwitter. Die Ei- und Samenzellen reifen zu unterschiedlichen Zeiten heran und werden in das freie Wasser entlassen. Aus den befruchteten Eiern entwickeln sich freischwimmende Larven, die in ihrer Gestalt kleinen Kaulquappen ähneln. In ihrem Ruderschwanz befindet sich die für diesen Tierstamm so typische Rückensaite, die Corda. Die Larven beenden ihre planktische Lebensweise sehr schnell und suchen sich ein geeignetes Substrat, um sich darauf festzusetzen. Brutpflege kommt bei einigen Arten vor, wobei sich die Jungtiere im Kiemendarm des Muttertieres entwickeln. Eine ungeschlechtliche Fortpflanzung durch Knospung führt auch bei den Manteltieren zu Koloniebildungen. Innerhalb einer solchen Kolonie verschmelzen oft die Mantelbildungen der Einzeltiere so miteinander, daß ein Einzeltier im kolonialen Verband kaum noch zu erkennen ist.

Manteltiere haben ein außerordentlich großes Regenerationsvermögen, das dem der Schwämme vergleichbar ist. Selbst aus kleinen Teilen eines Mantels oder eines Kiemendarmes können sich wieder komplette Manteltiere entwickeln.

Systematik

Klasse: ASCIDIACEA	Manteltiere
Ordnung: APLOUSOBRANCHIA	Mehrteilige Manteltiere
Familie: Didemnidae	
Gattungen: *Didemnum*	
Leptoclinides	
Lissoclinum	
Familie: Diazonidae	
Gattung: *Diazona*	
Familie: Polycitoridae	
Gattungen: *Clavelina*	
Eudistoma	
Oxycorynia	
Polycitorella	
Sigillina	
Familie: Polyclinidae	
Gattungen: *Aplidium*	
Aplidiopsis	
Ordnung: PHLEBOBRANCHIA	Glattkiemen-Manteltiere
Familie: Ascidiidae	
Gattungen: *Ascidia*	
Phallusia	
Familie: Clionidae	
Gattung: *Rhopalea*	
Familie: Perophoridae	
Gattung: *Perophora*	
Ordnung: STOLIDOBRANCHIA	Faltkiemen-Manteltiere
Familie: Styelidae	
Gattungen: *Botryllus*	
Botrylloides	
Eusynstela	
Polycarpa	
Symplegma	
Morchellium	
Familie: Pyuridae	
Gattung: *Herdmania*	

Ordnung: Aplousobranchia
Fam.: Didemnidae

Insel Manado Tua, Indonesien H. Erhardt

Didemnum molle HERDMAN, 1886
Riffseescheide

Vork.: Im gesamten tropischen Indopazifik weit verbreitet. Eine der häufigsten Seescheiden an Korallenriffen.
GU: Keine.
Soz.Verh./Vgs.: Riffseescheiden leben selten einzeln. Im allgemeinen siedeln sie in einer großen Individuendichte auf allen möglichen Substraten.
Hält.B.: Riffaquarium. Sie müssen mit ihren Unterlagen eingesetzt werden und einen Standort bekommen, wo das Wasser gut durchmischt wird.
Licht: Sonnenlichtzone.
FU: K; Planktonfresser. Im Aquarium füttert man sie mit Planktonersatz, Trockenfutter, Flagellaten und zerriebenen Mehl- und Regenwürmern.
ZU/Verm.: Sie haben 3 verschiedene Arten der Fortpflanzung. Siehe MEERWASSER ATLAS, Band 3, Seite 1213.
Bes.: Normalerweise sind die Tiere klein, tonnenförmig und von weicher Konsistenz. Ihr Mantel ist wie ein Sieb durchlöchert. Das Bild zeigt ein großes Tier, das gerade ein Tochterindividuum abschnürt. Riffseescheiden sind an indopazifischen Riffen schnelle Sekundärsiedler und allgegenwärtig. Auf gekappten Angelschnüren sind sie oft wie Perlen aufgereiht. Sie leben in einer Symbiose mit einzelligen, blaugrünen Algen und kommen in einigen Farbvarianten vor.

T: 22-28 °C, **L**: 8 cm, **BL**: ab 80 cm, **WB**: m-s, **WR**: o-u, **BS**: 2-3, **SG**: 2-3

Insel Bunaken, Indonesien H. Erhardt

Didemnum poecilomorpha MONNIOT & MONNIOT, 1996
Krusten-Seescheide

Vork.: Indopazifik: Australien, Indonesien, Neukaledonien, Philippinen, Papua Neuguinea.
GU: Keine.
Soz.Verh./Vgs.: Sie bilden großflächige und krustige Kolonien auf abgestorbenen Korallen und anderen, festen Unterlagen.
Hält.B.: Nicht bekannt.
FU: K, Plankton.
Bes.: Die Farbe der krustigen Kolonien ist sehr variabel. Die Kolonie paßt sich den Unebenheiten des Untergrundes an, ist maximal 3 mm dick und lebt bevorzugt an schattigen und gut durchströmten Riffen.

T: 22-26 °C, **Ø:** 35 cm, **BS:** 4, **SG:** 4

Insel Komodo, Indonesien H. Erhardt

Didemnum sp.
Krustige Seescheide

Vork.: Indopazifik: Australien, Indonesien, Mikronesien, Philippinen.
GU: Seescheiden sind überwiegend Zwitter.
Soz.Verh./Vgs.: Die einzelnen Tiere leben kolonial.
Hält.B.: Nicht bekannt.
FU: Filtrierer, Plankton.
Bes.: Wie ein Schwamm überzieht die Seescheidenkolonie den abgestorbenen Korallengrund. Ein dichtes Netz winziger Poren überzieht die Kolonieoberfläche. Sie markieren den Sitz der einzelnen Tiere, die nie größer sind als 2 mm. Die großen Trichter sind die Kloakenöffnungen. Die Tierkolonie auf dem Bild führt ein verstecktes Dasein und lebt an der schattigen Wand einer geräumigen Unterhöhlung.

T: 22-26 °C, **Ø**: 25 cm, **BS**: 4, **SG**: 4

Fam.: Didemnidae H. Erhardt

Fam.: Didemnidae H. Erhardt

Fam.: Didemnidae H. Erhardt

Fam.: Didemnidae H. Erhardt

Fam.: Didemnidae H. Erhardt

Fam.: Didemnidae H. Erhardt

Fam.: Didemnidae H. Erhardt

Fam.: Didemnidae H. Erhardt

Fam.: Didemnidae H. Erhardt

Fam.: Didemnidae H. Erhardt

Fam.: Didemnidae H. Erhardt

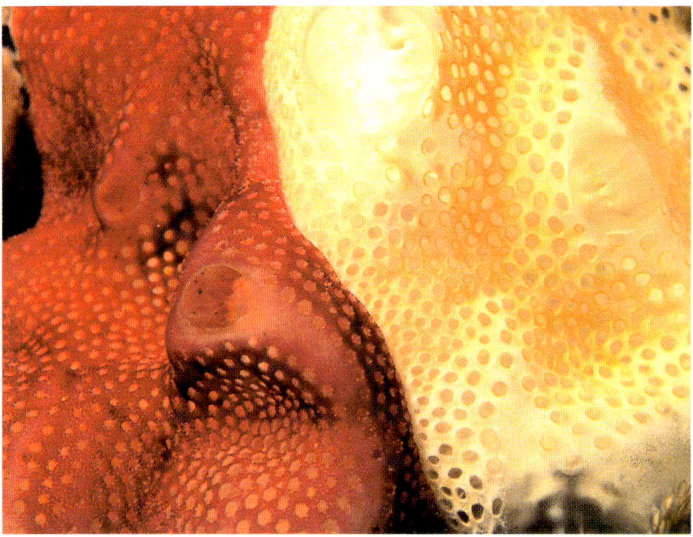

Fam.: Didemnidae H. Erhardt

Insel Cebu, Philippinen H. Erhardt

Fam.: Didemnidae
Koloniale Manteltiere

Vork.: Diese Familie ist weit verbreitet in allen tropischen und subtropischen Meeren.
GU: Manteltiere sind überwiegend Zwitter.
Soz.Verh./Vgs.: Die Tiere leben kolonial.
Hält.B.: Nur ganz wenige Arten aus dieser Familie werden in Aquarien gepflegt. Siehe MEERWASSER ATLAS, Band 3.
Licht: Sonnen- bis Mittellichtzone.
FU: K; Plankton, man füttert sie mit Planktonersatz, mit Nauplien und Trockenfutter.
Bes.: Alle Tiere aus dieser Familie variieren in Farbe, Form, Größe, Konsistenz und Siedlungsgewohnheiten. Die meisten Arten sind, mit wenigen Ausnahmen, nicht bekannt. Neun Gattungen umfaßt diese Familie, die alle weit verbreitet sind. Die bekannteste Gattung ist *Didemnum* mit der wohl häufigsten Art *Didemnum molle*.

T: 20-28 °C, Ø: verschieden, BL: ab 100 cm, WB: m, WR: m, BS: 3-4, SG: 3

Leptoclinides sp. H. Erhardt

Leptoclinides sp. H. Erhardt

Manado, Indonesien H. Erhardt

Leptoclinides sp.
Schwamm-Seescheide

Vork.: Indopazifik: Indonesien, Philippinen.
GU: Manteltiere sind überwiegend Zwitter.
Soz.Verh./Vgs.: Alle Tiere aus dieser Gattung leben kolonial.
Hält.B.: Nicht bekannt.
FU: K; Plankton.
Bes.: Die Kolonien wachsen in verschiedenen Formen und ähneln mehr einem Schwamm, als einer Seescheidenkolonie. Sie überdecken in dicken Lagen abgestorbenen Korallengrund. Die vielen kleinen Öffnungen auf der Kolonieoberfläche zeigen den Sitz der einzelnen Seescheiden an. Die großen Löcher in der Kolonie sind Kloakenöffnungen. Die Seescheiden dieser Gattung leben im Schatten großer Unterhöhlungen und unter tiefen Überhängen und sind wegen ihrer krustigen Wuchsform auch starken Wasserströmungen gut angepaßt.

T: 20-28 °C, Ø: variabel, BS: 44, SG: 4

Maumere Bay, Indonesien H. Erhardt

Lissoclinum sp. (?) *bistratum* (SLUITER, 1905)
Schuppen-Seescheide

Vork.: Im gesamten Indopazifik.
GU: Nicht vorhanden.
Hält.B.: Nicht bekannt.
FU: Plankton und möglicherweise von den Produkten ihrer Symbiosepartner, den einzelligen Algen aus der Gattung *Prochloron*.
Bes.: Die kleinen, flachen und schuppenförmig wachsenden Lagen der Kolonien sind schnelle Sekundärsiedler auf abgestorbenen Korallen. Sie leben auf Riffdächern, am oberen Riffhang und in windabgewandten Lagunen. Die überwiegende Anzahl der Kolonien ist grün. Die Farbe wird bestimmt durch die Farbe der symbiontischen Algen. Die Kolonieränder und die Ausströmschlote sind hell abgesetzt.

T: 22-26 °C, Ø: 4-12 cm, BS: 4, SG: 4

Balicasac, Philippinen H. Erhardt

Lissoclinum patella (GOTTSCHALDT, 1898)
Matten-Seescheide

Vork.: Indopazifik: Australien, Mikronesien, Philippinen. GU: Überwiegend Zwitter.
Soz.Verh./Vgs.: Die Tiere leben kolonial und in einer Symbiose mit einzelligen Algen.
Hält.B.: Nicht bekannt. Der Artname wird in keiner Importliste geführt und es gibt in der uns zur Verfügung stehenden Literatur keine Pflegeanleitung dafür.
FU: Filtrierer; sie ernähren sich auch von den Assimilationsprodukten ihrer Symbionten.
Bes.: Matten-Seescheiden bilden typische ausgedehnte und lederartige Matten auf abgestorbenen Unterlagen. Sie können mehrere Quadratmeter des Untergrundes bedecken. Die Kolonieoberfläche ist außerordentlich reich zerfurcht und zeigt Kammlinien und tiefe, unregelmäßig große Einbuchtungen. Der Mantel der Kolonie enthält Kalkspicules. Die grünliche Farbe der Kolonie wird bestimmt durch die Anwesenheit einzelliger, symbiontischer Algen.

T: 20-28 °C, Ø: 40 cm, BS: 4, SG: 4

Malediven H. Erhardt

Lissoclinum sp.
Matten-Seescheide

Vork.: Indopazifik: Malediven. **GU:** Manteltiere sind überwiegend Zwitter.
Soz.Verh./Vgs.: Matten-Seescheiden leben kolonial.
Hält.B.: Nicht bekannt. Diese Gattung erscheint weder in einer Importliste, noch gibt es Pflegeanleitungen dafür. **FU:** Filtrierer; Plankton.
Bes.: Matten-Seescheiden bedecken folienförmig abgestorbenen Korallengrund. Tausende von Einzeltieren sind eingebettet in einen lederartigen Mantel. Die Kolonieoberfläche ist rauh, zerfurcht und zeigt Kammlinien und Täler. Matten-Seescheiden sind aggressive Sekundärsiedler, die sich Millimeter um Millimeter Terrain im Riff erobern. Sind benachbarte Siedler noch aggressiver, dann werden sie umwachsen. Möglicherweise besitzen sie einzellige, symbiontische Algen in ihrem Mantelgewebe.

T: 20-28 °C, **Ø:** 60 cm, **BS:** 4, **SG:** 4

Sipadan, Malaysia K. Fiedler

Diazona cf. *formosa* MONNIOT & MONNIOT, 1996
Formosa-Seescheide

Vork.: Indopazifik: Indonesien, Philippinen, Malaysia.
GU: Seescheiden sind überwiegend Zwitter.
Soz.Verh./Vgs.: Die Tiere leben kolonial.
Hält.B.: Unbekannt.
FU: K; Plankton.
Bes.: Die Kolonien wachsen massiv oder lappig verzweigt im Stillwasserbereich der Riffe und in großräumigen Nischen der Riffhänge. Sie bestehen aus vielen Einzeltieren, die farblos sind und die weiße Flecken und Linien tragen. Beide Siphone sind scharfrandig und mit weißen Punkten besetzt. Die einzelnen Zooide sind 1-2 cm groß.

T: 22-30 °C, **L**: 1-2 cm, **BS**: 4, **SG**: 4

H. Erhardt

Maumere Bay, Indonesien

Diazona tenera MONNIOT & MONNIOT, 1996
Alabaster-Seescheide

Vork.: Indopazifik. Australien, Indonesien, Mikronesien, Philippinen.
GU: Manteltiere sind überwiegend Zwitter.
Soz.Verh./Vgs.: Die Tiere leben kolonial.
Hält.B.: Nicht bekannt.
FU: K; Plankton.
Bes.: Hunderte von hellen und fast transparenten Seescheiden bilden eine Kolonie, die sich ständig vergrößert. Sie hängen von schattigen Felsen herab und leben bevorzugt in breiten und dunklen Spalten und in Unterhöhlungen an gut durchströmten Riffen. Obwohl sie sehr zerbrechlich aussehen, ähnlich Gelatineklumpen, bilden sie doch eine feste und kompakte Kolonie aus. Die Art ist gerade erst beschrieben worden.

T: 22-26 °C, **Ø:** 22 cm, **BS:** 4, **SG:** 4

Ari Atoll, Malediven H. Erhardt

Clavelina sp. (?) *flava* MONNIOT, 1988
Blasen-Seescheide

Vork.: Indopazifik: Malediven, Madagaskar, Neu Kaledonien.
GU: Manteltiere sind überwiegend Zwitter.
Soz.Verh./Vgs.: Die Tiere leben kolonial.
Hält.B.: Nicht bekannt.
FU: Filtrierer; Plankton.
Bes.: Blasen-Seescheiden siedeln auf abgestorbenen Unterlagen in unterschiedlichen Wassertiefen. Die Seescheiden, die auf dem Bild zu sehen sind, leben auf der Schalenoberfläche der Pinguin-Flügelauster *Pteria penguin*.

T: 20-28 °C, **L**: 15 mm, **BS**: 4, **SG**: 4

Ordnung: APLOUSOBRANCHIA
Fam.: Polyctoridae

Indonesien M. Walker

Clavelina meridionalis (HERDMAN, 1891)
Gestielte Seescheide

Vork.: Indopazifik: Australien, Indonesien.
GU: Manteltiere sind überwiegend Zwitter.
Soz.Verh./Vgs.: Die Tiere leben einzeln mit einem kurzen Stiel auf Hartsubstrat befestigt.
Hält.B.: Nicht bekannt.
FU:, Filtrierer, Plankton.
Bes.: Gestielte Seescheiden sind Tiere des tieferen Wassers und für den Betrachter alles andere als ein Manteltier. Nur die beiden kurzen Siphone, die apikal etwas versetzt sind, weisen sie als solche aus. Auf einem kurzen Fortsatz, ähnlich einem Stiel, erhebt sich die braune Seescheide über den Boden. Der hornige Körper ist nicht in Thorax und Abdomen unterteilt. Der fast transparente Mantel hat goldgelbe Flecken und ist im allgemeinen von Algen, Hydroiden oder von anderen, kolonialen Seescheiden aus der Gattung *Didemnum* bewachsen. Beide Siphone liegen apikal, sind weit geöffnet und vom dunklen Körper hell abgesetzt. Möglicherweise ist das Vorkommen dieser Art nur auf Indonesien und Australien beschränkt.

T: 22-26 °C, **L:** 2-4 cm, **BS:** 4, **SG:** 4

Palau, Mikronesien H. Erhardt

Clavelina moluccensis SLUITER, 1909
Blaupunkt-Seescheide

Vork.: Indopazifik: Australien, Indonesien, Mikronesien, Philippinen.
GU: Manteltiere sind überwiegend Zwitter. **Soz.Verh./Vgs.**: Die Tiere leben kolonial.
Hält.B.: Nicht bekannt. Doch werden verschiedene Arten aus dieser Gattung in Aquarien gepflegt.
FU: Filtrierer; Plankton.
Bes.: Blaupunkt-Seescheiden sind schnelle Sekundärsiedler, die freie Räume im Riff sofort besetzen. Selten sieht man sie so dicht und in dieser Vielzahl siedeln, wie auf dem Bild dargestellt. Durch den fast transparenten Mantel scheint der Kiemenkorb hindurch. Die Ein- und Ausströmöffnungen sind deutlich voneinander getrennt. 3 blaue Punkte befinden sich zwischen ihnen. Blaupunkt-Seescheiden leben an indopazifischen Riffen vom Flachwasser bis in sehr große Tiefen.

T: 20-28 °C, **L**: 2 cm, **BS**: 4, **SG**: 4

Insel Bali, Indonesien H. Erhardt

Clavelina robusta KOTT, 1990
Robuste Keulenseescheide

Vork.: Indopazifik: Indonesien, Japan, Mikronesien, Philippinen und Australien.
GU: Seescheiden sind überwiegend Zwitter.
Soz.Verh./Vgs.: Die Einzeltiere leben in kleineren und größeren Gruppen. Sie siedeln dicht und sind über basale Ausläufer miteinander verbunden.
Hält.B.: Nicht bekannt. Die Art wird in keiner Importliste erwähnt.
FU: K, Plankton.
Bes.: Robuste Seescheiden sind auffällig und häufig an fast allen indopazifischen Riffen und siedeln in fast jeder Tiefe auf festem Untergrund. Die Farbe ihres Mantels variiert von grau und blaugrau bis hin zu graugrün. Nur die beiden Siphone sind gelb abgesetzt.

T: 22-28 °C, **L**: 1-2 cm, **BS**: 4, **SG**: 4

Nordsulawesi, Indonesien L. Tackett

Clavelina cf. *viola* NISHIKAWA & TOKIOKA, 1976
Violette Seescheide

Vork.: Indopazifik: Indonesien, Philippinen bis südliches Japan.
GU: Keine. Seescheiden sind überwiegend Zwitter.
Soz.Verh./Vgs.: Die Tiere siedeln einzeln oder in Gruppen.
Hält.B.: Nicht bekannt.
FU: Filtrierer, Plankton.
Bes.: Der dunkle Körper der Seescheiden zeigt eine gelbe Sprenkelung und zwei unterschiedlich große Siphoöffnungen. Die Tiere leben festgeheftet am Untergrund auf Riffplattformen und an Riffhängen und lieben mittlere bis kräftige Strömungen.

T: 22-26 °C, **L**: 2 cm, **BS**: 4, **SG**: 4

Clavelina sp. L. Tackett

Clavelina sp. H. Erhardt

Clavelina sp. H. Erhardt

Nordsulawesi, Indonesien D. Tackett

Clavalina sp.
Trauben-Seescheide

Vork.: Indopazifik: Mikronesien, Philippinen.
GU: Manteltiere sind überwiegend Zwitter.
Soz.Verh./Vgs.: Die Tiere siedeln kolonial.
Hält.B.: Verschiedene Arten aus dieser Gattung werden in Aquarien gepflegt (siehe MEERWASSER ATLAS, Band 3).
FU: Filtrierer; Plankton.
Bes.: Die Einzeltiere siedeln im dichten Verband, festgeheftet an verschiedenen, gut exponierten Substraten. Sie sind bläulich in der Farbe und semitransparent. Teile des inneren Kiemenkorbes scheinen noch hindurch. Sie leben an gut durchströmten Riffabschnitten in unterschiedlichen Wassertiefen.

T: 20-28 °C, **L**: 2 cm, **BS**: 4, **SG**: 4

Insel Palau, Mikronesien H. Baensch

Eudistoma laysani (SLUITER, 1900)
Pilz-Seescheide

Vork.: Indopazifik: Australien, Mikronesien.
GU: Manteltiere sind überwiegend Zwitter.
Hält.B.: In der Literatur gibt es keine Hinweise zur Pflege dieser Seescheidenart.
FU: Filtrierer; Plankton.
Bes.: Pilz-Seescheiden wachsen auf einem kurzen Stiel in Form eines kleinen Pilzes. Die Einzeltiere stehen hier dicht gedrängt, sind transparent und ihre Siphoränder farbig abgesetzt. Sie sind Sekundärsiedler auf allen nur möglichen Unterlagen. Das Bild zeigt sie auf der abgestorbenen Verzweigung einer Hornkoralle im Schatten einer weiträumigen Unterhöhlung siedeln.

T: 20-28 °C, L: 3 cm, BS: 4, SG: 4

Insel Palau, Mikronesien H. Baensch

Eudistoma cf. *gilboviride* (SLUITER, 1909)
Kissen-Seescheide

Vork.: Indopazifik: Mikronesien.
GU: Manteltiere sind überwiegend Zwitter.
Hält.B.: Nicht bekannt.
FU: Filtrierer; Plankton.
Bes.: Diese Gattung umfaßt viele verschiedene Arten. Die Unterschiede bestehen sowohl im Aussehen, in der Färbung, in der Transparenz, der Siedlungsart, in der Form der Kloake, als auch in der Organisation der Zooide. Die abgebildete Kissen-Seescheide siedelt auf der abgestorbenen Peitsche einer Schwarzen Koralle am tiefen Riffgrund.

T: 20-28 °C, Ø: 4 cm, BS: 4, SG: 4

Eudistoma reginum H. Erhardt

Eudistoma reginum H. Erhardt

Insel Bunaken, Indonesien

H. Erhardt

Eudistoma reginum KOTT, 1990
Matten-Seescheide

Vork.: Indopazifik: Indonesien, Mikronesien, Philippinen und Australien.
GU: Keine. Manteltiere sind überwiegend Zwitter.
Soz.Verh./Vgs.: Sie siedeln kolonial, eingebettet in einen gemeinsamen Mantel.
Hält.B.: Nicht bekannt.
FU: K; Plankton.
Bes.: Die Tierkolonien bilden gummiartige, fast ledrige Matten auf abgestorbenem Korallenfels und sind farblich sehr verschieden. Die Koloniedicke beträgt etwa 1 cm. Die einzelnen Zooide gruppieren sich ringförmig um eine gemeinsame Kloake. Ihre Lebensräume sind schattige Stellen an gut durchströmten Steilabfällen und vor Höhleneingängen.

T: 22-26 °C, **Ø**: variabel, 6-35 cm, **BS**: 4, **SG**: 4

Insel Palau, Mikronesien H. Erhardt

Eudistoma sp.
Matten-Seescheide

Vork.: Indopazifik: Australien, Mikronesien, Philippinen.
GU: Manteltiere sind überwiegend Zwitter.
Hält.B.: Nicht bekannt.
FU: Filtierer; Plankton.
Bes.: Viele Einzeltiere leben eingebettet in einem derben und lederartigen Mantel. Um eine zentral gelegene Kloake sieht man die feinen Einströmöffnungen der Einzeltiere. Die derben Matten dieser Seescheidenart bedecken abgestorbenes Korallengestein großflächig. Sie sind stets frei von Sedimentauftrag und Aufwuchs.

T: 20-28 °C, Ø: 15 cm, BS: 4, SG: 4

Australien G. Allen

Nephtheis (= *Oxycorymia*) *fascicularis* DRASCHE, 1882
Pilz-Seescheide

Vork.: Indopazifik: Australien, Indonesien, Mikronesien, Philippinen, Papua Neuguinea.
GU: Manteltiere sind überwiegend Zwitter.
Hält.B.: Nicht bekannt.
FU: Filtrierer, Plankton.
Bes.: Man erkennt die Tierkolonien an ihrem pilzähnlichen Aussehen. Die dicht siedelnden Einzeltiere, die von einem gemeinsamen, weichen Mantel umgeben sind, bilden einen Stiel aus, auf dem sie etwas erhöht zu ihrem Siedlungssubstrat sitzen. Sie bilden den "Koloniekopf". Dieser kann 8 cm lang sein und einen Durchmesser von fast 3 cm besitzen. Alle Zooide in der Kolonie haben die gleiche Größe und die gleiche Entwicklungsstufe. Im allgemeinen siedeln stets mehrere dieser Kolonien dicht beieinander. Die Siphone der Einzeltiere sind vom blauen, dunkelblauen oder graugrünen Körper gelb abgesetzt. Pilz-Seescheiden leben an schattigen Stellen indopazifischer Riffe.

T: 22-26 °C, L: 4-8 cm, BS: 4, SG: 4

Malediven H. Baensch

Polycitorella sp.
Himbeer-Seescheide

Vork.: Indischer Ozean: Malediven.
GU: Seescheiden sind überwiegend Zwitter.
Hält.B.: Nicht bekannt.
FU: Filtrierer, Plankton.
Bes.: Himbeer-Seescheiden bilden nur kleine Kolonien aus. Die rauhe Manteloberfläche der Kolonie ist frei von Aufwuchs und Sedimentauftrag. Sie siedeln auf abgestorbenen Unterlagen, meist an schattigen Stellen von Unterhöhlungen und an Höhlenrändern, häufig in einer Gemeinschaft mit der Riffseescheide *Didemnum molle*.

T: 20-28 °C, Ø: 15 cm, BS: 5, SG: 4

Insel Komodo, Indonesien H. Erhardt

Sigillina sp.
Trauben-Seescheide

Vork.: Indopazifik: Indonesien.
GU: Manteltiere sind überwiegend Zwitter.
Soz.Verh./Vgs.: Die Tiere leben kolonial.
Hält.B.: Nicht bekannt.
FU: Filtrierer, Plankton.
Bes.: Trauben-Seescheiden leben in schattigen Unterhöhlungen gut durchströmter Riffe und haben das Aussehen von Weintrauben. Auf einem kurzen und kräftigen Stiel befindet sich die aus vielen Einzeltieren bestehende Kolonie. Alle Tiere sind in einen gemeinsamen Mantel eingehüllt. Die einzelnen Kolonien siedeln so dicht, daß sie sich wie Trauben auf einer Rebe formieren.

T: 22-26 °C, L: 4 cm, BS: 4, SG: 4

Insel Bunaken, Indonesien

H. Erhardt

Sigillina sp.
Gestielte Seescheide

Vork.: Indopazifik: Indonesien **GU:** Keine. Die Kolonien sind überwiegend zwittrig.
Soz.Verh./Vgs.: Die gestielten Kolonien leben einzeln, paarweise oder in kleineren Gruppen.
Hält.B.: Nicht bekannt. **FU:** Filtrierer, Plankton.
Bes.: Die Kolonien dieser Seescheiden sitzen auf einem langen Stiel, der sie vom Untergrund abhebt. Dieser ist flexibel und im allgemeinen von einer Vielzahl wirbelloser Tiere und von Algen bewachsen. Die Seescheidenkolonie sitzt wie ein Kopf darauf. Sie ist unterschiedlich gefärbt, häufig fast transparent und die einzelnen Zooiden sind in eine milchig-blaue Tunica eingebettet. Ihr Lebensraum sind schattige Stellen an tiefen, steil abfallenden und gut durchströmten Riffen.

T: 22-27 °C, **L:** 12 cm, **BS:** 4, **SG:** 4

Ordnung: Aplousobranchia
Fam.: Policlinidae

Insel Palau, Mikronesien H. Erhardt

Aplidium longithorax MONNIOT, 1987
Kissen-Seescheide

Vork.: Indopazifik: Australien, Mikronesien, Neukaledonien.
GU: Manteltiere aus dieser Familie sind lebendgebärend.
Hält.B.: Nicht bekannt.
FU: Filtrierer; Plankton.
Bes.: Die Tierkolonien besitzen einen fast transparenten und von Aufwuchs freien Mantel. Die feinen Einströmöffnungen sind von der zentral gelegenen Kloake deutlich abgesetzt. Die Wuchsform der Kolonie ist kissenförmig. Ihre langen Zooide (Artname!) sind tief im Mantel der Kolonie versenkt und rosettenartig um die zentrale Kloake angeordnet. Kissen-Seescheiden leben auf verschiedenen abgestorbenen Unterlagen und in schattigen Ritzen und Spalten.

T: 20-28 °C, **Ø:** 6 cm, **BS:** 4, **SG:** 4

Insel Bunaken, Indonesien H. Erhardt

Aplidiopsis ocellatus MONNIOT & MONNIOT, 1996
Augen-Seescheide

Vork.: Indopazifik: Indonesien, Philippinen.
GU: Keine. Seescheiden sind überwiegend Zwitter.
Soz.Verh./Vgs.: Die einzelnen Zooide leben kolonial.
Hält.B.: Nicht bekannt.
FU: Filtrierer, Plankton.
Bes.: Die einzelnen Zooide leben gruppiert um eine zentrale Kloakenöffnung. Diese sehen wie Augen aus und haben den Tierkolonien auch den Namen eingebracht. Der Mantel, der sie umhüllt, kann verschieden gefärbt sein. Tierkolonien dieser Art leben an schattigen Stellen gut durchströmter Riffe in unterschiedlichen Tiefen.

T: 22-26 °C, **Ø:** 15 cm, **BS:** 4, **SG:** 4

Fam.: Polyclinidae H. Erhardt

Fam.: Polyclinidae H. Erhardt

Insel Komodo, Indonesien H. Erhardt

Fam.: Polyclinidae
Krusten-Seescheiden

Vork.: Gattungen und Arten aus dieser Familie sind weltweit verbreitet.
GU: Alle Tiere aus dieser Familie sind lebendgebärend.
Soz.Verh./Vgs: Die Einzeltiere leben kolonial.
Hält.B.: Nicht bekannt.
FU: Filtrierer, Plankton.
Bes.: Alle Einzeltiere leben eingebettet in einem gemeinsamen Mantel. Der Mantel kann in seiner Konsistenz von Art zu Art verschieden sein. Niemals hat er jedoch Einlagerungen von Festigungselementen (Spicules). Entweder wachsen die Kolonien in dicken Lagen und bedecken den Untergrund, oder sie formen verschieden große, irreguläre Körper und fingerförmige Protrusionen.

T: 5-26 °C, L: variabel, BS: 4, SG: 4

Insel Komodo, Indonesien H. Erhardt

Ascidia sp.
Haar-Seescheide

Vork.: Indopazifik: Indonesien.
GU: Manteltiere sind überwiegend Zwitter.
Soz.Verh./Vgs.: Die Tiere leben solitär.
Hält.B.: Nicht bekannt.
FU: Filtrierer, Plankton.
Bes.: Diese Seescheide ist weder bekannt, noch beschrieben. Sie gehört möglicherweise zur Gattung *Ascidia*. Die Tiere leben an schattigen Stellen im Riff und hier bevorzugt unter Überhängen und in großräumigen Spalten. Der gelbe Mantel besitzt eine feine, blauschwarze Behaarung, etwas ganz Außergewöhnliches bei Seescheiden.

T: 22-26 °C, L: 8 cm, BS: 4, SG: 4

Nordsulawesi, Indonesien D. Tackett

Ascidia sp.
Seescheide

Vork.: Indonesien.
GU: Keine. Seescheiden sind überwiegend Zwitter.
Soz.Verh./Vgs.: Die Tiere leben solitär.
Hält.B.: Unbekannt.
FU: Filtrierer, Plankton.
Bes.: Die abgebildete Seescheide lebt in einer Spalte, so daß man nur ihre Ausströmöffnung sieht. Diese zeigt wulstige, periphere Projektionen und spitze Zähne auf dem Siphorand.

T: 22-27 °C, **L**: 8 cm, **BS**: 4, **SG**: 4

Fishermanns Island, Philippinen H. Erhardt

Phallusia julinea SLUITER, 1915
Korallen-Seescheide

Vork.: Indopazifik: Australien, Mikronesien, Philippinen.
GU: Seescheiden sind überwiegend Zwitter.
Soz.Verh./Vgs.: Die Tiere leben einzeln, oft tief versenkt und umwachsen von Steinkorallen.
Hält.B.: Nicht bekannt.
FU: K; Plankton.
Bes.: Die Tiere besitzen einen knorpeligen Mantel, der frei von Aufwuchs ist, siedeln häufig in Steinkorallen und lassen sich hier von den Korallen umwachsen. Sie leben aber auch an Hafenanlagen, in stillen Lagunen und auf schlammigen Böden. Die Tiere sind grellgelb bis orange gefärbt und dadurch sehr auffällig. Ihr Vorkommen reicht vom Flachwasser bis in große Tiefen.

T: 20-28 °C, L: 2-6 cm, BS: 4, SG: 4

Insel Bunaken, Indonesien H. Erhardt

Phallusia sp.
Milchige Seescheide

Vork.: Indopazifik: Indonesien.
GU: Keine. Seescheiden sind überwiegend Zwitter.
Soz.Verh./Vgs.: Die Tiere leben einzeln.
Hält.B.: Nicht bekannt. Europäische Arten, wie z.B. *Phallusia mammillata* aus dem Mittelmeer sind gute ausdauernde Pfleglinge in einem Atlantik- oder Mittelmeer-Becken. Siehe: MEERWASSER ATLAS, Band 3, Seite 1240.
FU: Filtrierer, Plankton.
Bes.: Die solitär lebenden Tiere bevorzugen schattige und dunkle Höhlen als Lebensraum. Ihr milchigweißer Mantel trägt reusenartige Dornen an den deutlich voneinander abgesetzten Siphonen. Der Mantel kann frei von Auflagerungen, aber auch bewachsen sein. Hydroiden haben sich hier offensichtlich angesiedelt.

T: 22-27 °C, **L**: 8 cm, **BS**: 4, **SG**: 4

Insel Cebu, Philippinen, H. Erhardt

Rhopalaea crassa (HERDMAN, 1880)
Kolben-Seescheide

Vork.: Indopazifik: Australien, Mikronesien, Neukaledonien, Philippinen.
GU: Manteltiere sind überwiegend Zwitter.
Soz.Verh./Vgs.: Die Tiere leben einzeln.
Hält.B.: Nicht bekannt.
FU: K; Plankton.
Bes.: Kolben-Seescheiden leben in Spalten und Ritzen der Riffe. Ihr fester und derber Mantel ist stets frei von Aufwuchs. Die Ein- und Ausströmöffnungen liegen versetzt doch dicht beieinander, wobei die Einströmöffnung zahnähnliche Plikationen des Kiemenkorbes zeigt.

T: 20-28 °C, **L**: 4 cm, **BS**: 4, **SG**: 4

Rhopalaea sp. M. Walker

Rhopalaea sp. M. Walker

Ordnung: Phlebobranchia
Fam.: Clionidae

Indonesien M. Walker

Rhopalaea sp.
Kannen-Seescheide

Vork.: Indopazifik: Mikronesien.
GU: Seescheiden sind überwiegend Zwitter.
Soz.Verh./Vgs.: Die Tiere leben einzeln oder in kleinen Gruppen.
Hält.B.: Kannen-Seescheiden werden nach Deutschland nicht importiert. Sie sind mit ziemlicher Sicherheit auch sehr schwer zu pflegen.
FU: K; Plankton.
Bes.: Kannen-Seescheiden sind von sackförmiger Gestalt. Sie haben zwei deutlich voneinander abgesetzte Siphone, wobei die Ausströmöffnung den Kannenhals symbolisiert. Häufig sind die Tiere transparent, mit verschiedenen Körperzeichnungen und farbig abgesetzten Siphorändern versehen. Der Kiemenkorb ist durch den transparenten Mantel hindurch deutlich zu sehen. Die Tiere siedeln mit wurzelähnlichen Ausläufern am Untergrund befestigt an schattigen Stellen der Riffe.

T: 20-28 °C, **L**: 3 cm, **BS**: 4, **SG**: 4

Sabolaninseln, Indonesien Foto: H. Erhardt

Rhopalaea sp. (rosa, weiße und blaue Seescheide)
Didemnum molle (kleine, grüne Seescheide)
Polycarpa aurata (große, gelb und lila gezeichnete Seescheide)

Vork.: Indopazifik: Indonesien.
GU: Seescheiden sind überwiegend Zwitter.
Soz.Verh./Vgs: Alle drei Seescheiden-Arten leben entweder einzeln oder in kleinen Gruppen.
Hält.B.: So, wie die Tiere in der Natur miteinander leben, können sie in einem Heimaquarium nie angesiedelt werden. Von den drei abgebildeten Arten wird *P. aurata* gelegentlich in Aquarien gepflegt.
FU: Filtrierer, Plankton.
Bes.: Alle drei Seescheiden-Arten haben offensichtlich einen optimalen Standort gefunden und leben friedlich nebeneinander. Da sie alle schattige Standorte lieben, siedeln sie an der felsigen Wand einer großräumigen Unterhöhlung.

T: 22-26 °C, **L**: *Rhopalaea:* 2-3 cm, *Didemnum:* 1 cm, *Polycarpa:* 6 cm, **BS**: 4, **SG**: 4

Ordnung: Phlebobranchia
Fam.: Perophoridae

Indonesien M. Walker

Perophora namei KOTT, 1985
Johannisbeer-Manteltier

Vork.: Indopazifik: Indonesien.
GU: Keine. Die Tiere sind überwiegend Zwitter.
Hält.B.: Nicht bekannt.
FU: K; Plankton.
Bes.: Die einzelnen Zooide sind klein und leben an einem Stengel aufgereiht, wie die Beeren an einem Johannisbeerstrauch. Sie sind transparent. Der Stengel ermöglicht es der kolonialen Gemeinschaft, in das freie Wasser gehalten zu werden, wo bessere Möglichkeiten des Planktonfangs bestehen als am Boden. Manteltiere dieser Art sind sehr selten und es bedarf einiger Erfahrung, um sie zu finden.

T: 22-26 °C, **L**: 2-4 mm, **BS**: 4, **SG**: 4

Sabolaninseln, Indonesien H. Erhardt

Perophora sp. (?) *modificata* KOTT, 1985
Gelbe Seescheide

Vork.: Indopazifik: Australien, Philippinen, Indonesien.
GU: Keine. Die Tiere sind überwiegend Zwitter.
Soz.Verh./Vgs.: Die Seescheiden leben kolonial.
Hält.B: Tiere aus dieser Gattung sind so gut wie nie im Handel. Sollten sie dennoch zu erwerben sein, benötigen sie in einem Aquarium schattige Stellen unter Überhängen.
Licht: Schattenlichtzone.
FU: K; Plankton, Ersatzplankton, Infusorien und Nauplien.
Bes.: Die einzelnen Seescheiden leben dicht gedrängt an steilen Wänden unter Überhängen und in geräumigen, gut durchströmten Höhlen. Ihr gelber Mantel ist stets frei von jeglichem Aufwuchs. Gelbe Seescheiden sind Sekundärsiedler auf abgestorbenem Korallengestein.

T: 22-26 °C, L: 1 cm, BL: ab 80 cm, WB: m-s, WR: m-u, BS: 3-4, SG: 2-3

Botryllus firmus M. Walker

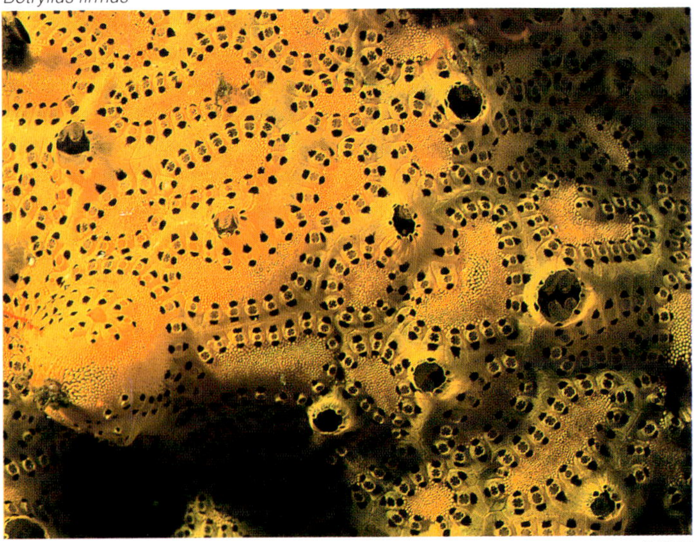

Botryllus firmus H. Erhardt

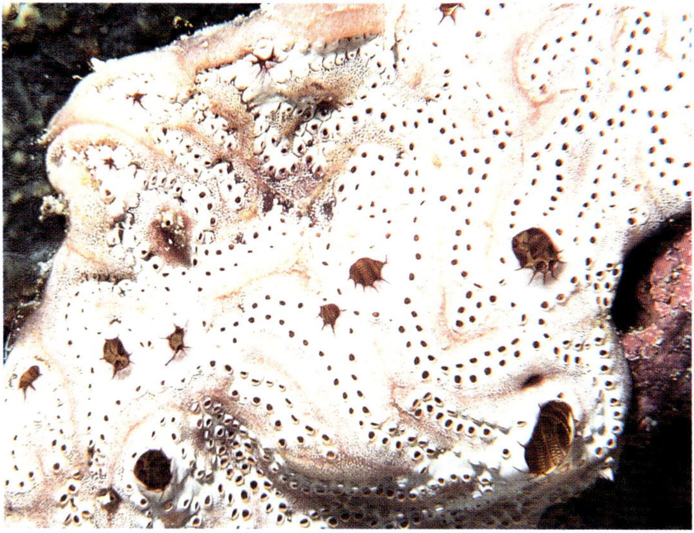

Indonesien M. Walker

Botryllus firmus MONNIOT & MONNIOT, 1996
Mattenseescheide

Vork.: Rotes Meer, tropischer Indopazifik.
GU: Keine.
Soz.Verh./Vgs.: Die einzelnen Zooide leben kolonial und bilden flache und krustige Überzüge auf festen Gegenständen und auf abgestorbenen Korallen aus.
Hält.B.: Unbekannt.
FU: Filtrierer, Plankton.
Bes.: Die Tierkolonien bilden dicke, harte, polsterartige und zum Teil fleischige Lagen mit charakteristisch angeordneten Zooiden aus. Dabei sind die Einzeltiere in mäandrischen Reihen angeordnet, um eine gemeinsame Kloake gruppiert und verschieden gefärbt. Sie sind nur 4 mm lang.

T: 22-27 °C, Ø: 15 cm, BS: 4, SG: 4

Botryllus sp. L. Tackett

Botryllus sp. M. Walker

Indonesien H. Erhardt

Botryllus sp.
Mäander-Seescheiden

Vork.: Indopazifik: Australien, Indonesien, Malediven, Papua Neuguinea, Philippinen, Neukaledonien.
GU: Seescheiden sind überwiegend Zwitter.
Hält.B.: Nicht bekannt.
ZU/Verm.: Diese Tiere machen einen Generationswechsel von geschlechtlicher und ungeschlechtlicher Vermehrung durch. Die ungeschlechtliche Vermehrung führt zur Ausbildung dieser Kolonien. Die geschlechtliche Vermehrung dient der Verbreitung der Art im Meer.
FU: K; Plankton.
Bes.: Mäander-Seescheiden bedecken den Untergrund mit einer flachen, gelatineähnlichen Schicht. Die Einzeltiere sind darin eingebettet und um eine gemeinsame Kloakenöffnung gruppiert. Sie überziehen Steine, Felsen und sekundäre Hartböden mit ihren Kolonien. Da auch die einzelnen Zooide verschieden gefärbt sein können, entstehen Kolonien mit den unterschiedlichsten Farbmustern

T: 20-28 °C, Ø: 40 cm, BS: 4, SG: 4

Zuljana, Adria H. Erhardt

Botrylloides leachi SAVIGNY, 1816)
Mäander-Seescheide

Vork.: Europäischer Atlantik, Nordsee, westliche Ostsee, Mittelmeer, Adria.
GU: Seescheiden sind überwiegend Zwitter.
Hält.B.: Nicht bekannt.
FU: K; Plankton.
Bes.: Die einzelnen Tiere stehen dicht beieinander und bilden lange, mäandierende Doppelreihen, die in eine gräuliche, gelbliche oder rötliche Mantelmasse eingehüllt ist. In den Zwischenräumen zwischen den Doppelreihen werden in regelmäßigen Abständen Ausströmöffnungen angelegt. Mäander-Seescheiden überziehen Steine, Felsboden, Muschelschalen, Algen und andere Seescheiden.

T: 8- 20 °C, **L:** 15 mm, **BS:** 4, **SG:** 4

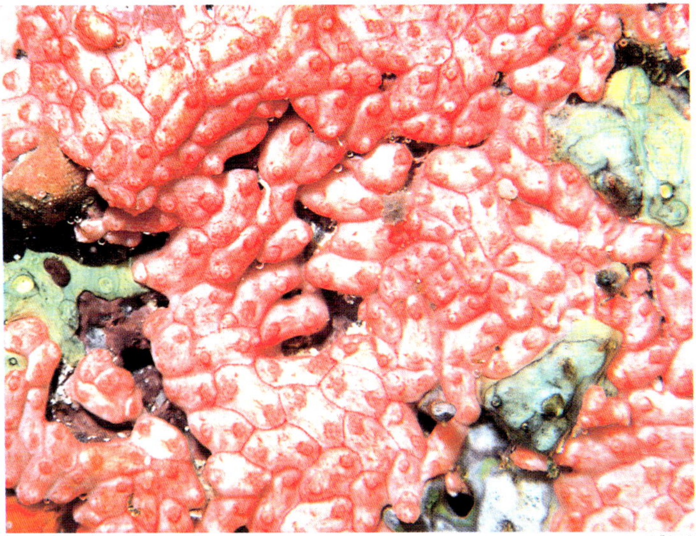

Insel Bunaken, Indonesien H. Erhardt

Eusynstyela latericius (SLUITER, 1904)
Kolonie-Seescheide

Vork.: Rotes Meer, Indopazifik: Indonesien, Mauritius, Malediven, Mikronesien, Philippinen, Sri Lanka, Vietnam und Australien.
GU: Keine.
Soz.Verh./Vgs.: Die Einzeltiere leben in einem kolonialen Verband und bilden großflächige Überzüge auf abgestorbenen Unterlagen.
Hält.B.: Unbekannt.
FU: Filtrierer, Plankton.
Bes.: Die Kolonien bestehen aus vielen, dicht beieinander siedelnden Zooiden, die über dünne Mantelausläufer miteinander verwachsen sind. Jedes der Einzeltiere ist in einen ledrigen Mantel gehüllt, liegt horizontal dem Untergrund auf und ist etwa 1 cm lang. Die beiden Siphone sind deutlich voneinander abgesetzt. Ein weißer Streifen befindet sich zwischen ihnen. Seescheiden dieser Art überziehen nicht nur abgestorbene Riffteile, sondern auch Muschelschalen, andere Seescheiden und Zivilisationsmüll.

T: 22-27 °C, **Zooid**: 5 - 10 mm, **BS**: 4, **SG**: 4

Maumere Bay, Indonesien H. Erhardt

Eusynstyela sp. (?) *misakiensis* WATANABE & TOKIOKA, 1972
Aufsitzer-Seescheide

Vork.: Die Gattung ist im gesamten Indopazifik weit verbreitet.
GU: Seescheiden sind überwiegend Zwitter.
Soz.Verh./Vgs.: Diese Seescheiden leben kolonial, siedeln zu Hunderten dicht gedrängt nebeneinander und bilden so großflächige Überzüge auf abgestorbenen Korallen, Schwämmen, Seescheiden und anderen festen Unterlagen.
Hält.B.: Nicht bekannt.
FU: Filtrierer, Plankton.
Bes.: Die Einzeltiere messen etwa 8 mm und liegen dem Untergrund horizontal auf. Auf dem Bild ersticken sie mit ihrer Siedlungsweise eine solitär lebende Seescheide aus der Gattung *Polycarpa*. Von der bedrängten Seescheide sind nur noch die Siphonöffnungen sichtbar.

T: 22-26 °C, L: 5 mm, BS: 4, SG: 4

Maumere Bay, Indonesien

H. Erhardt

Polycarpa aurata (QUOY & GAIMARD, 1834)
Gold-Seescheide

Vork.: Indopazifik: Malediven, Indonesien, Philippinen, Salomoninseln, Mikronesien, Australien. GU: Keine.
Soz.Verh./Vgs.: Einzeln oder in kleineren Gruppen auf festen Substraten und in allen Riffbereichen.
Hält.B.: Ausgewachsene Tiere sind ohne ihr Substrat schwer in ein Aquarium zu übersiedeln. Ihr Standort muß so gewählt sein, daß der Pumpenstrom sie trifft.
Licht: Sonnen- und Mittellichtzone.
FU: K, Plankton. Im Aquarium: Infusorien, Flagellaten, Planktonersatz, zerriebene Mehl- und Ringelwürmer.
Bes.: Diese relativ große Seescheide ist eine der häufigsten Arten im gesamten Indopazifik. Ihr heller gelber, oranger oder violetter Körper ist ledrig, gefurcht und von violetten Linien durchzogen. Die Siphone sind innen gelb. Die Tunika ist stets ohne Aufwuchs. Im MEERWASSER ATLAS, Band 3, Seite 1256, hatten wir bereits ein blasses, fast farbloses Exemplar dieser Art vorgestellt. Weitere Informationen siehe dort.

T: 22-26 °C, L: 10 cm, BL: ab 80 cm, WB: s, WR: u, BS: 2, SG: 3

Insel Komodo, Indonesien H. Erhardt

Polycarpa captiosa (SLUITER, 1885)
Falten-Seescheide

Vork.: Indopazifik: Indonesien.
GU: Seescheiden sind überwiegend Zwitter.
Soz.Verh./Vgs.: Die Tiere leben solitär und sind stets Siedlungssubstrat für viele wirbellose Tiere. Eine grüne Seescheide aus der Familie der Didemnidae beginnt gerade, die Oberfläche der Seescheide zu erobern.
Hält.B.: Nicht bekannt.
FU: Filtrierer, Plankton.
Bes.: Falten-Seescheiden sind groß und damit auffällig. Die beiden Siphone sind lang und deutlich voneinander abgesetzt. Der Mantel trägt kräftige Längsfurchen, die am Siphorand beginnen und am Fuß enden. Tiere dieser Art leben an stark durchströmten Riffhängen und vertragen kräftige Wasserturbulenzen.

T: 22-26 °C, L: 8 cm, BS: 4, SG: 4

Sabolaninseln, Indonesien H. Erhardt

Polycarpa sp. (?) *nigricans* MONNIOT & MONNIOT, 1987
Dunkelhäutige Seescheide

Vork.: Indopazifik: Indonesien, Mikronesien, Papua Neuguinea, Philippinen.
GU: Die Tiere sind überwiegend Zwitter.
Soz.Verh./Vgs.: Die Seescheiden leben einzeln, paarweise oder in kleinen Gruppen.
Hält.B.: Möglicherweise wird diese Art importiert unter der Bezeichnung "Riesenseescheide". Sie wird so gepflegt wie *Polycarpa* sp.
Licht: Sonnen- bis Mittellichtzone.
FU: Filtrierer, Plankton, Planktonersatz, Nauplien.
Bes.: Der Mantel der Tiere ist dunkel, manchmal sogar fast schwarz. Davon sieht man jedoch nichts, da die Körperoberfläche der Seescheiden stets bewachsen ist. Nicht nur wirbellose Tieren siedeln darauf, sondern auch Algen. Die hellen Ein- und Ausströmöffnungen sind ein deutlicher Kontrast zum bewachsenem Tier.

T: 22-26 °C, L: 6-8 cm, BL: ab 100 cm, WB: m-s, WR: u-m, BS: 3, SG: 2-3

Insel Bunaken, Indonesien

H. Erhardt

Polycarpa sp. (?) *pigmentata* (HERDMAN, 1906)
Pigment Seescheide

Vork.: Rotes Meer, Tropischen Indopazifik.
GU: Die Tiere sind Hermaphroditen.
Soz.Verh./Vgs.: Sie leben einzeln.
Hält.B.: Unbekannt. Sie sind von ihrem Siedlungsplatz nicht zu lösen und können daher nicht gesammelt werden.
FU: Plankton.
Bes.: Der Körper der Tiere ist massig, groß und der dicke, ledrige Mantel oft bis zur Unkenntlichkeit von vielen wirbellosen Tieren bewachsen. Die großen Ein- und Ausströmöffnungen sind deutlich voneinander abgesetzt und pigmentiert. Pigment-Seescheiden leben an schattigen Stellen gut durchströmter Riffe

T: 22-27 °C, **L**: 12 cm, **BS**: 4, **SG**: 4

Polycarpa sp. H. Erhardt

Polycarpa sp. H. Erhardt

Balicasak, Philippinen H. Erhardt

Polycarpa sp.
Riesen-Seescheide

Vork.: Die Gattung ist im Roten Meer und im Indopazifik weit verbreitet und sehr häufig.
GU: Manteltiere sind überwiegend Zwitter.
Soz.Verh./Vgs.: Die Tiere leben einzeln auf festen Substraten und sind im allgemeinen von vielen Algen und Wirbellosen bis zur Unkenntlichkeit bewachsen.
Hält.B.: Riesen-Seescheiden werden in Aquarien gepflegt. Auf ihrer ursprünglichen Unterlage befestigt und bei einem guten Standort im Aquarium, sind sie ausdauernd und relativ gut haltbar.
Licht: Sonnen- bis Mittellichtzone.
FU: K; Plankton, Planktonersatz, Nauplien.
Bes.: Riesen-Seescheiden besitzen einen derben und ledrigen Mantel. Dieser ist häufig bis zur Unkenntlichkeit bewachsen. Auch ein geübtes Auge erkennt nur die Siphone. Alle Arten bevorzugen gut durchströmte Riffabschnitte und leben im Schatten von Nischen und unter Überhängen.

T: 20-28 °C, **L**: 6-10 cm, **BL**: ab 100 cm, **WB**: m-s, **WR**: u, **BS**: 3, **SG**: 2-3

Symplegma sp. H. Erhardt

Symplegma sp. H. Baensch

Ordnung: STOLIDOBRANCHIA
Fam.: Styelidae

Insel Palau, Mikronesien H. Erhardt

Symplegma sp.
Köpfchen-Seescheide

Vork.: Indopazifik: Australien, Mikronesien, Philippinen.
GU: Seescheiden sind überwiegend Zwitter.
Soz.Verh./Vgs.: Die Einzeltiere leben kolonial.
Hält.B.: Nicht bekannt.
FU: K, Plankton.
Bes.: Tiere aus dieser Gattung kommen in unterschiedlichen Wuchsformen und Farben vor. Sie leben auf verschiedenen, abgestorbenen Substraten, häufig im Schatten vertikaler Wände an gut durchströmten Riffabschnitten. Eine eindeutige Bestimmung ist aufgrund vieler taxonomischer Unklarheiten nicht möglich.

T: 20-28 °C, Ø: 10 - 15 cm, BS: 4, SG: 4

Camaret Sur Mer, Atlantik H. Erhardt

Morchellium sp. (?) *argus* (MILNE EDWARDS, 1841)
Augenfleck-Seescheide

Vork.: Atlantik von Schottland bis Frankreich.
GU: Die Seescheiden sind ovovivipar.
Soz.Verh./Vgs.: Die einzelnen Tiere leben kolonial.
Hält.B.: Nicht bekannt.
ZU/Verm.: Von Mai bis September bringen die Seescheiden lebende Junge zur Welt.
FU: K; Plankton.
Bes.: Die Kolonien besitzen einen knolligen "Kopf", der aus einer Vielzahl transparenter Einzeltiere zusammengesetzt ist. Ein roter bis rotoranger Stiel befestigt die Kolonie am Untergrund. Ihr Lebensraum sind felsige Küstenabschnitte, wo sie im flachen und stark strömenden Wasser leben. Ihre Farbe ist entweder rosa oder rot.

T: 8-20 °C, L: 3-5 cm, BS: 4, SG: 4

H. Erhardt

Insel Komodo, Indonesien

Blaue Kolben-Seescheide (Gattung und Art unbekannt)

Vork.: Indopazifik: Indonesien. **GU**: Seescheiden sind überwiegend Zwitter.
Soz.Verh./Vgs.: Die Einzeltiere leben kolonial.
Hält.B.: Nicht bekannt. **FU**: Filtrierer, Plankton.
Bes.: Die Seescheidenkolonie lebt auf einem langen, flexiblen, häufig sehr stark gebogenen und im Boden verankerten Stiel. Dieser nimmt etwa ein Drittel der gesamten Koloniegröße ein. Der auf dem Stiel sitzende und verbreiterte "Kolben" ist dicht gepackt mit Einzeltieren, die in einem gemeinsamen Mantel eingebettet leben. Die auf dem Bild dargestellte Kolonie ist zwar bekannt, doch bis jetzt weder als Gattung, noch als Art beschrieben. Die Seescheidenkolonien kommen in verschiedenen Farben vor und leben an stark durchströmten Riffen und auf tiefen Riffplateaus. Bedingt durch die Flexibilität ihres Stieles sind sie auch starken Wasserturbulenzen angepaßt.

T: 20-24 °C, **L**: 15 - 25 cm, **BS**: 4, **SG**: 4

Insel Komodo, Indonesien H. Erhardt

Koloniale Seescheide (Gattung und Art unbekannt)

Vork.: Indopazifik: Indonesien.
GU: Keine.
Soz.Verh./Vgs.: Die Tiere leben kolonial.
Hält.B.: Nicht bekannt.
FU: Filtrierer; Plankton.
Bes.: Die Zugehörigkeit dieser Seescheidenkolonie zu einer bestimmten Familie oder Gattung ist nicht bekannt. Möglicherweise ist sie noch nicht beschrieben. Die Tierkolonien siedeln an schattigen Stellen in unterschiedlichen Wassertiefen geduckt in stark strömendem Wasser. Auf relativ kurzen Stielen befinden sich die kolbenförmigen Kolonien. Sie sind überwiegend purpurrot gefärbt. Ganz deutlich sichtbar sind die in Reihen angeordneten Stigmaöffnungen.

T: 18-24 °C, Ø: 16 cm, BS: 4, SG: 4

Manado, Indonesien H. Erhardt

Koloniale Seescheide (Gattung und Art unbekannt)

Vork.: Indopazifik: Indonesien
GU: Keine.
Soz.Verh./Vgs: Die Tiere leben kolonial.
Hält.B.: Unbekannt.
FU: Filtrierer, Plankton.
Bes.: Die Kolonie überzieht großflächig eine abgestorbene Koralle, die bereits von einem braunen Schwamm besetzt war. Der orangefarbene Mantel trägt weiß umrandete Kloakenöffnungen.

T: 22-26 °C, Ø: 35 cm, BS: 4, SG: 4

Halocynthia papillosa H. Erhardt

Glossar

Abiotische Faktoren: Physikalische und chemische Faktoren der unbelebten Umwelt, die auf Organismen einwirken (Temperatur, Feuchtigkeit, Bodenbeschaffenheit u.v.m.).

Aboral: Von der Mundöffnung abgewandt.

Adult: Geschlechtsreif, erwachsen.

Aggregation: Vereinigung, Zusammenlagerung, Anhäufung von Organismen, Zellen oder Molekülen.

Ahermatypisch: Nicht riffbildend. Die Polypen der Korallen leben ohne Zooxanthellen in ihrem Gewebe.

Ambulakralfurche: Bewimperte, von Ambulakralfüßchen gesäumte Rinne auf der Unterseite der Arme von Seesternen oder der Gehäuseoberseite von Seeigeln.

Ambulakralgefäßsystem: Das für Stachelhäuter so charakteristische System hydraulischer Kanäle, die sich vom Coelom ableiten und mit röhrenförmigen Ambulakralfüßchen in Verbindung stehen. Sie dienen dem Gasaustausch, sind für Bewegungen und für den Transport von Nahrungsteilchen verantwortlich und erfüllen die Funktion als Mechano- und Chemorezeptoren.

Amöboid: Kriechend-fließende Bewegung durch Ausbildung von Pseudopodien bei den Wechseltierchen (Amöben).

Antibiotikum: Von Pilzen oder anderen niederen Organismen produzierte Substanz, die Bakterien am Wachstum hindert oder abtötet.

Apex: Gehäusespitze bei Schnecken.

Aquatisch: Im Wasser lebend oder zum Wasser gehörend.

Aragonit: Eine Kristallform von Kalziumkarbonat, die sich in ihrer Kristallstruktur von Calzit unterschiedet. Sie tritt als Bestandteil von Weichtierschalen, Schwammskelettnadeln (Spiculae) und Korallenstöcken auf.

Artefakt: Kunstprodukt. Der Wirklichkeit nicht entsprechend.

Ästuar: Flußmündung, in der sich Süß- und Meerwasser miteinander vermischen.

Atoll: Korallenriffe, die eine Lagune umwachsen.

Autotomie: Selbstverstümmelung bei vielen Echinodermaten.

Benthisch: Zum Gewässerboden gehörend, dort lebend.

Bilateralsymmetrie: Anatomische Anordnung, bei der die rechte und die linke Hälfte eines Organismus oder Teile davon zueinander spiegelsymmetrisch sind.

Biogen: Von lebenden Organismen produziert.

Bioluminiszens: Biochemische Erzeugung von Licht durch Organismen. Kommt bei Leuchtbakterien, Dinoflagellaten, Käfern, verschiedenen Weichtieren und Fischen vor.

Biomasse: Gesamtheit der in einem Lebensraum vorkommenden Lebewesen in Gramm bezogen auf Frisch- und Trockengewicht pro Kubikmeter Volumen oder Quadratmeter Oberfläche.

Biotop: Lebensraum eines bestimmten Organismus oder einer Lebensgemeinschaft.

Bipinnaria: Erstes Larvenstadium der Seesterne.

Bursa: Sackähnlicher Behälter oder Hohlraum.

Byssus: Sekret der Byssusdrüse am Fuß von Muscheln. Sie werden fädig gesponnen, erhärten schnell in Verbindung mit Seewasser und dienen der Verankerung der Tiere an den Untergrund.

Calzit: Spezielle Kristallform von Kalziumkarbonat. Kommt in verschiedenen biologischen Materialien vor.
Carapax: Rückenpanzer von Krebsen und Schildkröten.
Carnivor: Fleischfressend, sich von lebenden Tieren ernähren.
Cellulose: Polysaccharid aus Glukoseeinheiten. Wichtiger Zellwandbaustoff der Pflanzen.
Cephalothorax: Zu einer Einheit verschmolzener Kopf- und Brustabschnitt einiger Arthropoden (Gliederfüßer).
Chemotaxis: Gerichtete Reaktion auf einen chemischen Reiz.
Cirren: Längliche, tentakelartige Körperanhänge von Tieren mit Tast-, Haft- oder Bewegungefunktionen.
Chitin: Widerstandsfähiges Polysaccharid aus Aminozuckern. Bestandteil von Exoskeletten und von Zellwänden.
Coelom: Aus dem Mesoderm hervorgehende, echte Leibeshöhle.
Coenenchym: Plasmamasse ("Fleisch") bei den Weichkorallen, welches die einzelnen Polypen verbindet.
Columellarfalten: Septen im säulenförmigen Kalkgebilde, dem Stützgerüst der Korallentiere.
Corda dorsalis: Elastischer Stützstab bei den Manteltieren und den Appendicularien, aus dem die Wirbelsäule hervorgegangen ist.
Ctenidien: Kammkiemen. Ursprünglichste Form der Weichtierkiemen mit zwei Reihen von Kiemenblättern.
Ctenoporen: Rippenquallen.
Cuviersche Schläuche: Drüsige Anhänge am Enddarm verschiedener Seewalzen. Sie werden bei Gefahr ausgestoßen und bilden in Verbindung mit Seewasser klebrige Fäden, die den Feind umwickeln sollen. Sie werden als modifizierte Kiemen gedeutet.
Detritus: Lockeres, meist fein zerteiltes organisches Material.
Dorsal: Zur Rückenseite gehörend.
Dorsoventral: In der Richtung vom Rücken zum Bauch hin.
Ektoderm: Äußere Gewebsschichten des Körpers.
Ektoparasit: Auf anderen Organismen lebender Schmarotzer.
Embryo: Frühes Entwicklungsstadium eines vielzelligen Organismus.
Endemisch: Die Verbreitung der Art ist auf ein bestimmtes Gebiet beschränkt.
Endocytose: Aufnahme von festen Partikeln oder von Flüssigkeitströpfchen durch Membraneinstülpung.
Epibiontisch: Auf der Oberfläche eines anderen Organismus lebend.
Epifaunistisch: So leben Tiere, die sich auf Pflanzen und auf anderen Tieren festsetzen.
Exoskelett: Außenskelett eines Organismus.
Exocytose: Ausschleusung intrazellulärer Substanzen durch Verschmelzen von Vesikelmembran und Cytoplasmamembran.
Exumbrella: Schirmoberseite der Hydro- und Scyphomedusen.
Fauna: Tierwelt.
Flimmerepithel: Gewebe, dessen Oberfläche mit Flimmerhaaren, Wimpern oder Geißeln besetzt ist.
Flora: Pflanzenwelt.

Glossar

Gameten: Keimzellen, Geschlechtszellen, sexuelle Fortpflanzungsprodukte beiderlei Geschlechts.
Gastralraum: Innerer Hohlraum der Nessel- und Hohltiere.
Getrenntgeschlechtlich: Arten mit weiblichen und männlichen Individuen.
Gezeitenzone: Küstenzone, in der Ebbe und Flut wirksam sind.
Globiferen: Kugelförmige Pedicellarien bei den Stachelhäutern.
Glutinanten: Klebkapseln bei den Nesseltieren.
Gonade: Keimdrüsen, differenziert in Ovar (Eierstock) und Testes (Hoden).
Gorgonin: Bausubstanz des Achsenskeletts vieler Hornkorallen.
Habitus: Äußere Erscheinungsform eines Körpers.
Hectocotylus: Begattungsarm zur Übertragung der Spermatophore bei den männlichen Tintenschnecken.
Herbivor: Sich von Algen und Pflanzen ernährend.
Hermaphrodit: Zwitter. Ein Organismus, der weibliche und männliche Fortpflanzungsorgane besitzt.
Hermatypisch: Riffbildend. Die Polypen der Korallen besitzen Zooxanthellen in ihrem Gewebe.
Irisieren: Durch Reflexion von Sonnenlicht in verschiedene, überwiegend kurzwellige Farben schillern.
Juvenil: Noch nicht geschlechtsreif.
Kieme: Spezielles, dem Sauerstoffaustausch dienendes Organ von Wassertieren.
Kiemendarm: Ein zur Atmung umgewandelter Darmabschnitt bei den Chordatieren, speziell den Manteltieren.
Knospung: Ungeschlechtliche Vermehrung durch Abschnürung eines neuen Individuums von einer Elternzelle oder eines vielzelligen Organismus. Man nennt es auch Sprossung.
Kolonie: Zellen oder mehrzellige Individuen der gleichen Art, die in permanenter aber loser Gemeinschaft zusammenleben.
Kommensale: Organismus, der von der Nahrung eines anderen Organismus profitiert, ihm aber weder schadet, noch nützt.
Komplexaugen: Aus Einzelaugen zusammengesetzte Augen.
Kopulation: Begattung.
Kragengeißelzellen.: = Choanocyten. Typische Bauelemente der Schwämme. Die Zellen kleiden das innere Hohlraumsystem aus, kommen aber auch bei Hohltieren (Anthozoa) und bei einigen Stachelhäutern vor.
Labialtentakel: Kurze, die Mundöffnung umstehende Innententakel bei den Zylinderrosen. Sie übernehmen die gefangene Nahrung von den langen, außen stehenden Marginaltentakeln.
Larve: Entwicklungsstadium vieler Tiere, das sich klar von den geschlechtsreifen Adulten unterscheidet. Viele Larvenformen tragen bei den einzelnen Tierstämmen besondere Bezeichnungen.
Laterne des Aristoteles: Fünfzahniger Kauapparat der Seeigel.
Ligament: Hornige Bänder bei Muscheln, die beide Schalenklappen miteinander verbinden und zusammenhalten.
Litoral: Uferzone. Am Meer gegliedert in Supralitoral, Eulitorel und Sublitoral.
Madreporenplatte: Gegenüber der Mundöffnung gelegene Öffnung des Kanalsystems der Stachelhäuter. Verbindet den Steinkanal mit dem Umgebungswasser.

Mantel: Spezialisierter Teil der Hautschichten von Weichtieren, der eine zusätzliche Schutzhülle oder Schale abscheidet.

Marginaltentakel: Lange Außen- oder Randtentakel bei den Zylinderrosen.

Meduse: Schwimmendes glocken- oder schirmförmiges Stadium im Lebenszyklus vieler Nesseltiere. Wird auch als Qualle bezeichnet.

Mesenchym: a: Gallertiges Material (Mesogloea) mit Amöbozyten oder anderen Zellen; b: Unspezialisiertes, embryonales Gewebe, aus dem Bindegewebe und Kreislauforgane hervorgehen.

Mesenterien: Scheidewände, die den Gastralraum von Polypen in Kammern aufteilen.

Mesenterialfilamente: Mesenterien, die fädig ausgezogen und gekräuselt in den Gastralraum bei den Anthozoa und den Scyphozoa hineinragen. Sie produzieren Verdauungsenzyme.

Metamorphose: Häufig über mehrere Stufen laufende Umwandlung eines Organismus von der Larvenform in die geschlechtsreife Adultform.

Mikrophagen: Kleinpartikelfresser.

Morphologie: Form und Struktur. Die Lehre und Beschreibung von Gestalt und Aufbau der Lebewesen.

Mudd: Mit sich zersetzenden organischen Substanzen angereicherter Weichgrund des Meeres.

Nauplius: Larve niederer Krebse.

Nematocyste: Kapselförmiges Organell mit einem eingestülpten und aufgewikkelten Faden, der zur Verankerung, zur Verteidigung oder zum Beutefang herausgeschleudert wird. Bei vielen Nesseltieren zusätzlich mit toxischen Substanzen ausgestattet.

Ocellen: Primitive Lichtsinnesorgane bei verschiedenen Tiergruppen.

Omnivor: Allesfresser.

Operculum: Deckelartiger Schalenverschluß bei Weichtieren.

Ophiocephaliden: Schlangenförmige Pedicellarien bei den Stachelhäutern.

Osculum: Ausströmöffnung eines Schwammes.

Ostien: Einströmöffnungen bei den Schwämmen.

Ovar: Vielzelliges, weibliches Organ, das die Eizellen umschließt.

Ovovivipar: Lebendgebärend.

Papille: Kleiner Buckel oder Erhebung auf einer Oberfläche.

Papulae: Weichhäutige, bläschenartige Ausstülpungen der Haut bei Seesternen. Sie dienen der Atmung.

Parapodien: Füßchen. Entweder als lappige Fortsätze bei den Hinterkiemerschnecken ausgebildet, wo sie zum Schwimmen benutzt werden, oder als lateral gelegene Extremitäten bei den Ringelwürmern, die aus Neuro- und Notopodium bestehen.

Parasit: Organismus, der auf oder in einem Wirt lebt und von diesem seine Nahrung bezieht. Auch Schmarotzer genannt.

Paxillen: Strukturen auf der Körperoberseite verschiedener Seesterne.

Pedicellarien: Kleine Greiforgane bei den Stachelhäutern.

Pelagisch: Zum offenen, freien Wasser gehörend und dort lebend.

Penetranten: Durchschlagkapseln bei den Nesseltieren.

Pericard: Herzbeutel.

Glossar

Periostracum: Proteinschicht, mit der die Schalen und Gehäuse von Weichtieren und Brachiopoden überzogen sind.
Perlmutt: Schalenschicht bei Weichtieren aus kristallisiertem Aragonit. Dabei sind die Kristalle parallel zur Schalenoberfläche angeordnet.
Pharynx: Vorderer Teil des Verdauungstraktes.
Phototaxis: Bewegung eines frei beweglichen Organismus zum oder vom Licht weg. Zum Licht hin = positive Fototaxis; vom Licht weg = negative Phototaxis.
Phytoplankton: Planktische, im freien Wasser schwebende, photoautotrophe, einzellige Pflanzen.
Pinnulae: Federchen. Sie können als bewimperte Filamente an den Tentakeln von Ringelwürmern auftreten. Sie bilden aber auch die feinen Seitenäste der Arme bei den Haarsternen und Seelilien.
Planula: Bewimperte, freischwimmende Larve der Nesseltiere.
Pleon: Hinterleib der höheren Krebse. Die Abschnitte heißen Pleomere und tragen im allgemeinen Beine (=Pleopoden).
Plikationen: **Falten; auch Kiementyp bei Schnecken.**
Pluteus: Larve der Stachelhäuter.
Polychaeten: Borstenwürmer.
Polyp: Typische Körpergestalt der Nessel- und Hohltiere.
Polypid: Vorderkörper der Moostierchen.
Prostomium: Kopflappen bei den Igelwürmern.
Pseudopodien: Scheinfüßchen, die der Fortbewegung und der Nahrungsaufnahme dienen.
Radiärsymmetrie: Regelmäßige Anordnung von Strukturelementen über einen kreisförmigen Grundriß.
Radula: Rauhe, hornige, zur Nahrungszerkleinerung eingesetzte Reib- und Raspelzunge bei den Weichtieren.
Resorption: Atmung. Oxidativer Abbau von Nahrungsmolekülen zur Energiegewinnung.
Respiration: Atmung.
Rezent: Gegenwärtig lebend.
Rhinophoren: Chemorezeptorisch und olfaktorisch funktionierende Kopforgane vieler Organismen, besonders der Opistobranchia. Man bezeichnet sie auch als Strömungsorgane.
Rhizoid: Wurzelähnliche Struktur, die der Verankerung und der Nahrungsaufnahme dient.
Ringkanal: Ringförmig verlaufender Kanal innerhalb des Ambulakralgefäßsystems der Stachelhäuter.
Rostrum: Spitzer Fortsatz am Kopf oder am Carapax vieler Krebse.
Segment: Glied, Abschnitt.
Segmentierung: Gliederung in hintereinander liegende Abschnitte (Segmente), die durch Wiederholung bestimmter Organe gekennzeichnet sind. Homonome Segmentierung = gleichförmige, heteronome Segmentierung = ungleichmäßige Segmentierung.
Septen: Scheidewände.
Sessil: Festsitzend.
Seta: Borste.
Sipho: Röhrenartig verlängerte, meist bewegliche Ein- und Ausströmöffnung.

Spermatophore: Vom ♂ abgegebenes und auf das ♀ übertragenes, bzw. aufgenommenes Spermienpaket.

Spicula: Harte, biogene Kristallnadeln, wie sie von Schwämmen, Weichkorallen und anderen Tieren als Skelettbestandteil gebildet wird.

Spongin: Horniges, schwefelreiches Protein, das den Körper einiger Schwämme aussteift.

Statocyste: Gleichgewichtsorgan.

Steinkanal: Kalkige Röhre, die den Ringkanal der Stachelhäuter über die Madreporenplatte mit der Außenwelt verbindet.

Stigma: Schlitzförmige oder runde Öffnungen von Atmungsorganen.

Stolone: Ausläufer, die der asexuellen Fortpflanzung dienen und an denen neue Tiere ausknospen.

Strobilation: Vegetative Vermehrung bei den Scyphozoa durch ringförmiges Abtrennen von Larven, die zur Meduse heranwachsen.

Supralitoral: Küstenzone oberhalb der Hochwasserlinie. Wird auch als Spritzwasserzone bezeichnet.

Symbiose: Dauerhafte, meist enge Partnerschaft zwischen artverschiedenen Lebewesen zu beiderseitigem Nutzen.

Tentakel: Fangarme.

Theka: Hornwandige Hülle wie etwa Zellpanzer, Schalen, Kieselskelette und ähnliches.

Toxisch: Giftig, auf Giftwirkung beruhend.

Tridactylen: Dreifingerige Pedicellarien bei den Stachelhäutern.

Trifolien: Dreiblättrige Pedicellarien bei den Stachelhäutern.

Trochophora: Bewimpertes und freischwimmendes Larvenstadium verschiedener Meerestiere.

Tuberkel: Knötchen.

Tunicin: Zelluloseähnliche Substanz im Mantel (Tunica) von Seescheiden.

Varizen: Wulstige Erhebungen auf den Umgängen verschiedener Meeresschnecken.

Veliger: Spätes Larvenstadium der Weichtiere.

Ventral: Auf der Bauchseite gelegen.

Volventen: Wickelkapseln bei den Nesseltieren.

Zooid, Zoid: Individuum innerhalb einer Kolonie, das wie ein selbständiger Organismus aufgebaut ist, jedoch funktionell auf den Kolonieverband angewiesen ist. Bei den Moostierchen zum Beispiel.

Zooplankton: Im freien Wasser schwebende und driftende, heterotrophe Organismen.

Zooxanthellen: Einzellige Algen verschiedener systematischer Zugehörigkeit, die in Schwämmen, Hohltieren und in Weichtieren endosymbiontisch leben.

Zwitter: Besitzen die Fähigkeit, gleichzeitig weibliche und männliche Geschlechtsprodukte auszubilden.

Literatur

Wir haben in das Literaturverzeichnis nur gebundene Werke einfließen lassen und auf die Erwähnung der benutzten Zeitschriften und Sonderdrucke zugunsten mehrerer Seiten Bild und Text verzichtet.

Abbott, D.P. (1987): Observing marine invertebrates. Stanford University Press, Stanford, California, USA.

Adijodi, K.G. & Adiyodi, R.G. (1988): Reproductive biology of invertebrates. John Wiley & Sons, Chichester, N.Y. USA.

Allen, G.R. and Steen, R. (1994) : Indo-Pacific coral reefs. Field Guide. Tropical Reef Research, Singapore.

AW, M. (1993): Beneath Bunaken. Ocean Geographic Media, Australia.

Amsler, K. (1984): Zauberwelt der Meere. Stürtz Verlag, Würzburg, BRD.

Baensch, H.A. & Debelius, H. (1992): Meereswasser-Atlas. Mergus Verlag, Melle, BRD.

Baensch, H.A. (1992): Neue Meereswasserpraxis. Tetra Verlag, Melle, BRD.

Baumeister, W. (1990): Meeresaquaristik. Verlag Eugen Ulmer, Stuttgart.

Bellmann, H.; K. Hausmann, K. Janke und H. Schneider (1991): Einzeller und Wirbellose. Die farbigen Naturführer. Bertelsmann Club, Gütersloh.

Bemert, G. & Ormond, R. (1981): Red sea coral reefs. Kegan Paul International, London, Boston.

Bennet, I. (1971): The Great Barrier Reef. Landsdowne Press, Sydney. Australia.

Bennet, I.. (1966): The fringe of the sea. Rigby Ltd., Adelaide, Australia.

Brusca, G.J. & Brusca, R.C. (1978): A naturalist´s seashore guide: Common marine life of the northern California coast and adjacent shores. Mad River Press, Eureca, California, USA.

Cairns, St. (1986: A revision of the North Atlantic Stylasteridae (Coelenterata: Hydozoa). Smithsonian Contribution to Zoology: Nr. 418.

Cairns, St. (1986): Stylasteridae (Hydrzoa: Hydoidea) of the Galapagos. Smithsonian Contribution to Zoology: Nr. 426.

Cairns, St.(1994): Scleractinia of the teperate North Pacific. Smithsonian Contribution to Zoology: 557.

Brusca, R.C. & J.G. Brusca (1970): Invertebrates. Sinauer, Sunderland.

Carefood, T. (1977): Pacific seashores. A Guide to intertidal biology. University of Washington Press, Seattle, USA.

Clark, M. & Rowe, F.W. (1971): Monograph of shallow water Indopacific echinoderms. British Museum of Natural History, London, UK.

Clark, A.M. (1977): Starfishes and related echinoderms. TFH Publications Inc., Neptune City, New Jersey, USA.

Coleman, N. (1981): What shell is that ? Landsdowne Press Sydney, Australia.

Colin, P.L. (1978): Caribbean reef invertebrates and plants. TFH Publications Inc., USA.

Colin, P.L. and Arneson, Ch. (1995): Tropical Pacific Invertebrates. A field guide to the marine invertebrates on tropical Pacific coral reefs, seagras beds and mangroves. Coral Reef Press, California, USA.

Dakin, W.J., Bennet, I. & Pope, E. (1963): Australian seashores. Angus & Robertson, Sydney, Australia.

Dance, P. (1977): Das große Buch der Meeresmuscheln. Ulmer, Stuttgart, BRD.

De Graaf, F. (1975): Das tropische Meerwasseraquarium. Verlag J. Neumann, Melsungen, Berlin, Wien.

Devaney, D.M. (1977): Reef and shore fauna of Hawaii. Bernice P.Bishop Press, Honululu, Hawaii, USA.

Ditlev, H. (1980): A field guide to the reef-building corals of the Indo-Pacific. Scandinavian Science Press, Klampenborg.

Literatur

Doubilet, D. (1989): Light in the sea. Swan Hill Press, Oxfort,N.Y.,Frankfurt..

Edwards,A.J. & Head,St.M.(1987): Red Sea. Pergamon Press. Oxfort, N.Y., Frankfurt.

Endean, R. (1982): Australia´s Great Barrier Reef. University of Queensland Press. St. Lucia, London, UK.

Erhardt, H. und Moosleitner, H. (1995): Meerwasser-Atlas Band 2 und 3 Wirbellose Tiere. Mergus-Verlag, Melle. BRD.

Fielding, A. & Robinson,E.(1987): An underwater guide to Hawaii. University of Hawaii Press, Honululu, USA.

Fischer, A. (1975): Juwelen des siebenten Kontinents. Molden Verlag, München, BRD.

Fricke, H.W. (1972): Korallenmeer. Belser Verlag, Stuttgart, BRD.

Friedrich, H. ((1965): Meeresbiologie. Borntraeger, Berlin, BRD.

George,D. & George,J.(1979): Marine life. An Illustrated Encyclopedia of Invertrebrates in the Sea. Harrap, London, UK.

Gessner,F. (1957): Meer und Strand. VEB Deutscher Verlag der Wissenschaften, Berlin.

Gillett, K. (1976): The Australian Great Barrier Reef in Colour. A.W.Reed, Sydney, Australia.

Glynn,P.W.&Wellington,G.M. (1983): Corals and coral reefs of the Galapagos island. University of California Press, Berkeley,USA.

Götting, K.-J., Kilian, E.F. und R. Schnetter. (1982): Einführung in die Meeresbiologie. Band 1 und 2. Fr. Vieweg & Sohn, Braunschweig, Wiesbaden.

Gosliner, T.M., D.W. Behrens and G.C. Williams (1996): Coral Reef Animals of the Indo-Pacific. Sea Challenger, Monterey, California.

Gosner, K.L. (1979): A field guide to the Atlantic seashore. Houghton Mifflin C., Boston, USA.

Gotshall, D.W. & L.L. Laurent (1979): Pacific Coast Subtidal Marine Invertebrates. Sea Challengers, Monterey, California.

Grzimek, B. (1971): Enzyklopädie des Tierreiches. Band 1 und 3. Kindler Verlag, Zürich, Schweiz.

Guille,A.P.,Laboutte & Menou,J.L. (1986): Guide des étoiles de mer, oursins et autres échinoderms du lagon de Nouvelle-Calédonie. Edition de L´Orston, Collection Faune Tropical 25,Frankreich.

Harmelin,J.K.; Vacelet,J. & Petron,Ch. (1987): Mediterranee vivante. Glénat Grenoble.

Harris,V.A. (1990): Sessile animals of the seashore. Chapman and Hall, N.Y.,USA.

Hayward,P.J. & J.S. Ryland (1995): Handbook of the marine fauna of North-West Europe. Oxford University Press, Oxford, N.Y., Tokio.

Haywood, M. & S. Wells (1989) : The manual of marine invertebrates. Salamander Books Limited, London, New York.

Heezen,B.C. & Hollister,C.D. (1971): The face of the deep. Oxford University Press, N.Y. USA.

Hobson,E.&Chave,E.H. (1972): Hawaiian reef animals . University of Hawaii Press, Honululu, Hawaii, USA.

Human, P. (1992): Reef creature identification Florida, Caribbean Bahamas. New World Publications, Jacksonville, Florida, USA.

Jamgoux,M. & Lawrence,J.M. (1989): Echinoderm studies. Balkema Publishers, Rotterdam.

Johnson,M.E. & Snook,H.J. (1927): Seashore animals of the Pacific. Dover Publications, N.Y., USA.

Jones, O.A. & Endean, R. (1976): Biology and geology of coral reefs. Vol.1-3. Academic Press, N.Y., London,San Francisco.

Kaestner, A. (1984): Lehrbuch der speziellen Zoologie. VEB Gustav Fischer Verlag, Jena.

Literatur

Kaplan,E.H. (1982): A filed guide to coral reefs. Houghton Mifflin Company, Boston, USA.

Kerstitch,A. (1989): Sea of Cortez marine invertebrates. Sea Challenger, Monterey, California, USA.

Kotzloff, E.N. (1987): Marine invertebrates of the Pacific northwest. University of Washington Press, Seattle, USA.

Kühlmann, D. (1984): Das lebende Riff. Landbuch Verlag, Hannover, BRD.

Kühlmann,D., Kilias,R. und M. Rauschert (1993): Wirbellose Tiere Europas. Neumann Verlag, Radebeul, Germany.

Kükenthal, W. & Matthes,E. (1960): Leitfaden für das zoologische Praktikum. Gustav Fischer Verlag, Stuttgart, BRD.

Lange,J. & Kaiser,R. (1991): Niedere Tiere tropischer und kalter Meere. Ulmer Verlag, Stuttgart, BRD.

Lawrence, J. (1987): A functional biology of echinoderms. Croom Helm, London,UK.

Levine, J.S. & Rotman, J.L. (1985): Faszinierende Unterwasserwelten. Birkhäuser Verlag, Basel, Schweiz.

Lorenz, F. & A. Hubert. (1993): A guide to worldwide cowries. Verlag Christa Hemmen, Wiesbaden, Germany.

Loughurst, A.R. (1981): Analysis of marine ecosystems. Academic Press, London, UK.

McConnaughery, B. H. and E.McConnaughery (11985): Pacific Coast. National Audubon Society Nature Guides. Alfred A. Knopf Inc., New York.

Mackie, G.O. (1976): Coelenterate ecology and behavior. Plenum Press, N.Y., USA.

Margalef, R.(1985): Western Mediterranean. Pergamon Press, Oxford, UK.

Mayr, E. (1975): Grundlagen der zoologischen Systemmatik. Paul Parey, Hamburg, Berlin.

Möhres, F.P. (1964): Welt unter Wasser. Tiere des Mittelmeeres. Belser Verlag, Stuttgart, BRD:

Monniot, Fr. & C. Monniot (1996): New collections of ascidians from the Western Pacific and Southeastern Asia. Micronesia 29 (2): 133-279.

Morris,R.H.; Abbott, D.P. & Haderlie,E.C. (1980): Intertidal invertebrates of California. Stanfort University Press, Stanfort, California, USA.

Morton, B. & C.K. Tseng (1982).: The marine flora and fauna of Hong Kong and southern China. HongKong University Press, Volume 1 und 2.

Muscatine,L. & Lenhoff,H.M. (1974): Coelenterate biology: Reviers and new perspectives. Academic Press, N.Y., USA.

Nichols,D. (1967): Echinoderms. Hutchinson University Library, London, UK.

Nordsieck, F. (1969): Die europäischen Meeresmuscheln (Bivalvia). Gustav Fischer Verlag, Stuttgart.

North, W.J. (1976): Underwater California. Berkeley, University of California Press, USA.

Pearse,V.; Pears,M.& Buchsbaum,M (1987): Living invertebrates. Blackwell Sciences Publication, Palo Alto, California, USA.

Probst, K. und J. Lange. (1975): Das große Buch der Meeresaquaristik. Verlag Eugen Ulmer, Stuttgart.

Randall,R.H. & Meyers,R.F. (1983): The corals . Guide to the costal resources of Guam. University Press of Guam.

Ray,C. & Ciampi,E. (1956): The underwater guide to marine life. San Diego, California: A.S. Barnes.

Remane,A.; Storch,V.& Welsch,U. (1985): Kurzes Lehrbuch der Zoologie. Fischer Verlag, Stuttgart, BRD.

Ricketts, E.F. & J. Calvin (1968): Between Pacific Tides. Fourth Edition. Revises by J.W. Hedgepeth. Stanford University Press, Stanford, California, USA.

Riedl, R. (1966): Biologie der Meereshöhlen. Verlag Paul Parey, Hamburg, Berlin.

Riedl, R. (1983): Fauna und Flora der Adria. Paul Parey, Hamburg, BRD.

Röckel, D., W. Korn & A. J. Kohn. (1995): Manual of the living conidae. Verlag Christa Hemmen, Wiesbaden, Germany.

Rose, K.J. (1980): Classification of the animal kingdom. David Mckay Company Inc., N.Y., USA.

Ruppert,E.E. & R.S.Fox (1988): Seashore Animals Of The Southeast. A guide to common shallow-water invertebrates of the southeastern Atlantik coast. University of South Carolina Press, South Carolina.

Schuhmacher, H. (1976): Korallenriffe. BLV Verlag, München, BRD:

Schuhmacher, H. und J. Hinterkircher (1996): Niedere Meerestiere. Rotes Meer, Indischer Ozean, Pazifik. BLV-Verlagsgesellschaft mbH. München, Wien, Zürich.

Sefton,N. & Webster, ST.K.(1986):Caribbean reef invertebrates. Sea Challenger, Monterey, California, USA.

Severns, M. (1993): Sulawesi Seas - Indonesians magnificent underwater realm. Stapels Ecenbarger Publishing, California, USA:

Sharabati, D. (1984): Red Sea Shells. Routledge & Kegan Paul, Boston, USA.

Shepherd,S.A. & Thomas,I.M. (1982): Marine invertebrates of southern Australia. Woolman, Government Printer, Adelaide, Australia.

Sheppard, CH.R.C. (1983): A natural history of the coral reef. Blandford Press.

Smith, R.I. & Carlton,J.(1975): Lights Manual: Intertidal invertebrates of the central California coast. University of California Press, Berkeley, USA.

Stephenson, T.A. & Stephenson, A. (1972): Life between tidemarks and rocky shore. W.H.Freeman, San Francisco, USA.

Sterrer, W. (1986): Marine fauna und flora of Bermuda. John Wiley & Sons, N.Y., Chichester, Brisbane, Toronto.

Valentin,C. (1986): Faszinierende Unterwasserwelt des Mittelmeeres. Einblicke in die Meeresbiologie küstennaher Lebensräume. Pacini Editore, Paul Parey, Hamburg,BRD:

Veron, J.E.N. Corals of Australia and the Indo-Pacific. Angus & Robertson Publishers, London, UK.

Vine, P. (1986): Red sea invertebrates. IMMEL Publishing, London, UK.

Von Prahl,H.; Brando,A. & Erhardt,H. (1988): Arrecifes del Caribe Colombiano. Villegas Editores, Bogota, Kolumbien.

Von Prahl,H. & Erhardt,H. (1985): Colombia-Corales y arrecifes coralinos. FEN-Colombia, Bogota, Kolumbien.

Voss, G.L. (1976): Seashore life of Florida and the Caribbean. Seamann Publishing, Miami, Florida, USA.

Walls, J.G. (1982): Encyclopedia of marine invertebrates. T F H Publication, N.Y., USA.

Wesheide, W. und R. Rieger (1996): Spezielle Zoologie, Teil 1: Einzeller und Wirbellose Tiere. Gustav Fischer Verlag, Stuttgart, Jena, New York.

Wilkens, P. (1987): Niedere Tiere im tropischen Seewasseraquarium. Engelbert Pfriem Verlag, Wuppertal-Elberfeld.

Wilkens,P & Birkholz,J. (1986): Niedere Tiere. Röhren-, Leder-und Hornkorallen. Pfriem Verlag, Wuppertal, BRD.

Wood, E.(1989): Coral Reefs. Salamander Book, London, UK.

Zann, L.P. (1980): Living together in the sea. TFH Publication, N.Y., USA.

Zea, S. (1987): Esponjas del Caribe Colombiano. Catalago Cientifico, Bogota, Kolumbien.

Zeiller, W:(1974): Tropical marine invertebrates of southern Florida and the Bahama islands. John Wiley & Sons, N.Y., London, Toronto.

Zlatarski, V.N. & Estalella,N.M.(1982): Les scléractinaires de Cuba. Edition de l'Academie bulgare des Sciences, Sofia, Bulgarien

Index

A

B

Index

C

Index

Index

E

F

G

Index

Index

I

J

K

L

Index

Index

P

Index

T

U

V

W

Index